红壤季节性干旱形成机制与调控原理

陈家宙　著

科 学 出 版 社

北　京

内 容 简 介

本书是作者长期从事红壤季节性干旱研究的阶段性成果总结。本书针对土壤-植物-大气连续体的水分运动和干旱问题，从作物生长特别是土壤学的视角出发，系统论述红壤季节性干旱的影响因素和发生机理，从农业生产和农田管理的角度论述红壤季节性干旱防治原理与途径，重点反映土壤物理学与农业干旱的关系及相关研究的前沿进展。全书共分八章，分别为土壤干旱与作物干旱、土壤干旱评价指标与方法、红壤水力性质与季节性干旱、红壤穿透阻力与季节性干旱、红壤生物耕作与季节性干旱、红壤农田管理与季节性干旱、红壤农田水土保持与季节性干旱、红壤季节性干旱调控。

本书可供从事农业、气象、农田水利、土壤、生态等相关学科研究、教育和学习的人员参考，对政府相关部门、企事业从事农业生产开发的人员也有参考价值。

图书在版编目（CIP）数据

红壤季节性干旱形成机制与调控原理 / 陈家宙著. -- 北京 : 科学出版社, 2024. 6. -- ISBN 978-7-03-078842-9

Ⅰ. S155.2

中国国家版本馆 CIP 数据核字第 2024CB5768 号

责任编辑：何 念 王 玉/责任校对：刘 芳
责任印制：彭 超/封面设计：无极书装

科学出版社 出版
北京东黄城根北街 16 号
邮政编码：100717
http://www.sciencep.com
武汉中科兴业印务有限公司印刷
科学出版社发行 各地新华书店经销
*
开本：787×1092 1/16
2024 年 6 月第 一 版 印张：24
2024 年 6 月第一次印刷 字数：568 000
定价：168.00 元
（如有印装质量问题，我社负责调换）

前　言

干旱是人类面临的最广泛、最普遍，也是危害最大的环境灾害之一，不仅是气象学家研究的主题，也是水文学家、生态学家、地质学家关注的问题，更是农业科学家关心的问题。干旱与地形、土壤、植被一样，是农田生态系统的组成成分，全球几乎所有的农业区都受到干旱的影响。即使在我国湿润多雨的亚热带红壤区，频繁发生的季节性干旱也是制约该地区农业生产稳定的主要限制因子之一。农业干旱的主要原因是作物生长季内特别是关键生育期的降水减少，同时高温、大风、低大气相对湿度等也在干旱发展中起重要作用。干旱与干燥气候区长期缺水不同，干旱是一种暂时的气候偏离正常的反常现象，而干燥气候是一种永久的气候特征，干旱造成的生态和经济后果远大于干燥气候，在干旱面前人们必须采取行动。红壤区的季节性干旱是一种短期的偏离正常气候的天气现象，红壤区正常的气候是湿润多雨，因此即使发生季节性干旱，红壤区的干旱缺水也不同于干旱和半干旱区等气候干燥区的缺水，而是表现为降水时空分布不均导致的短期的作物干旱，这是一种相对缺水而不是绝对缺水，是可以通过土壤管理等农业措施调控的干旱，通过抗旱措施可以使作物的旱灾程度降低。本书正是基于红壤季节性干旱可以调控这一理念而完成的。

作者从求学阶段就关注红壤季节性干旱问题，在中国科学院红壤生态实验站（江西鹰潭农田生态系统国家野外科学观测研究站）以红壤农田季节性干旱为主题完成了博士论文，参加工作后一直以研究红壤季节性干旱发生机制和调控原理为目标，在国家农业科学咸宁观测实验站（湖北咸宁长江中游农业环境监测与保护教育部野外科学观测研究站）开展了20余年的相关研究，至今研究仍在持续中。红壤季节性干旱研究得到了国家自然科学基金的持续资助，包括“红壤季节性干旱阈值的研究”（40301019）、“坡耕地水蚀对红壤季节性干旱的影响”（40871139）、“红壤穿透阻力对季节性干旱的影响机制及调控意义”（41271240）、“生物钻孔改良黏质红壤及提高作物抗旱能力的潜力与机制”（41877013）。红壤季节性干旱研究还得到了教育部科学技术研究重点项目“红壤季节性干旱对坡耕地水蚀土壤结构变化的响应”（108093）和国家重点研发计划项目子课题“坡耕地红黄壤控蚀抗旱与结构改良关键技术”（2021YFD1901201）的资助。

本书就是上述研究结果的阶段性总结。在成书过程中，作者把持续多年的研究结果做了梳理和筛选，选取了关联密切且能够形成逻辑关系的一些试验数据为写作材料，其中部分数据结果已经发表在不同的期刊上，部分数据没有公开发表。在写作过程中，按照一定的逻辑对这些数据做了分析，主要从土壤学的角度出发阐述了红壤作物干旱的影响因子与防治措施。

全书共分八章，较为系统地论述红壤季节性干旱形成的原因和通过土壤作物管理调控干旱的机理。第一章论述干旱的相关概念，重点论述土壤干旱的概念和对其理解；第二章论述土壤干旱评价指标与评价方法，重点论述土壤干旱指标评价土壤作物干旱的方法；第三章论述红壤水力性质对季节性干旱的影响，重点论述红壤的易旱性与季节性干旱形成和发展的关联；第四章论述红壤穿透阻力与季节性干旱的关系，重点论述红壤强度（紧实度）对作物根系生长的影响，从红壤力学性质角度论述季节性干旱形成机理；第五章论述红壤生物耕作与季节性干旱的关系，重点从促进作物根系在紧实土壤中生长角度论述红壤季节性干旱调控原理；第六章论述红壤农田管理措施与季节性干旱的关系，重点论述机械耕作和施肥等常规农田管理措施调控红壤季节性干旱的原理；第七章论述红壤农田水土保持措施与红壤季节性干旱的关系，重点论述地表覆盖和土壤结构改良等措施调控红壤季节性干旱的原理；第八章总结红壤季节性干旱管理和调控的原理，重点论述红壤季节性干旱调控的途径机理。

本书主要阐述下述几个基本观点。①与干燥气候区因长期缺水而必须采取灌溉措施相比，红壤季节性干旱发生的规律、应对干旱的策略、采取的抗旱措施都是不同的。红壤季节性干旱是一种相对干旱，具有调控的可能，可以通过非灌溉措施得到缓解和改善。②土壤水分状况能够同时指示气象干旱和作物干旱，了解土壤干旱概念有利于农业干旱管理。基于土壤含水量动态变化，提出土壤干旱指标，即土壤干旱强度 I 与干旱程度 D，能够动态反映作物干旱过程。③土壤是气象干旱与作物干旱的纽带，干旱传递及作物受旱程度与土壤特性关系密切。红壤是易旱性土壤，红壤性质在作物水分胁迫的发展中起到了非常重要的作用，通过改良红壤性质，改善根土关系和调控土气界面水分传输，可以提高作物抗旱能力，减缓季节性干旱。

本书在撰写时力求把土壤学基本的理论和方法呈现出来，与气象和农业基本理论结合，把土壤学解决实际问题的思路体现出来，尽量避免数据堆积，尽力增强叙述的连贯性。土壤学是以试验为基础的科学，本书的结果和观点都是基于长期的、大量的田间试验而得到的，尽管作者做了大量的筛选，但仍无法避免大量的图表和枯燥的数据，这点还请读者谅解。

在阅读本书时，需要请读者注意的是，红壤区的季节性干旱的形成是系统问题，受大气、植被、地形、土壤及种植制度、农田灌溉设施、农田管理方式等许多环境因子和人为活动共同影响，土壤自身因素只是促进季节性干旱的一个因子，甚至不是最重要的因子。导致作物干旱的根本原因是气象干旱，本书只是从土壤性质与作物相互关系的角度揭示季节性干旱容易发生的原因和调控机理。土壤水分干旱是整个农田系统干旱的一种体现，通过土壤和作物管理、调控干旱只是众多干旱管理措施中的一个方面，不能替代其他干旱管理措施，而且通过土壤和作物管理、调控干旱只在一定的气象干旱程度范围内有效，在遇到严重干旱时调控措施的作用有限，实际中还有很多其他抗旱措施是必须要考虑的。

红壤季节性干旱研究历时近二十年，有众多学生参加，在此对他们的辛勤工作表示感谢。

由于作者水平有限，难免存在疏漏，请读者批评指正。

作　者

2023 年 9 月于武汉狮子山

目　录

第一章　土壤干旱与作物干旱……1

第一节　干旱的概念……1

一、干旱的类型……1

二、干旱的发生特征……5

三、作物干旱……8

四、土壤干旱……11

第二节　植物水分关系……14

一、植物中的水……14

二、作物水分利用……21

三、土壤—植物—大气连续体……24

第三节　作物干旱胁迫响应……28

一、生理水平的响应……28

二、叶片和气孔响应……30

三、茎和株型响应……32

四、根系响应……33

第四节　植物抗旱机制……37

一、避旱……37

二、御旱……38

三、耐旱……39

第五节　红壤季节性干旱形成机制……42

一、红壤季节性干旱的影响因素……42

二、红壤季节性干旱的特点……45

三、红壤季节性干旱形成的系统机制……48

第二章 土壤干旱评价指标与方法……51
第一节 农业干旱指标的种类……52
一、基于气象数据的干旱指标……52
二、基于植被遥感的干旱指标……57
三、基于作物响应的干旱指标……59
四、基于土壤水热的干旱指标……62
五、CWSI……68
第二节 土壤干旱指标……71
一、土壤干旱强度指标……72
二、土壤干旱程度指标……76
三、土壤干旱指标与作物产量的关系……78
四、土壤干旱指标的特征……78
第三节 红壤作物干旱阈值的表达……81
一、作物干旱的阈值……81
二、红壤作物的干旱阈值……88

第三章 红壤水力性质与季节性干旱……91
第一节 红壤的气候特征与基本性质……91
一、红壤区的气候特征……91
二、红壤的分布与主要性质……93
三、红壤区的作物与种植模式……95
第二节 红壤质地结构与孔性……96
一、红壤的质地……96
二、红壤的结构……99
三、红壤的孔性……101
第三节 红壤的持水性和供水性……103
一、红壤含水量和有效含水量……103
二、红壤的持水性……106
三、红壤的供水性……109
第四节 红壤的导水性……111
一、红壤的饱和导水率……111

二、红壤的非饱和导水率……113
三、红壤的入渗和蒸发性能……113
第五节 红壤含水量的动态特征……115
一、红壤水分的时间变化……115
二、红壤水分的空间变化……118

第四章 红壤穿透阻力与季节性干旱……122
第一节 红壤的穿透阻力……123
一、土壤穿透阻力的概念……123
二、红壤穿透阻力的影响因子……126
三、红壤穿透阻力经验模型……135
第二节 红壤穿透阻力的田间动态……139
一、干旱期的红壤穿透阻力……139
二、红壤穿透阻力的剖面分布……143
第三节 红壤穿透阻力对作物生长的影响……146
一、作物对土壤穿透阻力的响应……147
二、红壤穿透阻力对玉米根系的影响……151
三、红壤穿透阻力对玉米地上部的影响……159
第四节 红壤穿透阻力对作物干旱的影响……163
一、作物水分关系……163
二、作物干旱程度与籽粒产量……171

第五章 红壤生物耕作与季节性干旱……175
第一节 根系钻孔与生物耕作……175
一、根系钻孔与根–土关系……175
二、根系钻孔与根尖形态结构……178
三、根系钻孔的影响因素……184
第二节 红壤钻孔植物的根系特性……188
一、根尖几何特性……189
二、根系在红壤中的分布特征……192
三、根系木质素/纤维素……197

第三节　生物耕作对红壤物理性质的影响……197
一、对红壤孔性的影响……198
二、对红壤导水率的影响……203
三、对红壤穿透阻力的影响……206
四、对红壤团聚体的影响……208
五、对红壤物理质量的影响……212
第四节　生物耕作对红壤作物抗旱的影响……216
一、对土壤水分的影响……216
二、对后季作物根系分布的影响……217
三、对后季作物水势的影响……218
四、对后季作物干旱指数的影响……219
五、对后季作物产量的影响……221

第六章　红壤农田管理与季节性干旱……222
第一节　施氮水平……222
一、氮素营养与作物抗旱……222
二、施氮对玉米作物生长和产量的影响……227
三、施氮对玉米干旱指数的影响……231
第二节　施肥制度……235
一、施肥制度对红壤性质的影响……236
二、施肥制度对红壤水分的影响……245
三、施肥制度对作物干旱的影响……248
第三节　耕作措施……254
一、对红壤物理性质的影响……255
二、对红壤水分干旱的影响……257
三、对玉米作物生长的影响……263
四、对玉米作物干旱和产量的影响……271
第四节　作物播种期……277
一、玉米播种期对产量的影响……278
二、玉米播种期对根系分布的影响……279

第七章　红壤农田水土保持与季节性干旱……282
第一节　水土流失对红壤季节性干旱的影响……282
一、水蚀降低红壤入渗量和储水量……283
二、水蚀降低红壤供水能力……284
三、水蚀影响红壤蒸发……284
四、水蚀增加红壤养分流失……285
第二节　水土保持措施与红壤氮素……285
一、水土保持措施对红壤氮矿化的影响……286
二、水土保持措施对红壤氮流失的影响……290
三、水土保持措施对作物水氮利用的影响……291
第三节　水土保持措施与红壤物理性质……292
一、水土保持措施对地表物理结皮的影响……292
二、水土保持措施对表土结构的影响……296
三、水土保持措施对土壤持水的影响……300
第四节　水土保持措施与红壤蒸发……301
一、水土保持措施对红壤表层温度的影响……301
二、水土保持措施对红壤蒸发的影响……303
第五节　水土保持措施与红壤降水入渗……306
一、水土保持措施对红壤降水入渗的影响……306
二、红壤降水入渗对干旱的影响……312
第六节　水土保持措施与红壤作物干旱……313
一、水土保持措施对根区土壤水分的影响……313
二、水土保持措施对红壤剖面含水量分布的影响……317
三、水土保持措施对红壤干旱的影响……319
四、水土保持措施对作物干旱和产量的影响……321

第八章　红壤季节性干旱调控……324
第一节　干旱调控概念……325
一、干旱风险管理……325
二、季节性干旱调控原理……328
第二节　红壤季节性干旱调控措施……332

一、土壤管理措施……332
二、作物管理措施……338
三、农田工程措施……342
第三节 气候变化下的红壤干旱管理……343
一、气候变化与季节性干旱……343
二、季节性干旱与可持续化农业……345
三、问题与展望……347

参考文献……350

第一章　土壤干旱与作物干旱

干旱还没有统一的定义，根据1994年公布的《联合国防治荒漠化公约》(United Nations Convention to Combat Desertification，UNCCD)中的表述，干旱是指降水量显著低于正常记录水平时自然发生的现象，干旱造成严重的水文不平衡，会对土地资源生产系统带来不利影响。干旱起源于气象，发展于水文，扩展到生态系统和农作物，是一种复杂且缓慢蔓延的自然灾害，往往对社会经济和环境造成重大且普遍的影响，与任何其他自然灾害相比，人类历史上干旱造成了更多的死亡和更多的人流离失所。即使当今的科技高度发展，全球每年都有干旱引发的人道主义灾难的报道。干旱危及的时空范围广，涉及自然和社会经济的各个方面，农作物减产是干旱危害最主要的表现。农作物因干旱减产的程度除受气候因子影响之外，还与当地土壤性质关系密切。本书的主题是红壤季节性干旱，论述的就是土壤性质与作物干旱的关系。

第一节　干旱的概念

一、干旱的类型

在一个地区所有的自然资源中，水是其中少数几种不能缺少的资源之一，但也是经常不足的资源。干旱指某区域水资源总量少而不足以满足社会经济发展需要的气候现象，在气象上用指标表示就是降水量低于该地区正常降水量。干旱本质上是缺水，虽然有时候在语言上没有区分，但干旱与缺水有不同的内涵（McEwen et al.，2021）。水资源缺乏就导致干旱，干旱发展到一定程度就会引起旱灾，导致农业生产遭受损失。在我国许多地区，任何限制农业发展的因素都没有像缺水所带来的限制大。干旱的危害不仅仅发生在缺水的干旱和半干旱（arid and semi-arid）地区，不缺水的湿润地区的农业干旱危害也较大（Holman et al.，2021）。就全球而言，20世纪所有的灾害中，干旱的危害是最大的（Bruce，1994；Obasi，1994）。作为一种严重的自然灾害，干旱是导致全球环境、农业和经济损坏的主要原因（Vicente-serrano et al.，2010）。无论在古代还是现代，干旱不仅不可避免，而且多数不可预测，这增加了干旱的危害。

我国自然灾害多，旱涝灾害频繁，但主要还是干旱缺水，所谓“水涝一条线，干旱一大片”说的就是干旱影响范围广。实际上，全球所有的农业区都存在干旱问题，只是程度有差异。在我国古代，严重旱灾发生后往往发生蝗灾而使农作物遭受灭顶损失，进而引发更严重的饥荒，导致社会动荡。所谓“风调雨顺，人寿年丰”，只是人们的美好愿望，实际上人们常常为频繁的旱灾和水灾所苦恼。从古至今干旱都是人类面临的主要自然灾害，即使在科技高度发达的今天，干旱造成的灾难性后果依然常常发生，干旱依然是人类面临的严重威胁。如今人类已经能够登陆月球和遨游太空，能够加速和操控粒子，能够合成和生产数不清的化学产品，能够改造生物遗传基因，能够生成人工智能，但是目前仍然不能按照自己的意愿制造雨云，不能阻止干旱，甚至不能很好地预测干旱。但是，我们可以做很多事情来减缓干旱，减小干旱带来的危害。

干旱是一个逐渐发展的过程，一般持续时间较长，很难确定其精确的发生时间，而洪水、飓风、地震等自然灾害往往突然发生，持续时间短，并且仅仅发生于局部地区。从农业生产的角度看，上一场降水停止并不意味着干旱的开始，干旱的发生、持续、严重程度、终止，只有在事后才能认定。从这个角度看，干旱是一种正常的自然现象，没有哪个地方能够完全避免干旱，即使在多雨湿润区也存在干旱的可能。干旱不像洪水、飓风、地震等灾害那样会带来突然的、剧烈的生命财产损失，但随着时间的延长，干旱会造成巨大的甚至灾难性的后果，损失的大小取决于社会经济发展水平及对水的依赖程度。在干燥气候区（干旱和半干旱区），年降水偏离平均值的可能性更大，发生干旱的可能性更大，但是这些地区农业生产少，干旱造成的损失小；而湿润和半湿润地区则相反，对干旱的抵抗能力更脆弱，干旱往往会造成更严重的损失。

目前并没有一个统一的、被普遍接受的干旱的定义。在汉语中，干旱是名词，也是动词或形容词。作名词的时候，干旱指缺水及由缺水造成的现象；作动词或形容词的时候，指的是缺水状态和受害过程。例如，“土壤干旱了”可指土壤变干这个状态，也指正在变干这个过程。虽然干旱是一个普遍的、反复发生的现象，但没有哪一个关于干旱的定义能够准确描述各种情况。之所以这样，是因为干旱是一个复杂的过程和现象，涉及的范围极广，不同的人从不同的角度对干旱有不同的看法和衡量标准。

干旱的形成虽然主要取决于气候，但干旱不同于气候干燥，干旱不是一个单纯的气候现象，其发生及危害与一个区域自然、经济、社会等综合条件关系密切。干旱很难在时间和空间上被精确定位，而且很难用单一变量或指标来量化其持续时间、程度和空间范围。因此，从不同角度，人们对干旱有不同的认识，一般把干旱分为气象、水文、农业、社会经济四种相互联系的干旱类型，这样便于对干旱的定义有更确切的理解。

（一）气象干旱

气象干旱指一段时期内降水偏少、天气干燥、蒸发量增大、区域水分收支不平衡而导致的一种自然现象。气象干旱是相对一个地区的正常气候条件而言的，其严重程度通常用某时段的降水量低于该地区同期多年平均值、或低于某个设定的百分比或数值来定义和评价。与干旱（arid）地区的永久干旱（permanent aridity）不同，气象干旱是一个暂时性的干旱期（dry period），这个干旱期可以持续几周、几月、几年，甚至更长，但它是反复发生的极端气候事件，迟早会回归正常。这种干旱的发生和结束，与区域的气候变化特征密切相关，是全球气候变化研究者关注的重要议题。特别要强调的是，气象干旱本质上并不是随机事件，它是正常气候变化波动的一部分，只是有些年份干旱程度特别厉害才显得有些异常。

气象干旱是由大尺度的大气环流持续异常（如高压）引起的，这些异常通常由异常的热带海面温度或其他更远的条件触发。一个地区对气象干旱的反馈，如干燥的土壤、高温导致大气蒸发、相对湿度减少，往往会加强大气异常。随着全球气温增加，预计气象干旱会更加频繁地发生。

联合国粮食及农业组织（Food and Agriculture Organization of the United Nations，FAO）对旱地（dry land）的定义是因水分不足而使得生长季的长度低于179天的地区（FAO，2000），在气象上划分的干旱、半干旱和半湿润地区有旱地分布，全球平均40%的陆地表面为旱地，它们是由长期的气象条件控制的，不属于本书讨论的干旱范畴。

（二）水文干旱

水文干旱指区域持续性的地表径流、河川流量、水库湖泊入流量和蓄水量、地下水蓄水量较常年平均值偏少而难以满足自然界用水需求的一种水文现象。水文干旱由气象干旱引起，持续的时间往往较长，可以用水资源的丰缺状况表示其严重程度（如径流量、河流流量、水库湖泊水位、地下水位等）。要注意水文干旱与枯季径流是两个不同的概念，枯季径流小但并不表示发生了水文干旱，它是正常水文变化的一部分。水文干旱滞后于气象干旱，从气象干旱到水文干旱需要一定时间，而气象干旱本身就难以确定开始和终止的时间，要确定水文干旱开始的时间、持续的时间、严重程度同样很困难。

水文干旱的地表径流和河川流量不仅受降水量的影响，还受该时段内降水类型和区域水文性质的影响。例如，均匀分布的多场小降水（有更多的土壤入渗）比同等降水的单场大降水产生的地表径流更少。一个区域内的地表径流和河川流量还深刻地受到植被特性和植物生长密度的影响，有时候会错误地把水库入流量减少归因于干旱，而实际上可能是由于集约的土地利用降低了地表径流而减少了水库入流量，如荒草地变更为植树造林、生物量增加可以减少地表径流，但这并不是水文干旱。地表径流还受土壤性质、土壤储水能力和水资源开采利用等管理方式的影响，这些也同样影响水文干旱。地下水干旱作为一种新的干旱类型受到人类重视（Mishra and Singh，2010）。水文干旱会影响农业生产，也会给社会经济带来严重的影响，还会发展演化为社会经济干旱。

（三）农业干旱

在农业生产上，干旱一般指因土壤水分不足，农作物水分平衡被破坏而带来粮食减产的现象。严重的农业干旱甚至会引发饥荒，极端情况下更可能使人类及动物因缺乏足够的饮用水而死亡。降水量低于平均水平，或降水强度大但次数少，或蒸发量高于正常水平，这些因素都是导致农业干旱的原因，都使土壤含水量降低，作物生长过程供水不能满足需水而妨碍作物正常生长。

农业干旱与气象干旱有明显差异，不能用气象干旱来替代农业干旱。气象干旱是以往年气象数据的平均值（如降水量）为参比，以偏离该参比的程度来划分干旱程度，而农业干旱以农作物因降水偏少而减产作为判别依据。一方面，一段时期的气象干旱造成一个地区的农作物显著减产才能称为农业干旱。另一方面，干旱地区的干旱与湿润地区的干旱不一样，相同的降水量在一个地区或一个时期造成农业干旱，在另一个地区或另一个时期可能不造成农业干旱。

农业干旱是一种复杂的现象，受很多因素影响，其起因过程存在争议，但气象波动造成的降水减少是农业干旱根本原因，此外高气温、低空气湿度、强风等会加快农业干旱。农业干旱最主要受气象干旱影响，但同时与土壤前期含水量、作物生育期及作物需水量有关。一般用气象干旱、土壤墒情、作物长势（作物旱象）或产量等来评价农业干旱程度。

农业干旱影响作物生长，造成作物干旱减产，其发生具有季节性、区域性、时空连续性等特性，发生过程复杂、多变、模糊。农业干旱受气象和水文影响，但同时与下垫面和土壤、作物种类和生育期、产量和生产管理水平等关系十分紧密。气象干旱或水文干旱不能全面、客观地反映农业干旱的问题，农业干旱不仅仅是一个物理过程，还涉及生物过程。从土壤—植物—大气连续体（soil-plant-atmosphere continuum，SPAC）的角度看，大气干旱导致土壤干旱和作物干旱，土壤干旱导致作物干旱，真正决定作物干旱程度的是土壤干旱而不是大气干旱。大气降水在土壤中储存，然后通过水分运动传输给作物根系，土壤在这个 SPAC 中处于中间节点位置，而且往往可以通过土壤灌溉来抗旱，因此土壤干旱是农业干旱的关键。对于具体的农田，农业干旱的表现就是作物干旱与土壤干旱，掌握作物干旱的过程特征与土壤性质和管理的关系，是应对农业干旱的基础。

（四）社会经济干旱

社会经济干旱指供水量不能满足日益增加的需水量而导致社会经济活动受到限制的情况。这种干旱一般与区域水资源的数量（降水、过境径流、地下水等）和社会经济发展水平有关，少量极端的事件可能引发更严重的社会经济干旱、极端干旱事件发生，会导致粮食生产、发电量、航运、旅游效益、生命财产等受到损坏。从短期看，社会经济干旱与气象干旱有关，但从长期看，更主要受社会经济活动影响。在人口持续增长、生产水平和生活水平提高这种趋势下，一个区域的水资源会越来越短缺，社会经济干旱会越来越明显，这是我们人类社会必须要面对的水资源紧缺的问题。

上述经典的四种干旱类型是美国气象局划分的（Society，1997）。四种干旱类型并不是完全独立的，相互之间存在驱动和传播关系（图 1.1）。其中气象干旱是源头，气象干旱持续一定时间后演变为水文干旱（包括土壤水分干旱），气象干旱和土壤水分干旱传播到作物演化成农业干旱，作物和植物干旱又使蒸散发等潜热通量发生变化，反馈于大气圈而进一步加剧气象干旱，最终导致社会经济干旱。干旱之间的传播在不同的时间尺度与空间尺度上有不同的特征表现，农业生产上最关心的是土壤干旱向作物干旱的传播。

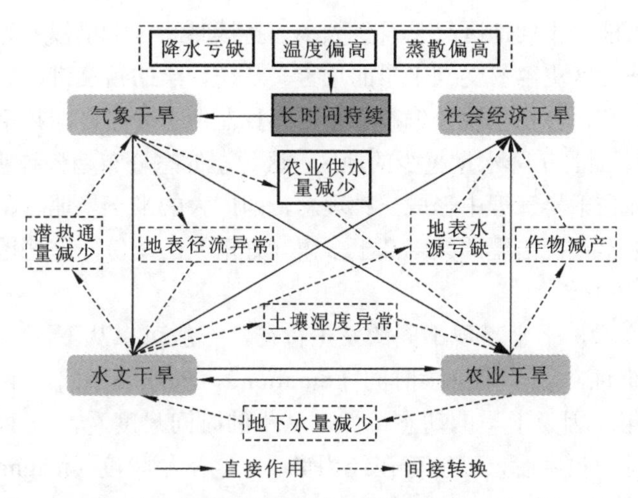

图 1.1　四种干旱类型之间的驱动与转换关系（田丰 等，2022）

除上述四类干旱之外，近期有人提出了第五种干旱即生态干旱（ecological drought）的概念（Crausbay et al.，2017），这种类型的干旱是指水资源供应的间断性短缺，导致生态系统超过脆弱性阈值，影响生态系统服务，并触发自然系统和人类系统之间的反馈。随着对干旱研究的深入，干旱的概念还在不断发展。

如果把一种干旱类型当作一个集合，则四个集合之间存在并集、交集、包含等关系（孙荣强，1994），一个时段可以同时发生几种干旱。四种干旱类型有各自特征和区别，但也存在密切的联系，如因果联系、区域空间联系、时间延续联系等。目前没有也很难有统一的、单一的干旱定义能够充分反映上述四种干旱类型。即使在同一干旱类型内，干旱的判断和评价标准也不一样，甚至相冲突。例如，在农业领域，一段高温、无雨的干旱时期，可以对谷粒作物造成损害，也可以促进水果成熟并增加其糖分含量；而且，不同作物抗旱能力不同，播种时期和需水关键期也不一样，同样的干旱水平对作物的影响也是不一样的。不同部门或不同学科之间，对干旱的看法更是不一样。因此，干旱的概念和判定干旱的标准是相对的而不是绝对的，干旱具有和其他自然灾害不一样的特性，这是在管理干旱时需要考虑的。

二、干旱的发生特征

干旱是一种自然灾害，但与大多数自然灾害不同，干旱更像是一种疾病，在症状显现之前干旱实际上就已经开始了（Ault，2020），但事先并不知道干旱是从哪一天开始的，干旱的诊断和预测仍然是目前面临的难题。干旱是一种缓慢发生的灾害，当人们的生活在干旱之后不能完全恢复其弹性活力时，随后发生的事件即使不那么严重，也可能会更快地将人们推向需要紧急人道救助的境地。

干旱自古就有，并不是现代气候变暖才出现的，但未来的干旱在持续时间、严重程度、影响范围和发生频率上可能会超过过去几个世纪的干旱。地球上所有地区、所有农田都存在干旱的可能，不同地区只是发生频率、持续时间、干旱程度等方面存在差别，一些地区比另一些地区更容易受到干旱的危害。从统计学的角度讲，一个地区的年降水量多属于非正态分布，往往呈现负偏态分布（亦称左偏态分布，即频率分布图中左边较小的数拖尾很长），而且年降水量越少的地区，这种左偏态分布趋势越明显。这种降水量的左偏态分布特性在干旱管理中形成一种理念，即广大的半干旱地区、亚热带地区、夏季季风气候区，干旱年份出现的频率高于多雨（好雨）的年份，这些地区是最容易发生干旱的地区。

从气象的角度看，干旱呈现不同的发生特征，一般可以从下面六个角度来评价一个地区干旱的严重性。①干旱持续时间（duration），依地区不同，干旱持续时间可以从一个星期到几年。因为干旱的动态特性，从小的时间尺度看，一个地区可能正在经历湿季，而从大时间尺度看，可能正在经历旱季。②干旱幅度（magnitude），指的是旱季的累积水分亏欠量（降水、土壤水、径流）低于某个临界值的幅度。③干旱强度（intensity），指的是干旱幅度与干旱持续时间的比值，即干旱发展速度。④干旱严重程度（severity），可以用降水亏欠程度表示（等同于干旱幅度）或用该降水亏欠造成的危害程度表示。干旱的严重程度，既与干旱幅度有关，也与干旱持续时间有关。⑤干旱的地理广度（geographic extent），即干旱覆盖的面积，可以是一个或几个流域、地区，而且随时间变化。⑥干旱频率（frequency）或回归期（return period），是指干旱事件之间的平均间隔时间。

根据上述干旱的表现特征，可以把常见的干旱情况区分为不同的干旱发生类型。

（一）持久性干旱

持久性干旱是指干旱区特有的长期的或准永久性干旱（quasi-permanent drought），这种干旱不会因为降水而解除。在地球的干旱区，年均降水量很低，远低于大气潜在蒸发量，而且极端气温高，干旱总是持续不断地进行，绝大多数植物或作物都不能在这种环境下生存，往往呈现出荒漠或沙漠景观。当然，在持久性干旱条件下，也有一些植物存在，并且在偶然的、很少的降水之后这些植物种子能够快速萌发、生长，并完成开花和繁殖整个生育过程，但这往往依赖于这些植物在特殊环境下的生存能力，仅仅是生存而已，其生态系统可以延续并维持一定的生态功能，但农业价值可以忽略。

在关注干旱概念的时候，要注意干旱（drought）与干燥（aridity）的差别。中文文献将英文的 drought 和 aridity 都翻译为干旱，arid zone 翻译为干旱区，这导致在中文字面上无法区分这两种干旱，但二者含义有很大差别，并非同义词。干旱（drought）是某段时期缺水，虽然这段时期可以持续较长但仍然是暂时的，可以通过降水解除；而干燥或持久性干旱（aridity）却是长时期保持干旱，具有持久性，更接近于永久干旱，有限的降水并不能改变该地区的干旱状况。一般把年降水量低于 200 mm 的地区称为干旱区；200～400 mm 的称为半干旱区；450～650 mm 的称为半湿润区；650 mm 以上的称为湿润区。全球中纬度亚热带很多地区都属于干旱区或半干旱区，并分布有面积广阔的荒漠和沙漠，长期都是降水量低于蒸发量，这些地区发生干旱是必然的，且往往是持久的。

但我国亚热带（属于中纬度带）红壤区受惠于太平洋季风而降水丰沛，年均降水量多超过 1 000 mm，属于湿润区，但由于降水分配不均而存在一定时期的干旱。发生在特定的季节称为季节性干旱。

在厄尔尼诺（El Niño）现象影响下，一些地区会发生持续很长时间的干旱。例如，1999～2000 年中亚和南亚发生了持续性干旱，6 千万人受到影响；1997 年华北地区持续 266 d 的干旱，导致黄河干流断流。厄尔尼诺发生的频率变高，持续干旱也变得越来越常见（Ault，2020；Chou et al.，2013；Dai，2011）。美国加利福尼亚州 2012～2015 年发生了持续了数年的大干旱（Berg and Sheffield，2018），属于持久性干旱。我国历史上曾经多次出现过持续时间长达数年、影响范围涉及数省的重大干旱，对整个国家的社会经济造成了极其严重的损失。很显然，红壤区的干旱不是长期干旱，更不是持久性干旱，而是持续时间较短的季节性干旱。

（二）季节性干旱

季节性干旱（seasonal drought）是一种由气象变化导致的有规律的干旱，是全球农业区的主要干旱形式。在地球中纬度带，气象（降水和气温）在年内往往呈现有规律的重复波动变化，一种情况是亚热带湿润季风气候，春夏季降水多而冬季降水少，干旱往往发生在夏秋季；另一种相反的情况是地中海气候，冬季降水多而夏季温暖少雨，干旱发生在夏季。在降水和气温共同作用下，我国东北以春旱为主（部分夏旱），长江以北（黄河中下游和华北平原）春夏秋都可能发生干旱，长江中下游地区（长江沿岸至华南）以夏秋旱为主，华南以秋冬春旱为主，西南往往易发生冬春连旱。在有规律的气象变化影响下，不同地区经过长期演化形成了稳定的农业生产系统或种植结构，以应对这种有规律的季节性干旱。虽然一个地区稳定的农业生产系统已经适应了季节性干旱，不会出现很严重的农业干旱问题，但随着农业生产水平提高，或种植结构调整，或全球气候变暖，或极端的气候现象增加等，未来季节性干旱带来的危害会进一步凸显出来，成为更加制约农业生产的限制因子。

季节性干旱的周期性规律很明显，呈现有节奏的回归期。但需要特别指出的是，季节性干旱并不是严格遵守这种“规律”的，长期看季节性干旱发生规律较明显，受区域气候特征支配，但短期看这种周期也是随机波动的，难以预测。红壤区的季节性干旱一般发生在夏秋季节，有的年份持续时间长（夏秋季连续干旱），有的年份持续时间短（仅夏旱或秋旱）；有的年份干旱严重，有的年份干旱轻微。也就是说，虽然气象干旱并不是随机事件，但由于气候的随机波动，季节性干旱表现出一定周期规律下的随机发生的特性。

（三）随机性干旱

虽然干旱不是随机性事件，但很多情况下干旱的发生不能预测，无明显发生规律，这类干旱称为随机性干旱（sporadic drought）或不规则干旱（irregular drought）。随机性干旱往往是间歇性的，源于降水波动异常，这种干旱由于无法预测而很难应对，危害也很大。需要指出的是，这种异常的、无规律的干旱对整体气候变化而言却是十分正常的事情，一点儿也不异常，还会反复地发生。从长时间尺度看随机性干旱也存在周期性，但我们却不知道下一次发生在什么时候。随机性干旱在任何地方都可能发生，但半湿润地区比湿润地区发生的概率更大些。不太严重的、影响小的随机性干旱出现的频率很高，数年就会出现一次；而最严重的、影响大的随机性干旱往往涉及面积大、持续时间长，这种大干旱发生的频率低，十几年或几十年才发生一次，往往与太阳活动（如太阳黑子的周期活动）有关。

无规律的随机性干旱和有规律的季节性干旱并不是绝对分开的，很多地区在季节性干旱的基础上叠加随机性干旱。随机性干旱既可以发生在旱季（使季节性干旱特征更明显），也可能发生在雨季（削弱季节性干旱特征），使得一个地区的干旱呈现复杂的特征。例如，我国亚热带红壤区，有规律的季节性干旱发生在夏秋时节，但叠加了随机性干旱之后，有的年份出现春旱（可能形成春夏连旱），有的年份出现秋旱（常形成伏秋连旱）。应对红壤季节性干旱，主要是针对有规律的夏秋干旱，根据其发生规律和发生程度采取相应的管理策略，由此采取的干旱防治措施可能对随机性干旱没有很好的效果，但不能因此否定这些措施的合理性。

（四）骤发干旱

季节性干旱往往持续时间较短，很少超过一个季度，是一种间歇性的短期干旱。红壤区如果发生夏季和秋季连续的季节性干旱，就是属于非常严重的干旱了，对农业生产的影响是巨大的。除这种季节连旱以外，在季节性干旱中，有时候干旱持续的时间很短（几周），但是干旱发展的速度非常快，也能造成作物减产，这种干旱称为骤发干旱（flash drought）（Liu et al.，2020；Otkin et al.，2018）。这种快速发生的干旱很难预报和应对，虽然时间短但也可能造成较大损失。

当前已经认识的骤发干旱分为热浪型（I 型）和降水亏缺型（II 型）两类（Sreeparvathy and Srinivas，2022；Wang et al.，2018），我国亚热带红壤区的季节性干旱在开始发生的时候多以热浪型骤发干旱的形式出现（朱世峰 等，2023；王天 等，2022；Liu et al.，2020；Wang et al.，2018），在约 10 d 内引发土壤快速变干，且更易发生在干湿转换期（Wang et al.，2018）。骤发干旱发生之后会持续一段时间，如果此后有足够的降水，则骤发干旱终止；如果仍然没有降水，但此时土壤失水速度已经没有那么快，干旱发展速度降低，则骤发干旱转化成季节性干旱。这种骤发干旱与季节性干旱相连的干旱，比一般的季节性干旱对作物的影响要大。

三、作物干旱

（一）作物干旱的危害

农业干旱使作物受害，作物干旱的直接危害就是减产。虽然可以把农业干旱区分为土壤干旱和作物干旱，但因为农业干旱在一些情况下是由作物和土壤相互作用造成的，所以强行分割“土壤-作物”这一相互作用系统并不恰当。但这种分割有利于分别研究土壤干旱特性和作物干旱特性，利于采取有针对性的措施。作物对干旱的反应是全方位的，从体内一系列的生理生化反应和代谢活动过程，到细胞、组织、器官，再到植株整体外观形态，都受到损害。

仅从缺水的角度看，作物干旱的危害途径主要有以下几方面。①破坏细胞膜结构。干旱时，细胞失水，作物体内活性氧累积，导致细胞膜脂过氧化而受到伤害。膜结构被破坏后，细胞器之间的隔区屏障受损，细胞保持水分和物质吸收运输、维持正常代谢的功能受到损害。②破坏内源激素平衡。在干旱时，延缓或抑制生长的内源激素增多，分生组织细胞分裂减慢或停止，细胞伸长受到抑制。这种变化导致作物经过一段时间的水分胁迫之后，生长速率降低，个体矮小，叶面积减小，生物量和产量降低。③损伤细胞原生质体。作物细胞失水或再吸水时，原生质体与细胞壁发生收缩或膨胀，但二者的弹性不同，收缩程度和膨胀速度不同，致使原生质体被拉破。④降低光合作用。除叶面积减小导致光合面积降低之外，作物在水分胁迫时，叶气孔开度减少，气孔阻力增大，甚至叶气孔完全关闭，限制了对空气中 CO_2 的吸收，光合作用减弱；而且此时，叶绿体片层结构受损，叶绿素含量降低，光合活性下降。⑤影响呼吸作用。在水分胁迫下，作物呼吸作用在一段时间内加强，呼吸能量大多以热的形式散失，体内有机物质消耗过快。⑥有机物合成与分解异常。在水分胁迫下，作物体内核酸酶活性提高，多聚核糖体解聚（降低蛋白质合成效率），三磷酸腺苷（adenosine triphosphate，ATP）合成减少，使蛋白质合成受阻。可见干旱对作物的影响是系统性的、全方位的破坏。

需要指出的是，作物干旱是一个逐渐发展的过程，轻度的、短时间的水分胁迫对作物伤害有限，在干旱解除之后，伤害有时是可以恢复和消除的，作物可恢复到原来状态的，不会造成显著的减产。因此，作物对气候干旱和土壤干旱具有一定的适应性和一定的抗旱能力，并不是所有的干旱都能造成旱灾。

（二）作物干旱的原因

作物干旱是指在气候干旱或土壤干旱的条件下，作物生长受到水分胁迫而减产。这个过程不是单一的胁迫过程，而是受水分、热量、土壤阻力、土壤疾病、养分含量、氧气含量等变化共同影响的复杂过程。作物干旱更多时候称为作物水分胁迫，从作物生理的角度看，引起作物水分胁迫的原因很多，主要有大气干旱、生理干旱、土壤干旱三类原因。

（1）大气干旱是指在气温高、光照强、空气湿度低的大气情况下，作物蒸腾强烈，此时即使土壤中有可利用水分，根系生长活动也正常，但根系吸收的水分低于作物蒸腾消耗的水分，作物体内出现水分亏缺，进而作物就会出现干旱的现象。大气干旱只是气象干旱的一部分，我国的华北、西北和黄淮地区春末夏初期间出现的“干热风”就是一种大气干旱，此时不但大气温度可高达 35℃，往往还有一定的风力，而且相对湿度可低至 20%，往往导致小麦作物体内水分消耗过快，灌浆不足而秕粒增加，甚至枯萎死亡。在红壤区，因大气干旱造成的作物干旱很罕见，不会成为本地区作物干旱的主要原因，但是夏季较高的气温（热浪）会加剧作物干旱。

（2）生理干旱是指由于作物生长的环境因子不利于根系吸收水分，使作物体内缺水而受旱的现象。这些不利的环境因子包括土壤温度过低、土壤溶液离子浓度过高（如土壤局部施肥过多或盐渍化）、土壤缺氧（如土壤压实板结、积水）等，在这些环境条件下，尽管土壤中有可利用的水，但根系的正常生理活动受到阻碍而不能正常吸收水分。这类生理原因导致的干旱只发生在局部地区，比较容易防治，不是作物干旱的主要原因。

（3）土壤干旱是指由于土壤有效含水量降低，作物根系无法吸收足够的水分，使作物体内缺水而受旱的现象。土壤干旱主要由气象干旱引起，降水少导致土壤含水量低。土壤干旱是作物干旱的主要原因，我国大面积的作物干旱一般都由土壤含水量减少引起。

随着土壤水分减少，除土壤水势降低而作物难以吸收之外，土壤干旱还会导致土壤阻力增加（阻碍根系伸长）、土壤收缩（撕裂根系）、土壤养分有效性降低、土壤温度升高等，这些由缺水引发的次生性质的变化，是作物干旱的重要原因，也是干旱调控理论上的切入点。

（三）作物干旱的特点

相对于气象干旱和水文干旱，作物干旱的表现更复杂。作物干旱具有以下特点：①逐渐发展，缓慢形成。作物干旱往往滞后于气象干旱，比气象干旱更不容易觉察干旱开始的时间和结束的时间，评价和预测作物干旱是农业生产面临的重要课题。②受旱程度随生育期而异，存在水分敏感期，同样程度的气象干旱和土壤干旱对作物的影响可以不一样。因此选择合适的播期以避开水分敏感期的气象干旱成为一种抗旱措施。③作物有一定的耐旱性，不同作物和不同品种存在差异。筛选和利用抗旱性强的品种成为抗旱的重要手段。④适度干旱可以炼苗，提高作物的抗性。这是节水灌溉（特别是调亏灌溉）和抗旱的重要理论依据。⑤土壤肥力和养分供应状况影响作物的抗旱能力。充分认识这些特性是农业干旱管理和综合抗旱的依据。除此以外，作物还存在隐形干旱和假性干旱，也是在干旱管理中要注意的。

作物可能存在隐形干旱。有些干旱潜在发生但往往觉察不到，这种干旱称为隐形干旱或不可见干旱（invisible drought)。土壤水分亏缺但没有严重到作物生长出现可见的旱象，观察不到作物生长矮小或枯萎，但却对作物造成了足够的伤害，作物从土壤中吸收的养分减少，最终造成作物产量明显低于正常产量。这种隐形干旱普遍发生，但人们通常察觉不到，也不会采取应对措施。从实际统计的结果看，一个地区的作物产量与降水量相关，降水量多的年份往往产量也高，而降水量少的年份（即使并无明显干旱的平水年）产量低，这实际也是一种隐形干旱。在亚热带红壤区，季节性干旱不严重的年份，或多或少都存在隐形干旱。

作物可能存在假性干旱。在农业生产受到损害，作物产量或养殖产量降低的时候，人们往往把这归咎于干旱，而实际上可能是其他原因造成的，这种现象称为假性干旱（phantom drought)。在土壤盐分胁迫或有害化学物质毒害下，作物也呈现和干旱胁迫相似的反应和减产，有时的确很难将这些减产因素与干旱加以区分。有时作物长势不好或产量降低，可能是因为土壤肥力减退，或种子不好，且有时过度养殖或过度放牧也是作物产量降低的原因，将这些不当的管理造成的农业损失都归咎于干旱是不正确的。

四、土壤干旱

（一）土壤干旱的含义

虽然很多文献中以土壤墒情（soil moisture）来指示农业干旱，但土壤干旱目前并不是一个含义很明确的专业用词，文献使用的名称常有土壤水分干旱（soil moisture drought）而少有土壤干旱（soil drought）。有人不认可土壤干旱这种表述，认为只有作物才干旱，土壤没有干旱，在提到土壤干旱时，往往作为农业干旱的附庸出现。这种认识是基于农业干旱是一个水分胁迫过程产生的，作物在受到水分胁迫时会受到伤害而减产，而土壤不会受到水分胁迫而损失，土壤只是水分亏缺。虽然中文文献中偶然会看到有土壤干旱这种表述，但仍然指的是土壤水分亏缺的意思，在英文文献中并没有“soil drought”这种组合表述，也没有土壤干旱的定义。这种语义差别的原因在于中英文语言表达习惯的不同，当“土壤干旱”组合使用的时候，中文中的“干旱”并非英文中的“drought”，而是指土壤水分减少或失水，与土壤水分亏缺意义一致。《土壤学大辞典》对“土壤干旱”的定义为“土壤水分不能满足植物根系吸收和正常蒸腾所需而造成的干旱”（周健民和沈仁芳，2013），显然其含义是指因为土壤水分亏缺而导致的作物干旱，强调的是引起作物干旱的原因是土壤水分不足，并不是指土壤本身受到了干旱影响。在中文文献中使用“土壤干旱”这种表达的时候，一般指的是“土壤水分亏缺状况”，如期刊论文题目《不同生长时期土壤干旱对水稻的影响》（余叔文 等，1962）中土壤干旱指的是不利于作物生长的土壤墒情，因干旱而受灾的对象仍然是作物。由此可见，当前的认识是，土壤干旱与作物水分胁迫是不可分割的，离开作物谈土壤干旱没有意义。

但是实际上，土壤本身也可以因干旱而受到损害，土壤自身干旱是存在的。在气象干旱影响下，土壤有效含水量减少，作物根系不能吸收足够的水分，这对作物正常生长造成危害的同时，也对土壤自身的功能造成危害，出现土壤旱灾。土壤本身是一个具有特定功能的生态系统，在干旱缺水的时候，土壤性质会发生变化，这种变化是土壤对干旱的响应，也危害土壤自身。①干旱的时候，土壤物理性质和力学性质发生变化，土壤结构、通气性、导水率发生变化，特别是水分在土壤中的运动方向发生转变，导水孔隙发生变化（由以大孔隙导水为主转变为只有小孔隙导水），导水率急剧降低，土壤收缩，结构体断裂，孔隙因土壤形变而受挤压。这些土壤内部的变化深刻影响土壤的水文过程和水文循环，进而使土壤生态系统受到干旱胁迫，加剧作物干旱过程。②干旱引起土壤化学性质改变，如离子浓度升高、氧化还原电位增加、pH 变化、化学分解作用和其他化学反应受阻等。这些变化会影响土壤养分的形态、生物有效性和供肥能力。③干旱影响土壤生物学性质。大量的生物（包括微生物、微动物、低等植物）以土壤为理想栖息地，在土壤这种特殊的环境中生存和繁殖。干旱情况下，它们的生存环境发生了变化，其活性、数量、种群结构均发生改变。④干旱损害土壤生态功能。在整个生态系统中，土壤水分是重要的生态因子之一。土壤本身就是一个生态系统，干旱会导致这个生态系统混乱，甚至毁掉这个系统的生态功能。干旱发生的时候，虽然土壤矿质颗粒本身并没有受到胁迫，也没有“减产”，但土壤本身的健康状况（生态功能）的确受到了危害，即使没有种植作物，也能够看到土壤自身受到了干旱的影响。⑤土壤水分状况决定了土壤发育方向，也决定了土壤类型和其利用潜力，而干旱会改变土壤形成和发生过程。我国干旱和半干旱地区，在永久干旱条件下，发育形成了干旱土壤类型，是盐碱土和次生盐碱土地形成的主要原因；我国东南亚热带地区，在多雨和季节性干旱交替水分条件下，形成了酸性的红壤。由此可见，其实可以像看待作物干旱一样看待土壤干旱。

因此有必要建立“土壤干旱”这一专业名词，并明确其含义。土壤干旱既包括土壤含水量降低、土壤水分亏缺这一传统的表示土壤水分状态的含义，也包括因此导致的土壤性质、生态功能、生产能力受到减损这一含义。土壤干旱使作物受水分胁迫，其与作物干旱的发生发展关系密切，但是在没有作物的情况下土壤干旱也会发生，是独立于作物存在的自然现象。研究土壤干旱的含义，对我们深刻认识农业干旱的起因和防治农业干旱机理具有实际意义。当前土壤干旱的含义只关注作物受水分胁迫的影响，而忽略了干旱对土壤本身功能的影响，这不利于理解作物干旱的形成与发展，也不利于农业干旱管理。

在上述论述的基础上，土壤干旱可以定义为，在气象干旱和水文干旱的影响下，土壤含水量降低到使土壤性质和功能受到损害而不能发挥正常生态和生产功能的自然现象。例如，在土壤干旱时，作物根系难以从土壤中吸收到足够的水分以补偿地上部的蒸腾消耗的水分而引发作物干旱，不能正常发挥土壤本身的生产力。土壤干旱的主要原因是气象干旱，但植物消耗土壤水分也是重要原因，此外土壤性质、地下水位也影响土壤干旱的发生和发展。可见，土壤干旱是与大气、植物紧密联系的，是 SPAC 中水分状态和运动的一个环节。

（二）土壤干旱的特点

土壤水是大气水与植物水交换的中间环节，也是大气与水文相互影响的中间环节，从这个角度看，土壤干旱可以归入水文干旱，也可以归入农业干旱。但由于土壤干旱的重要性和复杂性，有必要把土壤干旱独立出来研究，更利于干旱的评价和管理。

土壤干旱还有特别重要的特点，掌握这些特点对指导土壤干旱和作物干旱管理非常重要。这些特点包括：①多种干旱因素相互影响。土壤干旱受气象干旱影响，也受作物生长影响，反过来也是如此，形成复杂的反馈关系。②土壤类型和性质影响土壤干旱。土壤具有不同的水力性质，不同类型和性质的土壤的易旱性不同，在同样的气候干旱条件下，有的土壤容易干旱，而有的土壤不易干旱，如红壤就是易旱土壤。在同样的干旱程度下（如同样的土壤含水量），不同土壤对作物干旱的影响不同，对产量的损害不同，即干旱危害不同。③土壤干旱对作物造成水分胁迫，但同时会引发其他因素对作物胁迫。土壤水分胁迫与土壤其他胁迫同时存在，有时难以区分。例如，大多数土壤在干旱的时候机械阻力增加，水分胁迫和机械阻力胁迫同时危害作物生长。

土壤含水量可以粗略反映土壤干旱程度。作物只能在土壤含水量高于永久萎蔫点（又称萎蔫系数或萎蔫含水量，指植物发生永久萎蔫时的土壤含水量）的含水量时吸收水分，而超过田间持水量的水分不能在旱地土壤中长期保持（会在重力作用下渗漏），因此能被作物吸收利用的是介于萎蔫含水量和田间持水量之间的土壤水。但是由于不同土壤性质差异甚大，相同含水量下植物有效性不一样，用土壤绝对含水量并不能反映土壤干旱状况，而用相对含水量（绝对含水量与田间持水量的比值）表示土壤干旱状况可以在一定程度上消除不同土壤之间的差异。一般情况下，土壤含水量为田间持水量的 60%～80% 时土壤供水充足，作物生长良好，而低于这个含水量作物则出现干旱（个别生育期除外）。表 1.1 是依据黏质红壤含水量对干旱程度做的一个简单分级建议，可以据此大体判断红壤干旱状况。需要说明的是，表 1.1 中建议的干旱标准只能用于粗略判定土壤干旱程度，不能评估作物干旱程度与旱灾损失，也不能完全照搬用于其他土壤类型（及其他质地的红壤）。

表 1.1　黏质红壤含水量和土壤干旱程度分级建议

干旱程度	土色	水分状态	质量含水量/（g/g）	相对含水量/%
偏湿	暗红	湿	>0.30	>80
适宜	鲜红	潮	>0.25～0.30	>70～80
轻旱	红色	润	>0.20～0.25	>60～70
中旱	浅红	半干	>0.15～0.20	>50～60
重旱	白红	干	≤0.15	≤50

土壤含水量不是引起作物干旱的唯一原因。对作物而言，土壤干旱的实质不是含水量降低而是水分在土壤中的能量状态降低，作物吸收水分受阻，伴随着养分吸收也受阻。有时干旱并不是土壤含水量少，而是作物无能力吸收水分或水分转运速率低。例如，作物根系浅，不能吸收深层土壤水分；或者作物受到其他胁迫，如盐碱胁迫，吸水能力受到影响；或者养分不足、生长不良影响了吸水能力或抗旱能力。在这种情况下，作物干旱与土壤干旱不可分割，多因素和系统性是农业干旱的特点。

土壤干旱具有缓冲性和可调控性。土壤干旱和作物干旱都是逐渐发生和发展的，都随着气象干旱的加深而越来越严重，但是，土壤系统和作物系统是两个具有缓冲能力的体系，二者一起构成了一个更加复杂、稳定的缓冲体系，对气象干旱具有很强的缓冲能力。即使发生了气象干旱，也不一定意味着农业就一定会减产，如果能够合理地利用和管理土壤-作物这个缓冲体系，采取合理的策略和措施，就可以防止或减缓气象干旱对农业造成损失。例如，灌溉，就是一种普遍采用的、有效的农业干旱防治措施，但在灌溉措施之外，也有很多有效的干旱预防和减缓措施。土壤性质和作物管理对农业干旱发生及发展有很大影响。掌握一个地区特有的干旱发生及发展规律，是农业干旱管理的基础。我国红壤区，以季节性干旱形式出现，是一种有明显发生规律的干旱，认识和掌握这种规律，是防治红壤季节性干旱的前提。

第二节　植物水分关系

一、植物中的水

（一）植物中水的含量

水是植物细胞、组织、器官的主要组成成分，活体植物中含量最大的成分是水，植物的根、茎、叶、花、果实或种子的主要成分也是水。生态系统中植物体的储水量很大，是五水（大气水、地面水、土壤水、地下水、植物水）转化系统的重要组成部分。在植物整个生长周期中，植物吸收水分的90%都是通过蒸腾消耗掉，这在陆地生态水文循环中起到了重要作用。生长中的植物的细胞原生质中质量含水量为80%～90%，其中叶绿体和线粒体含水量占50%左右，液泡中水分更是高达90%以上。不同植物含水量不同，草本植物含水量（75%～85%）稍高于木本植物；同种植物的含水量随生长环境和年龄不同有很大变化，一般在60%～80%。植物组织或器官随木质化程度增加则含水量减少，幼苗和鲜嫩叶片含水量一般为80%～90%，根尖为70%～95%，木质化的树干平均为50%，成熟的种子含水量最低，一般仅8%～14%或更少。

植物组织的含水量反映了植物的水分状况，它影响叶片气孔状态、光合作用、代谢活动、生长状况，也与植物的外观形态密切相关，是表征植物水分胁迫程度的重要指标，也是体现植物抗旱能力的一个指标，代谢旺盛的器官或组织含水量都很高。常以叶片的干重含水量、鲜重含水量、相对含水量来表示植物水分状况。

$$干重含水量=\frac{鲜重-干重}{干重}\times 100\% \tag{1.1}$$

$$鲜重含水量=\frac{鲜重-干重}{鲜重}\times 100\% \tag{1.2}$$

不同植物叶片的干重含水量差异较大，反映了植物组织储水能力。鲜重含水量也与植物特性有关，但不同植物的鲜重含水量差异不大。无论是干重含水量还是鲜重含水量，均不能直接反映植物的水分胁迫状况。往往用植物器官或组织的相对含水量来表示植物水分胁迫状况或抗旱能力，即

$$相对含水量=\frac{鲜重-干重}{饱和鲜重-干重}\times 100\% \tag{1.3}$$

其中，鲜重是叶片直接称量的重量，干重是叶片在150℃下烘干1 h后称重的重量，饱和鲜重是把叶片在蒸馏水中浸泡70 min后称重。与正常供水条件下的相对含水量相比，相对含水量降低8%～10%、10%～20%、>20%可以大体表示植物受到了轻度、中度、重度胁迫，因此常常可以用植物体相对含水量来作为干旱状况的指标。

植物含水量降低之后，无论是叶片还是根系的活力都下降，生理功能受到抑制。土壤干旱胁迫下，玉米叶片相对含水量下降，离体叶片保水力降低，同时叶片及根系质膜透性上升，根系活力下降。在土壤含水量低于田间持水量的60%之后，玉米根系、叶片质膜透

性均与叶片相对含水量呈明显负相关，表明保持较高的叶片含水量有利于维持根系活力。

在干旱的时候，植物细胞就会失水，膨压降低或消失，植物失去固有的姿态甚至永久萎蔫，生长停止。不同植物发生永久萎蔫时候的含水量不同，如果用组织水势表示永久萎蔫时的含水量，则农作物约为 1.5 MPa，旱生植物 3.0 MPa，水生植物 0.7 MPa。植物生长过程中涉及十分复杂的生理生化等反应过程，水不仅是这些复杂反应过程的载体，其本身也直接参与大部分过程。细胞原生质只有在含水量足够高时，才能进行各种生理活动，各种生化反应都须以水为介质或溶剂来进行。此外，水分对维持植物生长具有重要的生态意义，如通过蒸腾调节温度，维持植物稳定的环境。

（二）植物中水的状态

1. 植物中水的形态

植物组织的水分按照其存在的状况分为自由水（free water）与束缚水（bound water）两种。植物体内的一部分水与植物的结构物质结合不牢固，可自由移动，也很容易散失到植物体外，这部分水叫自由水。生理上活跃的组织中，大部分植物中的水（包括液泡水）是自由水。而另一部分水则牢固地被亲水性物质（如蛋白质、多糖等细胞胶体颗粒）通过水合作用（如氢键联结）束缚着，成半晶体排列，密度比液态水大，不能自由移动，这部分水称为束缚水。这两种状态水的划分是相对的，它们之间并没有明显的界线。因为植物体内的生理过程涉及许多酶促反应，都要在以水为介质的环境中进行，所以自由水的含量与植物的生理活动强度有关，制约着植物的光合速率、呼吸速率和生长速率等。

自由水的数量对植物生理代谢过程起着重要的作用，自由水/束缚水的比值高，意味着植物代谢活动强，反之则代谢缓慢。植物干旱最先导致自由水减少，因此轻微的干旱都会影响到植物的代谢和生长。束缚水虽然不参与植物的代谢作用，但与植物对不良环境的抵抗能力有关，当遇到干旱，植物体内含水量减少时，如果束缚水含量相对多，植物就有较高的保水力，可以减轻干旱的危害。

2. 植物中水存在的位置

水分存在于植物细胞中不同的区隔位置。①存在于细胞壁与细胞壁间的区隔中。整个植株的细胞壁都彼此连接（根部被凯氏带隔开除外），此区隔中的物质称为质外体，由亲水性的纤维素和果胶质组成，水在其中可以自由流动。②存在于细胞质中。细胞质外围由细胞膜（质膜）与质外体隔开，内部由液泡膜与液泡隔开。③存在于各种细胞器中。细胞质中的各种细胞器，如细胞核、线粒体、叶绿体等，它们各自有膜包围。④存在于液泡中。液泡中含水最多，溶解有糖类、无机盐、蛋白质等物质，液泡对细胞内的环境起着缓冲调节作用，可以使细胞保持一定的渗透压，保持细胞呈膨胀状态。

植物细胞内膜系统将细胞质分隔成不同的区域（即区隔），这使细胞内表面积增加了数十倍。各种生化反应能够在不同的区隔中有条不紊地进行，这提高了细胞的代谢能力。各个区隔之间的膜都允许水分子直接通过，但水在通过膜的脂肪层时遇到的阻力较大。各种膜都是半透膜，水中溶解的各种离子、糖类物质、有机酸等有机分子的透过性各不相同，当一个区隔中几种物质相互转化之后，区隔中的渗透势会发生很大变化，从而引起不同区隔之间的水分移动。水分移动的方向取决于膜两侧水势的高低，即水的能量状态决定其运动方向。

3. 植物中水的能量状态

植物体内的自由水和开放水池的纯水不一样，并不是完全自由流动的，植物体内的水分运输是由不同部位之间的水的能量差驱动的。植物细胞外有细胞壁，内有大液泡，液泡中有溶质，细胞中还有多种亲水大分子物质（衬质），这些都会对细胞内的水分能量状态产生影响。溶解物质存在总的影响是降低水的自由能（化学势），产生负的水势。至少有三方面原因可以影响水的化学势。

（1）溶质势（渗透势）。植物体内的水不是纯水，溶解了大量化学物质（溶质），这些溶质吸附水分，使水分子更有规律地排列而失去部分自由，也就是降低其化学势，使之低于水池纯水的化学势，这种由溶质引起的水的化学势降低部分称为溶质势，能够引起周围的水向其移动（如果隔着半透膜的话就是渗透），故又称为渗透势（Ψ_O）。渗透势在数值上是负的（以纯水的化学势为 0 作为参照），其绝对值称为渗透压。渗透压是各种溶质作用的总和，其大小与溶质浓度和种类有关。植物细胞渗透势的变化可以调节水分关系，如气孔通过调节保卫细胞钾的进出来改变渗透势，从而提高或降低膨压，使气孔开放或关闭。

（2）基质势（衬质势）。植物体内的水还受纤维物质束缚和亲水胶体物质吸附影响而降低自由能，这部分受细胞内的固态或悬浮颗粒物质（称为衬质）影响而降低的化学势称为衬质势或基质势（Ψ_m）。毛细作用和胶体表面吸附作用是衬质势产生的原因，衬质势数值上小于 0，其绝对值称为基质吸力，其大小与衬质的性质和含水量相关，在短时间内可以认为是一个不变的常数。

（3）压力势。植物细胞外围是细胞壁，而细胞（因溶质势）吸水之后水分数量增加，这就在密闭的细胞壁内产生压力，这部分因压力存在而增加的水的化学势称为压力势（Ψ_p）。细胞与周围环境溶质浓度不同而产生的溶质势差是压力势产生的原因，当细胞壁内外为等渗溶液时，没有溶质势差，压力势为 0；当细胞壁外为低渗溶液时，细胞吸水膨胀，产生压力势>0，称为膨压；当细胞壁外为高渗溶液时，细胞失水收缩，压力势<0，此时质壁分离，细胞受到严重伤害。一般情况下压力势为正值，细胞膨胀与细胞壁紧贴；在蒸腾过旺或土壤盐分浓度过高时，植物由于失水过快，压力势可以为负值，质壁分离，表现为水分胁迫。特别要强调的是，压力势是根尖细胞伸长并在土壤中穿插的动力，只有足够大的正压（膨压）才能克服土壤机械阻力，根尖细胞才能使前方的土壤颗粒移动或使土壤孔隙变大，根尖自身扎入土壤，后文相关部分会详细论述这个问题。

植物细胞总水势（Ψ_w）等于上述三个分势之和，即

$$\Psi_w = \Psi_O + \Psi_m + \Psi_p \tag{1.4}$$

在田间植物生长过程中，气温变化其实很大，会影响水的温度势（Ψ_T）；高大植株不同部位间也存在重力势差（Ψ_G），因此植物总水势会随大气、土壤环境和生育期变化，但在一定的条件下，细胞总水势主要由溶质势决定，溶质势为负值，因此总水势一般为

负值。新鲜根系总水势一般为-1 MPa至-15 MPa，远低于土壤总水势，使得根系能够从土壤中吸收水分。进入根系的水分，在植物各部位水势差的驱动下，由根向地上部的茎再向叶片运输，然后蒸腾进入空气，完成水在植物体内的运动，即构成SPAC。

植物体内的水势梯度随条件变化。在低蒸腾的时候，植物体内的水势梯度很小，在干旱的时候，植物体内水流运输的阻力增大，水势梯度必须增加才能维持足够的水流通量以保持生理代谢需要的水分。对于高大的植物，植物不同部位高差的重力势不同，即使同样是叶片或者茎干，它们在不同部位上的水势也不同，而且随着天气、土壤干旱程度而变化。

（三）植物中水的运动

水总是从自由能高的地方向低的地方运动，在SPAC中，水总是从水势高的部位向水势低的部位移动，水势梯度（水势差与运输距离的比值）影响运动速率。植物体内不同组织、器官、部位间水分运输也遵循这个规则，因此相邻细胞间水分运动的方向由细胞水势相对大小决定。水在运动过程中存在阻力，阻力越大运动速度越慢，需要更大的水势差才能维持水流速度，即水在植株中运行的通量与驱动力（水势差）成正比，与阻力成反比，类似于电流流动，可以用模型模拟 （Steppe and Lemeur，2007）。水在植物体内的流动和输送大体上可分为根系对水分的吸收、水分体内运输、蒸腾等环节，每个环节有各自的特点。

1. 根系吸水的动力机制

植物水分来源于根系吸水。根系吸水是水从土壤进入根细胞的运输过程，它是植物维持水分状况的关键。植物根系有两种吸水机制，它们同时起作用。

（1）主动吸水。在蒸腾作用较弱的情况下，根细胞离子主动吸水。主动的含义是指根系自身的生理活动产生水势差，对吸水起主导推动作用，但水仍然是被动地进入根系细胞及导管。根内外（即根土之间）水势差产生的原因是根细胞溶质浓度高而溶质势低（低于土壤水势），这种水流是渗透流。根细胞溶质浓度的变化，是由根系的生理活动产生的（如分泌无机盐和有机物），它使根内水流向上部运动，仿佛根细胞对水有一个向上的压力，称为根压。根压就是一种水势梯度差的体现，在不高大的植株中水会一直向上传导到茎和叶，因此把新鲜植株的茎切开（或受伤、折断），会有水流溢出来，称为伤流；与此类似的，没有受伤的植物如果处于土壤水分充足、天气潮湿的环境中，叶片尖端或边缘也有液体外泌的现象，称为吐水。伤流和吐水都证明根压的存在，原因是植物的代谢作用及由此产生的渗透作用使根系主动吸水，当蒸腾停滞的时候，细胞压力势增加，出现根压，因此产生伤流和吐水。

（2）被动吸水。由于蒸腾作用，叶片气孔下腔附近的叶肉细胞因蒸腾失水而水势下降，所以能从周边（下边）细胞取得水分，下边细胞又从另外更下边的细胞取得水分，这种蒸腾拉力一直传导下去，最后根细胞就从土壤中吸收水分。这种吸水是因蒸腾失水而产生的蒸腾拉力（也就是水势差，可以达数十兆帕）所引起的，与根系生理活动无关，根系不起推动作用，称为被动吸水。

主动和被动两种吸水机制是同时存在的，但蒸腾拉力产生的被动吸水更加重要。由主动吸水产生的根压（水势差）一般不超过 0.2 MPa，远小于蒸腾造成的拉力，因此在植物吸水总量中贡献很小。这对于高大的树木来说不足以将水运输到离地面几十米高的树冠上，因此必须依靠蒸腾拉力。可见，植物的吸水动力（及从而引起的耗水量变化）与大气蒸发力是相关的，在大气蒸发强的地区和季节，根系吸水动力更强，植物会消耗更多的水分，更加容易形成作物干旱，这也是红壤在夏秋季容易发生季节性干旱的原因。

2. 根系吸水的途径

水从土壤进入根系有三条通道，即根系吸水运输的路径有三条。

（1）质外体途径。该途径是根系吸水的主要途径，是指土壤水分通过细胞壁、细胞间隙等没有细胞质的部分（即质外体）运动的途径。质外体是一个开放的、连续的自由空间，水分运动通道不跨膜、阻力小，低渗透压就可实现水分运动，所以移动速度快。但根细胞中的质外体常常是不连续的，它被内皮层的凯氏带分隔成两个区域，一是内皮层之外，包括根毛、皮层的胞间层、细胞壁和细胞间隙，称为外部质外体；二是内皮层之内，包括成熟的导管和中柱各部分细胞壁，称为内部质外体。因此，水分由外部质外体进入内部质外体时，必须通过内皮层细胞的共质体途径才能实现。

（2）共质体途径。是指水分从一个细胞的细胞质经过胞间连丝，移动到另一个细胞的细胞质中，又称为穿细胞运输。胞间连丝是植物细胞壁中小的开口，是一个狭窄的、直径约 30～60 nm 的圆柱形通道，连丝穿过相邻的细胞壁，使相邻细胞的细胞质等交融在一起，细胞质可以在连丝中流动，使不同细胞（甚至整个植株）形成一个细胞质的连续体，即共质体。共质体是细胞到另一个细胞间物质运输和信号传递的一个直接通道，水分可以经过这个通道移动。

（3）跨膜途径。是指水分从一个细胞移动到另一个细胞，要通过两次质膜，还要通过细胞内的液泡膜，故称跨膜途径。这些膜上存在高效运转水分子的膜通道，由一系列分子量为 25 000～30 000 的蛋白组成，称为水孔蛋白，帮助水分子跨膜运输。

根系吸水的三个通道中，跨膜途径和共质体途径水分要穿过细胞，合称为细胞途径，移动过程阻力大、速度慢；质外体途径阻力小、速度快。三个途径共同作用，使得土壤水分进入根系导管，进一步向上运动至植株其他部位，根系三种吸水途径如图 1.2 所示。根系吸水是一种短距离的径向运动，即水流运动方向与根长垂直，与水流在根导管中垂直运动方向相比，水分径向运动的阻力大，是制约根系吸水的主要环节。在特殊的环境下，如在沙漠等极端干旱环境中，植物叶片也可以直接吸收大气中的水（如雾气和雨水）。

3. 植物体内水分运输

根系吸水之后，水在植物体内的运输路径是从根毛细胞进入根的表皮以内的细胞，然后径向运输进入根毛区导管，沿着导管进入根上部，然后进入地上部茎的导管中，再进入叶的导管中，最后在叶片细胞中通过蒸腾进入大气。上述水分在植物体中的运输过程，可以分为两个运输方向。

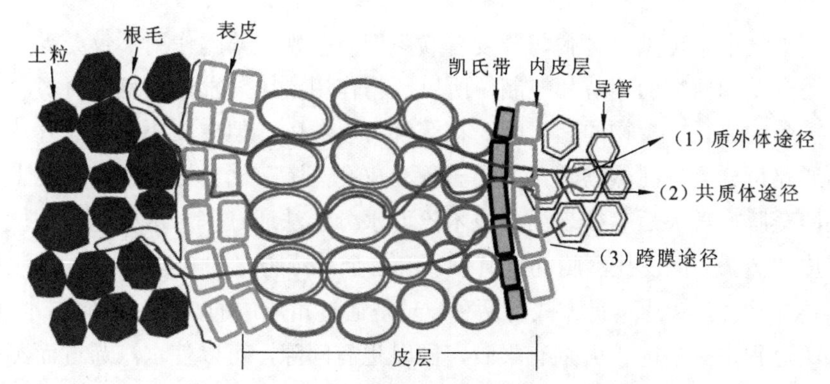

图 1.2　土壤水分进入植物根系的三种途径

（1）径向运输。从单个根来看，根系吸水的三个途径的水分运动方向都是从根表面进入根轴的内部，即是一种径向运动（运动方向与根长方向垂直），水分运输的距离并不长，只是从根表皮细胞到根导管，一般只需跨过数个细胞或数十个细胞，仅为微米到毫米级别的短距离。径向运输的途径虽然有三个，但是它们的通道都很细小和狭窄，水分移动阻力大、速率低，运输效率不高。水分径向运输在整个运输过程中以根系吸收阻力最大。

（2）轴向运输。水分从根系运动到地上部的茎、叶是一种长距离的运输，即轴向运动（与根长方向平行），运输的通道是木质部的导管。木质部导管由一系列中空的已死细胞组成，水在其中以连续的水丝形式集中流动，因而阻力很小，可以快速运输很远的距离。

水分在根、茎、叶中传导阻力较小。导管中的水丝从根的中柱鞘开始，直到叶肉细胞，与整个质外体中的水形成一个不间断的连续体。液态水的分子间有很强的内聚力（水是极性分子，水分子间存在很强的引力），如果密闭于管道中的水柱中没有气泡或空隙把水断开，连续的水柱就可以不断，从而能够把水运输到植物的顶端。干旱胁迫环境下，植物木质部水分处于张力（负压）之下，产生水蒸气而空穴化（理论上液态水空化的原因很多），使导管局部充满气泡而形成栓塞，从而使管道内的水丝断裂，阻碍水分运输，但这可以降低植物蒸腾失水，在一定程度上起到御旱作用。

干旱的时候，植株因失水或者因强大的蒸腾拉力而使导管收缩，茎变细，体积变小，储存的水分变少，而且整个质外体和与质外体接触的共质体，也都可能交出一些水分，类似于水库库容减少。在夜间或干旱解除之后，这部分交出的水分又可以逐渐得到补充。如果把植物看成水库，那么其库容是可以变化的。因此，水分在植株中的运动，是一种受库容调节的非稳态运动，也就是说同一时刻在植株不同部位水分运动通量是可以不一样的，一段时间内蒸腾损失的水量可以不等于根系吸收的水量。

4. 植物水分蒸腾

水分通过植物表皮以水蒸气状态向大气扩散的过程称为蒸腾。吐水和伤流是水以液态形式从植物体散失，而蒸腾是以气态的形式散失。蒸腾的过程分为蒸发和扩散两步，首先是水分向气孔下腔蒸发，完成液态水向气态水的相变，然后是气孔下腔水蒸气通过气孔扩散到大气中。可见，蒸腾与蒸发有联系但有差别，蒸腾作用不仅会受到外界环境的影响，还会受到植物的调节和控制，所以蒸腾作用要比蒸发作用复杂得多。

（1）蒸腾的途径。植物的茎、叶、花等都可以蒸腾，但主要还是依靠叶片。根据水汽扩散的通路可分为气孔蒸腾、角质层蒸腾、皮孔蒸腾。幼小植物暴露在地上部分的全部表面都能蒸腾，长大后茎枝表面形成木栓而水分无法通过，未木栓化的部位有皮孔，可以进行皮孔蒸腾，但皮孔蒸腾的量甚微，仅占全部蒸腾量的 0.1%左右。壮硕植物的蒸腾部位主要在叶片，叶片蒸腾方式有两种。一是通过角质层的蒸腾，角质层本身不透水，但其在形成过程中有些区域夹杂有果胶，同时也有间隙，可以使水汽通过而蒸腾。二是通过气孔蒸腾，占总蒸腾量的 80%～90%，是植物主要的蒸腾方式。一片叶子可以同时进行气孔蒸腾和角质层蒸腾，二者在叶片中所占的比例与植物的生长条件和叶片年龄有关，一般植物成熟叶片的角质层蒸腾仅仅占总蒸腾量的 5%～10%。

（2）蒸腾的意义。植物消耗的水分包括代谢和蒸腾两部分，其中代谢消耗的水分只占 1%～5%，而蒸腾散失的水分占 95%～99%，可见根系吸收的水分大多通过蒸腾散失了。植物为什么要白白“浪费”这么多水呢？从植物生理的角度看，在炎热的天气下，大量的蒸腾可以降低叶片温度，稳定维持光合作用等生理过程；蒸腾可以促进植物对土壤矿质养分的吸收并加快其在体内的运转；蒸腾作用产生足够的拉力，把水分从根部运输到顶部，这对高大乔木尤其重要；蒸腾的时候气孔开放，可以固定更多的二氧化碳进行光合作用。但是，土壤矿质养分吸收主要是依靠根系主动吸水而不是蒸腾被动吸水，矿质养分质的吸收量与蒸腾水量并不成比例，很多蒸腾水的确是“浪费”了。因此，可以适当抑制植物蒸腾，减少水分散失，但不影响植物正常的生长，从而提高水分利用效率（water use efficiency，WUE），达到节约用水和抗旱的目的。

（3）蒸腾的指标。蒸腾速率是指在单位时间内，单位叶面积通过蒸腾作用散失的水分[mmol/（m^2·s）或 g/（m^{-2}·h）]，用来衡量蒸腾快慢。蒸腾速率在单叶尺度、整株尺度、田间尺度上数值大小相差较大，原因之一可能是蒸腾作用随时间而高度变化，在空间上也存在很大的异质性，因此不能把在叶片上测量的蒸腾速率推广到整株和田间尺度。在一定的生长期内，植物因光合作用所积累的干物质量与蒸腾失水量之比称为蒸腾效率（或蒸腾比率），一般植物为 1～8 g/kg。蒸腾效率实际上是植物 WUE 的核心指标。与之对应的，蒸腾效率的倒数称为蒸腾系数，即在一定的生长期内，植物蒸腾失水量与累积的干物质量之比，一般用每生产 1 g 干物质所消耗的水的克数来表示（g/g），这个数值为 200～1 000 或更大。蒸腾系数越小，植物对水分的利用越经济，WUE 越高。

（4）蒸腾的气孔调节。植物通过叶气孔来调节蒸腾的过程称为蒸腾的气孔调节。叶片气孔的数目很多，上下表皮都有，每平方厘米可达几千至十几万个，气孔尺寸很小（长 10～30 μm，宽 1～5 μm），总面积不到叶面积的 1%，但是通过气孔的扩散作用而散失的水却可以超过同面积自由水面的 50%。这是因为自由水面水分蒸发快慢与蒸发面积成正比，而气孔蒸腾失水量却是与气孔周长成正比，即遵循小孔扩散规律。由于气孔的周长与面积比很大，大大提高了气孔散失水分的能力。

蒸腾的快慢受气孔本身阻力的影响，气孔越小阻力越大。气孔的开闭可以调节蒸腾速率，这种开闭受植株内外环境变化影响，夜间或夏天中午炎热时气孔关闭，阻力增加，蒸腾速率很低。图 1.3 显示，红壤上生长的花生，其叶片蒸腾速率随土壤含水量、生育期不同而差异较大，特别随一天天气的变化等而剧烈波动，结果表明蒸腾速率主要受大气和土壤水分等环境因子的影响。在田间可以通过合理的植被布局降低风速，通过农林复合系统减少太阳对作物的直接辐射、增加局部大气湿度等措施，可以在一定程度上起到节水抗旱的作用。

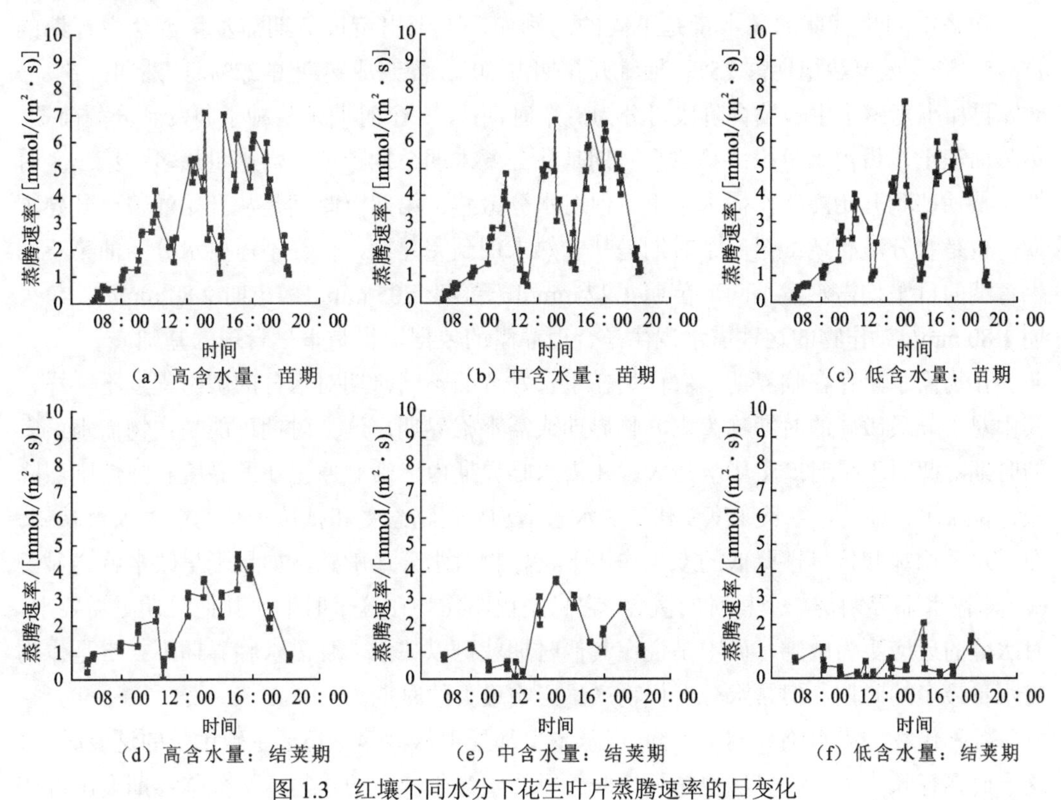

图 1.3　红壤不同水分下花生叶片蒸腾速率的日变化

二、作物水分利用

（一）作物需水规律

作物需水量因种类不同有很大差异，一般可根据蒸腾系数的大小来估计某作物对水分的需要量，即以作物的生物产量乘以蒸腾系数作为理论最低需水量。例如，水稻的蒸腾系数为 680，小麦为 540，玉米为 370，在目标产量明确的前提下，可以据此估算需水量。当然在实际田间应用时，还应考虑土壤保水能力、降水量及生态需水等，实际需要的灌水量比单纯的作物需水量大得多。同一作物，在不同年份及种植在不同地块，也会因气象、土壤、管理水平等不同而需水量不同，如在土壤肥力缺乏的地块，作物需水降低，但产量更低，导致 WUE 也降低。

同种作物的需水量因类型或品种而变化，主要是因为其地理起源不同，形态、结构、生理、生化特性及由此所决定的光合效率等不尽相同。一般 C4 作物的需水量低于 C3 植物。C4 作物如玉米、甘蔗、高粱等，它们同化 CO_2 的最初产物是四碳化合物苹果酸或天门冬氨酸，而 C3 作物如小麦、大豆、棉花等，它们最初同化 CO_2 的产物是三碳化合物 3-磷酸甘油酸。C4 作物由于有较高的光合作用效率，因而增大了气孔对水分的阻力，减少了蒸腾失水，需水量降低，提高了 WUE。

作物不同生育期的需水量是不同的。例如，玉米出苗拔节期需水量占全生育期的 15%～18%，拔节孕穗期占 25%，抽雄开花期占 30%，灌浆成熟期占 22%，黄熟期占 5%～8%。再如小麦整个生长发育阶段可分为五个时期：第一个时期是从种子萌发到分蘖前期，蒸腾面积小，日需水量少；第二个时期是从分蘖末期至抽穗期，需水量最多；第三个时期是从抽穗到开始灌浆，需水量不多但对水分敏感；第四个时期是从开始灌浆至乳熟末期，也是水分敏感期；第五个时期是从乳熟末期到完熟期，已经不需要水分。油菜不同生育期的日平均需水量不同，苗期 1.27 mm/d，蕾期 2.05 mm/d，花期 2.83 mm/d，角果期 1.80 mm/d。作物的这种需水规律是合理灌溉的依据，也是干旱管理的基础。

作物需水量存在临界期。农作物在生长发育的不同时期对水分的敏感程度不一样，其中对水分最敏感的时期称为水分临界期或需水临界期，这个时期可能是作物需水最多的时期，此时干旱对产量影响最大。在需水临界期内，细胞原生质的黏度和弹性剧烈降低，新陈代谢增强，生长速度变快，需水量增加，作物忍受和抵抗干旱的能力大大减弱。在需水量增加和抗旱性降低的双重作用下，作物对水分最敏感，如果干旱缺水就会显著减产。需水临界期是一个相对的概念，它只是说明作物在这个时期比其他时期更需要水，对水分的反应更为敏感，而不是说在其他时期就可以缺水，且需水临界期不一定是作物需水量最多的时期，但是水分对作物产量影响最大的时期。

各种作物的需水临界期虽不同，但基本上都处于从营养生长至生殖生长的这段时期，这一时期越长，需水临界期也越长。一般以籽实为收获物的作物，水分临界期多出现在营养生长向生殖生长过渡的时期；以块根、茎秆及叶片为收获物的作物，则出现在营养生长期。例如，水稻对水分最敏感的时期是在减数分裂期（抽穗前 10～15 d）和抽穗开花期，这两个时期是水稻的需水临界期；麦类作物的需水临界期在孕穗期至抽穗开花期，灌浆至乳熟末期也是需水临界期；玉米的需水临界期在开花期至乳熟期；豆类、花生的需水临界期在开花期；马铃薯的需水临界期在开花期至块茎形成期；棉花的需水临界期在开花期至幼铃形成期。根据各种作物需水临界期不同的特点，可以合理选择作物种类和种植比例，使用水不致过分集中。作物需水临界期是规划设计灌溉工程和制定合理用水计划的重要依据，也是制定季节性干旱防治策略的理论依据。在红壤季节性干旱区，合理制定播种期以避开需水临界期发生土壤干旱是防御作物干旱的重要措施。例如，对于春播作物要及时按期或提前播种，可以降低受到夏季干旱而减产的概率。

（二）水分利用效率

植物需水量受 WUE 影响。植物 WUE 指消耗单位水分所生产的同化物质的量，它反映了植物耗水与其干物质生产之间的关系，是评价植物生长适宜程度的综合生理、生态指标。在植物方面，可指细胞、单叶、植株个体、植物群体、产量等不同层次；在水分方面可指降水、灌溉水等不同范畴；在时间方面，可指瞬时、一段时期、整个生育期等不同尺度。因此 WUE 是一个所指范围很广的概念，不同学科的角度、范畴和侧重点不同，在考察时具体含义因包含的水分过程不同而不一样，在实际使用时甚至有点混乱，需要注意区分。但在本质上，蒸腾效率反映了植物本身的性能，是 WUE 的核心意义。

在叶片水平上，WUE 是光合速率和蒸腾速率之比。植物本身特性和生长环境因子影响 WUE。在植物本身特性方面，物种间和品种间 WUE 存在差异（可达 2～5 倍），光合途径影响 WUE，C4 植物比 C3 植物高，不同生活型植物 WUE 不同。叶片大小厚度与净光合速率和 WUE 呈负相关，因此叶片越大 WUE 越低，但大叶在单叶固定较多同化物方面的优点可能超过其负效应，因而利于群体蒸腾效率的提高。植物生育期、寿命长短也都影响 WUE。叶气孔行为影响光合作用和蒸腾作用，因而是影响叶片 WUE 的重要因子，气孔阻力增加会提高 WUE。

除植物因子本身之外，环境因子对 WUE 也有很大影响。①温度对单叶 WUE 的影响是温度对光合作用和蒸腾作用的影响不同所致，其中蒸腾作用强度随温度呈指数曲线上升且没有上限，而光合作用强度随温度上升则有限度，甚至在高温时下降。②空气湿度影响蒸腾作用但不影响光合作用，因此随着大气湿度增加，WUE 增大。③光照是光合作用和蒸腾作用的驱动力，光照对光合作用的影响是瞬间的，但对蒸腾作用的影响则可以累积的。④大气二氧化碳浓度增加明显提高光合作用而对蒸腾作用影响较小，因此能明显提高 WUE。⑤土壤养分状况和施肥也影响 WUE，在营养缺乏的条件下施肥可以明显提高 WUE。合理的营养在一定程度上改善了植物与水分关系，能提高渗透调节和气孔调节能力及净光合速率，从而提高 WUE。一些试验表明，中等施肥的旱地具有较高的 WUE 和产量（王立为 等，2012）。⑥土壤干旱使植物气孔开度降低，阻力增加，同时减小了光合作用和蒸腾作用，但光合作用对气孔开度的依赖小于蒸腾作用对气孔开度的依赖，因此土壤干旱能明显提高 WUE。但是，WUE 提高并不意味着产量提高，相反，土壤干旱胁迫下 WUE 提高可能同时伴随着产量降低。

作物的 WUE 特性既来源于遗传也受环境影响，被认为是最具节水潜力的性状。通过选择物种或培育高 WUE 品种，可以起到节水抗旱的作用。改善土壤环境可以提高植物 WUE，这是生物节水的理论依据。不同环境对 WUE 和产量的影响要根据实际情况具体分析，适度水分亏缺反而会提高作物产量和 WUE。水分亏缺并不总是导致产量降低，而干旱始终是植物的最大胁迫。

三、土壤—植物—大气连续体

（一）SPAC 理论

土壤水分通过根系吸水进入植物体，运送到叶片，最后散失到大气中，要经过下列环节节点：土壤孔隙→根毛细胞→根皮层→根内皮层→根中柱鞘→根中柱薄壁细胞→根导管→茎导管→叶柄导管→叶脉导管→叶肉细胞→叶细胞间隙→气孔下腔→气孔→大气。在这个过程中，水分经过了不同的介质和界面，含量和溶质浓度发生了变化，还发生了相变，是一个十分复杂的运动过程。水从土壤到植物再到大气，尽管介质不同、界面不一，但在物理上都是一个统一的连续体，水分在该系统中的各种运输过程就像链环一样，互相衔接，把这个系统称为 SPAC，可以应用统一的能量指标（水势）来定量研究整个系统中各个环节能量水平的变化。SPAC 中水分传输过程是农田系统水分迁移与能量转换中最重要的环节，作物干旱状况与该系统运行状态密切相关。

水在 SPAC 中流动的全过程中，受到各部分水流阻力的作用，包括土壤阻力、土根接触阻力、根吸收和传导阻力、茎叶传导阻力、气孔阻力、汽化阻力、叶-气边界层扩散阻力等，水要克服这些阻力向上运动必须以消耗能量为代价。SPAC 中，水的化学势（水势）逐渐降低，形成水势梯度分布（图 1.4），水势梯度是驱动水分从土壤向上运输到植物叶片的动力。

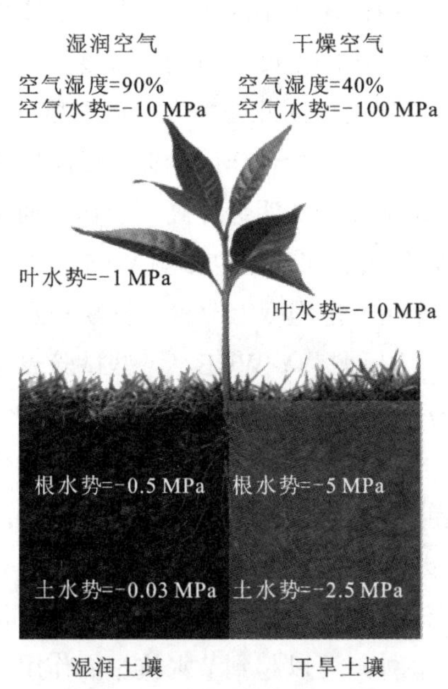

图 1.4　SPAC 的水势分布

图 1.4 显示的是两种极端情况下 SPAC 水势在系统中的分布和平均大小。在土壤和空气都湿润的情况下，水从土壤进入根系能量降低 0.47 MPa，从根系到叶片能量降低 0.5 MPa，从叶部汽化扩散到大气中能量降低 9 MPa；在土壤和大气都干旱的情况下，

上述界面水分能量降低分别为 2.5 MPa、5 MPa、90 MPa。在实际田间，SPAC 的水势分布情况比较复杂，随年份和天气、耕作施肥、作物生育期等不同而不同，如红壤上的花生在不同生育期和天气下叶水势差异较大（表 1.2），但从土壤到根系再到叶片，水势逐渐降低的趋势没有变化，表明 SPAC 理论揭示了水分运输的本质，与实际是符合的。

表 1.2　红壤—花生—大气连续体中水势分布　　（单位：MPa）

花生生育期	土壤	花生叶片	大气	天气
苗期	0.0172	0.404±0.006	127.47	晴天
	0.0192	0.517±0.063	130.98	晴天
	0.0166	0.541±0.089	37.58	多云
盛花期	0.0197	0.358±0.015	99.54	晴天
	0.0178	0.753±0.024	108.74	晴天
结荚期	0.0034	0.031±0.007	0.36	雨
	0.0221	0.742±0.035	67.36	晴天
	0.0713	0.758±0.094	123.24	晴天

红壤田间小区试验结果表明（陈家宙 等，2003），花生不同叶位叶片的水势均低于茎的水势，茎的水势低于根的水势，这与水分从根输送到茎再到叶而水势不断降低的趋势相符。水势从根到茎降低不明显（<0.02 MPa），而从茎到叶有明显降低（>0.12 MPa），能量主要消耗在茎—叶节点中。在花生各生育期，红壤—花生—大气连续体中，土壤基质势较高，除雨天外，不同天气下土壤基质势变化不大，到结荚期晴天时土壤基质势明显下降，说明在花生生长的绝大部分时期土壤水分供应充足，而结荚期开始受到干旱威胁。花生叶水势比土壤水势明显要低，在绝对数值上是土壤的 20～40 倍，从土壤到叶片能量水平降低 0.3～0.7 MPa。除雨天外，大气水势远远低于花生叶水势，绝对数值约是花生的 57～203 倍，从叶片到大气能量水平降低 25～130 MPa。可见，水分在连续体中运移，能量主要消耗在最末端的叶—气这一环节上。分析表明，红壤—花生—大气水势大体呈指数下降。不同天气状况下花生叶水势变化明显，高低相差大约 2.4 倍；而不同生育期叶水势变化没有明显规律。

虽然花生叶水势在整个生育期变化无明显的规律，但红壤—花生—大气连续体中水势的日变化却有明显的规律，典型的变化趋势如图 1.5 所示。日出后土壤水势开始降低，16:00 时降低到最低值，18:00 时又开始恢复上升，但这一变化幅度很小，与大气和花生叶片的变幅比较起来几乎可以忽略。大气水势日变化则呈现明显的“锅”形，日出前较高，日出后降低，10:00～16:00 时一直维持较低的值，为锅底，之后明显回升，18:00 时已上升到 8:00 时的水平。花生叶水势的日变化与大气水势日变化相似，也是早、晚高，中午低，二者相关性非常好；但在整个生长季节中，花生叶水势与大气水势并无明显的相关性，这说明花生的叶水势还与土壤水势及生育期有关，同时说明花生叶水势具有很强的自身调节能力，能够随外界环境条件的变化而发生变化。

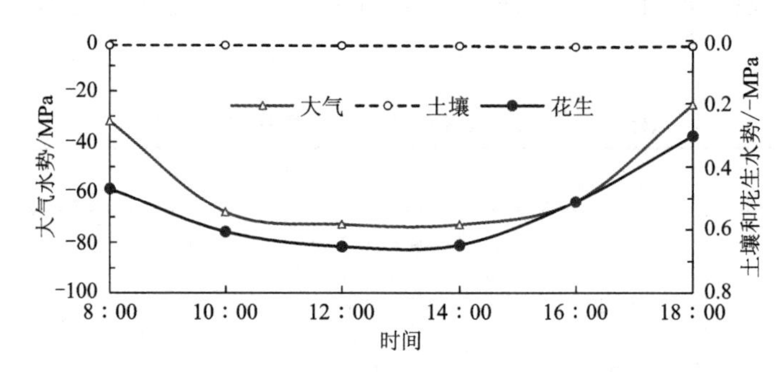

图 1.5 结荚期红壤—花生—大气连续体中水势的日变化

在一天中，早晚（及夜间）SPAC 水势差较小，而随着日出，水势差变大，正午时 SPAC 水势差达到最大，也就是说此时水流驱动力最大，蒸腾速率应该最大，但是许多研究都表明作物在正午时存在光合作用强度和蒸腾速率暂时降低的“午休”现象，水流通量急剧变小，一般认为这是由作物叶片气孔关闭所造成的，此时水汽从叶片气孔散发到大气的阻力增加，叶片水分损失变慢，则叶片水势下降的速度也应变慢，从图 1.5 可以看出正午前叶片水势降低的速度明显地变缓。可见，SPAC 内水势状况比较复杂，是多种因素共同作用造成的，并且这些因素间存在明显的反馈关系，认识这一点无疑对了解土壤水分与作物水势的关系、建立和评价抗旱节水的农业生态系统具有重要意义。

（二）水流的电模拟

可以把 SPAC 中的水分运动与电流进行类比模拟，水分流动速率与水势梯度成正比、与水流阻力成反比。假定系统水流为稳态流，则 SPAC 水流通量可用 van den Honert 稳态流方程（Lhomme，1998）模拟，即

$$Q=\frac{\psi_s-\psi_r}{R_{sr}}=\frac{\psi_r-\psi_x}{R_{rx}}=\frac{\psi_x-\psi_l}{R_{xl}}=\frac{\psi_l-\psi_a}{R_{la}} \tag{1.5}$$

式中，Q 为 SPAC 中的水流通量；ψ_s、ψ_r、ψ_x、ψ_l、ψ_a 分别为土壤、根、茎、叶和大气水势；R_{sr}、R_{rx}、R_{xl}、R_{la} 分别为水流从土壤进入根木质部、从根至茎、茎至叶气孔腔、叶气孔腔到叶面宁静空气层中各路径的水流阻力。这种关系类似于电学中的欧姆定律，称为水流的电模拟模型。水在土壤孔隙中的运动所遵循的达西定律，也与电流欧姆定律具有相同的形式。

SPAC 内水流通量除受控于水势梯度和水流阻力外，还受系统内的水容（C）影响（即存在水分释出或存储），各个部位的水势和水流阻力也是随时间变化的，水流是瞬态流而非稳态流，其中一种表达形式（邵明安，1991）为

$$Q_{(t)}=\frac{\psi_s-\psi_1}{R_{sl}}+\frac{d}{dt}[C(\psi_s-\psi_1)] \tag{1.6}$$

式中，C 为系统水容；t 为时间。

同水流阻力一样，SPAC 中的水容大致可分为土壤水容、根系水容、土根接触部位的水容、植物地上部的水容等。很多研究发现 SPAC 中水容的变化很大，其中土壤水容变化最大，且随土壤水势变化而发生较大幅度变化；植物水容远比土壤水容小，且土壤水容随叶水势的变幅远比随土壤水势的变幅小。在水容的各分量中，现有研究对植物根、茎及土壤水容研究得比较多，对于土根接触部位的水容研究得很少，主要原因是土根接触部位的水势很难测定。虽然有瞬态流方程，但该方程较复杂，研究者仍喜欢使用简单的 van den Honert 稳态流方程，该方程中的各个参数可以反映植株的水力结构状态和抗旱性。

（三）植株水力结构与抗旱性

植株水力结构是指在特定的环境条件下，植物各器官、组织所呈现的水容、水势、水流阻力等空间格局，是植物为适应生存竞争的需要所形成的不同形态结构和水分运输供给策略的外在表现。在干旱的时候，植株可以通过改变水力结构来影响导水阻力和减少对水分的需求，这就会对水分在植物体中的运输及水分平衡产生深刻影响。可以用于描述和表征植物水力结构特征的参数有（李吉跃和翟洪波，2000）：①茎导水率 K_h，是指单位水势梯度下通过一个离体茎段的水流通量，其含义和土壤导水率 K 类似，表征了植物体运输水分的能力，植物茎段越粗，茎中相应含有更多的输水组织，其单位时间内导水量越大，具有较高 K_h 值。②茎比导率，即单位截面积的导水率，由导水率除以茎段的截面积得到。对树木而言，如果单位茎截面的导管数量或导管直径增加，比导率值就会增大；纹孔膜多孔性及导管长度减少，比导率值就会降低，茎比导率反映了树木各部分输水系统的效率。③叶比导率，指茎导水率除以茎段末段的叶面积的值，反映了单位叶面积的供水情况。叶比导率越高，需要由茎供水给叶所需的水势梯度越小，输水效率高。④水容（C），指植物组织每单位水势变化引起的含水量的变化，又称比水容量，与土壤水容概念相同。由于植物组织的 C 值大小与该组织体积成比例，所以常把组织储水容量定义为每单位组织体积（或干重或叶面积）的含水量，类似于土壤毛管储水。但植物组织水容还与植物组织的弹性有关，细胞的水容大小反映细胞体积对水势变化的敏感程度，细胞壁弹性越高丧失膨压的临界水势越低，植物更耐干旱。除了这些指标以外，植物各个部位水势、叶气孔阻力、蒸腾速率等都可以表征土壤水力结构的变化。

水力结构与植物的抗旱性关系密切。不同植物有不同的水力结构，个体植株不同组织和部位水力结构也有差别。植物水容越大，表示对干旱的缓冲能力越强；而水容越小的植物组织，在干旱的时候容易出现导管空穴化和栓塞的情况，造成导水率急剧下降，妨碍植株水分运输，影响整个植株水分关系和生理过程。植物水容不是固定不变的，随干旱程度（也就是随含水量或水势）变化，一般情况下干旱的时候水容降低，此时对水分的调节和缓冲能力降低，抗旱能力降低，因此植物水势大小是表征植株水分关系和受旱状况的极好指标。类似地，根系导水率可以表征根系吸水能力，叶气孔阻力可以表征蒸腾速率和捕获二氧化碳的潜能，它们都可以用来指示植物干旱状况和抗旱能力。植物水力结构与遗传类型、生长环境、田间管理有关，但目前还不能明确地把水力结构与植物抗旱性之间紧密地联系起来，而且对植物根系的水力结构特征、整株植物乃至植物群落导水率的昼夜季节变化、植物导水率与气候、土壤及营养条件之间的关系未能进行全面系统的研究，还有许多问题待解决。

第三节　作物干旱胁迫响应

干旱的另一种表述是水分胁迫，在作物生产中干旱和水分胁迫可以看成同义词。农作物因缺水而出现的正常生长受到抑制的现象称为作物水分胁迫，引起水分胁迫的原因可以是生理干旱（指土壤环境并不缺水，而是由于淹水、冰冻、高温、盐渍或毒害等，使得作物不能正常吸收水分，导致作物生理缺水），但更常见的是土壤干旱或大气缺水引起的作物水分胁迫，影响最大，且干旱是一种非生物胁迫。农业干旱的本质就是作物水分胁迫，在红壤季节性干旱区，水分胁迫还往往伴随着高温胁迫、机械阻力胁迫等，使得红壤季节性干旱发展速度更快，在很短时间就可形成旱灾。

作物生长在土壤中，本身不能移动，只能适应所在的环境。为了抵抗干旱及其他不利的环境条件，作物会做出各种反应来维持自身的水分状况，以避免或减轻缺水的伤害。这种被迫的改变称为胁迫响应（或胁变），作物胁变比地上部可以移动位置的生物胁变更复杂，可在作物的分子水平、物质代谢、细胞、器官和组织、植株形态等不同层次和水平上表现出来，体现在作物组织和器官水平上就是肉眼可见的形态变化。植物对干旱胁迫所作出的反应，包含了两方面后果，一方面使植物适应逆境，保证在胁迫条件下生存或生存得更好，但同时另一方面也限制和破坏了植物正常生长。胁迫响应积累之后，就会在植物体的外表形态表现出来，对植物地上部和根系产生影响。植株外表形态的胁迫响应是肉眼可见的，当植物外表形态表现出肉眼可见的干旱胁迫的时候，植物受到干旱胁迫的时间其实已经很长了，是前期光合作用和物质代谢长时间受到胁迫的累积结果，这种胁变基本上是永久的伤害，干旱解除之后无法恢复到之前的水平。

一、生理水平的响应

干旱对作物生长一般的影响是众所周知的，但是人们对水分胁迫对生物化学和分子水平的影响了解得不是很清楚。作物水分胁迫一般的过程表现是，作物体水分散失速率超过水分吸收速率时，作物组织含水量下降，细胞膜（包括内膜）因脱水而结构破坏，引起细胞内不同区隔间的代谢过程紊乱失调，细胞合成减弱而水解加强（如淀粉水解为糖、蛋白质水解成氨基酸），水解产物在呼吸中消耗，引起细胞膨压降低和水势降低，从而细胞伸长受到抑制，并导致脱落酸（abscisic acid，ABA）累积。这些过程宏观上导致叶片较小，光合作用面积减小，整体生长受到抑制和破坏。上述影响在不同作物之间有差异，这是因为不同作物或品种对水分胁迫的反应不同，如旱生作物长期生活在干旱的环境中，在生理或形态上具有一定的适应特性。

干旱胁迫引起作物一系列甚至全面的生理反应是一个十分复杂的过程，目前并不确定哪种生理反应最先开始、水分胁迫信号如何传递，也不能确定起主导作用的物质是什么。但可以知道的是，水分胁迫抑制细胞膨大更甚于抑制细胞分裂，可以影响光合作用、呼吸作用、物质运转、离子吸收、碳水化合物合成、营养物质代谢、激素水平等。

（一）光合作用

光合作用对水分胁迫特别敏感。作物光合作用随叶片相对含水量和叶水势降低而降低，主要归因于气孔限制和代谢受阻。水分胁迫下，其他因子（如气孔关闭导致二氧化碳同化）也共同抑制光合作用，其中光合装置受损和活性氧（超氧化物和羟基自由基）产生可能尤其重要。叶片叶绿素含量降低，而叶黄素增加，后者通过参与叶绿素循环而抑制活性氧，对作物起到一定的保护作用。羧化酶迅速降低并导致整体酶活性包括光合酶活性降低，光反应过程中的电子传递也受到干扰。上述各种影响因子累加，导致了水分胁迫下光合作用降低。

（二）蛋白质和脂类物质合成

为了响应水分胁迫，不同作物中除体内产生的一系列生理生化变化外，其基因表达也受到深刻影响，并被诱导产生许多特异基因产物。水分胁迫诱导产生的基因产物主要分为两大类，一类是在水分胁迫耐性和细胞适应性中涉及的功能蛋白，另一类是在胁迫响应时可能在基因表达和信号转导中起作用的调节蛋白。它们和其他的渗透调节物质一起提高作物对干旱的适应能力。

水分胁迫导致植物体蛋白质数量和质量变化。水分胁迫抑制生物化学合成作用导致作物叶片蛋白质水平降低，可能改变基因表达并影响新蛋白质合成。作物响应水分胁迫而合成的主要蛋白包括胚胎发育晚期丰富蛋白、干旱胁迫蛋白、响应 ABA 的蛋白、脱水素、冷调节蛋白、蛋白酶、生物合成各种渗透保护剂所需的酶、解毒酶等，同时也合成信号传递和基因表达调节蛋白。这些蛋白大多类似脱水蛋白（伴随种子成熟而形成），具高亲水性和热稳定性，对作物器官起到保护作用。此外，位于质膜的水孔蛋白起到跨膜快速运输水分的作用，在干旱的时候，一些水孔蛋白或水孔蛋白同源物的表达就是作物适应干旱的一种积极反应（李善菊和任小林，2005）。

水分胁迫可促进各种脂类物质合成，如叶绿体中低碳脂肪酸增加，脂类过氧化增强，导致膜脂类物质和蛋白质的联系紊乱，影响酶活性和膜传递能力。

（三）脱落酸累积

ABA 是植物传递干旱信号的物质。在水分胁迫下，植物激素 ABA 累积，这是植物响应干旱和耐旱的一个主要体现。气孔关闭和多个抗旱基因的表达都与 ABA 有关。当土壤有效水（soil available water，SAW）降低的时候，植物木质部液流ABA浓度大幅度增加，这导致叶片不同部位ABA浓度增加，叶气孔保卫细胞高浓度ABA引起气孔关闭以保持叶片水分。干旱下根冠比与根系和地上部ABA浓度有关。在应对作物干旱的实践中，可以人为利用ABA，促使作物提前主动做出干旱响应，以适应即将到来的干旱，从而提高作物的抗旱能力，减少干旱损失。

（四）矿质养分变化

水分胁迫影响植物矿质营养，破坏离子动态平衡。钙在植物细胞膜结构和功能完整性中起关键作用，但在干旱的时候很多作物体内Ca^{2+}浓度降低，如玉米叶片Ca^{2+}浓度可降低50%而根系中却增加，由此导致一系列不良反应。钾参与植物渗透调节和气孔运动，在植物抗旱方面起重要作用，植物缺钾会降低植物对干旱的抵抗能力。水分胁迫下植物K^{+}浓度降低主要是因为膜损坏及离子动态平衡紊乱。水分胁迫下引起氮代谢紊乱也是植物受害的重要原因，干旱时氮吸收能力和硝酸还原酶活性降低。

二、叶片和气孔响应

（一）叶片

植物叶片在形态构造上的变异性和可塑性很大，对环境条件的变化响应最敏感。水分胁迫下，叶片形态和解剖结构发生一系列变化，主要包括叶片细胞收缩、叶长和叶宽减小、叶型细小、叶面积减小（导致气孔数量减少），还包括叶细胞壁增厚、叶表面角质化、栅栏组织和海绵组织厚度增加、叶片厚度和比叶重力增加、气孔陷入叶肉组织中。严重干旱时叶片早衰，或者脱落。叶片细胞收缩可以减少因干旱导致细胞收缩产生的机械损伤，叶型变得细小可以减少水分蒸发的面积，叶片变厚则能增强储水能力，叶片早衰或脱落可减少水分散失。

除形态和解剖结构变化外，叶片也通过机械运动来响应干旱。干旱下叶片机械运动主要有三种。一是被动运动，即叶片因失水而膨压降低，暂时或永久萎蔫；二是主动运动，即叶片调整伸展方向，干旱时叶向角（叶柄与主茎形成的角度）降低，叶倾角降低和方位角变化，以降低受光面积；三是卷曲运动，即叶片主动降低伸展度以防止过度蒸腾。叶片这几种机械运动，通过植物水分状况变化来实现，如叶片（及叶柄）细胞水势降低或增加，细胞膨胀或收缩，使叶向角变化。

一般干旱的条件下，叶片的机械运动都是暂时的和可逆的，一旦干旱解除叶片又可恢复常态，叶面积并无明显变化。叶片对干旱的这种响应变化有利于维持植物水势，提高植物抗旱能力，特别对预防即将发生的更严重的干旱是有利的。但多数情形下，即使轻度干旱导致的叶片形态的变化往往都是永久的，不可逆的。严重干旱时，叶片会发生永久萎蔫（复水后叶片也不能恢复到常态）。因此在干旱管理实践中，用叶片形态指示干旱状况往往存在滞后性。

（二）气孔

气孔是植物叶表皮特有的结构，是水蒸气、二氧化碳、氧气进出叶片的通道。狭义上常把两个保卫细胞之间形成的凸透镜状的小孔称为气孔，保卫细胞水势变化引起气孔膨胀和收缩，调控气孔开闭。气孔尺寸在几至几十微米级别，不同植物、植物不同叶片、叶片不同部位的气孔形状大小都有差异，且受生境条件和生育期变化影响。例如，玉米抽穗期和灌浆期的叶片气孔密度和气孔长度均高于拔节期，而宽度变化较小。

可以直接测量气孔大小来反映气孔开闭状况，如玉米在中度干旱下叶片气孔长度和宽度都减小，宽度下降幅度更大，表明干旱主要通过减小气孔宽度来调整气孔形态的变化，即气孔开度减小。干旱胁迫下，气孔典型的响应特征是开度减小和密度增加（李中华 等，2016）。气孔密度对干旱胁迫的响应程度不仅与植物种类有关，而且与干旱胁迫程度有关。干旱胁迫下，气孔密度增大，而气孔长度、宽度、开度和开放率变小。随着干旱加剧，叶片气孔密度呈现先增大后减小的趋势，即适度的干旱可以增大叶片气孔密度。这种密度增大可能是一种相对增大，即适度干旱下细胞伸长受到抑制，导致叶面积减小，单位面积气孔数目增加。虽然气孔密度增大但气孔绝对数量并没有增加。而严重干旱下，叶片受损严重抑制了气孔开启，气孔数目显著减少，最终表现为密度减小。随着干旱程度增加，叶片气孔导度明显降低，这导致蒸腾速率和光合速率都显著下降，但蒸腾速率下降得更多，进而 WUE 提高。

气孔形态特征在一定程度上能反映植物的抗旱性。抗旱性较强的植物气孔小且密度大，气孔导度对土壤水分变化敏感，调节气孔开闭能力强。重度干旱下，气孔内陷于叶肉细胞，并且大小和开度显著减小，表皮毛显著增多，以此来减少植物叶片水分散失，是一种对干旱的适应响应。抗旱性强的植物在遭受干旱时，气孔可以快速闭合，复水后能迅速恢复。气孔自身的调节能力在一定程度上反映植物对干旱胁迫的抵抗能力。

生产实践中常用气孔导度来衡量整体叶片气孔的开闭程度，即单位时间单位面积通过的水蒸气的量，其倒数称为气孔阻力。干旱胁迫下，气孔胞间二氧化碳浓度、光合色素含量、碳同化反应催化酶（磷酸烯醇式丙酮酸羧化酶）活性均降低，导致最大净光合速率显著降低。在重度干旱胁迫下，叶片蒸腾速率和气孔导度均显著降低，与气孔密度呈显著负相关关系，降低了叶片瞬时 WUE。干旱之后复水，气孔大小和代谢物质含量可以恢复，蒸腾速率、光合速率、生长速率可以恢复到正常水分条件下生长植株的水平，但不能消除前期干旱已经产生的影响。

干旱影响植物气孔的日变化动态（陈家宙 等，2005）。花生在三种干旱状况下[分别维持土壤含水量为田间持水量 85%～90%（不干旱）、65%～70%（轻度干旱）、55%～60%（中度干旱）]的研究结果表明，花生气孔导度呈现明显的正弦波浪形日变化，这种日变化在分枝期受土壤干旱程度影响较小，而在结荚期受土壤干旱状况影响很大。轻度干旱和中度干旱不仅大幅度降低了气孔导度而且破坏了日变化动态，在中度干旱处理下看不到规则的正弦波动，大多数时候气孔处于休眠状态（图 1.6）。

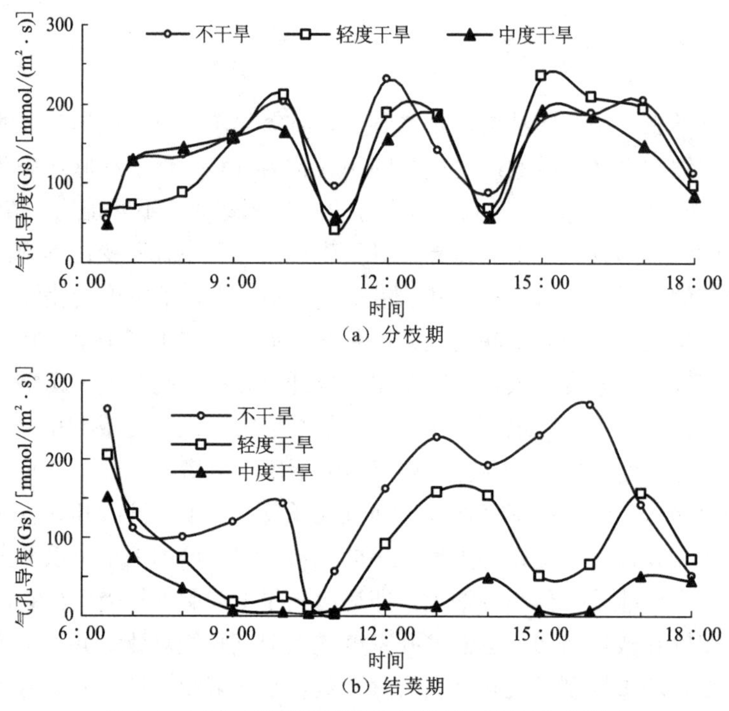

（a）分枝期

（b）结荚期

图 1.6　红壤干旱状况对花生气孔导度日变化的影响

三、茎和株型响应

茎为植株的主干，茎越向上越尖细，最上端为茎尖，与根尖类似但无根冠（孙琳旎 等，2016）。茎的初生结构由外而内分为表皮、皮层和维管柱三个部分，成熟过程中产生一些次生结构。相对叶片而言，植物茎对干旱的响应不那么明显，一般认为，干旱抑制茎径膨胀（Farooq et al.，2009），茎变短；但也有相反的研究结果，如大豆早期干旱降低结荚厚度但却使茎径变粗（Ohashi et al.，2009），原因是干旱显著促进了碳同化物从叶片向其他部位的分配，而茎就是最大的受益者。干旱影响下，可溶性碳水化合物在植物不同部位累积，淀粉浓度在各个器官降低而在茎中却升高，使茎径变粗。茎粗存在昼夜节律变化，白天收缩夜晚膨胀，干旱胁迫不改变这个节律的节奏但却改变幅度，加上不同植物之间的差异，可能会导致不同研究结果不一致。

干旱对株型有明显影响，主要是使株型矮小。花生苗期干旱促进总分枝数增加；开花期干旱则使单株结果数和单株果重降低；而苗后期至盛花期干旱抑制了主茎和侧枝的生长，植株明显矮小，但有利于塑造更加直立、适宜机收的株型，且适度干旱荚果产量不降低。干旱胁迫下，玉米株高降低，穗长缩短，秃尖变长，穗粗、穗行数、行粒数和千粒重显著减少，经济产量显著下降，且胁迫程度越大，减产越严重，不同品种间有较大差异。

四、根系响应

土壤干旱胁迫虽然首先由根系感知，但在干旱使地上部受到抑制时，根系在土壤中受影响较小，仍会继续生长（Spollen and Sharp，1991）。这是因为根系是植物吸水器官，对干旱的响应不同于地上部仅仅是为了减少水分散失，更要提高吸水能力以吸收更多的水分，因此根系对干旱的响应与地上部是不一样的。总体而言，根系生长受干旱抑制的影响较地上部要小，通常原因是作物根系对干旱条件的适应性更强，根系是植物最聪明的器官。根系在生长发育过程中，不断受到环境的刺激和诱导，表现出特有的向性运动（向地性、向肥性、向气性和向水性等），在土壤中形成千姿百态的根系形态。在不可逆的向性运动中，一方面由于土壤变异比空气更大，使根系对土壤干旱的响应比地上部更复杂；另一方面由于根系在土壤中肉眼不可见，动态观测和研究更困难，根系对土壤干旱响应的研究一直落后于地上部（朱维琴 等，2002）。植物根系形态的可塑性非常大，除干旱之外，根系对土壤性质、温度变化也非常敏感，而即使单纯的干旱也会引起土壤性质和温度的变化，因此植物对干旱胁迫的响应及形态上发生的变化很难一概而论，不同干旱程度对植物根系的影响是不同的，适度干旱促进根系生长而严重干旱抑制根系生长，比地上部对干旱的响应复杂得多。

（一）根系形态响应

根系构型是指同一根系中不同级别的根在生长介质中的相互连接和空间分布情况，包括土壤中整体根系分布形态、单株和单根外观形态。根系整体分布形态指根系分布的广度和深度，如密集型、水平扩展型、向下扩展型等根系构型。虽然根系整体分布形态主要受植物遗传特性控制，但也受包括土壤干旱在内的土壤环境条件的影响。单株和单根外观形态包括下扎深度、体积、长度、根长密度、粗细、几何形状、分支状况、根毛数量等，它们对干旱十分敏感，在不同的土壤水分状况下差异巨大。根系可以通过构型的变化对干旱胁迫产生响应，以适应生长环境的变化。

不同气候环境下的植物根系对干旱的响应有差别。一般而言，如果植物在生长季干旱缺水，而在其他季节有水分补充，则这种地区的植物根系偏于垂直向下伸展；如果植物仅在生长季有有限的降水，则植物根系偏于水平方向发展，根系分布浅但广；而干旱区旱生植物根系对干旱胁迫的响应则表现为根系分布变浅变广、根皮变厚且硬化、根系变成储存器官以防止水分从根部流失。根系的这些不同特征，都是为了适应不同的水分环境做出的积极响应。

1. 根深和根长

土壤剖面不同层次的干旱状况影响根系深度分布。表土干旱可以增加土壤深处的根系量而减少表土的根量，这归因于根系具有明显的向水性。相同的原因，灌溉特别是滴灌能够增加根系总量但不会增加土壤深层根系量，根系分布趋于表层化。植物幼苗轻度干旱有利于根系下扎，如轻度干旱胁迫促进了番茄幼苗根系长度、表面积和体积增加。

番茄幼苗通过增加 0.50～1.00 mm 径级比例来促进根系长度增加，且通过增加 1.00～2.00 mm 径级比例来增加根系表面积和体积（孙三杰 等，2012）。在干旱条件下，小麦作物根系下扎深度与作物产量呈正相关（Lopes and Reynolds，2010）。

干旱缩短根长。干旱时，玉米根系生物量、根长、根表面积均显著下降，而且根长在表土下降更多，使得深层分布的根系占总根系的比重提高（刘小芳 等，2009）。图 1.7 显示，黏质红壤在四种耕作措施下，玉米的根长都是随干旱程度增加而降低。根系的这种形态优化利于减少水分消耗和水分吸收利用，是根系对干旱的一种积极响应。

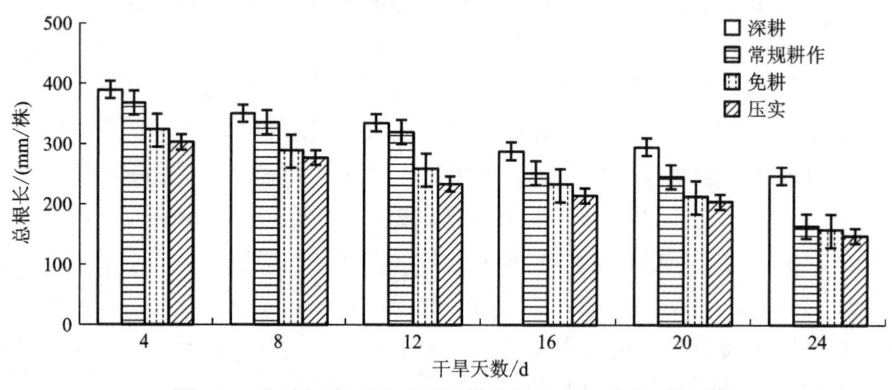

图 1.7　黏质红壤干旱时不同耕作措施下玉米根系长度

植物不同种类和品种的根系形态对干旱响应有差别。例如，抗旱型花生品种根系较发达，具有较大的根系生物量、根长、根表面积，干旱胁迫使抗旱型品种根系表面积和体积增加，而干旱敏感型品种则相反（丁红 等，2013），而且在干旱胁迫下，抗旱型品种在深层土壤中的根长密度、表面积和体积占比增加比干旱敏感型品种更高。

2. 根生长角度

根的生长角度与根的向性有关。在水稻中已经鉴定到控制根系生长角度的基因位点 Deeper Rooting 1（Uga et al.，2013）。根系生长角度受土壤性质高度影响，如土壤质地、结构、含水量、通气性、养分含量等，由于根系具有向水性、向肥性、向气性，这些性质的空间差异会影响根系生长角度。在干旱的时候，控制根系生长角度的基因高表达，调控根尖区域的细胞伸长，响应重力，使根系生长角度趋于陡峭，根深增加。因此控制水分和养分将会直接影响根系的生长发育状况及生理特性，并影响其抗旱能力。

3. 根径与根径级配

不同粗细的根系在功能上有差别，细根及根毛吸收水分能力强，粗根吸水能力差，粗根主要起支撑作用，同时粗根下扎能力强，能扩大根系吸水空间。根径是影响根系穿透土壤的能力的重要因素，根径越大，其遇到坚硬土壤时抵抗弯曲和偏转的能力越强，成功穿过土壤的可能性越大。

土壤干旱下植物根径变粗。黏质红壤上的结果表明（图 1.8），随着干旱天数延长，玉米作物的根径逐渐变粗。耕作措施因为影响了土壤的紧实度，也显著改变了玉米作物的根径。这是因为干旱使土壤变得更坚实，根系为了扎入土壤需要克服更大的阻力，增大根径可以增强其穿过紧实土壤的能力；但同时根径变粗意味着水分在根系中径向运动距离增加，水分运输的阻力变大，会影响根系水分向地上部运输。

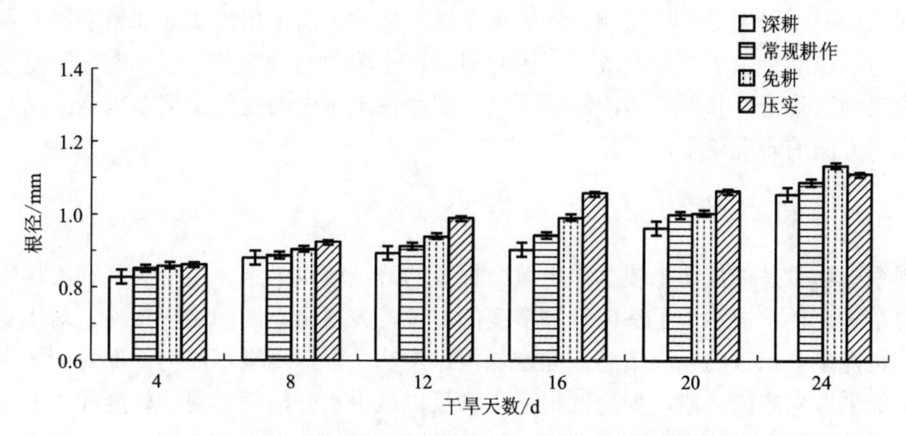

图 1.8　黏质红壤干旱时不同耕作措施下玉米的根径

植物根径对干旱的响应很复杂。一方面，干旱时根系的平均根径变粗，并不是所有的根径都变大，而是因为根径级配发生变化，细根系占比减少而粗根系占比增加，导致平均根径增大。另一方面，很多时候无法区分根径的变化是因为干旱还是因为土壤机械阻力，有一些研究表明土壤干旱下根系变细，根径级配在干旱（同时伴随机械阻力变大）条件下的变化就不是那么显而易见，但这方面的研究还不是很完整。

4. 分支和根长密度

相对于主根，植物的侧根受干旱影响更大，主要是通过抑制侧根分生组织而发生作用。分支产生的侧根是根系吸收水分最活跃的部分，分支越多根长密度越大，在一定范围内植株抗旱能力越强。正常水分下，小麦初生根的一级分支为 21.1%，而干旱下增长到 38.5%。轻度干旱（60%～70%田间持水量）促进次生根的生长，但干旱程度增加（低于 60%田间持水量）次生根数目显著减少。

轻度干旱促进根系分支和根毛发生，但继续干旱则作用相反。刚开始干旱时，根系数量和根长密度增加，的确能提高吸水能力，但分支过度及根长密度过大，消耗了更多的同化物和能量，对根系向土壤深处下扎形成制约，在中度、重度干旱条件下，根系分支和根长密度降低是必然的。因此根系对干旱的响应有一个临界转折点，干旱程度超过这个临界点之后对植物造成损伤。

5. 根毛

根系吸水部位主要位于根毛区，根系吸水的 50%来自根毛的贡献。根毛是根尖成熟区表皮细胞向外突出形成顶端密闭的单细胞管状结构，它显著增加了根表皮的吸收面积，而且根毛区输导组织发达，细胞壁外层由果胶覆盖，亲水性好，利于从土壤中吸收水分。

干旱利于增加根毛密度。小麦在干旱下根毛密度比正常供水增加 50%，这显然增加了根系与土壤的接触面积，加之根毛的锚固作用，有助于根尖在坚硬的土壤中伸长，提高根系下扎能力，在物理上是利于水分吸收的，不过根毛的增多能否在生理上促进水分吸收还不明确。

根系构型不仅仅受干旱影响，还受土壤性质影响，而土壤性质（如紧实状态和根系穿透阻力）也随土壤干旱状况改变，因此根系在土壤中的分布及外观形态非常复杂，加之不同植物遗传特性和干旱适应特征不同，根系在土壤中的变化受很多因素共同作用，目前在这方面的研究还不很充分。

（二）根系生物量响应

根系生物量是单位面积或体积土壤中根系的鲜重或烘干重。由于大气和土壤干旱条件的复杂多变性，根系为了适应这种多变的环境，表现出不同的响应策略。对于短期的干旱，可能采取积极的响应策略，如增加根系生物量以提高吸水能力；而对应长期的干旱，可能采取保守的策略，如降低根系生物量以减少水分消耗。对于轻度和重度干旱，植物根系的响应也可能是不一样的。

抗旱能力强的植物有较大的根系生物量，这是由植物遗传因素决定的，或者说是由于植物长期适应干旱环境所采取的一种长期应对策略而在遗传因子上得以体现。一般认为，湿润地区植物根系分布浅，根系生物量小特别是细根少，而干旱地区植物根系分布深，根系生物量大特别是细根多。比较作物不同品种的结果表明，抗旱型品种根系较发达，但是根系生物量多。根系生物量是以消耗代谢产物和水分为代价的，这可能会影响到地上部的生物量和产量，也就是说，抗旱型品种产量不一定高，有时甚至很低。很多研究表明抗旱型品种在干旱下产量高，但并不稳定。对于干旱、半干旱区，选育和采用抗旱型品种是很好的抗旱措施，但对于红壤季节性干旱区，依靠抗旱型品种来防御季节性干旱并不是理想的干旱防治策略。

干旱降低根系生物量。大量研究表明，轻度干旱下，植物根系增加，持续干旱胁迫下根系生物量减少。根系生物量的这种响应与地上部是不一样的，地上部对干旱的响应简单而言就是“变小”，以降低水分需求和消耗。而根系并不是一开始就变小，是先变大以增加水分吸收，持续干旱下才变小，以降低水分消耗，可见根系比地上部对干旱胁迫有更复杂的响应策略。此外，干旱对细根和粗根生物量的影响不一样，在干旱和贫瘠条件下，细根生物量占总根的比例提高，这显然是一种高明的应对干旱的策略，细根既大幅度降低了根系生物量，又提高了根系吸水能力。

干旱下植物根系显著变化特征是根冠比增加。虽然干旱下根系干重和根长降低，但是根冠比（根系/地上部的干重比）却是增加的，这样利于根系吸水和保持渗透压。正常水分条件下，植物地上部与地下部生物量的比例基本相似，但在水分胁迫条件下，植物生物量分配发生改变，将更多的生物量分配到根系以加强对土壤水分吸收、适应环境的变化。在水分胁迫下，光合产物优先分配给根系，根冠比加大；反之，则根冠比减小。传统认为，较大的根系和根冠比有利于植物抗旱，但是由于过分庞大的根系会影响地上部的生物量，进而影响产量，所以从某种意义上说，作物根系不仅存在数量上还存在质量上的冗余。所以，干旱条件下建立合理的根冠比（如通过改良土壤性质）对水分利用和产量提高具有重要意义，是通过水分管理措施防御干旱的生理基础。

第四节　植物抗旱机制

植物通过改变自身来适应干旱环境称为抗旱（resistance to drought），不同的植物有不同的抗旱性。根据植物的形态结构和对水的适应性，陆地植物分为水生植物、中生植物和旱生植物，其抗旱能力差异很大，萎蔫含水量分别为 0.7 MPa，1.5 MPa 和 3.0 MPa。旱生植物抗旱性非常强，但并不是喜旱植物，只是比中生植物更能适应干旱。根据适应干旱方式不同，旱生植物可以分为五类。①短命植物或短生植物，旱季来临前迅速完成生活史，全生育期只有 2～3 周，以休眠的种子度过干旱季节，也有一些多年生植物每年的生长期都极短，以鳞茎或根茎度过旱季，也是短命植物。②深根植物，根系深入土层，通过对深层湿土水分的吸收使地上部免受水分胁迫，如苜蓿（*Medicago sativa* L.）、沙漠绿洲中的棕榈树和骆驼刺等。③肉质植物，具有肉质储水组织，角质发达，气孔昼闭夜开（对二氧化碳的固定采取时间分离的策略），能够在干旱条件下维持组织水势在 -1.0 MPa 以上，一些地表浅根可以吸收尚未渗入土层的雨水，景天酸代谢（crassulacean acid metabolism，CAM）植物如仙人掌（肉质茎）、龙舌兰（肉质叶）就属于这一类，是节水型植物。④非肉质节水型植物，叶片小，气孔下陷，叶表面多绒毛，干旱时叶片脱落，根系发达，通过增加细胞内溶质浓度保持较高的持水能力，荒漠小灌木和其他小叶植物属于此类非肉质节水型植物。⑤真旱生植物，细胞忍耐脱水，处于风干状态仍可保持生命活力，只要少量的雨水就能完全恢复旺盛的生命力，如苔藓、地衣就属于真旱生植物，高等植物的种子也属于此类。

陆地上绝大部分植物都是中生植物，人类栽培的作物（谷类作物、牧草、蔬菜、果树等）也是中生植物。中生植物并不能忍受严重的干旱，只能忍受偶尔水分不足的情况。中生植物的细胞渗透压介于湿生植物和旱生植物之间，1～1.5 MPa，只能抵抗短期内轻微水分胁迫，有较高的气体和水分交换效率及光合作用效率，因此生产量高，但耐旱能力差。

在水分胁迫条件下，植物发生各种生理、生化、解剖结构、形态的变化，其中包括基因表达的变化，以适应不同的水分胁迫环境。在整个植株水平，植物对干旱的生理响应高度复杂，这种复杂性归因于不同植物种类和品种、生长状态和生育期、土壤干旱持续的时间和强度、大气导致的需水变化、环境条件等。在这种复杂的条件下，干旱引起植物十分复杂和庞杂的响应和变化，这也造成了不同植物品种具有不同的抗旱机制。整体植株适应干旱的机制归纳为三类，避旱（escape）、御旱（avoidance）和耐旱（tolerance），其中避旱并不是植物真正意义上的抗旱能力，亦可把避旱归为御旱。

一、避旱

避旱即逃避干旱（drought escape），指植物通过各种方式避开或部分避开干旱，在土壤和植物本身发生严重水分亏缺之前完成其生活史，水分胁迫的不利因素并没有进入组织，植物组织本身通常不会产生生理的或形态的响应。例如，植物通过缩短生育期避开干旱缺水季节，这种抗旱方式称为逃避干旱。沙漠中的植物在雨季很快完成整个生命周期，这些植物称为干旱逃避植物（短生植物）。避旱性是在长期进化中形成的，往往是旱生植物才具备的特性，农业生产中的栽培作物并不具备典型的避旱性。

对于许多栽培农作物而言，较短的生长期是一种重要的避旱方式，是品种选育要考虑的重要参数，当然其代价是损失了一定的产量潜势。例如，荞麦的生育期只有 50～100 d，生长迅速，但产量不高，往往用于灾后补救。农业生产中及时或提早播种，使作物需水关键期避开干旱季节，是经常采用的抗旱措施。育苗移栽也是避旱的一种有效方法，对于一些株数不太大，适合于移栽的作物，在面积不大、有塑料薄膜覆盖和可以浇水的苗圃内育苗，然后再移栽到大田，不但可以培育壮苗，还可以躲过大田干旱条件和其他逆境，得到和早熟品种一样的抗旱效果而又不缩短生育期。

二、御旱

御旱即抵御干旱（drought avoidance），是指植物在干旱逆境下保持植株体组织高水势而维持正常生理功能的能力。植物通过各种方式抵抗全部或部分干旱的影响，使水分胁迫的不利因素不累积到组织，植物本身通常不会产生抑制生长的胁迫反应。例如，作物通过提高根系吸水能力和 WUE，保证在土壤干旱条件下整体吸收和利用的水分不减少，维持产量。研究表明，没有育种改造的古老基因型小麦具有更强的御旱能力，其有更大的根系、更小的叶面积、更低的气孔导度、更浅的叶片绿色、更高的叶卷曲度和叶蜡质，因此在严重的缺水条件下，这些御旱性基因型小麦比耐旱性基因型小麦获得了更高的产量和 WUE（Li et al.，2022）。

植物御旱方式各不相同，可归纳为节水型和耗水型两类。节水型植物主要通过减少蒸腾来避免植株失水，它们在长期进化过程中，通过自然选择形成了有效的节水机制，包括形态特征、解剖结构、气孔反应、生长速率、生活习性和代谢过程等。例如，气孔对水分亏缺相当敏感，引起气孔关闭的水势阈值较高，通常气孔只在早晨气温和辐射强度较低时开启，随辐射增强增加而逐渐关闭。节水型植物御旱的基本特征是以低的水分消耗和低的光合生产率换取高的存活率，这显然与农业生产追求高产的目的存在矛盾，这种御旱机制在农业上意义不大。

耗水型御旱植物则不同，它们并不通过减少蒸腾失水来御旱，而是靠强大的获取水分的能力来御旱。在水分条件有利时，耗水型植物并不节约用水，叶片的蒸腾速率和光合速率较高，它们的根系发达，吸水能力强，根冠比较大，即使在干旱条件下通常也能使植株体内保持较高的水势，维持正常的生理过程和较高的生长速率。耗水型植物较大的根冠比虽然削弱了地上部分的生长，减少了光合面积，但仍保持着较强的气体交换能力，有利于在干旱条件下维持植株水分平衡，保持较高的光合速率。当然，通常地上部生物量和光合面积的减少比净光合速率的降低对产量的限制更大，因此耗水型植物为了御旱，也要付出一定的代价。

把植物御旱途径区分为节水型和耗水型并不是绝对的，还存在很多二者结合的类型。

无论是节水型还是耗水型，植物通过一系列的、不同层次的响应来达到御旱的目的。例如，植物增大根冠比来增加土壤水分吸收、增大木质部导管直径来降低根叶间水流阻力；增大根系轴向阻力以限制植物本身过快消耗土壤储水；根系在干旱时吸水峰值时间落后于叶片蒸腾峰值时间以限制水分向大气散失，诱导气孔关闭；叶片减少截获的太阳辐射以降低蒸腾需水；维持较小的总叶面积来降低水分需求等。这些御旱途径的作用大小因植物而异，如诱导气孔关闭的叶水势从豆类作物的−0.8 MPa 到棉花的−2.8 MPa，但其阈值随干旱的经历、叶位、叶龄和生长条件而异（昌西，2008），高粱关闭气孔所需的水势阈值低于玉米，玉米的气孔虽然在缺水时关闭，但关闭得不彻底，不足以阻止水分继续丢失。改变（主要是减少）截获太阳辐射途径包括减小叶面积及各种叶运动，如叶片缩小展开的角度、向光性运动、螺旋状卷叶、叶片下垂、叶片脱落等，都可以提升作物的御旱能力。

根系在御旱机制中起特殊的作用。在极端干旱条件下，一些植物的根系会在形态和生理上主动发生一系列的适应性变化（即胁变），从而起到抗旱的作用。

（1）双层根系。在干旱、半干旱地区，根系的吸收区间随着雨季和旱季改变，这样会加大根系吸收范围，增强根系对水分和养分的吸收。根据这一原理提出的分根节水灌溉方法在干旱、半干旱区得到了应用。

（2）根系提水作用。根系的作用通常是吸水，而不是释水，然而在蒸腾量低的条件下（一般是晚间），根系从深层土壤吸收的水分，能够通过根系运输至浅层根系并释放到表层较干燥的土壤中，从而改变表土水分状况，这一现象称为根系提水作用（hydraulic lift）（Caldwell et al.，1998）。如果深根系作物（如苜蓿）和浅根系作物（如玉米）种植在一起，深根系作物吸收的水可以释放到浅层土壤供浅根作物吸收，两种作物根系之间发生水分传递。沙漠中植物的根系提水作用是一种普遍的御旱机制，根系夜间从相对湿润的深层土壤吸收水分，并在表层或亚表层较干的土壤中释放，一方面活化表土养分，增加了表土养分的有效性，另一方面保持较干表层根系不致死亡，以继续从养分相对丰富的表土吸收养分，提高养分和肥料的利用效率，在一定程度上解决了土壤水分与养分分布错位的问题。

（3）收缩根。在高温干旱条件下，一些草本植物产生收缩根（contractile root）（Pütz，2002），可下拉茎、叶贴近地面或使顶芽深入地下，并保持根土接触，以避免地面高温和水分损失。在极端干旱条件下，有些根系主动脱落，避免根系水分向土壤倒流。

根系的这些御旱机制，与自身的遗传特性、外界的触发条件有很大关系，为改进根系抗旱基因、培育抗旱品种、使根系适应干旱和提高 WUE 提供了理论依据，对红壤上的作物季节性干旱防控具有一定的借鉴意义。

三、耐旱

耐旱即忍耐干旱（drought tolerance），指植物组织在低水势和低代谢活动下仍维持一定程度生长发育和忍耐脱水的能力，植物承受了干旱但没有引起伤害或只引起了相对较小的伤害。在干旱胁迫下，植物不能避免脱水，但一些植物可以耐受脱水。

有人把上述的御旱称为植物组织具有高水势的耐旱性，此处的耐旱性是指植物在低水势下的忍受能力。细胞脱水能引起膜结构、组成和功能发生明显变化，而一些与膜亲和的溶质如糖类和氨基酸则对膜起保护作用。膜受损伤的程度常用细胞中溶质的渗漏量衡量，外渗量可以作为细胞膜受损害程度的指标，在实践中常被作为衡量植物耐旱性的指标。维持一定的膨压是细胞耐脱水机制的一个重要因素，膨压是通过调节渗透、增强细胞壁组织弹性和塑性，以及使细胞体积变小来维持。

不同植物忍耐脱水的程度差异很大。变水植物（poikilohydric plant）能忍受几乎完全的脱水，在几乎完全干燥的状态下也可以成年累月地存活下来，重新吸水后几小时就恢复呼吸作用和光合作用。但绝大多数陆生植物都是恒水植物（homoiohydric plant），细胞原生质体不能忍受过低的水势，但它们的生活史中通常有一个能忍耐脱水的阶段或组织器官，如种子、地下茎潜伏芽、某些孢子等。通常在渗透胁迫下通过测量计算种子发芽速率、胚芽鞘长度或幼苗存活率来评定植物耐旱性，但并不完全可靠。需要注意的是，耐旱性强的往往是旱生植物，而栽培植物大多是中生植物，不存在典型的耐旱性，所以栽培作物的抗旱性是避旱性和耐旱性的综合作用。在盆栽和田间干旱试验中，御旱性基因型小麦和耐旱性基因型小麦有不同的表现，经过育种筛选的耐旱性基因型小麦有更高的渗透调节能力、更高的抗氧化酶活性、更小的根系，它们在轻度和中度干旱条件下有更高的产量和 WUE，而在严重干旱下御旱性基因型小麦的产量和 WUE 更高（Li et al., 2021）。

植物的抗旱机制并不是完全分开的。植物无论避旱、御旱还是耐旱，都是一种综合的性状，植物的抗旱能力指三种性状能力的统一。一般陆生植物通常兼具多种抗旱特性，由许多不同抗旱机制构成，但不同植物有强有弱，差别很大。植物在干旱环境下往往通过多种途径混合来应对干旱，并通过长期的适应性变化逐渐在形态和生理特性上形成抗旱能力。大量的研究表明，植物的抗旱性与植物的形态解剖结构呈一定的相关性，植物抵抗水分胁迫所表现出来的性状之间常常也是紧密联系的（表 1.3）。

表 1.3　不同抗旱性植物的性状差异

性状指标	抗旱植物	干旱敏感植物	指标说明
根冠比	大	小	地下、地上部生物量的比例，抗旱植物根系发达
比根重	大	小	单位根长的重量
空穴化安全缓冲	大	小	导致导管壁退化和机械损伤的水势范围
潜在生长速率	低	高	理想状态下的生长速率，干旱敏感植物潜在产量高
比叶面积	低	高	单叶面积与其干重之比
叶片大小	小	大	抗旱植物细胞体积小，叶片小，可减轻脱水时机械损伤
膨压丧失点水势	低	高	抗旱植物渗透调节能力强，较低水势下仍保持膨压

续表

性状指标	抗旱植物	干旱敏感植物	指标说明
叶内亲和性溶质浓度	高	低	抗旱植物细胞原生质含有较多的保护性物质
最大蒸腾速率	低	高	抗旱植物 WUE 高，但同化物产量不高
最大光合速率	低	高	抗旱植物光合速率低，同化物产量低
最大气孔导度	低	高	抗旱植物气孔阻力大，水和 CO_2 的通量小
气孔调节	非等水势	非等水势/等水势	抗旱植物气孔调节更灵敏

充分认识和利用植物的抗旱机制对制定农业生产的抗旱策略非常重要。植物在一生中不同阶段，对干旱胁迫的响应和适应性有很大不同，一般而言，作物处于营养生长阶段时更能适应和忍受水分条件的变化，而在穗器官分化至开花期间对干旱更敏感。越是处在营养生长阶段早期，植株体通过自身调节适应、忍受环境变化、恢复和补偿的能力越强。因此，生产中常用萌动种子进行干湿交替锻炼来增强作物适应干旱的能力；常常对处于幼苗阶段的作物限制供水进行炼苗（蹲苗），促进根系生长以增强其抗旱能力。

在抗旱机理上，自然生态系统和作物系统有很大不同。主要差异有两点，①作物系统最关心的是产量，而自然生态系统，特别是胁迫环境下的自然生态系统，生存和成功繁殖实际上能获得最大的生物量。在干旱胁迫下，自然植被表现出一系列的抗旱机制（如叶面积更小、膜更稳定），这使得它们在严酷的干旱环境下生存和繁殖。虽然这种机制非常有效，但是这与水分高效利用的作物系统无关，因为不高产。②作物系统的关键是设法了解在给定的环境约束条件下（如气候、土壤质地），作物可以最有效地操纵自然生态系统中的哪些特性和过程，从而更好的生长，因此人为活动成为作物系统的一部分。但是，作物系统仍然是自然生态系统的一部分，作物系统不是一个没有自然约束的、纯粹的人为技术环境，而是一个需要深刻理解其物理、化学、生物学功能，从而实现可持续生产的生态系统。在很多环境条件下，主要限制农业生产的不是自然条件，而是对存在的生长因子（如光、温、水、营养）没有有效利用。例如，在非洲撒哈拉半干旱地区，减少高水平的地表径流和蒸发，就可以使产量翻倍（Rockström et al.，2007）。而在红壤区，由于土壤因子的原因，限制了本地区的光、温、水资源。红壤季节性干旱调控，就是要协调区域的自然因子（水土因子），消除其中的短板（容易季节性缺水），从而得到更高的农业产量。

自然生态系统中，大量的植物通过避旱和耐旱来适应长期的、周期性的干旱胁迫，逐渐形成了适应特殊生态环境的植物生态系统，这种自然生态系统中的植物首要考虑的是自身的生存，为保持植物生态系统的存续和演进，必定牺牲生物量和产量。自然生态系统的这种抗旱策略显然不适用于农业生态系统。对于农业生产而言，植物的避旱、御旱、耐旱三类抗旱机制中，御旱和耐旱更具有实际意义，应当根据区域环境选育合适的抗旱品种。农业生态系统以追求作物产量和品质为目标，虽然可以选育耐旱品种，但更多的是通过田间管理消减土壤干旱，提高作物的御旱能力，保证作物在一定干旱胁迫下仍然高产。

第五节　红壤季节性干旱形成机制

红壤季节性干旱是指在我国中南部亚热带湿润红壤区以季节特征和周期规律发生的大气干旱、土壤干旱、作物干旱的总称。红壤指亚热带红壤区，季节性指部分月份。红壤季节性干旱的含义可以泛指“红壤区发生的（农业）干旱”，也可以特指“红壤土类上发生的（作物）干旱”，其本质的含义都包含了作物干旱。之所以用“红壤”修饰干旱（而其他地区的干旱一般不用某种土壤类型修饰），是因为红壤干旱发生的季节特征鲜明，周期规律性也很强，其发生与土壤性质有关，而且红壤分布面积广，地带性明显，能够代表亚热带区域的土壤，红壤具有区域的含义。我国红壤区年降水量丰沛，属于气候湿润区，但季风气候的周期性强，在特定的季节确实容易发生干旱，且发生的频率高和造成的危害大，是制约区域农业生产的重要原因之一。我国南方红壤丘陵区季节性干旱的发生概率在85%以上，危害程度自20世纪60年代以来持续增加（王峰 等，2016；黄道友等，2004b），季节性干旱对农业生产的危害并不亚于北方干旱和半干旱地区。这种季节性明显的干旱的发生，与区域气候的季节性干湿变化、红壤水力性质、作物抗旱特性都有关系，了解这些特点是认识和管理红壤季节性干旱的基础。

一、红壤季节性干旱的影响因素

（一）干湿分明的季风气候

周期性的气象波动是造成季节性干旱的主要原因，个别年份的严重干旱则是因为气象异常（如厄尔尼诺和拉尼娜现象），使全球或地区的水文循环与平衡改变，从而引发长时期和大范围的干旱。我国红壤区的季节性干旱属于短期的干旱，虽然根本上也是由气象的季节波动导致的土壤和植物水循环毁坏，但是并不属于气候异常现象而是正常现象，每年在旱季就会发生，是一种常态，呈现周期性有规律地发生。在大陆东岸型亚热带湿润季风气候控制下，红壤区降水集中发生在4～6月（雨季），可占年降水量的50%左右，7～8月降水开始减少，9～12月秋冬季等其余月份降水稀少。年内年降水量呈单峰分布（图1.9），其中7～10月（旱季）的少降水量和高潜在蒸发量的矛盾导致夏秋季节性干旱。红壤区虽然属于湿润区，但7～10月总体上降水量/潜在蒸发量比率小于1，这个时期发生干旱在所难免，在统计上属于正常现象。正常气候条件下，干旱在每年的夏秋季节都可能发生，这种“正常的”季节性干旱是如何形成和发展、植物如何应对这种季节性干旱，是本书要讨论的主要内容。而个别年份的重旱和大旱，往往是因为异常气候，这种极端干旱的成因和干旱管理措施不是本书讨论的重点。

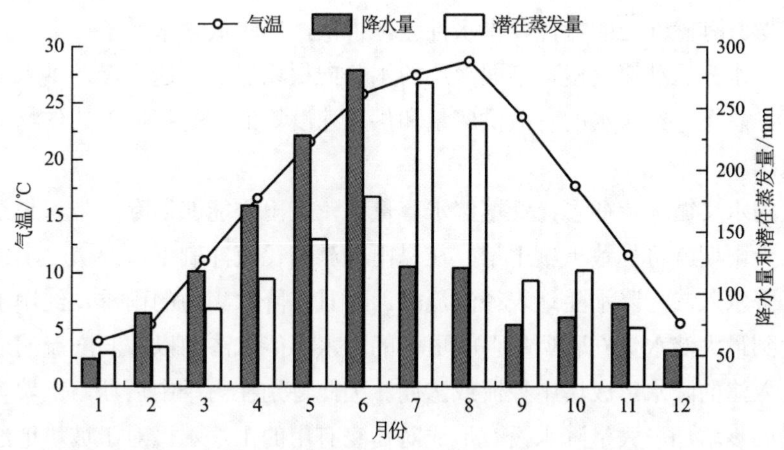

图 1.9　红壤区降水量、潜在蒸发量和气温年内分布（咸宁红壤站 30 年平均值）

除降水的季节分配不均外，高温也是促进红壤季节性干旱发生的原因。在夏季特别是 7 月和 8 月，亚热带的气温与热带的气温没有差别，都属于高温。高温使得大气蒸发强烈，潜在蒸发量很大，作物此时生长旺盛，对水分需求大。而 7 月和 8 月大气降水开始显著减少，蒸发量和作物蒸腾量远远大于同期降水量，导致土壤水分亏缺而发生干旱，或土壤供水不能满足作物需求而发生作物干旱，高温与干旱叠加容易形成“轻旱重灾”。至 9 月和 10 月降水进一步减少，此时气温仍然较高，有的年份还有“秋老虎”高温天气现象出现，大气蒸发仍然强烈，土壤干旱继续发展，形成“夏秋连旱”，这是红壤区最严重的旱灾。亚热带红壤区冬季降水也很少，但此时气温低（明显低于热带地区的气温），大气蒸发弱，土壤水分基本平衡，很少发生冬季干旱（南亚热带或热带则可能发生冬季干旱，因为冬季气温高且作物依然生长旺盛），即使冬季发生干旱也往往是“有旱无灾”。

从全球看，与我国亚热带红壤处在一个纬度（25° N～30° N）的区域，大多为干旱区或荒漠区，是地球上最干旱的纬度区域。但我国红壤区因为靠近太平洋（在地理上属于大陆东岸型气候），受惠于太平洋季风带来的丰沛降水，成为湿润区，不过在非季风期，则属于干旱区，形成了干湿季节明显的特征。红壤季节性干旱就是在这样的气候背景下形成的，也就具备了周期发生的规律性，红壤就是在这种干湿季节分明的条件下演化形成的。

（二）红壤的易旱性

与其他类型的土壤相比，红壤属于易旱性土壤，其不良的土壤水文性质和物理性质加剧了季节性干旱。

从土壤的供水特性看，红壤供水能力差，属于易旱性土壤。首先，红壤特别是黏质红壤含有大量的黏粒，这些黏粒包括高岭石等黏粒矿物、铁铝硅氧化物及其水合氧化物，红壤萎蔫含水量高但能提供给作物的有效含水量低。其次，红壤有机质含量少，黏粒矿物和铁铝硅氧化物是土壤结构的主要胶结物，胶结能力强，形成大量稳定的微团聚体。微团聚体大小与砂粒接近，但团聚体内的水分无法释放供植物吸收，类似“假砂”的结构，使得红壤具有砂性土的特性，供水性差。再次，在较低含水量条件下，红壤的导水率急剧降低，水分运动速度慢，剖面深层的水分向根系层供水速度慢，供水速度过慢导致作物干旱。总之，红壤水的有效供应量和供应速度均低，是红壤上的作物容易受到干旱胁迫的原因。

从红壤的水文循环特征看，红壤储水容量小，在雨季能够储存并带入旱季的水分有限，很短的无雨期就可导致土壤干旱。在暴雨击溅和径流冲刷下，红壤表土结构受到破坏，影响了降水入渗，降水随地表径流流失。而且在降水集中的雨季，红壤土体含水量一般已经达到最大储水量（即蓄满了），更多的降水不能入渗而以蓄满产流的形式从地表流失，或者入渗的降水形成壤中径流或渗漏。因此特别在雨季中后期，土壤含水量并没有和降水量同步增加，大量降水没有形成对作物有用的土壤水。对于坡耕地红壤，地表径流量更大，这种土壤水文特点是红壤季节性干旱容易发生的重要原因。因此“蓄丰补欠”和“集流聚肥”等农业耕作管理措施是坡耕地红壤应对季节性干旱的手段之一。

红壤的机械力学性质也是导致红壤季节性干旱发生的原因。在高温少雨的夏秋季节作物生长旺盛，根系需要下扎吸收深层土壤水分，但是红壤黏重紧实，低含水量下土壤的机械强度急剧增加，根系下扎遇到的土壤机械阻力（穿透阻力）很大，根系无法穿透紧实的土层。红壤性质限制作物根系分布加剧了作物干旱。

（三）浅根系作物

红壤上的作物根系分布浅是作物容易干旱的原因之一。作物遗传特性和红壤性质特征共同导致了作物根系在红壤中分布浅。红壤属于湿润区，雨季持续时间较长，大多数时候降水丰沛，在长期的驯化和栽培过程中，本地区选育推广的作物适应了亚热带的湿润气候，没有进化出明显的抗旱生理特性，表现之一就是浅根系。红壤春播作物，生育早期在雨季，需水量少，此时土壤表层含水量充足，浅层根系可以吸收足够的土壤水分，作物根系无须下扎，没有下扎的动力；而且，雨季深层土壤含水量高，但通气性不好，阻碍了根系下扎；雨季结束后，春播和夏播作物在7～9月处在生长旺盛期，此时作物需水量大，但是土壤含水量降低，表土层水分不能满足作物需求，这种根系分布加剧了作物干旱。可见作物浅根特性和作物播种期在季节性干旱发展中也起到一定作用，浅根难以吸收土壤深层水分，春季播种使得生长旺季处在高温干旱期，作物容易因土壤表层含水量降低而发生干旱，在红壤季节性干旱防御措施中，培育耐旱品种和改进栽培方式是很重要的环节。

（四）社会经济活动

上面的论述表明，红壤区的气候、土壤和作物一起，构成了易旱的土壤-作物系统，特别是根系和土壤存在矛盾，作物和气象在时间上存在错位，红壤季节性干旱发生的原因是整个“土壤-作物-大气”系统在自然条件下共同作用的结果。但红壤季节性干旱也有社会经济因素的贡献。

人为因素也影响季节性干旱。人类活动虽然不至于引起自然干旱，但可以加剧干旱。例如，人口增加、生产和生活水平的提高使用水量快速增加，农业水资源逐年减少；人为破坏植被、坡耕地耕作措施不当造成水土流失、土壤性质恶化、土壤蓄水和储水能力降低；污染水体，使可利用水资源减少；红壤区水田灌溉消耗了大量水资源（约占农业用水量的 70%），渠道灌溉过程中水分大量损失，灌溉方法不当或超量灌溉而浪费水资源。所有这些人为因素，在水分充足的时候还不是很突出的问题，但在干旱的年份和季节却可以加剧季节性干旱。

在应对干旱中，人为因素显得特别重要。水利设施建设不足、年久失修，是干旱容易快速发展的原因之一。干旱不是每年都发生，发生持续时间长的重旱的频率不高。人类对干旱认识不足，准备不够，我国红壤区普遍缺乏抗旱耕作和栽培措施，而对涝滞比较重视，原因在于坡耕地产量低，抗旱措施投入大，经济发展水平制约了抗旱的积极性。红壤区旱地灌溉设施往往不完善，一些丘陵岗地甚至没有水利设施，既缺少蓄水又缺少灌溉沟渠，更谈不上喷灌、滴管这些相对先进的水分管理和抗旱措施，总体防旱设施建设远比不上北方干旱、半干旱地区，大多是依靠雨养的“望天田”，在旱情出现的时候不能及时人工抗旱，特别容易形成旱灾。

二、红壤季节性干旱的特点

（一）周期规律性

红壤干旱并不是毫无规律地随机发生，而是呈现出较强的季节性发生规律，甚至呈现可以预估的周期性规律。危害极大的特旱发生是随机的、无法预测的，总体而言红壤季节性干旱也有一定的随机性，但可以预估其每年在夏秋季节发生，只是干旱的严重程度不同。

气象统计表明，5 月中旬我国华南地区进入雨季，6 月中旬雨带位置移到长江流域，形成长江流域的梅雨期，7 月中旬雨带北移，长江流域梅雨期结束，红壤区进入旱季。季节性干旱在发生时间上，主要是夏旱、秋旱、和夏秋连旱，很少在其他季节发生有危害的干旱。图 1.10 显示了湖南省桃源县的典型红壤区的干湿季节性气候特征，可以看到 3～8 月降水量较大；9 月起降水量急剧降低，但是 7～11 月降水变异系数最高，是季节性干旱发生主要时期；12 月～次年 2 月虽然降水少，但大气蒸发弱，一般不发生农业干旱。在正常年份，7～11 月是大气蒸发强而降水少的月份，作物容易受水分胁迫发生干旱，而这几个月降水年际变异也最大，一旦遇到降水偏少的年份，将表现出严重的季节性干旱。

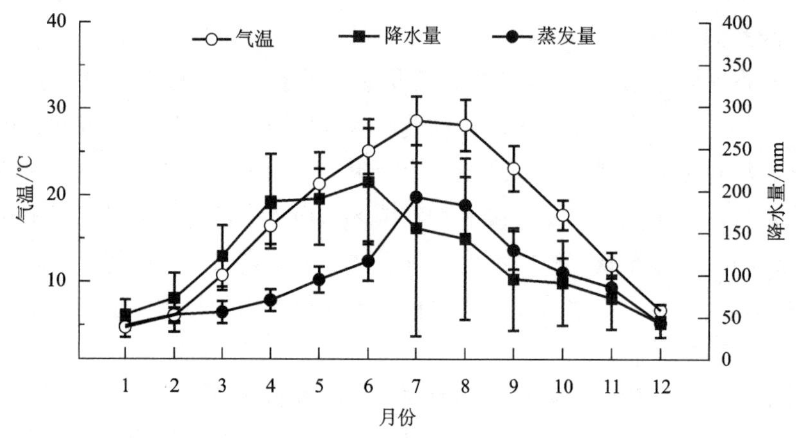

图 1.10　典型红壤区（湖南省桃源县）干湿季节性气候特征

在发生频次上，一般三年发生一次有明显危害的干旱（正常季节性干旱），十年左右发生一次有严重危害的干旱。红壤季节性干旱的周期性为干旱预防和采取抗旱措施提供了条件，可以从作物播期、种植制度、耕作措施、水库调度等方面根据季节性干旱发生的周期性规律进行调整，采取合理的避旱和抗旱措施。

季节性干旱虽然发生的时间具有随机性，每年发生的时间无法预测，但是干旱是一种正常的、反复出现的事件，并不是偶然的随机的事件。很多人心理上有一个特殊的空白点，认为干旱是一个随机偶然事件，而不愿意承认干旱其实是农业生产的一部分，干旱是不可避免的，这在心理上是躲避干旱。承认干旱是“正常现象”这个特征，在思想上做好长期与干旱为伴的准备，才能正确地面对干旱和减少干旱带来的损失。

（二）短期骤发性

红壤季节性干旱的另一个表现是干旱时间持续短，往往只是短期的间歇性的干旱，跨季节的长时间的干旱很少。与短期干旱相匹配的红壤干旱发展速度快，往往呈现旱涝急转。3～6 月的雨季降水集中，往往造成水土流失，并可导致低洼耕地涝渍，而雨季结束之后则可能很快迎来干旱，雨季之后只要持续十几天高温多雨，作物即可呈现旱象。气象上称这种快速的干旱为骤发干旱（flash drought），红壤季节性干旱大多属于这种短期的骤旱。在 20 多年的研究红壤季节性干旱的经历中，7～9 月中只需一周时间没有降水作物就可以呈现旱象，连续 10～15 d 没有降水则呈现明显的旱象（能够使作物显著减产的中度干旱），其中 12 d 是一个临界点，在作物生育关键期连续无雨天数超过 12 d，作物减产 10%以上。

间歇性干旱是几乎全世界农业地区普遍特征之一，在红壤上表现得特别明显。这与区域气候特征（少雨和高温相遇）和土壤作物特征（根土矛盾）有关，但间歇性骤发干旱的发生机理还不十分明确。

在正常的年份，短期间歇性干旱之后降水，干旱立即解除，对作物影响较小，然后开始新一轮的间歇性干旱，一年之中（7 月～9 月）往往会有 2～3 次这样的间歇性短期干旱，如果发生在作物关键生育期则作物减产，如果发生在其他时期则作物受影响很少，人一般觉察不到。在干旱年份，间歇性降水之后没有降水或者降水很少，不足以解除干旱，则间歇性干旱持续并转化为典型的季节性干旱，对作物造成严重影响，这样的情形每三年左右会遇到一次，人一般都可以感受到。

（三）时空相对性

所有的干旱都是降水异常引起的，都有时间上的相对性，红壤季节性干旱时空相对性更明显。红壤区总体属于湿润区，季节性干旱是降水年内分布不均导致的一种相对干旱，并不像干旱或半干旱地区那样的一年中的大多数时间都是绝对干燥缺水。在时间上，有明显的雨季和旱季，干湿季节明显，旱季持续的时间一般数周至数月，只有少数年份发生春旱和夏旱相连，或者夏旱与秋旱相连，大多数月份并不干旱。在应对季节性干旱的时候应当利用这个特征，如“蓄丰补欠”，把雨季的水拦蓄到干旱时再利用。

红壤季节性干旱只发生在土壤表层，土壤缺水仅限于耕层或根系生长层，而土壤深层并不缺水，表现为干旱的空间相对性。这个特征与季节性干旱时间持续的时间短有关系，也与红壤的水力性质有关。季节性干旱虽然只发生在土壤表层，但对农作物的危害很大，浅根作物（一年生作物大多为浅根作物）可表现出明显的水分胁迫。但对本地区多年生的草、灌木和乔木等植物而言，因为它们的根系分布深，在季节性干旱的时候可以吸收利用深层土壤水分，所以一般不表现出旱象。红壤季节性干旱对移栽的幼年的苗木影响很大，一些苗木移栽虽然存活，但因为其根系仍在表层，在遇到季节性干旱的时候依然可能因干旱而死亡。例如，在热带雨林，严重干旱的年份常有树木死亡，其中最严重的是一些幼小的、根系很浅的幼苗（Choat et al.，2018）。红壤季节性干旱的这种空间相对性为干旱调控和采取抗旱措施提供了空间，利用深层土壤水分是一条应对季节性干旱的途径。

（四）隐蔽性

干旱都具有隐蔽性，表现为发展过程的难以觉察和危害不可见。由于干旱没有明确的开始日期和结束日期，在觉察到干旱的时候实际上干旱可能已经持续一段时间。干旱以一种不知不觉的隐蔽的方式发展，这种隐形干旱难以觉察，有时可能觉察到了但没有产生明显危害，即有旱无灾；有时候没有觉察到干旱，实际上作物已经受到了干旱影响，水分胁迫和危害已经发生，即无旱有灾。红壤季节性干旱发生在作物生长旺盛的夏秋季节，我国总体上这种夏旱（以及夏秋连旱）发生的频率没有秋旱、冬旱高，但危害最大，即使短期的干旱也能造成不可逆转的后果和损失。干旱的隐蔽性给干旱管理带来了困难，对干旱监测和预警提出了挑战。

（五）可调控性

红壤季节性干旱是一种相对干旱，有调控的可能。红壤季节性干旱通常不是绝对缺水而是时空分布不均的相对干旱，这种干旱的形成和发展受红壤和作物根系之间的矛盾影响，这使得红壤季节性干旱具有调控潜力。本书所说的干旱调控是指在不灌溉情况下采取适当的农艺和田间小微型措施来减轻甚至消除季节性干旱影响的干旱管理方法。气象干旱导致土壤干旱和作物干旱，土壤干旱进一步导致作物干旱，目前限于技术水平还无法人为干预气象条件而消除或减轻干旱，但是可以采取措施抑制气象干旱从一个地方向另一个地方传播（也称传递），可抑制气象干旱向土壤干旱和作物干旱传播，抑制土壤干旱向作物干旱传播。气象条件难以人为干预，但土壤和作物却是可以人为干预的，可以通过改良土壤、耕作管理等减少气象干旱对土壤的影响，通过改良土壤和作物管理，促进作物根系在土壤中分布和提高其吸收水分和养分的范围和能力，还可通过管理作物减少其水分无效消耗。

红壤区总体光、热、水资源丰沛，只是年内分布不均导致水热资源利用效率不高，主要的限制因子就是土壤性质，红壤性质不良（水力性质和肥力状况等）和作物管理不当是影响作物利用光、热、水资源的主要原因，也是红壤季节性干旱调控的主要对象。

三、红壤季节性干旱形成的系统机制

虽然干旱起因都是缺水，但作物干旱的本质与气象干旱是不一样的，作物干旱有自身的形成机制。干旱是一种常见且复杂的自然现象，可以使用多种定义、指标和度量描述（Ault，2020）。这是因为干旱有多种表现形式，而每种干旱的特征、形成机制及评价标准难以统一。传统上，干旱分为气象干旱、水文干旱、农业干旱和社会经济干旱，有人建议把农业干旱区分为作物干旱和土壤水分干旱，与气象干旱和水文干旱并列为四种自然干旱（Zhang et al.，2017）。气象干旱指降水低于正常水平（多年历史平均水平），可以用标准降水指数（standard precipitation index，SPI）等指标评价气象干旱程度，这是一种基于历史数据并通过统计学进行定量评估的指标和方法，有明确的参照标准。农业干旱指作物生长期的土壤水分低于正常需求水平，可以用土壤水分亏缺程度等指标评价农业干旱程度，但作物正常需求水平（及其导出的土壤水分亏缺程度）却没有公认的参照标准，它随作物种类、生长季节变化，也随区域自然条件（包括气象条件）变化，难以量化。之所以会这样，是因为农业干旱（土壤干旱与作物干旱）与历史无关，农业干旱状况要通过作物当前的受旱状况才能正确评价，而不是与其历史状况进行比较。

从物理的角度看，农田系统干旱的本质是指水分供应不能满足作物需求而使平衡遭到破坏的过程，可以用地表水量平衡方程描述（Ault，2020），即

$$P-\mathrm{ET}=\frac{\mathrm{d}S}{\mathrm{d}t}+R \tag{1.7}$$

水量平衡方程[式（1.7）]又称为桶模型，其中降水量（P）、蒸散量（ET）、土壤储水变化速率（$\mathrm{d}S/\mathrm{d}t$）、地表径流和基流量（R）是描述系统干旱发生过程的关键变量。该水量平衡方程表明，降水减少是干旱的主要原因，但并不是唯一的或必要的原因，降水不减少但蒸散增加也可以发生干旱（即 $P-\mathrm{ET}<0$）。红壤季节性干旱常发生在7～9月，这几个月的降水量虽然比雨季4～6月少，但比冬季10月～次年2月多，而冬季基本没有季节性干旱，这说明7～9月的季节性干旱发生的原因是降水少且蒸散大，水分供应速

度赶不上作物对水分的需求速度，供需不平衡是作物干旱的原因。研究表明，全球气候变化下干旱增强，是因为蒸散增加而不是因为降水减少（Padrón et al.，2020），即通过升温增加蒸散而促进干旱。

对一株具体的植株而言，干旱的本质是 SPAC 系统内的水流平衡被破坏，而不是大气降水减少或者土壤含水量降低。作物正常生长情况下，因光合作用需要，作物叶片因蒸腾而消耗水分，消耗的水分由茎干枝条补充，茎干向上流出的水分由根系补充，根系从土壤中吸收水分，这样形成一个平衡的水流系统，水流通量保持高水平状态，保证作物各个器官部位的生理代谢功能正常进行。这种平衡（长期看是完全平衡，但短期是动态的瞬态平衡）一旦被打破，则会发生干旱。SPAC 水流平衡被打破的原因可以是一个或者多个。①土壤含水量降低，提供给作物的有效水减少，输送到作物中的水分减少，水分消耗速度大于水分供应速度，作物发生干旱；②作物蒸腾增加，生长旺盛期遇到晴朗天气特别是高温，作物同化作用快、消耗水分多，叶片蒸腾速度快、消耗水分也多，也就是作物水分需求增加，这个时候即使土壤含水量没有降低但水分供应的速度低于作物需水速度，也会因 SPAC 水流平衡被打破而发生干旱；③土壤含水量降低和作物蒸腾增加同时发生，SPAC 水流平衡以更快的速度被打破，作物干旱发生。因此作物干旱的本质是水分消耗速度大于水分供应速度，而气象、土壤、作物三者均影响水分消耗速度和水分供应速度，干旱是由这三个因子变化引发的，其中任意一个因子变化都可以导致干旱，且大气降水减少或者土壤含水量降低会加速这个过程。红壤区的冬季虽然降水很少，土壤含水量也不高，但是作物生长缓慢，水分消耗很少。此时 SPAC 的水流也是平衡的，只是水流通量很小，是一种低水平的平衡，但作物没有干旱。

由于 SPAC 有一定的缓冲性能和调控能力，轻微的水流不平衡可以通过系统进行调节（有多种调节措施，如气孔开闭、系统水容 C 变化、根系吸水变化等），一般难以觉察到作物干旱。但是长时间的水流不平衡则会超出 SPAC 自身的调控能力，作物需要采取更多的动作来应对这种不平衡（降低生长速度、叶片机械运动等），这时作物干旱就显现出来。当大气降水使得土壤含水量恢复之后，SPAC 水流可以重新回到较高的平衡水平，干旱解除；如果没有降水而土壤供水能力依然很低，作物通过限制其自身耗水以适应 SPAC 的水流，重新建立一个低水平的平衡状态，此时干旱持续，对作物的危害加剧。因此，作物干旱的本质是 SPAC 高水平水流通量的平衡被打破的状态。SPAC 低水平水流通量的平衡状况依然是一种干旱状态。

然而要在比单株作物更大的尺度上揭示季节性干旱发生机制并不容易。在田间系统或者小流域或者更大的区域上，大气干旱、土壤干旱和作物干旱构成一个更加复杂的系统，干旱的形成过程更加复杂，系统干旱的形成机制更难理解。虽然桶模型[式（1.7）]揭示了系统干旱发生的原因是水分不平衡，几个关键变量（降水量、蒸散量、土壤储水变化量、地表径流和基流量）控制了系统的水分转换和平衡，但是要在一个系统内长时间同时测量这几个变量极为困难，这制约着对干旱发生机理的理解。困难的原因在于：①各个变量除了降水相对容易获取外，其他几个变量获取都比较困难，往往只能在一个点很短的时段内测量得到比较可靠的数据；②各个变量的时空变异和尺度效应强烈，测量的结果要么在时间上不同步，要么在空间尺度上不一致，在方程中几个变量难以匹配，导致方程不准确；③变量之间相互影响，高度耦合，如土壤储水变化速率（dS/dt）受其他三个变量影响，而反过来土壤储水也深刻影响其他三个变量的变化。这些原因导致式（1.7）只是一个概念模型，很难用其量化干旱过程来揭示干旱发生机理。

干旱发生过程的复杂性是为什么至今干旱没有统一定义的原因。往往只能单独使用上述某个变量的变化（减少）来描述干旱，分别对应前文所述的气象干旱、作物干旱、土壤干旱、水文干旱。显然这几个单独变量的变化（减少）都不能揭示真正的干旱机理。干旱不仅是因为降水减少或者蒸散减少或增大，而是相互制约的结果。因此，红壤季节性干旱是本地区大气、土壤、植被共同作用的结果，其形成与发展是不同尺度的 SPAC 运行和演化的过程，其机制还需要进一步揭示。

第二章　土壤干旱评价指标与方法

自然干旱可以分为气象干旱、水文干旱、土壤干旱、作物干旱四大类，后两类就是农业干旱，每一类干旱发生和发展特征不同，都有各自的评价指标和方法。其中最容易获取的干旱指标是气象干旱指标，而其他三类干旱都难以监测，因此气象干旱指标是最常用的干旱指标，在很多情况下用气象干旱指标评价水文干旱和农业干旱。

气象干旱指标很多，已经报道的超过几十种，而且不断有新的气象干旱指标被提出来（李柏贞和周广胜，2014；袁文平和周广胜，2004）。气象干旱指标反映的是气象偏离正常的情况，常用的气象干旱指标基于历史降水资料，以一段时间降水偏少程度（相较于正常情况）来定量指示气象干旱程度。气象干旱指标大体上可以分为两类（Ault，2020），一类指标基于水分供应（即单纯降水），如 SPI，另一类则基于水分供需平衡，既考虑降水（供水）又考虑蒸散（需水），有时还考虑土壤水分储存的综合影响，从而计算水分平衡的近似值，如标准降水蒸散指数（standard precipitation evapotranspiration index，SPEI）和帕尔默干旱指数（Palmer drought severity index，PDSI）。但是一些研究指出（Chatterjee et al.，2022），气象干旱指标并不能准确反映土壤干旱和作物干旱，只有基于土壤干旱指标才能描述和预测农业干旱（Chatterjee et al.，2022；Lu et al.，2019）。

除基于降水的气象干旱指标外，还有基于土壤水分、作物生长的气象干旱指标，它们可以更准确反映土壤干旱或者作物干旱。土壤水分和作物生长可以地面测量，也可以遥感测量，因此也有基于遥感的气象干旱指标，实际上大多数农业干旱指标都是基于遥感测量而计算的。

各种干旱指标要解决的问题是计算和评估当前干旱的发生、持续、严重性、终止等，每种干旱指标都有其目的和侧重点，也有其适宜的区域范围，各种干旱指标也都有不足，并不能相互替代，还没有一种指标能够合理描述所有类型的干旱特征。

红壤季节性干旱是一种短期的间歇性干旱，多以快速发展的骤发干旱表现出来，干旱的发展速度和危害程度变化很大，但是缺少针对红壤短期间歇性干旱的评价指标，特别是难以定量预测和评价季节性干旱的危害程度。本章在总结已有农业干旱指标的基础上，根据红壤–作物系统干旱发生的特点，提出了一种能够利用土壤含水量动态来评价日尺度干旱的指标。

第一节　农业干旱指标的种类

农业干旱是指在作物生育期内，由于土壤水分持续不足而造成的作物体内水分亏缺，影响作物正常生长发育的现象，农业干旱可以分为土壤干旱和作物干旱。在国家标准《农业干旱等级》（GB/T 32136—2015）中，农业干旱等级分为 4 个等级，1 级为轻旱，2 级为中旱，3 级为重旱，4 级为特旱。用于评估干旱的气象指标最多，常见的有降水距平百分率、降水标准差指标、*Z* 指数、*K* 指标、SPI、连续无雨日数等。基于土壤水分状况的干旱指标有土壤相对湿度、土壤相对湿润指数（moisture index，MI）、SAW 存储量等。基于作物生理生态的干旱指标有叶水势、冠气温差、作物水分胁迫指数（crop water stress index，CWSI）、水分亏缺指数（water deficit index，WDI）、叶气孔导度、光合速率、蒸腾速率、叶绿素含量等。还有一些其他的综合干旱指标，如作物供需水指标、作物减产百分率、作物水分综合指标、PDSI、干旱经济计量指标、遥感干旱监测指标等。

虽然气象干旱指标常常用于评估农业干旱，但气象干旱指标只能大致反映出干旱发生的趋势，不能直接表示作物受干旱的影响程度。与气象干旱相比，农业干旱现象更复杂，影响因子很多，气象干旱指标不能代替农业干旱指标。农业干旱有明确的受灾对象，如农作物生长发育受到抑制、作物产量受到影响、产品品质降低等，因此有时候可直接使用植被健康指数对干旱程度加以界定，并划分干旱等级。对于具体的农田生态系统，农业干旱的本质就是作物水分胁迫与土壤含水量降低，因此农业干旱指标通常综合采用作物 WDI、土壤相对湿度、农田与作物干旱形态指标等加以界定。一些学者认为（Vergopolan et al.，2021；Stocker et al.，2019；Schlaepfer et al.，2017）土壤水分是最好的评估农业干旱的指标。

一、基于气象数据的干旱指标

（一）常用的气象干旱指标

气象因素是造成干旱的主要原因，降水比正常偏少称为干旱。因此常用某时段的降水量低于同期多年平均值，或低于某个设定的百分比或数值来评价干旱程度。常见气象干旱指标有降水距平百分率、PDSI、SPI、相对湿润指数、综合气象干旱指数、*Z* 指数、连续无雨日数等。据世界气象组织统计，常用的气象干旱指数达 55 种之多（王劲松 等，2012），这类基于降水量的干旱指标主要的优点是含义明确、数据获取容易、计算简单。一旦设定某个固定的标准之后，就可以用于比较不同时期、不同地区干旱的严重程度（severity）、影响范围（extent）和持续时间（duration）。综合多个文献（Berg and Sheffield，2018；李柏贞和周广胜，2014；王劲松 等，2012；Zargar et al.，2011；Mishra and Singh，2010；袁文平和周广胜，2004），表 2.1 总结了常用的气象干旱指标的含义与特点，几个主要气象干旱指标简述如下。

表 2.1　常用气象干旱指标

指标	含义	特点	计算公式或参考文献
降水距平百分率	降水距平百分率指某时期降水量与同期多年平均降水量的距平百分率，反映了该时期降水量相对于同期平均状态的偏离程度，是一个具有时空对比性的相对指标	降水距平百分率的优点在于意义明确、方法简单直观，但是其响应慢、敏感性低，反映的旱涝程度较弱，而且该指标未考虑底墒作用，对平均值的依赖性较大，对降水时空分布不均匀地区不能确定一个统一的划分标准，不同地区有不同的划分标准	鞠笑生 等（1997）
降水标准差指标（湿度指数）	降水标准差指标假设降水量为常态分布时的降水变异系数，用以表征旱涝程度，也称湿度指数	该指标的特点是简单易行，但由于其对旱涝响应太快，有时会过分夸大实际涝旱程度	鞠笑生 等（1997）
标准降水指数（SPI）	采用 *Γ* 分布概率函数描述降水的变化	是国内外最常用的干旱指标之一。其优点是具有多时间尺度，对干旱反应较灵敏。缺点是基于等权累积过程，容易出现不合理旱情加剧的问题	Pai 等（2011）
Z 指数	假设降水量服从概率密度函数 Person-III 分布，然后将降水量转化为以 *Z* 为变量的标准正态分布	计算简便，意义明确，对干旱反应较灵敏。适合我国北部和西北部使用。根据 *Z* 值将涝滞和干旱分为 7 个等级	鞠笑生 等（1997）
标准降水蒸散指数（SPEI）	与 SPI 指数类似，但是引入了地表蒸发变化的影响	能够衡量温度变化对干旱的影响。不仅能监测干旱是否发生，而且可以反映多个时间尺度的持续时间要素	Vicente-Serrano 等（2010）
相对湿润指数	降水量（*P*）与可能蒸散量（PE）的差值与可能蒸散量之比	反映作物生长季节旬以上尺度的水分平衡特征	相对润湿指数=(*P*−PE)/PE
湿润指数	降水量（*P*）和蒸发量（*E*）之间的比值，与干燥度互为倒数	主要用来分析干湿区域及区域干湿变化趋势。指标中的蒸发量是指在充分供水条件下的土壤蒸发量，不能反映作物实际需水情况及土壤各个时期的供水情况	湿润指数=*P*/*E*
干燥度指数（AI）	蒸发量和降水量之间的比值，与湿润指数互为倒数	表征一个地区地表干湿状况。指数值越大表明气候越干燥	AI=*E*/*P*
K 指标	降水变率和蒸发变率之间的比值	概念精确，适用于不同地区之间的比较	张强和高歌（2004）
综合气象干旱指数（CI）	利用近 30 d 和近 90 d 的降水量 SPI，以及近 30 d 相对湿润指数进行综合而得到。是国内干旱监测业务中常用指数之一	既反映短时间尺度（月）和长时间尺度（季）降水量异常情况，又反映短时间尺度的水分亏欠情况，适合实时气象干旱监测和历史同期气象干旱评估。但基于等权累积过程，容易出现不合理旱情加剧的问题	王春林 等（2011）
帕尔默干旱指数（PDSI）	基于水分平衡原理，综合考虑了降水、蒸散、径流、土壤湿度等实际水分亏缺量和持续时间对干旱程度的影响，并考虑到土壤上下层的含水量，是一个多因素的复杂综合干旱指数，适合旬、月尺度以上较长时期的干旱	是目前国内外应用最为广泛的气象干旱指标之一。优点是物理意义明确，考虑了温度对干旱的影响。缺点是其权重因子源于美国中西部，使得该指数在全球不同地方不具有空间可比性，而且数据要求高，计算复杂，难以反映短期干旱	Palmer（1965）；Newman 和 Oliver（2005）

注：干燥度指数（aridity index，AI）

1. SPI

SPI 是使用最广泛的气象干旱指标之一（Pai et al.，2011），仅基于历史降水数据就可以计算干旱水平。SPI 把当前的降水与历史上多年平均降水进行比较，通过将降水记录分布转换为正态分布，克服了由于使用非标准分布而产生的偏差。为了计算 SPI，最少需要 30 年的降水记录（推荐 50 年降水记录）。首先，将历史降水记录与伽马分布概率（Γ 概率密度分布函数）拟合，通过等概率变换转换成正态分布；然后将平均值设置为 0，高于 0 表示湿润，而低于 0 表示干旱。对于任何给定的干旱，其 SPI 数值代表累积降水亏缺（赤字）偏离标准化平均值的标准差。如果连续观测到小于 0 的值并且达到-1 或者更小，则表明干旱已经发生。SPI 一个重要的优点是具备计算不同时间尺度干旱水平的能力，一般计算 3、6、12、24、48 个月这几个时间尺度。随着时间的推移，降水不足是逐渐且变化地影响不同的水资源（如溪流、地下水和积雪），因此多个时间尺度可以反映不同水特征的变化。

2. *Z* 指数

中国国家气候中心提出了基于单气象站的降水量累积频率的干旱分级方法即 *Z* 指数法（鞠笑生 等，1997），该方法假设降水量服从概率密度函数 Person-III 分布，然后将降水量转化为以 *Z* 为变量的标准正态分布，简称 *Z* 指数法。该指标计算简单，意义明确，是较优的气象干旱指数，得到了较广泛的应用，尤其适合在我国北部和西北部使用。但是该指数不适合计算短时间尺度的干旱，而且有时候计算结果与 SPI 冲突，在描述旱涝程度时需要针对不同地区进行修正。

3. PDSI

PDSI（Newman and Oliver，2005；Palmer，1965）基于水分供应和需求异常计算干旱严重程度，而不仅是基于降水异常，因此比 SPI 更复杂。PDSI 在计算的时候需要使用降水、气温、SAW 含量等数据，利用这些输入参数，PDSI 通过经验公式或近似方法计算水量平衡方程的 4 个子项（即蒸散量、径流量、土壤水分补给量、土壤含水量），是一个多因素的复杂综合干旱指数，被认为是干旱监测指数发展史上的里程碑。PDSI 能够反映较大的自然区域的干旱等级（如预报森林火险等级），但是 PDSI 忽略了蓄水、降雪和其他来源的水分供应，因此对小区域干旱评估可能不太合适。PDSI 也没有考虑灌溉等人为因素对水平衡的影响，因此不适用于有人为水管理系统的干旱状况。

4. 连续无雨日数

连续无雨日数指作物在正常生长期间（特别是水分临界期或关键生育期），连续无有效降水的天数。日降水量<5 mm 为无效降水，称为无雨日，连续无雨日数越长干旱越严重。在不同地区、不同季节、不同作物、作物不同生育期，该指标不能直接相互比较。而对于同一个地区同一种作物，则可以用于评价和预测干旱程度。例如，红壤区夏季一般在连续 5～10 d 无降水，就可以认为发生了季节性干旱（表 2.2）。

表 2.2　连续无雨日数干旱等级划分

季节	地域	不同旱情等级的连续无雨日数/d			
		轻度干旱	中度干旱	严重干旱	特大干旱
春季（3～5 月） 秋季（9～11 月）	北方	15～30	31～50	51～75	≥75
	南方	10～20	21～45	46～60	≥60
夏季（6～8 月）	北方	10～20	21～30	31～50	≥50
	南方	5～10	11～15	16～30	≥30
冬季（12～2 月）	北方	20～30	31～60	61～80	≥80
	南方	15～25	26～45	46～70	≥70

注：波浪号（～）前面的数字含、后面的数字不含在该行对应的干旱等级中

常见作物的水分临界期或关键生育期指玉米抽穗期前和开花期，如小麦拔节期和抽穗期；棉花花铃期；大豆开花期到成熟期；水稻孕穗期和开花期；谷子抽穗期前后；高粱拔节期到孕穗期；马铃薯开花期前后；花生开花下针期。作物在水分敏感期，更容易发生干旱胁迫和干旱致灾减产。

红壤区夏秋季节连续 5～10 d 无降水就会发生明显的干旱。在湖南省作物生长良好的坡耕地红壤上的研究结果表明（黄道友等，2004a，2004b），6～10 月连续 10 d 降水量≤5 mm 时，表层土壤含水量降至田间持水量的 35%～65%，地上作物萎蔫严重，容易产生干旱危害，但往往是有旱无灾；连续 20 d 降水量≤5 mm 时，表层土壤含水量降至萎蔫含水量左右，部分作物开始死亡，减产率≤5.8%，可视为轻旱；连续 30 d 降水量≤5 mm 时，表层土壤含水量降至萎蔫含水量以下，作物死亡增多，减产率在 7.6%～26.8%，可视为中旱；连续 40 d 降水≤5 mm 时，减产率≥30%，可视为重旱。

5. 气象干旱指标的局限性

气象干旱指标一般以降水量为主要考虑参数，往往以多年平均降水量作为参照，把考察时段的降水量与之比较，这种方式得到的指数多多少少存在一些缺点或局限。①这些气象干旱指标用于判断干旱的标准是经验的、人为的，更多的是基于正常年份而计算的相对值，并不能识别干旱造成的影响或危害。在实践中，这种相对的经验指数可能完全不符合实际，相对值偏少或偏多都难以反映真实的旱涝状态。而且，作为评价参照标准的多年平均降水量并不是一个固定的数值，它随着气象记录时间（年限长度、气象波动）的变化而变化，受制于历史数据而不能体现气候的趋势变化。②气象干旱指标很难定义或检测干旱是何时开始的。一方面，土壤的储水往往掩盖了气象干旱的发生；另一方面，干旱是逐渐累积的，并不是从低于正常降水时段的第一天就立即发生的。所以，这些气象干旱指标反映的是干旱已经发生的事实，而不能预测将要发生的干旱事件。③不能判断干旱是已经结束，还是仅仅是被其中的零星降水打断而实际上干旱仍然在持续。用这种经验的方法评价干旱，往往可能错误判断干旱期发生的降水，把一个长时间的、

连续的（如连续数月甚至数年的）干旱划分为几个干旱时期。④这种气象干旱指标是一种相对指标，如果把这种相对指标用数值表示，在不同地区（湿润区和干旱区，我国的南方和北方）进行比较的时候，这种数值往往会造成错觉。实际上，相同的数值并不表示干旱严重程度相同，更不能表示干旱造成的危害相同，同样的气象干旱指数在不同地方造成的旱灾会完全不同。⑤气象干旱指标往往不能评价农业干旱程度。某段时期降水偏少，从气象角度看的确是干旱，但是这段时期的干旱可能在农业生产上对作物是无害的甚至是有利的。例如，在大部分作物生育早期，适当干旱可以起到炼苗的作用，能够提高作物的抗旱性。可见，不与作物水分需求相结合，不考虑土壤水分的变化，气象干旱指标在农业上的应用会有明显局限。

（二）红壤季节性干旱的气象干旱指标

气象干旱指标难以准确、完整地反映红壤季节性干旱。从第一章可以看到，红壤的季节性干旱主要是降水年内分布不均而造成个别月份降水偏少，而年际表现出一定的周期性。气象干旱指标的计算结果，由于时间步长太长（一般三个月以上），不能反映特定月份短期的干旱情况。一些大旱的年份能够在气象干旱指标上反映出来，但正常年份的轻度的和中度的季节性干旱则被掩盖了。一些持续时间很短的突发干旱（骤发干旱），从干旱发生到形成旱灾，只需要几天到十几天的时间，现有的气象干旱指标无法识别和指示这些短期的间歇性干旱。

贾秋洪和景元书（2015）以气象数据和土壤含水量数据分别计算了江西省鹰潭市的干旱指数，从气象数据计算结果看，该地区 5 月和 6 月无旱情发生，而 7～9 月为干旱多发月份；从土壤含水量计算的结果看，该地区花生和橘园地 5～9 月均有旱情发生，而 7～9 月旱情更严重。两种方法得到的结果趋势基本一致，气象干旱指标更加简便，也利于干旱预报和预防。但是在很多地方，以气象数据计算的干旱情况不能准确反映农业的实际干旱状况。黄道友等（2004b）采用 Z 指数计算湖南省桃园县 1960～2001 年的干旱发生研究表明，期间有 25 年发生了气象干旱，年发生概率为 59.6%。其中，“轻旱”的年发生概率为 28.6%，“中旱”和“重旱”分别为 16.7%与 14.3%。而根据《桃源县志》记载和实际观测结果，期间除有 6 年无明显的旱灾外，其余 36 年均有不同程度的旱灾发生，年发生概率为 85.7%，其中中等和中等以上气象干旱的年发生概率为 50%左右，明显高于气象干旱指标的计算结果，这表明气象干旱 Z 指数严重低估了红壤区实际的干旱情况。

洪文平（2007）比较了 Z 指数和土壤-作物系统法计算的江西省余江县（现鹰潭市余江区）1960～2001 年 42 年期间的干旱状况。土壤-作物系统法是农业部门总结出来的一套判断季节性干旱对农业生产影响（危害）的方法，以耕地受灾面积占耕地总面积百分比计算，考虑了气候性因素、生态环境及有关社会因素对季节性干旱的影响。结果发现用土壤-作物系统法判断干旱，重旱为 3 年一遇，中旱约 1.9 年一遇；用 Z 指数方法判断干旱，重旱为 7 年一遇，中旱约 2.1 年一遇。两种方法的结果有一定的差异，其中中旱和重旱一致率为 29.6%，基本一致率为 44.5%，不一致率为 25.9%；两者的一致性在夏旱中较好，秋旱中一般，冬旱中较差；在危害程度大的重灾中一致性较好，在危害程度较小的中旱中一致性较差，总体上土壤-作物系统法评价干旱更符合实际。

红壤干旱多发生在夏秋季节（高温少雨的旱季），在正常降水的年份，旱季降水较少，作物容易干旱；在干旱的年份，旱季降水较正常年份偏少，旱季更旱，这是红壤季节性干旱的特征，即在气象正常的不干旱的年份也仍然存在季节性干旱。这是因为红壤区的夏秋季气温高，蒸发强，作物需水旺盛，即使短期的无雨也可能形成干旱，持续时间很短的骤旱甚至在雨季期间也可能发生，这是红壤季节性干旱的又一重要特征。湖北省咸宁市红壤实验站长期观测的结果表明，正常降水年份夏秋旱季节并不是无雨，而是降水时有发生，只是在两场降水之间有短期的无雨，但在这个短期的无雨期，玉米作物仍然表现出旱象。例如，2010 年，由于夏秋气温高（>28℃），连续 11 d 和 12 d 的短期无雨期即构成季节性干旱（图 2.1），在夏秋之交发生的频次比夏季更多。这种短期的间歇性干旱是红壤季节性干旱的重要特征。正是有上述特征，红壤季节性干旱就难以用单一的降水指标来评估其干旱状况，需要考虑土壤水分干旱状况和作物生长状况。

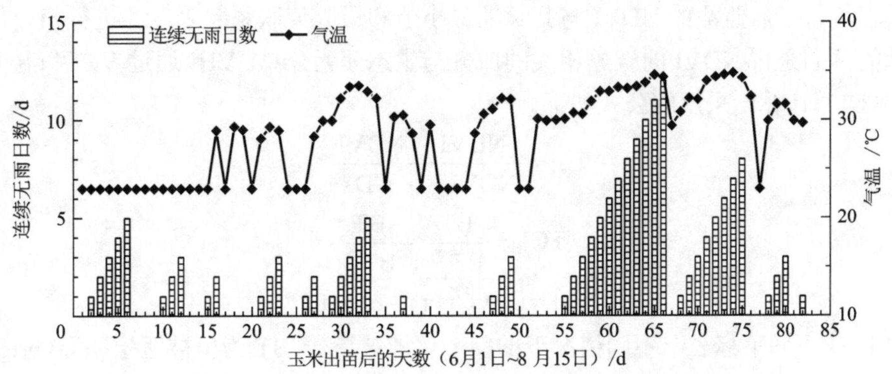

图 2.1 湖北省咸宁市红壤实验站玉米生长期的短期间歇性干旱

图中显示在两个半月中发生了 2 次持续十几天的间歇性干旱

二、基于植被遥感的干旱指标

地面遥感和卫星遥感等多种遥感手段的进步和普及，为农业干旱监测开辟了新的途径，使大面积监测作物旱情成为可能。遥感干旱监测从温度、土壤水分、作物长势等角度，建立了基于水分平衡和能量平衡的多种监测模型和指标，主要方法有蒸散法、热惯量法、植被指数法、微波遥感法等，根据这些遥感信息间接建立作物干旱指标。近些年，基于作物光谱信息反映作物的水分状况和营养状况的研究越来成熟。

（一）归一化植被指数

归一化植被指数（normalized difference vegetation index，NDVI）是基于遥感监测植被情况得到的指数，并不是直接的干旱指数。NDVI 反映地面覆盖的“绿色度”，并用作指示植被密度和健康状况的指标。NDVI 值范围为[-1, 1]，高正值对应茂密和健康的植被，低 NDVI 值和负 NDVI 值表示植被条件差或植被覆盖稀疏。NDVI 表示当前监测值与长期平均值的变化，其中正值（如 20%）表示植被状况与平均值相比有所改善，而负值（如 -40%）表示植被条件相对较差。在测量时，利用卫星通过多光谱遥感测量，或者利用高分辨率的雷达探测植被反射的红外和近红外光谱，计算植被的健康状况和稀疏状况（干旱或其他影响）。计算公式为

$$NDVI = (NIR - R)/(NIR + R) \tag{2.1}$$

式中，NIR 为近红外光谱反射率；R 为可见红光光谱反射率。植被健康状况下（没有干旱胁迫），叶绿素吸收光线而反射很少的红光，得到低的 R 值和高的 NDVI 值；低的 NDVI 值指示作物可能受到干旱胁迫，反映的是植物真实的干湿状况（而不是间接推测的）。NDVI 对土壤颜色和湿度状况敏感，在湿润情况下 NDVI 值随土壤水分状况变化，因此可以作为干旱指标。

与 NDVI 相近的指数，还有植被状况指数（vegetation condition index，VCI）和植被健康指数（vegetation health index，VHI）。VCI 评估当前植被健康状况，并与历史趋势进行比较，将当前监测的 NDVI 与其长期最小值和最大值联系起来，并进行归一化。这样处理的目的是将 NDVI 的气象相关的成分与生态元素分离。VHI 通过 VCI 和温度状态指数（TCI）计算，采用的公式如下。

$$VCI_i = \frac{NDVI_i - NDVI_{min}}{NDVI_{max} - NDVI_{min}} \tag{2.2}$$

$$TCI_i = \frac{BT_{max} - BT_i}{BT_{max} - BT_{min}} \tag{2.3}$$

$$VHI = a \cdot VCI + (1 - a) \cdot TCI \tag{2.4}$$

式中，NDVI 不同下标表示不同情况下的归一化植被指数；BT 为植被冠层亮温（brightness temperature），下标表示生育期内某时间点 i 及最小（min）、最大（max）测量值；a 是与区域环境有关的经验参数，可取 0.5。无干旱情况下，植被健康正常处于绿色（含大量叶绿素）且生长强壮（含大量水），这种状态的植被对太阳辐射的可见光反射很小，而对近红外部分反射很大，因此由可见光和近红外计算的 VCI 就可以反映植被的健康、水分和热量状态。同时，健康的植被释放较少的红外辐射并导致较低的 BT 和较冷的冠层，由此计算的 TCI 越大植物越不干旱。干旱情况下则与此相反。

作物产量（Y）与 VCI、TCI 有良好的线性关系（如 $Y=a\times VCI+b\times TCI$）。于是，把 NDVI 和 TCI 组合为 VHI[式（2.4）]，就可以指示作物受旱状况。平均 VHI 是从作物生长开始到当前的 VHI 的平均值，它考虑了作物在不同生长季节对水分胁迫的敏感性，并计算从生长季节开始到当前的水分不足的时间内的综合影响。

（二）农业胁迫指数

农业胁迫指数（agricultural stress index，ASI）用于通过卫星遥感观测结果预警早期干旱对区域内作物生长的危害。ASI 基于 VHI 从时间和空间两个维度评价农业干旱事件。在时间维度上，从像素级尺度计算 VHI 的时间平均值，即作物周期中发生干旱的强度和持续时间；在空间维度上，通过计算 VHI 值低于 35%的耕地中像素的百分比来确定干旱

事件的空间范围。其中35%是评价干旱程度的关键VHI阈值，根据Kogan（1995）的建议，VHI<10 极端干旱，VHI<20 严重干旱，VHI<30 中等干旱，VHI<40 轻度干旱，VHI ≥40 无干旱。

FAO在ASI基础上构建了农业胁迫指数系统（agricultural stress index system，ASIS）（Van Hoolst et al.，2016）。通过各种卫星遥感测量，得到NDVI和BT，然后计算单个点位作物生长季的平均VHI，再空间集成，以35%为阈值计算ASI，并根据时空制图，得到一个地区、一个国家、全球的农业胁迫指数。

本节后文介绍的基于作物冠层温差的CWSI也是属于植被遥感估算农业干旱的一种常用指标。当前遥感技术为CWSI、WDI等干旱指标的计算与资料获取提供了方便，可实现长时期、大范围的动态干旱监测，但是遥感信息的“滞后性”问题还有待进一步解决，而且遥感监测的是“间接的”干旱指标，不是直接的土壤水分状况或者植物干旱状况，这是需要注意的。

三、基于作物响应的干旱指标

对于农业干旱而言，作物受旱状况更能体现真实的干旱程度。作物受到干旱胁迫后，会在植株整体形态、器官形态、生理指标参数等方面体现出来，这些指标都可以作为作物干旱的指标。虽然作物受土壤干旱胁迫的程度会在植株形态和生理指标上反映出来，但目前没有公认的基于作物自身生理响应的干旱指标，现代测量植物水分状况的技术有限，非常耗时费工，对一地块往往要做很多测量，很难在短时间内获得大范围的作物生理干旱指标（Osborne et al.，2002）。常用的指标有叶片的相对含水量、叶水势、CWSI等，在田间小范围内，这些指标更能体现真实的作物干旱危害。

（一）作物形态指标

作物受旱会体现在植株形态上。一般认为作物叶片延伸生长是对水分胁迫反应最敏感的生理过程，进而影响整个植株形态生长，所以可以利用作物形态特征来反映作物水分胁迫受旱状况（朱自玺 等，2003）。相对没有干旱胁迫的作物，受旱作物的叶片变小、叶面积指数降低、植株矮小、茎干变细、叶片萎蔫，这些形态易于观测和测量。但作物形态的变化不完全取决于气象和土壤水分条件，其他障碍因子（如缺乏养分元素、环境毒害等）也可以影响作物形态，作物形态指标是与作物品种、土壤状况、种植制度、生产技术水平等诸多因素相关的一个综合概念。

以作物长势与长相为基础的作物形态指标观测方法直观，可以用来诊断作物水分胁迫状况，不过这是一种定性的描述方法。在作物生长发育的不同阶段中，作物往往对水分供给的变化表现得较为敏感，因而能够使用一些经验的办法，依据作物的形态特征、长相长势差异对作物的受旱状况进行分析。作物形态指标是作物长势与长相的外在表现，是作物生长发育好坏的直观表达，而且其观测较为方便，不需要使用较为昂贵或者精准的仪器就能获得，可以在任何地区方便使用。

植株的外观形态可以反映植物受旱程度，但是从作物实际受旱到在形态上表现出来，时间是滞后了的，并不适合作为作物的实时干旱评价指标。还有一些其他问题也限制了作物形态指标和作物干旱指标的应用。①形态指标随时空的变换差异很大。不同叶龄、不同叶位测试时，结果会很不一样。而且由于不同作物品种在不同的生长环境条件下，生长发育会产生很大的不同，所以该类指标无法找到一个可供准确界定的干旱范围，无法对干旱等级进行准确的划分。②形态指标定性描述干旱，需要参照系，而且量的多少无法控制和说明，指标定量有困难。③测定形态指标时，对作物的扰动会影响作物的进一步生长发育，可能会对作物造成伤害。因而形态指标只是一个经验的参考，不能定量作为干旱指标使用。所以，作物形态指标最好作为一个农业干旱监测中的辅助指标使用。

植株形态变化在叶片的变化中更丰富，除了体现在叶片大小变化之外，还可以在叶片的颜色、纹理等形态上反映出来，因此可以通过遥感高光谱无损测量叶片的这些细微形态特征变化来反映受旱状况，比宏观的形态指标实时性更强。

（二）叶片相对含水量

叶片相对含水量，指的是叶片干旱时的含水量与叶片饱和时含水量的比值，表征植物在受干旱胁迫后的整体水分亏缺状况，反映了植株叶片细胞的水分生理状态、植物组织水分亏缺程度，因此叶片相对含水量可以作为作物干旱指标，也常常是衡量植物抗旱性的生理指标，比单纯的叶片绝对含水量更能敏感地反映植物水分状况的改变。叶片相对含水量用第一章的公式计算[式（1.3）]。

一些研究表明叶片相对含水量与土壤相对含水量（土壤相对湿度）之间呈正相关，但也有很多研究表明二者没有相关性（王纪华 等，2001）。干旱胁迫下，农田作物的叶片鲜重含水量、相对含水量降低，但是叶片含水量与土壤含水量并无显著线性相关性，这是因为：①SPAC 是一个复杂的非线性反馈系统，植物体的水分在其中非稳态运动，土壤含水量和植物含水量的变化并不同步；②在干旱条件下，经常会发现植物老的叶片早衰黄化，有时甚至脱落，植物通过老叶脱落以维持剩余叶片的水分。叶片相对含水量也随作物生育期而变化，不同生育期评价是否发生干旱胁迫的叶片相对含水量指标大小不同，不同作物的叶片相对含水量也不能直接比较。叶片因为对干旱敏感，是最常用于检测含水量的植物组织，也可以用于测定根系和茎秆含水量。

（三）叶水势

叶水势是反映作物组织水分状态的可靠的指标。在 SPAC 中，叶水势是连接大气和土壤的中间环节，叶片通过根系从土壤中吸收水分，然后从叶气孔把水分输送到大气。在这个连续体中，驱动水分从土壤经植株运输到大气的动力是水势梯度，土壤和大气其中一个干旱状况（水势）变化都将引起叶片水分状况的变化，因此作物叶水势可以反映 SPAC 整个系统的干旱状况。同时，叶水势变化将直接影响作物正常生理功能，因此叶水势是良好的作物干旱指标。与土壤正常供水且作物蒸腾缓和条件相比，作物在轻度水分胁迫时，叶片相对含水量降低 8%～10%，叶水势降低 0.1～0.5 MPa；中度水分胁迫时，叶片相对含水量降低 10%～20%，叶水势降低 0.5～1.5 MPa；重度水分胁迫时，叶片相对含水量降低 20%以上，叶水势降低 1.5 MPa 以上。

叶水势的变化与气孔的开闭相关，而气孔对水分亏缺的敏感性和防止水分丢失的作用因植物种类而异。例如，诱导气孔关闭的水势阈值从豆类作物的-0.8 MPa 到棉花的-2.8 MPa，但其阈值随其经受干旱的前历、叶位、叶龄和生长条件而异。高粱关闭气孔所需的水势阈值低于玉米，玉米的气孔虽然在缺水时关闭，但关闭得不彻底，不足以完全阻止水分继续丢失。

叶水势与土壤含水量呈现明显相关性，能够反映土壤的干旱状况。但是叶水势与根系吸水并运输到叶片的速率和叶片蒸腾快慢的关系更密切，即使土壤含水量高（不干旱）但如果叶片蒸腾快，也会降低叶水势，植株呈现旱象。SPAC 的水分运输是不稳定的瞬态运动，运动速率是变化的，这导致叶水势还会受到瞬时的外界气象变化、新老不同叶位的叶片的影响，在田间的测量结果并不稳定。为了增强叶水势作为反映作物干旱状况指标的稳定性，一般选择在清晨日出前测量叶水势，经过一夜的吸水且蒸腾量小，叶片水势稳定，此时测定的叶水势能很好反映田间作物干旱状况。

（四）叶气孔导度

气孔是植物叶片与外界进行气体交换（水蒸气、O_2和 CO_2）的主要通道，是影响植物光合作用、呼吸作用、蒸腾作用的主要因素。叶气孔导度（Gs）表示的是气孔张开的程度，可以反映植株与外界进行的水分交换是否顺畅的状况，单位为 mmol/（$m^2 \cdot s$），其倒数为气孔阻力，可以用气孔仪测量。在许多情况下，Gs 与蒸腾速率（Tr）成正比，因此 Gs 可以作为干旱指标反映叶片水分生理状况。当土壤水分亏缺导致作物发生干旱时，作物叶片气孔部分关闭，减少蒸腾失水速率，从而影响光合作用。干旱越严重 Gs 越小，因此 Gs 是受天气条件与土壤水分状况等因素综合影响的结果。不同作物及不同生育期的气孔导度变化不同，对土壤水分阈值的响应也不同，可以根据试验资料建立气孔导度动态模式，进而确定作物缺水状况（李柏贞和周广胜，2014）。

叶气孔开度变小，导致气体交换减少和光合作用降低，然而水分子和 CO_2 在叶肉细胞内的运输阻力相差很大，当气孔阻力增大时，输送水分遇到的阻力增大幅度比输送 CO_2 大得多。从这个角度看，Gs 适当降低并不严重影响作物的光合作用，反而可以减少 Tr 而提高 WUE。但是，Tr 减少可能导致叶温增加，抵消提高 WUE 的作用。

在红壤上通过田间测坑试验研究了长期处于不同土壤水分状况下的花生和早稻叶片气体交换（陈家宙 等，2005），花生分枝期轻度和中度水分胁迫使 Gs 和 Tr 略有下降，净光合速率和叶片 WUE 减小，轻度水分胁迫下 Gs/Tr 略有上升而中度胁迫下 Gs/Tr 变小。花生结荚期轻度和中度水分胁迫都使 Gs、Tr、Gs/Tr 和净光合速率显著降低，而 WUE 大幅度上升，花生结荚期明显受土壤水分胁迫影响（图 2.2）。因此，Gs 和 Gs/Tr 变化情况相结合可以作为作物水分胁迫程度的一个参考指标，即如果 Gs 和 Gs/Tr 同时下降则作物已经受到水分胁迫影响。Gs/Tr 指标除了动态地反映作物水分胁迫程度之外，还是作物的一个生理生态特性，但能否作为性能鉴定指标还需深入研究。

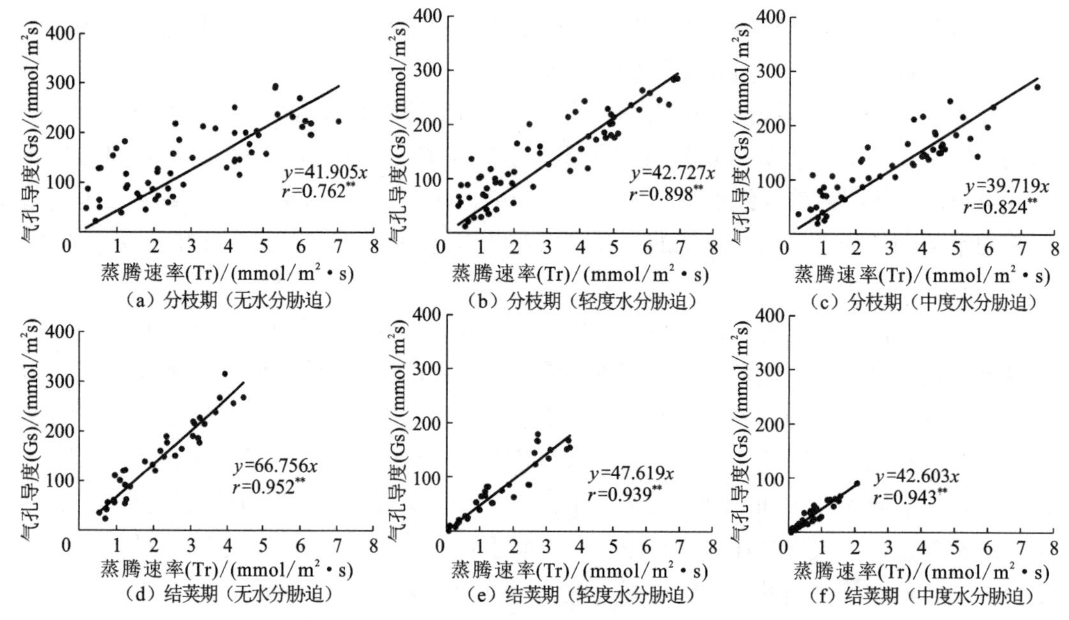

图 2.2　红壤中花生分枝期和结荚期叶片蒸腾速率（Tr）与气孔导度（Gs）的关系

Gs/Tr 可以作为作物干旱胁迫的参考指标

**表示极显著水平

四、基于土壤水热的干旱指标

国际上没有土壤干旱（soil drought）这个说法，但近年 soil drought 这个词也常见于期刊文献中（Wouters et al.，2022）。第一章已经对土壤干旱做出了初步的定义。气象干旱使土壤含水量降低，因此土壤含水量本身就可以在一定程度上反映干旱状况，可以作为干旱指标。但是由于土壤性质差异甚大，含水量相同的土壤对作物的胁迫不一样，土壤绝对含水量难以反映真实的作物水分胁迫，土壤含水量本身作为干旱指标有被误用的可能，更多的情况是把土壤含水量作为其他有局限的干旱指标的补充。经典文献和生产实践中一般以土壤相对含水量作为土壤干旱指标。

但是，大量的研究表明，土壤含水量是最好的农业干旱指标，它反映的是真实的、直接的作物干旱状况。气象干旱虽然是农业干旱的原因，但气象干旱本身无法准确指示农业干旱（Chatterjee et al.，2022），降水波动不能全部解释产量的变化，因为直接导致作物减产的是土壤水分降低而不是降水减少（Vergopolan et al.，2021；Stocker et al.，2019；Schlaepfer et al.，2017）。特别是在作物关键生育期，根区土壤水分是作物产量的决定性因子（Trenberth et al.，2014），基于土壤水分的干旱指标才能描述和预测农业干旱（Lu et al.，2019；Chatterjee et al.，2022）。土壤水分是联结气象干旱和作物受灾的关键纽带，既是干旱的结果，也反馈于干旱发展（Berg and Sheffield，2018），其降低幅度和速度是判别农业干旱的主要依据（Zha et al.，2023；Liu et al.，2020a）。

（一）土壤含水量

土壤含水量与作物干旱状况关系密切，与气象干旱指标相比，能更好地反映作物干旱状况，其测量和使用也简单，是作物干旱最可靠的指标。土壤含水量测量技术已经非常丰富和简便，Sinclair 等（1998）认为，在某些土壤中，用土壤绝对含水量来解释作物对土壤水分的反应是必需的，比作物生理法更好。

1. 土壤绝对含水量

土壤绝对含水量是指单位体积土壤中水的体积（单位 cm^3/cm^3）或单位质量土壤中水的质量（单位 g/g），也就是常说的体积含水量或质量含水量（重量含水量），含水量有时也称含水率。其中单位质量土壤是指土壤干重，除非特殊说明，凡是涉及土壤质量（或重量）的都是指土壤烘干重（即在 105℃下烘干之后的土壤重量），不能用湿土重量计算。在使用土壤含水量的单位时，因为绝对含水量的分子和分母的单位相同，有一些文献中把二者单位约掉而写成%的单位是不规范的，容易引起误解和混乱。虽然可以写成质量含水量%或者体积含水量%来消除这种混乱，但仍然不建议土壤绝对含水量使用%作为单位，而是把%作为相对含水量的单位。质量含水量和体积含水量的数值不相同，土壤质量含水量乘以土壤容重等于体积含水量，所以体积含水量在数值上往往大于质量含水量。

在测量方法上，质量含水量和体积含水量有较大差异。质量含水量只能通过取土样然后烘干称重进行计算，虽然对仪器设备要求不高，但是过程比较繁琐也比较费时间（完整测量过程需要 1 d 左右），而且不能对同一个位点进行长期监测，因此只能用于测量频次较少的偶尔测量。体积含水量测量仪器设备种类较多，主要有基于时域反射原理的时域反射仪（time domain reflectometer，TDR）和基于频域反射原理的频域反射仪（frequency domain reflectometer，FDR），测量的都是土壤的介电性质，由介电性质通过经验公式转换成土壤体积含水量。土壤体积含水量测量速度快（1 min 以内），能够不破坏原位定点而长期监测，也可以移动换位测量，因此在实际中使用更多。

土壤绝对含水量反映了土壤水分的多少，能够真实地体现了土壤干旱状况和作物干旱状况。但是由于不同土壤性质差异较大，不同土壤（主要是不同质地的土壤）之间的绝对含水量并不能直接比较，绝对含水量相同并不表示土壤的干旱状况相同，所以绝对含水量并不是一个很好的干旱指标，但其特别适用于同一种土壤干旱过程的监测，可根据绝对含水量的动态变化反映土壤和作物干旱过程。

土壤绝对含水量与作物水分胁迫程度的关系并不紧密，与作物水分胁迫状况更密切的是土壤有效含水量（又称为植物有效含水量），即高于萎蔫含水量的那部分含水量。不同土壤萎蔫含水量（用体积含水量或数值含水量表示）的数值不同，不同植物能够吸收土壤水的能力不同，大多数农作物能够吸收土壤基质吸力小于 1.5 MPa 的水分，一般旱生植物能够吸收土壤基质吸力小于 3.0 MPa 的水分，而水生植物只能吸收土壤基质吸力小于 0.7 MPa 的水分。因此，近似地，用基质吸力 1.5 MPa 对应的土壤含水量作为农作物无法吸收利用的无效含水量，这个含水量在不同质地的土壤中不同，导致相同含水量下有效含水量不同，这也是土壤绝对含水量作为土壤干旱指标存在缺陷的原因，而土壤相对含水量可以在一定程度上消除这种缺陷。

2. 土壤相对含水量

土壤相对含水量是土壤含水量（g/g）相对于土壤田间持水量（g/g）的百分比（%）。田间持水量是一个参照含水量，是一个比较稳定的土壤水分常数，其大小与土壤性质有关，代表了在田间能够保持的最大含水量，超过该含水量之后水分会很快渗漏。一般情况下，土壤含水量在田间持水量的 70%～80%时作物生长最好，土壤含水量超过田间持水量的 80%可能会影响土壤的通气性而抑制作物生长，土壤含水量低于田间持水量的 60%作物发生水分胁迫。当然不同的土壤发生干旱的指标有差别，表 2.3 为三种质地土壤的干旱指标（用干旱等级表示），可以作为评价土壤干旱程度的参考。

另一种相对含水量的表示方式是相对有效含水量，即土壤有效含水量占总土壤有效含水量的百分比重，其表示的结果与土壤相对湿度一致。由于土壤的复杂性，以及田间持水量这一参照含水量的静态特性，用土壤相对含水量反映作物水分胁迫状况或农业干旱状况也存在不足，特别是不同地区、不同土壤、不同作物之间，指标取值并不能统一。

表 2.3　土壤相对含水量作为土壤干旱指标

干旱等级	干旱类型	土壤相对含水量/%		
		砂土	壤土	黏土
1	轻旱	45～<55	50～<60	55～<65
2	中旱	35～<45	40～<50	45～<55
3	重旱	25～<35	30～<40	35～<45
4	特旱	<25	<30	<35

注：参考《农业干旱等级》（GB/T 32136—2015）

土壤相对含水量作为干旱指标意义明确，但是其对不同作物在不同地区作物各生育期水分状况的反映存在较大的差异。不同土壤干旱等级的划分不完全相同，而且在作物的不同生育期，作物对水分的敏感程度不一样，因而在使用土壤水分指标指示农田作物干旱状况时，需要因地制宜，根据当地的土壤状况和作物特点而制定相应的干旱等级划分。王劲松和张洪芬（2007）依据陇东区西峰农业气象试验站多年土壤水分资料、降水量资料及小麦生长发育状况，在春季、伏期、秋季、初春、春末初夏 5 个不同时期，发生干旱时利用 0～100 cm 土层土壤含水量划分干旱等级，发现根据作物发育状况及天气条件划分的土壤干旱等级更具实际利用价值，而且能更好地反映作物实际需耗水状况。

由于红壤特殊的理化性质和气候条件，在季节性干旱发生时，30 cm 及以下土层的含水量较高，农田发生短期干旱时，只是浅层土壤含水量降低，而深层土壤含水量一直维持在田间持水量的 80%以上(用表 2.3 的指标判断则是无干旱的)。因此在这样的地区，用土壤深层或 0～100 cm 土层土壤含水量数据分析干旱状况不够灵敏，而用 10～20 cm 土层土壤含水量反映该区农田干旱状况则效果较好。由于玉米生长在暖湿的夏季，根系主要分布在表层，导致玉米农田土壤分层根系吸水特征为上层根系吸水量大于下层根系吸水量。因此在分析玉米生长耗水状况时，考虑土壤整个层次的水分变动意义不大，所以对红壤区玉米土壤水分干湿状况分析，应该分不同土壤层次进行分析。

（二）可蒸发土壤水分数

可蒸发土壤水是指某个土层的田间持水量（θ_{FC}）与最小含水量（θ_{min}）的差值，土壤最小含水量是指仪器在田间监测到的最小含水量。把各个土层的可蒸发土壤水累加就是可蒸发土壤水总量（total transpirable soil water，TTSW），整体土层深度与根系层深度一致，SAW 则是指测量的实际土壤含水量（θ）与最小含水量的差值，这一部分水可以被植物利用（吸收或蒸发）（Sinclair and Ludlow，1986）。可蒸发土壤水分数（fraction of transpirable soil water，FTSW）定义为有效土壤水占 TTSW 的分数，即

$$\mathrm{TTSW}=\theta_{FC}-\theta_{min} \tag{2.5}$$

$$\mathrm{SAW}=\theta-\theta_{min} \tag{2.6}$$

$$\mathrm{FTSW}=\mathrm{SAW}/\mathrm{TTSW}=(\theta-\theta_{min})/(\theta_{FC}-\theta_{min}) \tag{2.7}$$

研究表明，FTSW 与葡萄叶水势呈简单的指数关系（Pellegrino et al.，2004），与葡萄园的蒸散量也呈简单的指数关系（Gaudin et al.，2017），因此 FTSW 可以作为 CWSI。

但是，由于果树与农作物的根系深度存在很大的差异，果树根系可以吸收深层的土壤水分而农作物只能吸收浅层土壤水分，所以在使用土壤水分储量、土壤水分含量等作为干旱指标时，需要考虑土层含水量与根系层深度的对应关系，否则会造成较大的误差。

（三）土壤温度

1. 土壤水分干旱指数

土壤水热联系紧密，白天天气晴朗时，土壤水分充足，则土壤温度低，而土壤水分缺乏时，土壤温度高，因此土壤温度在一定程度上能够反映土壤水分状况。土壤温度和热量在土壤表层及土壤内部的传播、土壤的水热状况，是反映下垫面辐射交换过程、地面热量平衡、近地层中热量和水汽湍流交换过程十分重要的指标。土壤温度因为测定能够达到较精确的程度，许多研究者利用土壤温度的空间分布特征、土壤温度的变化幅度、地表温度的傅里叶级数估计土壤热通量的大小和变化情况（小气候学）。土壤水分干旱指数（soil water stress index，SWSI）就是以地表能量平衡原理提出的一个干旱指数。

唐登银（1987）以能量平衡公式为基础，根据实际蒸发与潜在蒸发的关系依赖于土壤含水量的事实，导出了一种表达土壤干湿状况的指标，即 SWSI。SWSI 计算依赖于土壤表层温度，计算过程参照了 CWSI 的计算思路，利用了极端干旱和不干旱时土壤温度作为计算基线。

$$\mathrm{SWSI} = 1 - E_a / E_p = \mathrm{BC/AC} \tag{2.8}$$

式中，E_a 和 E_p 分别为实际蒸发量和潜在蒸发量；BC 为土壤温差到下基线的距离；AC 为上下基线的距离(上基线和下基线的概念参见下文 CWSI 的上基线和下基线)。理论上，SWSI 计算结果位于[0, 1]。

利用该指标在北京市的计算结果与每月平均气温和月降水量做了比较，发现该指标能较好地反映北京市各月的土壤干湿状况。此后，李韵珠等（1995）利用 CWSI 和 SWSI 在邯郸市进行了试验，发现 CWSI 绝大部分值位于 0～1，而 SWSI 则有过多的值大于 1。导致这种结果的原因是 CWSI 的计算依赖于作物冠层温度，而作物根系至少能长至土壤 20 cm 深度，作物可以吸收这一层次的土壤水分，所以与 CWSI 相联系的土层较厚，即 CWSI 能够反映土壤根系层的水分状况。而 SWSI 依赖于土壤表层温度来反映土壤水分状况，在大气蒸发较强时，土壤表层水分损失较快，表层土壤在短期内可以风干，土壤表层温度变化受土壤根系层水分影响较小，而主要受气象状况的波动而变化，故 SWSI 不能准确地反映土壤水分状况的变化。在土壤含水量较低时，土壤的热容量小，温度极易变化，所以 SWSI 所能反映的土壤水分层次较浅。但是土壤表层水分与其下层的含水量在较稳定的条件下有密切关系，因此在较稳定的条件下 SWSI 与深层的水分仍有密切相关关系。

红壤中研究发现，5 cm 土层土壤温度对水分变化敏感，而且相关分析得出 5 cm 土层土壤温度与红壤土层 20 cm 土壤含水量相关关系极显著（表 2.4），因此在构建 SWSI 指标时，将土壤表面温度代替为土层 5 cm 土壤温度，SWSI 的使用效果会提高而且会更加稳定。

表 2.4 玉米生长期间红壤不同土层温度与含水量的相关性

	5 cm 土温	10 cm 土温	5 cm 含水量	10 cm 含水量	20 cm 含水量
5 cm 土温	1	0.918 4**	−0.309 1*	−0.447 6**	−0.464 8**
10 cm 土温		1	−0.362 2*	−0.512 5**	−0.392 7**
5 cm 含水量			1	0.722 8**	0.597 0**
10 cm 含水量				1	0.651 9**
20 cm 含水量					1

注：*和**分别表示达到显著水平和极显著水平

2. 土壤表层温度

直接使用表层 5 cm 的土壤温度也可以指示土壤干旱状况。在红壤不同施肥和不同灌溉水平的试验中，玉米生长期间连续监测了不同深度的土壤温度，结果发现不同灌溉水平下土壤温度差异显著（图 2.3），而且 5 cm、10 cm 深度的土壤温度与 5 cm、10 cm、20 cm 深度土壤含水量呈显著相关（表 2.4），与玉米作物产量呈显著线性相关（图 2.4）。这些结果表明表层土壤温度可以指示作物干旱状况。

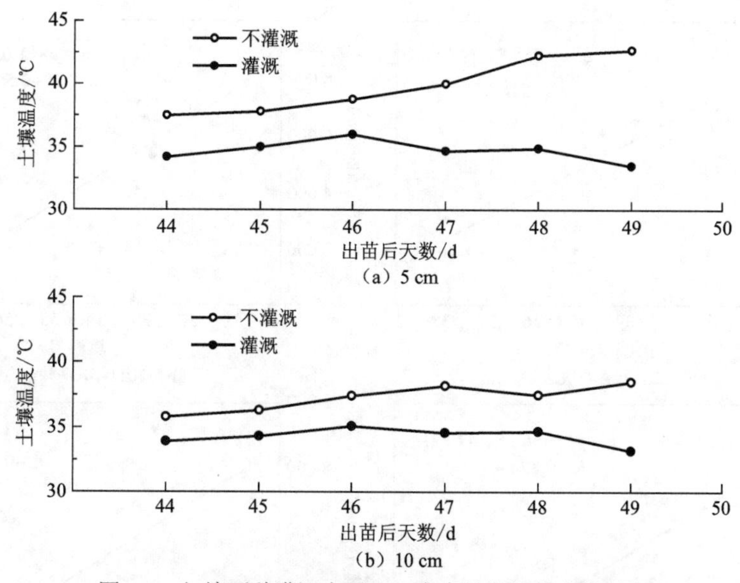

图 2.3　红壤两种灌溉水平下玉米生长期间的土壤温度

图 2.3 显示，5 cm 深度的土壤温度的变幅和不同水分处理之间的差异要明显大于10 cm 深度的土壤，变幅扩大了 1～2℃，这说明 5 cm 土温较 10 cm 土温能更好地反映出不同灌水处理之间的差异。同时表 2.4 也表明，5 cm 土温与 20 cm 土壤含水量相关关系要好于 5 cm 土温与其他两个层次的土壤含水量相关关系，而且 5 cm 土温与 20 cm 土壤含水量相关关系极显著（$P<0.01$）。而 5 cm 土温与 5 cm 土壤含水量相关关系只能通过 0.05 的显著性检验。这可能是由于夏季天气晴朗时，红壤表层含水量下降较快，而深层含水量下降缓慢，通过水汽与热量的输送，浅层土壤温度变化易受深层土壤水分的影响。分析 10 cm 土温与其他各层土壤含水量的相关性，发现 10 cm 土温与 10 cm 土壤含水量的相关关系最好。上述结果表明土温能够在一定程度上反映土壤含水量，从而指示土壤干旱状况。

试验观测时期，玉米正处于生长旺盛阶段，而且在观测末期不同灌水处理之间土温差异最大，所以对观测末期各处理下地块土温与对应处理玉米穗产量关系进行相关分析（图 2.4）。可以看出土温与玉米穗产量之间存在显著的线性关系（$P<0.01$）。无论是 A 地块还是 B 地块，5 cm 和 10 cm 土温均与玉米最终穗产量呈线性关系。

土壤温度的变化受土壤质地、土壤颜色、土壤孔隙度、土壤湿度、腐殖质、天气条件及风速等因素的影响，而特定地区的土壤因子稳定不变，作物生育期影响土壤温度变动的主要因素是土壤湿度、天气条件及风速。在红壤区季节性干旱时，天气状况能保持多天连续晴朗，此外由于风速较小且波动范围也不是特别大，故决定土壤温度变化的首要因素就是土壤含水量。所以在红壤区，利用土壤温度和土壤含水量的关系构建合适的指标，从而反映农田干旱状况，具有一定的可行性。

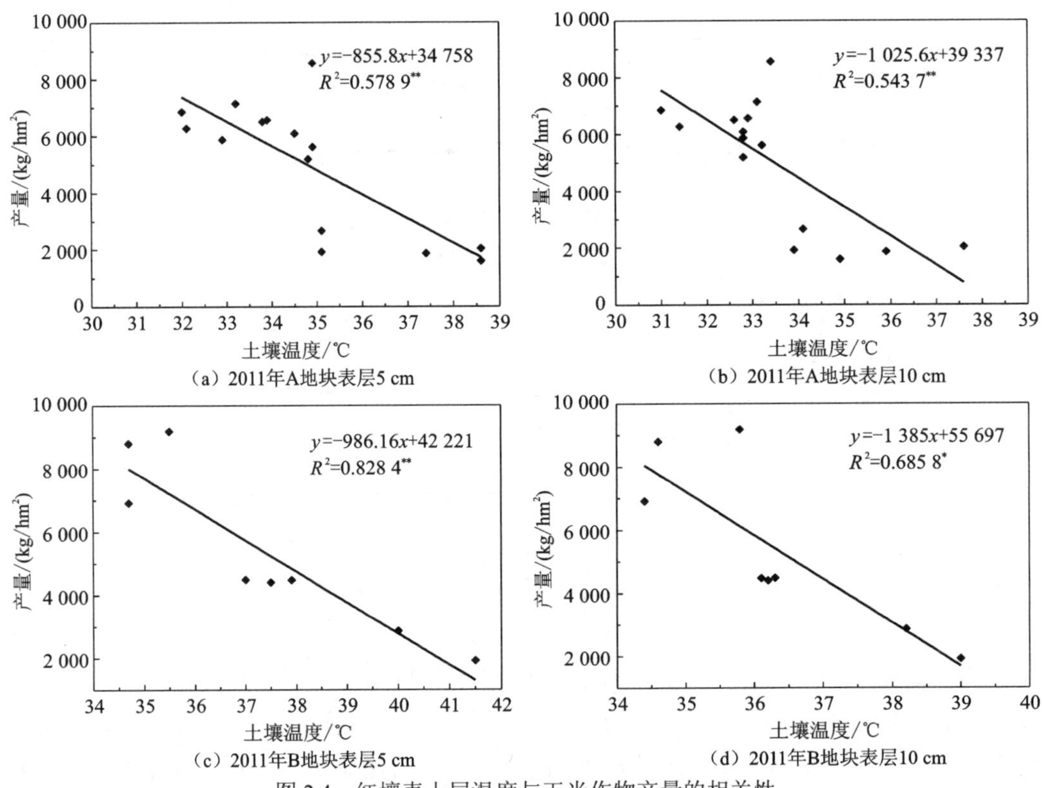

(a) 2011年A地块表层5 cm (b) 2011年A地块表层10 cm

(c) 2011年B地块表层5 cm (d) 2011年B地块表层10 cm

图 2.4 红壤表土层温度与玉米作物产量的相关性

*和**分别表示达到显著水平和极显著水平

五、CWSI

（一）CWSI 的概念

叶片温度对水分胁迫十分敏感。作物在受到干旱胁迫时，气孔开度降低，叶片蒸腾速率降低，与没有受到水分胁迫的叶片相比，叶温更高，这导致叶-气温差更大。基于叶片（冠层温度）对干旱反应的这一原理，Idso 等（1981）和 Jackson 等（1981）提出了作物水分胁迫指数 CWSI，用来监测和评价作物干旱状况。根据采用的观测数据和计算方法不同，CWSI 有理论模型和经验模型两类计算方法，理论上，CWSI 由下式计算：

$$\text{CWSI}=1-(\text{实际蒸散}/\text{潜在蒸散}) \tag{2.9}$$

由于实际蒸散难以测量得到，上述理论公式计算因子取值非常困难，实际常应用经验模型计算。

$$\text{CWSI}=(\Delta T-\Delta T_{\min})/(\Delta T_{\max}-\Delta T_{\min}) \tag{2.10}$$

式中，ΔT 为实际的冠气温差 (T_c-T_a)；$\Delta T_{\min}$ 是充分供水的冠气温差，该温差随气温而变化，与空气饱和水汽压差（vapor pressure difference，VPD）呈正相关，对于某种作物可用下式表示，称为下基线 D_2，即

$$D_2=\Delta T_{\min}=(T_c-T_a)_{ll}=a+b\text{VPD} \tag{2.11}$$

式中，T_c 和 T_a 分别为冠层（叶片）温度和大气温度；下标 ll 表示充分灌水条件，即下基线（low line）；而 ΔT_{max} 为极限缺水的冠气温差，表示作物受到极限干旱（蒸腾几乎为 0）时的冠气温差，该温差也随气温而变化，与空气饱和水汽压梯度（vapor pressure gradient，VPG）呈正相关，对于某种作物可用经验公式表示，称为上基线 D_1，即

$$D_1 = \Delta T_{max} = (T_c - T_a)_{ul} = a + b\text{VPG} \tag{2.12}$$

式中，下标 ul 表示极限干旱条件，即上基线（up line）；a 和 b 为经验回归系数，在式（2.11）和式（2.12）两式中取值相同。这样，代入式（2.10），CWSI 转换成下式计算（参数的物理含义参考图 2.5）

$$\text{CWSI} = [(T_c - T_a) - D_2]/(D_1 - D_2) = c/d \tag{2.13}$$

式中，空气饱和 VPG 指温度为 T_a 时的空气饱和水汽压和温度为(T_a+a)时的空气饱和水汽压之间的差，而空气饱和 VPD 可用下面的式子计算

$$e_s = 0.610\,8 \times \exp[17.27T_a / (T_a + 237.3)] \tag{2.14}$$

$$e_a = e_s \times (\text{RH}/100) \tag{2.15}$$

$$\text{VPD} = e_s - e_a \tag{2.16}$$

式中，RH 为空气相对湿度；e_s 为空气饱和水汽压；e_a 为实际空气水汽压。上面上基线和下基线的含义和 CWSI 的计算过程，可以参考图 2.5，图中 P 表示任一种观测值。

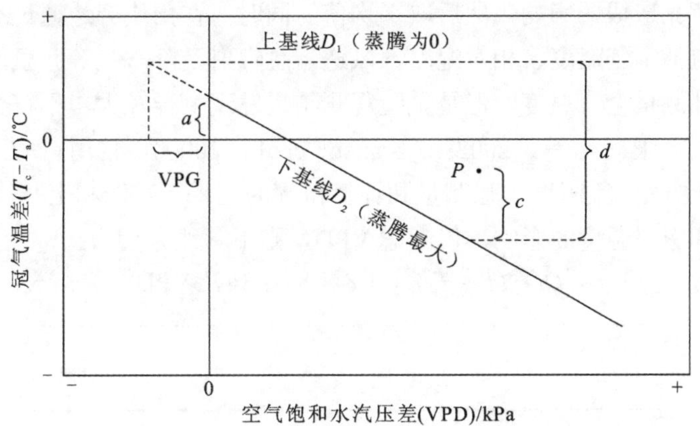

图 2.5　CWSI 的概念和上下基线的关系

CWSI 起源于美国西部干旱地区，在其他地区应用时，需要独立测量该地区的下基线和某种作物的上基线，两条基线的计算需要在宽广的湿润和干旱条件下（即 VPD 和 VPG 变幅大），通过设置充分灌水和极端干旱试验，得到经验回归系数 a 和 b，才能计算 CWSI。理论上，CWSI 的值在 0～1 变化，其值越大表示作物水分胁迫越严重。

CWSI 应用广泛，与作物产量相关性很好，可以用于测产。但 CWSI 也存在一些不足。①即使采用经验公式，ΔT_{max}、ΔT_{min} 的测量还是困难，两条基线的测量费时较多；②CWSI 值在一些条件下不在 0～1；③CWSI 值受气象变化影响严重，如在同一天不同时间测量，CWSI 变化在 0.10～0.35，给指标的确定带来困难；④偏重作物对干旱的反应，在作物冠层覆盖差或裸土条件下，无法评价土壤干旱状况；⑤不能确定灌水量，需要使用作物 WDI 估算灌水量（张淑杰 等，2020）。此外，单一的 CWSI 值包含的干旱历史信

息少，不能很好地反映过去一段时间的干旱状况。因为 CWSI 这一概念源于干旱地区，对类似红壤区的湿润但存在季节性干旱的地区在应用时要验证。

（二）红壤玉米作物 CWSI 的基线

在黏质红壤上开展了玉米作物的 CWSI 的研究。在试验小区中，设置 3 个不同水平的氮肥处理，分别为施氮 0 kg/hm^2、140 kg/hm^2 和 280 kg/hm^2（用 N0、N1 和 N2 表示）。每个处理施等量的过磷酸钙 1 000 kg/hm^2 和氯化钾 240 kg/hm^2 作为基肥，施氮处理用尿素作为基肥一次施入。同时还设置了 3 个不同施肥处理的试验，分别为不施肥（CK）、施用有机肥（OM）、施用氮磷钾化肥（NPK）。每个施氮水平及每个施肥处理再设置 4 个不同的灌水处理，分别为连续 3 d 无降水即灌水、连续 5 d 无降水即灌水、连续 8 d 无降水即灌水、整个生育期内不灌水（用 I3、I5、I8 和 I0 表示）。在玉米播种后 46～66 d（9～17 叶叶龄）进行冠层温度观测，观测期处于玉米拔节期至抽穗期之间，是需水高峰期。在这期间每日 9：00～17：00 每 2 h 用便携式红外测温仪测量冠层温度。观测时，将便携式红外测温仪比辐射率设定在 0.98，仪器与水平面成 30°～45°夹角，以避免观测视野内出现裸露土壤；根据太阳位置从东北、东、东南、南、西南、西和西北 7 个方向选取 6 个方向读数（与太阳位置相反的方向不观测），以消除红外辐射的双向反射、叶片相互遮阴及背光造成的影响，然后取平均值。同时，在田块旁边通过小型气象站观测农田小气候，包括空气温度、相对湿度、风速、总辐射及降水量等。虽然在玉米冠层上方架设了温度计测量空气温度，但是试验观测结果发现变异较大，不符合实际情况，因此根据文献建议（张喜英 等，2002；Abraham et al.，2000），使用自动气象站记录气温代替作物冠层上方空气温度。上述测量和计算得到的玉米下基线和上基线如图 2.6 所示。若不考虑辐射和空气温度的影响，仅考虑 VPD，则下基线方程为

$$D_2 = (T_c - T_a)_{ll} = 1.843\,8 - 1.347\,5\text{VPD} \tag{2.17}$$

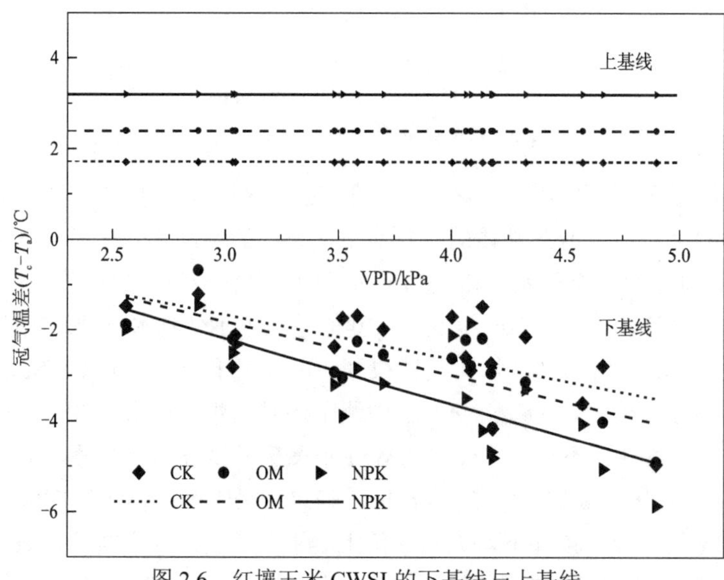

图 2.6　红壤玉米 CWSI 的下基线与上基线

可以看到，不同施肥处理下，玉米的下基线有所不同，施用肥料处理的地块，玉米下基线下移。这说明施肥可以改变作物的干旱状况，同时也说明 CWSI 对作物的水分胁迫状态指示比较敏感。

建立了不同施肥处理玉米 CWSI 下基线后（表 2.5），就可以计算玉米 CWSI 上基线。试验观测期间，空气温度多在 36～39℃变动，最高温度为 39℃，因此在计算上基线时，T_a 取 39℃，3 个施肥处理的玉米 CWSI 上基线分别为不施肥 3.2℃，施有机肥 2.4℃，施化肥 1.7℃。

表 2.5　红壤不同施肥下玉米水分胁迫的下基线

施肥处理	平均（T_c-T_a）	斜率（b）	截距（a）	样本数（n）	相关系数（r）	决定系数（R^2）	显著水平（P）
不施肥（CK）	−2.467 2	−0.968 9	1.242 4	18	−0.637 4	0.406 3	0.004 4
施用有机肥（OM）	−2.789 0	−1.174 7	1.708 8	18	−0.790 3	0.624 6	0.000 0
施用氮磷钾化肥（NPK）	−3.377 3	−1.436 3	2.122 1	18	−0.754 4	0.569 1	0.000 3

根据测量计算的下基线和上基线，可以计算得到玉米的 CWSI。图 2.7 展示了施用氮磷钾化肥处理（NPK）的地块在不同干旱水平（灌溉水平）下的 CWSI。可以看到，不同干旱水平（I0、I1 和 I2）下，玉米的 CWSI 相差较大，能够很好区分作物的干旱胁迫状况，表明 CWSI 在红壤区也是可以用于评价作物干旱的一个指标。

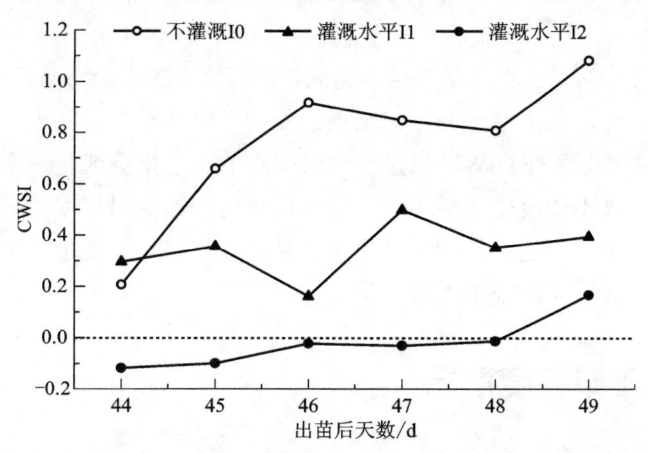

图 2.7　红壤施用化肥地块在不同干旱水平下玉米 CWSI 的动态变化

第二节　土壤干旱指标

影响作物水分状况的因素很多，因此可以指示农业干旱的指标很多，但是大多农业干旱指标一般只是反映干旱当前的状态，没有反映干旱过程。土壤水分状况是决定作物是否受到干旱胁迫的关键，以土壤水分作为农业干旱指标具有特殊的优势，只有基于土壤水分的干旱指标才能描述和预测农业干旱（Chatterjee et al.，2022；Lu et al.，2019）。虽然基于土壤水分的干旱指标很多，但没有一个指标能够全面完整地反映作物干旱状况。由于土壤水分的储存与运动过程形成的缓冲作用，以降水为主的气象干旱指标与作物实际干旱状况并不同步，存在时间错位，因此气象干旱指标不能实时反映作物干旱状况。而以作物水势和其他生理或形态为主的干旱指标，虽然能够指示作物当前受旱状况，但是此时作物已经受到干旱的影响，已经造成了伤害，作物干旱指标不能及时反映或提前预警干旱状况，难以用于干旱提前预防和田间管理。而土壤水分状况是降水和作物的中间连接带，可以较灵敏地反映干旱发展过程和状态，也是进行抗旱决策和选择抗旱措施的主要依据，且土壤含水量容易测量，以土壤水分状况作为干旱指标具有实际意义。

土壤-作物的水分关系是动态的,因此静态的土壤含水量并不能完全反映这种复杂的情况。有时即使土壤含水量较高，但蒸发蒸腾需求很大，土壤水分并不能满足水循环的要求，作物仍会受到水分胁迫；有时虽然土壤含水量较低，但蒸发蒸腾很少，土壤水分能够满足水循环的要求，对作物并无胁迫；有时当测量到可能对作物产生伤害的土壤含水量时，作物对其的生理反应实际上已经提前发生；而且土壤剖面含水量差别较大，即使在红壤季节性干旱期间，深层含水量仍然很高（姚贤良，1996），水分会向上运动至作物根系区。因此，需要一种更准确的、动态的指标，用来评价红壤在季节性干旱中的干旱程度，判定某次持续的干旱是否、何时可能会对作物造成伤害性的影响，从而指导生产。

目前学术界并没有“土壤干旱”这一概念，只有“土壤水分亏缺”这种认识。但是，由于土壤性质的差异，以土壤水分亏缺来指示作物干旱并不稳定，不同地区难以比较。上述的土壤相对含水量和 FTSW，只是一个时间点的状态指标或是一系列孤立的时间点的状态指标，它们既不能反映干旱历史，也难以体现作物受旱程度，需要对土壤含水量进行改造，使之与干旱历史和作物受旱状态联系更紧密，为此提出了土壤干旱强度和土壤干旱程度概念，并以此形成了土壤干旱指标。

一、土壤干旱强度指标

（一）土壤干旱的动态本质

对于农田系统，干旱不是静止的状态而是动态过程。干旱是逐渐发展和累积的，干旱的形成有一个过程，这个过程的快慢就是干旱的速度，称为干旱强度。土壤干旱强度指的是气象干旱如降水减少的幅度与发生时间的比值，反映的是一个系统干旱发展的速度，在短期内土壤水分减少越多干旱强度越大。作物干旱的本质是水分供需矛盾，作物消耗水分的速度大于吸收水分的速度，表明干旱在形成发展，反之没有干旱。所以作物干旱的发生发展是供水速度和需水速度不平衡的结果，而不是绝对的供水速度慢，或者单独的耗水速度快，是二者的相互大小关系。农田系统中供水和耗水矛盾的核心在于土壤水分状况（土壤水分消长），土壤是供水和耗水的纽带部位，而且土壤水分消长的快慢既是供需矛盾的体现，又影响供需矛盾的发展。因此以土壤的供水和耗水特征作为作物干旱指标是最合适的，最能够反映 SPAC 干旱过程和体现农业干旱的本质。

（二）土壤干旱强度的定量表达

对于土壤而言，干旱过程就是水分消耗或损失过程，土壤含水量降低越快，表明干旱速度越快，也就是干旱强度越大。对于湿润的土壤，干旱强度大小对作物目前生长没有直接影响。但是对于含有根系的土层而言，如果土壤失水速率（蒸散和向下渗漏）大于供水速率（降水或下层水运移到根层），表示土壤开始变干。对某种作物而言，当其叶片失水速率大于根系吸水速率（假设等于土壤失水速率）就表示作物受到了干旱胁迫。那么，土壤失水速率和供水速率的比值就可以用于表示土壤干旱强度。对某一个土壤层次，定义土层干旱强度 I 为

$$I = 1 - \frac{\text{土层失水速率}}{\text{土层供水速率}} = 1 - f(\text{土层水分变化}) = 1 - f(w) \tag{2.18}$$

式中，土层失水包括蒸发、根系吸收（蒸腾）、向下分配（渗漏）等该土层各个途径的水分减少，与大气蒸发力、作物生长状况和土壤持水能力相关；土层供水速率与土壤性质（如导水率）和持水量状况相关；$f(w)$ 表示土层失水与供水关系的函数。土层失水（无论是向上蒸散还是向下渗漏）速率越快，表明土壤干旱强度越大，凡能够反映土层水分损失速度的函数可以作为 $f(w)$。考虑到干旱指标需要简单和意义明确，以及能表达极端的干旱情况，经过不同函数的比较之后，发现下述经验公式可以用于表达土壤干旱强度

$$I = 1 - f(w) = 1 - e^{(1+a)} \tag{2.19}$$

式中，a 为回归经验参数，代表着土壤失水速率，根据田间实际土壤含水量动态监测得到。式（2.19）中之所以引入 e 指数函数，主要是为了将 I 值指数化，使其取值范围落在 0～1，作为干旱指数比较方便。因为在土壤变干的过程中，供水速率小于失水速率，经验参数 a 表示供水速率和失水速率二者的比值关系(因为二者方向相反,故 a 取负值)，即表示供水和失水相对快慢关系。为了方便计算过程和指数化，把 a 转换为 $1+a$，使其值小于 1，这样引入 e 指数函数可以保证 I 的取值小于 1。

（三）土壤干旱强度的计算方法

为了验证上述干旱强度的设想和定量表达，在湖北省咸宁市贺胜桥镇红壤综合实验站进行了田间玉米干旱胁迫试验。供试土壤为第四纪红色黏土发育的红壤，质地为黏土，0～60 cm 各层容重在 1.14～1.46 g/cm^3，田间持水量在 0.317 5～0.354 7 cm^3/cm^3，萎蔫含水量在 0.203 3～0.243 1 cm^3/cm^3。试验地块平坦，用不透水铝塑板分隔为面积相同的矩形小区，在玉米抽穗期（7 月 15 日前后）开始通过遮雨棚防雨和人工控制灌水进行土壤水分胁迫，设置 6 种干旱水平，即分别连续干旱 12 d、21 d、25 d、29 d、33 d、36 d 后恢复正常灌水，各处理分别记为 D12、D21、D25、D29、D33、D36，重复 3 次。每个小区内各埋入 1 根 PR1 型分层测水仪探管（英国 Delta-T 公司生产的基于 FDR 原理的土

壤水分探管），探管长度 100 cm，有 6 个土壤深度的测点。在玉米生长过程中，不定期多次跟踪测量玉米形态与生理指标，收获后考种。每日上午测量 10 cm、20 cm、30 cm、40 cm、50 cm、60 cm 各层土壤含水量，计算各层剩余储水量 x_i，前一日土壤储水量与当日储水量之差为失水量 w_i，当日失水量与当日有效水贮量之比为相对失水量 r_i。

通过试验和理论分析，*a* 的计算过程如下（参考表 2.6）。土壤干旱开始后，土层每日失水量 w_i（mm，由相邻两日土壤含水量的差值乘以土层厚度计算），当日剩余储水量为 x_i（mm），每日相对失水量为 $r_i=w_i/x_i$，至该日累积相对失水量为 $y_i=\sum r_i$，持续干旱 *n* 天后，得到两个随时间变化的序列，即剩余储水量序列 $X=(x_1,x_2,\cdots,x_n)$ 和累积相对失水量序列 $Y=(y_1,y_2,\cdots,y_n)$，两个数据系列进行回归，得到如下的对数线性方程

$$Y=a\times\ln(X)+b \tag{2.20}$$

式中，回归系数即为经验参数 *a*，表示土层失水速度；参数 *b* 的物理意义目前不清楚，可能是与土壤初始含水量状态有关的一个参数。

表 2.6　红壤 0～10 cm 土层干旱强度 *I* 和干旱程度 *D* 计算过程示例

持续干旱天数/d	A	B	C	D	E	F	G	H	K	L
	土层剩余储水量（x_i）/mm	每日失水量（w_i）/mm	每日相对失水量（r_i）（$=w_i/x_i$）	累积相对失水量（y_i）（$=\sum r_i$）	剩余储水量取对数 ln（x_i）	A 列和 E 列的回归系数（*a*）	A 列和 E 列的回归系数（*b*）	干旱强度（*I*）	累积干旱强度（$\sum I$）	干旱程度（*D*）
1	32.25	—	—	—	—	—	—	—	—	—
2	31.07	1.18	0.04	0.04	3.44	—	—	—	—	—
3	29.89	1.18	0.04	0.08	3.40	−1.019 6	3.541 6	0.019 4	0.02	0.644 9
4	28.71	1.18	0.04	0.12	3.36	−1.020 0	3.543 0	0.019 8	0.04	0.651 8
5	27.52	1.19	0.04	0.16	3.31	−1.020 5	3.544 7	0.020 3	0.06	0.658 8
6	26.93	0.59	0.02	0.18	3.29	−1.019 6	3.541 6	0.019 4	0.08	0.665 4
7	26.34	0.59	0.02	0.21	3.27	−1.018 6	3.538 2	0.018 4	0.10	0.671 5
8	25.15	1.19	0.05	0.25	3.22	−1.018 8	3.538 9	0.018 6	0.12	0.677 6
9	23.97	1.18	0.05	0.30	3.18	−1.019 6	3.541 5	0.019 4	0.14	0.683 7
10	22.78	1.19	0.05	0.35	3.13	−1.020 5	3.544 7	0.020 3	0.16	0.690 1
11	22.19	0.59	0.03	0.38	3.10	−1.020 7	3.545 1	0.020 5	0.18	0.696 4
12	21.60	0.59	0.03	0.41	3.07	−1.020 5	3.544 6	0.020 3	0.20	0.702 5
13	20.41	1.19	0.06	0.47	3.02	−1.020 9	3.546 0	0.020 7	0.22	0.708 6
14	19.23	1.18	0.06	0.53	2.96	−1.021 7	3.548 5	0.021 5	0.24	0.714 8
15	18.04	1.19	0.07	0.59	2.89	−1.022 7	3.551 8	0.022 5	0.26	0.721 1
16	17.75	0.29	0.02	0.61	2.88	−1.023 1	3.553 2	0.022 9	0.28	0.727 4
17	17.45	0.30	0.02	0.63	2.86	−1.023 2	3.553 6	0.023 0	0.31	0.733 6
18	16.86	0.59	0.03	0.66	2.82	−1.023 2	3.553 5	0.023 0	0.33	0.739 6
19	16.57	0.29	0.02	0.68	2.81	−1.023 1	3.553 2	0.022 8	0.35	0.745 5
20	16.27	0.30	0.02	0.70	2.79	−1.022 9	3.552 6	0.022 7	0.38	0.751 2

续表

持续干旱天数/d	A	B	C	D	E	F	G	H	K	L
	土层剩余储水量（x_i）/mm	每日失水量（w_i）/mm	每日相对失水量（r_i）（$=w_i/x_i$）	累积相对失水量（y_i）（$=\sum r_i$）	剩余储水量取对数 ln（x_i）	A列和E列的回归系数（a）	A列和E列的回归系数（b）	干旱强度（I）	累积干旱强度（$\sum I$）	干旱程度（D）
21	15.67	0.60	0.04	0.74	2.75	−1.022 8	3.552 0	0.022 5	0.40	0.756 8
22	15.08	0.59	0.04	0.78	2.71	−1.022 6	3.551 4	0.022 3	0.42	0.762 1
23	14.79	0.29	0.02	0.80	2.69	−1.022 4	3.550 7	0.022 1	0.44	0.767 3
24	14.49	0.30	0.02	0.82	2.67	−1.022 1	3.550 0	0.021 9	0.46	0.772 4
25	14.20	0.29	0.02	0.84	2.65	−1.021 9	3.549 2	0.021 6	0.49	0.777 2
26	13.90	0.30	0.02	0.86	2.63	−1.021 6	3.548 4	0.021 4	0.51	0.782 0
27	13.60	0.30	0.02	0.88	2.61	−1.021 4	3.547 6	0.021 1	0.53	0.786 5
28	13.30	0.30	0.02	0.90	2.59	−1.021 1	3.546 8	0.020 9	0.55	0.790 9
29	12.87	0.43	0.03	0.94	2.55	−1.020 9	3.546 0	0.020 6	0.57	0.795 2
30	12.44	0.43	0.03	0.97	2.52	−1.020 6	3.545 3	0.020 4	0.59	0.799 3
31	12.09	0.35	0.03	1.00	2.49	−1.020 4	3.544 5	0.020 2	0.61	0.803 4
32	11.70	0.39	0.03	1.03	2.46	−1.020 2	3.543 9	0.020 0	0.63	0.807 2
33	11.24	0.46	0.04	1.07	2.42	−1.020 0	3.543 3	0.019 8	0.65	0.811 0
34	10.90	0.34	0.03	1.11	2.39	−1.019 8	3.542 7	0.019 6	0.67	0.814 7
35	10.52	0.38	0.04	1.14	2.35	−1.019 6	3.542 2	0.019 5	0.69	0.818 3
36	10.10	0.42	0.04	1.18	2.31	−1.019 5	3.541 8	0.019 3	0.71	0.821 7

注：表中含水量数据为田间实测数据。土壤田间持水量=0.3394 cm^3/cm^3，土壤不可蒸发含水量=0.0051 cm^3/cm^3，土壤初始含水量=0.3225 cm^3/cm^3，土层最大有效储水量 x_0=33.43 mm，土层初始有效储水量为 x_1=31.74 mm

实测试验数据（表 2.6 列出了 0～10 cm 土层实测数据和计算过程）表明，Y 与 X 呈极显著负相关（图 2.8），回归方程[式（2.20）]的决定系数 $R^2>0.99$。进一步分析发现，回归系数 a 具有以下特征：①a 反映了土壤失水速率，在干旱失水过程中，$-2<a<-1$；②土层连续 n 天无失水时，$a=-1$，失水过程$|a|>1$，得水过程$|a|<1$；③失水速率越慢（w_i 越小），$|a|$越接近 1，相反越远离 1。可见，a 很好地反映了整个过程的干旱速率。但作为干旱强度指标，还需要将其指数化，故采用式（2.19）将其转化为 I 值。

通过式 2.19，计算得到的 I 值始终落在[0, 1]（图 2.9），具备作为指数的特征。I 值越大，表明干旱速度越快。从图 2.9 看到，10 cm 表土含水量低而且失水快，I 值最大，随干旱过程波动也大；20 cm 土层在干旱初期干旱快，中后期干旱速度降低趋于平稳；50 cm 土层在干旱后期才开始出现含水量降低，但干旱速度较低；60 cm 土层在本次持续一个月的干旱过程中，含水量没有表现出降低现象，该土层没有表现出土壤干旱；上述土层水分变动趋势与实际情况符合。图 2.9 直观地显示了黏质红壤各个土层的干旱速度的波动情况，这与外界气象波动是吻合的，可见 I 较好地体现了气象干旱和土壤水分干旱特征，是合理的土壤干旱强度指标，刻画出了土壤干旱过程特征。

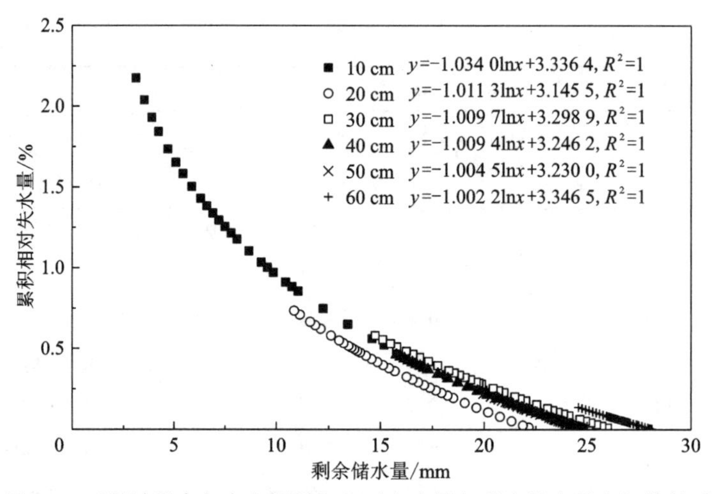

图 2.8　干旱过程中各个土层累积相对失水量与剩余储水量之间的关系

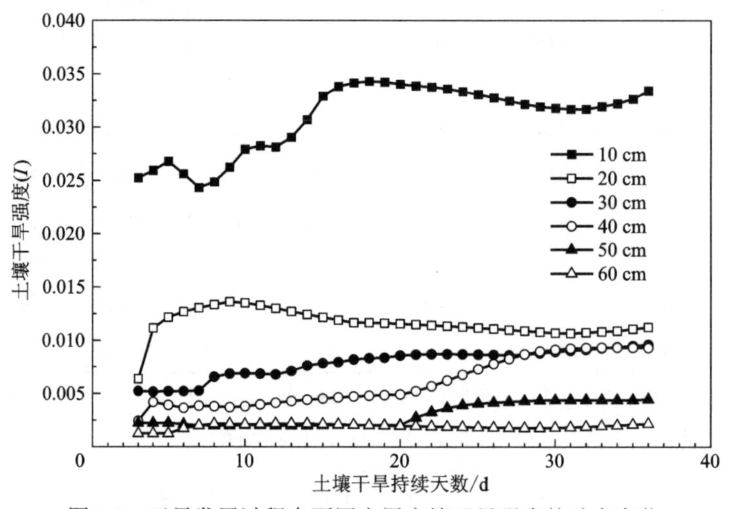

图 2.9　干旱发展过程中不同土层土壤干旱强度的动态变化

二、土壤干旱程度指标

（一）土壤干旱程度指标的建立

干旱是逐渐发展的，持续的时间越长，干旱危害越大。对土壤而言，即使在这一过程中土壤含水量不再继续降低（即土层日失水量为 0），但持续的时间越长，土壤干旱程度越高（作物受旱持续增加）；如果土壤含水量还继续降低，则干旱程度更高（作物受旱持续加速增加）。土壤实际对作物造成的干旱危害既与持续时间有关，也与失水快慢有关。因此，可以把每日的土壤干旱强度 I 累加，作为土壤干旱程度的指标（指示作物受旱程度）。由此提出土壤干旱程度指标 D 为

$$D=1-\mathrm{e}^{-\sum I} \tag{2.21}$$

与土壤干旱强度 I 类似，式（2.21）中依然引入了 e 指数函数，目的是将 D 值指数化。其中指数中引入负号可以使得 e 指数取值小于 1，从而保证 D 的计算值落在[0, 1]，便于作为指数应用。

（二）土壤干旱程度指标的优化

上述式（2.21）计算的土壤干旱程度 D，是假定开始计算土壤干旱的时候土壤是完全不干旱的。理论上，完全不干旱时土壤含水量可以取田间持水量，但在实际中，一场降水之后，土壤开始干旱失水的时候，土壤含水量并不一定等于田间持水量，而往往低于田间持水量。也就是说，开始计算土壤干旱程度 D 的时候已经存在一定的水分胁迫，而且这种初始已经存在的胁迫会在干旱过程中持续起作用，因此需要把这一部分初始干旱累加到土壤干旱程度中。为此，引入一个修正系数 x_1/x_0，用以反映初始干旱状况。当土壤含水量充分，完全无水分胁迫时，土层最大有效储水量为 x_0（mm，即田间持水量减去不可蒸发含水量，对特定土壤和层次是定值或常数，其中不可蒸发含水量与风干含水量近似），而土层初始实际有效储水量为 x_1（mm，即当日含水量减去不可蒸发含水量），二者的比值 x_1/x_0 体现了初期土壤干旱程度。这样，式（2.21）改写为

$$D = 1 - \frac{x_1}{x_0} e^{-\Sigma I} \tag{2.22}$$

计算得到的土壤干旱程度 D 值越大，表明土壤干旱越严重，作物受旱越严重。根据田间实际数据（表 2.6），H 利用式 2.22 计算的结果可以看到（图 2.10），随着干旱时间延长，各个土壤层次的土壤干旱程度 D 逐渐单调增加，这与田间实际土壤干旱程度逐渐增加一致。其中，10 cm 表层土壤，由于含水量低而且失水速度较快（土壤干旱强度 I 值较大），土壤干旱程度 D 值较大；20 cm 土层由于根系集中，根系吸水多使土壤失水速度快，初期土壤干旱程度 D 值最大，但很快被表层土壤超越；60 cm 土层干旱发展较慢，土壤干旱程度 D 值较小。土层土壤干旱程度 D 值反映该层土壤干旱发展历史状况和现状。

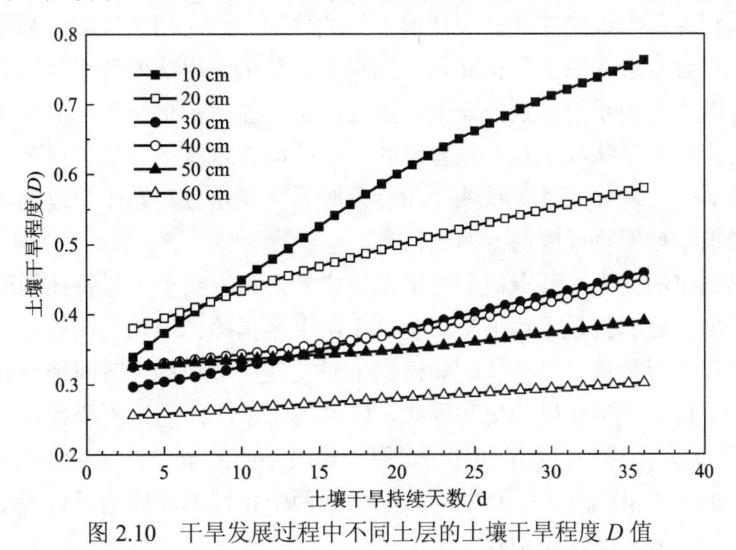

图 2.10　干旱发展过程中不同土层的土壤干旱程度 D 值

三、土壤干旱指标与作物产量的关系

土层干旱程度 D 很好地反映了作物受旱状况，与作物产量之间呈现显著的负相关。例如，田间试验结果显示玉米产量 Y（kg/hm^2）与 0～10 cm 土层干旱程度（$D_{10\ \mathrm{cm}}$）呈线性负相关：

$$Y = 13160 - 11397 \times D_{10\ \mathrm{cm}}, \quad R^2 = 0.7058, \quad P < 0.05 \tag{2.23}$$

其他土层的土壤干旱程度 D 也可以与玉米产量建立类似的线性关系。但是，任何一个土层的 D 值与玉米产量的这种关系的显著性都不特别高，这可能有两方面的原因。一是任何一个单独的土层的土壤干旱程度并不能完整反映整个土体的干旱状况，二是玉米作物对土壤干旱程度有阈值反应，干旱阈值的存在，降低了土壤干旱程度与产量的相关性。在土壤干旱程度 D 小于某个值的时候，土壤干旱程度 D 值增加但作物产量并不显著降低，这从一个侧面反映了土壤干旱程度 D 真实地反映了土壤作物系统的干旱特征，本章第三节详细讨论了这个问题。

四、土壤干旱指标的特征

（一）土壤干旱指标优缺点

1. 干旱历史与现状

上述土层干旱指标包含了土壤干旱强度 I 与土壤干旱程度 D 两个指标，这两个指标分别反映了干旱的发展历史和累积现状两个方面的特征。一个地区干旱的危害需要从持续时间、严重程度、影响范围和发生频率几个维度综合评价，因此很难用一个单一的指标来量化干旱的影响。在特定的地方，对某场特定的干旱的评价，至少需要考虑干旱持续时间和严重程度两个维度才能真实体现干旱的特征。上述基于气象、基于植被和作物响应、基于土壤含水量等的干旱指标，它们指示的是干旱现状或者干旱造成的危害的现状，这些指标既不能指示干旱过去发生的历史，又不能指示干旱未来的危害趋势，指示的是一个时间点的干旱状况，没有完整反映干旱的动态过程，缺失了很多干旱信息。而土壤干旱强度 I 与土壤干旱程度 D 两个指标反映了土壤水分动态干旱过程，包含了干旱发展快慢和当前干旱严重程度两方面的信息。

一场干旱危害的大小，既取决于干旱发展快慢，也取决于干旱持续的时间，前者就是土壤干旱强度，后者就是土壤干旱程度。土层干旱指标把干旱快慢进行量化，把干旱的历史进行累加从而量化干旱持续时间，把干旱发展快慢和持续时间结合并且指标化，用简单的方法量化了干旱发展历史和现状，既体现了干旱的两个本质特征（发展快慢和持续时间），又反映了更多的干旱的细节，便于比较不同的干旱，也有助于采取干旱应对措施。此外，土壤干旱强度 I 与土壤干旱程度 D 两个指标的计算基于日尺度，能够精细反映短期的干旱发展，能够识别骤发干旱。

2. 干旱指标的取值

土层干旱的两个指标 I 和 D，取值区间为[0, 1]，这是为了方便，应用了数学处理方法。需要说明的是，D 的数值反映了土壤干旱程度，但是数值的刻度并不是均匀的线性刻度。例如 $D=0.4$ 的土壤干旱程度并不是 $D=0.2$ 的土壤干旱程度的 2 倍，只是表示的是土壤干旱程度的相对大小，真实的干旱危害要与作物联系起来。红壤中的试验表明，土壤干旱程度 $D<0.2$，玉米和花生不存在显著干旱胁迫；土壤干旱程度 $D>0.5$ 表明玉米和花生受到了严重的干旱胁迫，大幅度减产。对于不同的作物种类，以及在不同的作物生育期，不能用同一个 D 值标准去衡量其受旱程度。也就是说，土壤干旱程度指标本质上刻画的是土壤某个层次的干旱程度，虽然能够反映作物的干旱状况，但是 D 值大小不等于作物干旱，需要根据实际情况建立起 D 值与作物干旱程度的定量关系，来量化作物干旱状况。

指标 I 和 D 的取值稳定，无论干旱快慢，无论持续时间长短，计算结果被严格限定在[0, 1]，不会超出上下限。其他一些干旱指标如 CWSI 和 SWSI 的取值在理论上也是[0, 1]，但是在实际计算中却经常超出理论范围，这是因为这两个指数分别是基于作物—大气和土壤—大气的界面水热传输，受大气瞬时变化影响较大，实际结果与理论存在差异。而土壤干旱指标 I 和 D，计算过程只依赖于土壤水分，作物对土壤水分的影响、大气对土壤水分的影响都以含水量变化的形式体现，指标计算不直接受大气变化和作物变化影响，因此计算结果稳定在上下限内。

3. 土壤深度的影响

土壤干旱指标的计算结果依赖于土层深度，由于土层深度不同土壤含水量及含水量的变化快慢不同，故以不同深度土层计算的 I 和 D 的结果不同。这一方面给该指标的应用带来了困惑，但另一方面不同土层深度有不同的土壤干旱强度和土壤干旱程度，有不同的干旱发展过程，符合干旱发展规律。I 和 D 两个指标能够较好区分不同土层的干旱特征，表明这两个指标能够刻画土壤干旱的时空变化规律。在实际中，对土壤中生长的作物而言，作物受旱状况只有一个，不能取多个 I 值和 D 值，这是土层干旱指标的不便之处。有两种办法可以解决这个问题。第一，为了把土壤干旱指标与作物干旱状况更紧密联系起来，可以选取根系密集的土壤层次计算 I 和 D，如一年生作物的根系主要集中在红壤的 10～20 cm 土层，因此可以以该土层的 I 和 D 来反映作物干旱状况。第二，可以把各个土层经计算得到的 I 和 D 累加，用以反映整个土层的干旱状况；或者用整个根系层厚度（而不只是 10 cm 厚的土层）的平均含水量来计算 I 和 D。

4. 骤发干旱过程

土层干旱指标 I 和 D 的计算基础是基于连续干旱过程中土层失水速度（累积相对失水速度）与土层中剩余的水分（可蒸发水）呈对数线性关系，而这种经验关系会因为干旱过程中发生降水而被破坏，所以只适合描述持续无雨情况下的干旱过程，不适合在干旱过程中被降水打断的情况。实际中的季节性干旱过程往往是短期的，时间长的情况下总是有降水终止干旱或者缓解干旱，土层干旱指标不能描述长时间的有降水（但降水量没有大到终止干旱）的干旱情况。如果降水很大而终止了干旱，则可以重新开始计算土层干旱指标，不影响指标计算和使用。

应该注意到红壤季节性干旱大多是短期的干旱，一般持续1～2周即可形成旱灾，这种骤发干旱越来越频繁（朱世峰 等，2023；Yuan et al.，2023），成为季节性干旱的主要表现形式。因此，即使土壤干旱指标只能描述短期的持续干旱过程，但并不影响 I 和 D 作为干旱指标来评价红壤季节性干旱。

（二）土壤干旱指标与 CWSI 的比较

为了进一步说明土壤干旱指标 I 和 D 的特性，把它与另一个广泛应用的作物干旱指标 CWSI 进行了比较。CWSI 是基于作物冠气温差而建立的作物水分胁迫指数指标，以极端干旱和完全不干旱时的冠气温差作为参照，计算的 CWSI 指标是一个相对干旱指标。土壤干旱指标是基于作物耕层土壤水分动态变化建立的土壤干旱状况指标，计算的土壤干旱程度 D 值是作物生长、根系发育、土壤性质、前期土壤水分条件和大气潜在蒸发的综合结果，也是一个相对指标。

土壤干旱指标与 CWSI 存在较好的相关性，都与作物产量呈负相关，都可以作为作物水分胁迫指标。试验结果表明，D 与 CWSI 呈线性正相关，如红壤玉米干旱试验中，$D_{20cm}=0.946CWSI+0.222$，决定系数 $R^2=0.911(P<0.05)$（Chen and Weil，2010）。据报道，小麦（Jackson et al.，1981）和向日葵（Nielsen and Anderson.，1989）的 CWSI 与 SAW 密切相关，但 CWSI 每天都在波动，很难选择正确的值来指示植物的实际水分胁迫。土层干旱指标 I 和 D 是基于日步长的土壤含水量计算的指数值，土壤干旱强度 I 随每天大气条件变化，而土壤干旱程度 D 则随天数增加逐渐增加，从这个角度看，D 作为土壤干旱指标与作物产量的关系更加稳定。

CWSI 的日变化主要取决于天气而不是土壤水分，指标太灵敏有时候并不合理。在某些情况下，强烈的天气依赖性可能导致 CWSI 值超过[0, 1]范围（Gontia and Tiwari，2008；Al-Faraj et al.，2001）。CWSI 因天气变化（太阳辐射、云、风、空气湿度等）而波动，只有晴朗的天气下测量的结果才是可靠的、稳定的值。研究结果表明（图 2.11），在土壤持续干旱过程中，持续干旱 32 d 处理（D32）的玉米的 CWSI 在整体上随着土壤干旱时间的延长而增加，然而在有些天气情况下 CWSI 在土壤干旱的早期就达到了非常高的值（如在第 9 天达到 0.38），而在干旱的后期却出现了非常低的值（如在第 25 天仅为 0.18），这显然与土壤干旱在持续增强的事实不符，反映的只是玉米叶片瞬时的温差波动（瞬时的水分平衡状况或瞬时的干旱状态），偏离了作物整体的、真实的干旱状况。实际上土壤干旱强度 I 指标也随天气的变化而变化（图 2.9），反映了大气蒸发的波动，而土壤干旱程度 D 却是随着干旱的持续而继续增加，这与田间实际干旱情况是符合的。

CWSI 测量的是干旱状况的瞬时值，对大气变化非常敏感，这种敏感性的好处是能够反映干旱的昼夜变化。但是某个时刻的 CWSI 不能体现作物真实受旱状况，不能建立与产量的联系，必须采用整个生育期的平均值。因此，CWSI 是一个水分胁迫强度指数，

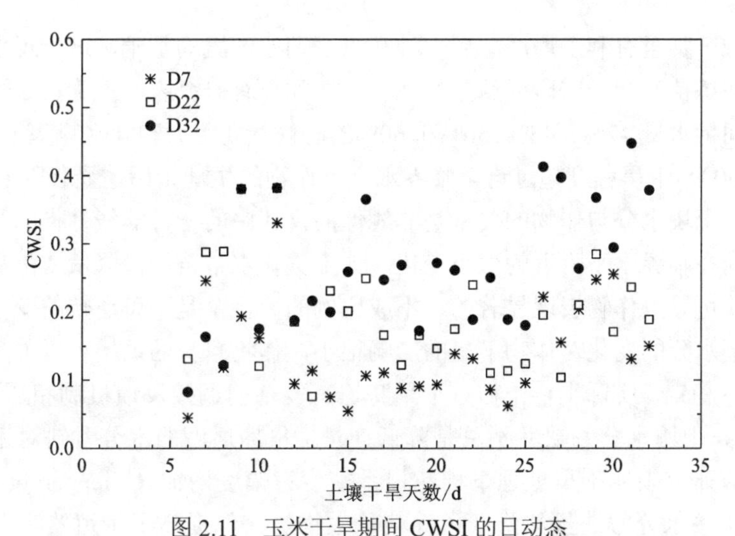

图 2.11　玉米干旱期间 CWSI 的日动态

D7、D22、D32 分别表示土壤连续干旱 7 d、22 d、32 d 后复水到正常水平

代表了冠层水分损失（蒸腾）和供应的瞬时关系。CWSI 不是水胁迫程度的指标，这导致了某些天气条件下其数值的不稳定。这就是 CWSI 作为灌溉调度指标的成功率有限的原因（Jones，2004；Al-Faraj et al.，2001）。而土层干旱指标既包含了干旱强度指标又包含了干旱程度指标，干旱末期的单一时刻的 D 值与作物产量关系良好。

理论上，CWSI 是根据 1-(ETa/ETp)计算的，其中 ETa 和 ETp 分别是实际蒸散量和潜在蒸散量，其数值大小和波动更多地取决于大气条件。因此 CWSI 描述的是 SPAC 的上层（即叶片—大气部分）的水分传输状况。而土壤干旱指标是基于根层土壤水分的变化，I 和 D 描述的是 SPAC 的下层的水分传输状况。在大多数天气条件下，特别是在阳光明媚的中午到下午，SPAC 上层的水分运输不是稳定的，而土壤根层的水流速度通常比叶片—大气部分的水流速度慢，更加稳定。CWSI 昼夜波动，从这个角度来看，CWSI 不能完全代表整个 SPAC 中的水分关系，体现的不是农田系统的干旱状况，而土壤干旱指标 I 和 D 是综合的土壤干旱指数，至少可以作为 CWSI 的补充。

第三节　红壤作物干旱阈值的表达

一、作物干旱的阈值

（一）土壤作物干旱的临界现象

1. 作物对土壤干旱程度的阈值反应

土壤是否干旱应当以作物生长是否受到影响作为判别依据。作物对土壤干旱的响应研究报道很多，一直存在着两种观点，一种认为在作物生长的各生育阶段，任何程度的干旱都将造成作物产量降低，另一种认为在作物生长的某些生育时期，适当控制水分不会造成作物减产甚至有利于增产。后一种观点是调亏灌溉的基础，这一观点得到了生产实践（如早期炼苗）和一些研究结果的证实。例如，有研究表明高粱、谷子和冬小麦分别在大于田间持水量42%～45%、50%和60%的时候气孔阻力和叶水势基本维持恒定（张喜英 等，2000），干旱程度超过这个临界水平，作物的生理指标才显著降低。

理论上，土壤水分与作物的关系是非线性的，其中的一种非线性指的是原因与结果不成比例，处在临界水平附近的微小变化，如土壤含水量再稍微降低或干旱持续时间再稍微延长，就可导致作物表现显著的、不成比例的，甚至是不可逆转的变化。在临界状态之前，土壤水分的变化对作物干旱的影响很小，作物自身的调控可以消除这些影响，维持作物产量稳定。实际上，作物对干旱胁迫有复杂的调控反馈机制和适应性，Turner（1990）指出，土壤水分亏缺并不总是降低产量，早期适度的水分亏缺对于作物来说有利于增产。有研究表明干旱处理下棉花根系密度大幅度增加（Klepper et al.，1973）；适时适度的土壤水分亏缺虽然降低了棉花总生物量，但提高了生殖器官在总生物量中的分配比例（蔡焕杰 等，2000）；花铃前期和后期土壤水分亏缺对棉花影响较小（马富裕 等，2002）。

轻度干旱不会对植物造成明显伤害，只有超过一定的干旱程度之后才会形成旱灾，有时早期的干旱反而利于提高其抗旱能力，这种现象称为干旱的临界现象。例如，轻度干旱（60%～70%田间持水量）促进次生根的发生，但干旱程度增加（低于 60%田间持水量）使次生根数目显著减少，这表明根系对干旱的响应有一个临界点，干旱程度超过这个临界点之后对植物造成的就是损伤，即使恢复正常土壤水分条件，仍然不可避免产量降低。适度胁迫后复水有利于玉米作物根系总面积增长，但对总根长、根干重无显著影响（李瑞 等，2013）。再如，轻度干旱下，叶片形态和超结构变化很小，甚至发生利于光合的变化；中度干旱下，叶片的一些变化则抑制蒸腾作用和光合作用。上述结果表明在一定的干旱范围之内，作物对干旱有一定的适应性，但超出干旱阈值则危害不可逆转。

2. 作物干旱的临界特征与原因

作物对干旱的适应性是因为作物自身的调节作用。干旱胁迫引起植物发生的形态的、生理的、产量的变化，这些变化一般随着干旱胁迫程度的增加而增加，但是土壤水分对土壤植物系统的胁迫可以被其他组分调节，因此轻度的干旱胁迫只引起有限的或可逆的变化，胁迫解除之后，植物能够恢复到原来的状态。而重度干旱胁迫导致的胁变太大，即使解除胁迫植物也不能恢复到以前的状态，造成永久的伤害。这类似于土壤（或其他固体物质）受力之后的弹性形变和塑性形变，物体受力超过一定临界值，再也不能恢复原状，发生永久形变（塑性形变）。与其他弹性现象相比，植物对干旱胁迫的弹性胁变区域很窄，干旱胁迫对植物的影响大多是不可逆的，在关键生育期或水分敏感期，即使轻微的干旱胁迫都可能导致产量降低，这是作物干旱问题严重且往往带来危害和损失的原因之一。

有些作物有很强的抗旱性，有些作物则对干旱敏感，不同作物的干旱临界点不同，而且同种作物对干旱的适应性因生育期不同而不同。作物对水分的需求随生育期变化，有的生育期对水分敏感；有的生育期对水分不敏感，一定的干旱不会造成减产。有时植物体对适度干旱产生的胁变甚至还可以激发器官（如根系）的生长而有利于后期的水分吸收和应对干旱。前期中度干旱可以刺激玉米根系的生长和显著提高根冠比，有利于增强对二次干旱的抵抗能力，并使总的生物量保持在对照水平，而前期重度干旱处理虽然能够通过快速启动抗氧化防御体系和增强渗透调节能力提高植株对二次干旱的抵御能力，却不能弥补前期干旱处理对生长产生的不利影响。因此，在生产实践中，如果进行抗旱锻炼，应限制在中度干旱水平，避免重度干旱。

即使是同一种作物（如花生）对红壤含水量的阈值响应表现得也比较复杂（图2.12）。总体而言随着 SAW 减少，花生株高（相对值）降低，表现明显的阈值现象，但两季花生干旱时的含水量阈值则有差别。第一季花生，SAW（相对值）降到 0.47 之前，株高（相对值）下降不明显（降幅小于 4%），SAW 降至 0.47 以下之后株高（相对值）明显开始大幅度降低，随着 SAW（相对值）持续减少，株高（相对值）急剧下降，株高（相对值）仅维持在 0.60 附近，这表明第一季花生的株高（相对值）对土壤干旱有明显的阈值反应，对应的干旱阈值的 SAW（相对值）为 0.40～0.47。第二季花生的株高（相对值）对土壤干旱的阈值反应没有第一季明显，SAW（相对值）降到 0.48 的时候株高（相对值）降为 0.84，SAW（相对值）降到 0.30～0.48 的时候，株高（相对值）维持在 0.80 附近，SAW（相对值）低于 0.3 之后，株高（相对值）才急剧下降，最后株高（相对值）低于 0.60。

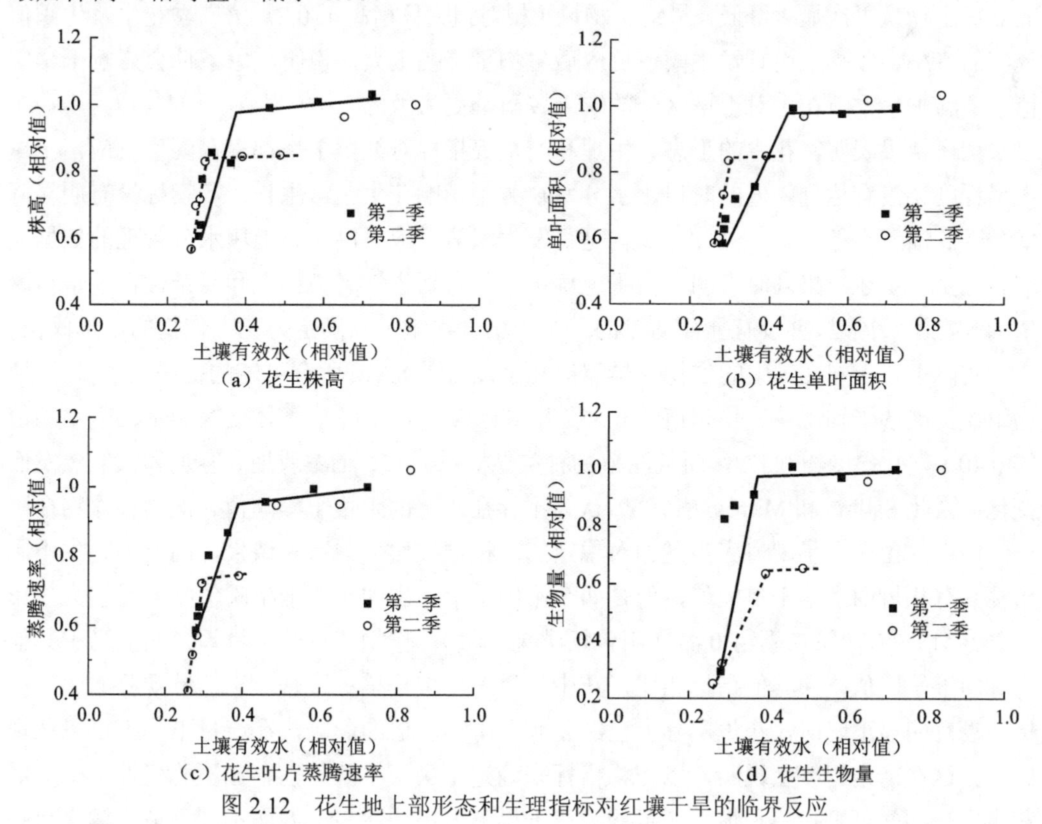

图 2.12 花生地上部形态和生理指标对红壤干旱的临界反应

两季花生的单叶面积对土壤干旱都有明显的阈值反应。第一季花生在SAW（相对值）为0.37～0.45时单叶面积（相对值）明显大幅度降低，第二季花生在SAW（相对值）为0.42～0.48时单叶面积（相对值）明显降低，两季花生的单叶面积对土壤干旱具有相近的阈值反应，都发生在SAW（相对值）0.45附近，SAW（相对值）继续降低，单叶面积（相对值）维持在0.60附近不再继续降低。

花生叶片气孔与大气进行气体交换的行为在土壤干旱情况下发生改变。一方面气孔开度减少，气孔导度降低；另一方面水汽散失即蒸腾速率减少，即气孔导度和蒸腾速率都降低，实际情况更加复杂。图2.12（c）显示，随着土壤干旱程度加强，花生叶片蒸腾速率降低，并且表现出阈值反应。两季花生有相似的阈值点，都在SAW（相对值）为0.40～0.45附近时叶片蒸腾速率（相对值）开始显著并持续降低。第二季花生叶片蒸腾速率（相对值）的阈值反应比第一季更加明显，而且在SAW（相对值）很低的情况下叶片蒸腾速率（相对值）下降得比第一季更低。

花生生物量[干重，（相对值）]也随土壤干旱的加剧而降低，两季花生总体趋势一致但具体表现不尽相同。第一季花生在SAW（相对值）降到0.36～0.46时生物量开始降低，即花生生物量发生阈值反应的SAW（相对值）约为0.40，SAW（相对值）降到0.30时生物量急剧降低，生物量（相对值）只有0.30左右。第二季花生在SAW（相对值）降到0.48～0.65时生物量显著降低，SAW（相对值）阈值约为0.50，SAW（相对值）降到0.30后生物量再次显著降低，最终生物量（相对值）只稍高于0.2。第二季花生发生阈值反应的SAW较高，而且发生阈值反应后生物量降幅更大，说明气象条件会影响干旱阈值，高温干旱季节花生对土壤水分的缺乏较雨季更为敏感。

上述结果表明，花生的形态、生理和产量等指标对红壤干旱都存在阈值反应，土壤干旱程度还没有达到阈值的时候，水分亏缺并不影响花生正常生长，各指标没有明显降低（降低幅度小于5%）。因此，作物是否发生阈值反应可以作为土壤水分管理的依据之一。但是，上述结果同时表明，由于土壤干旱具有渐进性、模糊性和复杂性，使干旱阈值的确定比较困难，并没有显而易见的一个土壤含水量可以确定为花生作物的干旱阈值。

实际上，不同文献中的作物干旱阈值几乎涵盖了SAW所有可能的范围（0～1），植物组织扩展的平均土壤干旱阈值约0.56（叶水势约0.61），叶片气体交换的平均干旱阈值约0.40（气孔导度约0.37），而且随植物种类、根系分布、土壤质地、容重和大气蒸发而变化，因此Sadras和Milroy（1996）认为不存在固定的土壤干旱阈值。但同种作物在同一土壤中，土壤干旱阈值应当是相对稳定的。根据红壤上的试验结果，同一季花生不同指标具有相近的土壤干旱阈值，但是两个不同季节花生的土壤干旱阈值则差异较大，第一季0.41左右，第二季约0.47（不包括荚果产量）。作物产量的干旱阈值明显高于其他指标的干旱阈值，和其他指标相比，花生产量对土壤干旱更敏感，当能够观测的生理指标还没有明显下降时，花生实际上已经受到了干旱胁迫的影响，在产量下降上可以体现出来。这在一定程度上说明，以作物指标来确定土壤干旱阈值也存在不稳定性，一方面花生生长期间可测指标和最终产量的土壤干旱阈值不同，另一方面不同季节土壤干旱阈值也不一致，因此如何正确确定土壤干旱阈值并不很明确。

不同季节土壤干旱阈值不同的原因，一般归结于气象条件的不同，但是我们认为，更可能与土壤水分状况的表示方法有关，如果土壤水分状况表示合理，同种作物在不同的气象条件下可以有相近的土壤干旱阈值。土壤干旱是一个渐进的过程，在这一过程中作物受干旱的伤害程度逐渐累积，土壤干旱到一定程度时作物反应出现质变，此时的 SAW 为土壤干旱阈值。但是由于气象条件不同而使土壤干旱快慢和持续时间不同，作物在 SAW 相同的土壤上受到干旱的累积伤害程度不一定相同，因此，静态的 SAW 并没有完全表达出土壤干旱状况，用其来表示土壤干旱阈值并不恰当。土壤干旱对作物的影响不仅与当前的土壤含水量有关，还与作物受干旱影响持续的时间有关，静态的 SAW 不能反映土壤-作物系统动态的干旱过程，因此，需要一个能够反应土壤干旱历史和现状的指标来代替 SAW，以更好地表达土壤干旱程度。前述土壤干旱程度 *D* 指标有可能表达作物的干旱阈值，即当土壤干旱程度 *D* 值高于某个临界值后产量降低。

（二）作物对红壤干旱的临界响应

为了研究土壤-作物系统在干旱过程中的临界现象，在遮雨条件下，通过控制持续干旱天数实现不同的干旱程度，分别在不同生育期进行不同干旱程度对玉米生长影响进行试验。2015 年 6 月 28 日播种，玉米品种“郑单 958”，种植密度为 74 000 株/hm^2，10 月 2 日收获。玉米播种后 20 d（拔节期）开始土壤干旱处理，分别持续干旱 0 d、7 d、12 d、17 d、22 d、27 d 和 32 d，记做 D0、D7、D12、D17、D22、D27 和 D32。干旱处理开始之前，所有的小区灌水至接近田间持水量，干旱处理期间不灌水，干旱处理结束后每个小区复水 15 mm。玉米生长期的每天上午 8:00，用 TDR 测定各个小区>0～10 cm、>10～20 cm、>20～30 cm、>30～40 cm、>40～60 cm 土层的体积含水量。每隔 4 d 用刻度尺和游标卡尺跟踪测量每株玉米每片绿叶的叶长、最大叶宽、株高和茎粗。收获后进行考种及根系指标测定。

1. 玉米地上部对干旱程度的阶段性响应

不同干旱程度下玉米各形态指标的均值多重比较结果表明（表 2.7），玉米的叶长、叶宽、株高和茎粗等形态指标有相似的变化趋势。D0 和 D7 两个土壤干旱处理下玉米各个形态指标间的差异不显著而与其他几个干旱处理之间差异显著；D12 和 D17 两个处理下玉米各个形态指标间的差异不显著而与其他几个处理之间差异显著；D22、D27、D32 三个干旱处理的各个形态指标间的差异不显著而与其他几个处理之间差异显著。由此可以看出，在一定干旱范围内，玉米地上部形态虽然有差异但处在同一水平，而超出一定干旱程度之后，玉米地上部形态发生显著变化，表现出显著的阶段变化特征，这就是干旱临界现象。根据表 2.7 的试验结果，可以将 7 个干旱处理水平为 3 个等级，D0、D7 属于不干旱，玉米株高、叶长、叶宽及茎粗等数值最大；D12、D17 属于中度干旱，玉米地上部指标降低 3.5%～5.0%；而 D22、D27、D32 三个处理属于重度干旱，玉米地上部指标降低 9.0%～20.0%。

表 2.7　玉米地上部形态对干旱程度的阶段性响应

干旱程度	干旱天数/d	处理代码	株高/cm	茎粗/cm	叶长/cm	叶宽/cm	叶面积/（cm^2/株）
不干旱	0	D0	215.44a	2.62a	87.33a	9.30a	6 032.2ab
	7	D7	216.11a	2.61a	87.89a	9.37a	6 207.4a
中度干旱	12	D12	204.67b	2.51b	84.28b	8.98b	6 009.5ab
	17	D17	204.33b	2.53b	84.78b	8.94b	5 889.2b
重度干旱	22	D22	173.78c	2.31c	79.89c	7.82c	4 597.8c
	27	D27	173.56c	2.24d	79.33c	7.89c	4 664.6c
	32	D32	172.33c	2.23d	79.22c	7.80c	4 584.5c

注：同一列不同小写字母表示在 0.05 水平上差异显著

2. 玉米根系对干旱程度的阶段性响应

红壤中玉米根系下扎深度浅，在不同干旱程度的玉米田间试验中，用挖掘法取样测量了不同土层的根系，在深度大于 30 cm 的土层中，基本没有活的、新鲜的玉米根系，根系全部分布在 30 cm 以上的土层中。干旱对玉米根系生长有显著影响，而且根系的数量（分支条数）对干旱的响应也表现出明显的临界现象（表 2.8）。随着干旱程度加深，各个土层的玉米根系数量逐渐降低，但是与地上部的响应有不同的变化。在不干旱（D0、D7）和中度干旱（D12、D17）下，玉米根系数量处在同一水平，数量上虽然有微小差异，但是统计检验差异不显著。值得注意的是，在中度干旱 D12 水平下，玉米总根系数量甚至比不干旱要多，这可能是因为干旱促进了根系生长。文献也有类似的适度干旱有利于根系下扎的报道（薛丽华 等，2010）。与上述表 2.7 结果比较，可以发现玉米叶片对干旱的敏感性大于根系对干旱的敏感性。

表 2.8　玉米根系数量和分布对干旱程度的阶段性响应

干旱程度	干旱天数/d	处理代码	不同土层根系数量/（条/株）				总根系数量/（条/株）	根系体积/（cm^3/株）	根系干重/（g/株）
			>0～10 cm	>10～20 cm	>20～30 cm	>30 cm			
不干旱	0	D0	37	24	9	0	70a	16a	6.37a
	7	D7	38	24	10	0	72a	16a	6.40a
中度干旱	12	D12	39	26	9	0	74a	17a	6.03b
	17	D17	36	25	8	0	69a	16a	5.99b
重度干旱	22	D22	25	17	8	0	50b	13b	4.60c
	27	D27	23	17	8	0	48b	12b	4.61c
	32	D32	22	16	7	0	45bc	12b	4.56c

注：同列不同小写字母表示不同干旱水平在 $p<0.05$ 水平上差异显著

当干旱达到重度干旱后，玉米根系数量急剧降低，表现出明显的临界现象。中度干旱与重度干旱相比，玉米根系在0～10 cm和10～20 cm两个土层的根系数量显著下降，降低幅度分别达到38%和33%，而20～30 cm土层中降低幅度较小，降低幅度仅为15%。根系体积与总根系数量表现类似的干旱响应特征，如根体积在整个土层重度干旱水平下（D22、D27、D32）较中度干旱时下降24%。

综合上述玉米地上部和根系对干旱响应的结果，可以发现玉米地上部对干旱的响应分为三个阶段（无变化，显著降低，大幅度显著降低），而根系数量和根系体积对干旱的响应分为两个阶段（无变化，显著降低）。玉米地上部和地下部都表现出阶段式降低的临界现象，地上部对干旱响应更灵敏，这种临界响应会影响干旱指标的准确性。

3. 玉米产量对干旱程度的阶段性响应

与玉米地上部形态和根系数量类似，玉米生物量和籽粒产量对干旱程度的响应也表现出临界现象（表2.9），而且更加敏感。以产量为例，在7个土壤水分梯度下，产量可以分为5个等级，①不干旱（D0和D7）产量最高；②中度干旱（D12和D17）产量显著降低；③重度干旱D22产量大幅度降低，与不干旱相比，降幅达到46%；④重度干旱D27下，产量进一步大幅度降低；⑤重度干旱D32下，产量已经非常低了，仅为D0处理时产量的13.6%。

上述结果表明，玉米产量对干旱的响应比地上部和根系对干旱的响应更加灵敏。在7个干旱水平下，玉米根系体积可以分为2个响应阶段，玉米根系干重可以分为3个响应阶段，地上部形态可以分为3个响应阶段，单株茎叶干重可以分为3个响应阶段，单株茎叶鲜重可以分为4个响应阶段，而产量可分为5个响应阶段。不同的反应阶段玉米作物的生长状况都发生了显著的变化，这是作物对干旱程度的阶段性响应，其中作物产量对干旱的响应更准确、更精细、更灵敏，而地上部形态指标对干旱的响应比较迟钝。因此作物产量是最好的、最可靠的干旱指标。

表2.9　玉米生物量和产量对干旱程度的阶段性响应

干旱天数/d	处理代码	单株茎叶干重/g	单株茎叶鲜重/g	产量/（kg/hm^2）
0	D0	312.67a	526.56a	7631a
7	D7	313.44a	522.56a	7339a
12	D12	298.33b	496.56b	6934b
17	D17	298.89b	493.56b	6699b
22	D22	233.44c	405.89c	4088c
27	D27	232.33c	402.89cd	3064d
32	D32	229.56c	398.89d	1038e

注：同列不同小写字母表示不同干旱水平在$p<0.05$水平上差异显著

作物生长对干旱的阶段性响应，其实就是一种临界现象或阈值现象，在干旱达到一定程度后，作物受旱程度突然加深而在根系和地上部形态和产量上表现出突变性，这给土壤干旱指标用于指示作物干旱状况带来了困难。上文描述的土壤干旱指标能在一定范围内指示作物受旱的临界点（阈值），这为干旱预测评价和干旱管理（如确定灌溉时间）提供了便利。

二、红壤作物的干旱阈值

干旱阈值可以用于判断红壤季节性干旱程度，土壤干旱临界指标有助于深入地认识红壤季节性干旱的特征、土壤水分-作物关系、干旱防御应对措施。土壤含水量是简单和直观的土壤干旱指标，通过建立作物产量和土壤含水量的关系可以确定土壤干旱阈值。目前一般认为当土壤相对含水率小于40%时，作物受旱严重；当土壤相对含水率为40%～60%时，作物呈现旱象；当土壤相对含水率为 60%～80%时，为适宜作物生长的土壤含水量；当土壤相对含水率大于 80%时，则表明土壤含水量过多。具体含水量数值随作物类别、品种及生长阶段而变化（王密侠 等，1998）。但干旱是一个逐步发展的动态过程，受持续时间、速度、土壤水分运动等一系列因素影响，静态的土壤含水量（绝对含水量或相对含水量）所包含的信息较少，它反映了当前土壤水分状况，包含的干旱历史信息少，土壤含水量相同并不说明作物受旱程度一样，土壤含水量作为干旱指标是有欠缺的。以土壤相对失水速率建立起来的土层干旱指标土壤干旱强度 I 和土壤干旱程度 D，则包含了土壤干旱过程信息，能够反映作物真实的受旱程度，可以描述土壤-作物系统干旱阈值。

（一）CWSI 表达干旱阈值

不同干旱水平处理的试验中，在玉米生长旺盛阶段测量叶气温差并计算作物水分胁迫指数，将观测末期全天的 CWSI 取平均值，与对应干旱处理玉米产量进行相关分析。结果表明（图 2.13），当 CWSI 较大时，玉米产量较低；CWSI 较小时，玉米产量较大，CWSI 值与玉米产量之间存在极显著的线性关系（$p<0.01$）。结果还表明，CWSI 与玉米产量的关系呈现明显的阈值现象，在 CWSI<0.2 的时候，玉米产量有波动但是维持较高产量水平，在 CWSI>0.2 之后，玉米产量显著下降。在其他年份的试验中也观测到类似的阈值现象，CWSI 在 0.178 附近时，玉米产量开始显著下降，产量与 CWSI 呈现“二段式”的关系（Chen and Weil，2010）。其他文献也报道在 CWSI 为 0.2 附近，玉米（Irmak et al.，2000）、小麦（Gontia and Tiwari，2008）和大豆（Nielsen，1990）等其他作物需要灌溉，在不同的 CWSI 下进行灌溉获得不同的产量。

利用 CWSI 可以确定作物干旱阈值，为何时灌溉提供了依据，但是在实际田间，很难确定 CWSI 是否达到了阈值，因为如前所述 CWSI 很不稳定，受气象条件波动很大，特别在不同年份 CWSI 的阈值可能不同，这会给阈值的确定带来困难。

（二）土壤干旱程度 D 表达干旱阈值

土壤干旱程度 D 与玉米产量的关系也表现出阈值特征。图 2.14 展示了两个不同年份

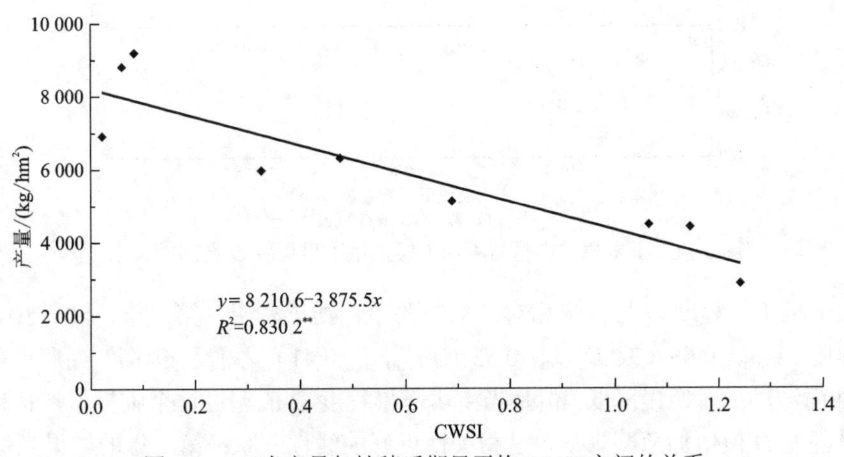

图 2.13 玉米产量与抽穗后期日平均 CWSI 之间的关系

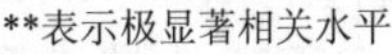
**表示极显著相关水平

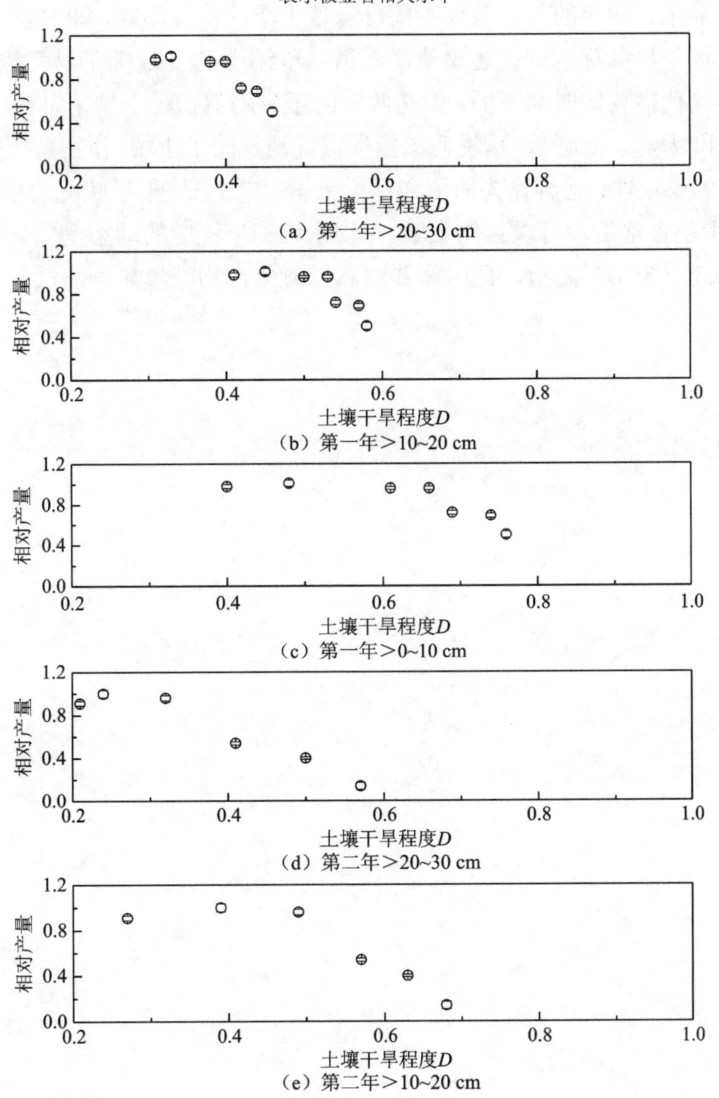

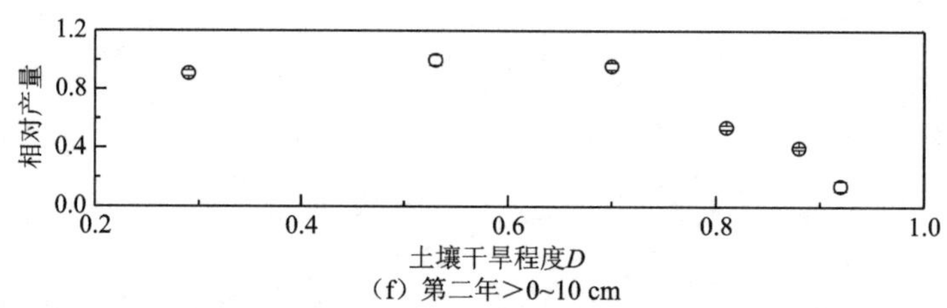

（f）第二年>0~10 cm

图 2.14　玉米相对产量与不同土层土壤干旱程度 D 之间的关系

不同土层土壤干旱程度 D 与玉米相对产量的关系，结果表明，第一年，>0～10 cm 土层的干旱程度 $D_{10cm}=0.68$（或 $D_{20\,cm}=0.53$ 或 $D_{30\,cm}=0.41$）之前，玉米产量随土壤干旱程度 D 增加而波动或者缓慢降低，但是当土壤干旱程度 D 值超过这个临界值，玉米产量随土壤干旱程度 D 值增加急剧降低，呈相关性更好的线性关系；第二年的结果类似，玉米产量大幅度降低的土层干旱阈值是 $D_{10cm}=0.70$（或 $D_{20\,cm}=0.49$ 或 $D_{30\,cm}=0.31$）。

试验结果显示，两年的气象条件不同，土壤干旱的快慢不同，其中第一年经过 25 d 连续干旱，土壤干旱指标达到上述阈值，而第二年经过 17 d 连续干旱就达到上述阈值。虽然达到干旱阈值需要的时间不同，但是两年的干旱阈值指标土壤干旱程度 D 值却接近（$D_{20cm}=0.53$ 和 $D_{20cm}=0.49$），这说明该指标很好地反映了土壤-作物系统实际的干旱状况，具有一定的稳定性，适合作为监测和评价土壤-作物系统干旱状况的指标。通过监测>10～20 cm 土层含水量，可以量化土壤-作物系统干旱程度的动态变化，当土壤干旱程度 D 值达到 0.5 时为干旱阈值，此时需要灌溉以避免作物产量显著降低。

第三章　红壤水力性质与季节性干旱

土壤是大气干旱向作物干旱传播的中间环节，土壤干旱状况在作物干旱中起到关键的作用，了解一个地区的土壤性质对理解和管理干旱至关重要。土壤是一种复杂的多孔介质，降水进入土壤和储存于土壤，以及在土壤中运动时，受到多孔介质特性的影响，从而表现出各种土水关系，这种性质称为土壤水力性质或土壤水力性质，影响干旱在 SPAC 中的传递过程。土壤多孔介质特性主要指颗粒组成（质地）、松紧程度（容重）、排列状况（结构）和孔隙特性（孔性）等，其使得土壤表现出持水性能、储水性能、导水性能、入渗性能、蒸发性能等土壤水力性质，影响干旱的发生和发展。红壤作为一种深度发育的老成土，具有复杂的土壤物质组成和结构、独特的水力性质，对该地区的季节性干旱产形成和发展起到非常重要的作用。

土壤不仅直接调节地表水文过程，而且与大气和植被通过水热交换而相互作用，是影响作物干旱的重要因素。例如，不同土壤易旱性有差异，有些土壤在干旱过程中失水速度快、干旱传递性强而更容易发生季节性干旱；不同 SAW 含量差异导致作物干旱响应的水分阈值不同，在有些土壤中作物干旱更早，更易发展为季节性干旱；土壤还通过养分含量和机械阻力等影响植物生长进而影响干旱传递，从而影响季节性干旱程度。本章主要论述红壤的水力性质及其与季节性干旱发生的关系，为通过改良红壤水力性质而调控季节性干旱提供理论依据。

第一节　红壤的气候特征与基本性质

一、红壤区的气候特征

亚热带位于温带和热带之间，大致位于北纬 23.5°～40°，可以分为北亚热带、中亚热带、南亚热带三个次级气候带，我国红壤主要分布在中亚热带，南亚热带的土壤也具有与红壤类似的性质，成土物质风化强烈，土壤发育老，酸性强等。亚热带的夏季气候与热带夏季气候相同，但冬季比热带冷，因此亚热带又称为副热带。在北半球，因为大陆和海洋的相互作用，同处亚热带但在不同大陆位置的气候特性也不一样。和热带相比，亚热带气温也很高，只是冬季温度没有热带高；但亚热带的降水却比热带少很多，从全球水循环看，亚热带是地球上干旱发生最严重的地区。北半球的欧亚大陆和北美洲大陆两个大陆，被太平洋和大西洋隔开，这样就形成大陆东岸型（中国东部、美国东部）、大陆西岸型（美国西部、欧洲西部）、内陆型三种亚热带类型，其中大陆东岸型气候在两个大陆的特征也不太一样，上述组合形成了亚热带的四种气候类型区。

（1）亚热带季风湿润气候区，即欧亚大陆东岸型气候区，受太平洋季风影响很大，夏季湿热，冬季干冷。该区主要包括中国东部亚热带，即我国红壤分布区。

（2）亚热带湿润气候区，即北美大陆东岸型气候区，该区主要包括美国东部，与中国东部相似，但受大西洋季风影响小，干湿季节不明显。

（3）亚热带夏干气候区，即大陆西岸型气候区，主要包括欧亚大陆西部的环地中海地区、美国西部沿海地区。该区受洋流的影响，夏季炎热干燥，冬季温和多雨，为地球典型的亚热带气候，一般称为地中海气候区。

（4）亚热带干旱、半干旱气候区，即欧亚大陆和美洲大陆远离海洋的内陆地区，气候干热，降水稀少。在整个地球北亚热带，干旱、半干旱气候区分布面积很大。

中国的亚热带红壤区，位于欧亚大陆东部，属于大陆东岸型亚热区，受海洋季风影响，夏季湿热，冬季干冷，这种雨热同季的气候适合农业生产。而地中海气候区冬湿夏干，水热不甚协调，气候条件远逊于中国季风亚热带。地球上同纬度的亚热带其他区域，由于亚热带高压带的存在，空气下沉增温，水汽远离饱和点，降水稀少，大都为极端干旱的荒漠（如非洲中部），气候条件不能与中国的亚热带相比。

黄晚华等（2013）在分析我国南方地区季节性干旱的气候背景和分布特征的基础上，对亚热带季节性干旱分布进行了 3 级分区。其中，一级分区以年干燥度和季干燥度为主要指标，以年尺度和主要作物生长季的降水量为辅助指标，将南方红黄壤区分为半干旱区、半湿润区、湿润区、极湿润区 4 个一级区。分别是：①半干旱区，位于川滇高原山地，海拔 1 000 m 以上，冬季降水极少，春旱和冬旱频繁，秋旱中等程度发生。②半湿润区，分布在长江以北的温暖区（雨季较短，多春旱和冬旱）、华南暖热区（包括桂西、滇南、海南，年降水量 1 000 mm 以上，蒸散量大，冬旱和春旱频繁，部分地区秋旱）、西南高原温凉区（年降水量 1 000 mm 以下，冬旱和春旱），这些区域总体偏干旱。③湿润区，分布在长江流域（春季多雨湿润，长江流域多秋旱、夏旱，四川盆地多冬旱）、华南暖热区（北部秋旱，中部冬旱和秋旱，南部冬旱）、西南高原山地温暖区（干旱不明显，部分地区有秋旱和冬旱）。此区域土壤以红黄壤为主，是我国典型的季节性干旱区。④极湿润区，分布在江南和西南的温凉山区（四季无旱）、华南山区及沿海区（冬旱，部分地区秋旱）。

上述划分的几个区域中，第三分区即湿润区是典型的季节性干旱区，主要包括四川盆地、长江中下游六省一市、两广、云贵和海南的低海拔地区和非山区，地形以低山丘陵为主。除个别区域外，大多区域处在季风区，是造成季节性干旱的气候原因。除气候原因之外，红壤自身的易旱特性对农业生态系统的季节性干旱的发展起到了促进作用。

二、红壤的分布与主要性质

（一）红壤的分布

在温暖、干湿变化气候的长期作用下，我国中亚热带湿润区发育出了地带性土壤——红壤，红壤的性质对季节性干旱的形成和发展起到了重要作用。我国的广义的红黄壤地区（北纬 23.5°～35°），全称为中国东部季风湿润区亚热带常绿阔叶林红黄壤地带（包括红壤、黄壤、赤红壤、砖红壤、燥红土、黄棕壤），北起长江，南到海南岛，东至台湾地区，西接横断山脉，面积约 220 万 km^2，占全国土地面积的 22%，包括海南省、广东省、广西壮族自治区、台湾地区、福建省、江西省、湖南省、贵州省 8 省（区）的全部，浙江省、云南省、四川省 3 省的大部，以及安徽省（皖南）、湖北省（鄂南）、江苏省（苏西南）、西藏自治区（藏东南）的小部。这些地区在相似的温暖湿润条件下，发育的土壤性质也相近，呈现酸性或强酸性，剖面呈现红黄色，统称为红黄壤。

我国狭义的红壤区（北纬 25°～31°）是指中亚热带的江西省、湖南省全部，以及湖北省、安徽省、浙江省的部分地区（不包含北亚热带的黄棕壤地区和南亚热带的赤红壤地区），包含我国中部和东部广大地区，这些区域属于中亚热带，是典型的红壤主要分布区，夏秋的季节性干旱特征更为明显。

红壤的发育形成需要湿热的气候，因此红壤主要分布在海拔较低的平原、岗地、丘陵、低山，而在海拔更高的山区则由于气温低、湿度大、干湿季节不明显，不能发育成典型的红壤（而是山地类土壤）。也就是说，红壤是人类活动容易触及的地区，地形和交通条件较好，是农业生产活动频繁的区域，是我国南方主要的旱地耕作和特色经济林果土壤。

红壤发育于多种母质，这些母质主要是玄武岩、花岗岩、红砂岩、泥岩、页岩等的风化残积物和坡积物，以及第四纪红色黏土，仅有极少量红壤发育于石灰岩风化残积物、冲积物等母质。发育于不同母质的红壤，虽然都具有共同的地带性特性（如土体红色、酸性等），但由于母质本身性质的不同，不同母质发育的红壤性质有较大差异，主要表现为土壤厚度、质地和养分含量不同，也影响植物生长、季节性干旱发生发展及严重程度。

（二）红壤主要性质与抗旱能力

红壤在我国土壤分类系统中属于铁铝土纲、湿热铁铝土亚纲、红壤土类，在美国土壤系统分类中归属于老成土土纲，老成的意思表示发育时间长、发育程度深，即具备高度风化、高度淋溶、盐基强烈淋失、酸性至强酸性等特性。红壤土类是一个庞大的土类，分布区域面积广，土类之下根据不同区域气候、成土母质、质地等划分为不同亚类、土属、土种。同属于红壤土类，但理化性质可能差异很大，如地形部位、质地、有机质含量、土层厚度、肥力水平等，这些都影响作物生长状况和作物抗旱能力。不同红壤上发生季节性干旱的可能性不同，调控干旱的措施也不同，需要根据实际情况分区分类确定抗旱措施。

红壤区春夏多雨而夏秋季干燥，干湿季节明显。在夏热冬冷分明的亚热带季风气候条件下，红壤主要有两个成土过程，决定了红壤的基本性质。

（1）脱硅富铝化过程。在春夏湿热（水热同季）的条件下，母质中的矿物风化作用强，土壤黏粒中的盐基离子（K^{+}、Na^{+}、Ca^{2+}、Mg^{2+}等）最先淋失，接着 Si^{4+}离子也部分淋失，而 Al^{3+}、Fe^{3+}等离子难以淋失保留在黏粒中，这样在土壤黏粒中的硅铝率[Si/(Al+Fe)]的比率降低，即 Si 含量降低而 Al 和 Fe 含量相对富集，这一过程称为脱硅富铝化。脱硅富铝化使得土壤矿质养分（即盐基离子）含量降低，而致酸离子（即氢离子、铝离子和羟基铝离子）含量增加，土壤呈酸性至强酸性。此外，亚热带红壤区存在明显的干季，在干燥过程中，黏粒中的 Fe 多以高价的氧化态形式存在（如赤铁矿），使得土壤呈现鲜艳的红色。总之，红壤的脱硅富铝化过程决定了红壤的基本性质，而且当前这一过程仍在持续。

（2）腐殖质累积过程。又称腐殖化过程，指植被的枯枝落叶和死亡根系在土壤中分解转化（矿化），成为土壤有机质的过程。腐殖质累积是普遍的成土过程，一方面，亚热带植被繁茂生物量大，腐殖化过程很强烈，红壤表层有机质含量增加、结构改善、颜色变暗（表层土壤不再呈鲜艳的红色），对提高红壤的生产能力有重要意义。但另一方面，在亚热带高温多雨的条件下，有机质矿化分解的速度也快，不利于腐殖质累积，导致红壤有机质含量不高；而且，也使得红壤中的腐殖质分子量小，腐殖质结构相对简单，以富里酸为主，其改善土壤结构的功能弱于分子量更大的胡敏酸。一旦植被遭到破坏，有机质输入减少，红壤腐殖质含量就会下降，土壤生产能力就会降低，同时还影响土壤水力性质，降低土壤储水和供水能力，促进季节性干旱形成。

在亚热带湿润气候和上述成土作用下，红壤具有以下基本特性。①酸性。湿润气候下，物质元素高度淋溶，盐基强烈淋失，土壤呈酸性至强酸性，极端情况下发生铝毒害。②肥力瘠瘦。伴随着可溶物质强烈淋溶，土壤矿质养分含量低，阳离子交换量低，有机质含量不高，土壤保肥能力弱，普遍缺磷少氮，强酸性下微量营养元素缺乏。③紧实板结。矿物风化强烈，2∶1 型黏土矿物向 1∶1 型黏土矿物转化，黏粒矿物以高岭石为主，铁铝氧化物含量高，是土壤结构的主要胶结物质，土壤结构体小（微团聚体多而大，团聚体少），在长期的湿润排水固结过程中，形成了紧实的土体。④母质多样。土壤质地因母质不同而差异较大，第四纪红色黏土母质发育的红壤土层深厚，质地黏重，而砂岩发育的红壤质地轻，母质类型随地形地貌不同而空间变异很大。⑤物质循环转化快。水热条件好，生物多样性高，植被生长速度，土壤物质循环转化速度快，破坏植被容易导致土壤性质退化。⑥物理性质不良，水力性质差，易涝易旱。红壤雨季潮湿，不仅容易发生水土流失，而且容易涝渍；而旱季干燥，作物容易干旱。因成土母质特性和利用方式等不同，不同红壤储水和供水能力不同，抗旱能力也有差别。

虽然红壤几乎所有的性质都对其抗旱能力有影响，但水力性质对红壤抗旱性影响更直接。水力性质又称水分性质，是指水分在土壤中的保持、储存、运动、释放等表现出来的性能，具体而言包括持水性、供水性、导水率、入渗性、蒸发性能等一系列的性质。

红壤水力性质与红壤质地、结构和孔隙状况密切相关，也与水分含量变化密切相关，同时还受到降水和耕作管理的影响，因此不仅表现出较强的空间变异性，随时间变化也较明显。红壤水力性质影响水分状况和通气状况，从而在很大程度上影响作物产量、影响季节性干旱形成和发展。从红壤水力性质看，红壤属于易旱性土壤。所谓易旱性是土壤抗旱性的另一种说法，强调土壤本身的性质对干旱的响应，比抗旱性更准确，易旱性高的土壤抗旱性差，指在同等的环境条件下（降水、气温、农田管理等）红壤比别的土壤更容易干旱，更容易造成作物水分胁迫。红壤最显著的易旱性表现在储水容量小、有效含水量少、难效含水量占比高、导水性质差等。

红壤易旱性是多种理化性质共同决定的，与成土母质类型有关，也是气候长期作用的结果。例如，第四纪红色黏土母质发育的黏质红壤，颗粒细而有机质含量低，团粒结构少，是其易旱的物质基础，在长期降水淋溶作用下，土壤排水固结，颗粒之间致密紧实，孔隙细小，非活性毛管孔隙多而能够储存有效水的毛管孔隙少，导水率低，通气性差，加上酸性强，集“酸、瘦、黏、板、薄、涝、旱、蚀”等不良特性于一身，不仅影响植物根系伸展吸水也影响水分向根系运移，是红壤上作物容易干旱的土壤原因。

三、红壤区的作物与种植模式

红壤区的光、热、水条件优越，十分适合植物生长。亚热带红壤区的夏季与热带的夏季相似，雨水和热量均充沛，不同之处是亚热带的冬季比热带的冬季冷，整年呈现明显的冷热变化，四季分明，这种气候特征使得红壤区既适合喜温作物生长，也适合喜凉作物生长，因此生物多样性高，生物资源丰富，植被生长繁茂。

亚热带的自然植被是常绿阔叶林，红壤开垦之后的农田适合多种农作物生长。红壤区是我国水稻、油菜的主要产区，也盛产棉花、大豆、花生、芝麻、西瓜、甘蔗、柑橘、茶叶、烟叶、油茶、油桐、芝麻、向日葵、黄麻、苎麻等经济作物，还盛产毛竹、杉、樟、桑、青梅等经济林木，以及各种药材如枸杞、党参、三七、天麻、杜仲、当归、砂仁、黄连、川芎、白芍、茯苓、白术、半夏、藿香、麦冬等。亚热带红壤区是我国重要的农业生产基地，适合发展多种作物经营和特色林果。

红壤区的作物一年可以两熟或三熟。春播作物主要有水稻、棉花、大豆、花生、玉米、各种蔬菜，夏播作物主要有黄豆、绿豆、芝麻、西瓜、各种蔬菜，秋冬季播作物主要有油菜、马铃薯、豌豆、蚕豆、绿肥、各种蔬菜。有些作物一年可以两次播种，如水稻、花生、玉米。在丰富的植物种类和灵活的播期组合下，红壤区可以构成多种轮作模式，如在湖北省南部红壤区常见的旱地轮作模式有：①以粮食作物为主的旱地种植模式，如麦类—玉米（甘薯、大豆）、小麦/玉米/甘薯、小麦/大豆+玉米，这类模式消耗地力较大但经济效益不高。②以经济作物为主的旱地种植模式，如麦类/棉花、小麦/花生+芝麻、油菜/玉米/甘薯、油菜/花生/甘薯、冬作（麦类、油菜）—花生（芝麻），这类模式经济效益较好。③粮食与经济作物并重的旱地种植模式，如麦类/棉花+甘薯（玉米）、花生/玉米、花生—甘薯、小麦—芝麻等。④饲料绿肥作物为主的旱地种植模式，如麦类+冬绿肥/春玉米（大豆）/甘薯+绿豆、玉米+大豆/绿肥—玉米+甘薯、玉米—甘薯。红壤旱地种植模式中，三熟制主要集中在地形和基础设施条件较好的旱地，如小麦/玉米/大豆、小麦/西瓜/蔬菜、冬作（麦类、蚕豆、豌豆、油菜）/花生/甘薯。随着气候变化和种植模式的不断优化调整，小麦、棉花等在红壤区面积大幅度下降，逐渐被油菜、果树等取代，这些种植模式的变化与红壤的旱涝特性有关。

红壤作物的种植模式一方面受季节性干旱的影响，需要根据当地的气候和土壤水分状况确定合理的种植模式，另一方面种植模式可以改善土壤的性质从而提高抗旱能力，这也是红壤季节性干旱调控的一个方面。受遗传因素影响，植物类型对干旱的敏感程度不同，同样干旱条件下不同植物受旱程度不同。不同作物抗旱能力不同，季节性干旱形成的条件也有差别，一年生作物根系浅，骤旱更容易形成，而多年生深根系植物则对干旱的缓冲能力强（Basche and Edelson，2017），如小麦深播，根系能吸收更深层的土壤水分从而应对干旱（Zhao et al.，2022a）。种植模式对干旱的敏感性不同（Cartwright et al.，2020），优化种植模式可以提高局地田块的抗旱性（Renwick et al.，2021；隋月 等，2013），这可能与植被多样性改善了土壤性质和局地气象水文有关（一种生态水文的反馈作用）。

由于红壤区季节性干旱一般在特定的季节呈周期性反复发生，因此通过选择合理的作物播种期，尽量在关键生育期（水分敏感期）以避开干旱就显得很重要，能够降低季节性干旱的危害。而且红壤干旱发生在表层，因此选择深根系作物，促进作物吸收深层土壤水分，可以降低干旱危害。季节性干旱主要影响一年生浅根作物，而对多年生植物影响很小，这是因为多年生植物根系下扎深，能够吸收利用深层土壤水分，在季节性干旱期也不会缺水。从调控季节性干旱的角度看，红壤的作物轮作搭配、农林复合模式构建、小流域生态系统建设等，是需要进一步研究的重要课题，本书主要论述土壤性质本身对干旱的影响。

第二节　红壤质地结构与孔性

一、红壤的质地

土壤质地指大小矿质颗粒的配比组成状况，是土壤水力性质的基础，对干旱发生和发展有较大影响。根据含细颗粒和粗颗粒的百分比不同，把土壤分为黏土、壤土、砂土三个大的类别，称为土壤质地类型。一方面，不同质地类型的土壤，即使都是红壤，也具有不一样的水力性质，有时甚至相差甚远。由于细颗粒的表面积大、吸水能力强、颗粒间孔隙小，因此含细颗粒多的黏土类土壤表现出吸水能力强、保水能力强、干旱失水慢；而含粗颗粒多的砂土类土壤持水能力差、排水快、容易失水干旱。另一方面，质地相近的土壤具有相近的水力性质（即使其他性质差异甚远）。土壤质地性质很稳定，很难在短时间内改变，虽然风化作用产生细颗粒、地表径流冲刷等对土壤颗粒选择性携带、长期耕作等可以改变土壤质地，但与土壤其他性质相比，质地是一种稳定的、内在的土壤性质。客土（掺入细泥或沙）可以较快改变土壤质地，通过施用有机肥等改良土壤结构也可以起到间接改良质地的作用。

红壤的质地在很大程度上由母质类型决定（表 3.1）。常见的红壤母质有第四纪红色黏土沉积物母质、花岗岩风化残积物母质、泥质岩类风化残积物母质、砂质岩类风化残积物母质等。云贵高原地区的红壤母质主要为泥质岩类风化残积物和第四纪红色黏土，黏粒含量非常高（40%～60%）。湖南、湖北、江西、广东、广西等中部丘陵区，母质有花岗岩、第四纪红色黏土和红砂岩等，总体上土壤的黏粒含量次于云贵高原地区（30%～50%）。东部沿海平原地区的红壤，母质主要有花岗岩和浅海沉积物等，黏粒含量相对较低（20%～40%）。此外，福建、广东有部分红壤母质为玄武岩，黏粒含量也比较高。红壤中的砂粒含量则受地形因素影响显著，一般平原地区含量较低，山区含量较高，低的在 20%以下，高的在 30%～40%。不同母质发育的红壤粉粒含量差异不明显，在 30%～40%（Liu et al.，2020）。

表 3.1　不同母质发育的红壤颗粒组成百分数的平均值　（单位：%）

土壤层次	粒级	第四纪红色黏土	玄武岩	石灰岩	花岗岩	砂页岩
>0～10 cm	砂粒	28.7	29.0	30.0	48.0	45.8
	粉粒	35.0	30.5	41.7	27.9	31.6
	黏粒	36.4	40.5	28.3	24.1	22.6
>10～20 cm	砂粒	27.2	30.3	29.3	46.7	44.2
	粉粒	35.2	28.4	41.0	27.2	31.3
	黏粒	37.6	41.3	29.7	26.2	24.4
>20～30 cm	砂粒	25.1	26.5	28.9	45.7	43.0
	粉粒	34.9	25.4	38.9	26.8	30.8
	黏粒	39.9	48.1	32.2	27.5	26.2
>30～70 cm	砂粒	24.5	26.7	28.9	46.3	41.9
	粉粒	34.4	25.8	39.2	26.5	31.0
	黏粒	41.1	47.5	31.9	27.2	27.1
>70 cm	砂粒	24.6	24.6	30.0	47.1	41.7
	粉粒	33.8	27.8	38.3	26.4	31.6
	黏粒	41.6	47.6	31.7	26.5	26.7

数据来源：（孙佳佳 等，2015）

一般而言，由第四纪红色黏土母质发育的红壤，质地黏重，加之沉积物土层深厚，大团聚体少而微团聚体多，在多雨条件下经过长期的自然固结，土体十分紧实，大孔隙缺乏，饱和导水率 K_s 低，降水入渗性能和水分渗透能力差，黏重性质表现得更为突出，排水困难，雨季容易滞水。砂质岩类风化残积物母质发育的红壤，大颗粒多，砂性强，而且土层往往较浅薄，储水和保水能力较差。而泥质岩、花岗岩风化残积物母质发育的红壤，质地性质和水力性质介于上述两者之间。因此，不同母质发育的红壤，因其质地差异，其水力性质和干旱发生特性不一样。

第四纪红色黏土沉积物母质发育的红壤（本书简称黏质红壤）在红壤区分布面积较大，主要分布在海拔较低的岗地，土层深厚，交通相对方便，是重要的坡耕地。湖北省咸宁市贺胜桥镇红壤实验站不同试验地块上的第四纪红色黏土沉积物发育的红壤测量结果表明（表 3.2），不同地块之间差异极小，总体上砂粒含量少（<20%），粉粒含量高（>50%），质地黏重，土体紧实，容重大多超过 1.5 g/cm^3，心土层（>20～30 cm）之下的土层容重可超过 1.6 g/cm^3，严重限制作物根系下扎。除了黏质紧实以外，该土壤质地另一个显著的特点是整个剖面质地均一，没有剖面层次分异。相比于其他母质发育的红壤，黏质红壤有更特殊的水力性质，本章后文的一些红壤水力性质多是基于黏质红壤的结果。

表 3.2 湖北省咸宁市贺胜桥镇红壤实验站第四纪红黏土红壤的颗粒组成和有机质含量

地块	土层深度/cm	各粒径颗粒占比/%			容重/（g/cm^3）	有机质/（g/kg）
		<2.0～0.05 mm	<0.05～0.002 mm	<0.002 mm		
1	0～10	12.54	65.56	21.89	1.52	10.60
	10～20	12.82	70.22	16.96	1.58	6.54
	20～30	17.82	54.42	27.76	1.65	4.42
	30～40	13.87	70.31	15.82	1.64	3.50
2	0～10	20.19	59.70	20.11	1.49	10.17
	10～20	10.09	73.30	16.61	1.54	7.78
	20～30	3.27	85.21	11.52	1.64	4.82
	30～40	9.93	71.59	18.48	1.62	4.69
3	0～10	9.43	66.71	23.86	1.54	19.80
	10～20	14.07	64.68	21.25	1.60	10.45
	20～30	16.83	72.26	10.91	1.57	6.94
	30～40	8.38	71.04	20.58	1.55	6.05
4	0～10	14.20	59.24	26.56	1.56	11.97
	10～20	15.82	61.85	22.32	1.61	8.18
	20～30	14.96	66.39	18.65	1.58	6.45
	30～40	8.29	72.94	18.77	1.59	4.61

黏质红壤并不总是入渗和蒸发慢，因为黏质红壤膨胀收缩能力强，在干旱的时候表土容易收缩出现裂隙，田间的入渗和蒸发增加。砂质红壤也不总是容易干旱，因为降水更容易进入砂土，在干旱的时候，砂土的导水率下降得更快，这会降低蒸发速率。此外，

不同质地的土壤与作物根系的相互作用存在差异，根系在砂质红壤中穿插下扎比在黏质红壤中更容易，导致根系分布深度不同，而这将影响作物根系吸水和干旱发生。更为重要的是，土壤不以单个颗粒存在，不同大小颗粒总是相互胶结在一起，形成土壤复粒和团聚体，改变了原有的孔隙状况，从而深刻改变土壤的水力性质，因此，土壤结构和质地对土壤水力性质的影响同样重要。

二、红壤的结构

（一）红壤结构特征

土壤结构描述的是土壤颗粒相互胶结和堆垒状况，即固相物质（原生及次生的矿质颗粒和各类有机质）的排列组合形式。垒结在一起的不同大小、不同形态的土块称为土壤结构体，如粒状、团粒状、块状结构体等，而这些结构体（土块）表现出来的性质称为结构性，如水稳定性、力稳定性、通气性、持水性、导水性等。块状结构体往往力稳定性强而水稳定性差，透水性和通气性差，而团粒状结构体的水稳定性强而力稳定性差，透水性和通气性好。结构体和结构性是一个问题的两个方面，因此结构体和结构性笼统地称为土壤结构。由于土壤结构决定了土壤的透水和通气性能，进而在很大程度上影响了土壤肥力等化学性质、微生物活动等生物学性质，因此土壤结构对土壤绝大多数的性质都有影响，是评价土壤质量的关键指标，更是决定土壤水力性质和抗旱性的最主要因素。

很多因素影响土壤结构。土壤质地类型和有机质含量可能是决定土壤结构的最重要的土壤因素，而土地利用和耕作措施是最重要的非土壤因素，其他如降水、气温、地形、植被、施肥等对土壤结构的形成和破坏有重要影响。除了这些因素外，土壤结构还与土壤水分状态和运动关系密切，一方面雨滴击溅和地表径流冲刷可以破坏表土结构、干湿循环可以促进土壤结构的破坏和重新形成，另一方面土壤结构影响降水入渗、影响深层水分向根系层运动、影响地表蒸发速率和过程。可见，土壤结构与土壤水力性质相互作用，但这种作用并不是简单的函数关系，也不是静态的彼此影响，是一个复杂体系中相互制约的子系统，受大系统中其他子系统的作用。从这个观点看，红壤季节性干旱的形成和发展与红壤结构有撇不开的联系，但这种联系却不是显而易见的。

红壤的结构具有以下特性。①红壤母质种类多，不同母质发育的红壤的质地差异大，因而土壤结构存在较大差异。例如，砂页岩发育的砂质红壤由于胶结物质少，团聚体数量少；花岗岩风化残积物母质发育的红壤也有相似情况，母质石英和长石含量多，虽然也有相当数量的黏粒含量，但作为胶结物质的有机质缺乏，这类红壤也缺乏土壤团聚结构体；而第四纪红色黏土发育的红壤胶结物质多，团聚体数量多，有稳定的结构。②红壤在湿润多雨、高温干旱下发育形成，有机质分解速度快而积累少，联结土壤颗粒的有机胶结物质少，不利于良好的土壤结构形成，水汽协调的团粒结构较少，而微团粒结构较多，不利于抗旱。③红壤黏土矿物以膨胀性小的高岭石为主，而且铁铝氧化物含量高，这类含水的、无定型的氧化物胶结作用强，形成水稳定性很强的复粒和微团聚体，其尺寸大小和砂粒接近，而且稳定性极强，形成红壤的“假砂”结构体，可使黏闭的土壤疏松，对质地黏重的红壤有一定的改善作用。④“假砂”结构体高度水稳定，但并非良好的土壤团聚结构体，“假砂”一般在质地黏重、有机质含量极低、季节性干旱（脱水使得铁铝氧化物形态变化）的条件下形成，是一种小型的核状结构体（俗称“铁子”），内部缺少毛管孔隙，透水通气很差，而且心土层大量的“假砂”使得土体紧实坚硬，根系下扎困难。如果表土被冲刷，裸露心土的水土条件和养分状况极差，可能成为不毛之地的“红色沙漠”。⑤和其他土壤不同，水稳性结构体的数量并不能反映红壤结构的好坏，需要具体考察结构体本身的质量，主要是结构体中有机质的含量。因此，保护和改良红壤结构是提高红壤抗旱能力，调控季节性干旱的重要途径。

（二）红壤结构影响因素

红壤结构特征与其特殊的胶结物质有关。红壤有机质含量偏低，但土壤的铁铝氧化物含量较高，这是影响红壤团聚体形成和发育过程以及造成红壤团聚体呈现上述特征的主要因素。土壤有机碳主要对大团聚体的形成有较大影响，而铁铝氧化物则对微团聚体的形成有较大影响（Zhang and Horn，2001）。在有机碳和铁铝氧化物共存的红壤中，土壤有机碳和铁铝氧化物对团聚体粒级分布和稳定性的贡献率分别为 29%和 33.8%，二者之间交互共同作用的贡献率为 21.4%（Zhao et al.，2017）。对湖北省贺胜桥镇采用不同长期施肥模式并分析红壤团聚体发现，不同粒级（≥5 mm、2～<5 mm、0.25～<2 mm、0.053～<0.25 mm、<0.053 mm）团聚体中，随着粒径减小土壤中游离态和非晶态铁氧化物的含量逐渐升高，络合态铁氧化物随团聚体粒级的改变规律不是十分明显，证明了铁氧化物与红壤团聚体粒级分布的密切相关。

红壤水稳团聚体数量在剖面垂直分布差异明显，一般表土中粒径>0.25 mm 的水稳团聚体含量要比心土高。红壤表土和心土的整体结构质量对红壤肥力水平影响更显著。施加有机物后（粪肥或秸秆+NPK 化肥），黏质红壤 0～10 cm 层次的水稳团聚体稳定性比对照土壤有显著提升，团聚体的平均重量直径（mean weight diameter，MWD）相对提升范围为 27.4%～106%（He et al.，2018）。其原因与土壤有机质含量提升有一定关系，有机质含量提升不仅通过有机质的胶结作用影响团聚体粒级分布和稳定性，而且在一定程度上也促进了红壤中铁氧化物形态的转变，进而影响了对团聚体胶结作用（He et al.，2019）。其次与铁氧化物的形态和含量发生改变也有重要关系，与对照土壤相比，施加生物炭和其他改良剂后，红壤铁氧化物含量均有显著提高，且红壤铁氧化物呈现出从游离态向络合态和非晶态转变的趋势，这与各处理下的团聚体稳定性的情形表现一致。

可见土壤结构与土壤水分动态存在密切关联。土壤团聚体并不是稳定不变的结构，在多数情况下是动态变化的，其中土壤水分的变化是破坏土壤团聚体的最重要的外部因素之一。土壤水分会通过消散作用、不均匀膨胀作用和土壤内力改变引起团聚体结构的改变（Le Bissonnais，1996）。水分因素（前期含水量、水分变化史、气候引起的干湿循环）可能影响到团聚体的形成和发育过程。土壤前期含水量会影响湿润速率和颗粒间黏聚力，不同前期含水量会导致土壤团聚体破碎程度不同。土壤的干湿循环频次和程度（人为设置或自然气候影响）也对团聚体稳定性产生了重要影响。

红壤剖面结构通过土壤的孔隙特性（孔隙大小、连通性、弯曲度等）对土壤水分产生影响。红壤团聚体结构影响土壤的持水量，黏质红壤的整体持水量较高，但是黏粒表面吸附水分和团聚体内所吸持的无效水占土壤含水量的比重比较大，导致其土壤有效含水量比其他国家和地区的黏质土壤更低（D'angelo et al.，2014）。但是红壤结构经过人为改良后，其土壤有效含水量会有一定程度提升，如湖北省咸宁市贺胜桥镇的第四纪红色黏土红壤对照 SAW 为 0.12～0.13 cm^3/cm^3，添加石灰或生物炭一年后，其有效水可以分别提升至 0.12～0.18 cm^3/cm^3 和 0.12～0.15 cm^3/cm^3（He et al.，2019）。

作物根系在土壤中的分布和生长情况与土壤团聚体结构调控水分分布特征有关。研究发现小麦根系在较小的团聚体区域以大量的比较短的侧根系为主，而在较大的团聚体区域，则以较长的侧根系为主，但是数量并不多（Mawodza et al.，2020）。团聚体内部的微小孔隙具有在高吸力下储存水分的能力，持水能力比较强，且团聚体之间的大孔隙则可以自由地导水。红壤大团聚体缺乏，特别是心土层和底土层微团聚体多，孔隙长期被水分占据，不仅通气状况差，机械阻力（根系穿透阻力）也大，影响作物粗大根系生根，这是红壤区作物根系分布浅的重要原因。

三、红壤的孔性

（一）红壤孔性特征

水分在土壤孔隙中储存和运动，土壤孔隙结构性对水分状况和抗旱能力有重要影响。土壤孔隙大小是孔隙结构性的主要内容，但是关于土壤孔隙大小分级一直没有统一的划分标准。综合各家观点土壤孔隙基本可以划分为三类。①非活性孔隙，是土壤孔隙中最微细的部分，当量孔径<0.002 mm，这种孔隙几乎总是充满着束缚水，水分移动极慢，通气性也很差。在结构比较差的黏质土壤中，非活性孔隙很多，而在砂质土及结构良好的黏质土种则分布比较少。②毛管孔隙，当量孔径为 0.002～0.02 mm，这种孔隙中水的毛管传导率大，易于被植物吸收利用。③通气孔隙，孔径比较粗大，其当量孔径>0.02 mm，这种孔隙中的水分可以在重力作用下渗漏。除此之外，土壤超大孔隙（或裂隙）由于其极高的水分和物质输送能力，成为优先流通通道，对土壤和整个生态系统产生重要影响，近年得到了极大的关注，但其孔径也没有公认的界定标准。

土壤孔隙的定量研究技术包括多种。利用土壤水分特征曲线（soil water characteristic curve，SWCC）法可以推求土壤的当量孔径和与一定吸力相当的孔径，适用于当量孔径<300 μm 孔隙。压汞法依据压入土壤的汞体积即是相对应的孔隙体积获取土壤孔径分布，适用于当量孔径<700 μm 孔隙。氮吸附法可以测得土壤的中微孔隙，但是对大孔隙的测定会产生较大的误差，比较适用于当量孔径 0.35～200 nm 孔隙。近年来，借助同步辐射显微计算机断层扫描（computed tomography，CT）技术和软件分析法可以获得土壤团聚

体的三维特征及孔隙的整体微观分布特征（大小、形状等指标）。土壤孔径差异巨大，没有一种技术方法能够得到全部各个级别孔径分布情况的“全谱孔隙”。

绝大多数质地黏重的红壤由于铁铝氧化物含量高、有机质含量低使土壤水稳微团聚体含量较高，所以具有特殊的孔隙分布特征：土壤总孔隙度高，但是其中的超微孔和隐形孔在总孔隙中所占比例较高。对第四纪红色黏土发育的不同土地利用的红壤孔隙定量分析研究发现，红壤样品的田间总孔隙度的分布范围为 44%～57%，平均值约为 50.18%。又通过 SWCC 法计算得出的红壤当量孔径分布如下：红壤孔隙主要集中在 0.5～60 μm，其次是 1.5～0.5 μm，再次是 60～30 μm。压汞法得出的孔径段体积分布显示，各段孔径段中当量孔径 0.1～5 μm 的孔隙体积含量最多，最高可达 55%，其次是 0.01～0.1 μm 和>75 μm 的孔径段孔隙体积，分别占 25.9%和 22.73%。裸地、林地和果园红壤的总孔隙度范围 33%～45%，其中超微孔（0.1～5 μm）和隐形孔（<0.1 μm）分别占总孔隙度的 35%和 30%，隐形孔的高百分含量与红壤的黏土和铁氧化物含量有直接关系（Lu et al.，2014）。

（二）红壤孔性影响因素

红壤的孔隙分布对管理措施改变非常敏感，尤其在经过人为施肥（有机肥和无机肥）改良后会随着团聚体形成过程的不同发生显著变化。Zhou 等（2013）比较了施用无机肥和有机肥后的江西省进贤县红壤团聚体和与之相关的孔隙特征，结果显示 NPK 化肥加有机肥（NPK+OM）处理的团聚体间孔隙比单施化肥（NPK）和对照（CK）处理更发达。具体的孔隙特征如下：总孔隙度在不同施肥处理间并没有显著差异，但是具体的孔隙分布不同，结果显示大孔隙数量分布顺序为 NPK+OM>NPK>CK。除了孔隙数量不同之外，决定孔隙中水分流动快慢的其他孔隙特征（孔隙路径弯曲度和孔喉）也不同。孔隙路径弯曲度<2 的部分在 NPK+OM 中低于其他处理，而>2 的部分则高于其他处理。相应地，孔喉数量在 NPK+OM 处理（1526 个）比对照（3709 个）更低，可能更利于土壤水气运动。

干湿交替影响红壤孔隙。从孔隙度来看，发育自页岩和第四纪红色黏土母质的 A 层土壤团聚体中孔隙度分别为 11.1%和 9.55%，这些孔隙在经过人为 11 次干湿循环后，可分别增加至 25.2%和 18.3%。孔隙分布类型均以当量孔径>100 μm 的孔隙为主，经过干湿循环后两种红壤的孔隙度都有提升，且页岩红壤提升幅度高，但是 75～100 μm 的孔隙在干湿循环后，两种土壤的此部分孔隙度都有显著下降。从孔隙形状来看，页岩红壤和第四纪红色黏土红壤的加长型孔隙（是土壤孔隙空气和水运输最主要的孔隙）分别为 76%、62%，再经过干湿循环后也可以分别增加 26%和 52.5%（Ma et al.，2015）。

土壤的水汽运动及植物根系伸展，不仅受孔隙大小搭配的影响，也与孔隙在土体中的垂直分布及孔隙的层次性有密切关系。比如位于土壤下层的犁底层土壤会分布有较多的无效孔隙和较少的通气孔隙，妨碍表层根系下扎和水汽下渗。所以表层土壤含有适当的通气孔隙，利于透水透气，下层土壤含有较多的毛管孔隙利于保水保肥，是比较理想的土壤剖面孔隙分布类型。

土壤的通气性、保水性、透水性及植物根系的伸展，不仅受大小孔隙搭配的影响，而且也与孔隙在土体中的垂直分布有关。一般来说，适于作物生长发育的土壤孔性指标如下：耕层的孔隙度为 50%～56%，通气孔隙度在 8%以上（15%～20%则更好）。红壤的总孔隙度、单孔隙的空间分布因团聚体的稳定性不同而不同。在结构比较差的黏质红壤中，非活性孔隙所占的比例较高，这与红壤颗粒排列紧密而红壤结构差有密切关系。由于非活性孔隙丰富的红壤中保存着大量的无效水，缺少植物可以利用的有效水，红壤通气性和透水性都比较差。红壤的孔隙状况不仅影响红壤水分的维持，还影响红壤的抗拉强度。红壤的抗拉强度受总孔隙度、孔隙数量、当量孔径 75～100 μm 和>100 μm 的孔隙的百分含量所驱动（Ma et al.，2015）。改良红壤结构，可以改善红壤水力性质，提高红壤持水能力和有效水含量，是调控季节性干旱的有效途径。

第三节　红壤的持水性和供水性

一、红壤含水量和有效含水量

（一）土壤含水量的表示

土壤含水量表示土壤水分的数量多少。土壤含水量因为是常用的术语，不同专业的人员都在使用，因此导致被广泛地误用或者语义含混。土壤含水量有绝对含水量和相对含水量两种表示方法，并且常用土壤质量或土体体积计算。在用土壤质量计算含水量时，土壤质量指烘干土的质量（只包括土的质量而不包括水的质量），土壤体积指原状未扰动土壤的体积（包括孔隙的体积）。土壤相对含水量指土壤绝对含水量相对于某个土壤水分常数的百分比，其中水分常数一般采用田间持水量，有些情况下也采用饱和含水量，不说明的情况下土壤相对含水量指土壤含水量与田间持水量的比值，单位是%。%是相对含水量的专用单位，绝对含水量的单位不用%，以免造成混乱。

采用何种含水量取决于测量方法和应用环境。土钻或小锹在铝盒中取土再烘干称重测量的是质量含水量，市售水分传感器探头测量的是体积含水量，而用环刀取土烘干称重既可以计算体积含水量又可以计算质量含水量。由于土壤质地不同，相同的绝对含水量对作物的有效性不一样，有些土壤之间可以相差很大，所以，在表示土壤含水量对作物生长的影响的时候，用相对含水量更方便。例如，各种不同土壤的相对含水量在 70%～80%的时候最适合作物生长，而低于 60%则开始出现干旱胁迫。土壤含水量的同义词是土壤湿度，但后者是一个模糊的概念，一般限于非精确表述土壤含水量的情况下使用，如土壤湿度一般分为干、稍润、润、潮、湿等几个等级。

土壤中的水只有一部分能够被旱地作物使用。存在于非活性孔隙（直径<0.002 mm 或<0.000 2 mm）中的水分，作物根系不能吸收，称为无效水，对应的土壤水吸力大于 1 500 kPa；存在于毛管孔隙（直径 0.002～0.02 mm）中的水，作物可以吸收利用，称为

有效水，对应的土壤水吸力 30～1 500 kPa；存在于通气大孔隙（直径>0.02 mm 的非毛管孔隙）中的水，几乎没有毛细现象，对应的土壤水吸力小于 30 kPa，虽然这部分水能被植物吸收，但水分不能长期保持于土壤中，而是受重力支配向下渗漏，称为重力水（对旱作土壤而言属于多余的水）。同样是存在于毛管孔隙中的有效水，作物吸收也有难易之分。土壤水吸力较低时（30～100 kPa）作物很容易被植物吸收，这部分水属于正常生育水；土壤水吸力较高时（100～600 kPa），作物需经过生理适应调节后吸收，属于非正常生育水；正常生育水和非正常生育水统称为速效水。土壤水吸力达到 600～1 500 kPa 时，水分在土壤中缓慢移动，作物吸收水分速率和数量都有限，这部分水属于迟效水或难效水，此时的土壤含水量虽然高于萎蔫系数，作物可以吸收，但作物往往表现出水分胁迫现象（复水后可以恢复）。

有效水数量的多少用有效含水量表示。能够在土壤中储存并被植物吸收的土壤含水量上限是田间持水量，下限是萎蔫含水量，因此土壤的最大有效含水量在数值上等于田间持水量减去萎蔫含水量，实时的有效含水量等于当前的含水量减去田间持水量。田间持水量是经典土壤学的概念，是土壤最重要的水分常数，理论上指所有毛管孔隙充满水时的含水量，数值上等于毛管体积，实际中采取土壤充分降水（或灌溉）饱和之后 24 h 时测量的含水量，并不是稳定的土壤性质。萎蔫含水量又称萎蔫系数，是植物能吸收的土壤水分的下限，植物有效水下限也不是土壤稳定的性质，而是与环境特别是大气蒸发能力引起的蒸散需求有关（Orfanus and Eitzinger，2010）。

对有效含水量有三种经典的认识。①所有 SAW 对植物都同等有效；②随着有效含水量降低，土壤水对植物的有效性也降低；③有效含水量大于某个临界含水量时，有效水同等有效，低于这个临界点之后，土壤水对植物的有效性逐渐降低。之所以出现这些不同的认识，是因为土壤与植物关系的复杂性，土壤的类型和水力性质、植物的种类与吸水特性，都影响土壤水分向植物运输，要用统一的指标来量化这个过程是非常困难的，甚至是不可能的。土壤和作物干旱管理，一般要基于特定的气候、土壤和作物，才能得到有意义的、可靠的结果。

（二）红壤有效含水量

红壤水分有效性的重要特点之一是有效含水量少。表 3.3 列出了湖北省咸宁市几种母质发育的红壤的水分有效性，其中，红黏土和泥岩发育的红壤 0～20 cm 表土有效含水量稍高（0.0681～0.1294 g/g），花岗岩母质发育的红壤中等（0.0751～0.1097 g/g），石英砂岩发育的红壤最低（0.0594～0.0793 g/g），这种差别显然与这几种红壤不同的质地和结构有关，表土层有效含水量明显高于心土层和底土层。有效水总量只占土壤田间持水量的四分之一左右，即四分之三的土壤水不能被作物吸收利用。虽然有机质含量较高和结构较好的红壤表层的有效水总含量有所提高，但与其他类型的土壤相比仍然偏低。刘祖香等（2013）对江西省红壤研究所的旱地红壤试验地 0～50 cm 测定得出，红壤有效含水量仅有 0.09～0.12 cm^3/cm^3，其中红壤田间持水量为 0.28～0.32 cm^3/cm^3，红壤萎蔫系数为 0.15～0.23 cm^3/cm^3。相对而言，温带地区的粉质壤土的有效含水量在 0.11～0.22 cm^3/cm^3。红壤较低的有效含水量和较高的萎蔫系数使得红壤作物对干旱十分敏感，如何改良土壤提高红壤有效含水量是生产实际中面临的重要问题。

表 3.3 不同母质发育的红壤有效含水量（质量含水量） （单位：g/g）

成土母质	土层深度	土壤基质吸力范围					
		重力水	速效水		迟效水	有效水总量	无效水
		<30 kPa	正常生育水 30～100 kPa	非正常生育水 100～600 kPa	600～1 500 kPa	30～1 500 kPa	>1 500 kPa
红黏土	>0～20 cm	0.091 7	0.053 8	0.037 1	0.039 0	0.129 4	0.168 1
	>20～60 cm	0.041 3	0.020 8	0.025 2	0.022 1	0.068 1	0.217 0
	>60 cm	0.073 6	0.029 5	0.023 3	0.025 5	0.078 3	0.210 9
泥页岩	>0～20 cm	0.061 0	0.056 0	0.038 4	0.030 3	0.124 7	0.161 6
	>20～60 cm	0.044 7	0.034 2	0.028 5	0.022 1	0.084 8	0.203 2
	>60 cm	0.025 2	0.021 7	0.026 9	0.020 0	0.068 6	0.216 4
花岗岩	>0～20 cm	0.312 3	0.054 1	0.033 8	0.021 8	0.109 7	0.087 1
	>20～50 cm	0.080 4	0.034 2	0.046 5	0.018 6	0.080 7	0.116 5
	>50 cm	0.038 5	0.031 6	0.025 5	0.018 0	0.075 1	0.121 3
石英砂岩	>0～15 cm	0.247 4	0.044 5	0.020 4	0.014 4	0.079 3	0.101 6
	>15～40 cm	0.181 8	0.016 8	0.029 4	0.013 2	0.059 4	0.124 6

虽然不同母质发育的红壤水分有效性有差异，但也表现出共同的特征，即无效水含量都高。黏质红壤中极细的非活性孔隙多，表现为毛管孔隙度与极细孔隙度的比值小，无效含水量可高达 0.20 g/g 左右，远高于有效水总含量。对于花岗岩母质和砂岩母质发育的红壤，无效水含量虽然比黏质红壤的低一些（0.10～0.15 g/g），但仍然明显高于温带地区相同质地的土壤。因此当在田间测量的土壤含水量还很高时，其实已经没有多少有效水了，作物表现水分胁迫现象。红壤无效水含量高与红壤黏土矿物中氧化物的含量较高有关，这些在亚热带湿润气候下形成的氧化铁（铝）和氧化硅等黏土矿物具有很强的水合能力，不仅自身含水高，还能形成稳定性很强的微团聚体，增加了红壤的无效水含量。

此外，黏质红壤难效水占比高，对干旱敏感。D'angelo 等（2014）比较了中国黏质红壤与世界各地其他地区的黏质土壤的水分有效性，发现它们红壤水吸力 33～1 500 kPa 之间的有效水总量并无差别（中国黏质红壤 0.009 1～0.166 cm^3/cm^3，平均 0.121 cm^3/cm^3；其他国家 1 203 个黏土样品平均 0.113 cm^3/cm^3），但中国黏质红壤 330～1 500 kPa 之间的难效水含量占有效水总量的比例高于世界其他黏质土壤（中国黏质红壤平均 62%；其他国家平均 36.6%），这是为什么中国黏质红壤对干旱特别敏感的原因，这也可能归结于第四纪红色黏土母质的特殊性，即在热带亚热带湿热多雨的条件下，土壤颗粒长期受高水压（压应力）作用而排水固结和压实，形成了大量的极细孔隙和坚固的土壤微结构。

红壤水分有效性在田间还表现为表土有效含水量低，但深层土壤往往并不缺水。在高温干旱季节，红壤表土蒸发较快，根系层土壤有效含水量迅速降低，此时伴随着非饱和导水率 $K(h)$ 急剧降低，深层的水分并不能及时向上移动到表土，造成表土缺水干旱。而作物根系质量的 85%左右集中于 0～20 cm 表土，无法及时吸收深层土壤水分，作物很快就会受到水分胁迫。实践经验表明，如果晴热天气持续 1～2 周，表土就会出现有效水缺乏，作物会很快表现出旱象。因此即使在正常水文年，红壤表土也能表现出间歇性的干旱。所以，红壤有效水含量低是作物容易发生季节性干旱的重要原因，而与红壤深层储水量的多寡似乎无直接关系，这种状况与我国北方干旱、半干旱地区的土壤有很大的不同，在水分管理上需要采取有针对性的措施。一方面，采取措施利用深层红壤水分，另一方面，提高和保持红壤水分有效性是红壤水分管理的核心。

二、红壤的持水性

（一）红壤持水曲线

SWCC 是土壤水的数量指标（即含水量）与能量指标（即基质势或基质吸力）两个状态变量之间的关系曲线，因其直观地反映了土壤的持水特性，又称为土壤持水曲线。SWCC 是多种土壤水力性质的集中体现，该曲线不仅能反映持水能力，还能够反映供水性、当量孔径分布、导水性等。

不同母质发育的红壤水分特征曲线形状差异较大。在基质吸力（取对数）与含水量关系的直角坐标图中（图 3.1），第四纪红色黏土发育的黏质红壤，SWCC 形态平稳，没有明显拐点，且离坐标原点最远，表明和其他母质发育的红壤相比，黏质红壤在同一基质势下含水最高，土壤持水能力最强。泥质母质发育的红泥岩红壤（以及花岗岩母质发育的红壤的砂土层 2），土壤持水曲线离原点最近，表明总体持水能力最差；曲线两端很陡而中段平稳，表明在不同基质吸力下持水特性存在突变的差异，即含水量微小的变化能引起基质势很大的变化。花岗岩母质发育的红壤（砂土层 2 除外），SWCC 形状和离原点的距离都介于上述二者之间，高含水量段曲线很陡，而低含水量段曲线转折却不明显，总体持水能力介于黏质红壤和红泥岩红壤之间。

红壤水分特征曲线可以用经典的数学模型拟合。由于 SWCC 的形状在低基质吸力段和高基质吸力段差异较大，一些简单的数学模型（如 Gardner 指数模型 $h=a\theta^b$）一般只能模拟整条曲线中一个区间的局部形状，不能准确拟合整条曲线，需要采用更复杂的经典模型。常用的经典的 SWCC 模型有 van Genuchten 模型、Brooks-Corey 模型、Fredlund-Xing 模型等。其中 van Genuchten 模型对不同的红壤均有较好的拟合能力，应用最广泛。

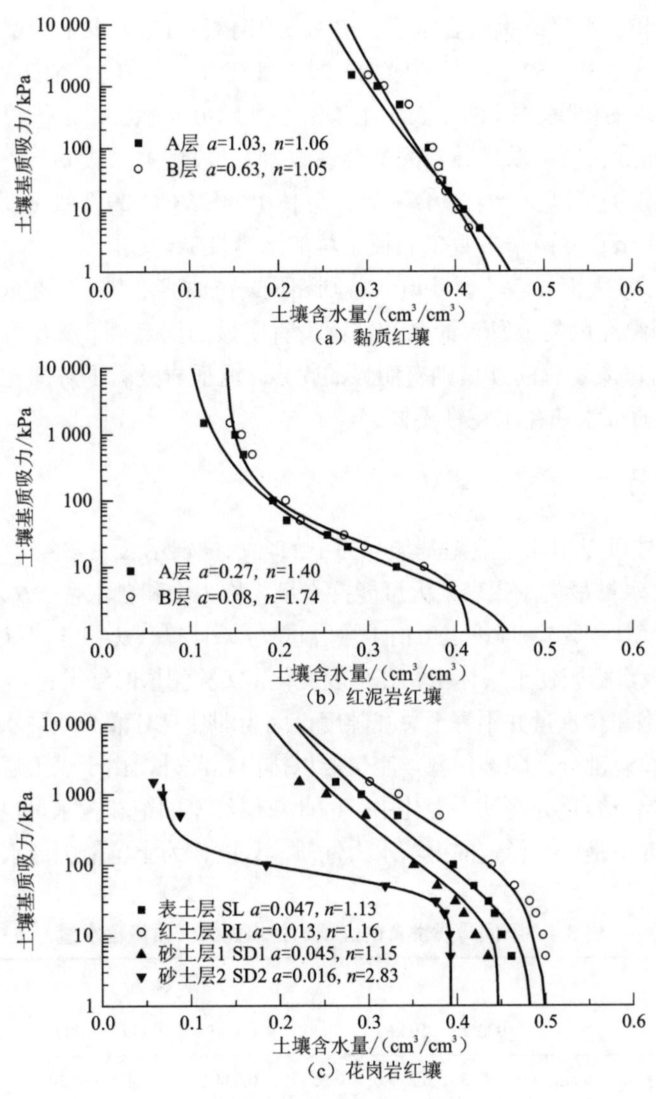

图 3.1　几种红壤的 SWCC

点为实测值，线为 van Genuchten 模型模拟曲线，α 和 n 为拟合参数

$$S_e = \frac{\theta - \theta_r}{\theta_s - \theta_r} = \left\{ \frac{1}{1 + [\alpha h]^n} \right\}^m \tag{3.1}$$

式中，S_e 为土壤水分饱和度；θ 和 h 分别为含水量变量和基质势变量；θ_s、θ_r、α、m、n 为数学回归拟合参数。在用压力膜仪或其他试验手段测量了一系列含水量和基质吸力的数据对之后，可以通过专用的 SWCC 软件 RETC 拟合，得到各个拟合参数。

van Genuchten 模型的拟合参数有 5 个，这些参数共同决定了曲线的性状，因此可以用这些参数来描述土壤的水力性质。目前模型参数的物理意义还存在争议，但简单而言，θ_s 表示饱和含水量，而 θ_r 表示剩余含水量（或残余含水量，指含量极小而不能以液态形式移动的那一部分土壤水），但这两个参数在模型中只是单纯的数学拟合值，不能用其代表真实的土壤饱和含水量或剩余含水量。参数α的倒数（$1/\alpha$）表示土壤含水量降低而空气开始进入土壤这一时刻的土壤基质吸力，即土壤空气进气值，它在 SWCC 中决定了高含水量段拐点出现的位置。指数 n 表示土壤大小孔隙分布状况，n 值较大表示土壤大孔隙多(砂性强)；m 虽然也可以是独立的拟合参数，但一般用关系式 $m=1-1/n$ 或 $m=1-2/n$ 进行约束，这样模型可以少一个拟合参数。总体上，SWCC 的性状主要由α和 n 两个参数决定，因此常用α和 n 两个参数来表征土壤的水力性质。

黏质红壤的α较大而 n 较小，砂质红壤则相反。在曲线形状上，在低基质吸力段（高含水量段），第四纪红色黏土发育的黏质红壤没有明显的拐点（即没有明显的土壤空气进气值），而花岗岩母质发育的红壤则有明显的拐点，泥质岩发育的红壤也有拐点，这些差异表明不同红壤的持水和释水特性不同。

（二）红壤持水常数

红壤的持水性可以用几个典型基质吸力下的含水量表示（表 3.4）。在基质吸力接近 0 kPa 时的土壤含水量最大，代表最大可能持水量，称为饱和含水量（θ_s），其在数量上等于土壤总孔隙度（体积%），理论上可由土壤容重（ρ）计算（$\theta_s=1-\rho/2.65$），一般不直接测定（由于土壤吸水膨胀使土壤体积和孔隙度变化，实验测量的结果也不一定准确）。但在实际田间，土壤饱和含水量并不等于总孔隙度，因为即使充分灌溉或降水也很难让所有的孔隙都充满水，总有部分孔隙被闭塞，空气难以排出。此外，由于表土层受耕作、沉降、压实、降水等影响，容重处在动态变化中，因此耕层红壤的饱和含水量也是动态变化的。所以饱和含水量并不是一个稳定的土壤水力性质，只能作为土壤最大储水能力的参考值。

表 3.4 不同母质发育的红壤的持水能力（质量含水量） （单位：g/g）

成土母质	土层深度	基质吸力							
		30 kPa	50 kPa	70 kPa	100 kPa	300 kPa	600 kPa	1 000 kPa	1 500 kPa
第四纪红色黏土	>0～20 cm	0.297 5	0.277 0	0.255 8	0.244 2	0.224 4	0.207 1	0.180 7	0.168 1
	>20～60 cm	0.285 1	0.276 8	0.270 3	0.264 3	0.250 7	0.239 1	0.225 2	0.217
	>60 cm	0.289 2	0.277 9	0.268 1	0.259 7	0.245 3	0.236 4	0.220 7	0.210 9
泥质页岩	>0～20 cm	0.277 9	0.263 4	0.244 2	0.229 3	0.210 3	0.194 5	0.166 9	0.158 6
	>20～60 cm	0.285 7	0.2721	0.259 6	0.248 6	0.232 0	0.218 2	0.206 9	0.197 7
	>60 cm	0.279 8	0.263 1	0.257 8	0.249 4	0.236 7	0.226 9	0.216 5	0.203 0
花岗岩	>0～20 cm	0.196 8	0.170 3	0.157 9	0.142 7	0.123 1	0.108 9	0.096 5	0.087 1
	>20～50 cm	0.197 2	0.184 0	0.172 5	0.163	0.147 5	0.135 1	0.121 2	0.116 5
	>50 cm	0.196 4	0.183 5	0.173 4	0.164 8	0.150 3	0.139 3	0.129 7	0.121 3
石英砂岩	>0～15 cm	0.180 9	0.164 1	0.148 8	0.136 4	0.124 5	0.116	0.106 3	0.101 6
	>15～40 cm	0.184 0	0.178 8	0.172 2	0.167 2	0.150 8	0.137 8	0.129 3	0.124 6

田间持水量相对比较稳定，可以看成是不变的土壤水分常数，因此常作为表征土壤持水能力的一种土壤性质，代表旱地土壤最大储水能力。大孔隙中的水分在重力作用下被移出土壤，直至土壤基质吸力增加到10（砂质土）～30 kPa或50 kPa（黏质土）附近，此时水分主要储存于毛管孔隙中，这部分水能够在田间保持而不随重力渗漏，此时的土壤含水量称为田间持水量（θ_{FC}）。黏质红壤田间持水量多在0.37～0.39 cm^3/cm^3（0.28～0.30 g/g）；花岗岩母质发育的红壤多在0.35～0.45 cm^3/cm^3（0.25～0.35 g/g），裸露的砂土层的田间持水量可低至 0.19 g/g；泥质和砂质岩母质发育的红壤的田间持水量处在黏质红壤和花岗岩红壤之间。田间持水量常用环刀采集原状土，饱和后排水称重法测定，或用SWCC计算，但两种方法得到的结果并不一致，前者所得数值常常低于后者。在采用田间持水量评价红壤的持水能力的时候，要注意测量方法的一致性和可比较性。

土壤基质吸力增加到1 500 kPa时，对应的土壤含水量已经很低了，此时土壤中的水分并不能被作物吸收利用，作物在这种含水量下一般会发生永久萎蔫。萎蔫含水量反映了土壤在高吸力段的持水能力，其大小主要取决于黏粒含量。第四纪红色黏土发育的黏质红壤各个层次的萎蔫含水量都很高，可达0.24～0.27 cm^3/cm^3（0.17～0.20 g/g），泥质岩发育的红壤与之接近。花岗岩和砂岩发育的红壤，黏粒含量较少，萎蔫含水量明显低于黏质红壤，其中又以花岗岩砂土层最低，一般为0.12～0.16 cm^3/cm^3（0.08～0.12 g/g），甚至更低。但在一些没有被侵蚀的花岗岩红壤的上层（淋溶层和淀积层），因黏粒含量较多，其萎蔫含水量较高（可接近黏质红壤）。虽然土壤萎蔫含水量是植物发生永久萎蔫时候的土壤含水量，但很少直接通过作物生长和干旱萎蔫实验来测定，而一般用SWCC间接求取，这样不排除与实际不符的情况（测得的结果常常高于作物萎蔫时的实际含水量）。特别值得注意的是，与质地相近的其他温带土壤相比，红壤的萎蔫含水量普遍较高，对红壤有效水的含量有不利影响，是红壤容易发生季节性干旱的原因之一。

三、红壤的供水性

土壤供水性是指土壤为作物提供有效水的能力，狭义的供水性可以用释水性替代，即随着干旱（水势降低）土壤释放水分数量的能力。土壤的供水性与持水性是一个问题的两个方面，持水是供水的前提，没有持水性就没有供水性，但是所保持的水分必须释放出来提供给作物吸收利用，持水性太强供水性就差。黏质红壤持水性强而供水性较差，这是红壤易旱的原因之一。田间土壤的供水能力不是孤立的土壤性质，既与土壤本身的水力性质（释水性、导水性、储水库容）有关，也与含水量状态（实际储水量多少）和外界环境因素有关。就土壤水分本身性质而言，供水性由比水容量和储水库容二者共同决定。

（一）红壤比水容量

土壤比水容量反映土壤的释水特性。随着土壤基质吸力（h）变化，土壤的含水量θ随之变化，二者变化量的比值（$d\theta/dh$，取正值）称为土壤比水容量（C_θ，单位1/kPa），也称微分水容量或比水容，反映了土壤储存和释放水分的性能，往往作为供水性能指标。不同母质发育的红壤，以及同种红壤在不同基质吸力阶段，其比水容量不相同，与其他类型的土壤相比，红壤比水容量较低。

只有在有效含水量阶段（即基质吸力 30～1 500 kPa）释放的水分对作物生长才有意义，但是图 3.1 所示的几种母质发育的红壤在此阶段的比水容量都很小（1.5×10^{-6}～7.3×10^{-4}/kPa），对作物的供水能力差，而在近饱和的高含水量阶段较大。不同红壤的最大比水容量出现的位置不同，黏质红壤出现在基质吸力 1 kPa 附近，红泥岩红壤出现在 40 kPa 附近，花岗岩红壤出现在 600 kPa 附近。黏质红壤在基质吸力大于 10 kPa 后，比水容量极低（低于红泥岩红壤，而与花岗岩红壤接近）；基质吸力大于 100 kPa 后，比水容量在三种红壤中最低，这说明即使黏质红壤含水量较高，但能提供给作物的水分数量很少，这是黏质红壤容易发生季节性干旱的重要原因。此外，三种母质发育的红壤的比水容量都是心土层和底土层比表土层低，说明作物更容易利用表层土壤的水分，因此表层土壤水分的保持对作物是非常重要的，也说明保护表土层是红壤水分管理的重要措施。

土壤比水容量作为一种辅助的土壤物理性质指标，反映了土壤供水性，目前在生产实际中应用得并不多，人们更关注土壤的储水能力，即土壤储水库容。

（二）红壤储水库容

土壤比水容量体现的是土壤供水（释水）速度，土壤库容则体现的是供水数量。因为土壤其实是一个能储存水分的水库，其库容大小反映了土壤持水性质，也决定了土壤的供水数量。根据土壤储存的水分的性质，土壤库容可以分为总库容、储水库容、通透库容、有效库容、死库容等，分别对应于土壤总孔隙度、毛管孔隙度、非毛管孔隙度、有效毛管孔隙度、无效孔隙度。但是需要说明的是，土壤储水库容是在田间状态下的概念，而土壤孔隙度是理想状态下的概念，虽然一般以土壤孔隙度估算土壤库容，但在实际田间土壤的库容往往低于相应的孔隙度。例如，土壤总库容低于饱和含水量，而饱和含水量低于土壤总孔隙度；储水库容相当于田间持水量，而田间持水量低于土壤毛管孔隙度。

黏质红壤的总库容与其他土壤相当或略低。姚贤良（1996）测量的江西鹰潭的黏质红壤 0～100 cm 土体总库容可达 491.2 mm，与其他同等质地的土壤相当或略低，且剖面差异很小（表 3.5）；而有研究表明（据中和 等，1980），不同熟化程度的黏质红壤 0～100 cm 土体的总库容仅为 405～425 mm（平均 413 mm），这一数值低于很多质地相近的其他土壤。

表 3.5　旱地黏质红壤的库容

土层深度/cm	总库容/mm	储水库容		有效库容	
		库容/mm	占总库容%	库容/mm	占储水库容/%
0～20	105.6	56.2	53.2	18.2	32.4
0～50	241.2	152.4	63.2	38.9	25.5
0～100	491.2	344.8	70.2	92.4	26.8
100～200	462.2	395.0	85.5	79.0	20.0

储水库容是能够使水分保持在土壤中的库容，比总库容更有意义，红壤储水库容明显低于其他土壤。黏质红壤 0～20 cm、0～50 cm、0～100 cm 储水库容分别为 56.2 mm、152.4 mm、344.8 mm，占总库容比例分别为 53.2%、63.2%、70.2%，这一数值明显低于其他同等质地的黑土储水库容（分别为 86.0 mm、210.0 mm、425.0 mm）（姚贤良，1996）。

有效库容是水分能够被作物吸收利用的那部分库容，红壤的有效库容非常低。表 3.5 所示的江西鹰潭黏质红壤 0～50 cm 土层有效库容仅为 38.9 mm，这个库容量在夏天仅能供应作物旺盛生长期大约一个星期的水分需求，如果没有降水及时补充，作物很快就会受到水分胁迫，这可以解释为什么红壤作物干旱发展速度很快，连续一个星期无雨作物就会呈现旱象。有效库容低是红壤容易发生季节性干旱的主要原因，但是，黏质红壤土层深厚，如果能利用深层土壤水分则可以扩充有效库容，起到减缓作物干旱的作用。

土壤的供水性是一种综合的土壤物理性质，除了决定于比水容量和储水库容之外，也受土壤自身性质之外的土层厚度、利用管理方式等影响。在生产实践中，供水性总是与保水性相提并论，二者其实是一种土壤物理性质的两个方面，紧密联系但又有细微差别，是辩证统一的关系。土壤保水性好供水性才好，保水性是供水性的必要条件，但不是充分条件；土壤保水性差，供水性也不可能好；土壤供水越强，则土壤失水可能越快（保水就差）。供水性与保水性统一的土壤，才是生产中水力性质好的土壤，不仅生产力高而且耐旱性好，所以在红壤区就有“好地坏地，旱季更见高低”这种说法，指红壤抗旱能力决定了其生产性能。而红壤水力性质存在的问题恰好就是保水性和供水性不统一，总体而言红壤的供水性都较差，其中黏质红壤保水性强而供水性差，花岗岩红壤保水和供水能力都差，泥质和砂质岩红壤供水能力稍强但保水能力差。

红壤根系层供水能力差，可以通过改善根层土壤水力性质得到提高，也可以通过降水来补充水分或者土壤深层水分向上运动来补充水分，这就涉及到土壤的导水性能。

第四节　红壤的导水性

一、红壤的饱和导水率

土壤的导水性代表水分在土壤中运动的能力，主要取决于土壤孔隙状况（数量、粗细和弯曲度），导水性还影响土壤保水性和供水性。土壤水分运动符合达西定律，该定律表明单位时间通过土壤单位面积的水量（即水流通量）与驱动土壤水流动的水势梯度呈线性比例关系，比例系数 K 即为土壤导水率（cm/h）。土壤导水率 K 随土壤性质和含水量状况急剧变化，不仅不同土壤的导水率不同，而且同一土壤的导水率也随含水量（或基质势）变化而有很大变化。土壤含水量饱和的时候，全部孔隙特别是大孔隙参与导水，此时导水率最大，称为饱和导水率 K_s。土壤饱和导水率有时也称为土壤渗透率（渗透系数），用于描述饱和土壤水受重力支配向下渗透进入到深层的能力。理论上影响饱和导水率大小的主要因子是土壤大孔隙度，但在田间实际中还有其他影响因子，如作物根系穿插、土壤动物活动、干湿交替、耕作方法、地表覆盖等，它们通过影响土壤孔隙而影响导水率。

与其他土壤相比，黏质红壤表层的饱和导水率 K_s 并不低，在湖北咸宁贺胜桥测量的结果多在 4.50～16.14 cm/h，属于导水性良好的范围（表 3.6）。但是，表土层或耕层之下（20 cm 深度以下），黏质红壤旱地有黏粒淀积和致密紧实的网纹母质层，水田有犁底层，饱和导水率明显降低，大体只有表土的 1/4～1/3，成为水分运动和根系生长的障碍层。不同利用方式下，红壤 K_s 也有差别，其中旱地明显高于水田，也高于园地和荒地。不同利用红壤 K_s 变化的原因，与耕作和容重差异较大有关，也与土壤结构变化有关，而与红壤黏粒含量关系并不密切，红壤旱地耕层疏松和较高的团聚体含量利于 K_s 提高。

表 3.6　不同母质发育的红壤的饱和导水率

土壤母质	土层深度/cm	原土的土壤饱和导水率/（cm/h）	稻草覆盖的土壤饱和导水率/（cm/h）	施用 PAM 改良剂的土壤饱和导水率/（cm/h）
红色黏土	>0～5	24.48	35.16	43.74
	>5～10	13.56	20.10	30.60
	>10～15	19.98	25.74	26.22
红砂岩	>0～5	27.12	36.42	45.24
	>5～10	21.90	30.12	32.46
	>10～15	16.44	25.68	30.12
花岗岩	>0～5	19.38	29.10	40.62
	>5～30	6.30	15.36	27.18

红壤饱和导水率受地形和土地利用影响，表现出明显的空间变异性（孙佳佳 等，2015；刘祖香等，2013；罗勇 等，2009）。在田间水平方向上，表现为中等变异（变异系数 10%～100%）；在垂直方向上变异更大，因土壤母质和土地利用不同而不同。例如，花岗岩母质发育的红壤存在明显的淀积层（即红土—砂土过渡层），该层饱和导水率显著低于上层的红土，也低于更下层的砂土，甚至用常规试验方法也无法测出（接近于 0），成为土壤剖面中水分运动的障碍层。因此，如果红壤表土层被侵蚀，红壤剖面导水障碍层离地表近，会严重恶化红壤的水分状况。总之，表土导水能力强但剖面有弱导水土层是红壤导水性的一个重要特点，这在雨季会影响降水的储蓄和地表产流，而在旱季会影响土壤向作物供水。

不同母质发育的红壤，饱和导水率也存在差异。出乎意料的是，花岗岩母质发育的红壤饱和导水率并不比黏质红壤的高（表 3.6），测量方法的不一致（取样尺寸、田间原位和室内测量方法差异）可能是一个原因，但也可能是因为花岗岩红壤的团聚体结构少，大孔隙少而且黏粒阻塞孔隙，降低了饱和导水率，还可能因为这几种母质发育的红壤的利用状况不同、土壤侵蚀程度不同、土壤样品的实际层次不一致。但是无论如何，花岗岩红壤虽然砂粒含量高，但其饱和导水率并不如一般认为的那么大，说明土壤结构对饱和导水率起决定作用，因此，通过施用结构改良剂[如表土撒施聚丙烯酰胺

（polyacrylamide，PAM）]或在表土覆盖稻草，可以显著提高红壤的饱和导水率，从而有可能改善作物吸水而提高作物抗旱能力。

二、红壤的非饱和导水率

农田绝大多数时间处在非饱和状态，土壤非饱和导水率与土壤水分状况和作物根系吸水关系更加密切。目前关于红壤非饱和导水率的研究较少，利用张力入渗仪在田间原位研究了不同土地利用下黏质红壤的非饱和导水率，结果如表 3.7 所示。红壤非饱和导水率极低，且随着含水量降低（基质吸力增加）非饱和导水率急剧降低。黏质红壤基质吸力小于 6 kPa 时，导水率为 10^{-6}～10^{-3} cm/h 数量级，10 kPa 时降为 10^{-9}～10^{-5} cm/h 数量级，30 kPa 时降为 10^{-12}～10^{-8} cm/h 数量级，80 kPa 时降为 10^{-59}～10^{-21} cm/h 数量级，基质吸力更大时土壤水主要以气态水形式运动，液态导水率可忽略不计。这些数据意味着红壤在田间多数时候的非饱和导水率只有饱和导水率的千分之一至几十万分之一，甚至更低。非饱和导水率低影响土壤深层向表层供水，表层容易干旱，是红壤上的作物容易发生水分胁迫的原因之一。

表 3.7　黏质红壤的非饱和导水率 $K(h)$　　（单位：cm/h）

土地利用方式	土壤基质吸力					
	6 kPa	8 kPa	10 kPa	30 kPa	60 kPa	80 kPa
茶园	2.0×10^{-4}	3.5×10^{-5}	6.3×10^{-6}	2.2×10^{-10}	1.5×10^{-23}	5.3×10^{-31}
茶园	2.3×10^{-4}	5.6×10^{-5}	1.3×10^{-5}	8.8×10^{-9}	4.7×10^{-30}	3.1×10^{-36}
林地	1.6×10^{-4}	1.9×10^{-5}	2.3×10^{-6}	1.5×10^{-12}	2.4×10^{-28}	1.5×10^{-37}
林地	2.2×10^{-6}	7.4×10^{-8}	2.5×10^{-9}	5.5×10^{-11}	5.6×10^{-45}	1.2×10^{-59}
农田	1.7×10^{-3}	5.4×10^{-4}	1.7×10^{-5}	1.8×10^{-8}	6.2×10^{-16}	6.5×10^{-21}

地表覆盖和结皮影响非饱和导水率。无结皮的土壤非饱和导水率随着土壤基质势降低快速下降，在基质吸力大于 6 kPa 之后，其非饱和导水率反而低于有结皮的土壤，表明地表结皮降低了红壤近饱和导水性能而增加了非饱和导水性能，这也许能增加地表蒸发（延长了维持较高蒸发速率的时间）。结果还表明，地表稻草覆盖能极大降低黏质红壤的非饱和导水率，30 kPa 时可低至 10^{-20} cm/h 数量级，类似于在黏质红壤表层增加了一层干燥的砂土，利于旱季减少蒸发。

三、红壤的入渗和蒸发性能

（一）红壤入渗性能

土壤入渗和蒸发均发生在地表，是影响土壤水分状况的两个方向相反的过程。降水经过地表进入土壤的过程称为入渗，理论上土壤饱和导水率等于稳定积水入渗速率（此时土壤水分运动的驱动力只有重力，土壤水势梯度等于1）。但在刚开始入渗的时候，因为土壤没有饱和，地表基质势梯度大，实际入渗速度很快，远超饱和导水率。红壤积水入渗条件下，可以观测到明显的三个阶段：①初始入渗阶段，入渗速度很快且下降速度也快，维持时间不到3 min；②入渗速度逐渐下降阶段，维持时间约15 min；③缓慢波动下降至逐渐稳定阶段，需要20～60 min，初始干燥程度不同达到稳定的时间也不一样。

红壤的入渗性能是指整个入渗过程的入渗速度。采用积水入渗（3 cm定水头）的方法，表3.8列出了两种母质红壤的积水入渗性能。可以看到，红壤的入渗速率不低，理论上可以使暴雨级别的降水（50 mm/d）全部入渗到土壤中。但这是环刀土样室内薄层积水入渗的结果，而在实际的田间，由于强降水能分散破坏表土团聚体，析出的细颗粒可阻塞土壤大孔隙，而且表土层的水分入渗还会受到下层土壤渗透性的制约，所以实际入渗速率往往小于暴雨雨强。

表3.8 两种母质发育的红壤的入渗性能

母质	入渗速率/（cm/h）	土壤初始含水量		
		0.1 g/g	0.2 g/g	0.3 g/g
石英砂岩	初始1 min	极高	极高	42.0
	60 min平均	3.36	4.68	6.48
	稳定	3.36	3.96	5.52
第四纪红色黏土	初始1 min	极高	极高	4.98
	60 min平均	2.34	2.70	4.98
	稳定	2.10	2.40	4.74

注：薄层（3 cm定水头）积水入渗方法测试结果。土壤初始含水量很低时（0.10 g/g和0.20 g/g），初始入渗速率极高，故没有测量初始入渗速率

初始含水量对入渗速率有明显影响。在土壤初始含水量很低时，初始入渗速率极高，测量比较困难，误差也大，一般不测定。但是，土壤初始含水量越低，不仅60 min的平均入渗速率越低，而且入渗稳定之后，这种差别也不消失，即初始含水量越低稳定入渗速率也越低。导致这个现象的原因目前还无法完整解释（可能与地表密封程度有关）。初始含水量对入渗的影响贯穿整个入渗过程，从而影响对降水的吸纳储存。从试验数据可以推测，在红壤雨季（土壤前期含水量较高），除非土体水分饱和（水库容蓄满），否则降水可以顺利入渗，进入土壤储存；而在旱季的时候，由于土壤初始含水量较低，可能出现因入渗速度低而产生地表径流的现象。

（二）红壤蒸发性能

土壤蒸发是极其复杂的过程，不仅受土壤性质影响，还受外界环境的影响，实际的土壤蒸发速率取决于大气蒸发力和土壤性质。土柱蒸发试验结果表明，有限体积的红壤蒸发速率随时间延长几乎呈直线缓慢下降（随天气变化有所波动），导致累积蒸发量呈现一条近似直线的微弱的抛物线。在30 d的蒸发过程中，土壤含水量较高时蒸发速率较快，

然后直线降低，裸土黏质红壤的蒸发速率平均约为 1 mm/d。而黏质红壤耕层 20 cm 的最大有效储水约为 18 mm，那么 18 d 的蒸发就可以使耕层有效储水全部消耗。在旱季，田间红壤并不裸露而是被作物覆盖，而且覆盖度很高，裸土蒸发情况并不存在（可以忽略），而主要是作物蒸腾。作物蒸腾速率比裸土蒸发快（虽然作物冠层能减少地表蒸发，但表下层根系吸水导致蒸腾耗水更多），土壤失水速度将会加快，干旱将更快到来。这个推论与实际观测结果很接近，夏天如果连续 12 d 左右无降水，黏质红壤上的作物（如玉米等）开始呈现明显干旱胁迫现象。

第五节　红壤含水量的动态特征

一、红壤水分的时间变化

（一）土壤水分季节动态

田间土壤水分处在不断的动态变化中，掌握田间土壤水分随时间变化的规律是预防季节性干旱的前提。一定时期看，土壤水分变化存在明显的周期性。如果以一年为参考时长，红壤田间水分波动变化周期可以分为三个阶段。

（1）春末～夏初（3～7 月）的土壤含水量增加，并伴随水分下渗和地表产流阶段。3 月末至 7 月上旬为红壤区的雨季，频繁的降水和较低的大气蒸发使土壤储水量逐渐增加，并在雨季中后期达到高峰，此时田间土壤水分强烈向下淋溶，强降水下还产生地表径流和土壤侵蚀，并可能在地势低洼和排水不良的地方形成渍水，对春季作物造成涝灾，影响油菜实时收割和产量。极个别年份在这个阶段降水偏少，形成春旱（在连续 20 年的研究中只发生过一次春旱），但绝大多数年份不会受到干旱胁迫，需要注意的是排水防涝和水土保持。

（2）伏夏～初秋（7～10 月）的土壤含水量逐渐降低。7 月中旬至 10 月初降水少而气温高，土壤水分蒸发和作物蒸腾强烈，水分向上运动，土壤含水量持续降低，表土层含水量可低于萎蔫含水量，作物生长受到水分胁迫，这是明显的季节性干旱阶段。多数年份在这个阶段会发生程度不同的季节性干旱，平均 3 年可以遇到 1 次较严重的季节性干旱，5 年左右会遇到一次危害极大的夏秋连旱。有的年份还发生旱涝急转，由于降水急剧减少和气温高，土壤含水量快速并持续降低，在涝旱转折期容易发生骤发干旱。7～10 月虽然是干旱阶段，但有少量的降水，有时甚至是暴雨，能短时间内提高表层土壤含水量，但是深层土壤含水量仍然很低，不能彻底解除干旱。几乎所有的年份作物在本阶段都会受到高温干旱影响。

（3）仲秋～初春（10 月～次年 3 月）的土壤水分补充恢复阶段。10 月中旬至次年的 3 月中旬，虽然降水量不是很多，但是整个冬天气温低、蒸发少，土壤水分得到雨雪补充，含水量逐渐有所回升。在这个阶段，植物一般不会受到干旱胁迫。

表 3.9 列出了旱坡耕地和坡地果园四季的土壤水分状态，可以看到，上半年土体水

分充足，但深层土壤存在渍水问题；下半年土体水分不足，特别的表土表现出干旱，但深层水分充足，坡地果园深层土壤仍然存在渍水可能。可见红壤干湿季节明显，旱季的水分不足表现为水分时空分布矛盾，是一种相对干旱。

表 3.9　黏质红壤田间土壤水分饱和度的季节动态

月份	利用状况	土层深度				
		0～20 cm	0～50 cm	0～100 cm	>100～200 cm	>200～300 cm
1～3 月	旱地农田	1.05	1.05	0.99	1.00	1.09
4～6 月		1.00	0.99	0.96	0.97	1.15
7～9 月		0.79	0.86	0.88	0.99	1.09
10～12 月		0.77	0.83	0.84	0.97	1.03
1～3 月	坡地果园	0.83	0.81	0.90	1.29	—
4～6 月		0.82	0.81	0.93	1.25	—
7～9 月		0.61	0.64	0.77	1.24	—
10～12 月		0.65	0.65	0.76	1.22	—

注：田间土壤水分饱和度=实测含水量/田间持水量。综合文献（姚贤良，1998；1996）数据整理

（二）旱季水分动态

短期内红壤水分动态并无明显的规律，但在旱季仍表现出间歇性的周期波动特征，波动周期与降水发生周期基本同步。湖北省咸宁市贺胜桥镇不同土地利用下土壤剖面含水量连续监测结果表明（图 3.2），在旱季，总的表现为红壤表土层含水量低，但周期波动明显，且振幅大；而表下层含水量高，波动不明显，振幅小，土层 45 cm 以下含水量稳定。不同土地利用的土壤中，农田表层含水量最低，而且波动剧烈，间歇性短期干旱的周期明显；裸地表土含水量波动剧烈，与农田类似，但含水量高于农田；草地表层含水量也有周期性波动，但振幅较小，含水量较低；而林地土壤含水量波动最小，没有呈现明显的波动周期，含水量最高，可能是因为林地根系深，主要吸收深层土壤水，而稳定的冠层覆盖减少了表土的蒸发。特别值得注意的是，农田 0～15 cm 土层含水量低，波动大，与 30～60 cm 土层含水量差距明显，这表明红壤的干旱主要发生在表土层（作物根系层）；降水后表土含水量能很快恢复，但是很快又转入干旱，作物可能遭受周期性的间歇性干旱，这是红壤水分状态一个重要的特征。

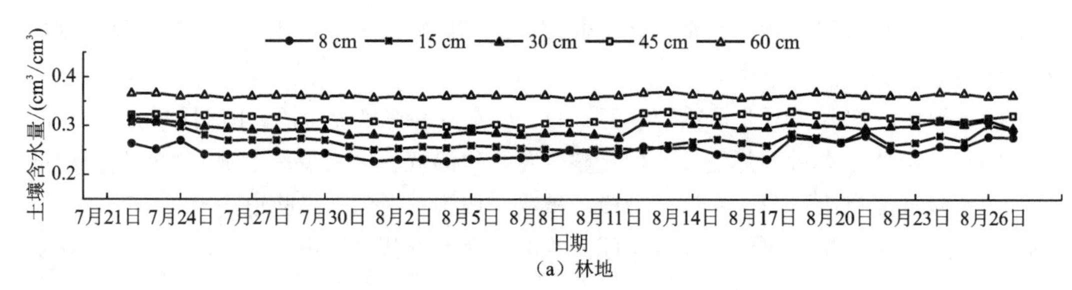

（a）林地

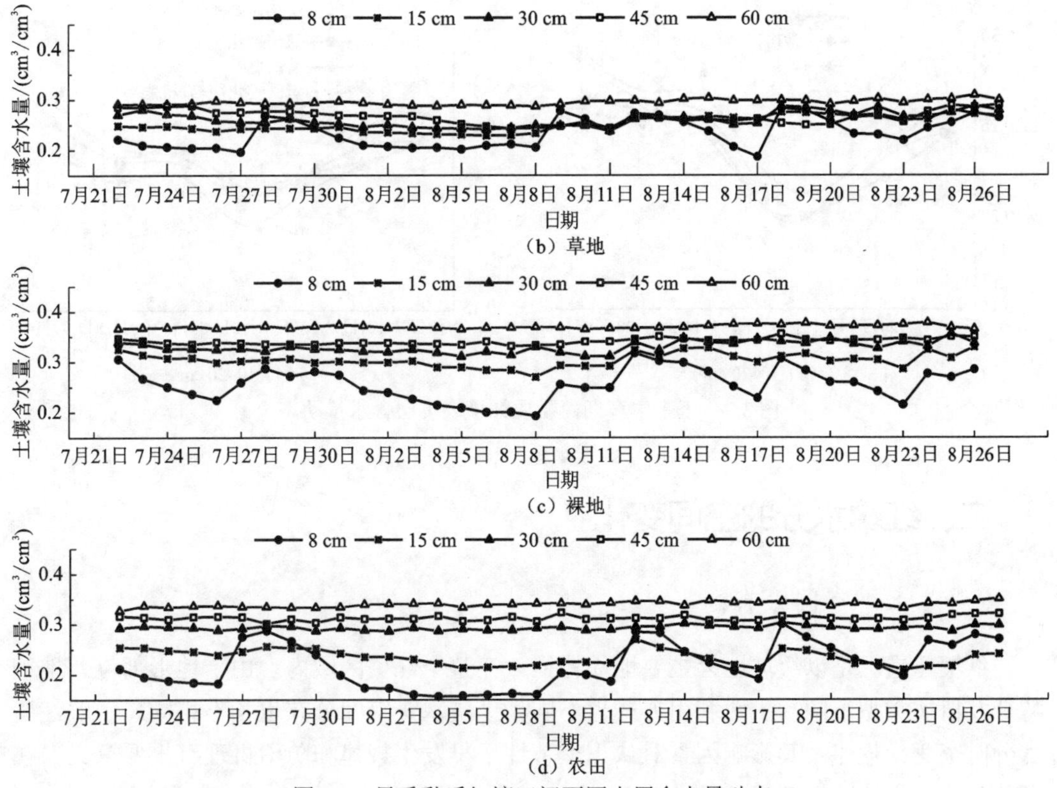

（b）草地

（c）裸地

（d）农田

图 3.2　旱季黏质红壤田间不同土层含水量动态

旱季玉米生长期间耕层（0～20 cm）土壤含水量监测结果表明（图 3.3），黏质红壤在不同的耕作处理和施肥措施下，表层土壤具有相似的变化趋势，都呈现比较剧烈的波动，这种波动与降水和作物生育期需水变化有关。从 7 月初到 7 月底，土壤含水量逐渐降低，在此期间虽然在有小降水时含水量出现了波动，但没有改变含水量持续降低的趋势，这是一次典型的发生在夏季的季节性干旱事件，直到 8 月中旬降水之后土壤含水量才得以恢复，干旱解除。本次季节性干旱持续时间大约一个月，但低含水量的真正干旱期维持了二十多天，属于中等偏重度的干旱，但没有发生夏秋连旱。

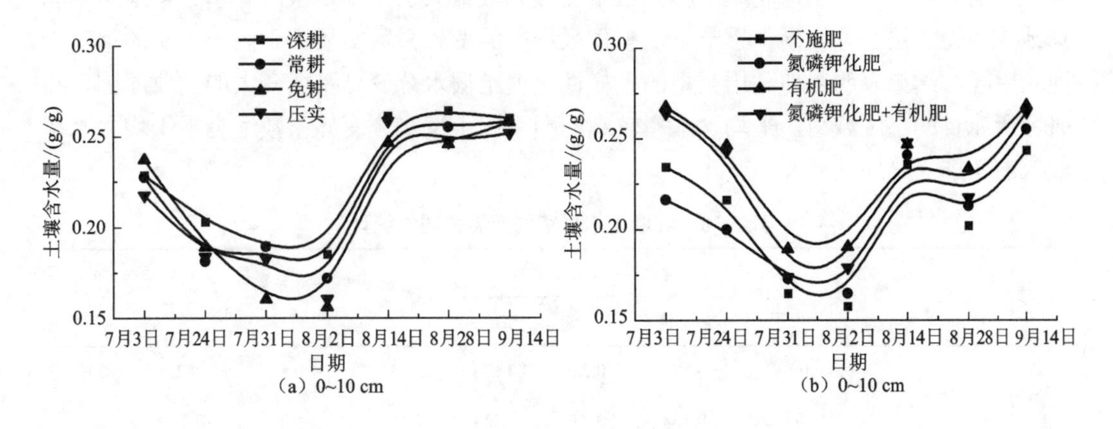

（a）0~10 cm
（b）0~10 cm

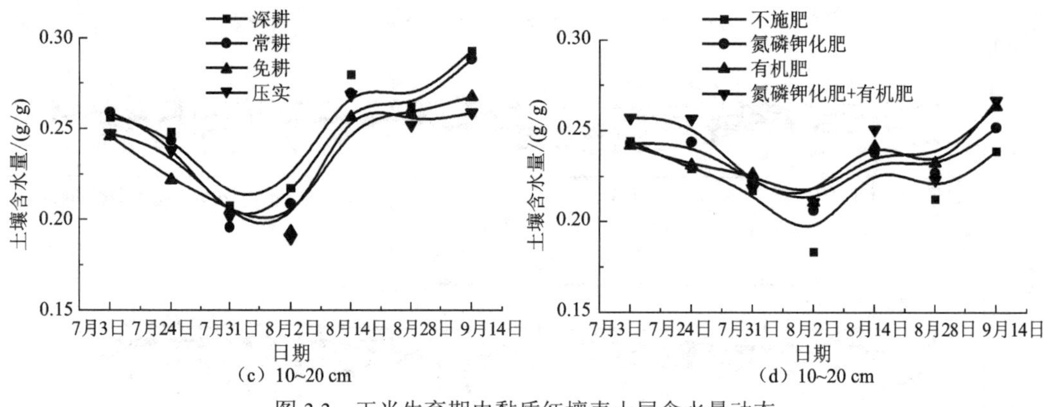

（c）10~20 cm　（d）10~20 cm

图 3.3　玉米生育期内黏质红壤表土层含水量动态

二、红壤水分的空间变化

（一）水平空间分布

红壤丘岗区是以缓坡地为主要地貌特征，在整个红壤区域内，由于地形部位、地貌特征及植被类型不同，土地利用方式也不同，土壤水分空间分布也各不相同。了解红壤水分时空变异规律及其影响因素对认识季节性干旱发生规律和防治机理有重要意义。在湖北省咸宁市贺胜桥镇，将一个420 m×420 m的小区域划分为20 m×20 m的网格，共400个，连续4个季节用TDR重型探头（水分探针长30 cm和60 cm）测量了每个网格0～30 cm和30～60 cm土层的含水量，分析了含水量的空间变异特征。从土壤含水量统计情况来看（表3.10），相同土地利用无论冬季还是春季，表层（0～30 cm）和深层（30～60 cm）土壤含水量差距并不明显。从同一季节不同土地利用来看，无论在深层还是表层林地土壤水分都远远高于茶园和旱地，说明林地的保水蓄水能力很强（与上文图3.2在其他地块连续观测的结果一致）。从整体区域来看，春季土壤含水量明显高于冬季。从变异系数来看，不同季节不同土地利用下均是表层高于深层，差异幅度最大的是茶园的春季和林地的夏季；各土地利用土壤含水量变异系数最大的分别是茶园春季、旱地冬季和林地夏季的表层水分。同一季节下，整体采样区的变异系数明显大于同一土层的单一土地利用区，结果表明土地利用类型的多样性是使土壤水分变异系数变大的主要原因。在研究所涉及的小区域内，平均含水率较高的春季的土壤水分变异系数远高于平均含水率较低的冬季（旱地除外）。

表 3.10　红壤含水量空间变异描述性统计

区域	样本数/个	季节	土层/cm	含水量/（cm^3/cm^3）			标准差	变异系数/%	偏度	峰度
				最小值	最大值	均值				
茶园	146	秋	0～30	0.157	0.256	0.186	2.45	6.8	−0.231	−0.134
			30～60	0.163	0.287	0.224	2.11	6.5	0.234	−0.123

续表

区域	样本数/个	季节	土层/cm	含水量/（cm^3/cm^3）			标准差	变异系数/%	偏度	峰度
				最小值	最大值	均值				
茶园	146	冬	0～30	0.164	0.234	0.202	1.69	6.3	0.211	−0.167
			30～60	0.172	0.250	0.192	1.31	4.7	0.615	0.270
		春	0～30	0.187	0.316	0.262	2.54	10.1	−0.496	1.139
			30～60	0.210	0.334	0.283	1.92	5.3	−0.114	0.374
		夏	0～30	0.176	0.295	0.246	1.87	11.2	−0.541	0.241
			30～60	0.191	0.304	0.253	1.67	8.5	−0.234	0.311
旱地	155	秋	0～30	0.144	0.253	0.181	1.45	6.4	0.256	−0.217
			30～60	0.164	0.253	0.203	1.34	7.2	0.236	0.197
		冬	0～30	0.158	0.224	0.199	2.28	10.1	−0.236	−0.685
			30～60	0.164	0.236	0.203	1.79	7.5	−0.233	−0.014
		春	0～30	0.171	0.314	0.250	2.10	8.3	−1.038	1.711
			30～60	0.201	0.322	0.282	1.63	6.3	−0.967	1.405
		夏	0～30	0.153	0.274	0.225	1.57	7.9	−0.347	0.221
			30～60	0.156	0.281	0.241	1.54	7.0	0.276	−0.198
林地	99	秋	0～30	0.186	0.281	0.238	2.05	10.7	0.456	−0.323
			30～60	0.214	0.300	0.249	2.04	9.4	−0.395	0.253
		冬	0～30	0.204	0.264	0.247	1.86	6.3	−0.420	0.459
			30～60	0.213	0.292	0.244	1.94	6.2	−0.295	0.427
		春	0～30	0.293	0.361	0.323	2.45	7.3	−0.472	−0.606
			30～60	0.301	0.366	0.338	2.19	6.4	−0.412	−0.014
		夏	0～30	0.193	0.324	0.262	2.34	12.1	0.387	−0.124
			30～60	0.231	0.325	0.284	1.58	5.9	−0.432	0.178
整体	400	秋	0～30	0.144	0.271	0.198	4.14	17.2	0.874	−0.256
			30～60	0.163	0.289	0.219	4.56	16.4	−0.457	0.110
		冬	0～30	0.158	0.264	0.216	3.40	13.3	−0.112	−0.471
			30～60	0.164	0.262	0.213	2.92	10.9	0.152	−0.305
		春	0～30	0.171	0.361	0.278	4.38	16.0	0.634	−0.102
			30～60	0.201	0.366	0.301	4.01	14.2	0.891	−0.126
		夏	0～30	0.134	0.295	0.244	3.21	16.9	−0.563	−0.123
			30～60	0.231	0.305	0.259	2.78	14.3	−0.256	0.323

土壤含水量空间插值结果表明（图 3.4），土壤水分呈明显的斑块状或条形分布，含水量在不同空间高低差异明显，研究区西北部的林地水分明显高于旱地和茶园。春季土壤表层大斑状水分带较多，说明变异相对平缓。冬季土壤表层和深层具有相当的平均含水量和相似的水分分布规律，且变异程度明显大于春季，显示为斑块结构更为破碎。林地-旱地边界和茶园-旱地边界区，冬季水分明显高于其他区域且呈现较大的斑块，说明该边界区域土壤水分高于林地和旱地且变异不大，可能与边界地势低洼有关。采样区春季水分从林地到旱地（从北到南）呈现逐步减少的趋势，说明变异较为平缓且有规律性。上述结果表明土地利用方式是影响土壤水分变异的主要因素，但在平均含水量较低的冬季其影响能力逊于平均含水量较高的春季。

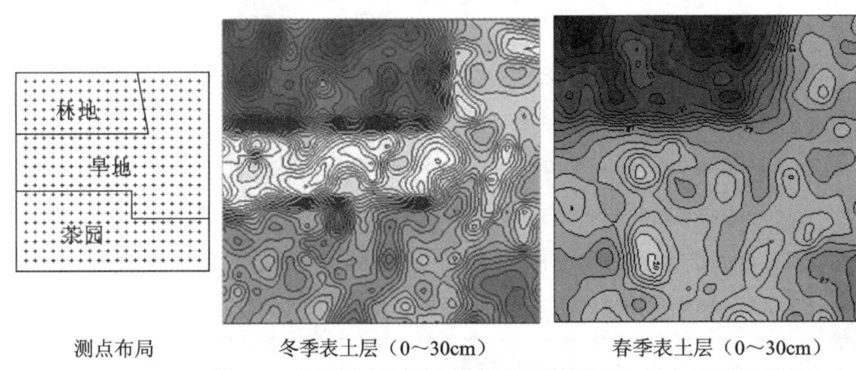

图 3.4　小区域内不同土地利用下红壤表土层含水量的空间分布

无论是单一利用还是整体区域，春季表层、深层的土壤水分均高于冬季；同一季节单一利用则是林地水分高于茶园和旱地。整体区域冬春两季表层、深层的水分变异系数远高于单一土地利用区。采样区内存在截然不同水分相关性的斑块，而冬季相似斑块有明显缩小的趋势。研究区内土壤含水量具有明显的各向异性，尤其体现在春季。在土壤平均含水量较低的冬季，土地利用和微地形均是影响土壤水分变异的主要因素；在含水量较高的春季，土地利用是水分变异的主导因素，而微地形等因素仅仅在局部有限地影响水分变异。总之，随着土壤平均含水量升高（冬季到春季），土地利用对土壤水分变异的影响程度得到增强，而微地形对水分变异的影响力却相应减弱。这也从侧面说明较干旱情况下红壤丘岗区连绵起伏的缓坡地形对水分变异影响强烈，造成水分空间分布不均匀，使干旱情况更为严重。

（二）剖面层次分布

红壤剖面含水量在干旱过程中维持上层低而下层高的特征。田间种植玉米的小区在遮雨条件的持续干旱试验中（图 3.5），含水量首先从表层开始降低，>0～10 cm 和>10～20 cm 土层含水量降低速度很快；干旱持续 21 d 之后，>20～30 cm 和>30～40 cm 土层含水量开始明显降低；继续干旱持续到 29 d，土层 60 cm 处含水量几乎稳定在较高含水量不变（0.32 cm^3/cm^3 左右），直到 33 d 才明显降低，但仍然保持了 0.30 cm^3/cm^3 左右的较高含水量水平。这一结果表明，玉米作物主要利用了>0～40 cm 土层的水分；干旱 25 d

时 30 cm 处含水量明显降低的时候，作物已经受到了干旱胁迫的影响，产量下降；干旱 33 d 时 60 cm 处含水量明显降低的时候，土壤干旱对作物已经造成严重影响。自然条件下，红壤区很少出现 30 d 以上完全无降水的情况，即使在 7～9 月的旱季也有降水（降水量较小仅能暂时补充表土水分，然后很快又干旱），因此红壤的干旱缺水很少发生在 60 cm 以下的深层，大多季节性干旱只发生在浅层，也就是作物根系生长层。

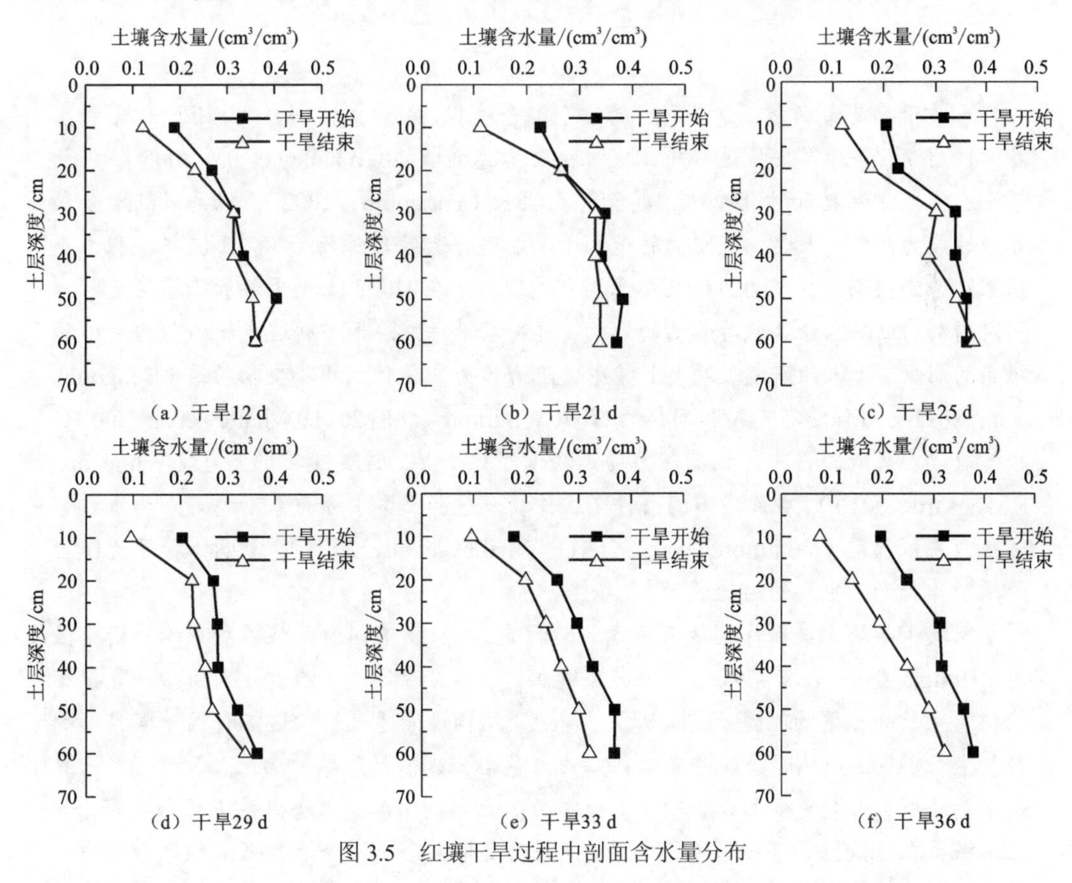

图 3.5　红壤干旱过程中剖面含水量分布

土壤剖面各土层含水量不同的变动特征对土壤干旱程度评价有不同的意义。图 3.5 中，20 cm 处土壤含水量变动快，变化幅度较大，而且出现不稳定的波动，即不同干旱天数的 20 cm 土层含水量之间没有表现出明显的规律；60 cm 处土层含水量变化迟缓，幅度小，对干旱反应不敏感；只有土层 30 cm 或 40 cm 处含水量的变动情况可以指示作物受到干旱胁迫的程度，因此监测>30～40 cm 含水量比监测表层含水量更有意义。对于一年生浅根作物，监测土壤>20～30 cm 或>30～40 cm 层次水分状况可以很好地反映土壤-作物干旱状况，不需要监测更深土层的含水量，可以降低监测成本。

第四章　红壤穿透阻力与季节性干旱

土壤干旱是由水分减少而引发的一个综合过程，引起土壤一系列物理、化学和生物学性质变化。干旱发展过程中土壤机械阻力急剧增加（Whalley et al., 2005），作物根系在土壤中穿插和伸长受阻，甚至停止生长（Passioura，2002），根系吸收水分和养分的能力降低，土壤机械阻力胁迫和干旱胁迫一起导致作物受灾。土壤机械阻力是根系穿透土壤遇到的阻力，故又称土壤穿透阻力。在田间，土壤干旱和土壤穿透阻力同时增加，难以区分二者对作物的影响，过去多单独关注干旱胁迫或机械阻力胁迫对根系的影响。近来的研究表明，土壤穿透阻力作为一种独立的非生物胁迫（Bengough et al., 2011），对作物有直接和间接的影响（Whitmore et al., 2011；Whalley et al., 2008），很多时候在作物减产中，机械阻力胁迫扮演了比干旱胁迫更重要的角色（White and Kirkegaard，2010）。在许多田间条件下，作物产量和土壤水分关系不稳定而和土壤穿透阻力关系稳定（Whitmore et al.，2011；Whalley et al.，2008），表明土壤穿透阻力是限制作物产量重要的胁迫因子。

土壤干旱给土壤和作物带来多方面的影响，但极少有同时关注多种影响的研究报道（Hodge，2009）。一般而言，土壤穿透阻力、水分、氧气、温度并列为四种直接影响植物生长的土壤物理因子，而容重、质地、结构性等通过影响这四种因子间接影响植物生长。我国亚热带广泛分布的第四纪红色黏土发育的红壤，黏粒含量较高，一旦含水量降低，土壤变得十分坚硬，土壤穿透阻力急剧增加，阻碍根系下扎和分布（如玉米根系在 30 cm 以下土层分布极少），并改变根系形态，降低其吸水和导水能力，恶化“土壤–作物”水分关系，进而加剧作物干旱的发展。红壤不良的物理性质特别是水力性质是影响红壤季节性干旱发生和发展的重要原因。在干旱季节，红壤耕层之下的土层（如>40～60 cm 深度以下）含水量并不低（陈家宙 等，2007），只是这些土壤水分难以被作物吸收利用，一般归因于红壤有效储水量少、非饱和导水率低，但是这也应与红壤穿透阻力大，导致根系分布浅和根系吸水能力差有关。

关于红壤水力性质与干旱的关系，早期文献有系列的研究报告（姚贤良，1998；1996），与根系生长相关的红壤力学性质与季节性干旱的关系研究也值得开展。首先，旱季红壤表土含水量迅速降低而深层土壤仍能保持较高含水量，但是一年生的浅根农作物无法利用深层的水分，即使持续时间很短的干旱仍然会发生作物水分胁迫，造成一年生作物根系浅的原因与红壤力学性质有关。其次，农业生产过程中农机具压实土壤，犁底层土壤穿透阻力增大，进一步限制了农作物根系生长，使根系局限在耕层，导致季节性干旱发展。最后，土壤穿透阻力与土壤含水量关系密切，随着含水量降低土壤穿透阻力快速增加，干旱胁迫与机械阻力胁迫往往同时作用于作物，土壤力学性质对干旱发展有加速作用。上述观点可以在多年生植物中得到反证，与一年生浅根作物不同，红壤区多年生植物往往不受季节性干旱的影响，因为多年生植物的根系下扎很深，短期的季节性干旱不影响其吸收深层土壤水分。

耕地土壤因机械压实而导致的土壤穿透阻力变大对作物生长和作物产量的影响是全球关注的问题，但鲜有文献研究干旱过程中的土壤穿透阻力对作物的影响（Chen et al.，2021；罗敏 等，2018；罗敏 等，2016；Lin et al.，2016；Whalley et al.，2006）。紧实红壤的土壤穿透阻力影响作物水分关系，与季节性干旱发生和发展关系密切，是值得深入研究的问题。如果能够帮助农作物克服土壤穿透阻力使其在土壤下扎更多根系，则可能在一定程度上防御季节性干旱。本章论述黏质红壤穿透阻力在干旱过程中的特性及其对作物干旱的影响。

第一节 红壤的穿透阻力

一、土壤穿透阻力的概念

（一）土壤穿透阻力与土壤力学性质

土壤穿透阻力又称土壤机械阻力，是土壤基质抵抗外物楔入的能力（如作物根系生长穿插、农机具犁耕等），其大小与质地、结构、紧实度、有机质、含水量等有关，也与外物特征和楔入速度等有关。因为土壤孔隙细小，植物根系在土壤中伸长和增粗时，需要克服土粒之间的黏结力和摩擦阻力，这两种力的综合就是土壤穿透阻力。

土壤穿透阻力与土壤强度和硬度性质相关，它们既相关又有细微差别。土壤强度是土壤忍受变形或者应变的能力（夏拥军和丁为民，2006），也可以说是土壤对外物穿透、剪切作用的抵抗能力（Clark et al.，2003；Lipiec and Hatano，2003）。土壤硬度是抵抗硬物压入的能力，当坚硬外物进入紧实土壤时，其与土壤颗粒间的摩擦力及黏结力作用增大，致使土壤强度明显增加，并以机械阻力的方式影响作物根系伸长（刘晚苟和山仑，2004；刘晚苟 等，2002）。土壤强度与土壤硬度是两个不同的土壤力学概念，但是一般情况下二者具有强烈的对应关系，硬度越高，强度也越大，但很多时候无法检测强度，而用硬度来表征，于是出现一些不同的术语来描述土壤硬度这种机械力学性质。大多英文文献使用土壤强度（soil strength）这一名词，并且与土壤穿透阻力和土壤机械阻力（mechanical impedance）互用（Whitmore et al.，2011；Whalley et al.，2008；Dexter et al.，2007；夏拥军和丁为民，2006；Laboski et al.，1998；Bengough，1997），也有文献使用土壤硬度、土壤紧实度、圆锥指数、圆锥贯入阻力、耕作阻力等术语。一般把上述与土壤穿透阻力相关的土壤力学性质视为同一概念，主要是因为一种性质的变化往往引起另一种性质类似的变化，如耕作阻力与圆锥指数之间相关性较强，通过它们都可以反映出土壤强度的差异。可以看出，土壤穿透阻力是土壤多种力学性质的一种外在表现，单独的土壤穿透阻力并无绝对的含义，其大小、意义与测量方法有关。

（二）土壤穿透阻力的测量

理论上土壤穿透阻力与土壤抗剪切强度（包含土粒间的内凝聚力和摩擦力）关系最密切，因此土壤抗剪切强度可以代表土壤穿透阻力。实验室测量土壤抗剪切强度最严谨的方法是通过三轴剪切试验，得到土壤抗剪切强度参数（即凝聚力和内摩擦角），但这种精确的土壤强度的测量，也并不能真实体现根系在土壤中伸长时遇到的阻力，因此往往用更简单的测量方法替代精确的抗剪切强度试验测量。土壤穿透阻力的测量值也是相对的，指标取值的大小取决于测量工具和测量方法。土壤穿透阻力值变异很大，不同情形下明显不一致，既与土壤强度性质发生的变化有关，也与测量方法、测量设备有关。Dexter 等（2007）认为土壤穿透阻力本身不具有具体意义，与耕作或根系生长结合才能体现其意义。

简单的测量土壤穿透阻力的方法很多。标准贯入试验是利用一定的锤击动能，将标准规格的贯入器击入钻孔底部土层中至预定深度，记录打入需要的锤击数（即标准贯入击数），根据击数多少判别贯入阻力。静力触探试验是利用圆锥探头以恒定低速连续压入土层，测定土层对圆锥阻力与深度的变化曲线，判断不同深度土层的贯入阻力。最简单通行的土壤穿透阻力测量设备是土壤硬度计（又称贯入仪或紧实度仪），测量时，用金属圆锥或探针压入土壤的阻力大小表示，也称为圆锥指数（cone index），通过换算得到土壤穿透阻力的压强单位（如 kg/cm^2 或 kPa 或 MPa）。田间实时测量则发展了空间连续测量方法（Abbaspour-Gilandeh，2009；Hall and Raper，2005）。

土壤硬度计的圆锥以恒定低速插入土壤时，模拟了根系下扎穿越土壤的情况，能够反映土壤紧实度对根系的机械阻力胁迫程度，因此使用较普及。但金属圆锥或探针的尺寸大小（直径）、外壁表面粗糙度、圆锥角度对测量值影响很大，测量结果需要经过换算（校准）之后才能相互比较。在田间土壤-作物系统中，土壤穿透阻力的情况更复杂，导致测量结果变异较大，而且也不是根系遇到的机械阻力的真实大小。根系穿透土壤时实际遇到的阻力与仪器测量的穿透阻力差异较大，主要有以下几方面的原因：①根系在土壤中伸长（穿插），并不是严格意义上的剪切土壤的过程，而是伴随着对土壤局部整体和单个土壤颗粒挤压、位移、拉伸、摩擦等一系列过程，土壤抗剪切强度并不能反映这个过程中的实际阻力；②作物根系不同于金属圆锥而有特殊的性质，如根系有弹性，能够转弯和旋转；③根系有很强的可塑性，在土壤中穿插时可以形变和改变方向（弯曲、环绕、改变根径等），能够通过径向直径和轴向长度的转换（总体积不变）来减小阻力；④根系有分泌物，能润滑根-土界面，而且根尖的根冠细胞可以脱落，这些都极大减少了根-土之间的机械阻力；⑤金属圆锥直径比根系大，而且测量时插入土壤的速度明显快于根系伸长速度，测量结果夸大了土壤穿透阻力。研究指出，土壤硬度计测量的土壤穿透阻力是根系实际遇到阻力的2～8倍（Bengough and Mullins，1990），因此仪器设备测量的结果是相对阻力，与根系生长状况联系起来才具有实际意义。田间研究表明，用土壤硬度计测量的土壤穿透阻力值达到2～2.5 MPa以上，将严重抑制根系伸长（Bengough et al.，2016；Passioura，2002；Groenevelt et al.，2001），目前一般以2 MPa作为作物根系生长受阻的临界值。

（三）土壤穿透阻力与作物生长的关系

1. 土壤穿透阻力对作物生长的抑制作用

作物根系理想的生长环境要求土壤机械阻力最小，并且可以提供充足的水分和养分物质。但实际上作物地上部需要地下部支撑，土壤机械阻力太小无法保证作物正常发育，需要土壤适当紧实；另外作物根系在伸长的过程中需要穿透土壤，往往受到土壤水分胁迫及机械物理方面的阻力，而且当人为压实或干旱引起土壤强度增大时，土壤的机械阻力也会随之变大，此时根系伸长受到抑制，往往会造成作物产量降低（Whalley et al.，2008）。

在没有明显干旱情况下，土壤穿透阻力就可能增大到足以抑制根系伸长。紧实的土壤即使在含水量充分时土壤穿透阻力也较大，会阻碍作物根系下扎。例如，田间土壤基质势在-50～-80 kPa时（土壤供水充分），土壤穿透阻力已大于2.5 MPa（Whalley et al.，2006）。对19种不同质地的土壤调查显示，土壤基质势-10 kPa时，约10%的土壤穿透阻力大于2.0 MPa；基质势-200 kPa时，约50%的土壤穿透阻力大于2.0 MPa（Bengough et al.，2011），这就说明即使是在湿度适中的条件下，土壤机械阻力常常是根生长的限制因素。而随着土壤干旱，土壤穿透阻力逐渐增大，土壤基质势从-0.01 MPa（田间持水量）降至-1.5 MPa（萎蔫含水量）时，土壤穿透阻力则呈现数量级增加（Bengough et al.，1997）。黏质红壤的田间试验所记录的干旱期间的最大土壤穿透阻力达到了6.0 MPa。土壤穿透阻力过大是作物生长面临的常见土壤障碍。

土壤穿透阻力对作物有间接与直接的双重影响。一方面，土壤穿透阻力大的土壤往往紧实，影响水、肥、气、热的运动，特别是紧实的土壤通气不良而影响根系生长，而且这种缺氧胁迫与土壤穿透阻力胁迫的作用难以区分；另一方面，土壤穿透阻力胁迫直接影响根系的生理、伸长速度、根系形态以及其在土壤中的空间分布（孙艳 等，2005；刘晚苟 等，2002，2001）。例如，犁底层的土壤穿透阻力限制了根系下扎，导致根系在上层集中分布且沿水平方向生长，而下层分布减少，总根长度明显降低，最终导致根生长量和干重减少（Shierlaw and Alston，1984）。土壤穿透阻力在>0.8（棉花）～2.0 MPa（玉米、花生）时根的生长速度减半；圆锥贯入阻力大于2.0 MPa，更确切的是大于3.0 MPa时的土壤含水量影响作物根生长，且土壤穿透阻力在>2.0～3.0 MPa时，根的生长速度减半，当土壤穿透阻力大于3.0 MPa时，根几乎停止生长（Lapen et al.，2004）。具有胀缩性的土壤其作物产量比不能胀缩的土壤高，以往常归结于前者肥力高，但现在认为后者干旱时土壤穿透阻力更高是主要原因（冯广龙 等，1996）。

2. 土壤穿透阻力与干旱对作物的协同影响

土壤穿透阻力大（紧实）的土壤也有利于根系生长的一面。例如，在松散的土壤中和干旱的情况下，适当压实土壤（增加土壤穿透阻力）有利于根系与土壤接触和增加土壤导水，可促进更多水分和养分进入根区，从而提高作物吸收能力，这是镇压抗旱的原理。紧实的土壤中，根土接触更紧密，能提高单根的吸收能力，但这种有限的提高不能弥补根系在整体上因土壤穿透阻力大而导致的生长受阻。

土壤穿透阻力对作物生长的影响在不同土壤和不同作物上有差异，并未取得一致的认识。有研究认为高土壤穿透阻力对植物地上部和地下部都只有不明显的抑制，有的研究则认为对地上部没有影响，有些研究者认为土壤紧实度对植物的影响是间接的，可能是通过改变土壤的水、肥、气、热状况起作用的（刘晚苟 等，2001）。虽然有报道在机械阻力和干旱协同胁迫条件下，水分对根系生长的影响大于机械阻力的影响（刘晚苟和山仑，2004）。但也有报道在机械阻力与基质势在控制条件下独自改变时，小麦的生长对机械阻力较敏感，而对基质势只有较小的响应（Whalley et al.，2008），土壤穿透阻力的差异而不是土壤基质势（含水量）的差异可以更好地解释土壤之间的差异（Whitmore et al.，2011）。这种不同研究的差异归结为除了植物种类不同之外，更主要可能是因为不同研究者采用土壤的性质及干旱程度的差异。

无论土壤穿透阻力是由干旱或是压实造成，都是限制作物产量的重要因素。但土壤穿透阻力增加和干旱存在微妙的拮抗或耦合关系，当干旱胁迫与机械阻力胁迫同时存在时，作物根系会有什么样的反应，这种反应究竟又是哪种胁迫的作用效果更大，或是在胁迫程度的某阶段或作物生长的某阶段效果更明显，是需要进一步研究的问题。在常发生季节性干旱的红壤中，土壤穿透阻力与水分对作物的交互影响尤其值得研究，这对调控季节性干旱有实际指导意义，而探明红壤穿透阻力的影响因子是其中最基本的问题。

二、红壤穿透阻力的影响因子

土壤穿透阻力是多种力学性质的外在表现，抛开测量仪器和测量方法对土壤穿透阻力值的影响，也不论根系特性与土壤相互作用对土壤穿透阻力的影响，就土壤本身性质而言，土壤容重（压实）、质地、有机质含量、结构、均质性、含水量（干旱）是影响土壤穿透阻力的主要因子。在农业生产活动中，导致土壤穿透阻力增大的原因主要有两点：①重型耕作机械和人类或动物踩踏造成的土壤压实，土壤大孔隙数量减少，改变了孔隙网络连通性，导致根系下扎生长受到限制（Tracy et al.，2011）；②土壤干旱导致土壤穿透阻力增强（Bengough et al.，2011）。土壤紧实或压实是当前农业生产越来越严重的问题，压实导致的土壤变硬是耕地土壤退化突出的表现，伴随着孔隙度变小、通气性变差等一系列的土壤性质恶化。本节分析影响红壤穿透阻力的主要因子，量化红壤性质与土壤穿透阻力之间的关系，揭示影响红壤穿透阻力的主要因子，为科学管理红壤和改善季节性干旱提供理论依据。

（一）土壤含水量

含水量对土壤穿透阻力影响极大，随含水量降低，土壤穿透阻力逐渐增加，二者的关系曲线称为土壤穿透阻力特征曲线（简称水阻特征曲线）。水阻特征曲线反映了土壤的穿透阻力变化特征，曲线的形状与 SWCC 类似。很早就有土壤穿透阻力与土壤含水量关系的研究，甚至有人反过来用土壤穿透阻力估算土壤含水量（Mielke et al.，1994），但土壤穿透阻力与土壤含水量的理论关系至今不清楚。在土壤容重不变的情况下（不压实土壤），土壤毛管水张力（基质势的绝对值）因干旱而增加，土壤穿透阻力相应增大。Ley 等（1995）观测到土壤基质势从-6 kPa 降至-100 kPa，土壤穿透阻力从 1.3 MPa 升至 4.4 MPa，即土壤基质势很小范围的变化可以引起土壤穿透阻力大幅度的变化。土壤穿透阻力与基质势关系表明，在干旱早期土壤穿透阻力可能成为抑制根系生长的主要因子，比干旱胁迫更早。因此即使没有压实的土壤，也不得不考虑因含水量降低而导致的土壤穿透阻力升高对根系的影响（刘晚苟 等，2001）。

在田间各种条件下（不同耕作措施和施肥制度），采用针式土壤穿透阻力仪测量了红壤耕层的穿透阻力，结果表明虽然因为田间条件不同导致土壤穿透阻力空间变异和时间波动很大，但是整体上仍然清楚地呈现土壤穿透阻力随含水量降低而增加的非线性相关（图 4.1）。在含水量较高时，红壤穿透阻力较低而且随含水量降低而缓慢增大，曲线平缓；但当土壤含水量降低至某临界值时，红壤穿透阻力开始急剧增大。这个临界含水量在表

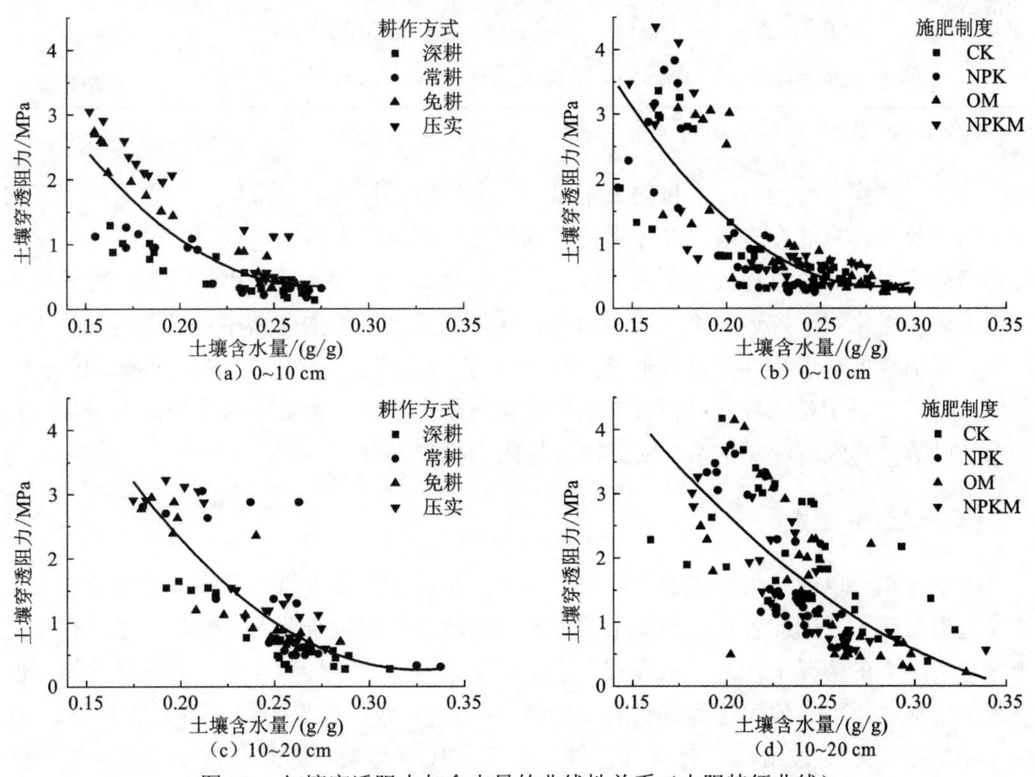

图 4.1 红壤穿透阻力与含水量的非线性关系（水阻特征曲线）

土层（0～10 cm）约为 0.24 g/g，而在 10～20 cm 土层约为 0.28 g/g。不同耕作措施和施肥制度下，这个临界含水量略有差异，这表明田间管理措施可以改变土壤穿透阻力的性质。随含水量进一步降低，土壤穿透阻力将急剧增加，土壤含水量较小的变化即可引起土壤穿透阻力剧烈变化，暗示着干旱胁迫会伴随着机械阻力胁迫，这是作物对干旱胁迫响应不稳定且非常复杂的原因之一。

耕作方式或施肥制度相同时，红壤表层（0～10 cm）穿透阻力与含水量的关系更加紧密，所有耕作或施肥处理下二者均达到极显著相关，而且可以拟合为形式相同的一元二次方程，只是拟合系数存在差异（表 4.1），进一步表明田间管理措施可以改变红壤穿透阻力性质。

表 4.1　红壤耕层穿透阻力（PR，MPa）与含水量（θ，g/g）的关系

耕作或施肥处理		处理代码	拟合方程	样本数（n）/个	相关系数（r）
耕作方式	深耕	D	$PR=35.91\theta^2-23.98\theta+4.05$	21	0.927**
	常耕	C	$PR=47.86\theta^2-30.03\theta+4.87$	21	0.910**
	免耕	N	$PR=121.34\theta^2-71.88\theta+10.85$	21	0.989**
	压实	P	$PR=99.47\theta^2-65.06\theta+10.71$	21	0.968**
施肥制度	不施肥	CK	$PR=343.24\theta^2-61.11\theta+18.88$	21	0.970**
	氮磷钾化肥	NPK	$PR=403.76\theta^2-60.13\theta+12.30$	21	0.923**
	单施有机肥	OM	$PR=247.80\theta^2-78.52\theta+10.10$	21	0.959**
	氮磷钾化肥+有机肥	NPKM	$PR=289.57\theta^2-40.98\theta+9.53$	21	0.921**

**表示达到极显著水平（$P<0.01$）

虽然红壤穿透阻力与含水量的关系以一元二次方程拟合效果最优，但采用一元二次回归的经验方程只能在有限的含水量范围描述土壤穿透阻力特征，极限情况下（土壤潮湿和极端干旱）这个方程失去意义。因此，除一元二次方程之外，指数函数、幂函数、对数函数等更常用于描述土壤穿透阻力和含水量的关系。根据文献在其他土壤上的研究结果，幂函数的数学特性更符合土壤穿透阻力与含水量的变化趋势（Busscher，1990），我们的研究也表明幂函数方程拟合黏质红壤穿透阻力与含水量关系的效果优于指数函数和对数函数，详细情况见本节后文红壤穿透阻力模型部分。

（二）土壤容重

土壤容重可以衡量土壤紧实度，在土壤质地相近时，容重越大表明土壤越紧实，土壤穿透阻力越大，因此容重是估算土壤穿透阻力的模型中最重要的自变量。在没有测定土壤穿透阻力的情况下，常常将容重视为土壤穿透阻力的替代参数，二者良好的相关性使得土壤穿透阻力一般表达为容重的线性函数，但这种线性关系的斜率随土壤类型变化，受土壤层次、质地、结构、有机质含量、利用方式等影响。因此，很多情况下容重并不能替代土壤穿透阻力，二者的变化幅度在不同条件下可能不同，而且作物对容重和土壤穿透阻力的响应也不完全相同。例如，与常规耕作相比，免耕增加了土壤容重从而降低了黑麦草苗期产量，但产量与土壤穿透阻力的相关性好于与土壤容重的相关性（Bartholomew and Williams，2010）。因此，研究土壤容重与土壤穿透阻力的关系是非常必要的。

红壤容重与穿透阻力的定量关系尚无足够的文献数据报道。在不同条件下测量了田间红壤的穿透阻力，剔除了影响穿透阻力的其他因子，分析了容重与穿透阻力的协相关关系，结果显示黏质红壤容重与穿透阻力具有强烈的正相关关系，在不同土层都达到显著水平（表 4.2），能够解释穿透阻力约三分之二的变异。结果还表明耕层（>0～20 cm）红壤容重与穿透阻力的相关性好于犁底层（>20～40 cm），表明土壤结构和有机质含量对土壤穿透阻力也有很大影响。

表 4.2　红壤容重与穿透阻力阻力的协相关关系

项目	土层深度/cm			
	>0～10	>10～20	>20～30	>30～40
相关系数	0.68	0.64	0.59	0.59
显著性	0.00	0.024	0.002	0.004
自由度	24	24	24	24

在田间采集不同层次的土壤，在室内土柱中填装三种容重（1.1 g/cm^3、1.3 g/cm^3 和 1.5 g/cm^3）的土壤，测量土柱干旱过程中红壤穿透阻力变化，绘制水阻特征曲线（图 4.2）。可以看到，不同的含水量下均呈现容重大的土壤穿透阻力也大，高容重土壤的水阻特征曲线始终在低容重土壤的上方。这些不同土层不同容重的红壤水阻特征曲线与图 4.1 中的曲线类似，也都有转折含水量现象，即含水量在低于某临界含水量后土壤穿透阻力快速增加，曲线表现出拐点。研究结果进一步表明，土壤穿透阻力转折发生的含水量大小与容重有关，也与土壤层次有关。在土壤表层（>0～10 cm），较小的容重（1.1 g/cm^3）在更高的含水量下土壤穿透阻力先发生转折，而在犁底层（>20～40 cm），较大的容重（1.5 g/cm^3）在更高的含水量下土壤穿透阻力先发生转折。水阻特征曲线这种差异的原因与不同土层的有机质含量和土壤结构不同有关，需要进一步研究。

红壤水阻特性曲线出现拐点的原因与土壤力学性质有关。高含水量时土壤可塑性较强，土壤穿透阻力主要对土壤容重敏感，而对含水量不敏感；中等程度含水量时，土壤变形是受外力压实和剪切的综合过程，受容重和含水量共同影响；低含水量时，土壤穿透阻力受到土壤内部摩擦以及土壤容重的影响更大。红壤含水量较大时，随着土样容重的增大，土壤穿透阻力最初对容重的变化不敏感；随着含水量的降低，容重大的土样其土壤穿透阻力显著增大。这表明低容重下的土壤穿透阻力几乎由土壤水分状态控制，而高容重下的土样由于没有足够的空间来提供给形变的土壤颗粒，即使含水量较高土壤穿透阻力也很大。

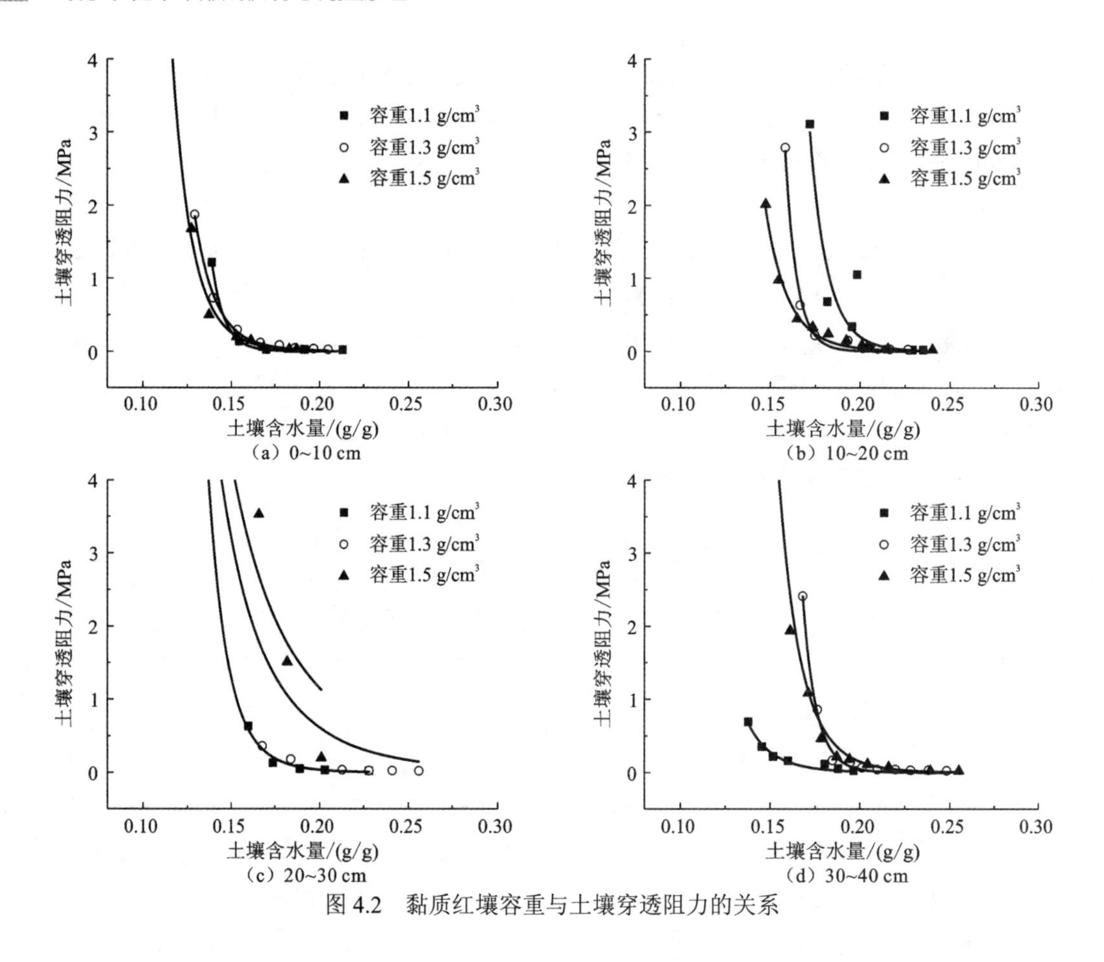

图 4.2　黏质红壤容重与土壤穿透阻力的关系

（三）土壤质地与有机质

土壤质地不像土壤容重和含水量在田间处于波动变化之中，是稳定的土壤性质，也是决定土壤穿透阻力的最基本的土壤性质。不同质地的土壤颗粒形态和颗粒间的胶结方式和胶结力大小不同，从而影响土壤结构、容重、孔隙大小等，这些都直接影响土壤穿透阻力。由于影响土壤穿透阻力的因子太多，要研究单一的质地因子对土壤穿透阻力的影响并不容易，特别对于质地变化范围很小的黏质红壤尤其困难。在一系列的填装土柱试验中，选取了容重相同（1.5 g/cm^3，该容重与田间黏质红壤容重接近，而且在土柱试验中最稳定）但质地有差别的红壤，比较了不同质地下的红壤穿透阻力曲线。结果显示（图 4.3），对于砂粒含量极低的黏质红壤，粉粒含量较低（54.42%）的土壤样品比粉粒含量高（85.21%）的土壤穿透阻力更大。在含水量较低时，粉粒含量降低（相当于黏粒含量增加）显著增加了土壤穿透阻力；而在土壤含水量较高（>0.20 g/g）时，两种质地的土壤穿透阻力没有明显差异。这一结果暗示着，质地越黏重的红壤在干旱过程中土壤穿透阻力增加更快，可能会加速作物根系干旱胁迫速度。

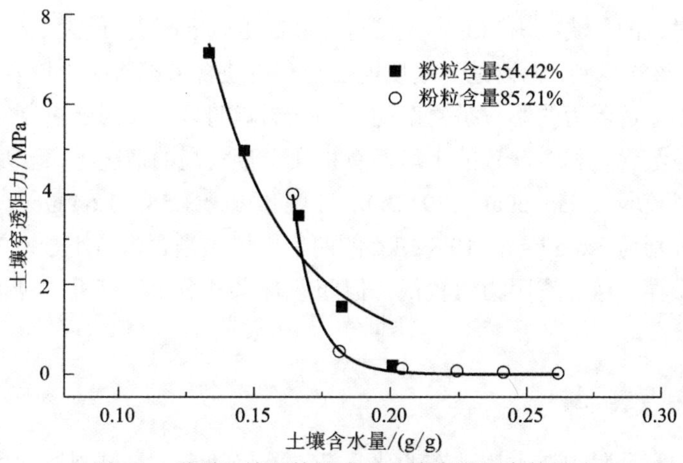

图 4.3 黏质红壤颗粒组成对土壤穿透阻力的影响

试验还发现，粉粒含量更高（85.21%）的红壤的水阻特征曲线的转折现象更明显（图 4.3），在土壤含水量低于 0.18 g/g 之后土壤穿透阻力急剧增加。但造成不同土壤水阻特征曲线拐点不同的原因不仅是因为土壤质地的差异，还因为长期施肥不同而导致土壤有机质含量有差异，从而导致土壤结构产生了差异，可见水阻特征曲线的差异并不是由质地单一因子造成的。因此进一步在一系列填装土柱试验中，比较了两种有机质含量（0.35%和 1.98%）差异很大但质地相同的红壤（颗粒组成分别为砂粒 13.87%、粉粒 70.31%、黏粒 15.82%和砂粒 9.43%、粉粒 66.71%、黏粒 23.86%）的土壤穿透阻力特性（图 4.4）。结果表明两种有机质含量不同的土壤穿透阻力差异显著，低有机质含量（3.5 g/kg）始终比高有机质含量（19.8 g/kg）的土壤穿透阻力大，水阻特征曲线在上方。导致这一结果的原因与有机质促进了土壤结构形成而降低了土壤结构体的力稳定性有关，黏质红壤的微团聚体多、力稳定性强、土壤穿透阻力大，而有机质提高能够促进大团聚体形成，增加土壤的水稳定性而降低力稳定性，相应的土壤穿透阻力也降低，有利于根系生长。

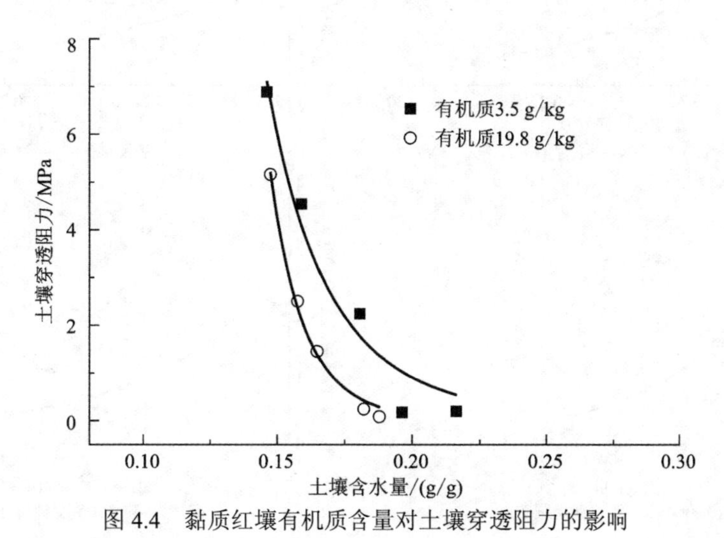

图 4.4 黏质红壤有机质含量对土壤穿透阻力的影响

上述用于对比的红壤在田间的容重接近，最低 1.41 g/cm^3，最大 1.65 g/cm^3，都属于紧实的土壤。应该注意到，无论是土壤质地还是有机质含量都影响土壤容重和耕作质量，因此它们对红壤穿透阻力的影响是复杂的，相互影响明显，其影响机制需要更深入地分析。土壤颗粒粒级含量相对一致的土壤，有机质含量较高的情况下，土壤穿透阻力对干旱的敏感性相对较弱（Gao et al.，2012b）。红壤容重为 1.54～1.64 g/cm^3（粒级接近），但有机质含量分别为 3.5 g/kg 和 19.8 g/kg 的两个土样，当含水量小于 0.20 g/g 时，有机质含量较高的土样土壤穿透阻力值较低，但随着含水量增加，有机质对土壤穿透阻力的影响逐渐减弱。

（四）耕作与施肥

黏质红壤的穿透阻力在大田动态变化复杂，不仅随含水量剧烈波动，还因耕作和施肥等发生较大变化。理论上，耕作影响土壤结构、降低土壤容重、增加降水入渗、提高土壤含水量，从而可能降低穿透阻力。田间不同时期测量结果表明（图 4.5），由于耕作和施肥的原因，不同深度土层的穿透阻力差异明显，犁底层之下（27.5 cm 和 37.5 cm 深度）土壤水阻特征曲线的幂函数关系受到一定的干扰，特别是耕作处理下幂函数关系被破坏，土壤穿透阻力与含水量呈现无规律的变化趋势，这应该是耕作同时影响了土壤容重和含水量的原因，而不同施肥处理下耕作对容重和含水量的影响表现差异很大，因此要得到耕作对土壤穿透阻力的定量影响几乎是不现实的，但定性的影响却很明确。理论预估的结果与实测结果基本一致，免耕处理的土壤穿透阻力大于对应的耕作处理，而且

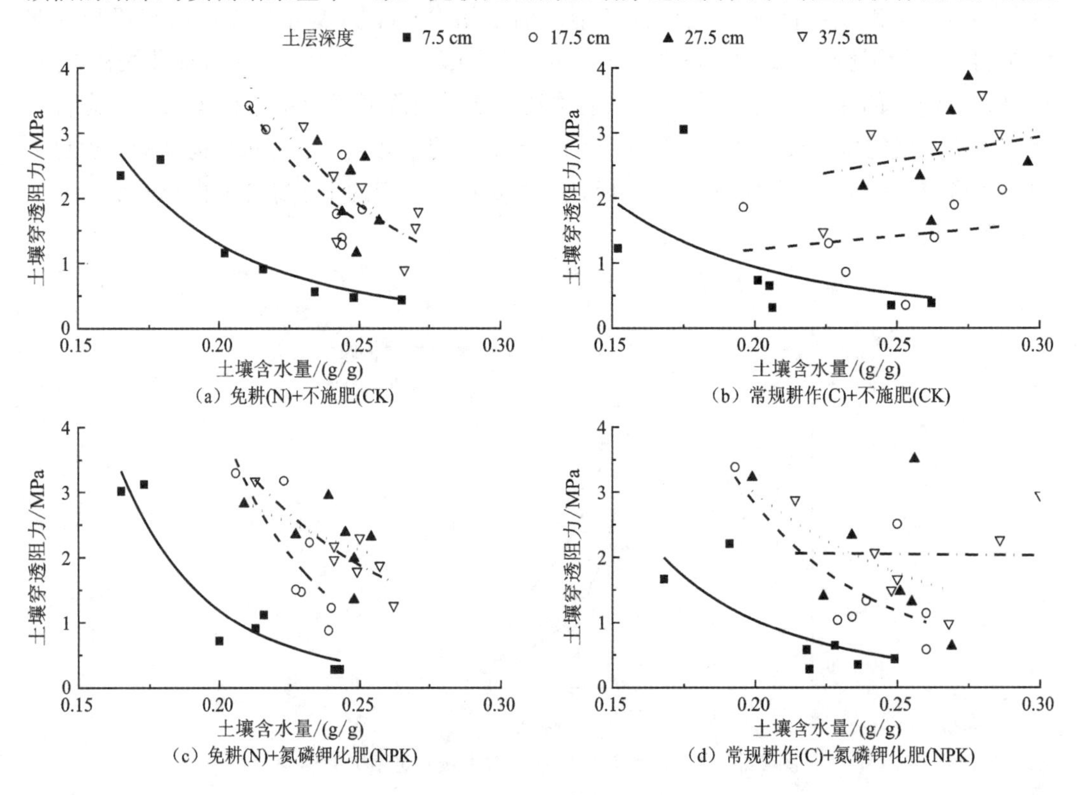

(a) 免耕(N)+不施肥(CK)

(b) 常规耕作(C)+不施肥(CK)

(c) 免耕(N)+氮磷钾化肥(NPK)

(d) 常规耕作(C)+氮磷钾化肥(NPK)

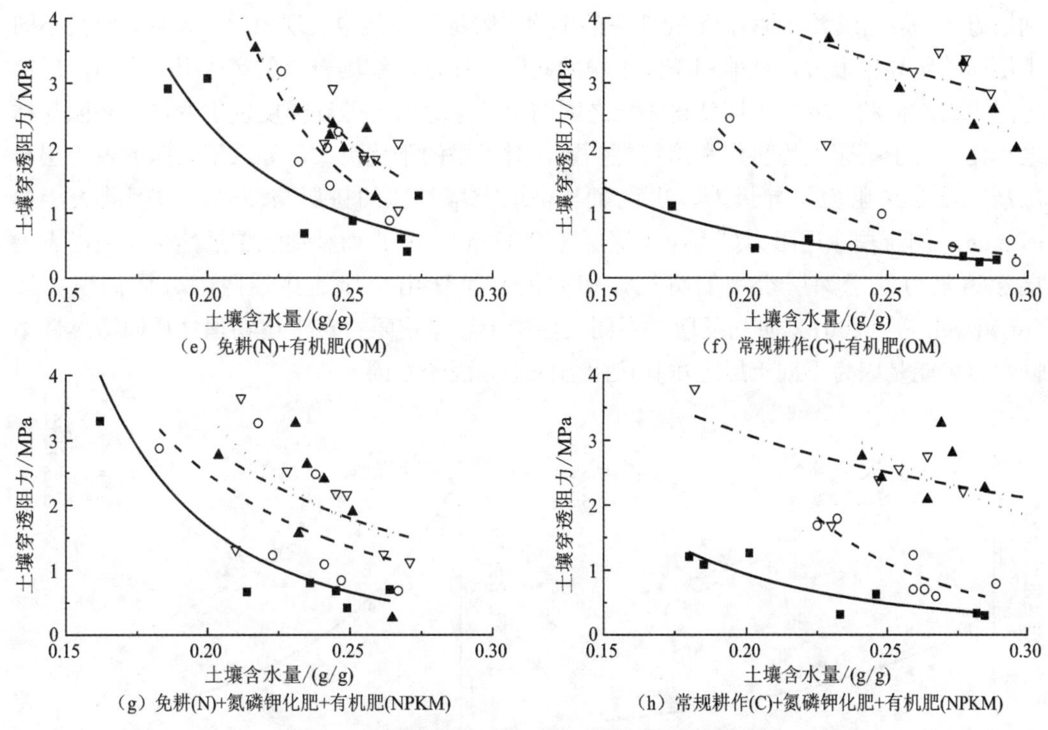

图 4.5　耕作和施肥处理对红壤穿透阻力的影响

耕层（7.5 cm 和 17.5 cm 两个深度测点）之间的差异比犁底层之间差异更大。相比耕作措施，施肥处理对土壤穿透阻力与含水量的相关关系影响不明显，施肥降低了土层间穿透阻力的差异性。施用有机肥能够改善土壤理化性质，提高土壤保水能力与通气性，也有利于降低土壤穿透阻力。

黏质红壤合理的耕作对维持土壤的物理性质有重要意义，合理的田间耕作措施可以调控土壤穿透阻力，从而改善“土壤-作物”水分关系和调控干旱。但是，耕作对土壤的影响复杂，要选择“合理的”措施并不容易。例如，保护性耕作（主要是免耕、少耕配合地表秸秆覆盖）能起到良好的水土保持作用，但它比常规耕作更容易受到机械压实的影响，土壤孔隙度更低，土壤穿透阻力更大，短期物理性质退化更明显（Peng and Horn，2008）虽然免耕、少耕等保护性耕作是应用范围很广的农田水土保持农业技术措施，但是应该注意到这些技术措施因实施条件和方法不同，对土壤水分和土壤穿透阻力的影响有很大差异，不恰当的少耕、免耕，往往给作物生长带来较大的副作用，在红壤上最突出的就是免耕措施下土壤穿透阻力增大的问题，这些田间耕作技术如何结合当地情况还有很大的改进空间。

（五）利用方式

土壤自身性质（如质地和有机质含量）本来差异就很大，在利用过程中因耕作方式和施肥制度、植物根系特性等进一步加大了土壤之间的差异，因此土壤水阻特征曲线差异较大（图 4.6），但都可以用幂函数拟合（R^2 在 0.64～0.96）。可以注意到，即使相同的利用方式（茶园或者林地），不同地块的土壤水阻特征曲线也表现出较大差异，而且不同土层间的差异也很大。林地和茶园土壤的共同特征是，红壤表土层穿透阻力小而深层穿透阻力大；但利用方式不同使得土层之间的土壤穿透阻力差异幅度发生变化。茶园与林地相比，由于茶园人为耕作和施肥更频繁，对土壤的干扰更大，导致了茶园的表土层与深层土壤穿透阻力差异极大，出现了与耕地土壤类似的耕层与犁底层，因此表土层（7.5 cm）的土壤穿透阻力显著小于深层（17.5 cm 以下）；而林地土壤虽然也表现出表土层穿透阻力低于深层土壤的特征，但并没有呈现出明显的穿透阻力分层的现象。Groenevelt 等（2001）研究发现，不同土层的土壤穿透阻力对土壤物理性质的敏感性不同，这可能是因为不同土层土壤穿透阻力的主导因子不同。

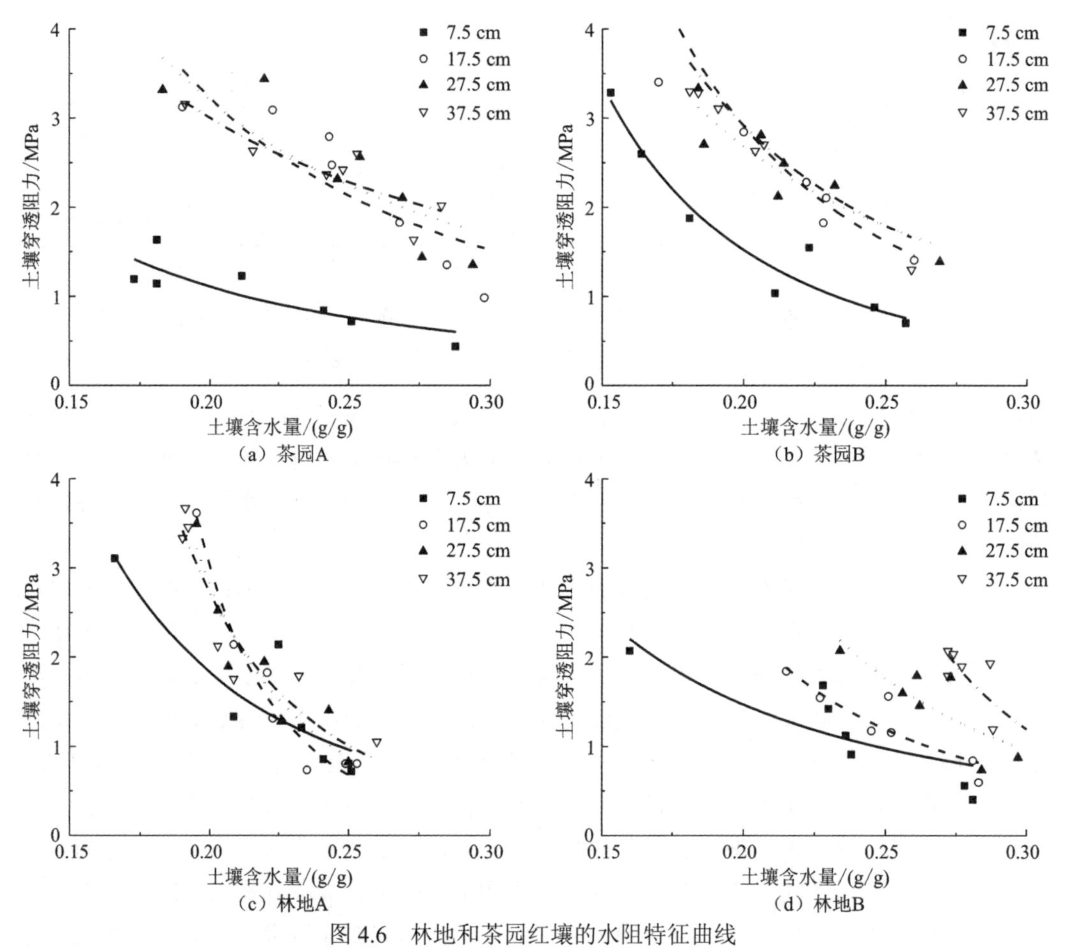

图 4.6　林地和茶园红壤的水阻特征曲线

利用方式主要是通过影响土壤容重和有机质含量影响土壤水阻特征曲线，同时也通过影响入渗和持水能力影响含水量，进而影响田间实测穿透阻力大小。例如林地 B 土壤 >0～40 cm 容重均小于 1.45 g/cm^3，但是测定期内含水量相对较高，使得林地的穿透阻力较小。虽然定量分析利用方式对穿透阻力的影响有困难，但对于特定的土壤，研究穿透阻力的影响因子并揭示其影响机理仍然有重要的理论和实际价值，如建立耕地土壤穿透阻力与影响因子的数学模型，通过影响因子的变化来预测土壤穿透阻力动态，可以为评估作物生长条件提供直接依据。

三、红壤穿透阻力经验模型

（一）穿透阻力模型的类型

利用土壤水阻特征曲线可以预测田间土壤随含水量波动导致的穿透阻力变化。水阻特征曲线受诸多因子影响，其中最重要的是土壤自身性质如容重、质地、有机质含量、结构等，此外施肥和耕作制度等外界环境也影响土壤穿透阻力。这些变量因子不仅独立影响水阻特征曲线而且也相互作用，有的变量因子直接对穿透阻力起作用，有的间接对其起作用，不同因子的作用机制并不相同，尚没有完全揭示其物理作用机制，无法从理论上直接得到因子变化对土壤穿透阻力的定量影响。理论上，硬物（如土壤硬度计）在土壤中穿插的时候对土壤产生挤压(形变)，被挤压破坏的土壤可以分为三个区域(Farrell and Greacen，1966)：①严重变形区，最靠近硬物表面的土壤被挤压得最严重，孔隙比最小（容重最大)；②土壤塑性形变区，变形后不能恢复；③土壤弹性形变区，硬物移走后土壤逐渐恢复。根据这个理论假设，通过精密的压缩试验，测量这三个区域的半径大小，建立被挤压半径与土壤阻力大小的关系式，可以精确计算土壤穿透阻力值，但这样建立的理论公式不能在实际中应用。目前的研究集中在建立土壤变量与穿透阻力的关系上，也就是建立土壤穿透阻力转换函数，在一定范围内定量描述水阻特征曲线，从而预测田间土壤穿透阻力。描述公式主要是幂函数(Busscher et al.，1997；Ayers and Perumpral，1982)，土壤穿透阻力的经验模型根据包含土壤变量的数量分为三类。

1. 单变量穿透阻力模型

影响穿透阻力大小的因子主要是含水量（或基质势)，土壤穿透阻力与含水量（或基质势ψ）呈幂函数关系（Whalley et al.，2007)，即

$$\mathrm{PR} = a\psi^{b} - c\psi \tag{4.1}$$

式中，PR 为土壤穿透阻力（penetration resistance)；a、b 和 c 为经验回归系数，它们是土壤质地、有机质含量和容重的函数。式（4.1）可以取对数，方程转化成为线性对数方程。在容重较小并且不太干旱的土壤中，穿透阻力不依赖土壤性质而主要取决于土壤水分，此时模型可以简化为

$$\begin{aligned}\log_{10}\mathrm{PR} &= a\log_{10}\sigma' + b \\ \sigma' &= S_{\mathrm{w}}\psi\end{aligned} \tag{4.2}$$

式中，σ' 为低容重土壤的有效应力，表示为土壤水分饱和度 S_{w}（土壤含水量除以饱和含水量）和基质势ψ（取正值基质吸力）乘积的函数。

2. 双变量穿透阻力模型

由于土壤紧实度对穿透阻力影响巨大，并且也常常变化，因此水阻模型中需要引入

紧实度这个重要变量，用容重代表土壤紧实度的常用水阻模型是

$$\mathrm{PR} = a\theta^b \rho^c \tag{4.3}$$

式中，θ为土壤含水量；ρ为容重；a、b 和 c 为经验回归系数。式（4.3）也可以写成自然对数的形式，即

$$\ln \mathrm{PR} = \ln a + b\ln\theta + c\ln\rho \tag{4.4}$$

理论上，式（4.3）适合所有的土壤，但是对于不同质地的土壤，容重不能反映土壤紧实度的变化，这是该模型的缺陷。例如，正常紧实度下砂土的容重大于黏土的容重。式（4.3）和式（4.4）中的含水量可以用基质势或基质吸力替代。例如，Whalley 等（2007）得出的一个两参数的水阻经验模型是

$$\ln \mathrm{PR} = 0.35\ln|\psi S_{\mathrm{w}}| + 0.93\rho + 1.26 \tag{4.5}$$

式中，各字母含义同前。该模型表明，即使相同的干旱过程和水分含量，不同水力性质（即描述土壤含水量与基质势关系的 SWCC）的土壤可表现出不同的穿透阻力，并对作物造成不同的胁迫影响。

3. 多变量穿透阻力模型

土壤物理性质（水力性质和力学性质）是影响土壤穿透阻力的主要原因，SWCC 是土壤水力性质的综合反映，该曲线在拐点的斜率 S 可以指示土壤物理质量（Dexter，2004），而土壤有效应力 σ' 是土壤力学性质的综合反映（Khalili et al.，2004）。基于此，Dexter 等（2007）提出了一个用土壤物理质量指数 S 和有效应力 σ' 模拟水阻特征曲线的模型，即

$$\mathrm{PR} = a + b\left(\frac{1}{S}\right) + c\sigma' \tag{4.6}$$

式中，a、b 和 c 为经验回归系数。该模型没有直接使用土壤压实参数（如容重）而是用（$1/S$）代表土壤压实程度；有效应力 σ' 代表了土壤孔隙水对土壤强度的贡献，包含孔隙水压力和土粒间弯月面水的表面张力，可以由有效饱和度和基质吸力的乘积计算（Dexter et al.，2007）。因为土壤物理质量指数 S 和有效应力 σ' 对所有不同的土壤都具有相同的物理含义，所以认为该模型适合于所有的土壤，由此得出的经验公式是（穿透阻力和有效应力的单位均为 kPa）

$$\mathrm{PR} = 328 + 37.39\left(\frac{1}{S}\right) + 1.615\sigma' \tag{4.7}$$

除此之外，也有文献建立了土壤穿透阻力与土壤性质的转换函数（Gao et al.，2012a；Whalley et al.，2007），这些土壤性质包括黏粒含量、砂粒含量、有机质含量、容重等。上述三类经验公式一般考虑了土壤压实和含水量（基质势）而很少考虑土壤其他性质，例如，忽略了团聚体（大小分布和力稳定性）对土壤穿透阻力的作用。红壤黏粒中铁铝氧化物含量较高，水稳性团聚体含量较高，有机质含量较低，没有文献指出现存的土壤水阻曲线经验公式能否适用于红壤。

（二）红壤穿透阻力模型评价

从实用的角度出发，通过实测数据比较了单参数和双参数水阻经验模型在红壤上的实用性，包括以下 4 个模型。

（1）模型 1，$\mathrm{PR}=a\theta^b$；

（2）模型 2（式 4.3），$\mathrm{PR}=a\theta^b\rho^c$；

（3）模型 3（式 4.1），$\mathrm{PR}=a|\psi|^b-c|\psi|$；

（4）模型 4（式 4.2），$\log_{10}\mathrm{PR}=a\log_{10}|\psi S_w|+b\log_{10}\rho+c$。

采用便携式土壤紧实度仪（型号 SC-900）在不同利用方式、施肥和耕作的田间，在不同时期（土壤含水量不同）测量了>0～40 cm 土层深度内每间隔 2.5 cm 厚度共 16 个深度的土壤穿透阻力，测量数据合并为 4 个深度层次（>0～10 cm、>10～20 cm、>20～30 cm 和>30～40 cm），并测量了相应的土壤性质，采用上面的 4 个模型拟合了水阻特征曲线，统计检验了拟合效果。总的拟合结果表明，当穿透阻力小于 1 000 kPa 时，4 个模型的结果均偏大；而当穿透阻力大于 2 000 kPa 时，模型结果偏小；穿透阻力处于中等范围>1 000～2 000 kPa 时模型结果最好。在不同土层、不同利用方式或者不同施肥条件下，4 个模型拟合效果有差异，各有优劣，但总体上模型 4 的拟合效果最优。表 4.3 列出了常规耕作下（耕作深度 15 cm）4 种模型在不同土层的拟合参数和拟合效果。

表 4.3　红壤水阻特征曲线模型模拟参数及拟合效果

模型类型	土层/cm	模型参数			残差平方和（SSE）	均方根误差（RMSE）	决定系数（R^2）	样本数/个（N）	显著水平（p）
		a	b	c					
模型 1	>0～10	16.77	−2.47	—	6 460 603	498.48	0.47	28	0.00
	>10～20	21.83	−2.84	—	9 286 672	597.65	0.41	28	0.00
	>20～30	1 309.58	−0.46	—	18 567 628	845.07	0.02	28	0.49
	>30～40	1 106.20	−0.64	—	17 885 833	829.41	0.07	28	0.16
	>10～40	947.66	−0.59	—	83 470 441	1 008.93	0.02	84	0.20
	>0～40	2 242.97	−0.16	—	133 472 319	1 101.54	0.00	112	0.68
模型 2	>0～10	0.70	−2.63	7.10	6 028 553	491.06	0.50	28	0.00
	>10～20	10.06	−2.84	1.74	8 971 058	599.03	0.43	28	0.00
	>20～30	1 595.37	−0.65	−0.89	18 216 255	853.61	0.04	28	0.62
	>30～40	1 699.41	−0.60	−0.74	17 704 710	841.54	0.08	28	0.33
	>10～40	303.81	−0.62	2.26	76 489 750	971.76	0.10	84	0.01
	>0～40	141.16	−0.36	4.31	104 926 031	981.13	0.22	112	0.00
模型 3	>0～10	233.89	0.18	0.00	7 584 299	550.79	0.35	28	0.01
	>10～20	1 186.64	0.00	−0.18	11 625 991	681.94	0.26	28	0.02
	>20～30	2 464.44	0.00	−0.26	16 006 873	800.17	0.10	28	0.26
	>30～40	2 258.33	0.02	−0.03	11 404 709	675.42	0.41	28	0.00

续表

模型类型	土层/cm	模型参数			残差平方和（SSE）	均方根误差（RMSE）	决定系数（R^2）	样本数/个（N）	显著水平（p）
		a	b	c					
模型 3	>10～40	1 851.73	0.03	−0.04	69 962 857	929.38	0.16	84	0.00
	>0～40	1 514.66	0.04	0.00	132 194 848	1 101.27	0.02	112	0.30
模型 4	>0～10	0.21	6.03	−6.71	5 192 346	455.73	0.65	28	0.00
	>10～20	0.26	−1.73	5.05	8 075 095	568.33	0.48	28	0.00
	>20～30	0.05	−1.71	5.98	15 193 730	779.58	0.17	28	0.10
	>30～40	0.05	−2.67	7.56	13 713 191	740.63	0.22	28	0.05
	>10～40	0.12	4.00	−3.22	56 305 935	833.75	0.40	84	0.00
	>0～40	0.15	5.66	−5.89	76 936 888	840.14	0.57	112	0.00

从表 4.3 可以看到，耕地表层（>0～10 cm）单独模拟效果较好，而把整个耕地深度（>0～40 cm）作为一个土层整体模拟效果很差。把耕地、茶园、林地三种利用方式的土壤穿透阻力混合在一起，并且不区分土层（合并为>0～40 cm 一个土层），用上述 4 个模型预测田间土壤穿透阻力，效果不理想（图 4.7）。当把>0～10 cm 作为一个土层而其他 3 个土层（>10～20 cm、>20～30 cm、>30～40 cm）合并作为另一个土层后，模拟效果得到较大改善（图 4.8）。上述结果说明，分开处理红壤表层和深层的穿透阻力很有必要，这与黏质红壤紧实表下层穿透阻力急剧增加的特性有关。

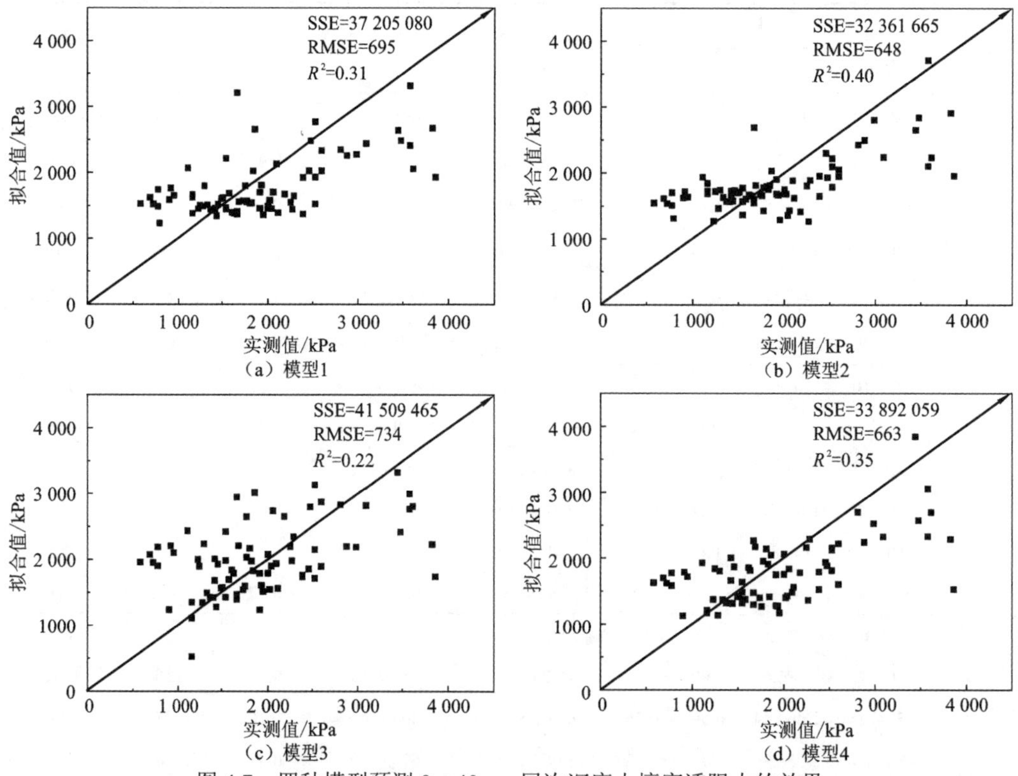

图 4.7　四种模型预测 0～40 cm 层次深度土壤穿透阻力的效果

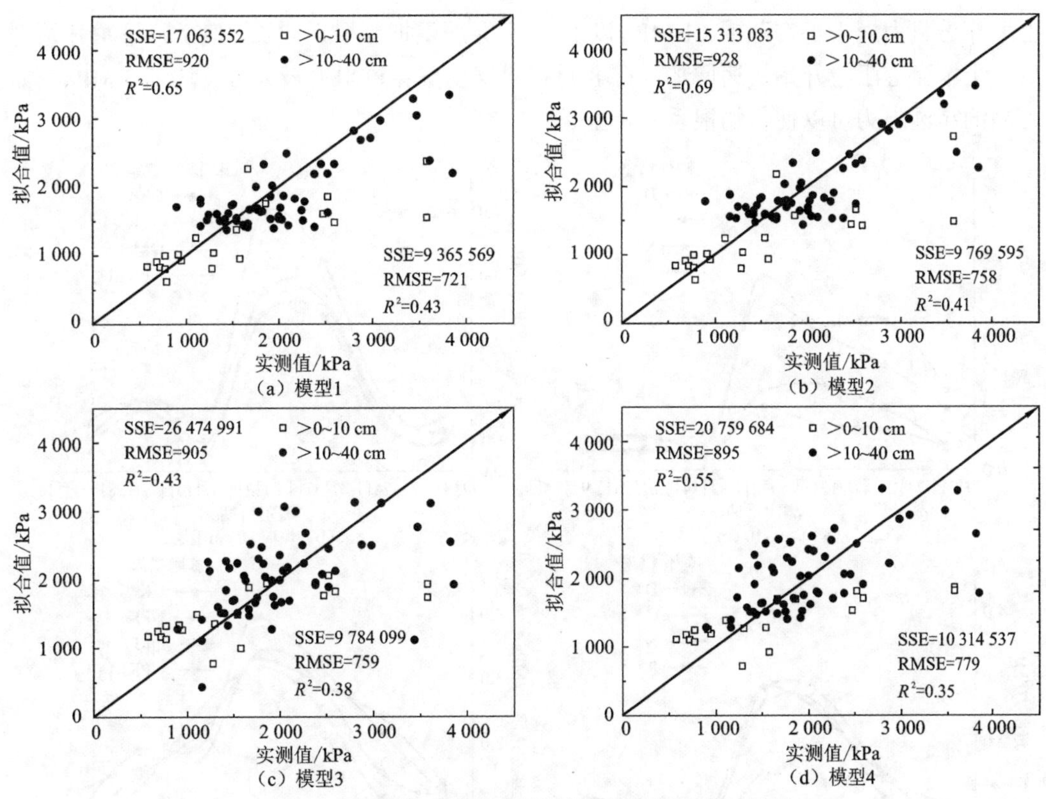

图 4.8　四种模型预测两个深度土壤穿透阻力的效果

但即使土壤分层模拟和预测，对表下层（>10～20 cm、>20～30 cm 和>30～40 cm）的预测效果仍然不理想，这可能与土壤结构影响了穿透阻力和含水量有关。黏质红壤微团聚体多，耕层之下的土壤有机质含量低，形成了力稳定性非常强的土壤结构，而 4 类模型均没有考虑土壤结构的影响。在这种情况下，在田间实测土壤穿透阻力来揭示其动态特征是必要的。

第二节　红壤穿透阻力的田间动态

一、干旱期的红壤穿透阻力

（一）红壤农田的穿透阻力

1. 耕层红壤穿透阻力

田间红壤穿透阻力随季节变幅极大，在季节性干旱期间达到高峰。红壤耕层厚度很少超过 20 cm，根系主要集中在这个层次，在干旱期耕层的土壤穿透阻力逐渐增大，大到足以影响根系生长。田间监测结果表明（图 4.9），在季节性干旱前期和后期，耕层的土壤穿透阻力属于正常范围（1 MPa 以下），不会严重抑制根系伸长，但 7 月旱季开始之后，土壤穿透阻力开始快速增加，在 8 月初耕层土壤穿透阻力最大可以达到 3 MPa，如此高的穿透阻力可以使作物根系停止生长。

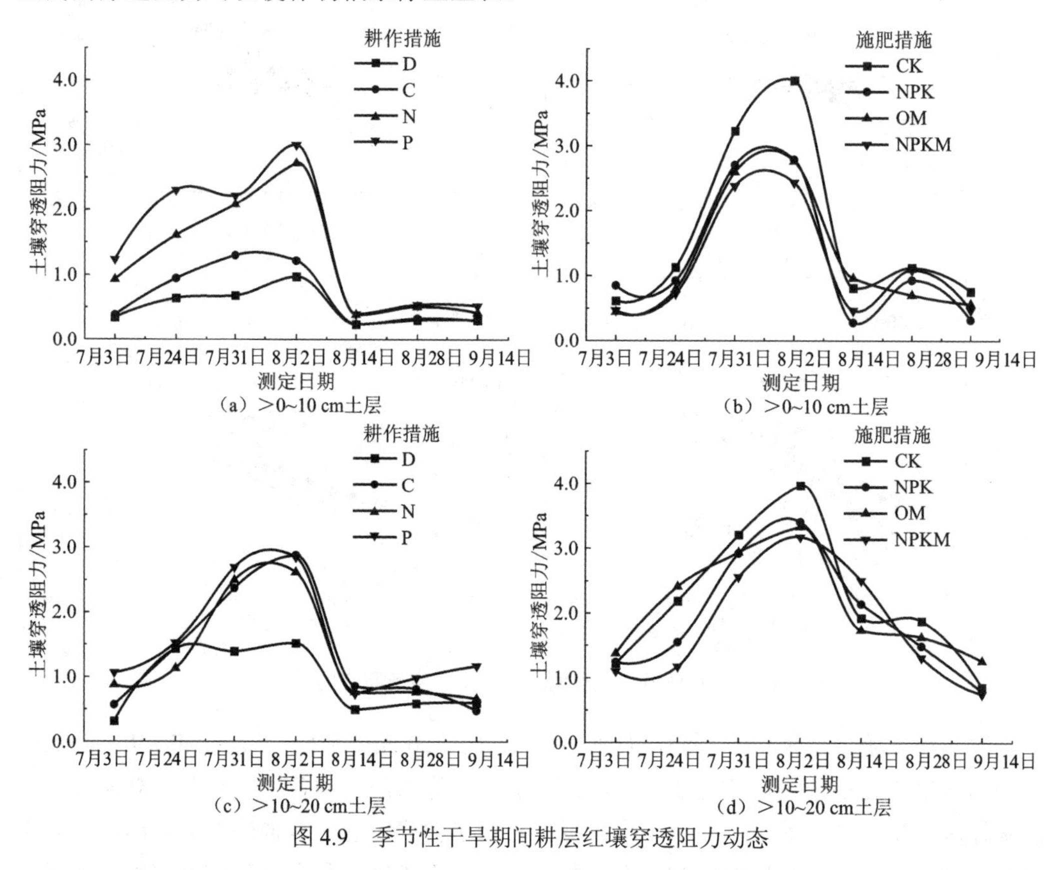

图 4.9　季节性干旱期间耕层红壤穿透阻力动态

耕作方式对穿透阻力有显著影响，但不改变穿透阻力随季节变化的动态特征。常规耕作或深耕都极大降低了表土层（>0～10 cm）穿透阻力，而免耕与压实的土壤表土层穿透阻力都较高。在表下层（>10～20 cm）只有深耕显著降低了穿透阻力，而常规耕作、免耕和压实处理的土壤穿透阻力差异很小，都属于高穿透阻力水平。耕作处理的土壤穿透阻力峰值大幅度降低，即使在最干旱时期穿透阻力也没有超过 2 MPa。这些结果表明红壤耕作对创造良好的根系生长条件非常重要，其中土壤穿透阻力可以解释为什么红壤免耕导致作物减产。

施肥可以调控红壤穿透阻力动态，特别是施用有机肥（OM）、氮磷钾化肥+有机肥（NPKM）显著降低了穿透阻力，但降低的幅度不足以解除作物的机械阻力胁迫，因为整体穿透阻力仍然较大（图 4.9）。随着干旱程度增加，不同施肥处理之间的穿透阻力差异增大，一方面可能是施肥改变了红壤穿透阻力性质，另一方面可能是施肥影响了根系吸水或土壤蒸发，导致土壤干旱程度不同，从而穿透阻力也不相同。特别注意到，不施肥的地块在干旱期间出现最大土壤穿透阻力峰值，而施肥显著降低了土壤穿透阻力峰值，利于作物根系生长。

2. 干旱发展期的红壤穿透阻力

在田间小区遮雨条件下，测量了持续干旱发展过程中不同耕作措施下红壤穿透阻力的变化，结果表明了干旱发展土壤各个层次的穿透阻力持续增加（表4.4）。首先是耕层的5 cm和15 cm两个深度的土壤穿透阻力快速增加，然后25 cm土层穿透阻力也开始增加，穿透阻力增加最慢的是35 cm土层。对于常规耕作处理的土壤，干旱持续16d的时候，耕层15 cm处的穿透阻力已经超过2 MPa，干旱20 d的时候超过了2.5 MPa。不同耕作下，土壤穿透阻力随干旱增加的速度不同，免耕和压实下增加最快，而深耕可以延缓耕层土壤穿透阻力增加。由此可见，持续半个月的短期干旱就可以引发红壤穿透阻力大幅度上升，有可能造成穿透阻力先于土壤干旱对作物根系产生胁迫。

表4.4 持续干旱过程中的红壤穿透阻力 （单位：MPa）

耕作措施	处理代码	土层深度	持续干旱天数					
			4 d	8 d	12 d	16 d	20 d	24 d
深耕	D	5 cm	0.44	0.59	0.64	0.66	0.87	0.96
		15 cm	0.61	0.82	1.19	1.92	2.27	2.48
		25 cm	0.58	0.79	0.94	1.51	1.63	2.35
		35 cm	0.63	0.64	0.75	1.04	1.43	1.54
常耕	C	5 cm	0.49	0.62	0.76	0.96	0.97	1.18
		15 cm	0.89	1.25	1.30	2.13	2.61	2.85
		25 cm	0.73	0.82	0.89	1.13	1.79	2.69
		35 cm	0.46	0.55	0.61	0.76	0.82	1.33
免耕	N	5 cm	0.76	0.99	1.28	1.32	1.46	2.28
		15 cm	1.08	1.37	2.21	2.21	2.80	3.90
		25 cm	0.84	0.91	1.20	1.29	1.91	2.41
		35 cm	0.66	0.70	0.75	0.81	1.02	1.16
压实	P	5 cm	0.81	1.29	1.37	2.07	2.48	3.22
		15 cm	1.51	2.62	2.92	3.50	3.80	4.20
		25 cm	1.65	1.98	2.28	2.58	2.85	2.93
		35 cm	0.69	0.76	1.02	1.10	1.19	1.73

（二）耕作和施肥下的穿透阻力

图4.9和表4.4清晰展现了耕作和施肥措施对红壤穿透阻力的影响。即使在不明显干旱的时期（干旱持续4～8 d），免耕和压实处理的土壤穿透阻力就已经明显大于深耕和常规耕作的土壤穿透阻力；随着干旱进一步发展，不同耕作之间穿透阻力的差值进一步扩大。在没有遮雨的田间也呈现出类似的规律（图4.9），土壤不干旱时不同耕作措施间的穿透阻力差异较小，而干旱期不同耕作措施间的穿透阻力差异大。常规耕作措施下，各

施肥处理的土壤穿透阻力最大值为 3.58～4.61 MPa，均在 22.5 cm 土壤深度出现；达到最大值后，随着土层深度的增加，各施肥处理的土壤穿透阻力逐渐降低。

不同施肥处理对红壤穿透阻力影响较大，且与耕作措施表现出交互作用。免耕措施下，>0～15 cm 土层内各个施肥处理间穿透阻力的差异不明显；随着土层深度的增加，各个施肥处理间穿透阻力的差异逐渐变大，在 22.5 cm 深度不施肥（CK）、单施氮磷钾化肥（NPK）和单施有机肥（OM）的穿透阻力均达到最大值，分别为 5.12 MPa、4.38 MPa 和 4.53 MPa；达到最大值后，随着土层深度的增加，所有施肥处理的穿透阻力值明显减小。在 0～40 cm 土层内氮磷钾化肥＋有机肥（NPKM）的穿透阻力始终最小。由此可见，干旱期不仅土壤穿透阻力大，而且施肥处理间土壤穿透阻力的差异也较大。

（三）不同利用下的穿透阻力

利用方式对土壤不同深度的穿透阻力影响显著。从成年杉树林地和茶园土壤>0～40 cm 土层的穿透阻力动态可以看到（图 4.10），虽然茶园和林地各个土层的穿透阻力波动较为剧烈，但整体上茶园土壤穿透阻力大于林地（多个时期平均，表层 7.5 cm 深度除外），而且茶园土壤穿透阻力分层现象更明显，表土层（深度 7.5 cm）穿透阻力明显小于表下层（深度>17.5～37.5 cm），而林地不同土层之间穿透阻力差异较小。造成这个现象的原因是茶园的人为活动更多，如施肥和采摘可以改变土壤的穿透阻力，不同土层之间的差异加大。

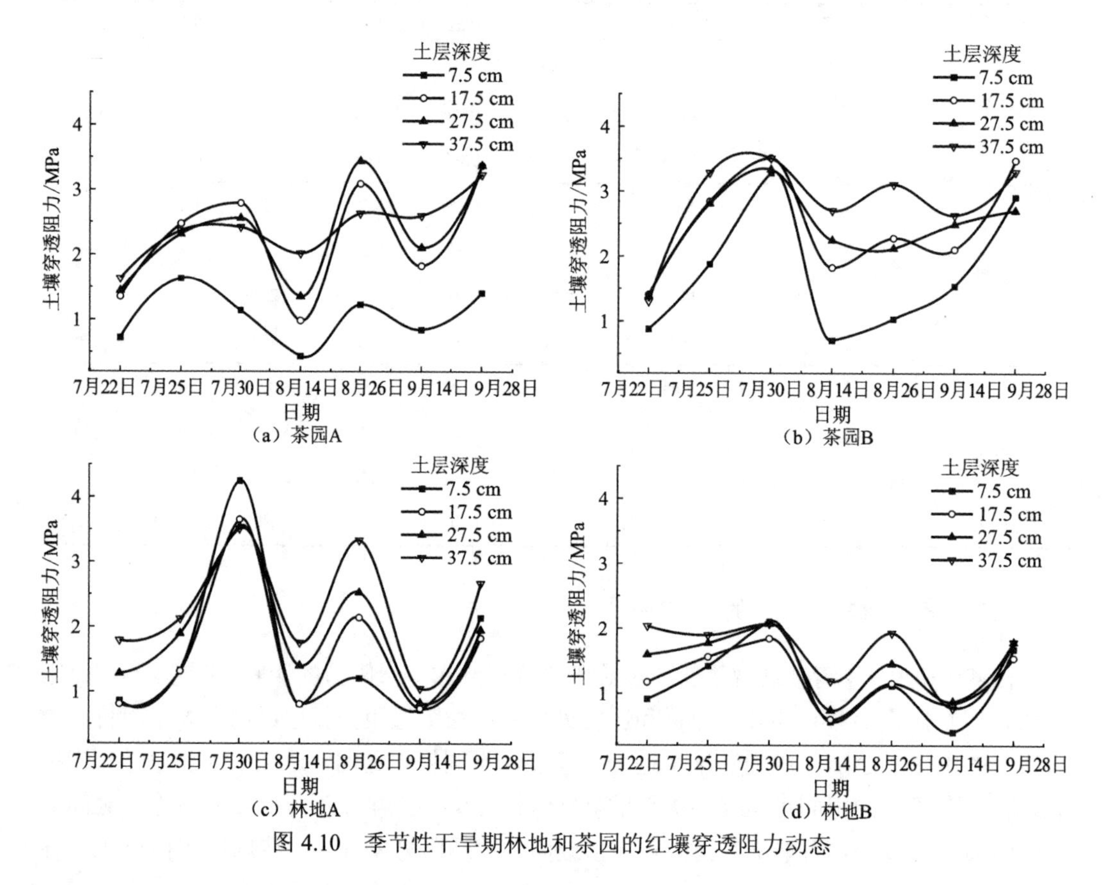

图 4.10　季节性干旱期林地和茶园的红壤穿透阻力动态

土壤穿透阻力均随时间变化而波动，这种波动与降水波动周期一致，但林地的周期性波动规律比茶园更明显（图 4.10）。降水之后土壤含水量上升，各个土层之间的穿透阻力差异变小，随着含水量降低，各个土层之间差异变大。因为茶园的人为干扰比林地大（如茶园施肥而林地不施肥），人为干扰使得茶园土壤土层之间差异增大，表土层更加疏松而穿透阻力较小，这与耕地的特征相似。

注意到，即使有相同的利用方式，但不同地块（茶园 A 与茶园 B，林地 A 与林地 B）的穿透阻力差异也很大。这是因为在茶园或者林地利用之前，土壤自身性质就有差别（表 4.5），这种差异并不因利用方式相同而消除。

表 4.5　不同利用方式下红壤基本性质

利用方式	深度/cm	土壤颗粒粒径/%			容重/（g/cm^3）	有机质/（g/kg）
		<2.0～0.05 mm	<0.05～0.002 mm	<0.002 mm		
茶园 A	>0～10	11.35	62.29	26.36	1.46	31.60
	>10～20	9.18	69.73	21.08	1.48	20.51
	>20～30	21.47	57.85	20.68	1.52	10.10
	>30～40	10.84	64.36	24.80	1.51	9.81
茶园 B	>0～10	5.90	74.45	19.65	1.56	17.48
	>10～20	5.92	70.29	23.80	1.53	13.02
	>20～30	8.36	68.64	23.00	1.56	10.13
	>30～40	5.58	63.66	30.76	1.55	7.43
林地 A	>0～10	11.92	60.37	27.71	1.45	14.35
	>10～20	2.01	71.94	26.06	1.47	9.65
	>20～30	4.24	69.47	26.29	1.51	8.66
	>30～40	5.12	76.49	18.39	1.53	8.33
林地 B	>0～10	16.61	63.34	20.05	1.42	24.20
	>10～20	15.06	61.09	23.85	1.44	19.13
	>20～30	11.55	60.58	27.87	1.41	11.56
	>30～40	6.47	57.06	36.47	1.43	9.86

二、红壤穿透阻力的剖面分布

（一）红壤耕地穿透阻力剖面

由于土壤不同层次性质差异较大（特别是有机质含量、结构、疏松程度），以及土壤水分入渗和再分布的时空差异，土壤含水量在剖面的分布呈现一定的特征，上述所有内外因素共同影响穿透阻力的剖面分布。田间测量结果表明（图 4.11），红壤含水量随深度增加而增加，在干旱期和丰水期呈现相似的特征。即使在干旱期（不灌水处理），红壤在耕层之下（40 cm 深度）仍然维持了较高的含水量（0.20 g/g 左右），深层土壤并不干燥。虽然含水量剖面分布在干旱和不干旱处理下表现出相似的特征，但是在轻度干旱处理下，土壤表层和深层土壤含水量差异更大（图 4.11 中，轻度干旱下的曲线斜率较小），而在

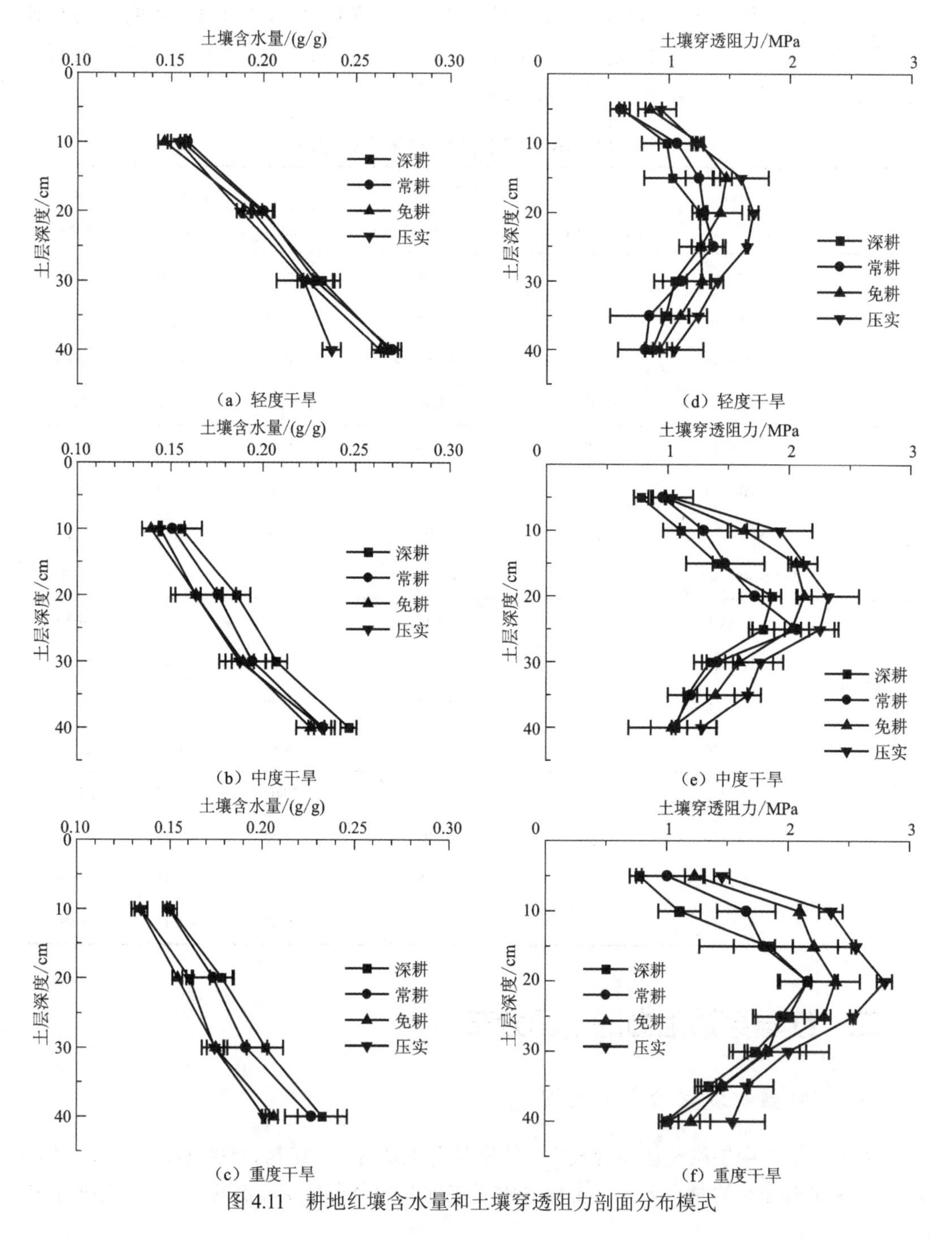

图 4.11　耕地红壤含水量和土壤穿透阻力剖面分布模式

重度干旱处理下表土层土壤含水量和深层土壤含水量差异较小（图 4.11 中，重度干旱下的曲线斜率较大），此时表层和深层土壤含水量都较高（0.25 g/g 左右）。上述红壤含水量的剖面分布特征有别于我国干旱、半干旱区的土壤含水量剖面分布特征，干旱区旱季的土壤含水量在更深的范围内（如>0～1 m）含水量都较低，只有在雨季补充之后深层土壤水分才会恢复一部分。

虽然土壤穿透阻力在田间的波动主要取决于降水的波动，土壤含水量直接影响穿透阻力的大小，但是红壤穿透阻力的剖面分布与含水量剖面分布呈现不同的分布模式（图 4.11 和图 4.12）。与含水量随深度增加而增加不同，红壤穿透阻力在剖面呈现随深度增加先增加后减少的峰型分布模式，在>15～20 cm 深度达到峰值。干旱和不干旱比较，不仅穿透阻力的峰值相差很大，而且峰值出现的深度也不同。干旱处理下，红壤穿透阻力峰值可以超过 3 MPa（如在常规耕作 C 和压实 P 处理中），甚至达到 4 MPa（如不施肥 CK 和单施化肥 NPK 处理中），而不干旱处理的峰值不到 2 MPa（所有耕作处理中）或者不到 3 MPa（所有施肥处理中）；不干旱处理下土壤穿透阻力峰值出现深度在>20～30 cm 附近，即犁底层位置，而在干旱处理中峰值出现的深度位置上移到>10～20 cm 深度，不同耕作条件下峰值深度位置有差异，而不同施肥措施对穿透阻力峰值出现位置几乎无影响。

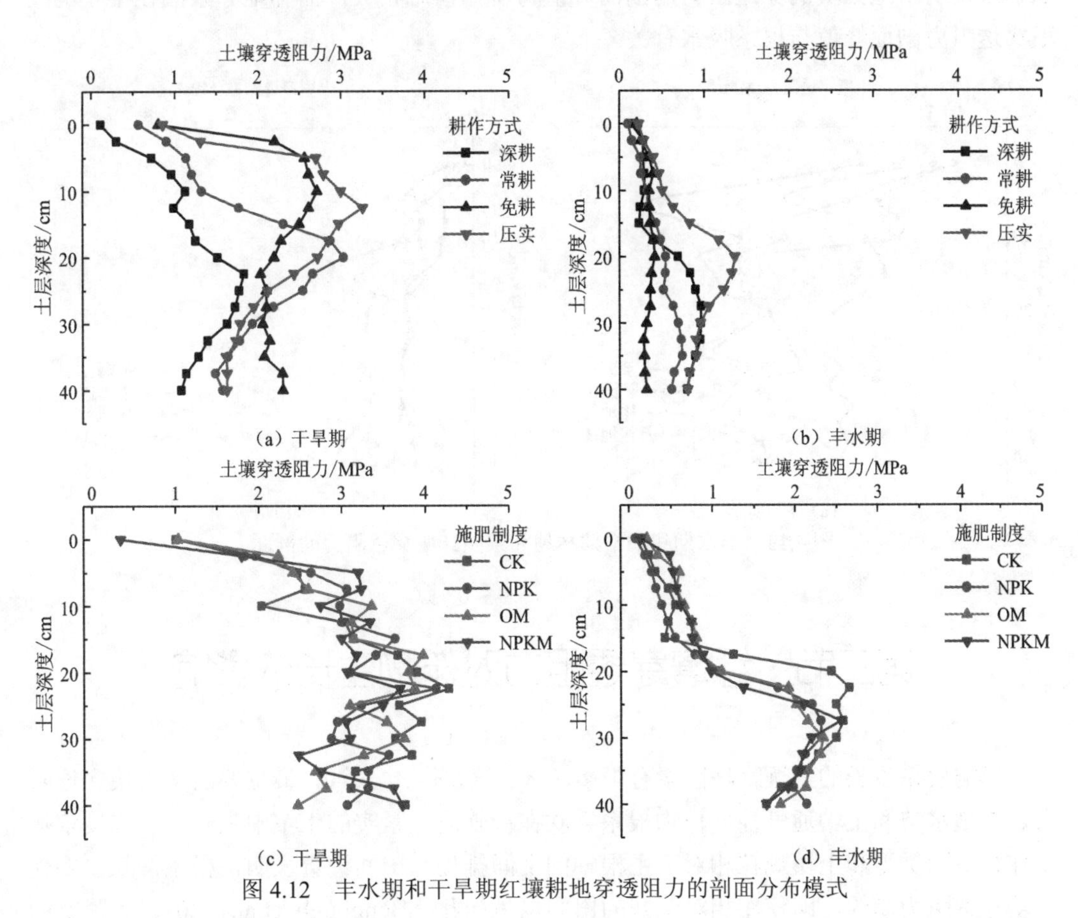

图 4.12　丰水期和干旱期红壤耕地穿透阻力的剖面分布模式

耕层之下的土层穿透阻力明显增加，峰值也出现在犁底层这个深度，这会抑制作物根系下扎，表明红壤剖面存在一个限制作物根系生长的层次。这个障碍层次的出现不是因为土壤质地变化，也不是因为养分含量变化，主要是因为整个红壤土体紧实和耕层较浅，如果一年生作物根系能够穿透这个层次，吸收深层的土壤水分，将极大地提高作物的抗旱能力。

（二）林地和茶园红壤的穿透阻力剖面

耕地土壤与林地和茶园土壤的穿透阻力剖面有差异（图 4.13）。在丰水期（类似于耕地的灌水不干旱处理），林地和茶园土壤穿透阻力剖面没有明显的峰值，而是随着土壤深度增加穿透阻力增大，而后土层深度继续增加但穿透阻力维持平稳（不降低），其中茶园土壤的穿透阻力大于林地土壤。干旱期，土壤穿透阻力远大于丰水期而且剖面出现峰值，林地土壤在 7.5 cm 深度出现峰值，茶园土壤在 12.5 cm 深度出现不明显的峰值。此外，丰水期相同利用方式但不同地块的土壤穿透阻力差异较小，而干旱期不同地块的穿透阻力差异变大，特别是两块茶园在干旱期的土壤穿透阻力差异极大。对于林地和茶园而言，土壤穿透阻力的季节波动更多来自于土壤含水量变化，而与人为耕种活动关系较小，可以初步说明耕地红壤的穿透阻力的剖面峰值与耕作措施相关，而林地和茶园在旱季的土壤穿透阻力剖面峰值与根系吸水有关。

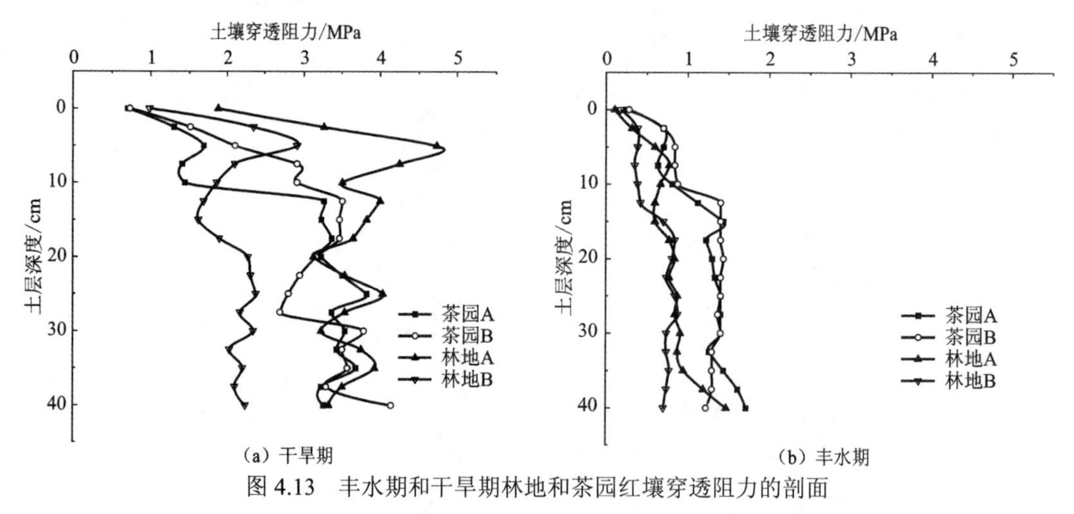

图 4.13　丰水期和干旱期林地和茶园红壤穿透阻力的剖面

第三节　红壤穿透阻力对作物生长的影响

影响根系生长的土壤物理因素有很多（水、气、热、力等），最主要的是土壤穿透阻力、土壤水势和土壤通气性。作物根系喜欢在松软而非紧实的土壤中生长，其程度依赖于作物基因类型和土壤颗粒相对于主根轴的空间排列。田间调查表明，根系伸长主要受土壤穿透阻力制约，即使在相对湿润的田间也是如此（Bengough et al.，2011）。紧实的土壤穿透阻力大，限制根系在土壤深层伸长（Bengough et al.，2006），而干旱增加了土壤穿透阻力，进一步限制根系生长（Whitmore and Whalley，2009）。

为了避免因干旱而导致土壤穿透阻力增加，一年作物的一种应对策略是相应地调整根系伸长速率（root elongation rate，RER），保证根尖生长在湿润和有利的土壤条件中（Lynch and Wojciechowski，2015），如改变根系伸长区的相对长度（Bengough et al.，2006），这可以通过改变伸长区的细胞壁的性质达到目的，最大可以使根径翻倍（Hinsinger et al.，2009）。因此可以预见土壤穿透阻力变化，会引起根系从生理到形态的一系列响应，并且与土壤环境相互作用，从而改变作物的生长状况和抗旱能力。

一、作物对土壤穿透阻力的响应

（一）根尖细胞的响应

1. 土壤穿透阻力影响根尖细胞

根系依靠根细胞膨压（或称根压，P）克服细胞壁阻力阈值（或称膨压屈服阈值，即细胞扩张需要的最小膨压阈值，Y）产生的净压力（即有效膨压）来克服土壤穿透阻力（PR，与仪器测量的穿透阻力在数值上不相等），从而在土壤中膨胀伸长。在紧实度高的土壤中，根系生长可能完全停止，此时根细胞膨压产生的净压力与土壤穿透阻力最大值 PR_{max} 相等，即

$$PR_{max} = P - Y \tag{4.8}$$

因此增加细胞膨压或降低细胞壁阻力阈值利于根系伸长维持。一些直接或间接的数据表明，根系在遇阻之后细胞膨压会增加（Atwell，1988；Greacen and Oh，1972），说明细胞通过渗透调节增加了渗透势。这种渗透调节可以通过细胞内部新陈代谢或溶质输入实现，其中生长降低和韧皮部卸出之间的不平衡可以解释这个现象（韧皮部是植物将地上部产生的溶质输送到消耗目的地的组织，韧皮部卸出是指将装载在韧皮部的同化物输出到库的接受细胞）。

根尖细胞对机械阻力的响应可以分为两个阶段：①有效膨压（即 $P-Y$ ）变化导致的伸长快速变化，在 30 min 之内发生；②伸长速率缓慢而持久的变化，导致一个新的降低了的（或增加了的）伸长速率的稳态变化，一般在 15 h 之后发生。机械阻力移除之后，细胞渗透压将在 12 h 内恢复到对照水平，但是 RER 恢复则需要 2～3 d，这可能是因为伸长区的细胞壁的机械性质受到了长久的影响。伸长速率降低会使得根系的伸长区变短，其原因既可能是细胞伸长速率降低，也可能是根尖细胞生产速率降低（分裂出更少的新细胞）。不同物种（如双子叶和单子叶植物）种子根的膨胀程度在田间研究中比在实验室中小，这可能是因为根系在田间经历的土壤穿透阻力变化范围小。

2. 土壤穿透阻力抑制根尖伸长

根系伸长是由于根尖分生组织的细胞分裂和扩张，产生径向和轴向根压，克服土粒

之间的黏结力和摩擦力（二者之和为土壤强度），使根尖前端和周围的土壤变形或位移，根系穿越土壤并伸长。根系能够克服的最大土壤穿透阻力取决于根尖伸长区的膨压（根压）、根系形状、根尖的摩擦特性等（Bengough，1997）。不同作者基于玉米、花生、向日葵等几种作物观测到的最大根压多集中在 0.5～1.0 MPa（Tracy et al.，2011）。土壤穿透阻力达到 0.8 MPa 时，RER 明显降低，2 MPa 时受到严重抑制，5 MPa 时完全停止，阻力解除后 2～5 d 才能恢复（Passioura，2002）。RER 与土壤穿透阻力的关系可用以下模型描述（Zou et al.，2000）

$$\frac{\Delta l}{\Delta t} = \phi(P - Y - \mathrm{PR}) \tag{4.9}$$

式中，$\Delta l/\Delta t$ 为根系伸长速率（RER）；PR 为土壤穿透阻力（与仪器测量的大小不同）；ϕ为根尖细胞壁屈服系数（代表细胞壁的伸展性）；P 和 Y 含义同式（4.8）。该模型概念性地表示了土壤穿透阻力对 RER 的影响，即土壤穿透阻力增加导致根尖伸长速率降低。

土壤穿透阻力降低 RER 的程度因不同物种而异。例如，棉花和大麦比豌豆和水稻对土壤穿透阻力更敏感，贯入仪测量的 0.7～0.8 MPa 土壤穿透阻力使棉花和大麦的 RER 降低 50%，而 1 MPa 的土壤穿透阻力使水稻的 RER 降低 40%，1.5 MPa 的土壤穿透阻力使豌豆的 RER 降低 20%（Kolb et al.，2017）。当土壤穿透阻力足够大之后，所有物种的根系都可停止伸长。在湿润的土壤中，玉米根系不能穿透 4 MPa 的土壤穿透阻力（仪器测量的土壤穿透阻力比根系实际遇到的土壤穿透阻力大 2.5～8 倍）。需要注意的是，在消除土壤穿透阻力后，RER 还会持续降低几天，这表明根系对土壤穿透阻力的这种变化不是简单的机械效应，而是涉及生物适应过程。

（二）根尖的形态响应

1. 根尖径向增厚增加穿透能力

土壤穿透阻力通常导致根径变厚。根径的增厚似乎局限在根顶端的扩展组织，如根径约 0.5 mm 玉米幼苗根系增厚位置在根冠之后 3 mm 部位（Kuzeja et al.，2001），也就是在根系的伸长区，此处的根系生长速率最快。根尖增厚有利于在紧实的土壤中下扎，如在田间，上层土壤中更粗的根系有更大的比例下扎到下层土壤中（Materechera et al.，1992）。

根径的增粗可能是因为细胞层数的增加，也可能是因为细胞直径变大。观测玉米根系结果表明，中柱与皮层细胞数量少量增加，可能是由于顶端分生组织中有更多的周向分裂（即与根圆柱相切的分裂，产生更多的细胞层数）。但是，根径的增加大部分归因于皮层外层的细胞膨胀。例如，在豌豆根系观测到其根径增加主要是因为皮层外层的细胞膨胀而不是皮层细胞层数增加（Croser et al.，1999）。

有几个假设解释根径增厚在抵抗土壤穿透阻力方面的优势（Kolb et al.，2017），如根径增加可以缓解根尖前部部位的轴向应力，以及粗根根系前进时对弯曲和屈曲的抵抗力更好。一种观点认为，根径增粗意味着根皮层通气组织（root cortex aerenchyma，RCA）

形成，这将降低水分和养分的径向运输。不过 RCA 形成在成熟的老根部位，对植物获取土壤资源没有大的影响。但它可以阻碍侧向土壤水分和养分沿着根系以低水势损失，在干燥的表土层起到阻碍水分损失的作用，也可能有利于避免根尖本身和周围土壤干旱（限制水分从根尖运输到木质部）（Lynch and Wojciechowski，2015）。另一种观点认为，细胞成熟意味着细胞不再变化，因此细胞变粗发生在根系伸长区的细胞膨胀期。例如，在 Kuzeja 等（2001）的 6 h 试验中，观察到根伸长区膨胀超过 5 mm；在 Wilson 等（1977）的 7 d 的试验中，观察到根部膨胀超过 30 mm，其长度增加区域包括伸长区和部分成熟区。根径变粗在所有根系中（种子根、侧根、气生根）都发生，粗根穿透土壤的能力更强。一些根径粗的作物品种或者根径对土壤穿透阻力反应敏感的品种，能更有效地下扎较硬的土层。

2. 根尖弯曲改变生长轨迹

根系生长过程中与土壤颗粒发生机械作用，进而影响根的形态和根系的动态发育。根系遇到较大的土壤穿透阻力后一个明显的响应是根尖皮层细胞不规则生长，宏观上的表现是根系弯曲而改变生长方向（Dupuy et al.，2018）（图 4.14），甚至改变根系构型。例如，在压实土壤中由人工形成的孔隙中发现根系的频率更高（Stirzaker et al.，1996），说明根系在寻找阻力更小的空间。大多数研究证明根系形态在应对土壤机械阻力的响应上具有明显性差异（Kolb et al.，2017）。一般情况下因土壤水势、土壤类型及土壤机械阻力不同，根尖为了克服这些黏结力和摩擦力，会产生径向和轴向压力，使其改变生长轨迹，向着有孔（裂）隙、通气状况良好、机械阻力小的方向伸长（Potocka and Szymanowska-Pulka，2018）。由于湿润的土壤中不仅土壤水分供应多而且穿透阻力小，所以根系更喜欢向湿润的土壤生长，这样随着时间推移根系的偏好性生长将使根系构型重塑，如先干燥的土壤中表层比深层会形成更深的根系构型。

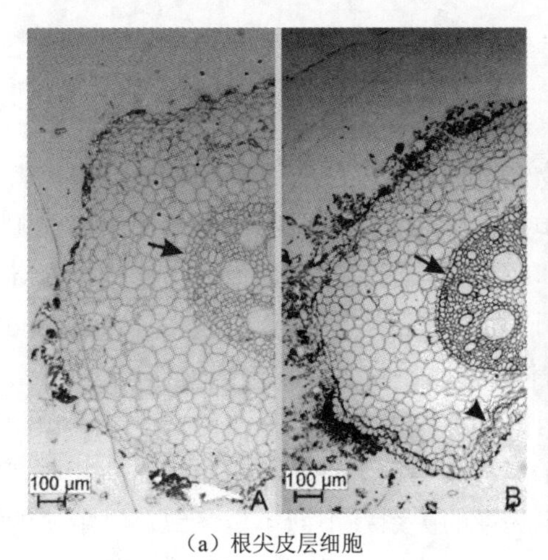

（a）根尖皮层细胞

（b）根径

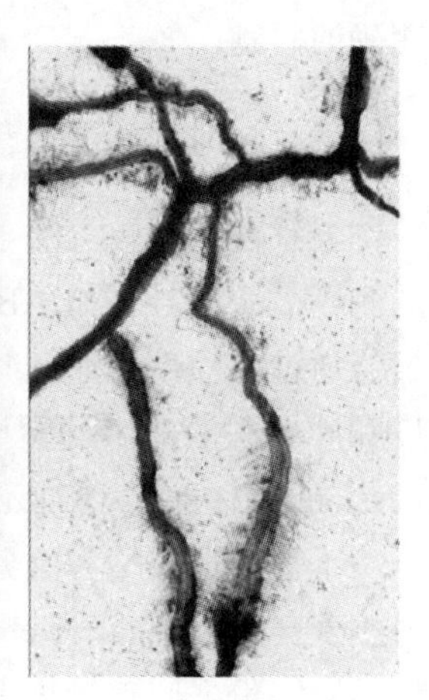

（c）根系

图 4.14　根系遇阻后的形态响应

注：（a）玉米根尖皮层细胞在紧实土壤中不规则生长（从未压实土壤 A 到压实土壤 B 皮层细胞变得细长）；（b）根径增厚，根尖向阻力最小的路径弯曲；（c）根系宏观尺度上表现为根的生长是随机的（Dupuy et al.，2018；Lipiec et al.，2012）

与未压实土壤中生长的根相比，压实土壤中生长的作物有更大的根直径，更大的根皮质面积且根皮质通气组织丰度（Colombi et al.，2017；Alameda et al.，2012；Lipiec et al.，2012；Iijima and Kato，2007）。当土壤机械阻力增加时，根系通过增厚根径来施加更大的生长压力使其穿透土壤。根系增厚不仅会降低穿透应力使根系稳定生长，还会降低根系弯曲的风险。因此粗根系植物可能是改善土壤压实的一个遗传优势（Chimungu et al.，2014a；Materechera et al.，1992）。在穿透阻力大的红壤中，筛选种植粗根系作物或者利用粗根系作物穿插改良土壤有利于防御季节性干旱。

3. 根系构型的变化

土壤穿透阻力对根系的影响在宏观上表现为影响根系构型。虽然所有 PER 都随阻力增加而降低，但是侧根对土壤穿透阻力没有主根敏感（桉树幼苗）（Misra and Gibbons，1996），也没有种子根敏感（大麦）（Bingham and Bengough，2003）。主根对土壤穿透阻力敏感的原因可能是因为主根较粗，与土壤之间的摩擦阻力更大；而细根（侧根更细）对土壤穿透阻力不敏感可能是因为细根与土壤孔隙大小接近，受土壤穿透阻力的影响更小。玻璃珠培养的大麦试验表明，种子根的生长受到阻碍而侧根没有受到影响，后者平均长度在紧实处理中翻倍，但是这种主根生长遇阻而侧根补偿生长的现象在小麦中却没有发现（Bingham and Bengough，2003）。

不同根系对土壤穿透阻力的不同响应，导致根系构型发生变化。例如，在紧实土层存在的情况下，小麦的种子根穿透土壤的效率降低，整个根系的深度降低。在田间情况下，干旱阻碍根系生长，但可以产生垂直裂隙利于细的根系下扎。土壤穿透阻力、土壤水势、土壤充气孔隙度这三个影响根系生长的主要因子不仅相互影响，而且在田间呈现高度的时空变化，因此在田间尺度很难预测根系的生长状况。在季节性干旱过程中，红壤的穿透阻力和土壤水势变化规律及其对作物生长、作物干旱的影响，都是需要进一步明确的问题。

（三）地上部的响应

根系在遇到较大的土壤穿透阻力之后，作物地上部也会发生一系列的响应。很早就观测到根源信号（如 ABA 等）对土壤穿透阻力响应的证据（Atwell，1993），这些根源信号通过木质部传递到叶片，调节叶气孔导度和叶片生长速率。文献报道作物叶气孔导度和叶面积等对土壤穿透阻力胁迫的响应比对干旱胁迫的响应更早、更快（Masle and Passioura，1987），作物还没有受到水分胁迫的时候，就已经对土壤穿透阻力作出了响应。

不管土壤类型和水分状况如何，土壤穿透阻力比土壤含水量或基质势更能准确预测冬小麦产量（Whalley et al.，2008）。虽然土壤干旱程度与地上部生物量呈显著负相关，但不同年份之间差异很大，而土壤穿透阻力与生物量的关系在不同年份一致，呈单一的线性关系，因此干旱与作物产量关系的不稳定归结于土壤穿透阻力（Whitmore et al.，2011）。更有报道表明，在旱地多数情况下，是土壤穿透阻力而不是干旱导致作物减产（White and Kirkegaard，2010）。这说明土壤穿透阻力与作物地上部生长的关系非常紧密。

土壤穿透阻力是一种重要的非生物胁迫，与干旱胁迫一起影响作物生长。土壤压实导致土壤穿透阻力增大的同时，通气状况变差，根系生长受阻，根系吸水能力降低；干旱导致土壤穿透阻力增大的同时土壤供水能力变差。可见土壤穿透阻力对植物的影响，不可避免地要和通气性、水分状况等交织在一起，单纯研究土壤穿透阻力对作物的影响几乎不可能。在多种影响作物生长的因子中，探讨土壤穿透阻力在其中所起到的作用，特别关注在作物干旱胁迫过程中，土壤穿透阻力所起的作用，不仅可以深入掌握红壤季节性干旱致灾机制，还可以通过土壤穿透阻力调控“土壤-作物”水分关系，为抗旱减灾提供一条可能途径。

二、红壤穿透阻力对玉米根系的影响

干旱或者压实土壤都会抑制作物根系生长并使根系形态发生变化，单一的干旱胁迫和穿透阻力胁迫对作物的影响有较多的文献报道。在实际农业生产中，干旱胁迫和穿透阻力胁迫总是同时出现，要单独研究在干旱过程中穿透阻力的作用十分困难。在多年的玉米田间试验中，通过遮雨控制干旱程度；通过耕作措施改变土壤穿透阻力，设置了深耕、常耕、免耕、压实等耕作处理，得到了不同干旱程度和不同穿透阻力的组合条件；通过测量土壤性质和玉米地上部和地下部的响应，分析了红壤穿透阻力对玉米根系的影响。

（一）玉米根尖细胞

玉米根尖对红壤穿透阻力和干旱都很敏感。根尖皮层厚度随干旱程度增加显著增加，也随穿透阻力增加而增厚，根尖皮层增厚既可能是因为皮层细胞体积增大，也可能是因为皮层细胞数量增加。但是，皮层细胞数量随着干旱程度增加而增加，却不随土壤穿透阻力增加而增加；而单个皮层细胞体积随土壤穿透阻力增加而增加，却不随干旱程度增加而增加（反而有降低的趋势）。因此，干旱是否导致根尖皮层增厚是有疑问的。

根据多个田间试验的结果（不同干旱程度及不同耕作措施下土壤具有不同的穿透阻力），建立了红壤穿透阻力与玉米根尖细胞形态的定量关系。结果显示（图 4.15），随着土壤穿透阻力增加，根尖皮层细胞厚度呈增加趋势，而单层细胞厚度却呈降低趋势，这表明根系遇阻之后根径变粗主要是因为细胞数量（层数）增加，而不是单个细胞膨胀变大。上述结果似乎表明，土壤穿透阻力和干旱是在以不同的方式从不同的方面影响玉米作物根尖生长。虽然现在还很难分清根尖细胞的形态变化规律与干旱或穿透阻力的直接关系，但上述结果表明二者共同改变和抑制了根尖形态，不利于作物根系生长和抗旱。

（二）根长与根径

在土壤穿透阻力和干旱共同胁迫下，根尖细胞形态作出响应的目的是提高自身机械强度以穿越紧实的土壤，为此付出的代价是生长速度减缓，直接的表现就是根长减小。在玉米盆栽试验中，通过设置土壤灌溉与干旱两种水分状况，在每种水分状况中进一步设置 3 个土壤容重（1.1 g/cm^3、1.3 g/cm^3 和 1.5 g/cm^3），得到土壤含水量相同但穿透阻力不同的

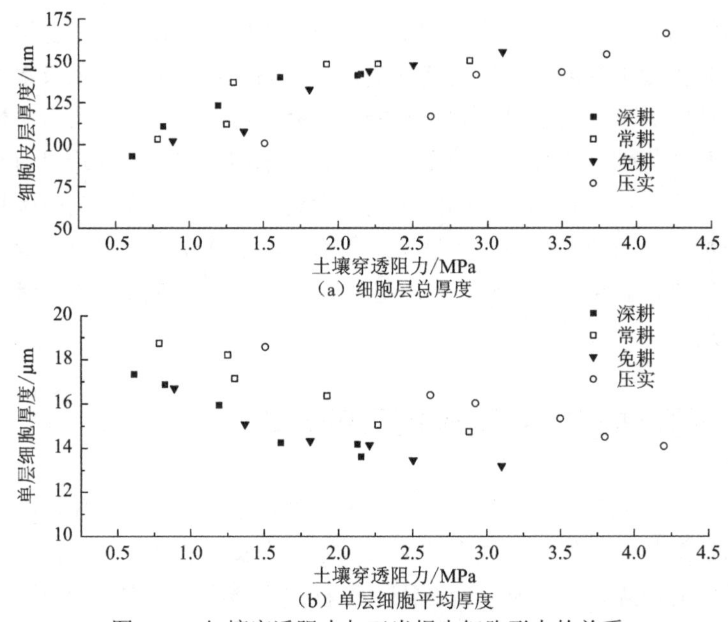

图 4.15　红壤穿透阻力与玉米根尖细胞形态的关系

土壤状况，玉米播种之后观测苗期根系生长状况。结果表明红壤干旱和穿透阻力均使得玉米苗期根长显著减小，但玉米根径显著增加（图 4.16）。土壤湿润条件下（灌溉处理），单株总根长在低容重下分别比中容重和高容重下高 23.1%和 34.3%，对应的根长分别高 48.0%和 52.4%，呈现显著性差异。土壤干旱处理下，单株总根长在低容重下分别比中容重和高容重下高 27.3%和 47.1%，呈现显著性差异。上述结果表明，玉米苗期根长与红壤穿透阻力呈显著负相关（图 4.17）。从试验数据可以看到红壤穿透阻力超过 1 MPa 玉米苗期根长就已经明显减小，当穿透阻力>2 MPa 时，根长已经只有低穿透阻力时候的三分之一。

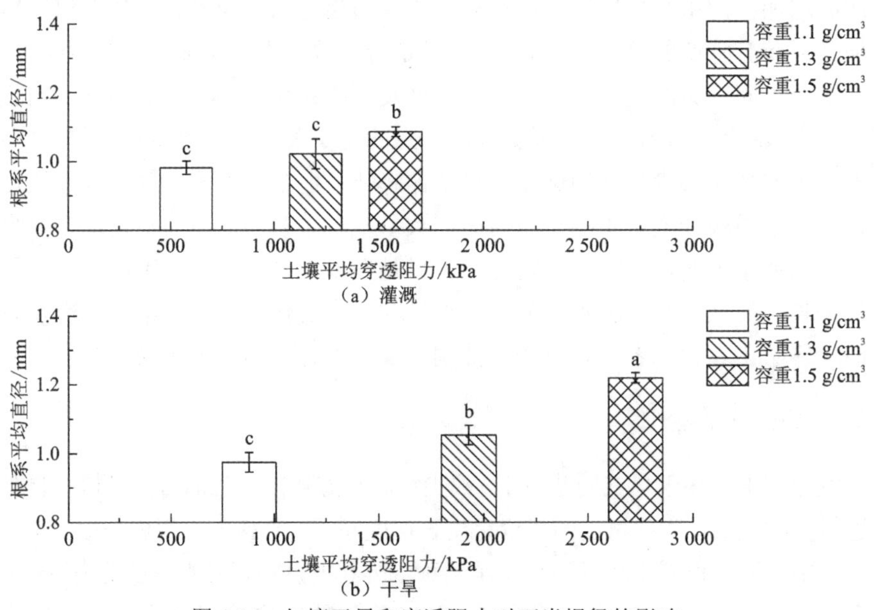

图 4.16　红壤干旱和穿透阻力对玉米根径的影响

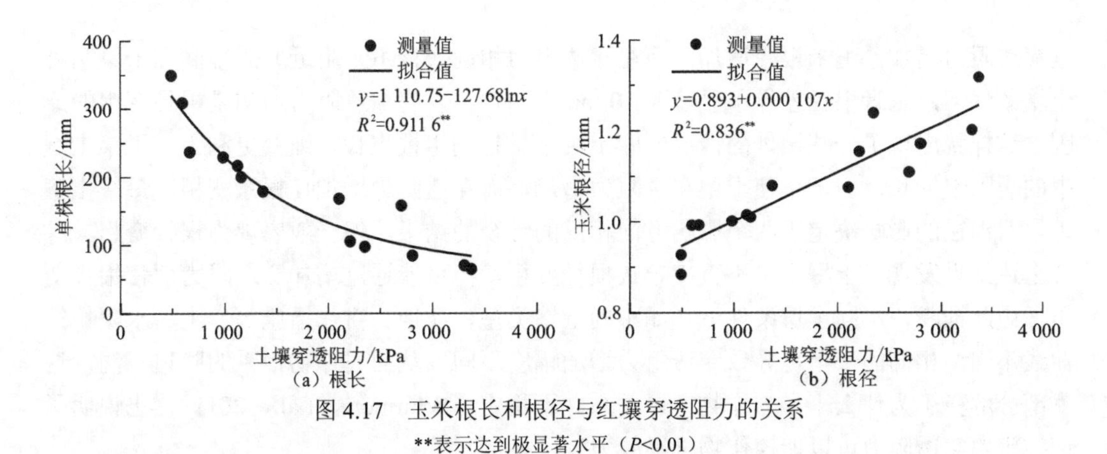

图 4.17 玉米根长和根径与红壤穿透阻力的关系

**表示达到极显著水平（$P<0.01$）

红壤穿透阻力在减小玉米根长的同时，明显使根系平均直径变大。图 4.16 显示，土壤湿润情况下，高穿透阻力（高容重）下的总根平均直径分别比中和低穿透阻力（中和低容重）增加 5.9%和 9.6%；干旱条件下，根径增加幅度扩大，对应的增幅数据分别是 13.5%和 20.0%。结果表明，随着红壤穿透阻力的增大，无论土壤湿润还是干旱，玉米根系直径都变大，并且在干旱时根系变粗幅度更大。类似于根长伸长与土壤穿透阻力呈线性负相关，根径与土壤穿透阻力呈线性正相关（图 4.17），并且种子根的增粗幅度大于总根的增粗幅度。

需要说明的是，上述根长减小和根径变粗是苗期玉米在室内人工填装红壤中的试验结果，在田间试验中也得到了规律一致的结果（图 4.18），但穿透阻力使根长减小幅度和根径增粗幅度没有室内盆栽试验中那么大，这与田间土壤穿透阻力设置的梯度没有盆栽中大有关，也与田间土壤干旱程度差异没有室内试验大有关。

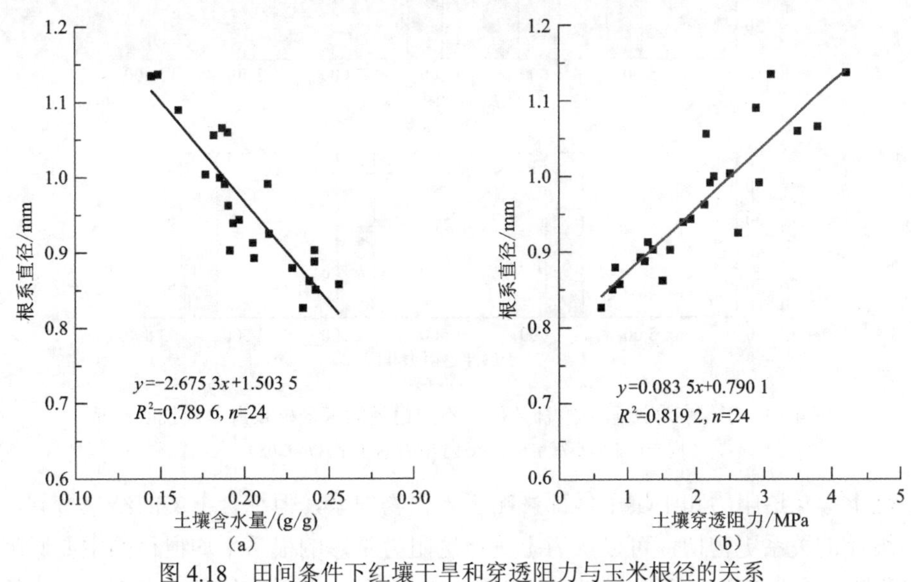

图 4.18 田间条件下红壤干旱和穿透阻力与玉米根径的关系

由于土壤穿透阻力与根径呈极显著的正相关，而土壤含水量与根径呈现极显著的负相关，在田间这两种胁迫同时出现，那么干旱如何影响作物根径？图 4.17 显示，随着土壤穿透阻力增加，玉米根径增加；而在穿透阻力相近（1 MPa 附近）的湿润和干旱两种土壤条件下，玉米根径差异不显著（1.0 mm 左右），表明穿透阻力增加是根径变粗的原因。这样就出现了一些微妙的情况，即土壤干旱抑制粗根生长，细根更利于在干旱土壤中的裂隙中伸长，但干旱使土壤穿透阻力增加，而穿透阻力增加使根系变粗，最终土壤干旱对根径的影响决定于两个影响方向相反的综合的结果，但一般表现为根径变粗。综合上述结果发现，土壤干旱不直接导致根径变粗，但可能通过增加穿透阻力而使根径变粗。由此推断，不同土壤条件下（如不同土壤类型、质地、耕作措施等）土壤水阻特征曲线不同，相同的干旱可导致穿透阻力增加幅度不同，从而对作物根系的胁迫不同，这就部分解释了为什么干旱与作物产量关系并不稳定（Whitmore et al.，2011），也说明了调控土壤穿透阻力可以调控作物抗旱能力。

同一株作物的主根和侧根根径相差很远，即使是须根系作物根的粗细也不相同。粗根的直径可以达到厘米级别，而细根的根径可以小于 0.1 mm，不同粗细的根承担的功能也有差别。粗根扎入土壤以支撑作物，而吸水主要依靠细根，根径小于 1 mm 的细根是吸水的主体，更细的根毛吸水能力最强。在土壤干旱和穿透阻力增加过程中，究竟是哪些粗细级别根的根径增粗了呢？试验结果显示（图 4.19 和表 4.6），无论是灌溉处理还是干旱处理，随着土壤穿透阻力增加，中等根径（2.5～4.5 mm）的根长占比增加，而细根（<2.5 mm）占比降低，粗根（>4.5 mm）占比略微增加，表明根系的根径增粗主要是细根增粗。细根增粗意味着具有吸水功能的根系减少，这不利于作物抗旱。

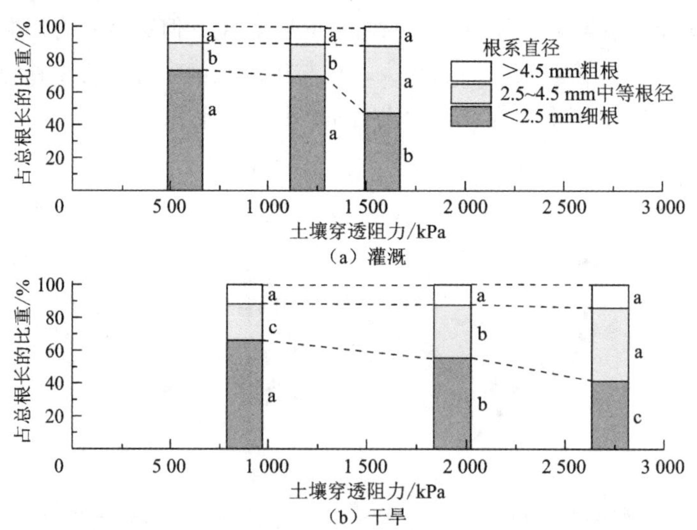

图 4.19 干旱和穿透阻力组合条件下不同根径的玉米根长占总根长的比重

同一行不同小写字母表示达到极显著水平（$P<0.05$）

虽然土壤穿透阻力和土壤干旱都影响玉米作物根系，但综合上文的结果看到，穿透阻力与根径的关系更密切，可以认为土壤穿透阻力是影响根系平均根径的主要原因。在干旱过程中，土壤有效含水量逐渐降低（土水势降低），根系必须提高吸水能力才能吸收足够的土壤水分，因此吸水能力强的细根数量增加。但随着土壤干旱的同时，土壤穿透阻力也增强，使细根穿插受阻，限制了其吸水范围，而且因为土壤失水收缩导致根系（特别是细根）与土壤接触变差，细根无法吸收更多的水分，此时根径变粗有利于根系扩大吸水范围，也有利于增强与土壤的接触。从这个意义上讲，根径遇阻变粗有利于根系吸水抗旱。而土壤紧实或不干旱人为压实情况下，土壤穿透阻力增加使根径变粗则不利于根系吸水，一方面是减小了根长，另一方面是降低了水分在根系中的径向运输。因此在干旱的早期，紧实的土壤穿透阻力增加抑制根系生长，穿透阻力胁迫先于干旱胁迫，而在干旱胁迫发生之后穿透阻力增加则加剧干旱。如果考虑到土壤干旱程度和压实程度，则根-土之间的相互物理作用关系更加复杂，既可能出现正反馈关系，也可能出现负反馈关系，作物虽然很聪明，但要应对这种复杂的，甚至不可预知的环境变化而做出正确的响应十分困难，出现左右为难的情形。对于追求作物产量的农业生态系统，人为干预而创造合适的土壤穿透阻力条件是必要的。

（三）根体积和根质量密度

土壤干旱和穿透阻力抑制作物根系生长，宏观上表现玉米根系质量、体积和表面积等减少（表 4.6）。灌溉处理下，高容重（高穿透阻力）处理的玉米总根表面积比中容重和低容重分别低 36.0%和 47.0%，种子根表面积分别低 44.5%和 54.7%；干旱处理下，高容重处理的玉米总根表面积比中容重和低容重分别低 16.1%和 33.5%，种子根表面积分别低 40.8%和 72.1%。根体积、根质量密度在干旱和穿透阻力下的表现与根表面积响应趋势一致，均有不同程度降低。

表 4.6　红壤穿透阻力对玉米苗期根系的影响

处理	土壤穿透阻力/kPa	根质量密度/（10^{-4} g/cm^3）	根表面积/cm^2		根体积/cm^3		根长比例/%		
			总根	种子根	总根	种子根	<2.5 mm 细根	2.5～4.5 mm 中等根径	>4.5 mm 粗根
灌溉	575c	2.02a	279.7a	98.1a	7.71a	2.65a	73.17	22.82	4.00
	1201b	2.01a	231.8b	80.0ab	5.93a	2.06ab	69.60	19.56	10.84
	1582a	1.73b	148.3c	44.4b	3.64b	1.09b	46.93	41.16	11.91
干旱	879c	1.97a	121.0a	62.0a	2.95a	1.63a	66.19	22.01	11.80
	1930b	1.88a	95.9ab	29.2b	2.15ab	0.86b	55.52	32.11	12.37
	2726a	1.64b	80.5b	17.3b	1.96b	0.58b	41.30	44.57	14.13

注：同一列不同小写字母表示差异达到显著水平（$P<0.05$）

根系干重是衡量根系生长量的另一个重要指标。在干旱和穿透阻力胁迫下，玉米根系质量密度（以单位体积土壤中根系干重表示）降低，灌溉处理下高穿透阻力下比中和低穿透阻力下分别低 13.9%和 14.4%，干旱处理下高穿透阻力下比中和低穿透阻力下分别低 12.8%和 16.8%（表 4.4）。玉米抽穗期田间土壤中的根质量密度与 0～20 cm 土层的平均土壤穿透阻力呈显著负相关（图 4.20），可以拟合为负对数关系方程。无论耕作处理还是施肥处理，在土壤穿透阻力超过 1 MPa 后根系干重即开始降低，超过 2 MPa 后降低显著（降幅达到 50%左右），在土壤穿透阻力达到 2.5 MPa 后根系质量密度降到极低水平，只有正常值的约五分之一。

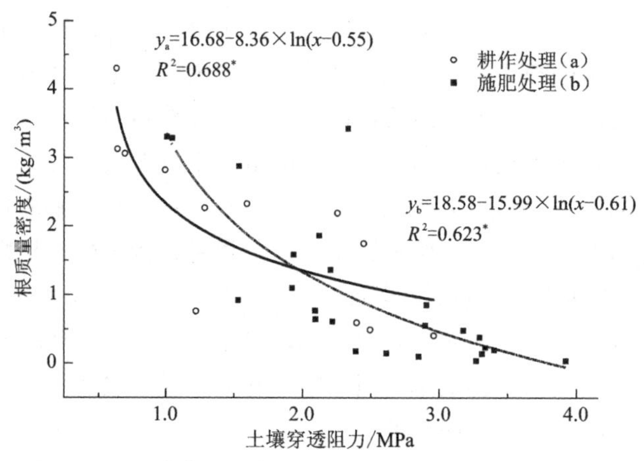

图 4.20　红壤穿透阻力与玉米抽穗期根质量密度的关系

*表示相关性达到显著水平（$P<0.05$）

（四）根系分布

作物在相对干旱的土壤中，根深、侧根数、总根长、根干重都有可能变化，但这些变化高度依赖于土壤其他条件（如土壤穿透阻力），根系生长和土壤干旱的关系并不确定，有时甚至呈现相互矛盾的关系（Mósena and Dillenburg，2004；Schenk and Jackson，2002；Sharp et al.，1988），这可以解释文献报道的作物产量与土壤干旱关系不稳定（Whitmore et al.，2011）。因此对于湿润但季节性干旱频发的红壤区，研究干旱和土壤穿透阻力对根系的分布的影响对采取合理的措施来防治作物干旱有重要意义。

1. 根系垂直剖面分布

红壤穿透阻力影响玉米根系在土壤中的垂直分布和水平分布，从而影响根系吸收水分和养分的范围。红壤穿透阻力大，作物根系集中于>0～20 cm 耕层，土壤轻度干旱时，根系在下层的分布增多，严重干旱时根系在下层的分配比例进一步提高，但绝对量显著减少，说明水分胁迫时有利于根系的深层分布，这也是植物对干旱环境的一种适应性变化。然而，由于土壤干旱的同时土壤穿透阻力急剧增大，又会阻碍根系往下生长，此时土壤穿透阻力便会加剧作物对干旱胁迫的反应，对土壤干旱的防御作用具有一种负反馈效应，不利于作物抗旱。

不同耕作方式下，红壤穿透阻力有不同的剖面分布模式，从而影响玉米根系的剖面分布（图 4.21 和图 4.22）。免耕处理（N）和压实处理（P）下耕层土壤的穿透阻力比常耕（C）、深耕（D）明显增加，而且穿透阻力峰值提前在>10～15 cm 深度就出现，常耕和深耕处理峰值出现在深度 20 cm 左右。相应地，穿透阻力大的免耕处理和压实处理的玉米根系干重在对应的各个深度层次都减少。可以看到在红壤剖面中，玉米根系主要分布在土壤耕层（>0～20 cm），深度 20 cm 以下根系干重占比极小（低于 10%），深耕处理增加了>0～40 cm 各个土层的根系质量密度，其原因与深耕增加了土壤通气性有关，但结果显示土壤穿透阻力降低与根系质量密度分布关系密切。影响作物根系下扎分布的原因很多，对于同一种作物，不同根系下扎深度受种植密度和施肥水平影响；土壤含水量和通气性也影响作物根系下扎。虽然土壤穿透阻力可能是影响根系下扎最主要的原因，但实际上很难与土壤含水量和通气性的影响区分开来。不同的耕作措施不仅改变了土壤穿透阻力，同时也改变了土壤含水量和通气性，它们共同影响了根系在垂直剖面的分布模式。

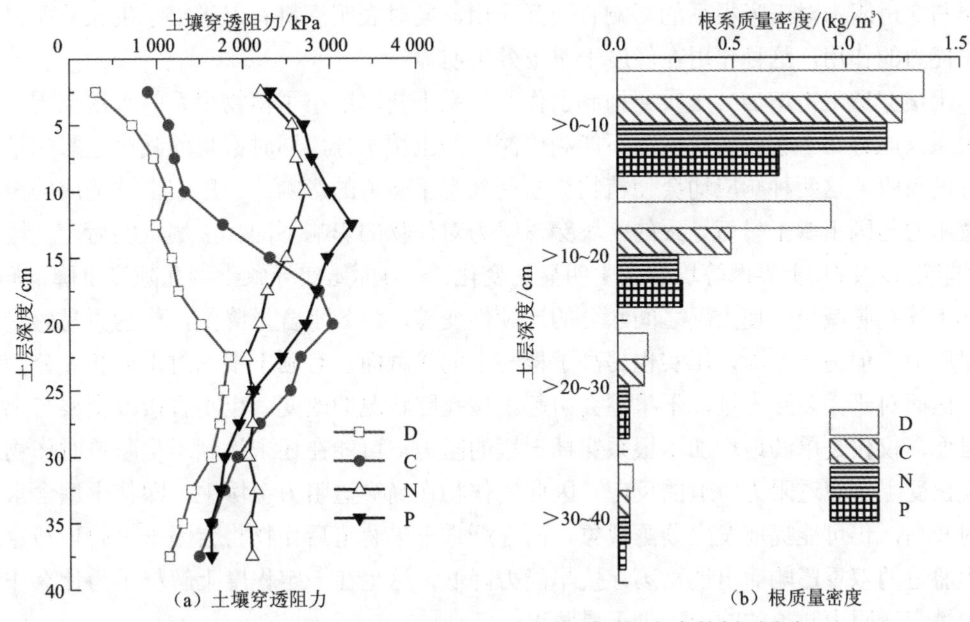

（a）土壤穿透阻力　　（b）根质量密度

图 4.21　玉米拔节期红壤穿透阻力与根系质量密度的剖面分布

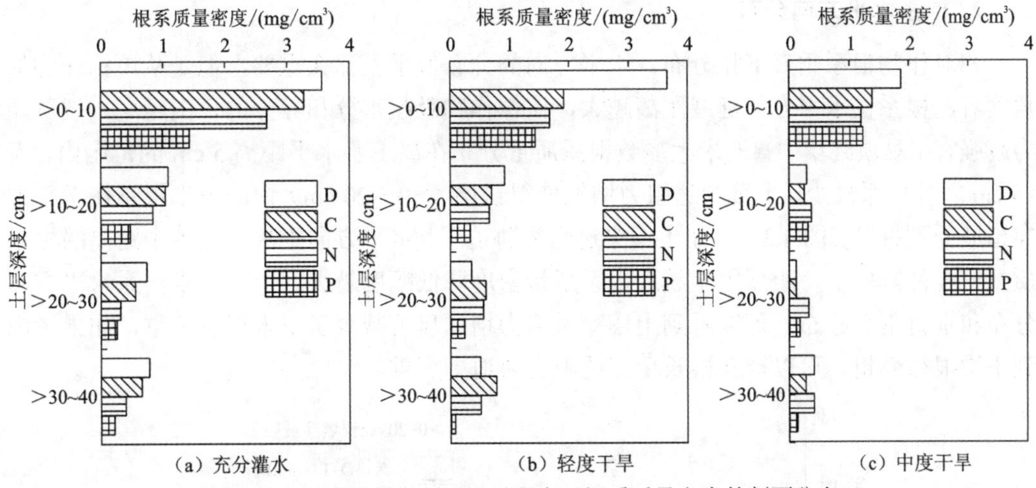

（a）充分灌水　　（b）轻度干旱　　（c）中度干旱

图 4.22　玉米拔节期不同干旱程度下根系质量密度的剖面分布

干旱与穿透阻力对玉米根系分布有协同影响。干旱在整体上抑制了根系生长，各个土壤层次根质量密度都显著降低（图 4.22），其中轻度干旱下根系降低幅度较小，而中度干旱下降低幅度较大；各个土层相比，犁底层（>20～30 cm）降低幅度最大而深层（>30～40 cm）相对降低幅度稍小。

与干旱降低根系质量密度类似，穿透阻力也降低了根系在土层中的分布密度，但在不同干旱程度和不同土层中降低幅度有差异。轻度干旱下根系在土层中的分布密度降低幅度小于重度干旱，在上层（>0～30 cm）降低幅度大于深层（>30～40 cm）；轻度干旱下深耕（降低土壤穿透阻力）有促进根系生长的作用，比不干旱和中度干旱下效果更明显，表土层（>0～10 cm）效果比其他层次（>10～40 cm）效果更明显。试验结果表明干旱与穿透阻力对玉米根系的影响有交互作用，同时表明深耕有促进根系生长从而提高抗旱能力的作用，这种作用在轻度干旱下效果明显。

土壤穿透阻力增加（压实）抑制了作物根系下扎，缩小了植物根系的吸水范围，致使根系只能分布于较浅的耕层而不能利用深层的土壤水分，同时根量的减少也影响了对养分的吸收，这两种响应均会使植物更易受到干旱胁迫的影响。由压实土壤造成的土壤穿透阻力与因土壤干旱而导致的土壤穿透阻力对作物的影响不同。土壤压实后，土壤的孔隙状况以及根-土界面等均会发生明显的变化，一方面压实导致土壤孔隙度下降，尤其是非毛管孔隙减少，使土层之间水分的连续性变差，易效水含量降低，作物更易感受到干旱胁迫；但另一方面，压实也提高了根与土的接触面，有利于根系对水分和养分的吸收。然而对于大多数土壤，干旱不会引起土壤孔隙状况的改变，也不直接改变根与土的接触面，仅仅是单一地增加了根系穿插土壤的阻力，可能在还未达到干旱胁迫时作物已表现出受土壤穿透阻力胁迫的反应。因此，作物在高穿透阻力土壤中，即使土壤含水量相对较高，仍可能提前发生萎蔫现象，而在严重干旱胁迫后作物将会因干旱胁迫与穿透阻力胁迫的双重影响而出现枯萎，抗旱能力降低，这也在一定程度上解释了为什么作物对土壤穿透阻力胁迫的响应先于干旱胁迫。

2. 根系水平方向分布

相对作物根系垂直下扎分布，水平方向的分布似乎不那么重要，但是从单株作物的角度看，根系在水平方向延展距离越大，该株作物吸收水分和养分的范围越广，抗旱能力越强。在黏质红壤中，玉米大多数根系质量分布在离主茎水平距离 5 cm 的范围内，而 15 cm 之外根系极少，土壤穿透阻力增加使得耕层（>0～20 cm）内的玉米根系在水平方向延展受到抑制（图 4.23）。在土壤穿透阻力胁迫下，水平方向距离主茎各个距离的根系质量密度都降低了，距离主茎越近根系质量密度降低幅度越大。综合玉米根系水平方向分布和垂直剖面分布，可以看到土壤穿透阻力增加显著减少了玉米根系干重，如果考虑到平均根径变粗，可以推断根长受穿透阻力胁迫更严重。

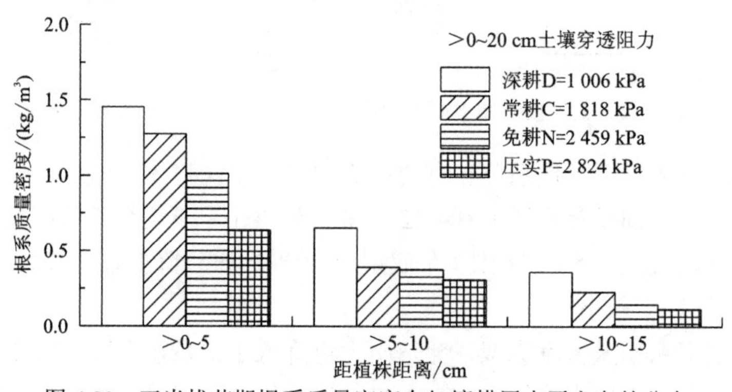

图 4.23　玉米拔节期根系质量密度在红壤耕层水平方向的分布

玉米根系质量密度水平分布模式在不同干旱程度下类似，但干旱显著降低了根质量密度（图 4.24）。在距离主茎>0～5 cm、>5～10 cm 和>10～15 cm 的三个范围内，随着干旱程度增加，根质量密度均降低。深耕能够提高根质量密度，其中在不干旱和轻度干旱的条件下，深耕提升根质量密度效果明显，而在严重干旱程度下效果不明显。

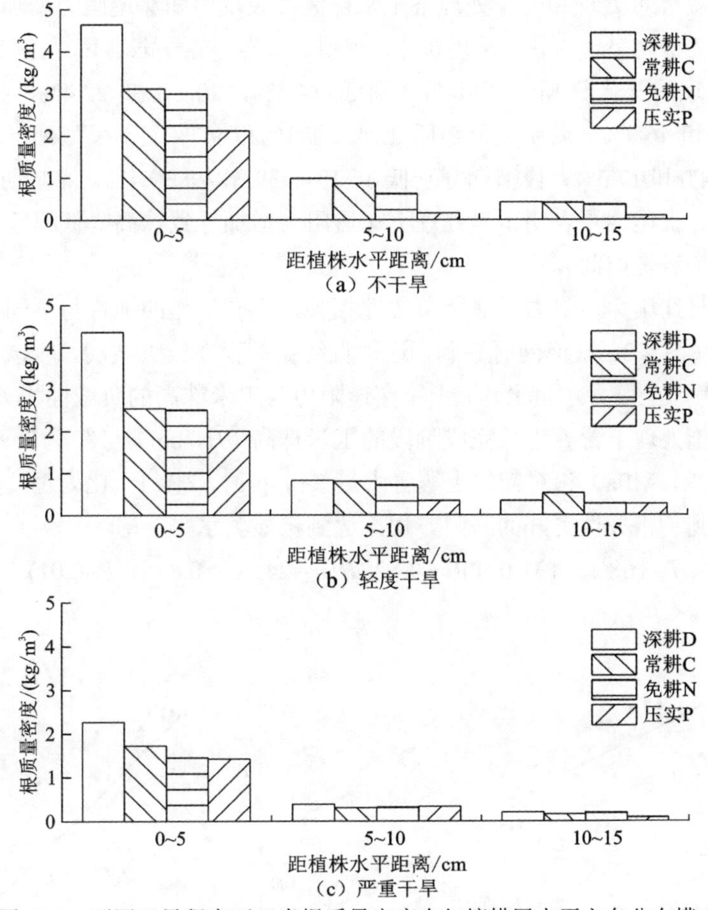

图 4.24　不同干旱程度下玉米根质量密度在红壤耕层水平方向分布模式

上述结果表明，玉米作物根系在红壤中的分布很浅，根系质量密度很小，而且在不同干旱和耕作（穿透阻力不同）条件下根质量密度差异甚大，这些地下部的差异将影响玉米作物地上部生长状况。

三、红壤穿透阻力对玉米地上部的影响

（一）株高

土壤穿透阻力不仅影响作物根系，也影响地上部生长。相关的多数研究报告表明土壤高容重会抑制地上部的生长（郑存德 等，2012；尚庆文 等，2008；沈彦 等，2007），但也有人认为该影响不显著（Goodman and Ennos，1999）甚至没有影响（Oussible et al.，

1992）。导致结果不一致的原因，可能与作物种类有关，但更可能也与不同研究者采用的土壤水分水平有关。因为即使容重相同，土壤类型和土壤水分不同条件下，穿透阻力差异极大，应同时考虑干旱和穿透阻力两种胁迫对作物的影响。

玉米在黏质红壤中不同干旱和耕作措施（不同穿透阻力水平）下的研究表明（He et al.，2017），在灌水处理和干旱处理下玉米株高都表现为随穿透阻力增加而降低，玉米在各个生育期的株高呈现深耕>常规耕作>免耕>压实。灌水处理下，与深耕相比，常耕、免耕和压实处理的玉米株高在三叶期分别低 14.3%、20.2%和 22.4%，拔节期分别低 30.2%、32.9%和 46.9%，灌浆期分别低 2.2%、7.1%和 9.7%；干旱处理下，三叶期分别低 14.4%、14.4%和 17.3%，拔节期分别低 36.1%、39.3%和 39.4%，灌浆期分别低 4.2%、6.4%和 10.4%。上述结果表明干旱处理下穿透阻力增加导致株高降低幅度更大（虽然有例外，但整体趋势是如此）。

玉米株高与红壤穿透阻力呈显著负线性相关，不同耕作的地块与不同施肥的地块呈现相同的规律（图 4.25）。但同时看到，这种直线相关存在较大波动，应该与土壤含水量有关，因此在考虑土壤含水量之后，土壤穿透阻力与玉米株高的负线性相关得到了改善。将不同耕作措施处理下营养生长完成阶段的玉米株高（H，cm）与红壤 0～20 cm 耕层土壤穿透阻力（PR，MPa）和对应的土壤含水量（θ，g/g），先归一化处理，然后进行二元一次回归，得到了相关性更好的回归方程，达到极显著水平，即

$$H=168.1-131.0\times \mathrm{PR}+97.2\times\theta\ (n=24,\ R^2=0.818)\ (P<0.01)$$

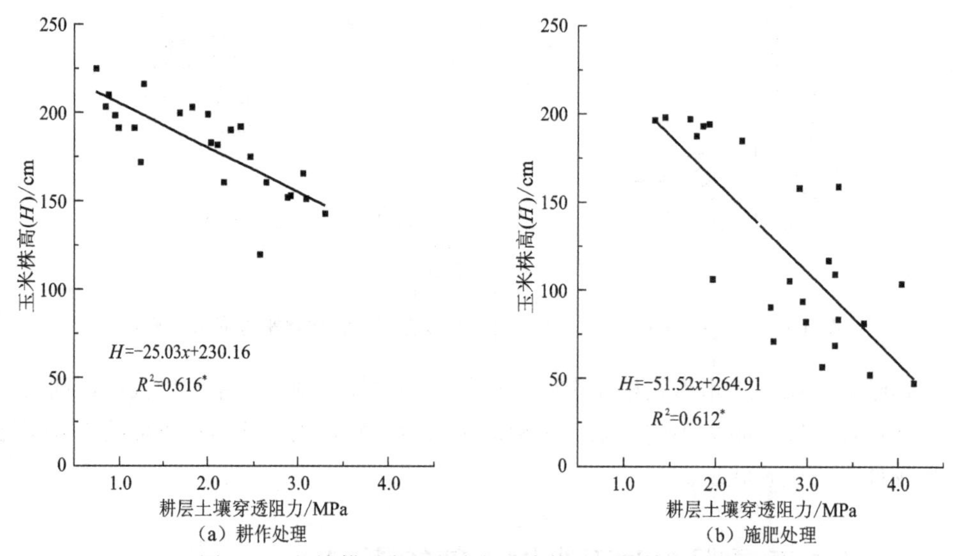

图 4.25　红壤耕层穿透阻力与玉米拔节后期株高的关系

*表示相关性达到显著水平（$P<0.05$）

单一的土壤含水量与营养生长期玉米株高的相关性未达到显著水平，这与该时期的田间土壤含水量较高有关。试验结果表明，黏质红壤在含水量充足时，穿透阻力（以及通气性）抑制作物生长，而在干旱时，土壤水分和穿透阻力共同抑制作物生长（此时通气性得到了改善）。

（二）茎粗

与玉米株高类似，随着红壤穿透阻力增加，玉米茎粗呈降低趋势（图 4.26），二者呈线性负相关，达到显著水平。考虑红壤含水量之后，玉米茎粗（RD）与 PR 和 θ 的线性关系得到改善，即

$$RD=1.897-0.724\times PR+0.632\times\theta \quad (n=24, R^2=0.646, P<0.01)$$

在玉米整个生育期，茎粗呈现先增大后略微降低的动态变化趋势，呈“单峰式”曲线变化，在抽穗期茎粗达到最大值。穿透阻力对茎粗的影响随生育期变化，玉米拔节期的茎粗受土壤穿透阻力影响最大，各个耕作处理之间差异最大，开花期之后处理之间的差异有所缩小，在灌浆期差异最小。土壤穿透阻力对玉米茎粗的影响主要在玉米生育的早期，因此播种前的深耕或者出苗后的松土有利于玉米早期生长更加粗壮的植株，利于后期抗旱。

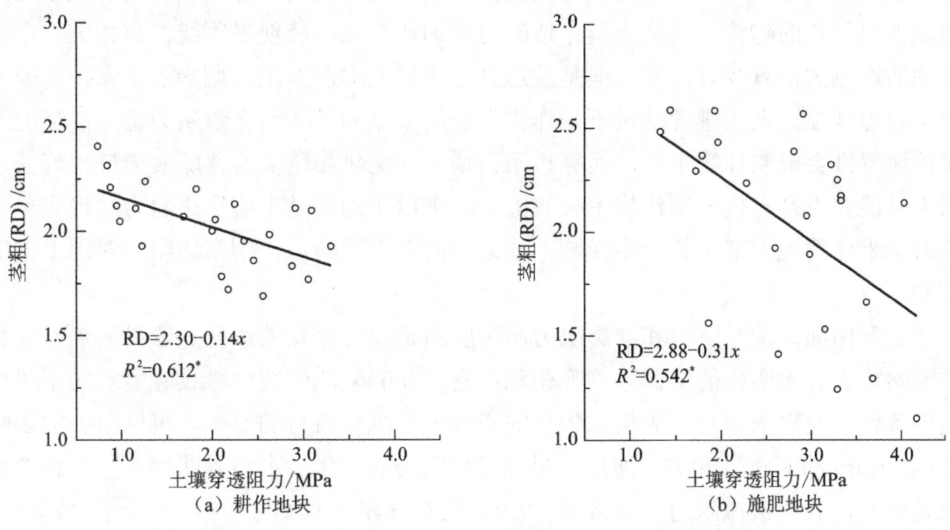

图 4.26　红壤耕层穿透阻力与玉米拔节后期茎粗的关系

*表示相关性达到显著水平（$P<0.05$）

（三）叶面积

玉米在抽雄期之前叶面积增长速度很快，之后叶面积增长速度保持平稳或者略降，与株高和茎粗一样，玉米叶面积也受到土壤穿透阻力的抑制。但与茎粗在生育早期受穿透阻力影响更大不同的是，玉米叶面积在其最高峰的时候（抽雄前期）受土壤穿透阻力影响最大。在玉米拔节后期，单株叶面积与耕层土壤穿透阻力呈显著负相关，可以拟合为负线性关系（图 4.27），但拟合方程的决定系数不高。将土壤含水量作为影响因子纳入方程后，回归方程的拟合效果得到明显改善，即

$$\text{玉米叶面积}=-155.0-55.70\times PR+36.03\times\theta\ (n=24, R^2=0.763, P<0.05)$$

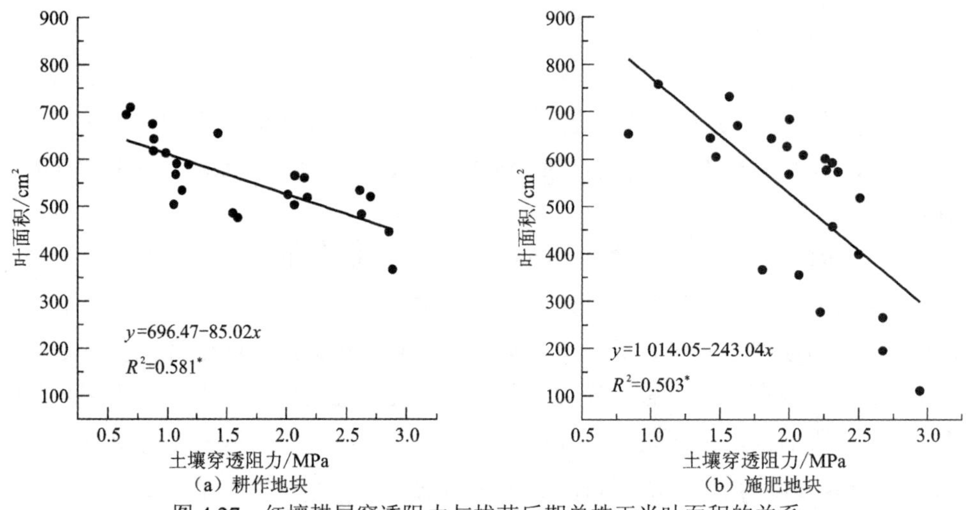

图 4.27　红壤耕层穿透阻力与拔节后期单株玉米叶面积的关系

综合上述结果，玉米作物地上部生长指标（株高、茎粗、叶面积）受红壤穿透阻力胁迫表现出一致的趋势，均随土壤穿透阻力增加而降低，呈现显著线性负相关，在不同生育期的影响大小有少许差异。但是注意到上述研究中，玉米苗期降水丰富，一般不出现干旱胁迫现象，在土壤含水量不是作物生长的限制因子（而穿透阻力是）的情况下，土壤的通气性会限制作物生长，而穿透阻力增加（免耕和压实）伴随着通气性降低，穿透阻力可能并不是直接抑制作物生长的因子。可以明确的是土壤穿透阻力胁迫先于干旱胁迫对玉米作物地上部生长产生影响，如果同时有干旱胁迫，则穿透阻力对地上部的影响加剧。

在实际田间，干旱胁迫和穿透阻力两种胁迫是同时存在的，究竟哪种胁迫对作物生长的影响更大并无明确的结论。刘晚苟和山仑（2004）的研究中，设置紧实与干旱协同胁迫的条件，发现水分对玉米根系生长的影响大于机械阻力的影响，机械阻力的影响是次要的。Iijim 和 Kato（2007）通过干旱和机械阻力对玉米、水稻等四种不同作物的影响的比较研究，表明机械阻力显著降低 PER，根径变粗（水稻除外），而干旱只降低玉米和棉花的 PER。出现这种分歧的原因与不同研究者试验的条件不同有关，即与作物受到的穿透阻力胁迫程度及干旱胁迫程度不同有关。①土壤水分充足时作物生长最好，土壤干旱时作物生长受限，越干旱作物胁迫表现越明显；②土壤穿透阻力对作物胁迫存在临界点，当穿透阻力小于临界点的时候，随着土壤穿透阻力增加作物生长得更好，作物无胁迫表现。例如一般认为土壤容重 1.3 g/cm^3 左右是旱作作物最合适的土壤容重，太松散的土壤（穿透阻力较小）并不利于作物生长；③即使容重和含水量相同，但不同土壤的穿透阻力不同。即使研究者设定的土壤含水量和容重相同但实际上干旱胁迫水平和穿透阻力胁迫水平并不相同，导致不同的结果也可以理解；④土壤穿透阻力胁迫往往和干旱胁迫同步增加，有时很难区分究竟是哪种胁迫起主要作用，一些研究者的结果需要在特定的条件下解释。上述情况给研究穿透阻力对干旱的影响带来了较大困难，如何评价土壤穿透阻力在红壤季节性干旱中的作用面临着挑战。

第四节　红壤穿透阻力对作物干旱的影响

土壤穿透阻力增加对作物有一系列的影响，并且和其他影响因子共同起作用，难以区分穿透阻力单独的影响和其他因子的影响，如干旱增加伴随着穿透阻力增加，二者对作物的影响就难以区分。虽然认识到土壤穿透阻力可影响作物水分胁迫的发生，但已有研究并没有阐明土壤穿透阻力在作物干旱过程中所起的作用，主要疑点有两个：①在土壤水分适宜但开始干旱情况下，土壤因含水量降低而穿透阻力增加，作物根系首先受到土壤穿透阻力胁迫（先于水分胁迫），根系下扎和吸水能力下降，这种阻力胁迫响应既可能加剧干旱也可能利于抗旱。例如，通过根系穿透阻力胁迫信号率先反馈到地上部（先于水分胁迫信号），及时调节作物地上部生长（降低生长速率），作物耗水减少或减产，这种率先响应可能有利于防御更严重的干旱。但总体上这种干旱早期的穿透阻力胁迫会导致作物减产。②在持续干旱条件下更复杂，一方面，土壤穿透阻力抑制根系生长，受阻的根系吸水能力降低，特别是根系分布变浅，不能吸收深层土壤水分，加剧作物受旱程度；但另一方面，土壤穿透阻力增加可避免产生庞大的根系，可减少根系本身对同化物和水分的消耗，以应对持续干旱，避免作物遭受更严重的水分胁迫。这种穿透阻力响应对自然生态系统的维持是有利的，但对追求作物产量的农业生态系统不一定有利。因此，土壤穿透阻力在作物干旱过程中究竟扮演什么角色，需要在不同性质的土壤和干旱条件下开展研究。

一、作物水分关系

作物根系遇到土壤穿透阻力之后，其形态响应是径向扩张（根径变粗），伸长减速，也有研究表明根毛会增加（Bengough et al.，2006），这些形态变化进一步影响根系对土壤水的吸收和转运，也就是影响土壤-作物水分关系。土壤水分首先要克服根系径向（根表到根木质部导管）阻力，然后要克服轴向（根木质部导管）阻力，才能向植株地上部运输。整个水分从土壤运输到根系过程中，轴向阻力较小，径向阻力是水分转运的主要阻力。理论上，根系遇阻变粗增加了径向水分运输阻力，降低了根系导水率，不利于土壤向作物供水。根系遇阻根长缩短，会减少下扎深度和广度，抑制根系吸收深层土壤水分。此外，根系遇阻变粗这一形态变化，还可能降低其单根吸水能力而改变土壤有效含水量的下限（如提高水分胁迫的临界含水量），从而影响作物利用土壤水分状况和抗旱能力。土壤穿透阻力导致的这些过程的变化，受根系两端的土壤性质、大气条件影响，人们在红壤作物系统中对这些影响还知之甚少。

（一）萎蔫含水量

作物从土壤中吸收水分供其生长耗水需要，当土壤含水量降低，根系从土壤中吸收的水分少于植株消耗的水分时，作物发生萎蔫，土壤水分恢复也不能使植株形态恢复，此时的土壤含水量称为萎蔫含水量（或凋萎系数）。虽然一般规定土壤基质吸力等于1.5 MPa时对应的土壤含水量为萎蔫含水量，并认为是土壤固定的性质（土壤水分常数），但从土壤-作物系统动态关系看，萎蔫含水量只是一个近似的数值而且不是不变的常数，土壤供水或作物吸水其中的一个发生变化萎蔫含水量都可能发生变化。作物干旱响应是一个水分供需矛盾逐渐显现的过程，既与土壤供水能力有关也与作物吸水和耗水速度有关，耗水速度大于供水速度作物就发生干旱而萎蔫，凋萎的叶片是否能恢复正常与土壤含水量有关也与萎蔫持续时间（即对作物的损害程度）有关，在这种动态的供需关系中看，土壤萎蔫含水量是随土壤性质和作物特性发生变化的。例如，干旱沙漠中的植物根系吸水能力强，能够吸收土壤中大于1.5 MPa基质吸力的水分，萎蔫含水量更低；作物根系形变会损毁其吸水能力，对应的萎蔫含水量会更高。

在不同容重的红壤中种植玉米并连续干旱试验结果表明，红壤穿透阻力损害了玉米根系的吸水能力，土壤萎蔫含水量随穿透阻力增加而升高，呈极显著线性关系（图4.28）。如果以土壤含水量表示，穿透阻力小（0.6 MPa，容重1.2 g/cm^3）的处理在含水量略大于0.08 cm^3/cm^{3}时玉米发生永久萎蔫，而穿透阻力大（3.2 MPa，容重1.5 g/cm^3）的处理在含水量为0.14 cm^3/cm^{3}时玉米就发生永久萎蔫；以质量含水量表示则分别在0.075 g/g和0.095 g/g发生永久萎蔫。这个结果证实了前文的理论推测，土壤萎蔫含水量不是固定的常数，穿透阻力恶化土壤-作物水分关系，降低了有效含水量，作物提前受到干旱胁迫而发生永久萎蔫，增加了土壤凋萎系数，加快干旱胁迫。

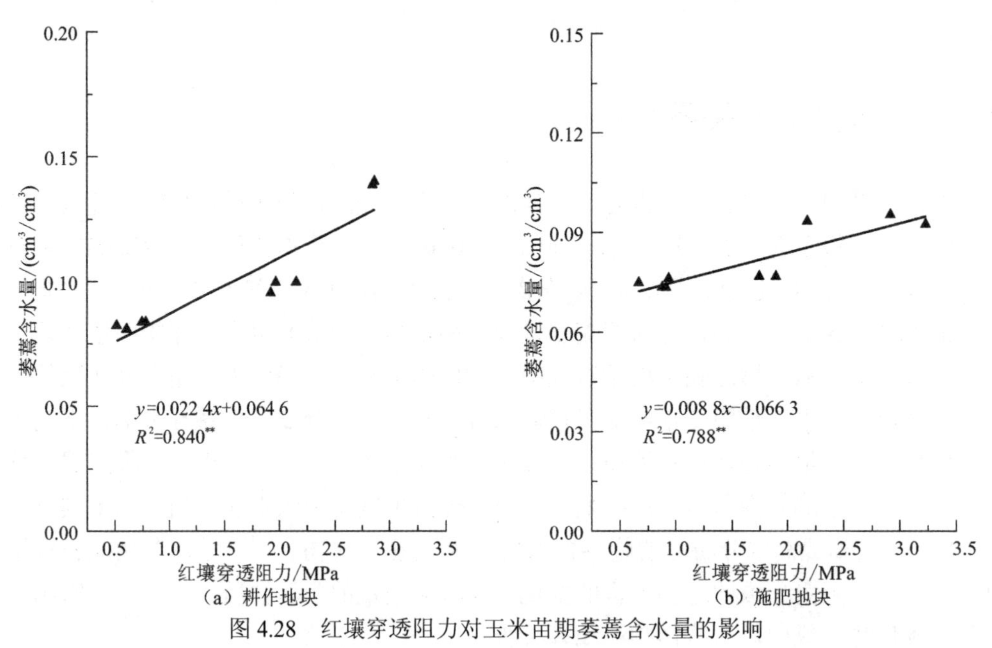

图4.28　红壤穿透阻力对玉米苗期萎蔫含水量的影响

**表示相关性达到极显著水平（$P<0.01$）

（二）根叶水势

作物根叶水势是判断作物水分状态和干旱程度的重要指标。水分从土壤进入到作物根系，是土壤水分从高水势向低水势的运输过程，是 SPAC 中重要的过程环节。在土壤干旱而土水势降低之后，作物根系也需要降低根水势才能保持土-根之间的水势差而维持正常的水分运输，而且需要更大的水势差才能维持水分运输的速度不至于降低太多。因此，作物根水势降低是作物对土壤干旱的一种生理响应，根水势的大小反映了作物水分状态和受旱程度，是敏感的作物干旱指标。一般情况下，作物根叶水势比土壤水势低（相差约一个数量级），如正常供水的土壤土水势高于-0.3 MPa，而根叶水势高于-3 MPa，如果低于这个水平，表明土壤-作物系统处在干旱胁迫状态中。

在干旱期和丰水期观测表明，红壤穿透阻力增加，玉米的根水势降低，二者呈线性关系，而土壤含水量和根水势呈负线性关系（图 4.29）。土壤含水量与玉米根水势关系稳定，随着土壤含水量降低玉米根水势呈线性降低，在丰水期（土壤相对含水量为田间持水量的 75%～80%）和干旱期（土壤相对含水量为田间持水量的 43%～48%）表现一致；而土壤穿透阻力与玉米根水势的关系虽然在土壤湿润和干旱情况都是线性关系，但土壤湿润状况下穿透阻力增加玉米根水势降低的幅度比在干旱期更大（线性关系斜率不同），表明在土壤湿润期玉米根水势对土壤穿透阻力的变化更敏感，比土壤含水量更能反映根系胁迫状况。

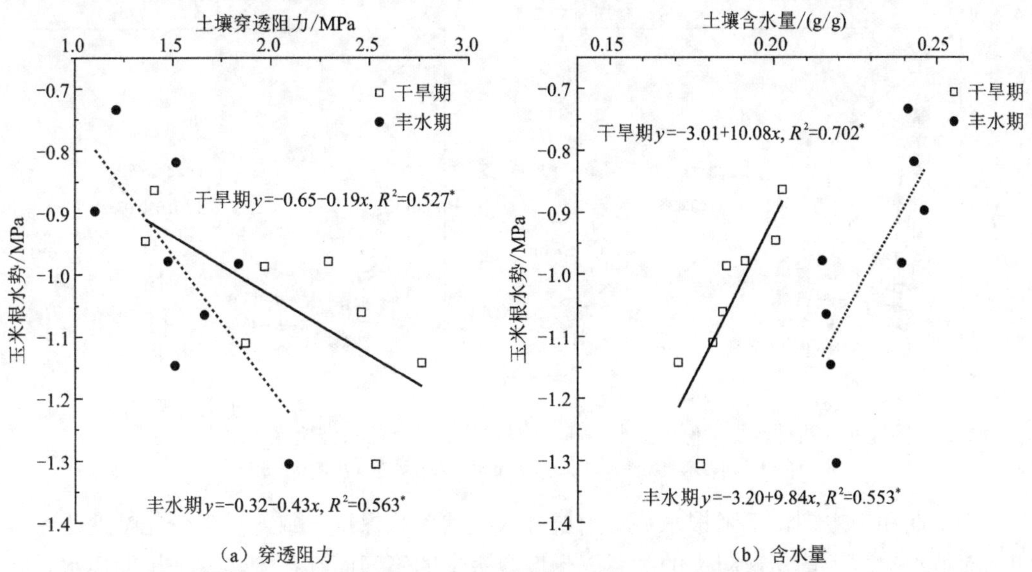

图 4.29　红壤耕层穿透阻力和土壤含水量与玉米根水势的关系

*表示相关达到显著水平

土壤穿透阻力（PR）和土壤含水量（θ）结合起来能更好地反映玉米植株根水势（ψ_r）状态，将参数归一化之后建立二元一次回归方程，比一元线性方程效果更好，即

$$\text{丰水期根水势 } \psi_r=-1.992-1.792\times PR+2.232\times\theta\ (n=8,\ R^2=0.863,\ P<0.05)$$

$$\text{干旱期根水势 } \psi_r=-2.813-0.153\times PR+2.803\times\theta\ (n=8,\ R^2=0.840,\ P<0.05)$$

从回归系数结果看，土壤穿透阻力对根水势的影响在丰水期比干旱期更大，而土壤含水量在干旱期影响更大，与根据图 4.29 直观观测的结论一致。正常年份和干旱年份田间观测结果进一步表明（图 4.30），不同耕作措施下的红壤穿透阻力和根水势在两个年份

均呈线性负相关，但有细微差别。在正常气象年，二者关系在 1∶1 线的下方，而且陡峭，表明随着土壤穿透阻力增加（干旱发展）根水势下降很快；而在干旱年份，二者关系在 1∶1 线的上方，表明随着土壤穿透阻力增加根水势降低更加平缓。两个年份的这种差异从侧面进一步证明了比较湿润的时候土壤穿透阻力对根水势的影响更明显。

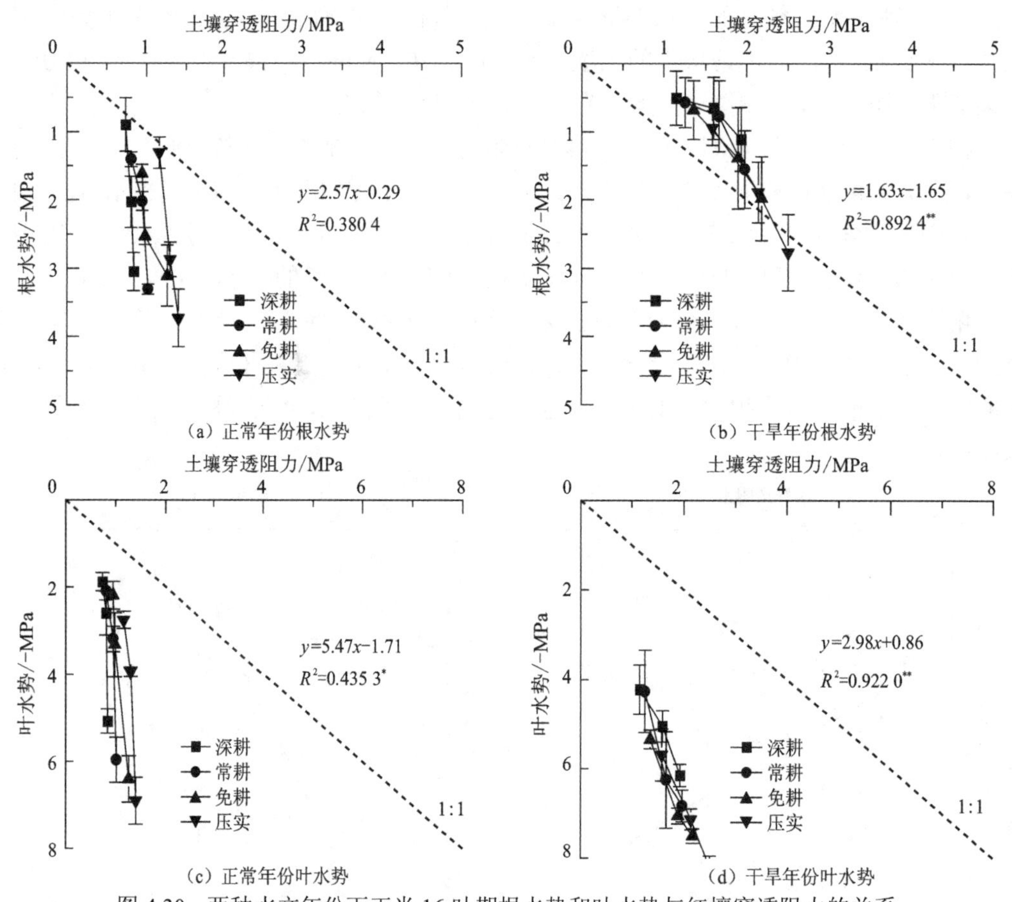

图 4.30 两种水文年份下玉米 16 叶期根水势和叶水势与红壤穿透阻力的关系

*和**分别表示相关性达到显著（P<0.05）和极显著（P<0.01）水平

干旱期和丰水期，玉米根水势与土壤含水量的关系保持一致，二者变化幅度是一致的，而根水势与土壤穿透阻力的关系因土壤含水量的不同而存在差异，干旱期根水势随土壤穿透阻力变化的剧烈程度小于丰水期。丰水期，从土壤至叶面的液态水流阻力主要是作物体内的阻力和水分从根表面传送至根木质部内的根阻力，即在良好的供水条件下“土-根”的水分传输阻力主要来源于植物体表现为根水势更低，作物体内水势梯度更大；而干旱条件下，土壤穿透阻力已明显使根系直径增大，也就进一步增加了根系径向阻力，从而严重影响根系对水分的吸收，在此过程中红壤穿透阻力对根水势的影响是间接的，同时土壤穿透阻力的增加可能也影响了土壤水流阻力与根系水流阻力的相对大小和重要性。随着土壤含水量继续降低，作物根水势明显降低，土壤穿透阻力急剧增大，又进一步限制了根系对水分的吸收，从而导致根水势变得更低，此时干旱胁迫与土壤穿透阻力胁迫表现出共同抑制作物生长的相互促进作用。因此，干旱胁迫时土壤穿透阻力进一步恶化了“土壤-作物”水分关系。

（三）叶水势与叶片含水量

1. 叶水势

相对而言，根水势主要受土壤水势和土壤穿透阻力影响，而叶水势既受植株供水的影响也受叶片蒸腾的大气环境影响，对干旱的响应更敏感，变化幅度更大，也更容易测量，是更好地指示作物干旱状态的指标。田间测量结果表明（图 4.31），在三个不同土壤含水量水平下，玉米叶水势与穿透阻力均呈线性相关；随着土壤含水量降低（伴随着穿透阻力增加），叶水势急剧降低。在不同耕作措施、不同施肥制度下，都得到了类似的结果。图 4.30 还显示，正常气象年的玉米叶水势高于干旱年份的叶水势，但两种水文年份下叶水势都随土壤穿透阻力增加而直线降低，这与根水势类似，而且叶水势与穿透阻力的相关性好于根水势与穿透阻力的相关性，说明叶水势对胁迫响应更灵敏。

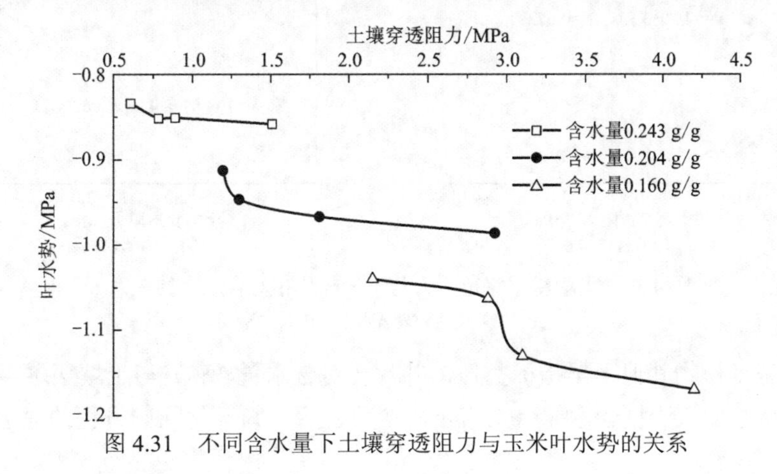

图 4.31　不同含水量下土壤穿透阻力与玉米叶水势的关系

2. 叶片相对含水量

植物叶水势需要专门的仪器测量，获取数据比较困难，可以用相对容易测量的生理指标替代。叶片相对含水量是植物水分状况的一个重要指标，也是“土壤-作物”水分关系的体现，在作物受到干旱胁迫的时候，水分运输到叶片的速率低于失水速率，叶片含水量降低，如果降低程度较大则叶片萎蔫。因此，在作物水分敏感期测量叶片相对含水量可以识别早期干旱。

通过监测不同耕作措施、不同施肥制度下玉米在 4 个生育期（苗期、拔节期、抽穗期、灌浆期）的叶片相对含水量，同时监测土壤穿透阻力，发现不同耕作措施和施肥制度下玉米叶片相对含水量差异较大，不同生育期差异也较大。玉米在拔节期叶片相对含水量最高（85%～90%），在灌浆期叶片相对含水量最低（60%～70%），而且与其他处理之间差异最大，表明灌浆期对水分敏感，这个时期的叶片相对含水量可以指示作物干旱胁迫情况。

玉米叶片相对含水量与土壤穿透阻力有关。在玉米叶片相对含水量增加时期（苗期-拔节期），红壤穿透阻力抑制叶片相对含水量增加，即随着红壤穿透阻力增加叶片相对含水量增加幅度降低；在叶片相对含水量降低时期（拔节期-抽雄期-灌浆期），红壤穿透阻力会加快单叶片相对含水量的降低，即随着红壤穿透阻力增加叶片相对含水量降低的幅度也增加。总体上，玉米单叶片相对含水量与红壤穿透阻力具有极显著线性关系（图 4.32），随着红壤穿透阻力的增加，玉米叶片相对含水量呈下降趋势。表明红壤穿透阻力不仅仅影响了玉米地下部根系的生长，也影响了地上部叶片的水分生理状态。

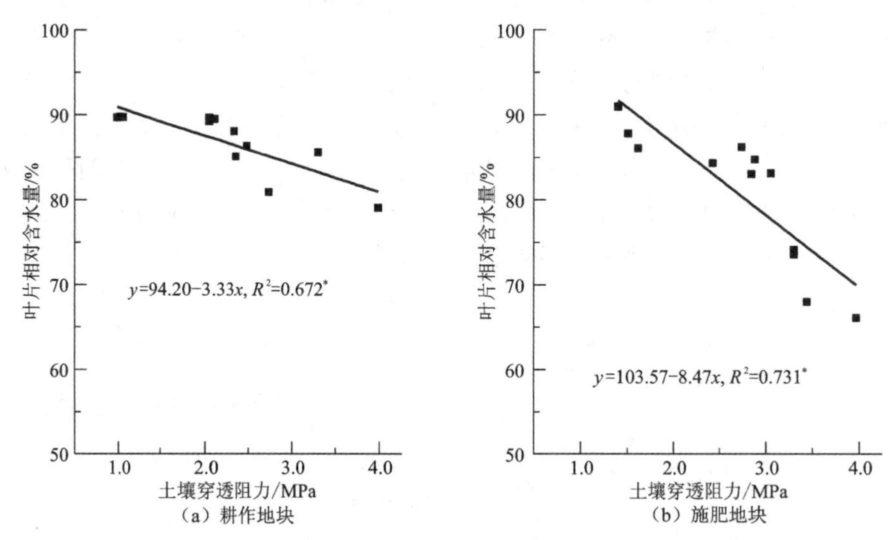

图 4.32　土壤耕层穿透阻力与玉米叶片相对含水量的关系

*表示相关性达到显著水平（$P<0.05$）

与前文玉米作物其他干旱指标类似，叶片相对含水量（%）与土壤穿透阻力（PR，MPa）的关系在加入土壤含水量（θ，g/g）参数之后，归一化回归方程的显著性得到明显提高，即

$$\mathrm{RWC}=62.94-14.88PR+39.94\theta \quad (n=12,\ R=0.915^{**})$$

该式表明玉米叶片相对含水量与土壤含水量呈线性正相关而与土壤穿透阻力呈线性负相关。

（四）叶片-大气水分传输

叶片-水气传输速度是反映作物水分状态的重要生理指标，包括净光合速率、气孔导度和蒸腾速率等。这些生理过程虽然受大气条件变化（光照和风速等）而瞬时波动，但是也受土壤水分胁迫和穿透阻力胁迫的持续影响。不同耕作措施下的测量结果表明，玉米净光合速率、气孔导度和蒸腾速率都随干旱程度增加而降低，也随着穿透阻力增加而降低，而且穿透阻力加大了干旱时的降低幅度（图 4.33）。不干旱条件下，土壤穿透阻力波动幅度为 0.43 MPa，对应的净光合速率波动幅度小于 1 μmol/（m^2s），蒸腾速率波动幅度仅为 0.6 mmol/（m^2s）；而干旱条件下，土壤穿透阻力波动幅度提高为 0.78 MPa，对应的净光合速率波动幅度提高至接近 6 μmol/（m²s），蒸腾速率波动幅度也提高为 1.25 mmol/（m²s）。表明红壤穿透阻力与土壤干旱对叶片-水气运输速率的影响存在交互作用，即土壤穿透阻力增加加剧了干旱条件下叶片-水气运输速率下降。

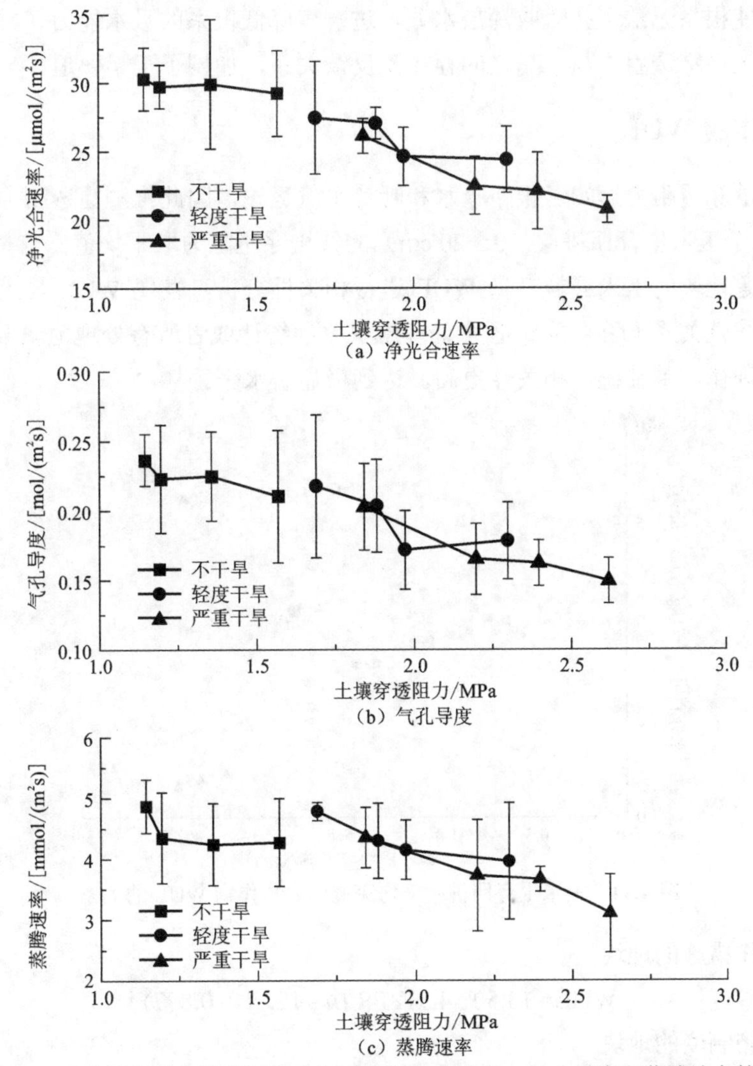

图 4.33 玉米抽穗期土壤穿透阻力与叶片净光合速率、气孔导度和蒸腾速率的关系

根系在土壤中穿插时受到土壤穿透阻力后可产生大量的信号传递物 ABA，经木质部运输到地上部，进而调控地上部对土壤穿透阻力做出反应，调控气孔导度，增强植株抗逆能力。据报道根系中 ABA 含量与植株受到的土壤穿透阻力呈正相关关系，土壤穿透阻力胁迫下将会产生大量的信号传递物 ABA，并通过木质部运送到地上部（Hurley and Rowarth，1999），而气孔导度与 ABA 含量具有较好的负相关关系（刘晚苟 等，2001）。土壤穿透阻力促进了植物叶片气孔的关闭，使叶片气孔导度降低，增加了气孔阻力，蒸腾作用明显降低，影响水分的运输转移，最终影响叶片含水量。在土壤轻度干旱时，土

壤含水量对作物水分的影响不明显，而已存在的土壤穿透阻力胁迫会促进作物叶片气孔关闭，水分蒸腾量减少，从而使作物体内保存水分以抵抗干旱的影响，此时土壤穿透阻力对作物水分关系具有一定的改善效果。土壤干旱增加时，土壤有效含水量降低，而穿透阻力增加使根系无法下扎吸收深层水分，进一步降低根系的吸水能力，恶化作物水分关系，此时土壤穿透阻力与干旱之间存在正反馈关系，加剧了干旱胁迫。

（五）作物 WUE

由于红壤穿透阻力影响了根系吸水和叶片水气运输，因此推测穿透阻力将影响作物 WUE。将整个玉米生育期耕层（0～20 cm）的红壤穿透阻力取平均值，与耕作、施肥、灌溉和干旱等地块的玉米籽粒产量 WUE 进行相关性分析，发现 WUE 与土壤穿透阻力呈显著的负线性关系（图 4.34）。各个处理地块单独统计或者所有处理地块合并统计，都得到类似的规律，单独统计相关性更高，达到极显著水平。

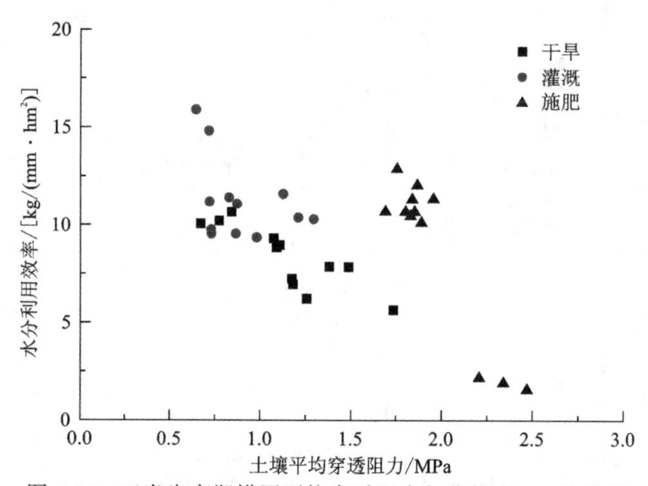

图 4.34　玉米生育期耕层平均穿透阻力与作物 WUE 的关系

不同耕作措施的地块

$$\mathrm{WUE}=13.50-4.51\times\mathrm{PR}\ (n=12,\ R^2=0.877)$$

不同施肥制度的地块

$$\mathrm{WUE}=40.56-16.21\times\mathrm{PR}\ (n=12,\ R^2=0.935)$$

式中，WUE 为作物籽粒产量的水分利用效率[kg/（mm·hm^2）]；PR 为土壤耕层在生育期的平均穿透阻力（MPa）。

理论上，土壤适度压实能增加作物根与土的接触，从而促进根系对水分的吸收，能提高 WUE。但黏质红壤中的结果表明穿透阻力增加（通过免耕和压实处理）降低了玉米作物 WUE；文献也报道土壤紧实度增加时作物的水分利用率降低（孙艳 等，2005；张国红 等，2004）。其原因可能是随着土壤穿透阻力增大，根系生长与地上部生长均受到抑制，根系吸水范围和吸水能力降低，且叶面积减小、植株矮小等导致土面蒸发过多，均会造成过多水分的损失，从而 WUE 降低。

二、作物干旱程度与籽粒产量

（一）CWSI

作物在干旱胁迫下叶片蒸腾降低而叶温上升，叶气温差增加，因此CWSI是根据叶片表面温度与空气温度的差值计算的反映作物实时水分胁迫状态的一个常用指标。虽然CWSI受大气气象条件变化的影响，但土壤供水、根系吸水和运输水分的能力是CWSI的决定性因子，土壤穿透阻力因为影响了根系吸水和运输水分的能力，也会影响CWSI，这是土壤穿透阻力影响作物抗旱能力的原因。

多年的田间监测结果表明，CWSI虽然波动很大（这反映了大气蒸发能力的波动），但是与红壤干旱和穿透阻力存在一定的相关性。CWSI随玉米生育期变化而变化，在16叶期最大，在灌浆期也较大。随着土壤干旱增加CWSI也增加，在CWSI大于0.3时玉米作物呈现明显旱象。总体上，CWSI随红壤穿透阻力增加而增大，在土壤不干旱的情况下，土壤穿透阻力对CWSI影响较小（抽穗期和灌浆期除外，但这与叶温测量误差有关，因为玉米灌浆期花粉掉落在叶片表层影响叶温读数），而在土壤轻度干旱和中度干旱情况下，土壤穿透阻力对CWSI影响有增大趋势。这一结果进一步证实了红壤穿透阻力加剧了干旱胁迫。同时注意到，前文结果表明红壤穿透阻力在土壤不干旱时就已经对玉米作物根系生长有明显的抑制作用，而在土壤不干旱时对CWSI影响不明显，这表明土壤穿透阻力对作物有直接的胁迫作用，与干旱胁迫是两种独立的非生物胁迫，穿透阻力通过影响根系生长而影响其在干旱期间的吸水，从而影响作物水分胁迫，而在不干旱情况下虽然也影响了根系生长，但是并不在作物干旱指数上显现出来。

（二）作物产量

红壤穿透阻力对作物产量具有显著影响，不同的耕作、施肥等情况下，随着耕层穿透阻力增加玉米籽粒产量降低（图4.35）。土壤不干旱情况下，穿透阻力增加可以使玉米籽粒产量降低25.8%；土壤干旱情况下，穿透阻力增加可以使玉米籽粒产量降低55.6%，这一结果印证了红壤穿透阻力可以直接影响作物生长从而导致减产，同时穿透阻力还加剧了干旱减产。不同施肥地块，干旱期间土壤穿透阻力差异巨大，而这种巨大的差异也造成了玉米籽粒产量的巨大差异。因此，红壤穿透阻力与玉米籽粒产量呈现显著的线性关系，这种关系在各种情况下都比较稳定，可以作为估产的一个变量参数。

通过设置不同的灌水处理（干旱水平），研究了不同水文年份土壤干旱程度和土壤穿透阻力对玉米产量的影响。结果表明红壤耕层含水量、土壤基质势和土壤穿透阻力这三个土壤变量与玉米产量均呈显著线性关系，而且干旱年份的相关性明显好于正常年份（图 4.36），说明与湿润年份相比，在干旱年份用土壤水分干旱指标或者土壤穿透阻力指标可以更好预测作物产量。在这三个土壤参数中，土壤含水量在正常年份和干旱年份与玉米产量呈极显著正相关，但在轻度干旱下，土壤含水量与作物产量相关性很差，在中度和重度干旱处理下相关性很好。而土壤基质势和土壤穿透阻力这两个土壤参数在

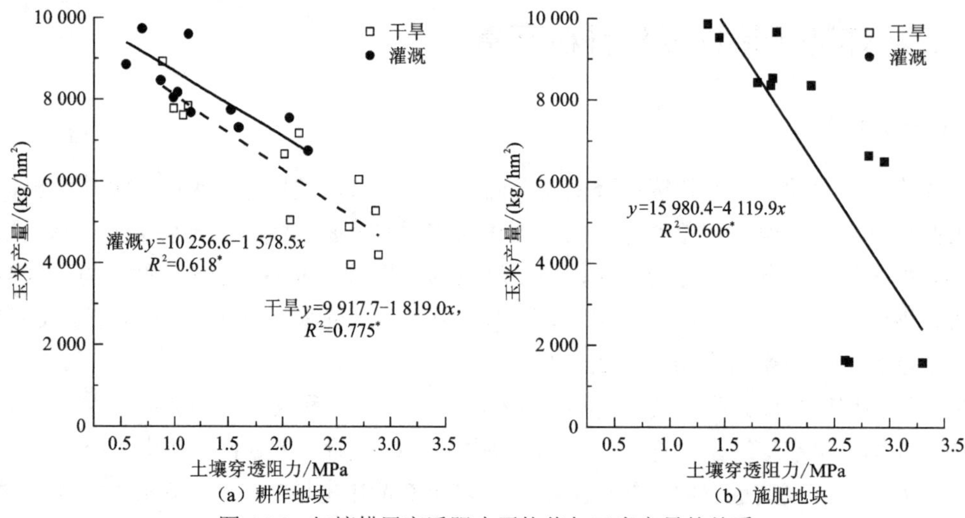

（a）耕作地块　（b）施肥地块

图 4.35　红壤耕层穿透阻力平均值与玉米产量的关系

*表示相关性达到显著水平（$P<0.05$）

正常年份与玉米产量的相关性较差，而在干旱年份达到极显著相关性。其中，红壤穿透阻力与玉米产量的相关性在干旱年份最好。干旱处理下红壤穿透阻力每增加 1.0 MPa，产量减少 1 819 kg/hm^2；灌水条件下产量可减少 1 578.5 kg/hm^2，穿透阻力对玉米产量的影响因土壤干旱状况不同而有差异。

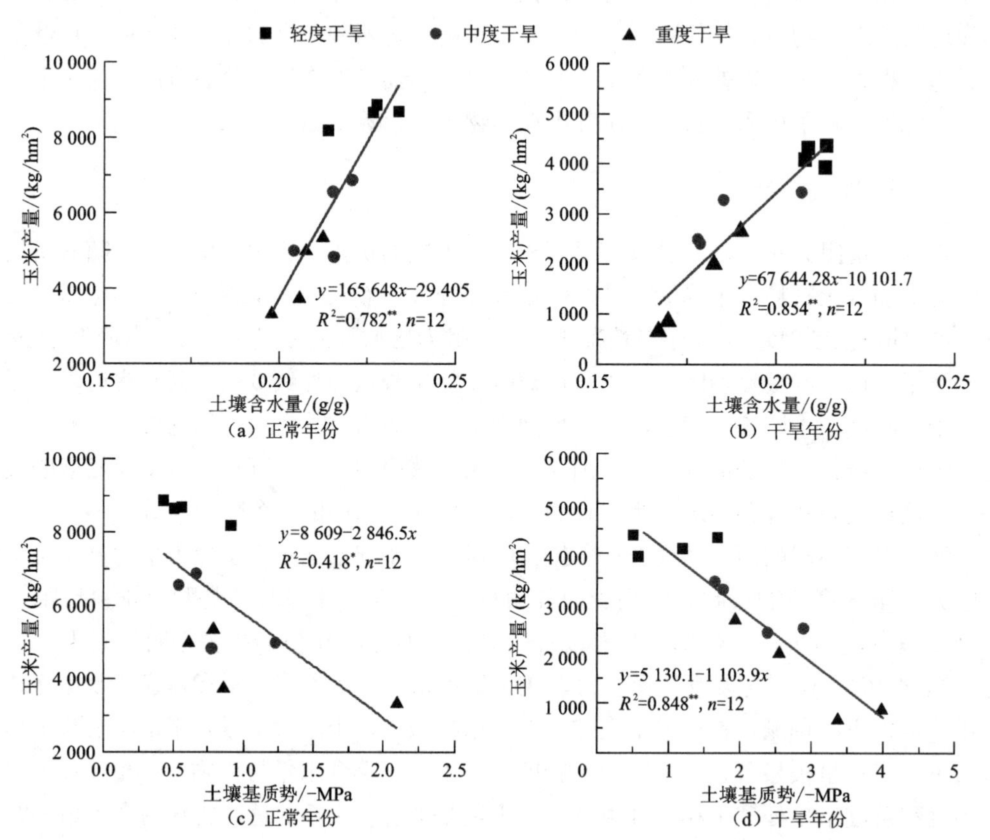

（a）正常年份　（b）干旱年份

（c）正常年份　（d）干旱年份

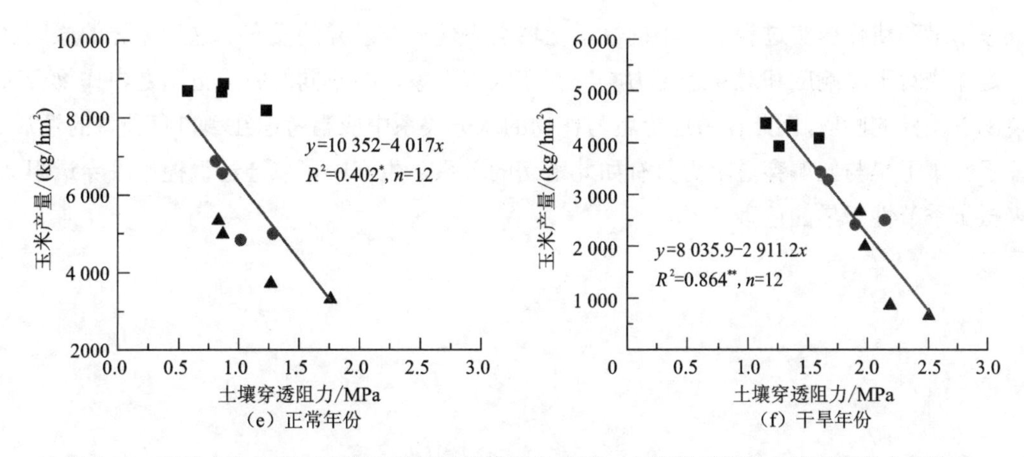

图 4.36　两种水文年份下玉米产量与红壤耕层含水量、土壤基质势和土壤穿透阻力的关系

*和**分别表示相关性达到显著（$P<0.05$）和极显著（$P<0.01$）水平

文献结果表明，当土壤穿透阻力与土壤基质势在控制条件下独立改变时，小麦生长对穿透阻力较为敏感，春小麦与冬小麦的干物质量均随着土壤穿透阻力的增加而明显下降（Whalley et al.，2006）。另有研究表明黄豆的产量与土壤穿透阻力并非线性关系，随着土壤穿透阻力的增大，黄豆产量呈现上升趋势，且当土壤穿透阻力在一定范围时（1.64～2.35 MPa）产量达到最大值，之后随着穿透阻力增大而显著下降；然而生长在紧实土壤中的高粱，虽然早期的营养生长受到影响，但最终的籽粒产量与生长在适宜土壤中的没有差别（Beutler et al.，2008）。不同研究结果差异的原因，一方面可能是因为作物类型对土壤穿透阻力的敏感度及反应方式不同，另一方面也可能与试验中土壤含水量的差异有关，不同的研究者可能是在不同的土壤干旱程度下开展的试验。如前文所述，在不同干旱程度下土壤穿透阻力对作物的影响有差异。

土壤穿透阻力与土壤水分是既独立又关系密切的两个影响作物生长的因子，但土壤穿透阻力随含水量的变化而变化，很难完全分开二者各自单独变化对作物生长的影响。在研究红壤季节性干旱对作物生长影响时，不能忽略土壤穿透阻力胁迫对干旱胁迫的协同作用。土壤含水量变化直接影响作物水分关系，其变化还引起土壤穿透阻力的变化，而土壤穿透阻力通过影响根系的生长、分布和其对水分吸收等来改变土壤与作物之间的水分关系，进而又影响作物对干旱的承受及抵抗能力。在此过程中干旱与土壤穿透阻力之间具有复杂的反馈关系。但干旱仅仅是增大了土壤穿透阻力，而不会像土壤压实增大穿透阻力的同时还会增加根与土的接触面，土壤压实导致的穿透阻力增大同时具有正负效应。还应注意到，土壤穿透阻力使根系变粗也是对根系生长受干旱胁迫的一种补偿作用，根系变短的同时根径变粗，使根系表面积的减少得到一定的补偿，也是对根土接触面的一种补偿，此时也可以说土壤穿透阻力对干旱是一种负反馈效应，然而，此补偿效应远远不及干旱与土壤穿透阻力间的相互促进效应。

因为土壤干旱过程和土壤穿透阻力增加过程与土壤自身性质有很大关系，在相似的气象干旱和耕作压实过程中，不同性质土壤会表现出有差异的反应，这种差异的原因之一是作物对干旱响应和对穿透阻力响应存在阈值现象，在不同的胁迫范围之内作物会表现出有差异的响应，因此在考虑土壤与作物的水分关系中应当考虑红壤自身独特的性质。鉴于红壤干旱与红壤穿透阻力具有如此密切的关系，生产中可以通过调控土壤穿透阻力来抵御季节性干旱的危害。

第五章　红壤生物耕作与季节性干旱

红壤性质在季节性干旱发生发展中扮演了重要角色，并与作物根系相互作用而加剧干旱。典型的情况是，夏秋晴热，作物需水多但根系分布和吸水深度浅，导致作物需水和土壤供水矛盾突出，形成季节性干旱。从物理条件看（不考虑土壤酸碱性和养分等因素），作物根系在黏质红壤分布浅有几方面的原因：①春播作物苗期土壤含水量高，而且此时作物需水少，浅层土壤水分能满足其需求，根系无下扎的动机；②耕层以下的心土和底土黏粒含量高，大团聚体和大孔隙少，通气状况差，不利于根系生长，根系无下扎的条件；③黏质红壤紧实，机械阻力本来就大，旱季含水量降低使得机械阻力进一步增加，根系不能穿越，无下扎的能力。当然，多年生植物的根系在红壤中下扎较深，不存在干旱胁迫问题（栽植的前几年依然会受到干旱胁迫而出现萎蔫或枯死的情况，但随着根系持续扎入深层，能够吸收深层土壤水分）。

对普遍无灌溉条件的红壤旱作农田，改善根-土关系，促进根系下扎和对深层水分的吸收，是防御季节性干旱的有潜力的途径。虽然耕作（特别是深耕）能降低土壤机械阻力、改善根-土关系，起到减缓季节性干旱的作用（He et al. 2017；Lin et al. 2016；Salem et al. 2015），但是这种效果短暂且不可持续。常耕和深耕短期内改土效果快，但仅局限于浅层，且副作用明显，如消耗较多能量、不利于土壤碳赋存、不利于水土保持、土壤结构对耕作产生依赖性、对底土无明显持续改善作用等，频繁耕作可能是土壤物理质量降低（如底土板结退化）的重要原因。因此，对于因黏重紧实而作物根系分布浅的红壤，可以利用先锋（前季）植物根系的钻孔作用，增加心土、底土的大孔隙，改善通气状况，降低机械阻力，促进后季作物根系下扎，以增加对深层水分的利用，即通过生物钻孔改善根-土关系，促进作物建立深根系统，是防御季节性干旱的有前途的途径。

第一节　根系钻孔与生物耕作

一、根系钻孔与根-土关系

（一）生物耕作的含义

生物耕作（bio-tillage）是利用植物根系作为耕作工具改良土壤结构以得到作物生长

的良好土壤条件的管理方式（Elkins，1985）。生物耕作又称生物钻孔（biological drilling 或 bio-drilling），指穿透能力强的先锋（前季）植物的根系在土壤中穿插并产生孔隙从而改良土壤性质的过程（Santisree et al.，2012；Chen et al.，2010；Williams and Weil，2004）。广义的生物钻孔包括蚯蚓、蚂蚁、白蚁等动物的穿插作用，本书仅指植物根系钻孔。文献报道了苜蓿、黑麦草（*Lolium perenne*）、草木樨（*Melilotus suaveolens*）、羊茅（*Festuca ovina*）、菊苣（*Cichorium intybus*）等具有较强的生物钻孔能力（Han et al.，2016；Bodner et al.，2014；Williams and Weil，2004）。钻孔能力强的先锋作物可以深入到土壤深层，一些较粗的根系腐解后还可以产生生物孔隙（biopore，直径大于 2 mm 的土壤孔隙），这些孔隙不仅能改良黏质红壤心土、底土不良的物理性质（如机械阻力大、通气差、导水率低），还可以被后季作物利用，促进后季作物根系下扎分布，从而增强吸收深层土壤水分并提高抗旱能力，起到调控季节性干旱的作用。

生物耕作一般在主要作物种植之前通过种植覆盖作物实现。覆盖作物（cover crop）是在主要作物生产期间种植的，或在果园的树木之间种植的，以保护和改良土壤、保护幼苗、密植生长的作物或绿肥（Soil Science Society of America，2008）。大量的研究证实了通过覆盖作物的生物钻孔，可以在短时间改良土壤的物理性质，促进后季主要作物根系生长，提高产量。相对于后季的主栽作物，覆盖作物也可以称为前季钻孔作物。

（二）生物耕作的改土作用

生物耕作可以改善土壤紧实、缺氧的缺点，为后季作物根系下扎提供更好的物理条件。这些作用具体表现在：①增加土壤大孔隙数量，改善通气状况。前季覆盖作物根系长，根系钻孔能力强，这些覆盖作物除了根系穿插直接产生大孔隙以外，其深层的根系吸收水分，可以使土壤深层局部干燥，促进底土裂隙形成，在底土产生大孔隙（Han et al.，2015；Scholl et al.，2014）。②增强土壤孔隙连通性，并改善土壤导水性能。伴随着覆盖作物粗大的主根钻入土壤深层，细小的侧根也增多（Stirzaker et al.，1996），细根腐解快，产生的小孔隙能增强土壤孔隙连通性，提高土壤导水率 K（Scholl et al.，2014）。③降低土壤机械阻力。具有深根系的覆盖作物可以减轻免耕条件下土壤紧实的危害（Williams and Weil，2004），原因是根系穿插降低了土壤的紧实状况，从而降低了土壤机械阻力。④覆盖作物的其他生物化学作用对土壤结构的改善，如钻孔植物根系的分泌物和有机质在深层累积，可促进微生物活动，起到改善深层底土结构和提高养分的作用。

（三）生物耕作对后季作物的有益作用

生物耕作（钻孔）之所以能影响后季作物根系生长，是因为根系能感知土壤环境（如含水量、通气性、机械阻力、养分状况等）并做出适应性响应，趋向于条件好的土壤部位生长。生物耕作产生了土壤大孔隙，后季作物根系可以优先占据这些生物大孔隙，作为其下扎土壤的优先路径（快速通道）。借助这些优先路径，后季作物根系可能生长得更快、下扎得更深、分布得更广，从而获取更多深层土壤水分和养分，可以提高其抗旱能力。因此，生物耕作可能是防御红壤季节性干旱的有前途的途径。

生物钻孔提供土壤大孔隙通道，可以改善后季作物根系的下扎和分布。一年生作物的根系韧性强(可塑性好)，可借用先前的孔道快速扎入土壤(Nuttall et al.，2008；Williams and Weil，2004；)(图 5.1)，并在孔壁内外发育更多的根系，从而增加深层土壤的根长密度（Han et al.，2015；Kautz，2015；Perkons et al.，2014）。研究证明，紧实土壤中的人造大孔隙也能吸引大豆、小麦、玉米根系并促进其生长（Colombi et al.，2017a)；作物的根系能否深入到紧实的土壤深层（>0.5 m)，与作物深层生根能力关系不大，而是取决于根系能否在深层找到孔隙网络（Gao et al.，2016)。因此有理由认为，对于黏质红壤，在含水量高的雨季，生物大孔隙（通气好）可促进作物根系向深层生长，改善根系分布；并且在含水量低的旱季，生物大孔隙（机械阻力小）有利于根系继续下扎以吸收深层水分和养分，从而起到防御季节性干旱的作用。

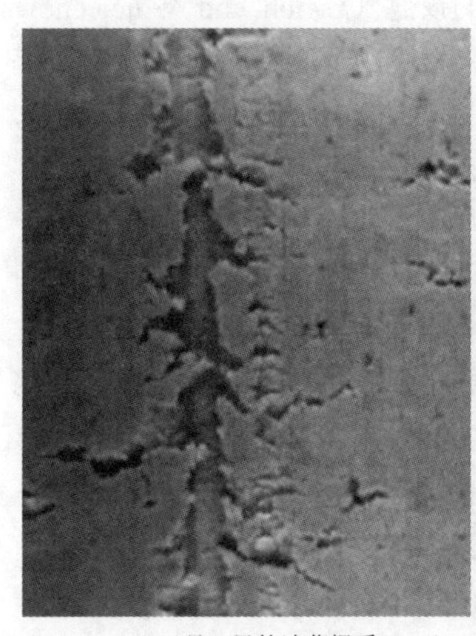

(a) 5 月 3 日的油菜根系

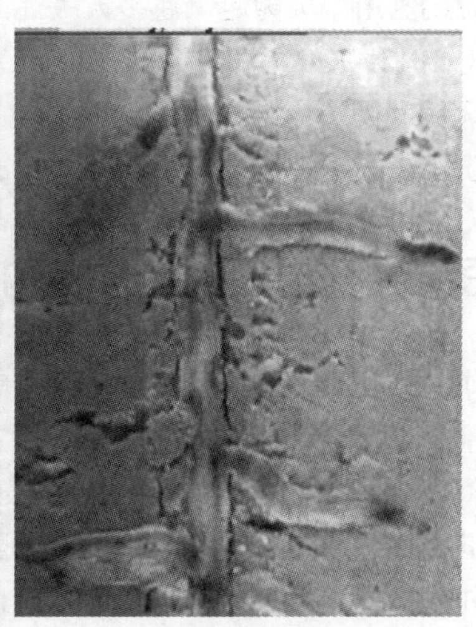

(b) 7 月 17 日的大豆根系

图 5.1　生物钻孔作用实例

前季作物（穿透能力强的油菜）的根系钻孔孔隙被后季作物（大豆）的根系作为优先通道占用

（Williams and Weil，2004）

生物钻孔可以降低土壤机械阻力，改变后季作物根系的形态（如根径级配)。因为作物主要依赖细根吸收水分和养分，根系形态的变化可能影响作物抗旱能力。根系在紧实的土壤中变粗（Bengough and Mullins，1990)，变粗的根系内部水分运输的径向阻力增大，根系导水率降低（刘晚苟和山仑，2004)，不利于作物抗旱；而生物孔隙降低土壤机械阻力，这可能利于细根形态（从而利用吸水能力）的保持。但实际情况远比这复杂，如研究表明，不同特征的前季作物根系钻孔形成不同径级的生物孔隙，进而影响后季作物根径级配（Han et al.，2016)，这暗示前季作物根系特征及其形成的孔隙可能影响后季作物根系形态和吸水能力。但目前这方面的研究还是初步的，生物钻孔特性如何影响后季作物根系形态、后季作物根系如何响应已有的土壤孔隙等并不清楚，特别是生物钻孔对后季作物抗旱能力的影响还缺乏直接证据。

生物钻孔对土壤和后季作物还有其他多方面的好处。例如，生物钻孔促进降水入渗（Kautz，2015），增强孔道附近土壤微生物活性（Uksa et al.，2014）和养分有效性（Barej et al.，2014），从而改善作物根系对水分和养分的吸收（Han et al.，2015），因此可以认为生物钻孔总体上有利于后季作物提高抗旱能力。但农田系统的实际情况比这种推测要复杂，生物钻孔对土壤和作物的影响（大小和途径）需要结合特定的钻孔植物种类、地区气候、土壤类型、后季作物特征来明晰。根系在土壤中生长可以改变土壤，反过来土壤中每个颗粒也影响根系发育，这是一个非常复杂的过程，特别在中等粒径土壤中的根系的行为更难理解，目前的研究还处在探索之中。

生物耕作是一种自然过程，比人工机械耕作更具有可持续性。在作物轮作实践和研究中，人们逐渐注意到了生物钻孔的好处。发展深根系农业，提高作物对深层土壤水分和养分等资源的利用，成为越来越多人关注的议题（Lynch and Wojciechowski，2015；Wasson et al.，2012；Kell，2011），生物钻孔对黏质红壤的改良作用值得期待。当前利用生物钻孔来调控和防御农业干旱仍未引起重视，可能是因为目前对复杂的、动态的根-土关系还认识不足。

二、根系钻孔与根尖形态结构

生物耕作（钻孔）通过根系进行，根系的钻孔能力取决于根系的几何形态特征和生理特征，特别是直接与土壤作用的根系的根尖部分更为重要。根-土相互作用过程复杂，研究者简单将根-土作用归类为四种（Jin et al.，2013）：①根施加一定生长压力通过使土壤变形来开辟新根系通道；②若土壤中有裂隙或孔隙，根系可能会沿着现有孔隙伸长；③根系在下扎到深层土壤之前会以一定入射角穿过裂隙伸长；④根系凭借根尖下扎到孔隙非常小的土层中。这些过程与根系本身特性相关，也受土壤性质影响。

植物根系的发育受到土壤物理性质的高度调节，尤其受土壤机械阻力影响。土壤的机械阻力与根系生长之间的相互作用，对许多学科如农学、土壤科学、生物力学、植物形态发生学都特别重要。根系与气生器官相反，根尖必须施加生长压力，才能穿透坚硬的土壤，并重新调整其生长轨迹以应对石块或硬土等障碍物，或沿着土壤孔隙的曲折路径伸长。根系的这些特性取决于根尖形态结构和生理生长，但根系如何在土壤中穿插仍然处在摸索之中。

（一）根系解剖结构与干旱的关系

根系根据其发生时期和部位，可分为种子根、主根、侧根、气生根、根毛等不同类型，不同类型的根有相似的解剖结构和相似的生长过程（图 5.2）。根系吸水的实质是土壤水分经过根表皮、外皮层、内皮层达到中柱木质部导管，并沿导管向上运输的过程，因而根系吸水和运输能力与根的形态和解剖结构密切相关，如内外皮层细胞壁的木栓化程度影响径向水分运输，木质部导管的数量和直径影响轴向水分运输，而皮层组织的结构和性质会影响根系总的新陈代谢消耗。图 5.2 显示了典型根尖解剖结构，根尖由根冠、分生区、伸长区、分化区（也称成熟区）组成，从分生区到分化区，细胞不断分化成熟，形成相应的形态结构和防护功能。

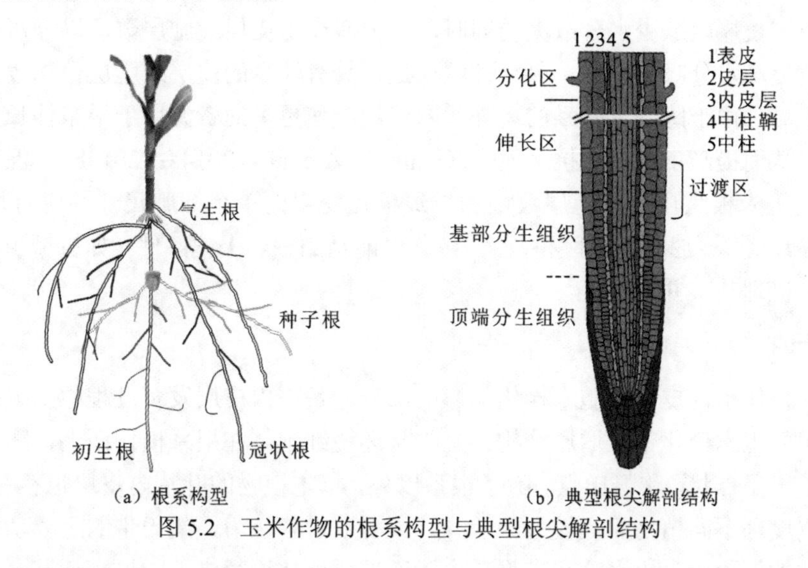

（a）根系构型　　（b）典型根尖解剖结构

图 5.2　玉米作物的根系构型与典型根尖解剖结构

1. 皮层组织细胞

皮层组织是细根初生构造之一，在根系横切面上占有很大比例，对根系的吸收与径向运输产生重要影响，其结构分布可分为外皮层、内皮层和皮层。在包括干旱等的逆境胁迫下，它们都会对胁迫做出响应而在结构上发生变化。

外皮层的木栓化加厚。外皮层是皮层最外一层或多层排列较紧密的细胞，细胞体积相对较小。随着根系的成熟发育，外皮层细胞形态分化而栓质化或木质化，使根系对水分和养分离子的吸收和渗透具有选择性，同时导致与土壤溶液直接接触的质膜面积降低，根系的吸收能力下降。干旱胁迫下，植物根系的外皮层通过增厚细胞壁累积木栓来响应这种逆境，增厚的细胞壁或形成的木栓结构可以减少体内养分离子的外散，从而最大限度保证植物生长。当然这种响应会影响根系正常吸水。

内皮层的木栓化加厚。内皮层是皮层组织最内层，常由一层细胞组成，排列整齐紧密，无胞间隙。伴随着植物生长，内皮层细胞壁也积累大量木栓，和外皮层类似，木栓化加厚层往往对水分和离子等运输造成障碍，尤其对通过质外体方式进行的水分径向运输过程造成阻碍。在干旱条件下，根系内皮层细胞壁的木栓化常会增多，如水稻不同品系根系内皮层细胞壁有不同程度的加厚。这种加厚可以在干旱胁迫下保存更多水分，但可能对径向水分运输增加障碍，降低根系水力导度，但目前并无足够的实验证实。有人认为，外皮层控制水分的吸收，而内皮层可以防止释放到中柱的离子发生倒流，以控制离子在离管状分子较近的区域，从而更有效地将离子运输到地上部分，并在低蒸腾作用下维持根压。

皮层细胞数量和尺寸变化。处于内外皮层之间的皮层细胞为没有木栓化加厚的薄壁细胞，薄壁细胞具有代谢活力（另有小部分代谢活细胞散落于表皮、内皮层、木质部和韧皮部中），需要消耗能量和水分，而成熟的木质部和厚壁组织都是死细胞，没有代谢消耗。在干旱条件下，皮层细胞的新陈代谢消耗会影响根系水分吸收。抗旱性强的植物在通过增加根周皮厚度减少水分散失的同时，大大减少了皮层细胞层数，以缩短水分吸收距离，有效提高水分吸收效率。另一种解释是，具有较少的皮层细胞层数和较大的细胞尺寸的玉米品种由于降低了根系的新陈代谢消耗，使更多的资源用于根系伸长并向土壤深处下扎，从而提高了植株的抗旱能力（Chimungu et al.，2014a；2014b）。但是，在干旱条件下，玉米根系皮层细胞层数增加导致根径变粗而单个细胞尺寸并没有增大（He et al.，2017），这一结果与上述解释不一致，可能是品种、土壤条件（如机械阻力）等方面的原因，机理其实并不清楚。

2. 凯氏带

凯氏带也属于内皮层细胞木栓化加厚的部分，是在内皮层发育过程中形成的细胞径向壁和横向壁上木栓化带状增厚结构，呈带状环绕细胞。在根系横切面上，凯氏带在相邻的径向壁上呈点状，称凯氏点。除了根系以外，草本植物的叶片内皮层也存在凯氏带。凯氏带的宽度因不同植物而有较大的差异。大多数学者认为，凯氏带的主要功能是作为主要质外体的屏障，阻止水分和矿物质离子通过质外体途径进入中柱，使其必须经过内皮层的原生质体运输。值得注意的是，凯氏带对水分或者离子并不是完全不透过的。凯氏带在不同种类植物细胞壁上的分布差异较大，而且它的发育和形态可能被环境因素调控。干旱条件下，凯氏带加厚对木质部导管起到了保护作用，防止水分向外散失，保证水分输导的安全性。

3. 木质部导管

木质部导管亦称维管柱或中柱，来源于初生分生组织的原形成层，位于根的中央部分，由中柱鞘和维管组织构成。维管组织是由木质部和韧皮部组成，用于输导水分和营养物质，发达的木质部可增加输导组织所占比例，提高水分输送效率。

根系轴向水力导度与木质部导管的数目和直径呈正相关，随着植株生长，根系通过增加导管数目来增强对水分的运输能力以满足植株生长发育的需要，粗导管有利于植物体内水分运输以抵御干旱环境。导管直径是植物抗旱性的指标，粗的导管可以作为抗旱品种筛选的一个指标。水分胁迫时导管比正常供水发达，木质部向髓心分化速度加快，随着水分胁迫时间的延长，导管组织变化更明显，其直径变大可能对水分的输导更有利，从而增强抵抗水分胁迫能力。在水分胁迫条件下，不抗旱玉米品种根系导管直径增加，水力梯度降低（王周锋 等，2005），可能是因为土壤水分缺乏，根系导管形成栓塞。

但是也有学者认为，植物根中木质部导管会随着干旱胁迫程度加剧而变细。干旱胁迫下，木质部导管直径下降，这可能有助于避免栓塞（导管内的气泡）的形成，以维持导管水丝不断裂。在季节性干旱地区，小麦根木质部导管直径减小可以增加轴向水分运输阻力，从而使植株在早期生长阶段节省大量水分以供开花期和灌浆期使用，进而提高WUE（Richards and Passioura，1981），由此筛选得到木质部导管直径较小的品种，在水分条件不足的地区获得了较高产量。因此，木质部导管直径直接影响根系轴向水分运输，进而影响植株 WUE。耐旱玉米品种和不耐旱品种比较，耐旱品种的次生根皮层细胞层数较少、后生木质部导管直径较小（宋凤斌和刘胜群，2008）。由于厚壁、短而窄的导管强度更大，有助于植物抵抗干旱环境产生的高负压，从而保证水分运输的安全性和有效性，对抗旱有一定作用。

上述一些看似矛盾的结果，表明了干旱胁迫对根系影响的复杂性，其可能与干旱时间长短、干旱程度大小有关，也可能与根系对干旱响应的策略不同有关。根系解剖结构与生理功能间的关系还需进一步研究，探究植物外部形态、内部解剖结构和生理代谢等指标之间的关系，有利于抗逆性品种筛选指标体系的建立，从而为植物抗逆性培育提供科学依据，这也是采取干旱防御措施的生理基础。

（二）根尖分区和根系伸长

根-土的机械相互作用是根系和土壤性质之间一种复杂的相互作用。植物根系在土壤中伸长，是由于根系细胞增殖分裂和细胞膨胀，细胞膨胀产生根尖下扎的动力。根系发育受内源节律的遗传控制，但受生物（与其他生物的竞争和共生）、化学（养分供应、氧气供应、pH）及其环境物理性质的高度调节。在没有生物和化学胁迫条件下，根的生长轨迹高度依赖于土壤机械强度以及根际的阻力。在土壤环境中，根尖细胞膨胀产生的内动力与外部机械阻力平衡，根系才能够生长。与地上部的气生器官不同，根尖必须施加额外的生长压力以克服周围（因根系生长导致的）土壤变形产生的阻力，才能在土壤中生长得更深或更远，这个额外的生长压力由细胞膨胀产生并发生在根尖。

与地上部的茎尖相反，根的生长和侧根的出现是发生在根的两个不同部位的过程。根的主要生长（即根系伸长）发生在根尖，而侧根的原基形成于中柱鞘并出现在根的成熟区。不同类型的根有相似的解剖结构和相似的生长过程，图 5.3 示意了根的生长分区解剖结构。根尖部分（根端）可以分为几个分区，即从顶端往后依次是分生区（也称为增殖区或分生组织）、伸长区、成熟区。①分生区。大多数植物根尖分生区的分生细胞被根冠包围，其中淀粉体的星形细胞起感应重力的作用。在分生组织的顶端是静止中心，它被干细胞

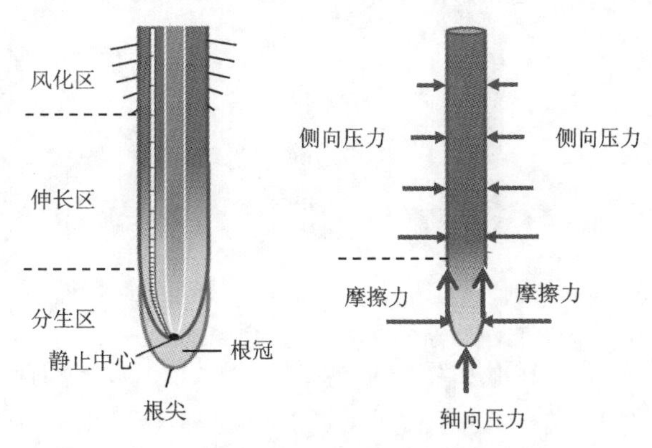

图 5.3　根尖生长的分区和在土壤中的受力

（Kolb et al.，2017）

包围，干细胞分裂并在分生组织中产生增殖细胞。分生组织细胞在分裂前体积加倍变大。②伸长区。在伸长区（过渡区），分生产生的小细胞快速伸长，成为尺寸较大的细胞，大多数植物根系的伸长区长度约 10 cm。③成熟区。在成熟区这些细胞达到最大尺寸，此处根系细胞不再长大伸长，但开始分化，根毛就出现在成熟区，是细胞分化的结果。

随着时间的推移，上述根端结构相对稳定，但材料不断更新，即新细胞从分生区流向成熟区。可见，根端是一个动态系统，细胞在其中经历深刻的形态和生理变化。沿着根长方向，根系生长速度可以用纵向应变率定量描述，越靠近根尖 RER 越快，与土壤的相互作用越显著，受土壤性质特别是机械阻力的影响越大。

（三）土壤机械阻力和根系伸长

根系生长在浅层或深厚土壤、坚硬土壤或松软土壤等不同环境中，其生根策略不同。除了水分或养分等环境因素外，生长方向（向性）或根系发育（侧根形成等构型特征）的变化取决于根尖所经历的机械应力场，这种机械应力是土壤或其他生长介质的函数。土壤或生长介质的性质不同，导致植物的各种根系结构和生理反应。

自然土壤的质地不同、结构不同、孔隙大小和孔隙度不同，并随降水情况和耕作措施发生变化。从力学和几何学角度来看，根系在土壤中生长，可能出现以下几种情况和相应的反应（Kolb et al.，2017）（图 5.4）。①根径远小于土壤中的大障碍物，如石块、硬磐或降水产生的表层结壳或结皮，在根系面前它们属于极大障碍物，类似根尖前的一堵墙，阻碍根系伸长。②根径相对于硬土块而言较小，根系不能驱逐移动这些土块，这些硬土块类似于必须避开的大障碍物。根系为了能够在这种情况下生长，必须利用土壤中的多孔网络并重新调整其生长轨迹，以找到可以继续伸长的土壤软弱的部位。③根系与土壤结构体大小相当（如>0.25 mm 的团聚体或砂粒），两者属于同一级别，根系可以移动这些土粒。在这种情况下，根-土相互作用最复杂，其复杂性源于根径尺度土壤的颗粒性质的多样性导致与根系生长轨迹的相互作用的可能性较多。根系可能穿透土壤结构体，导致土壤颗粒的重组，进而改变孔隙分布和局部空间的土壤颗粒填充，并影响可能重新定向的根系的进一步生长，这就形成了根系生长路径和土壤颗粒重组之间有趣的复杂的

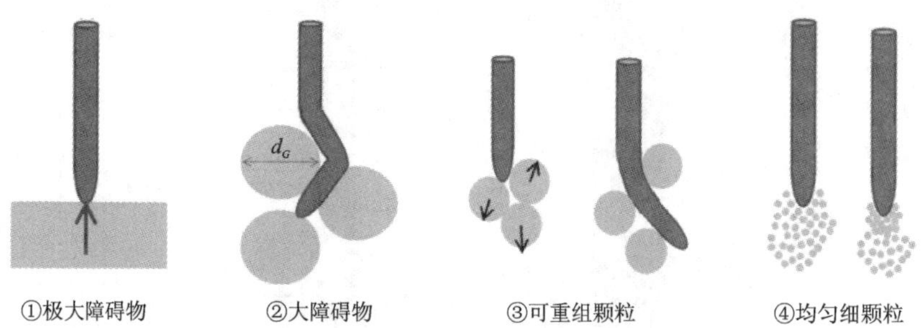

图 5.4　根径与障碍物相对大小对根系生长所受的机械应力的示意图

表示了根-土的 4 种相互作用和反馈关系。①根径≪石块等障碍物，根系生长为了克服这个障碍，在根中产生了一种压力；②根径<团聚体等障碍物，坚硬的障碍物阻碍了根的直的生长轨迹，根系只有通过规避障碍寻找孔隙空间才能生长；③根径≈微团聚体或砂粒，根系可以移动这些障碍物，从而根-土产生非常复杂的相互作用和反馈关系；④根径>细颗粒，细颗粒容易被根系移动从而在根系表面被压缩（Kolb et al.，2017）

反馈，这种反馈的定量和模拟研究还很少，这应该是根-土相互作用的主要形式。④根径比土壤颗粒大很多，当没有足够的空间供根系进入时，根系的穿透导致其周围土壤颗粒位移，如挤压和团聚，改变土壤结构。上述根-土作用的四种情况示意于图 5.4。

（四）根系伸长的生物物理机制

为了克服根系伸长遇到的土壤阻力，根系生长产生生长压，这是驱动根轴伸长的动力来源。根系通过伸长并施加轴向和径向应力穿透土壤，在均质土壤的情况下，这种根系生长产生的应力会使根系前方和周围的土壤变形。曾经用不同的技术和试验装置测量不同植物的根系生长压，根前的弹簧传感器在根的挤压下形变，测量形变与时间的函数关系，然后转化成力的大小。大多数试验中，典型的力与时间的关系曲线可以分为三个阶段。

第一个阶段包括根和弹簧传感器之间的接触阶段和时间延迟，在此期间根系生长减速或停止数分钟到数小时。第二阶段则是力随时间单调增加，可以持续数小时到一天。第三阶段是稳定阶段，此时根系完全被阻碍不再继续生长。这样就测量到了根系最大穿透力值 F_{max}，该阻力的临界值与根径大小有关。为了比较不同物种之间的差异，可以用最大轴向生长压 σ_{max} 作为量化指标，即

$$\sigma_{max}=\frac{F_{max}}{A}=\frac{F_{max}}{\pi d^2/4} \tag{5.1}$$

式中，A 为根截面积；d 为根径。玉米苗期根系的最大轴向生长压 σ_{max} 在 0.7～2.5 MPa，豌豆为 0.5 MPa，棉花为 0.29 MPa，向日葵为 0.24 MPa（Clark et al.，2003；Whalley and Dexter，1993）。从上述试验结果可以看到，根系生长压大小与细胞膨压（水进入植物细胞后，细胞产生向外施加在细胞壁上的压力）的大小在一个数量级（0.1～1 MPa），而且主根和侧根的生长压没有差别。

虽然根系细胞的生长压总体上在同一个数量级，但是不同物种和不同品种之间有差异，有些物种更能够穿透紧实的土壤，这是品种选育一个有益的特性。例如，双子叶植物比单子叶植物在紧实的土壤中生长得更好，这可能是因为前者有更大的生长压。但是，对此也有不同的观点。采用剪切梁式力传感器法测量的结果表明，双子叶植物（豌豆、羽扇豆、向日葵）的平均最大生长压为 0.41 MPa，而单子叶植物（小麦、玉米、大麦、水稻）平均为 0.44 MPa（Clarkand and Barraclough，1999）。即使对于同一个品种（豌豆苗期），生长压也是变化的（0.3～1.3 MPa）。物种之间的这种差异可能主要是测量技术的原因而不是品种差异。当前的测量技术存在不足，室内的测量只能提供一些特定条件下的信息，田间测量才能反映根系真实的情况。

根压来源于细胞生长，根系的生长主要是根尖伸长区的细胞膨胀。对单个细胞而言，胞膜导水率一般认为不会抑制细胞膨胀，影响细胞相对膨胀速率的是膨压和细胞壁的性质，细胞膨压是驱动力而细胞壁是主要变阻器。因为伸长速度很慢，可以认为细胞在土壤中受力是平衡的。因此，Dexter（1987）建立了单细胞的力平衡方程，该方程中引入一个反映细胞壁延展性因子 ϕ，不同植物生理发育的细胞壁有不同的延展性。细胞相对伸长速率 ε 表示为

$$\varepsilon = \phi \cdot (P - Y) \tag{5.2}$$

式中，ε 为相对伸长速率（或应变速率）；P 为膨压；Y 为能使细胞膨胀的必须克服的最小膨压阈值；$P-Y$ 为净膨压；ϕ 为细胞壁的延展性因子。Y 和 ϕ 反映了细胞壁的性质，受环境和植物生理发育调节。这个理论模型表明 RER 受植物遗传性质和生理特性影响。但是，在根的径向方向，根器官由不同细胞类型的同心层构成，这些同心层表现出不同的几何形状，并对根组织的力学性能有不同的贡献。因此，要完全理解根系生长的生物物理机制需要扩展单个细胞模型尺度。

细胞膨胀有很强的各向异性，最终产生圆柱形的根。根系伸长区的细胞主要沿轴向方向伸长，因此细胞壁的轴向延展性好于径向延展性。早期认为细胞膨胀的各向异性的程度和方向可以由细胞内微纤维排列程度和方向控制，但是现在认为也可能存在其他控制机制。水分胁迫条件下生长的根系，细胞的各向异性更强，但是没有观测到更强的微纤维排列的各向异性。为了模拟土壤限制条件下根系生长的生物机制，引入土壤阻力因子 σ（理论上的土壤阻力，与测量的土壤穿透阻力 PR 相关，但二者不相等）到上述模型中。沿着轴向，土壤阻力作用于根系，降低了根系伸长所需的有效压力，从而导致轴向应变率降低，如下式所示

$$\varepsilon = \phi \cdot (P - Y - \sigma) \tag{5.3}$$

式中，忽略了沿着根侧翼轴向作用的土/根摩擦力，一般认为这个方向的力很小。因为根-土系统是一个平衡系统（准静态的根系伸长速度），根生长所施加的轴向力等于土壤在根横截面上的反作用力，因此根系轴向方向的生长压等于土壤阻力 σ。必须强调的是 P、ϕ 和 Y 并不是固定的常数，而是一种处于动态调节的生理性质，它们随根系环境和土壤阻力变化，也随根系受土壤机械应力的历史而变化。

三、根系钻孔的影响因素

影响根系钻孔的因素很多，包括根系自身的特性和生长介质（土壤的性质）。前者包括植物的遗传特性（物种和品种）、生育期、生理状况，后者包括土壤的质地、结构、水分、养分、力学特性等，而且二者是相互影响的。

（一）根系自身特性的影响

就物种而言，双子叶植物比单子叶植物（Materechera et al.，1991）、直根系植物比须根系植物（Chen and Weil，2010）更能穿过紧实的土壤；同一物种的不同品种穿透土壤的能力也不同（Santisree et al.，2012；Bengough et al.，2006）。直根系植物因其主根粗大和向深处生长的习性，可以穿过较紧实的土壤，产生孔隙通道。研究表明，有尖锐根尖的小麦遗传种能更有效地穿过土壤（Colombi et al.，2017b）。但是，还可能存在一种根系特性，即根系与土壤相互作用之后的反应不同。例如，有的根系遇阻容易变粗，而有的可能不容易变粗，这种根系特性也影响根系在土壤中穿插。

根系变粗的性质，从前面论述已知，根系遇阻之后根径变粗，那么这种变粗是否有

利于根系穿插土壤呢？对此有几种假设机制，认为根径增加利于根系下扎到坚硬土壤。①均质土壤中。均质土壤是一种弹-塑性介质，根径增大可以减轻根尖的轴向应力，这有利于根系沿着轴向笔直向前生长，而且可以使根前土壤拉张破坏从而产生裂隙利于根尖进入。在凝胶基质和团粒土壤中，根径增粗使根尖前方裂隙扩展，有助于根系进入团粒之间的孔隙。每当遇到更大阻抗区时，根尖都会依下列顺序发生反应：轴向伸长降低、根尖附近增厚、轴向应力消除、根尖进一步伸长，根系就在这样的重复循环中生长和变粗。②非均质土壤中。根径变粗另一个好处是可以抵抗根系弯曲和屈曲，从而可以穿透更紧实的土层。在非均质土壤中，根尖可能位于孔隙和固体之间的界面，也可能位于不同强度的固体之间的界面，此时根都可能发生屈曲。从力学角度来看，屈曲是一种被动的弹性失稳，沿根的纵轴方向的阻力超过临界值之后根系弯曲。根系抗屈曲强度与其直径的 4 次方成正比，与其长度的 2 次方成反比。双子叶植物根系比单子叶植物根系粗，因此不容易弯曲（Materechera et al.，1991），这是其钻孔能力强的原因。

根系弯曲的性质。根是一种易弯曲的器官，在土壤中沿着曲折的路径生长，不同植物可能存在差异。根系通过重新定向以绕过障碍物，继续在土壤中生长，这显然是在寻找机械阻力最小的路径。事实上，根系路径取决于根部顶点所经历的局部机械应力，根轨迹变化有利于根系在土壤中锚定。根系生长方向的重新定向通过根部弯曲表现出来，这种转向可能是一种被动的弯曲过程，也可能是根截面差异生长的主动过程。这种转向角度和长度取决于土壤的物质组成、结构和力学性质。根系在有结构性障碍土壤中的穿透机制取决于土壤强度与根系在大孔隙生长时的屈曲应力的相对值；在没有大孔隙的连续土壤中，根仍可能在不同强度区域之间的界面处弯曲。根系弯曲不仅影响根系生长方向改变（图 4.14），还影响侧根的形成，从而影响根系构型。

根系旋转的性质。在遇到障碍物的时候，根系旋转可以避障。旋转是作物生长器官的螺旋运动，其振幅和频率各不相同。无论根系主轨迹方向如何都存在螺旋运动，根冠向着重力方向而侧面向着倾斜方向伸长。可以想象，根系在穿插土壤的过程中整合了这些运动，因此具有生态意义。比较不同水稻品种的幼苗表明，从主生长方向以大螺旋角伸长的根尖更容易穿透软泥或极软土壤（Inoue et al.，1999）。在结构良好的土壤中，旋转是根系探索侧向环境和寻找最小机械阻力（如裂隙和生物孔隙）的一种方式，但是其详细的机理仍不清楚。

（二）土壤性质的影响

根系扎入底土很困难，红壤底土限制根系生长的因子包括强酸性（铝毒、锰毒、磷和钙缺乏等复合胁迫）、土壤紧实、缺氧和亚适温。从植物的适应性角度，人们对铝毒性、缺氧和缺磷进行了深入的研究，对土壤硬度和亚适温的研究则不那么深入，对钙缺乏和锰毒性对根系的影响也知之甚少（Lynch and Wojciechowski，2015）。

土壤的性质不同使根尖与土壤的相互作用方式差异很大。因为根系伸长组织只是出现在根尖部位，因此根系在土壤中伸长是一个局部的过程。这样，土壤的异质性强烈影响根尖伸长和变形，而且根尖局部发生的根-土相互作用会对整个根系的形态和发育及对土壤资源的利用产生重大影响。

颗粒细小的土壤中，土粒相对于根径来说很小，其作用于根系可以用平均状况替代。在这种情况下，根系不太可能觉察到来自单个土粒的作用力的变化。如果土壤机械阻力没有大到限制根系生长，根系能够移动单个土粒，则根系的生长轨迹就是平滑的流线型。

非均质土壤中，根系无法移动大的障碍物（如石砾），而是沿着其边界生长，或者根系集中在阻力小的区域（孔隙和裂隙）生长，即使土壤主体中大部分根系没有受到影响，这种异质性也会带来不好的后果，影响根系对土壤水分和养分的吸收。

更复杂的情况是土壤颗粒大小与根径相近的情况。在这种情况下，根系以不同大小的作用力与方向和这些颗粒接触，根系可能克服土壤阻力，但是单个土粒也可能改变根系生长轨迹。因为颗粒是不均匀分布的，根系方向的改变完全是随机的，根系生长轨迹变得不规则。即使 RER 没有受到影响，这种不规则的轨迹也限制了根系在土壤中的扩张（Dupuy et al.，2018）。

（三）生物耕作影响土壤物理性质的途径

作物根系可以通过物理的、化学的、生物的多种方式影响土壤，其中通过物理方式影响最快、最直接，如移动土粒、挤压孔隙、占据孔隙等，可以在短时间内改变土壤物理性质。根据根系特性和土壤状况不同，根系通过物理作用影响土壤物理性质的途径可概括为以下几种（图 5.5）。①重新排列土壤颗粒。面对与孔隙大小相似的土壤颗粒时，粗根有足够的强度移动这些颗粒，在移动过程中伴随根系膨胀可以挤压土粒。这是一种复杂的作用过程，对土壤可能有不同的影响。②阻塞土壤孔隙。细根遇到比其根径大的土粒，无法改变土粒原始方向，根系向孔隙方向弯曲，在土粒之间生长，最终可能阻塞

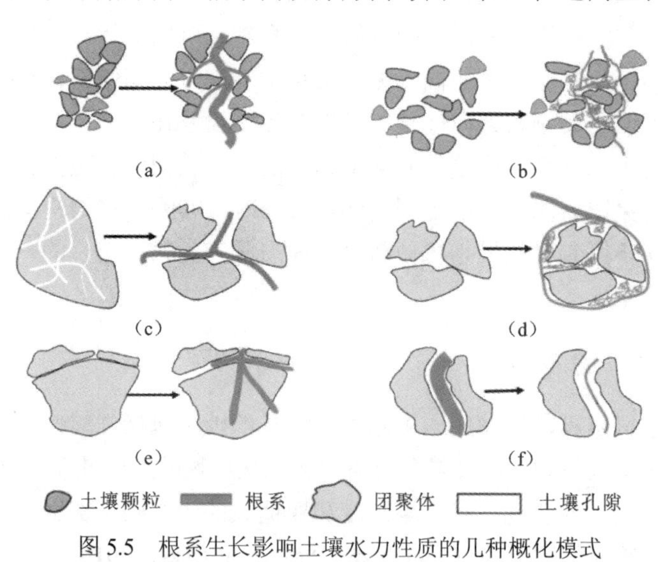

图 5.5　根系生长影响土壤水力性质的几种概化模式

（a）重新排列土壤颗粒；（b）阻塞土壤孔隙；（c）破碎大团聚体；（d）合并小团聚体；（e）根系穿透和膨胀；（f）根系收缩和腐解；（Lu et al.，2020）

孔隙。③破碎大团聚体。当根系遇到大的土壤团聚体（>0.25 mm），由于根系吸水的空间变异性和瞬时性，可以产生动态的拉张应力，使大团聚体开裂分散，破碎为小团聚体，并形成团聚体间的孔隙。④合并小团聚体。根系生长移动土粒或小团聚体，小团聚体通过根系缠绕聚合成大团聚体，这一过程与破碎大团聚体相反。植物残体和真菌菌丝也参与这一过程。⑤根系穿透和膨胀。当根系穿透进入到团聚体之间的孔隙之后，随着根径变粗和根系生物量增加，大团聚体部分破碎，形成新的水流通道，可能促进土壤优先流路径形成。⑥根系收缩和腐解。粗根在死亡之后，收缩并腐解形成土壤大孔隙（生物孔隙），这种大孔隙促进土壤入渗。

上述根-土作用主要发生在根际，作用方式和作用大小随时间和空间变化，因此根系影响土壤的短期效果和长期效果也是不同的。要利用生物耕作改良黏质红壤，必须了解不同作物的根系特征及黏质红壤的性质。

（四）生物耕作需要研究的问题

根-土相互作用的复杂性表明，生物耕作是根系自身生长的需要，其作用后果并不非得要有利于后季作物根系生长。要合理利用生物耕作来防御黏质红壤季节性干旱，至少需要厘清以下几方面的疑虑。

生物耕作对后季作物根系生长的影响不清楚。生物钻孔可能产生大孔隙，但土壤大孔隙并不总是有利于作物根系生长，White 和 Kirkegaard（2010）发现，在土壤深层（>0.6 m）超过 85%的小麦根系聚集在大孔隙内，这种状况反而限制了根系向土壤其他部位扩展，影响了对其他区域水分和养分的利用。在干旱的时候，土壤大孔隙更容易失水，且大孔隙中根-土接触不如在小孔隙中紧密，这些聚集在大孔隙内的根系更容易受到水分胁迫。据早期的盆栽试验，土壤大孔隙降低了小麦地上部干重（Alexander and Miller，1991）和大麦叶面积（Passioura，2002）；苜蓿和黑麦草作为前季植物产生了土壤大孔隙，但后季的豌豆胚根却在大孔隙中死亡（Stirzaker et al.，1996）。不过这些不利作用的报道都基于盆栽试验，大田实际情况可能不同。根系钻孔并不只是单一产生大孔隙，是否产生很多大孔隙也不清楚（可能随土壤性质变化），而且根系钻孔也会产生更多的小孔隙，这些小孔隙的作用不容忽视。因为红壤深层含水量并不低，深层孔隙并不容易失水，因此推测在田间黏质红壤的生物孔隙（不像在盆钵土壤中容易失水）更有利于后季作物根系下扎生长，但这种推测需要田间试验证实。

前季钻孔植物和后季作物的轮作搭配不清楚，缺乏前后季根系和孔隙几何匹配研究。很多研究证实了干旱地区不同作物轮作的好处（Small and Raizada，2017），轮作优势的产生涉及多种机制，相关文献较多，但未从前后季的根系特性和孔隙特性匹配的角度研究。对于黏质红壤，推测“前季钻孔植物-后季作物”这种轮作搭配有利于一年生浅根作物根系下扎生长和提高抗旱能力，但对什么种类的前季植物、什么特性的钻孔孔隙、多少数量的孔隙能被后季作物根系“借道”下扎却知之甚少；前季钻孔植物的根系形态特征（及产生的生物孔隙）如何影响后季作物根系形态和吸水能力也缺乏试验证实。研究这些问题，有助于揭示利用生物钻孔防御红壤季节性干旱的潜力与机理。

生物钻孔及作物根系生长过程中根系和土壤的相互作用不清楚，特别是根-土关系中土壤类型（性质）的地位不明确。不同物种和品种的根系穿透能力差异很大，且它们在不同土壤之间的穿透能力的差异可能更大。土壤类型和深层土壤结构决定了深层根系状况，比物种和品种更加重要（Bodner et al.，2014），要改善根系在土壤中的分布，土壤孔隙网络的改善才是关键（Gao et al.，2016）。此外，有人则认为增加土壤局部的根长密度而不是改善整个根系分布更能提高作物的抗旱能力（Bodner et al.，2015）。可见，前季植物根系在土壤中钻孔、后季作物根系“借道”利用已有的生物孔隙，是一个复杂的、动态的根-土相互作用过程，土壤类型（性质）在其中的作用不应被忽视。难免会出现这样的疑问：生物钻孔对紧实的黏质红壤（心土和底土）的钻孔效果究竟如何？黏质红壤中根系-土壤孔隙和根系-土壤基质如何相互作用？这些疑问涉及根-土关系机理，也是利用生物钻孔调控红壤季节性干旱的理论依据。

第二节　红壤钻孔植物的根系特性

为了探究不同钻孔植物在黏质红壤中的钻孔性能和对土壤的影响，选择了几种根系特性不同的植物（或作物）作为钻孔植物，通过在不同土壤容重下的盆栽单作试验和田间轮作试验，研究了它们在黏质红壤中的根系特性。这几种钻孔植物是：①普通油菜（欧洲油菜），品种为‘华双 4 号’，是长江中游广泛种植的油菜品种，以代码 Rape_C 表示；②深根系油菜，品种代码为 xinan28，是实验室发现的根系生长能力较强的自然遗传种，目前没有商业品种，以代码 Rape_D 表示；③苜蓿为比较广泛种植的牧草品种，可以一年生或多年生，一年生以代码 Luc_1Y 表示；④香根草（*Chrysopogon zizanioides*）为红壤区广泛种植的禾本科牧草，可以一年生或多年生，分别以 Vet_1Y 和 Vet_5Y 分别表示生长 1 年和 5 年。上述几种钻孔植物中，苜蓿为豆科植物，有固氮作用，其余为非豆科植物；油菜和苜蓿为主根系植物，香根草为须根系植物，根系特性差异较大（图 5.6）。

普通油菜

深根系油菜

苜蓿

香根草

图 5.6　四种根系特征不同的钻孔植物

一、根尖几何特性

（一）总根长与根体积

几种钻孔植物在盆栽土壤中播种（香根草移栽），出苗 12 d 之后取出盆钵中全部土壤和根系，冲洗收集全部根系样品，测量了苗期的总根长和根体积等根系生长指标（表 5.1）。这几种植物中，香根草的总根长最大，是其他几种植物的 3～4 倍，而后三者总根长差异不大，处在同一个水平。随着土壤容重从 1.2 g/cm^3 增加到 1.4 g/cm^3 再到 1.6 g/cm^3，土壤机械阻力也随之增加，但是不同钻孔植物生长的土壤机械阻力没有明显差异，说明在苗期不同作物对土壤的穿透阻力没有显著影响。随着土壤容重增加（或土壤穿透阻力增加），所有钻孔植物的总根长都显著降低，其中香根草降低幅度最大，其次是苜蓿，普通油菜降低幅度最小。表明香根草的根长对土壤容重增加更敏感，其原因可能是因为香根草其平均根径较其他几种植物的根径更大，更容易感受到因容重变化而导致的土壤孔隙的变化（孔径变小），根-土关系响应更强烈。

表 5.1　不同容重红壤中几种钻孔植物苗期的总根长和根体积

钻孔植物	代码	容重 1.2 g/cm^3			容重 1.4 g/cm^3			容重 1.6 g/cm^3		
		土壤阻力/MPa	总根长/mm	根体积/mm^3	土壤阻力/MPa	总根长/mm	根体积/mm^3	土壤阻力/MPa	总根长/mm	根体积/mm^3
普通油菜	Rape_C	0.54±0.05	82.9±0.2	62.7±9.2	0.73±0.00	74.1±0.1	61.3±8.4	1.11±0.04	67.5±0.1	55.7±0.3
深根系油菜	Rape_D	0.57±0.04	89.6±0.1	63.5±13.4	0.89±0.09	66.5±0.0	56.7±11.8	1.19±0.09	58.4±0.0	51.3±5.4
苜蓿	Luc_1Y	0.58±0.03	98.2±0.2	61.0±5.9	0.79±0.12	73.8±0.1	55.0±4.4	1.21±0.05	61.9±0.1	51.0±3.3
香根草	Vet_1Y	0.50±0.03	386.7±0.1	333.0±4.8	0.63±0.00	290.9±0.4	269.5±3.6	1.08±0.07	222.7±0.6	258.3±7.6

几种钻孔植物的根体积随土壤容重的增加的规律与总根长随容重变化的规律相似，即随着土壤容重增加（或土壤穿透阻力增加），所有钻孔植物的根体积都显著降低。结果表明红壤紧实度增加，显著限制了植物根系的伸长，这与文献的结果类似（刘晚苟和山仑，2004；Bengough et al.，2006）。但根系特性不同的植物在黏质红壤中的生根和钻孔能力表现出一定的差异，须根系植物（香根草）钻孔能力更强，这与 Chen 和 Weil（2010）认为的相反。

（二）根径

几种植物的平均根径（根轴）在黏质红壤中存在差异，同种植物（油菜）但不同品种（普通和深根系）也存在差异（图 5.7）。一般认为主根系植物根径粗大而须根系植物根系相对细小，但是这种差异只是体现在根长占比较小的主根，而平均根径并不表现出这种极大的差异。在本研究中，须根系的香根草平均根径反而最高，各个容重下都比主根系的油菜的根径大。由于根系的侧根分枝较多，主根系植物的主根根长在整个根系总长中占比很小，粗的主根并不能显著增加整个根系的平均根径。这一结果也表明香根草根径分布范围较窄，不同级别的根系粗细差异较小；而主根系的油菜主根和侧根根径差异较大，根径分布范围较大。因此，在选择钻孔植物种类或品种用于生物耕作时，要考虑植物的根系、根径分布特征，这会在不同的土壤上产生不同的耕作效果。

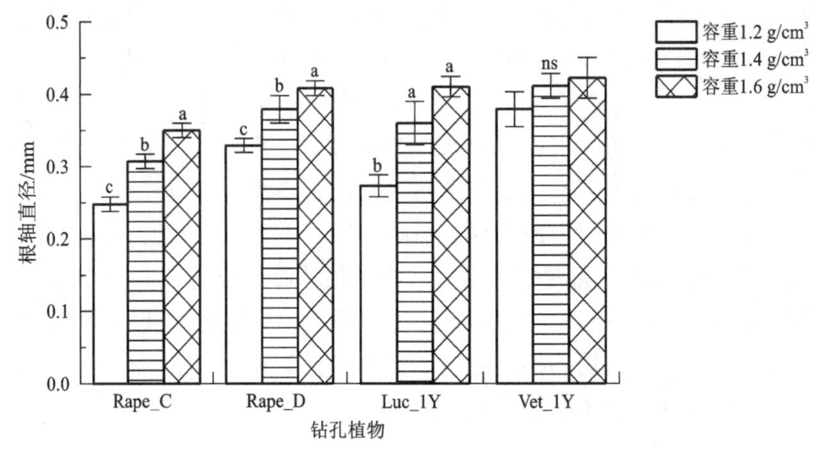

图 5.7　几种钻孔植物苗期根系在黏质红壤中的平均根径

不同小写字母表示同种钻孔植物在不同土壤容重下差异显著

根径对土壤容重的响应与根长相反。土壤容重增加，根长生长受到抑制，但根径则随土壤容重增加而增大，几种作物的平均根径从容重 1.2 g/cm^3 时的 0.30 mm 增加到容重 1.6 g/cm^3 时的 0.40 mm（图 5.7）。不过几种植物在响应程度上有差异，香根草根径增加幅度最小，可能与其在土壤容重为 1.2 g/cm^3 的根径最大有关，更不容易受到土壤穿透阻力（或孔隙大小）的影响。

（三）根尖几何形态

根尖部位是根系与土壤相互作用的主要区域，从根-土相互作用的力的角度看，根尖的几何形态特征（如长度、粗细、顶尖角度等）影响其在土壤中的穿插能力。根尖前端很细，在分生区顶端呈锥形（或球形），向后则根径逐渐变粗到伸长区，成为根径基本不再变化的圆柱形。把从锥形（或球形）顶端到圆柱形之间的轴向长度作为根尖长度，而圆柱的直径（半径）为根尖直径（半径）。对于同类根尖（同为锥形或同为球形），其根尖几何形态（影响根尖的穿透能力）可用根尖半径/根尖长度的比值来表征，称为形状因子 iSF（Colombi et al.，2017b）。黏质红壤中，几种钻孔植物的根尖几何特性和形状因子 iSF 存在一定差异（表 5.2），其中根尖长度差异不大，但根尖直径和根尖角度差异较大，这也导致形状因子 iSF（以根尖形态为锥形或球形分别计算）差异也很明显。普通油菜具有最小的根尖半径、根尖角度、形状因子 iSF；而苜蓿有最大的根尖直径、根尖角度和形状因子 iSF。这些结果表明，短秃的根尖在黏质红壤中具有较强的生根钻孔能力，这与黏质红壤质地和结构特性有关。因此，可以推测香根草在黏质红壤中具有最强的钻孔能力，适合用于生物耕作。

表 5.2 几种钻孔植物在黏质红壤中（容重 1.4 g/cm^3）的根尖几何特性

钻孔植物	根尖长度/mm	根尖半径/mm	根尖角度/（°）	锥形形状因子（iSFcone）/（mm/mm）	球形形状因子（iSFspheroid）/（mm/mm）
普通油菜 Rape_C	1.17	0.19	18.70	0.165	0.105
深根系油菜 Rape_D	1.19	0.22	20.93	0.185	0.118
苜蓿 Luc_1Y	1.20	0.26	24.03	0.213	0.136
香根草 Vet_1Y	1.06	0.22	23.31	0.206	0.131

植物根尖的几何特性也随土壤容重变化。随着容重增加，根尖半径、根尖长度、根尖角度、锥形状因子 iSF 都增加（个别没有增加但也没有显著减少），而根尖伸长速率、根尖数目（根分支个数）则减少（表 5.3）。几种植物根尖特性对土壤容重的响应趋势相同，但变化的幅度不同，反映了不同物种对土壤穿透阻力的适应能力有差异，其中苜蓿和香根草在高土壤穿透阻力的黏质红壤中适应能力更强，钻孔能力更强，更有可能改善深层土壤物理性质，生物耕作的效果更好。

表 5.3 钻孔植物根尖在不同容重红壤中的形态特征

钻孔植物	代码	根尖特征指标	容重 1.2 g/cm^3	容重 1.4 g/cm^3	容重 1.6 g/cm^3
普通油菜	Rape_C	根尖半径/mm	0.162 b	0.192 a	0.238a
		根尖长度/mm	1.112 c	1.166 b	1.197 a
		根尖角度/（°）	19.13 b	18.70 ab	25.20 a
		锥形 iSF/（mm/mm）	0.156	0.181	0.199
		伸长速率/（mm/d）	6.91 a	6.18 ab	5.62 b
		根尖数目/个	27.00 a	27.00 a	22.00 b
深根系油菜	Rape_D	根尖半径/mm	0.173 c	0.220 b	0.263 a
		根尖长度/mm	1.160 c	1.191 b	1.321 a
		根尖角度/（°）	18.86 b	20.931 b	28.84 a
		锥形 iSF/（mm/mm）	0.190	0.183	0.200
		伸长速率/（mm/d）	7.47 a	5.55 b	4.87 b
		根尖数目/个	26.00 a	26.00 a	22.00 a
苜蓿	Luc_1Y	根尖半径/mm	0.215 c	0.255 b	0.278 a
		根尖长度/mm	1.140 c	1.198 b	1.379 a
		根尖角度/（°）	22.53 b	24.20 b	33.12 a
		锥形 iSF/（mm/mm）	0.216	0.212	0.198
		伸长速率/（mm/d）	8.18 a	6.15 ab	5.16 b
		根尖数目/个	35.00 a	28.00 a	24.00 a

续表

钻孔植物	代码	根尖特征指标	容重 1.2 g/cm³	容重 1.4 g/cm³	容重 1.6 g/cm³
香根草	Vet_1Y	根尖半径/mm	0.210 a	0.218 a	0.229 a
		根尖长度/mm	1.017 b	1.057 b	1.205 a
		根尖角度/（°）	19.63 a	23.307 a	23.09 a
		锥形 iSF/（mm/mm）	0.197	0.206	0.194
		伸长速率/（mm/d）	30.81 a	24.25 ab	18.56 b
		根尖数目/个	78.00 a	66.00 ab	45.00 b

注：同一行不同小写字母表示不同容重处理下差异显著（$P<0.05$）

土壤穿透阻力与上述根尖形态参数之间存在一定的相关性。测量的土壤穿透阻力与根径直径（$r=0.783^{**}$）和根尖角度（$r=0.867^{**}$）呈极显著正相关，与伸长速率（$r=-0.741^{**}$）和根尖数目（$r=-0.626^{*}$）呈极显著或显著负相关，而与根尖锥形状因子 iSF 无显著相关性。Colombi 等（2017）的研究结果显示 iSF 越小 RER 越大，他们还认为根径与伸长速率没有关系，这与在黏质红壤上的试验结果并不一致。需要注意的是，由于室内试验条件与田间土壤条件不同，试验时间（植物的生育期）也不一样，一定时段内的 RER 并不能代表根系最终的下扎深度。这些结果表明，作物遗传特性影响根系生长能力，同时红壤穿透阻力是影响作物根系穿插和根尖形态的重要因子。

二、根系在红壤中的分布特征

（一）最大根系深度

在田间，钻孔植物的根系下扎状况可以用根长在土壤不同深度的累积占比表示，根长累积占比达到95%的深度可以称为根系最大深度，采用环刀分层取土法得到。在几种钻孔植物中，普通油菜最大根深为 36 cm，其余为 60 cm 左右（图 5.8）。最大根深之下（>60～80 cm 土层），苜蓿、一年生香根草、多年生香根草仍有少量根系分布。这几种作物的根系在黏质红壤中的下扎能力与前述盆栽结果一致，与根尖几何形态特性所指示的钻孔能力一致，即香根草和苜蓿钻孔能力更强。

与其他土壤比较，黏质红壤中这几种钻孔植物根系下扎深度较浅。相同的植物在其他土壤中有更深的根系分布（Houde et al.，2020；Perkons et al.，2014；Grimshaw and Helfer 1995；），其原因可归结于红壤黏重的质地和亚热带湿润的气候，这导致深层土壤机械阻力高、通气性差、雨季含水量高，从而影响根系下扎深度。此外红壤的强酸性对很多植物都有毒害作用（De la fuente et al.，1997），也抑制了根系生长。这些结果表明，根系在土壤中的钻孔能力（生物耕作效果）既与植物根系的遗传特性有关，也与土壤环境条件有关。直根系（主根系）作物比须根系作物穿透紧实土壤的能力更强（Han et al.，2015；Chen and Weil，2011；Materechera et al.，1991），但是在红壤中属于须根系的香根草却

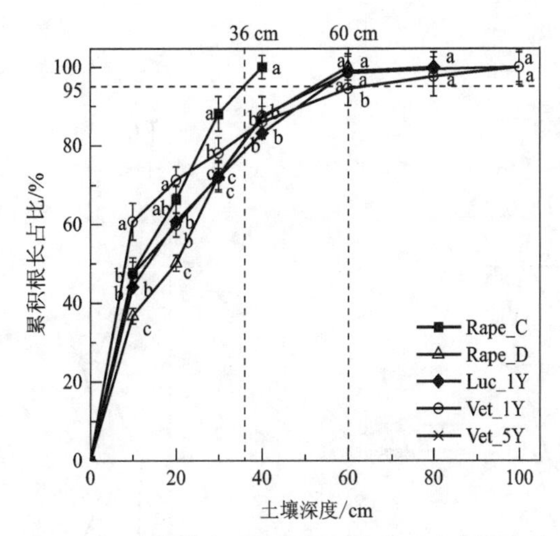

图 5.8 钻孔植物在红壤不同深度的累积根长占比

同列不同小写字母表示不同植物在相同深度差异显著（$P<0.05$）

表现出了比直根系油菜和苜蓿更强的穿透能力。香根草穿透能力强且耐贫瘠，广泛种植在热带亚热带，用于水土保持（Wang et al.，2020），适应该地区湿热的气候条件；苜蓿穿透能力也很强，且耐寒冷和干旱，因此更多地生长在温带地区（蒲金涌 等，2008；Abdul-Jabbar et al.，1982），可能不适合生活在湿润的酸性的红壤中，其优质的生物特性没有体现出来，根系分布没有香根草深。这意味着对作物根系的实际生长状况来说，土壤环境所起的作用可能比作物的遗传特性更大，在一个特定地区筛选合适的作物品种的时候，必须考虑这点。用于黏质红壤的生物耕作的植物必须适应红壤的环境条件。

（二）根径与根径级配

在红壤田间，不同物种根径差异显著，总体呈现 Rape_C 和 Rape_D 最细，Luc 中等，Vet 最粗（图 5.9），与室内盆栽结果一致。在土壤浅层（>0～40 cm），所有钻孔植物的根径基本不随深度变化而维持稳定，但在更深的土层（>40～100 cm），根径随深度增加而降低，说明细根更能够下扎到土壤深层。在>0～40 cm 土层，一年生香根草根系粗而多年生根系细，而在土壤深层（>60 cm）则相反。总之随着土层深度增加和生育年限的延长，香根草根系有细化的趋势，其原因可能是多年生香根草浅层土壤中根系逐渐增多，迫使新根系向更深土层生长以获取土壤资源，根系变细，另一可能的原因是多年生香根草退化，导致根系变细。

较粗的根径的比根长较小，比根长是单位根系质量的根长（m/g），几种钻孔植物的比根长呈现与根径相对应的分布规律。油菜作物的根系较细，两种油菜根系的比根长明显大于苜蓿和香根草（图 5.9）。虽然油菜是主根系作物，有较粗的主根，但是主根较短，在总根长中所占比例低，而细的侧根的长度在总根长中占比高（图 5.10），拉低了油菜的平均根径。香根草是须根系作物，没有粗大的主根，但是中等粗细的根系占比高，拉高了平均根径。这些田间的结果与盆栽土壤中一致。

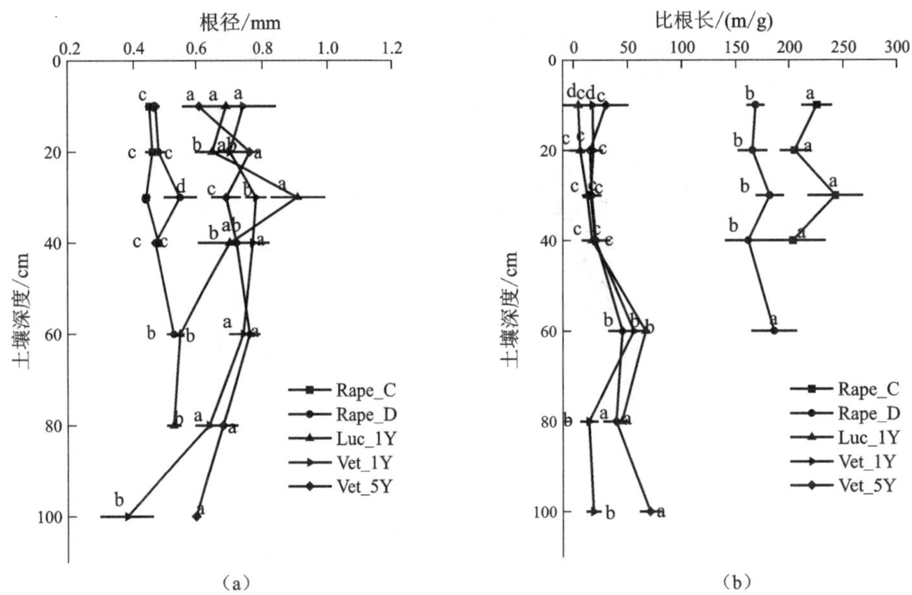

（a）　　　　　　　　　　　　　　（b）

图 5.9　钻孔植物的根径和比根长在红壤不同深度中的分布

同一行不同小写字母表示同一深度下不同植物间差异显著（$P<0.05$）

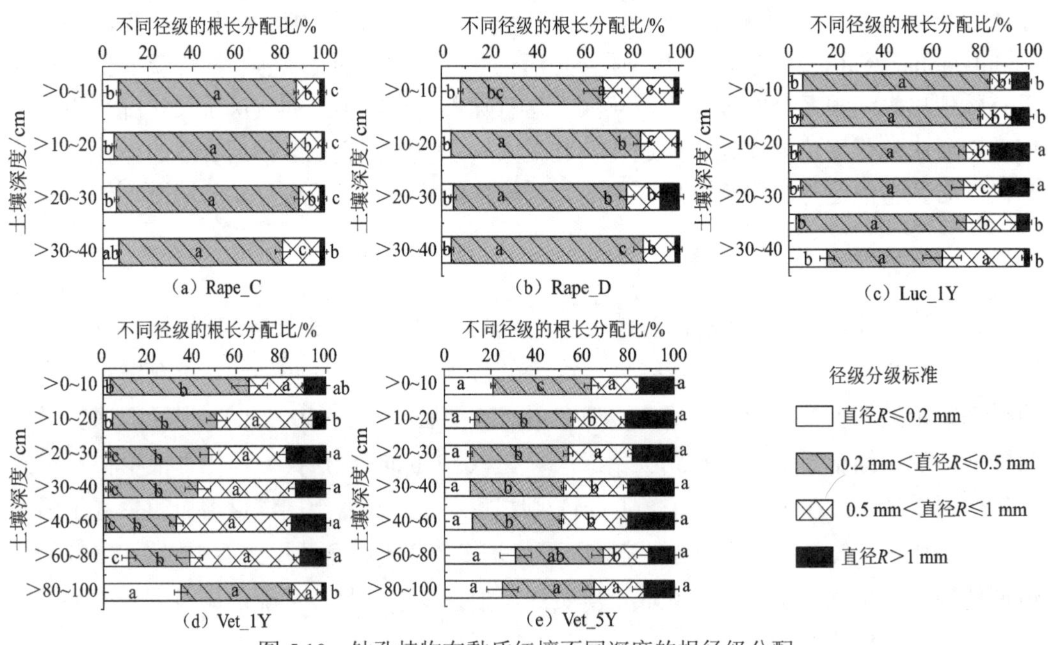

图 5.10　钻孔植物在黏质红壤不同深度的根径级分配

同径级不同小写字母表示不同深度下的分配比差异显著（$P<0.05$）

文献认为直根系作物穿透土壤的能力强是因为其根径粗，根径大小指示其穿透能力（Bengough et al.，2006）。油菜虽然是直根系作物但根系分布却较浅，这是因为油菜主根（粗根）很短（约 20 cm），只占其总根长的很少一部分，而细的侧根占油菜总根长的比例很大，导致油菜的平均根径很小，最终根系分布也浅。苜蓿与油菜类似，粗大的主根长度也只有约 20 cm。相反，须根系的香根草虽然没有粗大的主根，但其平均根径最大，根系分布最深。在压实程度不同的两层土柱的试验中，Burr-Hersey 等（2017）也得出了类似的结果，即在遇到紧实的界面的时候，直根系萝卜（*Raphanus sativus*）比须根系燕麦（*Avena sativa*）的根径和根表面积降低得更多。上述结果表明，在黏质红壤中直根系作物的穿透能力比须根系作物的穿透能力强的设想可能并不成立，但粗根钻孔能力强的说法在黏质红壤中仍然是正确的，根径大小仍然可以指示不同钻孔植物在红壤中的生物耕作能力。

除平均根径外，根径级配特征也可以反映钻孔植物的根系特性。根径级配是指不同根径的搭配比例，以不同根径级别的根长占总根长的比重表示。两种油菜的根径级配不协调（图 5.10），表现为粗根（根径>1 mm）根长占比很小；多年生香根草根径级配协调，表现为 4 个级别（≤0.2 mm、0.2～≤0.5 mm、0.5～≤1 mm、>1 mm）的根径都有较高的根长占比，这有可能利于根系在变化的土壤环境中下扎伸长。总体上看，粗根占比较多的苜蓿和香根草能够穿插到更深的土层，利于改良深层土壤物理性质，起到生物耕作特有的效果。特别是多年生香根草，在深层土壤中（>60 cm）仍然有较多的粗根占比，其增加深层土壤的大孔隙效果应该更好，适合在黏质红壤中作为生物耕作的物种。

多年生香根草与一年生相比，同一土层中极细根（≤0.2 mm）占比增加，这表明随着香根草生长年限延长，其穿插土壤的能力逐渐降低。其原因可能是香根草随生长年限退化和（或）土壤大孔隙缺乏。土壤原来的大孔隙被粗根和中等根占据，只剩下小孔隙（毛管孔隙），为了适应这个土壤条件，香根草新生了更多的细根，这些细根可以在小孔隙中穿插，细根死亡分解之后就产生新的大孔隙，起到改善黏质红壤物理性质的作用。这可能就是生物耕作在黏质红壤的作用特点，即细根的改土效果不能忽视。

（三）根系数量密度

除了根系的粗细形态外，不同钻孔植物在黏质红壤中根系的数量密度也有显著差异。两种油菜根系数量密度显著小于苜蓿和一年生香根草，而多年生香根草根系数量密度最多，浅层土壤中远多于其他作物（图 5.11）。从上往下分层计数和开挖土壤从剖面方向计数，两种方法得到的结果一致。随着深度增加，作物根系数量密度逐渐降低，普通油菜和深根系油菜在 20 cm 和 40 cm 以下就已经没有肉眼可见的根系（野外薄层剥土肉眼观测根系方法没有观测根系出露，并不代表完全没有根系，只是在特定的水平深度或垂直剖面位置没有出露的根系被观测到），而苜蓿和一年生香根草在 60 cm、多年生香根草在 80 cm 仍然有根系，这与前面的最大根深分布（环刀分层取土法）结果一致。

与根系数量密度类似，其他表示根系分布密度的指标（根长密度、根质量密度、根表面积密度、根体积密度）也随作物种类和土壤深度变化，且呈现一致的变化规律（图 5.12）。简而言之，这些规律是两种油菜根系分布密度小，且分布浅；苜蓿在浅层土壤中分布密度高，因为其在表层土壤根径粗，根体积大；而多年生香根草在浅层和深层土壤中根系分布密度都较高。

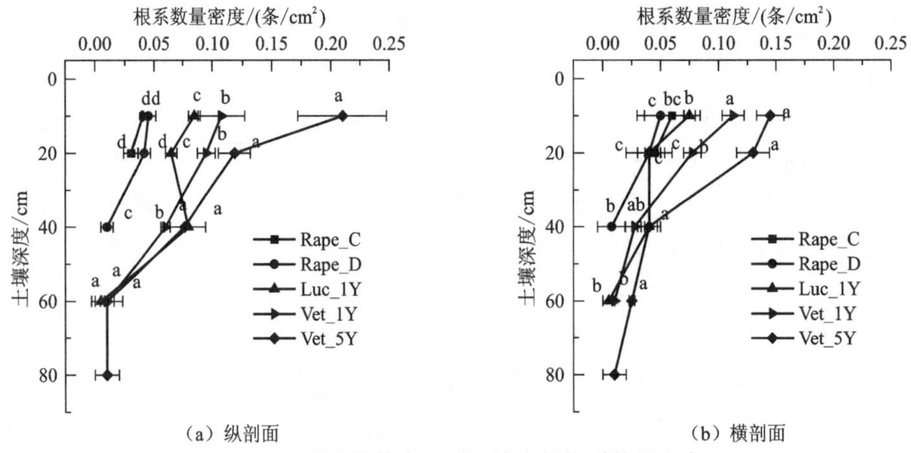

图 5.11 钻孔植物在黏质红壤中的根系数量密度

左图纵剖面指从上往下俯视观测计数；右图横剖面指从剖面的侧方向观测计数；两个方向观测结果一致
同一行不同小写字母表示相同深度下不同植物间差异显著（$P<0.05$）

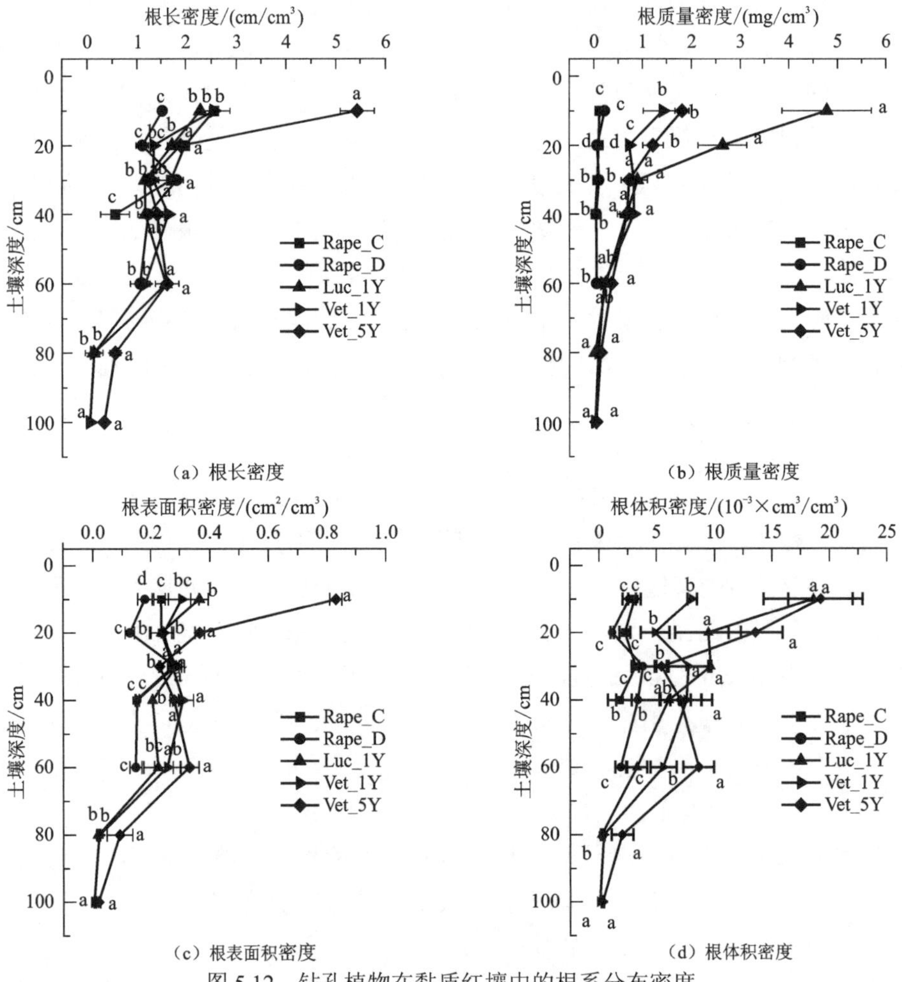

图 5.12 钻孔植物在黏质红壤中的根系分布密度

同一行不同小写字母表示相同深度下不同植物间差异显著（$P<0.05$）

三、根系木质素/纤维素

除了根尖几何特性和根系分布特征外，不同钻孔植物在黏质红壤中根系的化学组成成分比例也有显著差异。根系的化学组成成分会影响根系的抗拉力及抗拉强度，进一步影响根系在土壤中钻进能力。纤维素、半纤维素和木质素是根系化学组成的主要物质，半纤维素是一种界面高分子，在细胞壁中起到黏结木质素和纤维素的作用，使根系内部存在类似“钢筋混凝土”的结构。而木质素是一种填充和黏结物质，主要起结合根系内部成分的作用，能够提高根系的机械强度。纤维素是植物细胞壁的骨架成分，能够增强植物的机械性能，同时纤维微纤丝能够抵抗张力破坏，二者共同作用可以提高根系的抗拉强度（Genet et al.，2011）。对于直径<0.5 mm 的细根而言，香根草的木质素/纤维素比值最小，为 0.6%左右，其次是苜蓿为 0.68%，最后是两种油菜，均大于 0.8%；而在≥0.5 mm 的粗根中，香根草的木质素/纤维素比值则高于油菜（图 5.13）。叶超等（2017）在研究狗牙根、百喜草、香根草等草本植物根系的抗拉力及抗拉强度与化学成分含量关系后，得到木质素/纤维素比值是影响 4 种草本植物根系抗拉力的主要因素，而纤维素含量是影响其抗拉强度的主要因素。本研究发现香根草细根有较高的纤维素/木质素比值，可以产生较高的根系抗拉强度，其在土壤中具有较高的钻孔能力，这与 Zhang 等（2014）的研究结果一致。

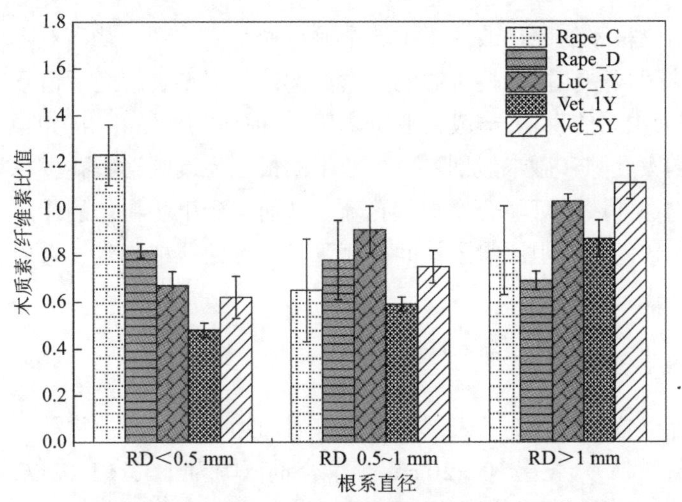

图 5.13　不同覆盖作物根径级的木质素/纤维素比值分布

第三节　生物耕作对红壤物理性质的影响

黏质红壤由于质地黏重和土体紧实，主要农作物的根系往往分布浅，在季节性干旱期不能充分吸收深层水分，这是一年生农作物容易受到干旱危害的重要原因。黏质红壤中，根系分布浅的原因很多，不考虑土壤酸碱性和肥力等因素，仅不利的土壤物理条件就包括雨季含水量高，心土和底土通气差，旱季土壤穿透阻力大等。可见，一年生作物之所以常常受到季节性干旱危害，其症结在于根系分布浅，旱季不能吸收深层土壤的水分，而不是土壤绝对缺水。所以，黏质红壤心土和底土紧实、缺氧导致一年生作物根系分布浅而产生的根-土关系不良是引起季节性干旱的重要原因。利用钻孔生根能力强的先锋植物（多年生或一年生），通过轮作等模式引入到农田作物系统中，利用其深根系在土壤中进行生物耕作，降低黏质红壤机械阻力、改良红壤物理性质、促进轮作的农作物根系下扎以吸收更多深层土壤水分，从而改善农作物生长季节的根-土关系，是调控和防御红壤季节性干旱的可能途径。

在纯粹的农田作物系统中，要促进农作物建立深根系统，可以通过选择物种或品种、增加种植密度、改变耕作制度等实现（Wasson et al.，2014），但在农-林、草-田、肥-田等复合种植和轮作、间作体系中，利用钻孔能力强的植物开展生物耕作不失为一种成本低廉的方式。生根钻孔能力强的植物引入农田后，对土壤的影响是多方面的，可以为主要农作物建立深根系统创造条件，但是在黏质红壤中哪些植物钻孔能力强需要试验验证。本节论述几种根系特性不同的前季植物（或作物）根系钻孔对黏质红壤（特别是心土和底土）物理性质的改善。

一、对红壤孔性的影响

由于钻孔植物根系的穿插改变了土壤中颗粒的空间排列，从而对土壤物理性质有一系列的影响。除了根系穿插、挤压影响土壤结构外，根系腐解之后留下的孔道也会增加土壤孔隙度。因为根系的直径（一般为亚毫米级别，前述几种钻孔植物的平均根径为 0.2～0.8 mm）较土壤大孔隙（微米级别）大，留下的根孔为近圆形大孔隙称为生物孔隙。因此推测钻孔植物在红壤中可能会增加大孔隙，从而起到生物耕作的作用。由于田间直接测量土壤孔径比较困难，用原状土柱间接测量了几种钻孔植物生长之后黏质红壤的孔性和持水能力的变化。

（一）土壤容重和孔隙度

黏质红壤容重整体偏大，从表层到深层有增加趋势，钻孔植物种植之后，红壤的容重明显降低（图 5.14）。表层>0～20 cm 土壤容重范围为 1.33～1.47 g/cm^3，以空白无作物对照处理最高，种植植物之后土壤容重降低，其中多年生苜蓿使容重降低了约 10%，效果较其他几种钻孔植物要明显；下层>20～60 cm 土层容重比表土层明显增加，但钻孔植物处理显著降低了该土层的土壤容重，几种钻孔植物都有明显效果，以一年生香根草和苜蓿效果更好。普通油菜是本地区冬季主要轮作作物，但普通油菜对红壤容重的降低不明显，而深根系油菜效果明显好于普通油菜（虽然都没有苜蓿和香根草效果好）。这可能与普通油菜根系浅有关，说明选择合适的物种或品种作为红壤的轮作作物对改良黏质红壤物理性质有重要意义。

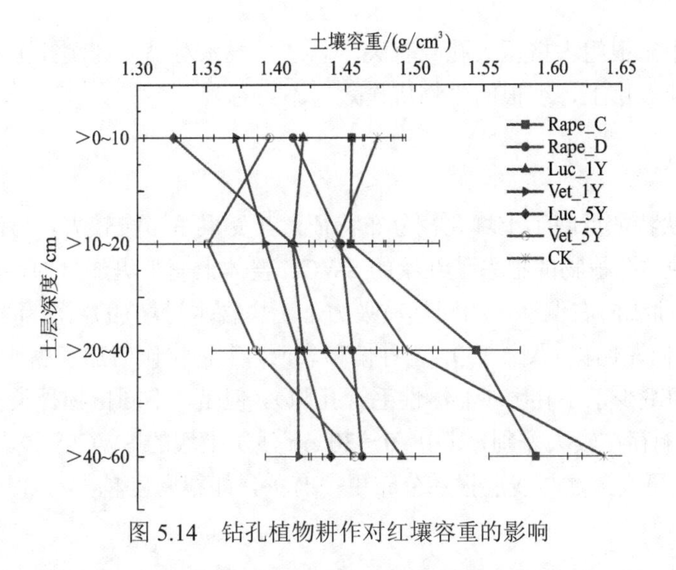

图 5.14　钻孔植物耕作对红壤容重的影响

不同根系特性的钻孔植物对红壤孔隙度的影响有差异。总体上而言，几种钻孔植物根系均增加了黏质红壤的通气孔隙度和总孔隙度（图 5.15）（增幅 1%～8%），这有利于黏质红壤水力性质的改善。除了增加通气孔隙外，普通油菜和 5 年生香根草还降低了无效孔隙度（<0.2 μm）；而深根系油菜和苜蓿则降低了>0～20 cm 浅层土壤的毛管孔隙度，

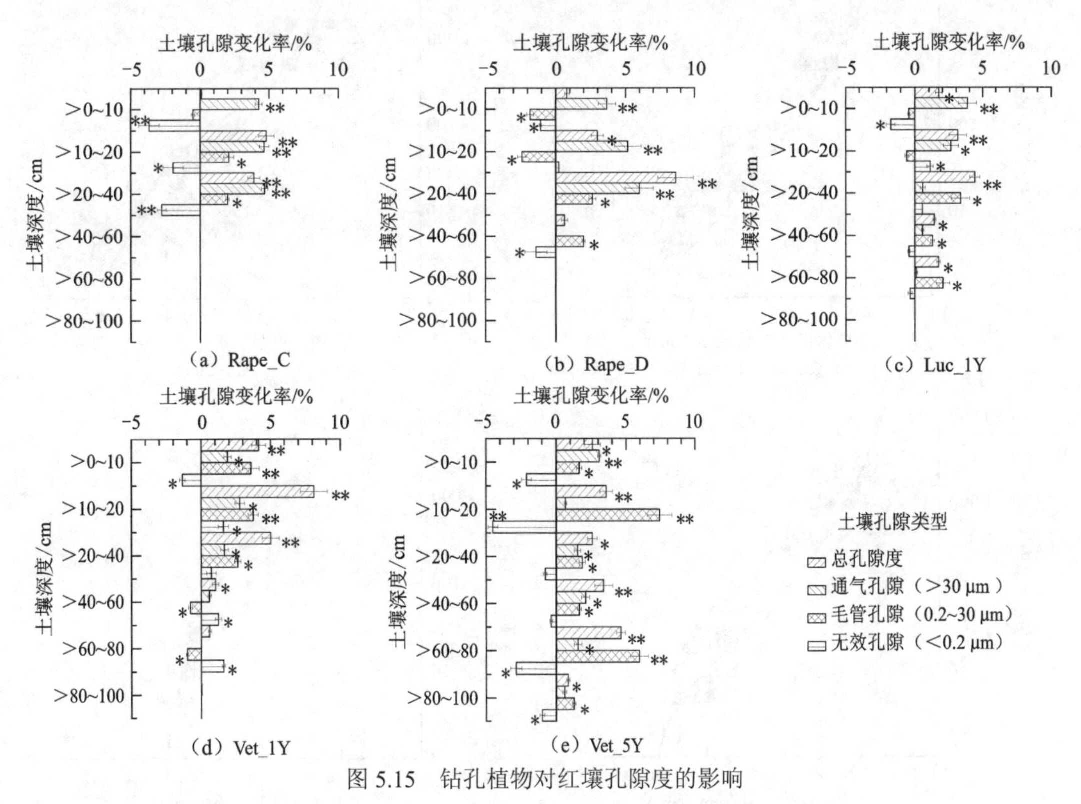

图 5.15　钻孔植物对红壤孔隙度的影响

*和**分别表示土壤孔隙变化率达到显著和极显著水平

这与浅层土壤中主根粗大挤压大孔隙有关。总之，根系对黏质红壤孔隙的影响与根系特性有关，在黏质红壤上，细根的生物耕作效果不可忽视。

（二）SWCC

SWCC 形状特征反映了土壤孔径分布特征，其受根系影响较大。与没有钻孔植物的对照相比，几种钻孔植物的根系使红壤的 SWCC 整体上变得更加弯曲，表现为低吸力段（>0～30 kPa）曲线向右偏移（相同基质吸力下土壤含水量增加），而高吸力段（>100～1000 kPa）曲线向左偏移（图 5.16），这种偏移表明，生物耕作增加了黏质红壤大孔隙（通气透水孔隙）而减少了小孔隙（非活性毛管孔隙）。但是，不同植物种类及其在不同土层对 SWCC 的影响存在较大差别，其中>0～30 cm 浅层土壤的 SWCC 受根系影响比>40～80 cm 深层土壤更大，这与浅层根系分布更多有关，即根密度越大对 SWCC 的影响幅度也越大。

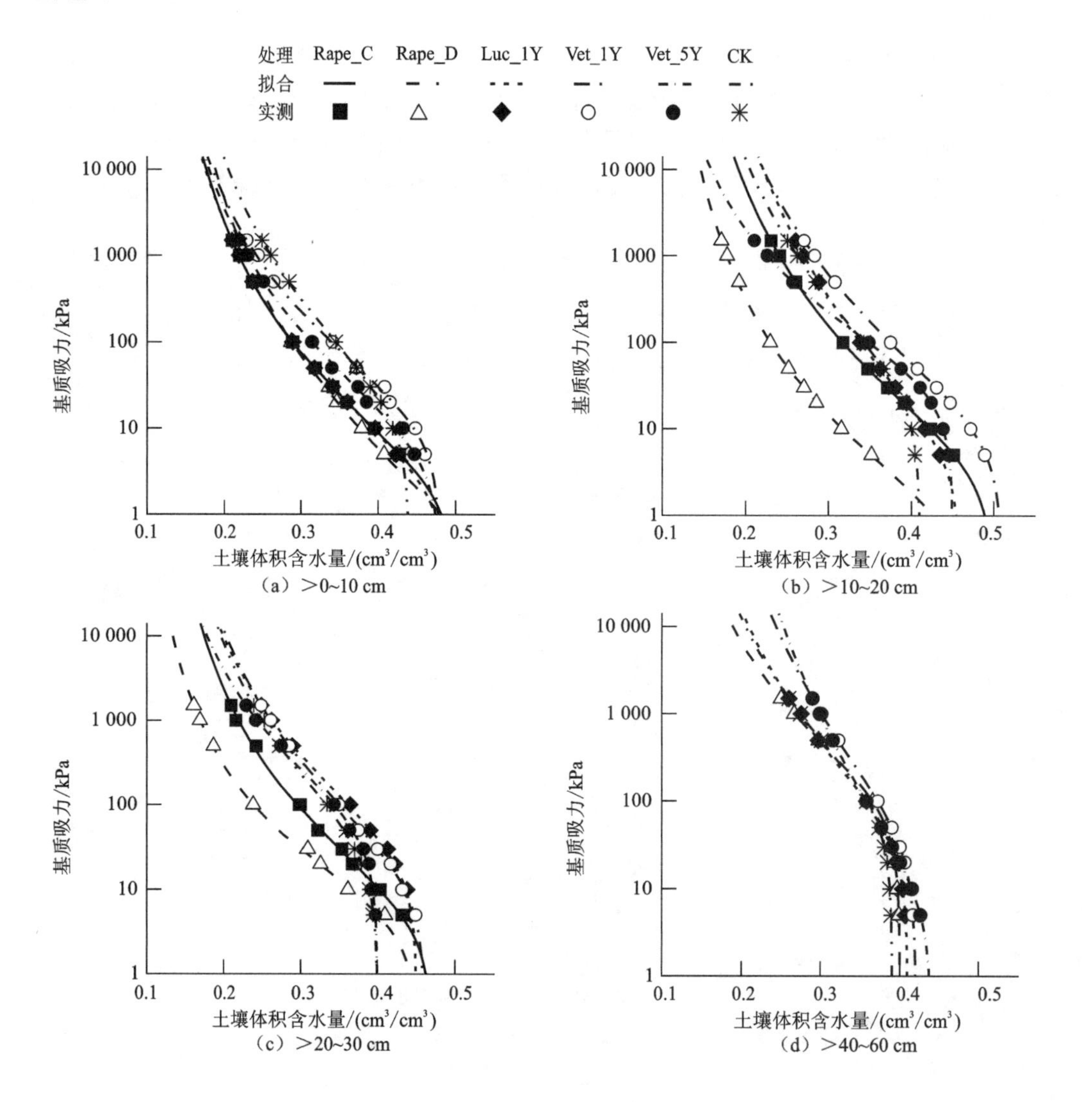

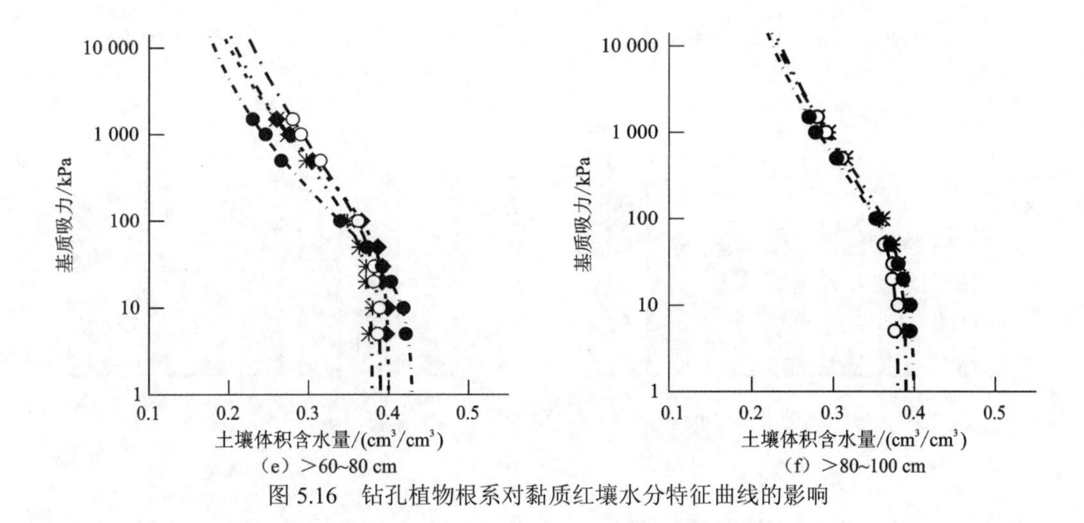

图 5.16　钻孔植物根系对黏质红壤水分特征曲线的影响

在>0～30 cm 浅层土壤中，两种油菜种植后 SWCC 整体向左偏移（显著降低了土壤的持水能力），而香根草和苜蓿则使得 SWCC 整体向右偏移（显著增加了土壤的持水能力）。香根草根系使得 SWCC 曲线更加弯曲，表明其改善黏质红壤的黏性效果更好（不是改变了土壤颗粒组成，只是改变了土壤孔径分布）。在>40～80 cm 深层土壤中，钻孔植物的根系增加了低吸力段（>0～30 kPa）的含水量而降低了高吸力段（>300～1 000 kPa）的含水量，其中 5 年生香根草（Vet_5Y）降低>60～80 cm 土层中高吸力下的含水量的效果更加明显，对黏质红壤高吸力下的释水性起到了更好的改善作用，侧面验证了前文论述的多年生香根草的细根改土作用不可忽视。

（三）有效水含量

田间持水量越高说明土壤持水能力越强，而萎蔫系数越高则作物越容易发生干旱，二者的差值是土壤有效含水量。黏质红壤的田间持水量较高，与没有种植植物的对照相比，钻孔植物总体上降低了红壤的田间持水量（图 5.17），两种油菜作物降低田间持水量的幅度更大，个别例外情况是一年生香根草和一年生苜蓿在深层土壤（>40～60 cm）增加了田间持水量。红壤萎蔫系数对生物耕作也有响应，在表层土壤（>0～20 cm），钻孔植物降低了萎蔫系数；而在深层土壤（>20～60 cm）情况复杂一些，一年生香根草增加了萎蔫系数，其余植物也是降低了萎蔫系数。综合起来，生物耕作对红壤有效含水量的影响比较复杂，并不呈现趋势一致的规律。一年生香根草在各个土层都增加了有效含水量，其他几种钻孔植物仅在深层（>40～60 cm）增加了有效含水量，而在>0～10 cm 和>20～40 cm 两个层次则是明显降低了有效含水量，在>10～20 cm 土层影响较小。需要更多的田间试验数据来解释结果产生的原因和机理。

已有的研究中，作物根系对土壤物理性质的影响并不明确，较少的研究关注根系在田间剖面尺度对土壤水力性质的影响。黏质红壤上的田间试验表明不同的作物都增加了土壤孔隙度，但根系所起的作用则因根径粗细不同而不同。一方面，较粗根（香根草和苜蓿）比细根（两种油菜）更能有效增加总孔隙度，因为粗根主要增加大孔隙（通气孔

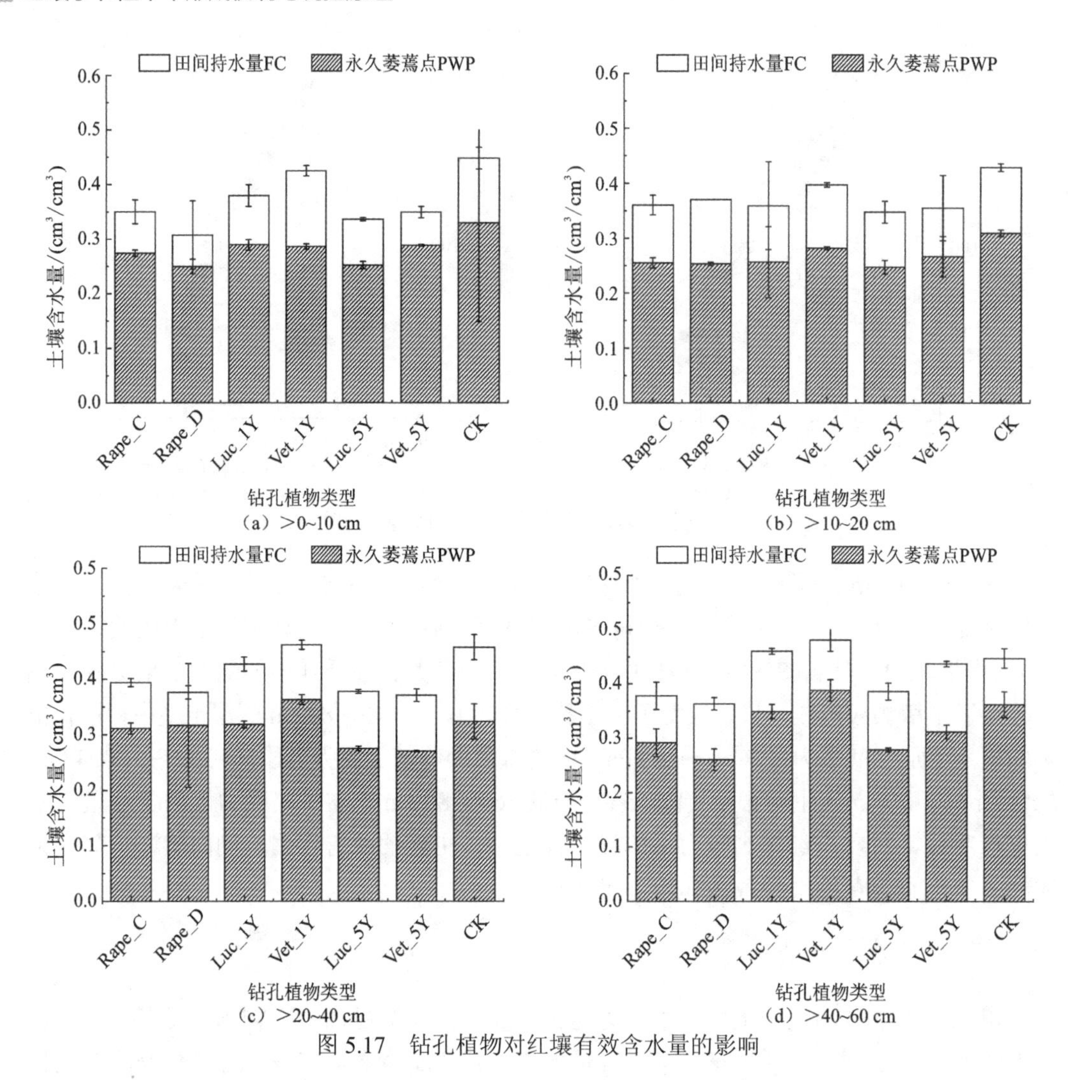

图 5.17　钻孔植物对红壤有效含水量的影响

隙）而只阻塞少量孔隙，而细根在增加大孔隙的同时更容易阻塞小孔隙。有其他研究与此结果类似，即粗根作物比其他作物产生更高的孔隙度（Burr-Hersey et al.，2020）；但是也有与此结果不一致的研究。Helliwell 等（2019）提出了西红柿根系增加了根表面附近土壤的小孔隙度（<0.012 mm）但是降低了根周围本体土壤的总孔隙度，他们观测到了在离根系一定距离的土壤因根系挤压而更紧实。Aravena 等（2011）也提出了根系挤压了根-土界面的土壤而降低了总孔隙度。不过这些研究是在风干过筛的土壤均匀填装之后在盆钵中进行的，可能存在较多的孔隙空间利于根系挤压，并不能反映田间自然状态下的土壤情况。另一方面，极细根（直径<0.2 mm）在普通油菜和多年生香根草中稍多，不仅增加了总孔隙度，还降低了非活性毛管孔隙度（<0.2 μm）。这与一些文献结论不一致。在综述中，Lu 等（2020）认为低密度的细根阻塞土壤孔隙，降低总孔隙度。盆栽试验显示菊蒿叶沙铃花降低黏质土壤孔隙度，粗根黑燕麦在整个生长期间则产生更大的孔隙度（Bacq-Labreuil et al.，2019）。这些不一致的结果表明，根系对土壤孔隙度的影响决定于根系特性和土壤条件。因为极细根（直径<0.2 mm）远大于土壤毛管孔隙（<0.03 mm）

和粉粒，根系在黏质红壤中穿插会移动和重新团聚土壤颗粒，从而降低土壤质地孔隙（即降低非活性毛管孔隙），但是这些细根死亡之后在湿热条件下腐解很快，这样就形成了新的大孔隙（通气孔隙）。因此，可以认为在黏质红壤中，极细根通过穿插产生新的通气孔隙同时也减少非活性毛管孔隙，起到改良红壤孔性的作用。

与一些研究结果不同的是，在钻孔植物生长期间及地上部收割之后，黏质红壤中没有出现生物大孔隙（直径≥2 mm），这可能是因为这些作物的根系大部分都较细（直径<2 mm），而少量的粗根（主要是主根）在短时间内没有腐解释放生物孔隙。这些主根短而浅，即使腐解之后也不大可能在深层土壤产生生物大孔隙。因此，生物钻孔对黏质红壤的改良还是要依赖于能够深入到深层土壤的细根。

二、对红壤导水率的影响

生物耕作改变了红壤的孔隙状况，进而也改变了土壤导水率 K。在田间用张力入渗仪测量了钻孔植物地上部收割后土壤饱和导水率 K_s 与近饱和导水率，即在 1.0 kPa、0.6 kPa、0.3 kPa 和 0 kPa 负压下的稳定入渗速率。与没有种植作物的对照地块相比，钻孔植物根系不同程度地提高了黏质红壤的 K_s（图 5.18）。所有植物种类都是在>0～40 cm 土层提高 K_s 效果最好，而在>40～80 cm 土层只有苜蓿和香根草提高了 K_s，80 cm 以下土层 K_s 没有变化。值得注意的是在表土层（>0～20 cm），两种油菜因其根系多，大幅度提高了土壤 K_s，而苜蓿在该土层没有显著提高 K_s，到了>20～40 cm 深度才有显著效果。总体上看，生物耕作提高 K_s 的幅度多在 1～3 倍，其中多年生香根草在整个土壤剖面深度提高 K_s 效果最好（仅在>20～40 cm 效果较其他物种差），在>0～20 cm 表层提高 K_s 的幅度超过了 10 倍，这与其根系密度和分布深度最高有关。

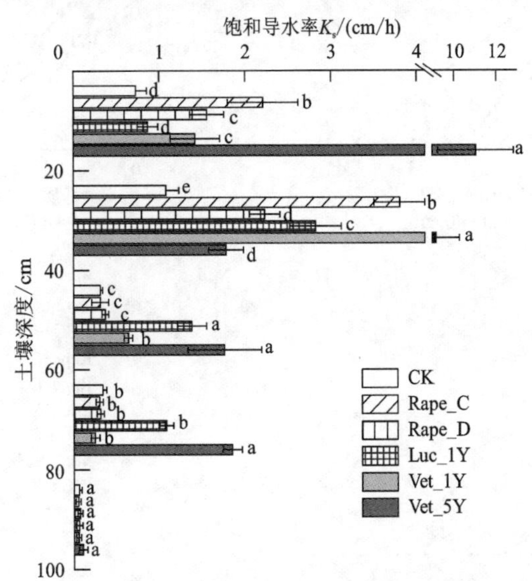

图 5.18 几种钻孔植物种植之后红壤的饱和导水率

不同小写字母表示不同植物在相同深度差异显著（$P<0.05$）

研究发现各个土层的非饱和导水率随土壤基质势下降而急速下降，二者呈对数线性关系（图 5.19），从这个关系可以预测土壤在高含水量条件下的非饱和导水率（即近饱和导水率）。一年生和多年生两种香根草处理的土壤具有最大的饱和导水率 K_s 和近饱和导水率，而且对数关系曲线的斜率相对平缓，表明其在更干旱的条件下非饱和导水率也最高。两种油菜种植之后，土壤近饱和导水率与饱和导水率都高于无作物的对照，但是，在稍微干旱条件下（土壤水势低于-1 kPa）却低于对照。香根草与油菜不完全一致的结果说明生物耕作对黏质红壤非饱和导水率的影响较复杂，并没有表现出简单的规律性，而是随钻孔植物种类（根系特性）和土壤深度（土壤性质）变化，与多种因子相关。

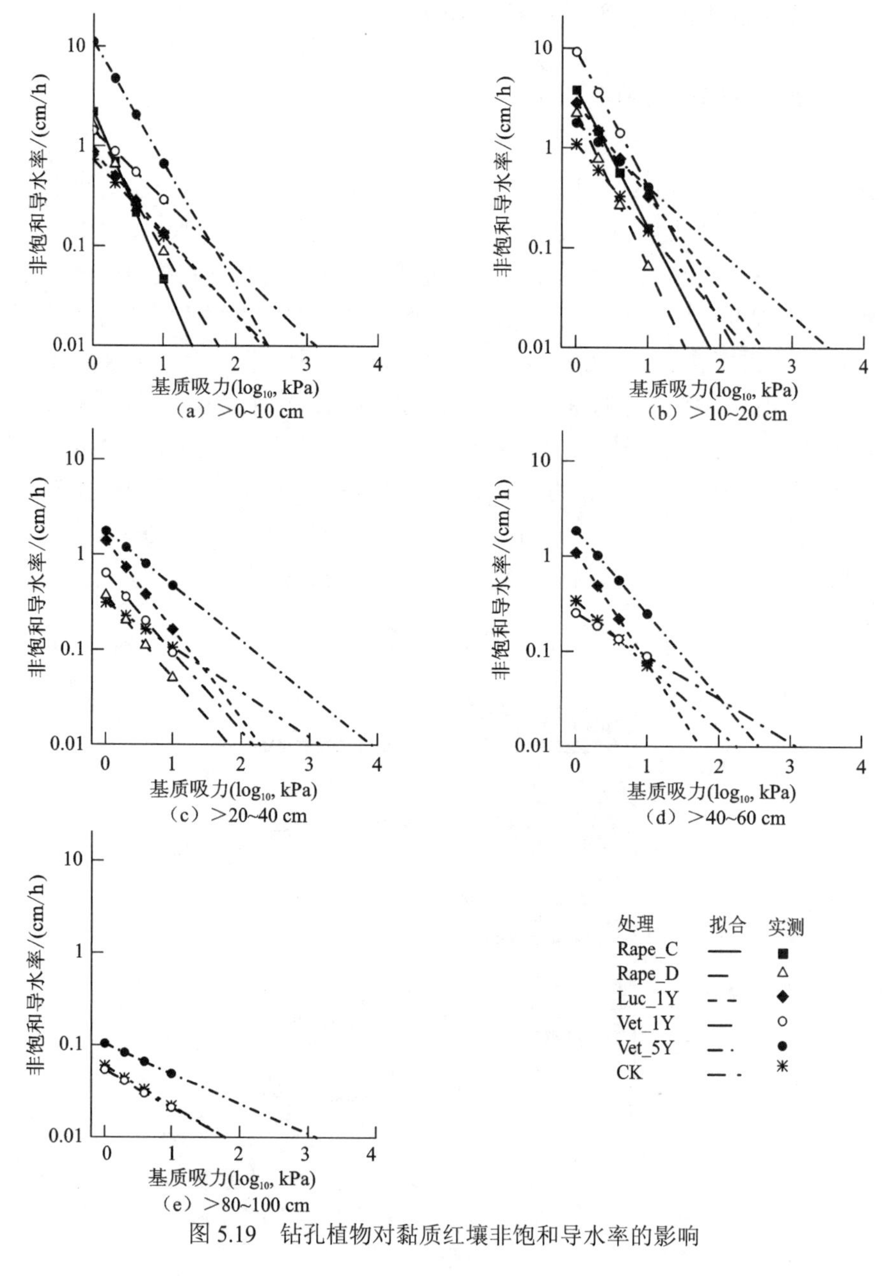

图 5.19 钻孔植物对黏质红壤非饱和导水率的影响

相关分析表明（表 5.4），土壤饱和导水率 K_s 与根长密度极显著相关（r=0.647，p<0.001）而与根径没有显著相关性（r=0.001 9，p=0.992 9）。同时 K_s 也与根表面积密度、根数量密度显著相关，而与根体积密度和根质量密度相关性不显著。这些结果表明红壤生物耕作之后，K_s 响应主要取决于根系数量多少（如根长密度）而不是根系体积大小（如根质量密度）。此外还发现 K_s 与土壤总孔隙度没有相关性，对 K_s 起主要作用的是大孔隙。粗根引起的数量很少的大孔隙（如生物孔隙）能够显著增加 K_s 而只增加很少的总孔隙度，很显然这种情况不符合本研究的结果。另一种情况是大量的细根增加了通气孔隙（但小于生物孔隙）和根-土接触界面，同时通过阻塞降低了非活性毛管孔隙，这样 K_s 显著增加但总孔隙度只是少量增加。这种情况可以解释生物耕作在红壤中的效果，细根是黏质红壤生物耕作改善土壤导水率的主要原因。

表 5.4　土壤饱和导水率 K_s 与钻孔植物根系特性的相关性

根系特性	根长密度 RLD/（cm/cm^3）	根表面积密度 RSD/（cm^2/cm^3）	根数量密度 RND/（root/cm^2）	根体积密度 RVD/（cm^3/cm^3）	根质量密度 RMD/（g/cm^3）	根径 RD/mm
自由度 n	24	24	17	24	24	24
相关系数 r	0.647	0.616	0.572	0.371	0.198	0.002
显著水平	< 0.001	0.001	0.016	0.07	0.3540	0.9929

但是在其他土壤中有不一致的结果。一些研究表明根系降低了土壤导水能力（Leung et al.，2017；Ng et al.，2014；Aravena et al.，2011），因为根系生长阻塞了土壤孔隙。比较这些在粗质地土壤上的结果和在黏质红壤上的结果，可以认为根系对土壤导水率的影响取决于根系生长过程中阻塞已有孔隙和形成新孔隙的相对程度。在黏质红壤中，苜蓿在表土（>0～20 cm）密度较大，其主根较粗可能挤压土壤，因此没有明显增加该土层的 K_s，但是在>20～40 cm 土层根系变细变少，少量的根系穿插紧实土层，从而增加了该土层 K_s。在一些大孔隙数量多或者质地粗的土壤中，密集的根系生长可能阻塞这些大孔隙从而短时间内暂时降低 K_s，黏质红壤的表土层（团聚体相对较多）即是这种情况。相反，在缺少大孔隙的黏质红壤中，根系不能直接占据已有孔隙而产生新的根系通道，从而在其腐解之后显著增加 K_s。因此，可以认为，虽然在粗质的土壤中根系可能降低 K_s，但是在黏质土壤中根系更可能增加土壤的饱和导水率。

饱和导水率 K_s 增加与根长密度紧密相关而与根径没有显著相关，这说明细根在黏质红壤导水性质的改善中扮演了非常重要的角色。细根在黏质红壤中的作用可以体现在两个方面，第一，在粗质地土壤中低密度的细根阻塞大孔隙，但在黏质土壤中细根可使已有孔隙增大从而增加中等大小的通气孔隙并增强其连通性。第二，粗根和细根的生长及腐解对土壤 K_s 的影响不一样，细根更容易腐解，释放先前占据的孔隙从而增加 K_s，而粗根腐解速度慢，占据孔隙的时间更长，其对 K_s 的影响在短时间内难以体现，只有经过足够长的时间待其腐解之后才能显著体现出来（Ng et al.，2019；Uteau et al.，2013）。根径粗的一年生作物（如苜蓿）对黏质红壤 K_s 的影响有限，可能是因为其粗根没有腐解而产生大的生物孔隙，这样生物耕作对土壤水力性质的影响主要是通过细根生长和腐解来实现，因此 K_s 与钻孔植物的根长密度相关。由此可以得出结论，具有高根长密度的作物能够更有效地改良黏质红壤的水力性质。

上述分析得到的结论得到了一些早期研究的支持。在填装的土柱中，K_s 随根长密度增加而增加（Yuge et al.，2012）。在草与柳树生长的早期生长阶段，土壤 K_s 与根长密度呈线性比例增加（Leung et al.，2017），当根长密度达到一个阈值之后，K_s 随之下降（Jotisankasa and Sirirattanachat，2017；Vergani and Graf，2016）。但是也有 12 种农作物的田间试验研究发现 K_s 与根径变化呈比例关系，而与根长密度的关系并不清楚。这些结果与土壤条件（主要是质地和孔隙度，以及自然或填装土壤）和作物根系特性（根长密度和根径）相关。当考虑根系特性的时候，粗根有更强的穿透能力并产生较大的根孔，从而在根系收缩或腐解之后 K_s 增加，当粗根密度达到一定阈值，粗根就可以挤压已有孔隙并移动土壤颗粒阻塞孔隙，从而降低 K_s。这样在不同的研究中，K_s 与根长密度的关系不固定。细根钻孔能力弱，但其变形和可塑性强，在砂土中可以阻塞孔隙，而在黏土中可以产生新孔隙。黏质红壤中大孔隙少，根系以细根为主，因此所有钻孔植物都增加了土壤 K_s 而且以多年生香根草效果最好。

三、对红壤穿透阻力的影响

钻孔植物的生长改变了黏质红壤田间含水量和土壤性质（如改变容重、产生根孔通道等），并且改变了土壤穿透阻力特性（水阻特征曲线）。也就是说，生物耕作可以从直接和间接两个方面影响土壤穿透阻力。

根系对土壤含水量的影响很复杂，影响结果不仅仅取决于根系本身的空间构型和密度，还取决于地上部生长和吸水状况，与作物种植密度和生长状况密切相关，随时间和气象状况变化。田间土壤含水量监测结果表明，几种钻孔植物总体上降低了土壤含水量（图 5.20）。无植物种植的地块，土壤含水量明显高于有植物的地块，这与植物蒸腾消耗了土壤水分有关。而不同钻孔植物之间土壤含水量差异不大，但在 40 cm 深度含水量差异变大，两种香根草处理的土壤含水量较两种油菜和苜蓿的土壤含水量更高，说明香根草在黏质红壤上具有保水的作用，这与其地上部耗水特征（叶片线形扁平）、根系较深、促进降水入渗的影响有关，当然也与种植密度和地上部生长状态有关，具体原因需要进一步研究。土壤含水量变化会显著影响土壤穿透阻力，但钻孔植物通过含水量影响土壤穿透阻力只是一个次要的方面，并没有改变土壤的阻力性质。

不同钻孔植物处理的土壤穿透阻力差异明显。在>0～22.5 cm 土层（根系密度较大的表土层），一年生香根草土壤的穿透阻力最小，其次是深根系油菜和苜蓿，而无作物对照最大，这种阻力大小次序与其土壤含水量高低次序并不匹配，说明表层土壤穿透阻力与土壤含水量关系不密切，而受作物根系种类和种植密度影响较大。植物根系降低了土壤穿透阻力，且深根系植物降低土壤穿透阻力效果更明显，这体现了不同物种在黏质红壤上的生物耕作效果。在 27.5 cm 深度之下的土层（图 5.20），情况发生了变化，整体上土壤穿透阻力都有所增大，而且大小次序发生了变化，无作物对照土壤穿透阻力最小，

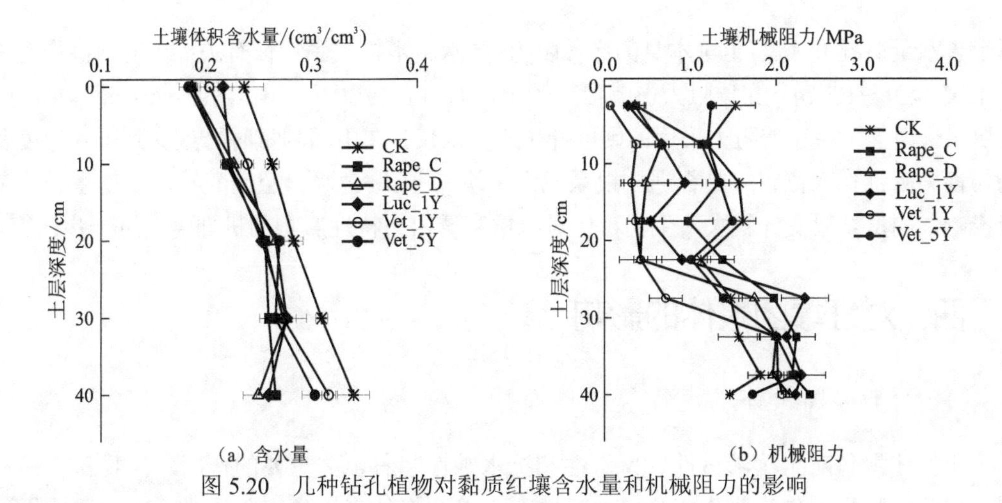

图 5.20　几种钻孔植物对黏质红壤含水量和机械阻力的影响

其他作物处理下的穿透阻力次序与土壤含水量高低次序基本对应（含水量高的土壤穿透阻力小）。这一结果说明根系密度大的钻孔作物对土壤穿透阻力有显著影响，在利用生物耕作的时候要考虑钻孔植物的这种特性。

生物耕作之后，红壤的穿透阻力特性也发生了变化，外在表现之一就是不同钻孔植物处理下的土壤穿透阻力-含水量曲线（水阻特征曲线）不同（图 5.21）。土壤穿透阻力随含水量降低而急剧增加（可以用指数方程模型描述），表层土壤穿透阻力小于深层土壤，这与前述结果一致。生物耕作对土壤穿透阻力-含水量曲线的影响体现在以下几个方面：①多数情况下，生物耕作降低了土壤穿透阻力，在同等含水量下穿透阻力更小，只有在个别土层和个别含水量下例外；②土壤含水量越低，生物耕作降低穿透阻力的效果越明显，降低幅度越大，在高含水量时植物根系对红壤穿透阻力影响很小（如>10～20 cm 土层 0.4 cm^3/cm^3

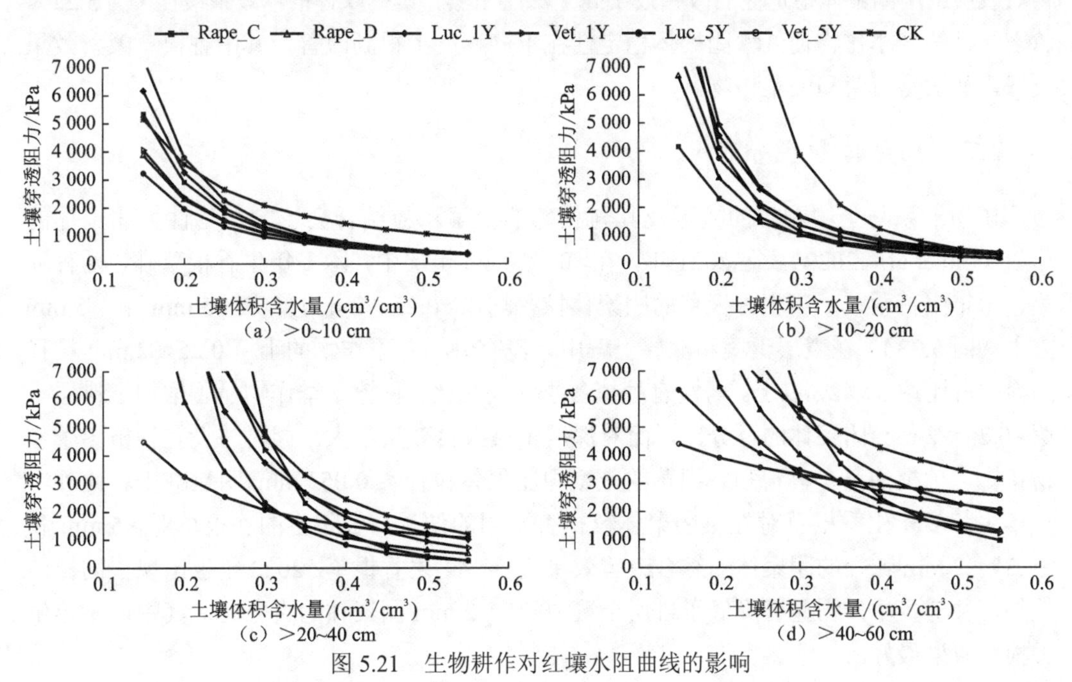

图 5.21　生物耕作对红壤水阻曲线的影响

以上含水量情况），这与土壤本身的穿透阻力-含水量本构关系特征有关；③生物耕作对表层土壤（>0～10 cm）穿透阻力影响幅度较小，而对表层以下土壤（>10～60 cm）影响幅度更大。由于土壤穿透阻力采用的硬度计（或贯入仪）在田间测量时严重受到压入速度和均匀性、圆锥插入位置（是否遇到根系或大土块）、土壤含水量空间变异、植物生长季节等影响，测量结果变异较大，生物耕作对红壤穿透阻力特性影响的机理需要进一步研究。

四、对红壤团聚体的影响

（一）土壤团聚体稳定性

土壤团聚体对土壤渗透性、保水性和抗水蚀性起着至关重要的作用。生物耕作是利用深根系植物根系作为耕作工具，通过改变土壤团聚体来提高土壤质量。在土壤团聚体稳定性方面，MWD 和几何平均直径能反映土壤结构的好坏，其值越大，土壤结构稳定性越强。从 2021 年和 2022 年两年的田间试验数据来看，冬季种植油菜、苜蓿和香根草提高了表层（>0～10 cm）土壤团聚体的 MWD 和几何平均直径，其中苜蓿和香根草提高幅度较大。香根草具有较大的根表面积和根体积，增大了与土壤颗粒的接触面积，增加了水稳性团聚体的形成和 MWD，改善土壤团聚体稳定性效果最好（Poirier et al.，2018）。而在>10～20 cm 土层，与没有种植冬季作物相比，仅有香根草可以提高红壤团聚体的稳定性（MWD 和几何平均直径较高），两种油菜和苜蓿对红壤团聚体稳定性也起到一定的改善效果。在深层（>20～40 cm）土壤中，种植冬季作物可以在不同程度上改善红壤团聚体稳定性，其中香根草和苜蓿的改善效果最佳。在不同土壤深度方面，冬季作物对表层土壤团聚体稳定性的改善效果高于深层土壤，其中以香根草效果最佳（图 5.22）。总之，种植冬季作物使红壤团聚体稳定性在不同程度上得到改善，其中香根草改善效果最好，其次是苜蓿和油菜作物。

（二）团聚体粒径分布

作物根系与土壤颗粒的接触及其与相邻的土壤颗粒结合会影响水稳性大团聚体的形成（Liu et al.，2022）。在 2021 年，在>0～10 cm 土层中，除多年生香根草外，两种油菜、一年生苜蓿、一年生香根草的团聚体粒径均以>0.25～2 mm、>2～5 mm 和>5 mm 为主（图 5.23）。在表层土壤和深层土壤中，没有种植冬季作物的土壤 0.25～2 mm 粒径团聚体占比达 34.42%以上。与没有种植冬季作物相比，种植冬季作物显著增加了耕层土壤>0.25～2 mm 团聚体的百分比，而对深层土壤改良效果不大。同时与没有种植冬季作物相比，种植油菜、苜蓿和香根草的土壤中团聚体粒径≤0.053 mm 明显减少。此外，一年生和多年生香根草对红壤团聚体粒径有不同的结果，多年生的香根草对>5 mm 和>0.25～2 mm 粒径的团聚体的综合改善效果高于一年生香根草。2022 年也出现了同样的趋势，种植冬季作物显著降低了耕层土壤>0.25～2 mm 团聚体的百分比，其中以多年生香根草效果最好。

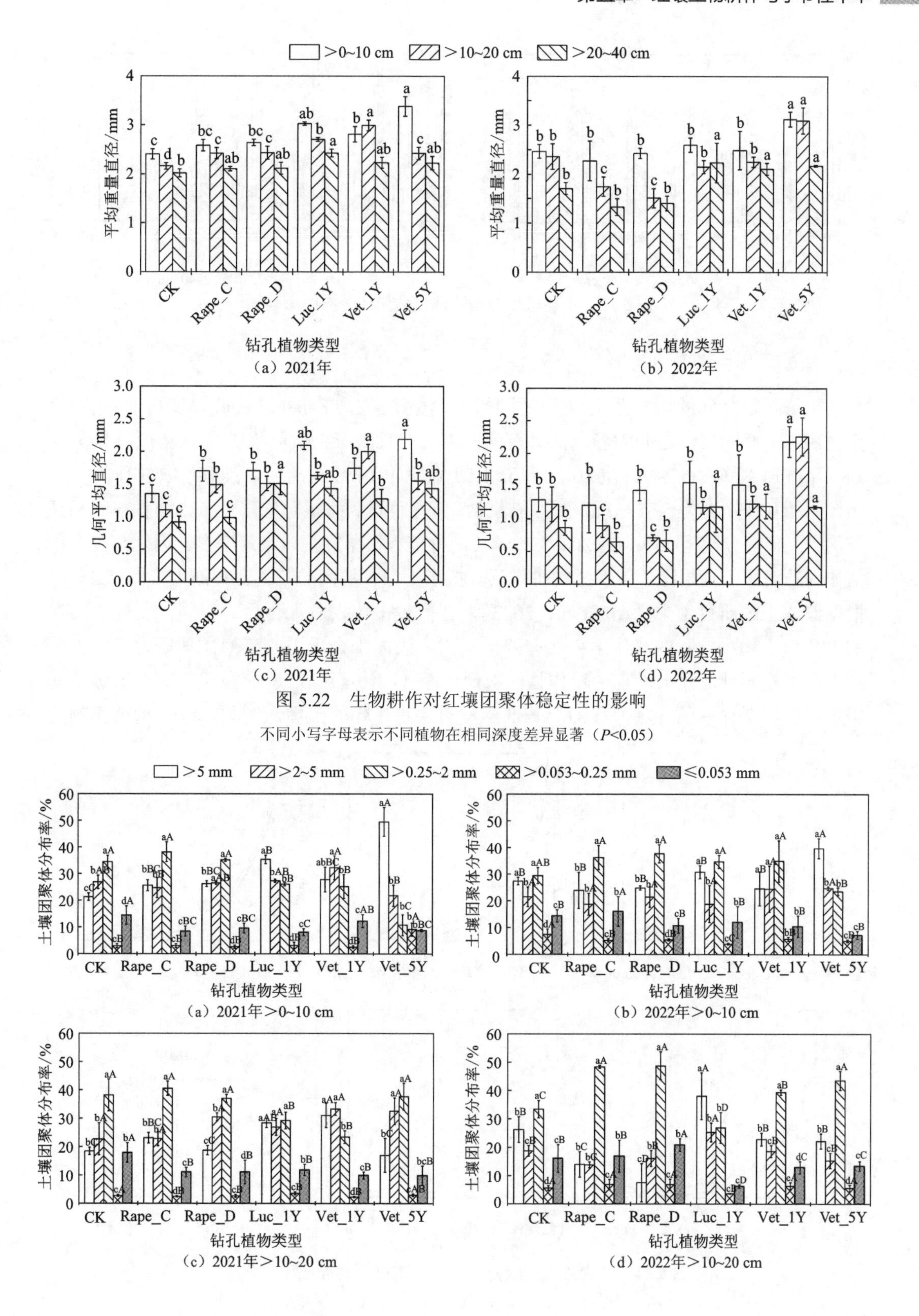

图 5.22　生物耕作对红壤团聚体稳定性的影响

不同小写字母表示不同植物在相同深度差异显著（$P<0.05$）

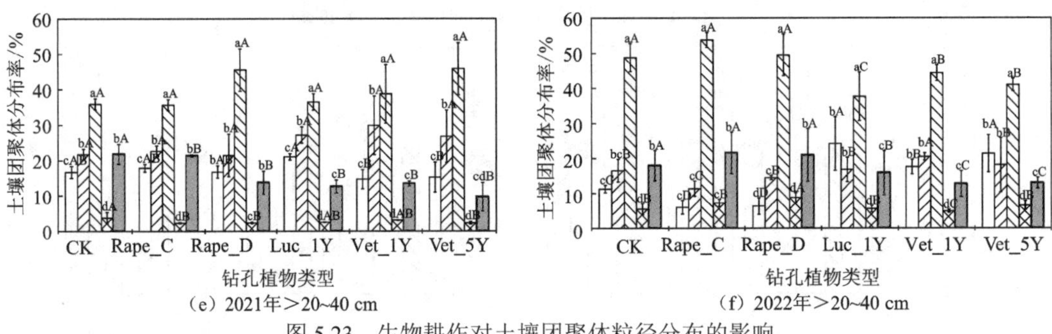

（e）2021年>20~40 cm　（f）2022年>20~40 cm

图 5.23　生物耕作对土壤团聚体粒径分布的影响

（三）土壤电荷性质和内力

土壤颗粒之间的内力性质会影响土壤团聚体稳定性（Sadeghi et al.，2017）。生物耕作之后，土壤团聚体之间的静电斥力有所降低，并且随着土壤环境中 KCl 浓度降低呈不同的下降速率（图 5.24）。在 10^{-2} mol/L KCl 浓度的 1 nm 距离处，没有生物耕作的土壤颗粒间相互作用力为 5.35 MPa，而种植油菜、紫花苜蓿和香根草均降低了土壤颗粒间相互作用力，降幅分别为 65%、74%和 89%，其中种植香根草降幅效果最明显。因此与没有种植作物的对照土壤相比，冬季生物耕作后降低了土壤颗粒间的范德瓦耳斯力（图 5.25）。根据红壤上的研究结果（Ali et al.，2023），在假设土壤表面水合斥力相同，发现不同生物耕作后土壤颗粒间的净作用力（即静电斥力、表面水合斥力、范德瓦耳斯力三种力之和）存在差异且都低于没有种植作物的对照土壤（CK）（图 5.26）。在相同的土壤颗粒间距下，生物耕作后的土壤净斥力显著低于没有生物耕作的土壤，例如，没有种植作物的

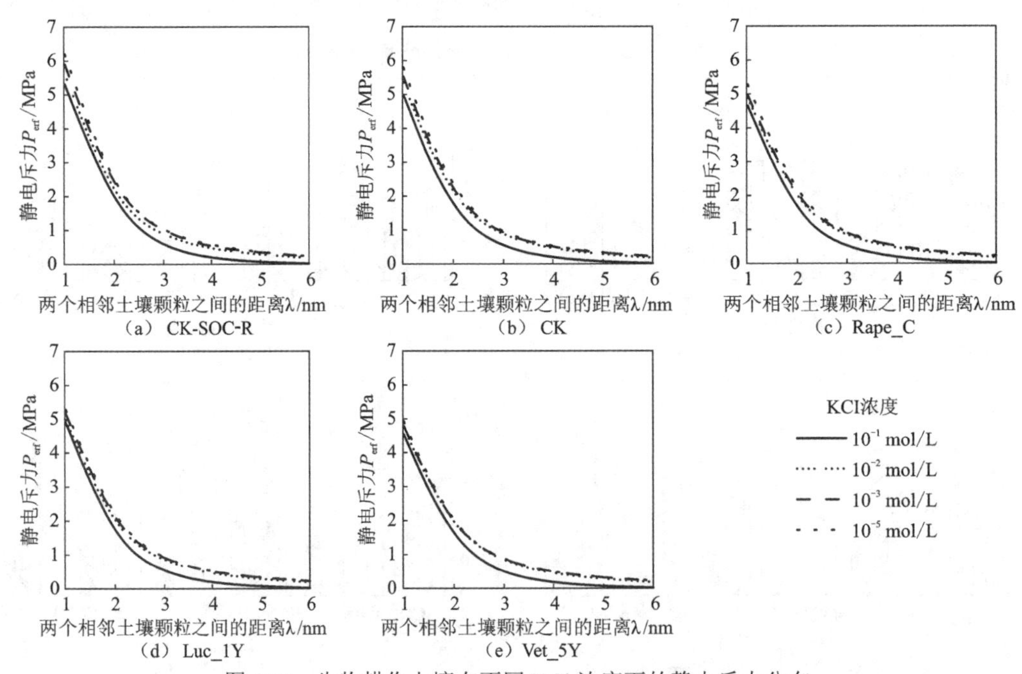

（a）CK-SOC-R　（b）CK　（c）Rape_C　（d）Luc_1Y　（e）Vet_5Y

图 5.24　生物耕作土壤在不同 KCl 浓度下的静电斥力分布

CK 表示对照土壤，CK-SOC-R 表示对照土壤并且去除有机质

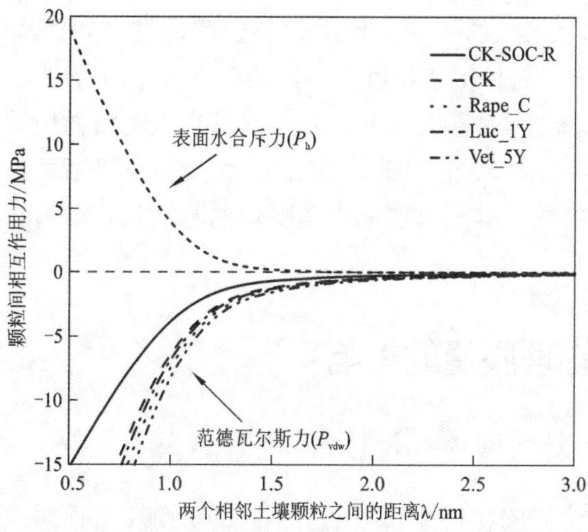

图 5.25 对土壤颗粒间范德瓦耳斯力和表面水合斥力随距离分布的影响

CK 表示对照土壤，CK-SOC-R 表示对照土壤并且去除有机质

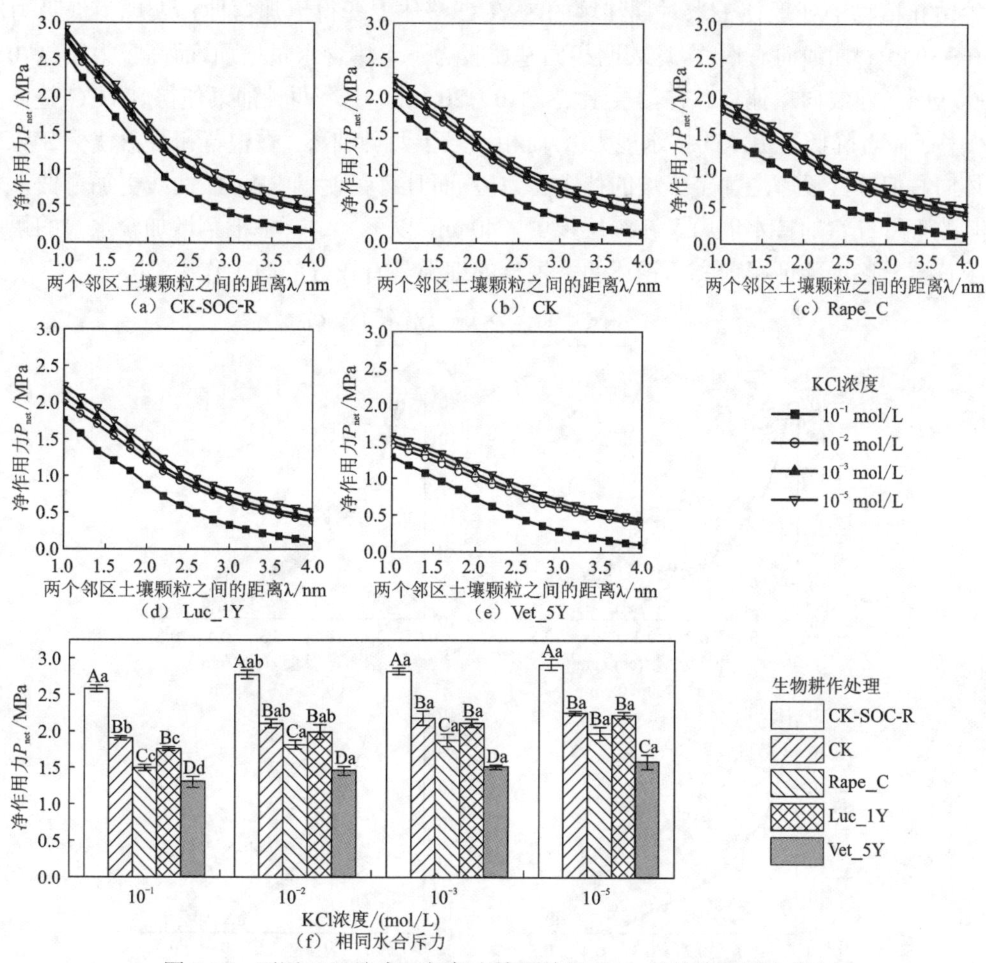

图 5.26 不同 KCl 浓度下相邻土壤颗粒间 1 nm 处的净作用力分布

大写字母、小写字母表示同一植物不同 KCl 浓度下净作用力的差异显著（$P<0.05$）

CK 表示对照土壤，CK-SOC-R 表示对照土壤并且去除有机质

土壤（CK-SOC-R 和 CK）的平均净作用力在土壤颗粒之间距离 1 nm 处的值分别为 2.77 MPa 和 2.11 MPa，而种植紫花苜蓿、油菜和香根草后分别为 2.02 MPa、1.78 MPa 和 1.45 MPa，这有利于土壤团聚体稳定。其他文献也表明植物根系提高了土壤团聚体稳定性（Smith et al.，2021；Wang et al.，2018）。由此可以推断，红壤中的香根草因具有较高的根长和较多的细根，其通过影响土壤颗粒的范德瓦耳斯力和静电斥力等内力提高土壤团聚体稳定性。

五、对红壤物理质量的影响

（一）生物耕作对红壤的后效影响

不同钻孔植物对土壤的物理性质产生了不同的影响，进而对改善后季作物土壤的效果也会存在明显的差异。从玉米时期的 SWCC（图 5.27）可以看出，与对照土壤相比，几种钻孔植物的处理使玉米时期红壤的 SWCC 整体上变得更加弯曲，表现为低吸力段（>0～30 kPa）曲线向右偏移，这表明相同基质吸力下土壤含水量增加，而高吸力段（100～1 000 kPa）曲线向左偏移。在浅层土壤（>0～20 cm）中，两种油菜使得 SWCC 整体向左偏移（显著降低了土壤的持水能力），而相比较于两种油菜，香根草和苜蓿使得 SWCC 整体向右偏移（显著增加了土壤的持水能力），而且苜蓿使得 SWCC 曲线更加弯曲，表明其改善了红壤的持水能力。在深层土壤（40 cm 以下）中，香根草增加含水量的幅度大于苜蓿，侧面验证了前文所论述的香根草的细根具有较好的改土作用。

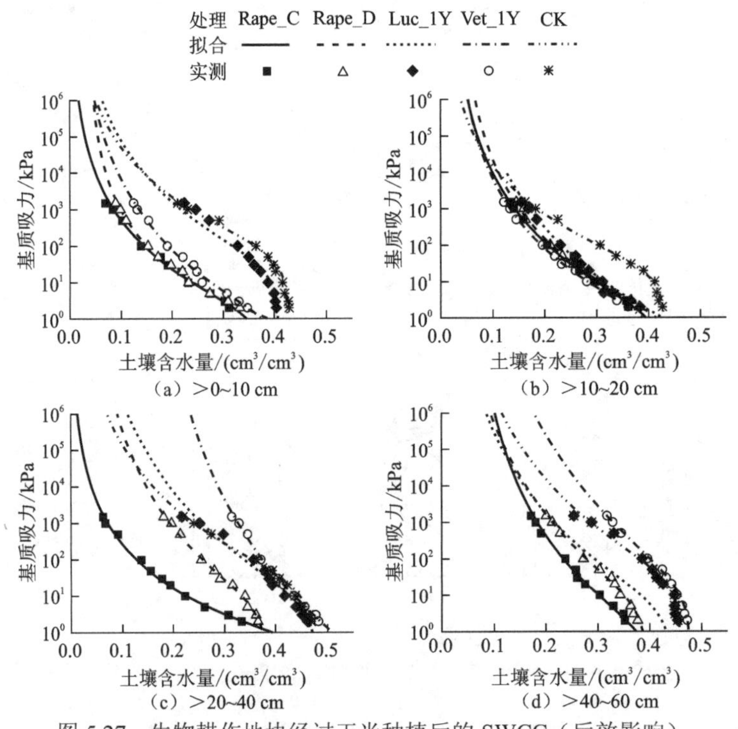

图 5.27　生物耕作地块经过玉米种植后的 SWCC（后效影响）

（二）红壤物理质量指数

土壤物理质量指数 S 是由 Dexter（2004）提出的用来综合评价土壤物理质量的一项指标。它是由以土壤水势和土壤质量含水量的对数为底的 SWCC 导出，即 SWCC 拐点的斜率。S 值越大，说明其土壤物理质量越好。不同种植物地块各土壤层次的 S 值如图 5.28 所示，与对照土壤相比，钻孔植物提高了土壤的物理质量指数，在>0～20 cm 表层土壤中，苜蓿和深根系油菜改良效果较好，可能由于具有较粗的主根而更有利于改良表层土壤含水量，这与前文论述的苜蓿提高了红壤的持水能力相吻合。随着土壤深度的增加，各种植物地块的 S 值逐渐减小。在 20 cm 以下土壤中，香根草的改良效果显著好于苜蓿和两种油菜作物，这可能是由于香根草是须根系作物，根系较为发达且下扎能力较强，有利于增加深层土壤的土壤有效含水量，进而提高土壤质量指数。

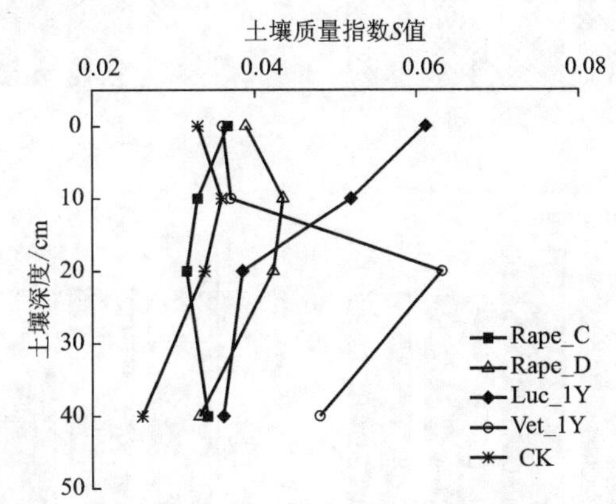

图 5.28　生物耕作和玉米种植后的土壤物理质量指数 S 值

（三）红壤最小限制水分范围

作为一个评价土壤物理质量的综合指标，最小限制水分范围（least limiting water range，LLWR）中的田间持水量、萎蔫含水量、10%充气孔隙度和 2 000 kPa 土壤穿透阻力任何一个指标的变化均会导致最后计算的 LLWR 值发生变化。生物耕作通过根系穿插促进土壤孔隙形成和有机质积累、降低土壤容重从而达到增加 LLWR 的效果（Pariz et al.，2017）。实验结果表明生物耕作可以改善 LLWR，且根系下扎越深、根体积和平均直径越大，对 LLWR 的改善效果越好。然而在>0～20 cm 土壤，香根草提高了土壤 LLWR 的含量，又将作物水分限制由土壤本身的持水能力转变为受到穿透阻力限制或者氧气胁迫，说明在浅层土壤中 $\theta_{2MPa\ PR}$（土壤穿透阻力为 2 MPa 时的含水量）和 $\theta_{10\%AFP}$（土壤通气孔隙度为 10%时的含水量）对 LLWR 的变化起到主导作用。随土层深度的增加，土壤穿透阻力将成为限制 LLWR 的主要因素，而覆盖作物通过根系的下扎与生长可以降低土壤容重和穿透阻力，进而增加 LLWR。本研究发现，生物耕作不仅提高了>20～40 cm 土壤的 LLWR，而且作物水分限制完全变为穿透阻力限制，且以香根草最佳。具有粒状结构的黏质土壤，具有较高孔隙性和快速排水性，其土壤穿透阻力比充气孔隙度更具限制性（Cecagno et al.，2016；Silva et al.，2014），而$\theta_{2MPa\ PR}$对>20～40 cm 土壤 LLWR 的改善起到主导作用（图 5.29）。由于深层土壤（>40 cm）穿透阻力过大而导致 LLWR 为零，且缺乏田间含水量动态变化，所以本次讨论并未将多年生作物对深层土壤物理性质的改良效果考虑在内，仅考虑了土壤层中存在 LLWR 的土层即>0～40 cm 土层。

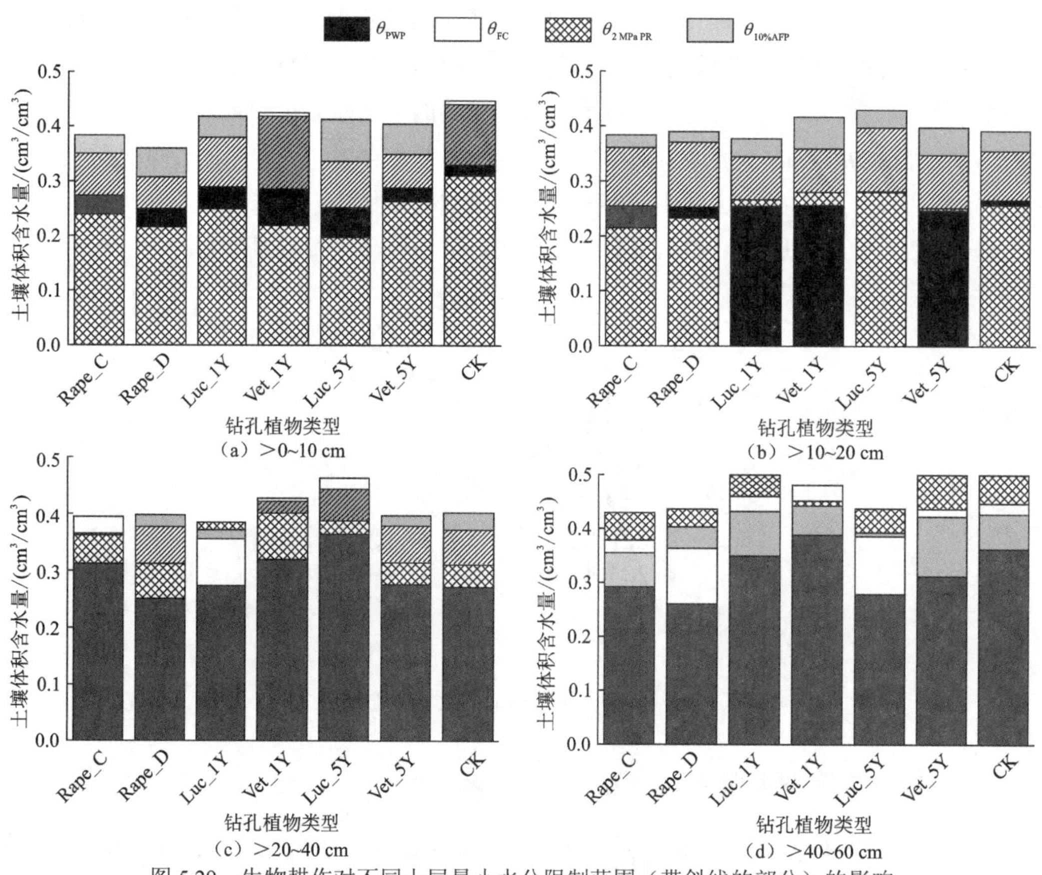

图 5.29 生物耕作对不同土层最小水分限制范围（带斜线的部分）的影响

θ_{pwp}土壤萎蔫含水量，θ_{FC}土壤田间持水量，$\theta_{2MPa\ PR}$土壤穿透阻力为 2 MPa 时的含水量，$\theta_{10\%AFP}$土壤通气孔隙度为 10%时的含水量

在秋冬季生物耕作后，进行了对后季玉米作物生育期内田间不同土层土壤含水量动态及在 LLWR 内分布的监测（图 5.30）。随土层深度的增加，土壤含水量逐渐增加，且不同处理间土壤含水量变化趋势一致，但含水量有差异。在土壤表层（>0～10 cm），覆盖作物的土壤含水量由大到小排列为苜蓿>深根系油菜>香根草>普通油菜，且土壤含水量普遍低于 LLWR，苜蓿的土壤含水量落入 LLWR 的频率最高。在>10～20 cm 土层，香根草处理的土壤含水量落入 LLWR 的频率最高，为 62.22%。在>20～40 cm 土层，香根草和深根系油菜处理土壤的含水量在 LLWR 的频率较高，两者土壤含水量高于 LLWR 的频率分别为 75.27%和 76.42%。而在>40～60 cm 土层，由于黏质红壤质地黏重，底层

土壤紧实度强，土壤阻力过大而不适合作物生长，但深处土壤含水量高，在旱季时可以为上层土壤不断提供水分。香根草处理的土壤含水量在 LLWR 的频率更高，说明其对下层土壤的综合改良效果更好，同时在降水少时香根草处理的土壤处于 LLWR 的频率更高，说明香根草对干旱时作物生长更有利。

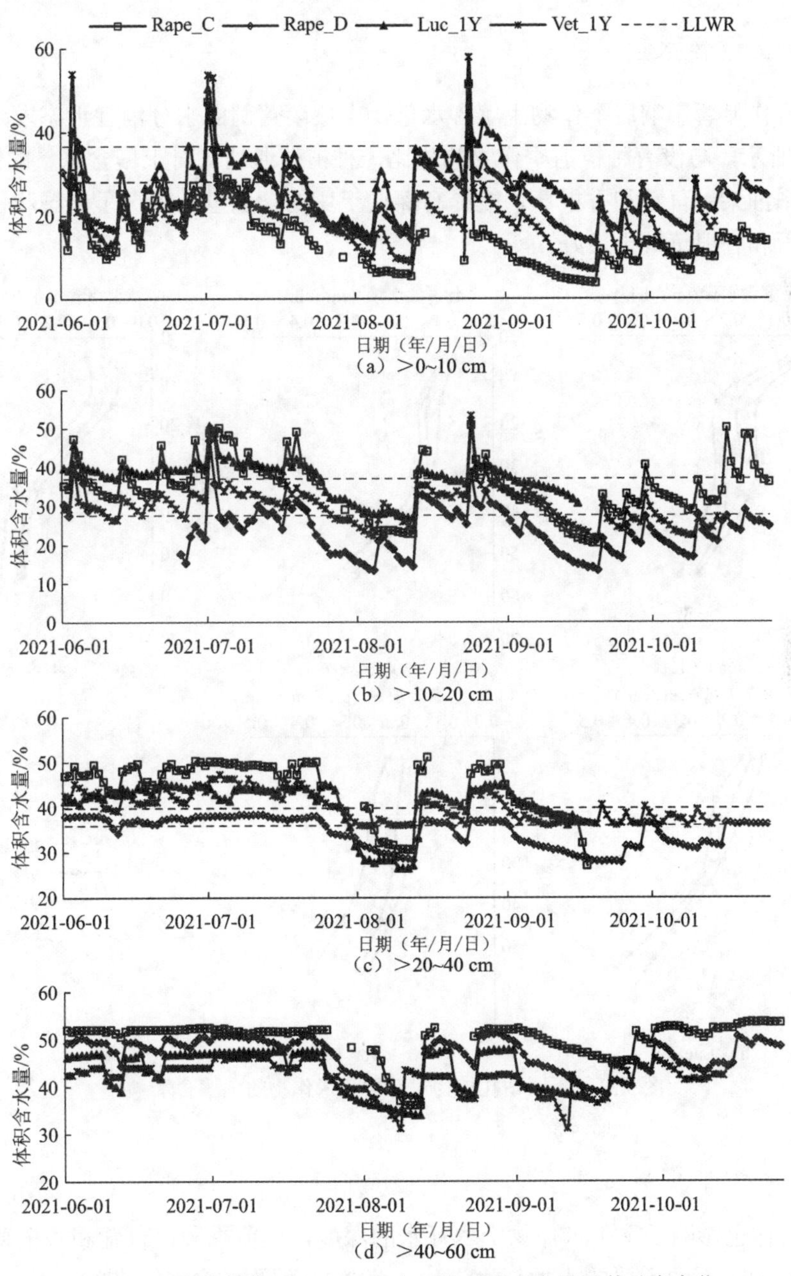

图 5.30　生物耕作后 LLWR 在农田的土壤含水量及其动态变化

（>40～60 cm 土层的 LLWR 为 0）

第四节　生物耕作对红壤作物抗旱的影响

一、对土壤水分的影响

（一）土壤含水量

生物耕作显著影响后季作物土壤含水量，土壤萎蔫剖面水分消耗形态发生了变化。如图 5.31 所示，与没有种植前季作物的相比，种植普通油菜对土壤含水量的影响不大，种植深根系油菜、苜蓿和香根草均能提高深层土壤的含水量，延缓了土壤和作物干旱，其中以苜蓿和香根草效果最好。

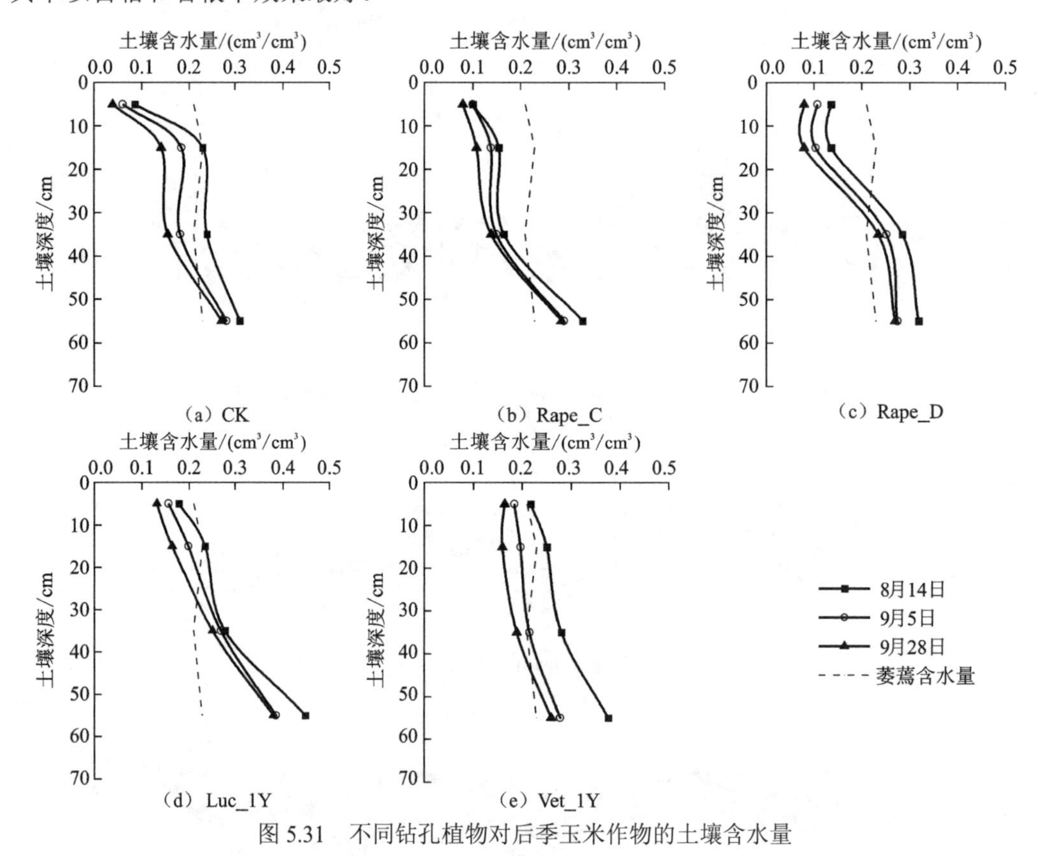

图 5.31　不同钻孔植物对后季玉米作物的土壤含水量

（二）土壤耗水量

生物耕作也影响后季玉米作物土壤耗水的深度，如前季种植苜蓿和香根草等作物不同程度地增加了不同土层的土壤耗水深度，苜蓿显著增加了>40～60 cm 土层的土壤耗水深度，而香根草显著增加了>20～40 cm 土层的土壤耗水深度，提高了土壤的抗旱性（图 5.32）。

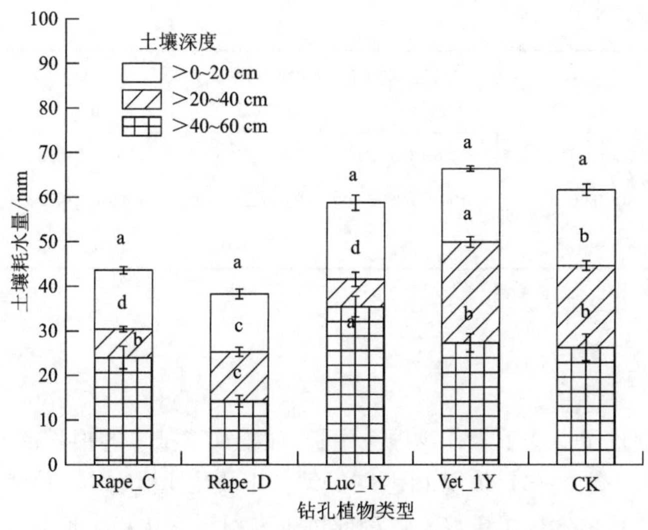

图 5.32　不同钻孔植物对后季玉米作物土壤耗水量的影响

不同字母表示同一土层差异显著（$P<0.05$）

二、对后季作物根系分布的影响

几种钻孔植物地上部收割之后，后季播种玉米，构成钻孔植物-玉米轮作模式，测量了玉米生长期间的作物生长状况和土壤含水量等。在 2019 年进行一个田间试验中，几种钻孔植物 6 月下旬完成收割并播种玉米，随后降水急剧减少，进入季节性干旱期，玉米从 5 叶期开始直到 10 月底收割一直高温少雨，期间只有几次降水量低于 15 mm 的小降水，甚至有连续 58 d 没有降水，表现出典型的春涝夏旱的红壤季节性干旱气候特征。田间观测结果表明，生物耕作显著提高了后季玉米作物的抗旱能力，能有效调控红壤作物系统的季节性干旱。

（一）根下扎深度

生物耕作显著影响后季作物的根系分布。表 5.5 显示，生物耕作处理促进了轮作后季的玉米根系在土壤中下扎，玉米最大根深从 40 cm 提高到 60 cm。玉米根系分布越深，其抵抗季节性干旱的能力越强。不同钻孔植物种类的效果有差异，苜蓿和香根草促进后季玉米根系下扎的效果最好，其次是深根系油菜，而普通油菜没有显著促进效果，可见钻孔植物根系越深，后季玉米作物根系也越深。

表 5.5　几种钻孔植物对后季玉米作物在土壤中累积根长占比的影响

土壤深度 /cm	冬季休闲 CK	普通油菜 Rape_C	深根系油菜 Rape_D	苜蓿 Luc_1Y	香根草 Vet_1Y
10	49.74±0.89 a	50.70±0.25 a	34.67±0.18 d	43.31±0.27 c	47.29±0.33 b
20	70.02±0.83 a	64.90±0.42 b	49.74±0.42 d	65.19±0.36 b	59.38±0.42 c

续表

土壤深度/cm	冬季休闲 CK	普通油菜 Rape_C	深根系油菜 Rape_D	苜蓿 Luc_1Y	香根草 Vet_1Y
30	85.23±0.67 a	87.76±0.31 a	68.20±0.37 d	75.51±0.38 c	82.32±0.30 b
40	100±0.00 a	100±0.00 a	94.32±0.41 b	98.68±0.32 a	99.65±0.31 a
60	—	—	100±0.01 a	100±0.01 a	100±0.01 a

注：数值后不同字母表示同一土壤深度下差异显著（$p<0.05$）

（二）根系生长

钻孔植物也促进了后季玉米作物根系生长，如增加了玉米的根长密度和根数量密度，而且这种效果在各个土层都有体现（图 5.33）。在几种钻孔植物中，仍然以普通油菜的效果最差，而其他几种植物效果更好。这种促进玉米根系下扎和生长的效果与前述生物耕作降低了土壤容重和土壤穿透阻力有关。

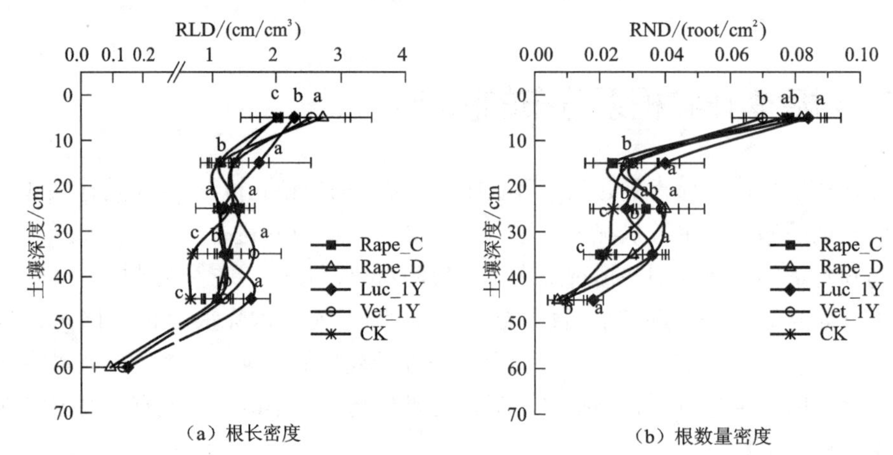

图 5.33　不同钻孔植物对后季玉米作物根长密度（RLD）和根数量密度（RND）的影响

数值后不同字母表示同一土层差异显著（$P<0.05$）

三、对后季作物水势的影响

（一）根水势

作物的根水势能够反映作物体内的水分亏缺状况，可根据其来判断作物受到干旱影响的程度及评价作物的抗旱能力。田间监测结果表明，生物耕作显著提高了后季玉米作物不同生育期（8 叶期、16 叶期和抽穗期）的根水势（图 5.34），从整体上来看，其中苜蓿处理的改善效果最好。根水势高，有利于玉米作物遇到干旱时从土壤中吸收水分，改善了作物干旱时期的作物水力结构，从而增强作物抵抗季节性干旱的能力。

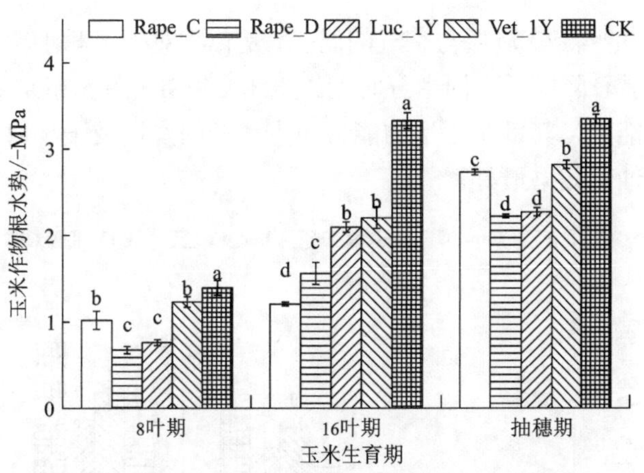

图 5.34 不同钻孔植物对后季玉米作物根水势的影响

数值后不同字母表示同一土层差异显著（$P<0.05$）

（二）叶水势

根水势的变化也会导致叶水势发生改变，同时作物的叶水势也能反映作物体内的水分亏缺状况。生物耕作显著提高了后季玉米作物不同生育期（8 叶期、16 叶期和抽穗期）的叶水势（图 5.35），叶水势的升高，有利于玉米作物遇到干旱时降低制植株体内水分的散失及加强根系从土壤中吸收水分，从而增强作物抵抗季节性干旱的能力。与两种油菜和苜蓿处理相比，香根草处理提高了玉米的叶水势，改善了作物干旱时期的作物水力结构。

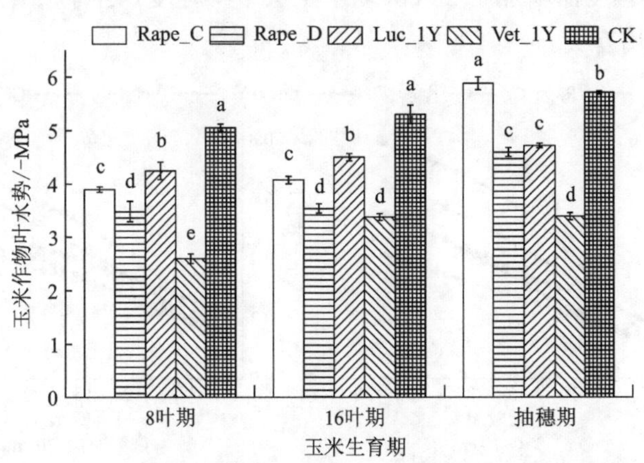

图 5.35 不同钻孔植物对后季玉米作物叶水势的影响

数值后不同字母表示同一土层差异显著（$P<0.05$）

四、对后季作物干旱指数的影响

（一）CWSI

CWSI 是以作物冠层温度与空气温度之差为基础而建立起来的一个综合反映作物-

土壤-大气系统特征的参数，冠层与空气的温差，是作物对天气和土壤水分状况综合作用的结果。生物耕作显著降低了不同生育时期的玉米 CWSI（图 5.36），提高玉米在季节性干旱时抵抗干旱的能力，其抵抗干旱的能力随生育期的发展及干旱时间的增加而增大，以香根草和深根系油菜效果最好。

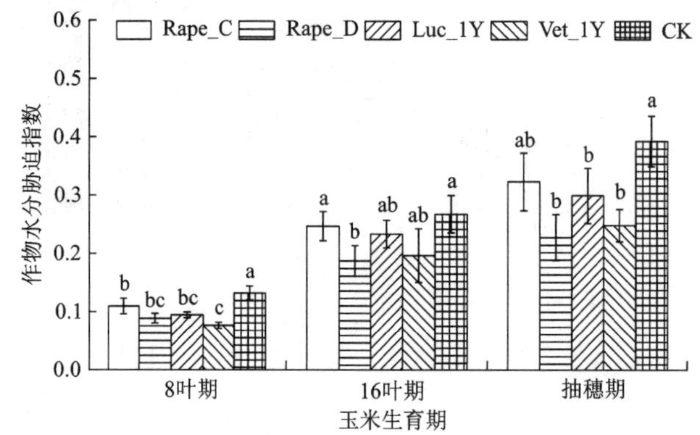

图 5.36　不同钻孔植物对后季玉米在 3 个生育期的 CWSI 的影响

小写字母表示不同植物在同一生育期差异显著（$P<0.05$）

（二）土壤干旱程度

如图 5.37 所示，根据逐日土壤含水量计算的土壤干旱程度结果表明，钻孔植物明显降低了后季玉米作物的土壤干旱程度，以苜蓿效果较好，香根草只降低了表土层（>0～20 cm）的土壤干旱程度而增加了 20 cm 以下土层干旱程度。这种不一致的结果与玉米根系对土壤水分的利用有关。

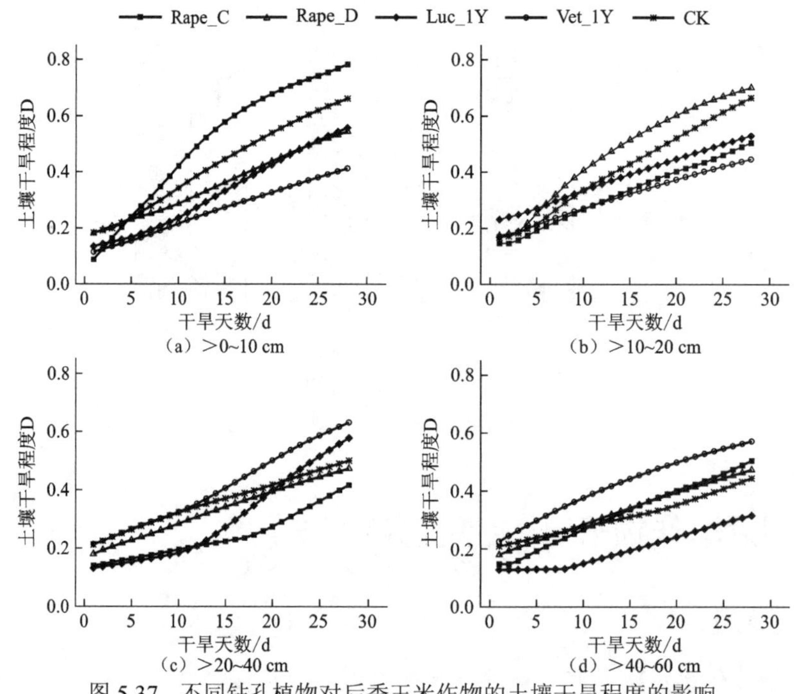

图 5.37　不同钻孔植物对后季玉米作物的土壤干旱程度的影响

五、对后季作物产量的影响

冬季钻孔植物之后，与对照相比，生物耕作都显著提高了干旱时玉米作物的产量（表 5.6），玉米籽粒产量比对照高 16.7%～51.6%，苜蓿和香根草效果明显好于两种油菜，苜蓿和香根草的地上部生物量也显著高于对照和油菜。种植前季作物香根草可以提高作物的抗旱性，使玉米获得较大的收获指数，为 0.421。

表 5.6　生物钻孔处理对后季玉米作物籽粒产量的影响

生物耕作处理	代码	玉米籽粒产量 /（kg/hm²）	地上部生物量 /（kg/hm²）	收获指数
冬季休闲	CK	2 210.0 c	5 440.0 d	0.406
普通油菜	Rape_C	2 580.0 b	6 226.6 c	0.414
深根系油菜	Rape_D	2 636.6 b	6 870.0 b	0.384
苜蓿	Luc_1Y	3 350.0 a	7 986.6 a	0.419
一年生香根草	Vet_1Y	3 143.3 a	7 480.0 a	0.421

注：数字后不同字母表示同一土层差异显著（P<0.05）；同列不同小写字母表示不同处理差异显著（P<0.05）

为了进一步探究玉米籽粒产量与关键的干旱指标的相关性，进行了皮尔逊相关系数分析。结果显示玉米籽粒产量与根长密度，根数量密度，8 叶期、16 叶期和抽穗期三个生育期时的 CWSI 呈显著或极显著相关，与土壤>0～10 cm 和>10～20 cm 土层干旱程度呈不显著正相关，与根水势和叶水势呈不显著负相关。结果表明生物耕作主要通过提高后季玉米的根长、根系吸水能力和抗旱性进而提高了玉米的籽粒产量；生物耕作并没有显著提高耕层土壤含水量，而是通过促进玉米根系吸收深层水分起到抗旱的作用。

第六章　红壤农田管理与季节性干旱

红壤季节性干旱主要发生在夏秋季节，高温干旱持续时间短，正常水文年即使在旱季土壤深层含水量也并不低，作物发生干旱胁迫主要是因为土壤与作物关系存在矛盾。以红壤春播作物（玉米和花生）为例，这些矛盾体现在：苗期土壤水分充足、作物根系无须下扎，深层通气性差、根系难以下扎、根系分布浅；在作物水分敏感期遇到干旱，作物更容易受干旱胁迫；干旱发展速度快，表层含水量降低速度快，土壤坚硬紧实，根系无法下扎；根系吸水范围小，无法利用深层土壤水分；红壤缺磷少氮，营养不平衡，抗旱能力差。总之，根土矛盾表现为深层土壤有水但根系无法下扎利用这些水分。通过适当的农田管理可以在一定程度上减缓作物干旱胁迫，大多情况下不需要采取成本更高的灌溉方式。除了第五章论述的生物耕作之外（属于种植制度和轮作安排），农田管理的内容还很多，如农田水利设施建设、品种选择和栽培技术等都应当考虑到季节性干旱可能造成的影响。施肥和耕作等日常的农田管理措施，可以提高作物抗旱能力，充分利用土壤水分资源，改善土壤与作物的水分关系，可以有效降低中等程度季节性干旱的危害。

第一节　施 氮 水 平

一、氮素营养与作物抗旱

（一）氮素营养对作物干旱的影响

在养分胁迫（营养元素不足）条件下，作物根系皮层会产生相应的变化来适应逆境，因此养分水平影响作物的抗旱能力。例如，低氮条件下水曲柳（*Fraxinus mandschurica*）皮层细胞直径和厚度明显增加，而高氮条件下则相反（陈海波 等，2010）。低氮胁迫处理后玉米后生木质部导管半径和总面积明显减小，木质部导管占根截面积的比例明显减少（李秧秧和邵明安，2003）。从理论上分析，作物对土壤养分不足产生的生理或形态的响应，将严重影响其抗旱能力。

土壤干旱时，氮营养对作物水分状况、渗透调节、蒸腾耗水及抗旱能力等方面的影响仍存较大分歧（Campbell and Jong，2001；Volkmar，1997；Karrou and Maranville，1994；

薛青武和陈培元，1990；Bennett et al.，1986）。Rego（1988）报道土壤水分胁迫使高粱对氮素的吸收降低约40%，植株全氮量和植株中来自肥料氮的数量均比对照植株低。张岁岐等（2000）研究表明，氮营养增强了小麦对干旱的敏感性，使其水势和相对含水量大幅度下降，蒸腾失水减少。樊小林等（2002）在水稻上的研究表明，干旱和部分根系缺氮共同作用下，缺氮可明显限制根系的发生发育；而全部根系在受到适当干旱胁迫，并供应一定氮素的情况下，能诱导根系的发生发育。更早的文献结果也表明氮营养可以改善土壤水分胁迫下作物植株体水分状况，增强作物的抗旱性（张殿忠和汪沛洪，1988）。但是也有一些研究结论与此不完全一致。例如，在土壤水分条件分别为良好、轻度干旱、严重干旱情况下，氮营养对小麦根水势、蒸发蒸腾和叶面积有显著的正向调节作用、无明显作用、有负效应（梁银丽和陈培元，1996）。Clay 等（2001）田间试验结果表明，如果中等水分下中等施氮量可以使小麦增产，而严重水分胁迫下增加施氮量则使小麦减产，轻水分胁迫下增加施氮量对小麦产量影响很小或无影响，他们认为应当考虑水分胁迫和氮的交互效应。李秧秧和邵明安（2000）的模拟土柱试验表明，过量施氮增加小麦上层根重，对抗旱意义不大，而严重水分胁迫下过量施氮导致根细胞膜伤害率明显增加，使小麦抗旱性降低。不同研究分歧产生的原因之一可能是土壤干旱阈值的问题，即不同的作物-土壤干旱阈值不同，不同的研究环境中土壤干旱程度不同，有的低于阈值，有的则超过阈值，而且土壤氮素丰缺也可能使土壤干旱阈值发生位移，这样不同文献呈现出来的氮素的作用就不同。可见，干旱与氮素存在比较复杂的关系，通过土壤氮素管理来调控红壤季节性干旱要考虑水氮多因素的交互作用。

土壤干旱不仅直接导致作物水分胁迫，而且还抑制作物对养分的吸收利用，从而进一步促进作物干旱。考虑到干旱和养分对作物有显著的交互作用，而且这种交互作用随干旱程度和养分水平变化，既可表现出胁迫抑制作用也可表现出胁迫促进作用，这为通过养分管理来调控季节性干旱提供了可能，但也存在风险。因此，研究土壤干旱阈值及其与氮营养的关系可以进一步认识干旱条件下的土壤水-氮-作物关系。红壤有机质含量低、缺磷少氮是红壤农田普遍的问题，就一般情况而言，红壤养分不足导致作物生长状况变差而影响作物的抗旱能力，而适当的氮肥施用可以在一定程度上调控作物干旱胁迫。

（二）施氮对红壤干旱的影响

1. 土壤温度

在田间测量三个氮肥施用水平 N0（0 kg/hm^2）、N1（140 kg/hm^2）和 N2（280 kg/hm^2）对土壤温度的影响（图 6.1）。红壤 10 cm 深度温度在没有作物覆盖（裸地）下最高，其次是不施氮（N0），而施氮（N1 和 N2）土壤温度最低，这可能是因为施氮处理地表覆盖更好，降低了土壤温度。而在土壤 20 cm 深度，施氮处理和裸地之间的土壤温度差异变小，但仍以裸地和 N0 处理温度较高，两个施氮处理温度较低。结果表明红壤施氮降低了土壤温度，这有利于作物抗旱。

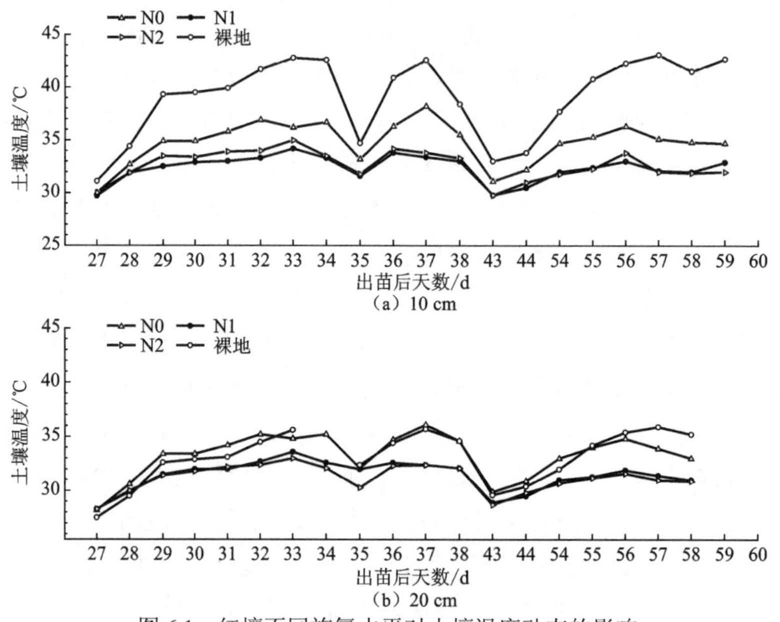

图 6.1　红壤不同施氮水平对土壤温度动态的影响

进一步研究了施氮水平与稻草覆盖二者结合对土壤温度的影响。在田间小区设置稻草秸秆三个覆盖水平处理 M0（0 kg/hm^2）、M1（5 000 kg/hm^2）、M2（10 000 kg/hm^2）和三个氮肥施用水平的组合处理，测量了玉米作物拔节—抽穗的地表温度和三个深度（0 cm、5 cm、10 cm）的土壤温度，取当天 14：00 时土壤三个深度的平均温度作图（图 6.2）。试验结果表明，土壤温度与大气温度变化趋势一致，稻草覆盖大幅度降低了土壤温度，施氮也显著降低了土壤温度，两个施氮水平之间差异不显著。无覆盖条件下（M0）施氮降温效果最好，其中不施氮处理（N0）的土壤温度在 30.8～43.6℃，低氮（N1）时土壤温

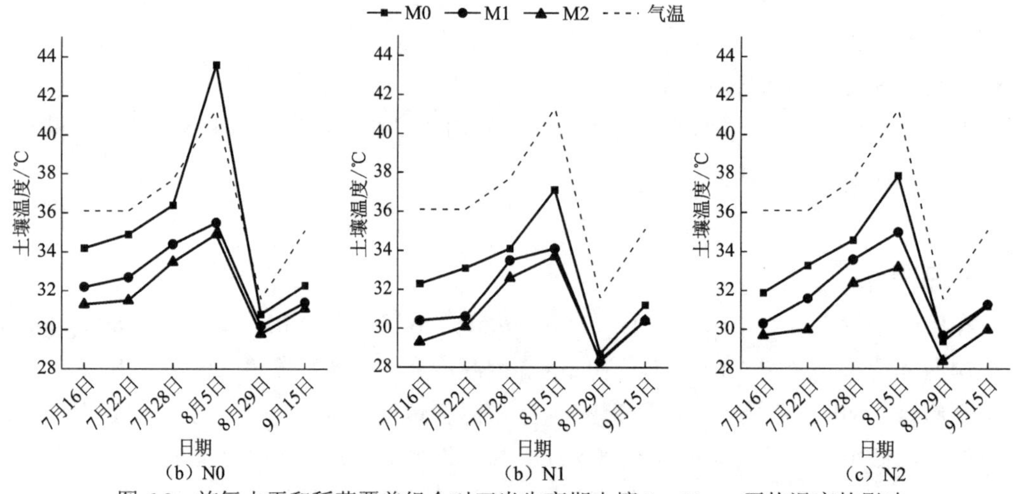

图 6.2　施氮水平和稻草覆盖组合对玉米生育期土壤 0～10 cm 平均温度的影响

M0、M1、M2 分别代表稻草覆盖 0 kg/hm^2、5 000 kg/hm^2、10 000 kg/hm^2；N0、N1、N2 分别代表施氮 0 kg/hm^2、140 kg/hm^2、280 kg/hm^2；本章下同

度在 28.7～37.1 ℃，高氮（N2）时土壤温度在 29.4～37.9 ℃，在最高温度情况下施氮可以降低土壤温度 6.5 ℃，降温幅度明显。施氮降低土壤温度是因为施氮后玉米作物生长更好，植株对地表覆盖更好，减少了太阳直接辐射地面，有利于土壤降温。在稻草覆盖地表之后（M1 和 M2），施氮仍然降低了土壤温度，但降温效果较不覆盖时变差，最大降幅约 2 ℃，这进一步证实了土壤温度降低与地表覆盖状况有关。

在土壤剖面上，总体表现为地表温度显著高于 5 cm 和 10 cm 土壤深度的温度，无稻草覆盖时，地表（0 cm）和 5 cm 深度土壤温度接近，再往深（10 cm 深度）温度降低明显；覆盖之后，土壤剖面温度降低明显，表明稻草覆盖不仅能够降低地表温度而且能够有效降低耕层土壤温度。施用氮肥，也显著降低地表和耕层土壤温度。试验结果还表明，在气温极高时稻草覆盖和施氮降低土壤温度效果最好，而在气温较低时降温幅度减小，这表明稻草覆盖可以减少土壤温度波动，维持土壤温度稳定。

2. 土壤含水量

地表和耕层土壤温度降低，必然会影响土壤含水量。试验结果表明，施氮之后土壤含水量降低（图 6.3），这是因为施氮促进了玉米作物生长，消耗了更多的土壤水分而导致土壤含水量降低。土壤含水量降低幅度较大主要在土壤高含水量时期（>7～17 d），也就是作物水分供应充足的时期，而在土壤低含水量（干旱）时期（>17～33 d）土壤含水量因施氮降低的幅度较小。应当注意的是，施氮降低土壤含水量加快了土壤干旱，作物更有可能受到干旱胁迫，但是同时施氮增加了作物的抗逆性，不仅增强了作物的抗旱能力，而且扩大了作物根系的吸水范围，有助于其抗旱。因此，如果深层含水量较高而且土壤水分（根系层之下的深层土壤水分）运输能力较强，能够将土壤水分运输到上部的根系层，则根系层土壤含水量降低可能不会增加作物干旱，从这个角度看，施氮有利于作物抗旱。因此，红壤施氮是否有利于作物抗旱，依赖于土壤前期储水和土壤导水性质，也依赖于干旱程度，是随条件变化的，这与前文论述的文献结果一致。

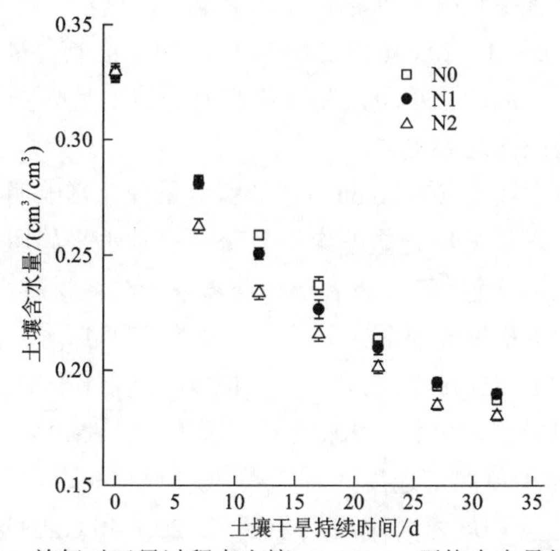

图 6.3　施氮对干旱过程中土壤>0～40 cm 平均含水量的影响

施氮也改变了土壤剖面含水量分布模式。干旱期测量结果表明（图 6.4），无论是否施氮和覆盖，各种处理下随土层深度的加深土壤含水量总体呈增加趋势。在不施氮时，覆盖增加了土壤剖面含水量，而且高覆盖（M2）增幅大于低覆盖（M1）；施氮之后，不同覆盖水平之间的土壤含水量差异增加，而且 60 cm 深度土壤含水量降低明显，表明施氮促进了玉米作物根系对深层土壤水分的吸收。各个处理在土层 100 cm 深度处土壤含水量差异不大，表明覆盖或者施氮对土壤含水量的影响没有达到此深度，影响范围主要在>0～60 cm 深度。

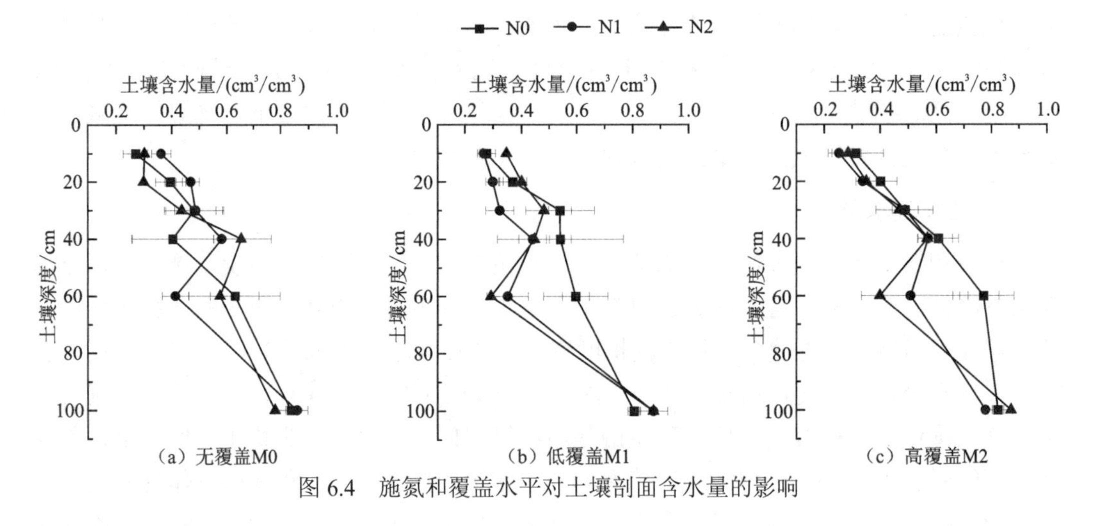

图 6.4　施氮和覆盖水平对土壤剖面含水量的影响

3. 土壤速效氮

在玉米作物旺盛生长期，土壤无机氮呈逐渐下降趋势，因为作物在生长过程中吸收了土壤中的无机氮，氮素如果供应不足将影响作物正常生长。稻草覆盖不仅影响土壤温度和含水量，也影响土壤无机氮。因为稻草秸秆有很高的碳氮比（60～80），微生物在腐解秸秆过程中需要从土壤中吸收无机氮以降低土壤无机氮水平。从图 6.5 可以看到，高量稻草覆盖（M2）下土壤>0～20 cm 和>20～40 cm 的无机氮含量最低（个别时候例外），这与理论分析结果一致，因此稻草覆盖配合化肥氮的施用是必要的。虽然总体趋势是如此，但实际时空变化情况比这要复杂。

覆盖和施氮对耕层土壤（>0～20 cm）速效氮含量变化影响明显。不施氮肥时（N0），不同稻草覆盖量之间土壤速效氮含量差异不显著；正常水平施用氮肥下（N1），玉米生长期前期（7 月 1 日）土壤速效氮含量表现为覆盖越少含氮量越高（即 M0>M1>M2），中期（8 月 1 日）土壤无机氮无显著差异，后期则发生了变化，表现为高覆盖下土壤速效氮含量较高（M2>M0>M1）；高施氮量下（N2），8 月 1 日之前，土壤速效氮表现为 M0>M2>M1，8 月 1 日至收获时土壤速效氮表现为 M1>M0>M2。出现这种没有明显一致的规律的变化，与稻草腐解速度、稻草覆盖水平有关，也与土壤取样空间变异导致的试验误差有关。覆盖和施氮对犁底层土壤（>20～40 cm）速效氮含量的动态也有影响（图 6.5）。总体影响趋势与耕层相似，也有不同的波动而没有呈现一致的规律。

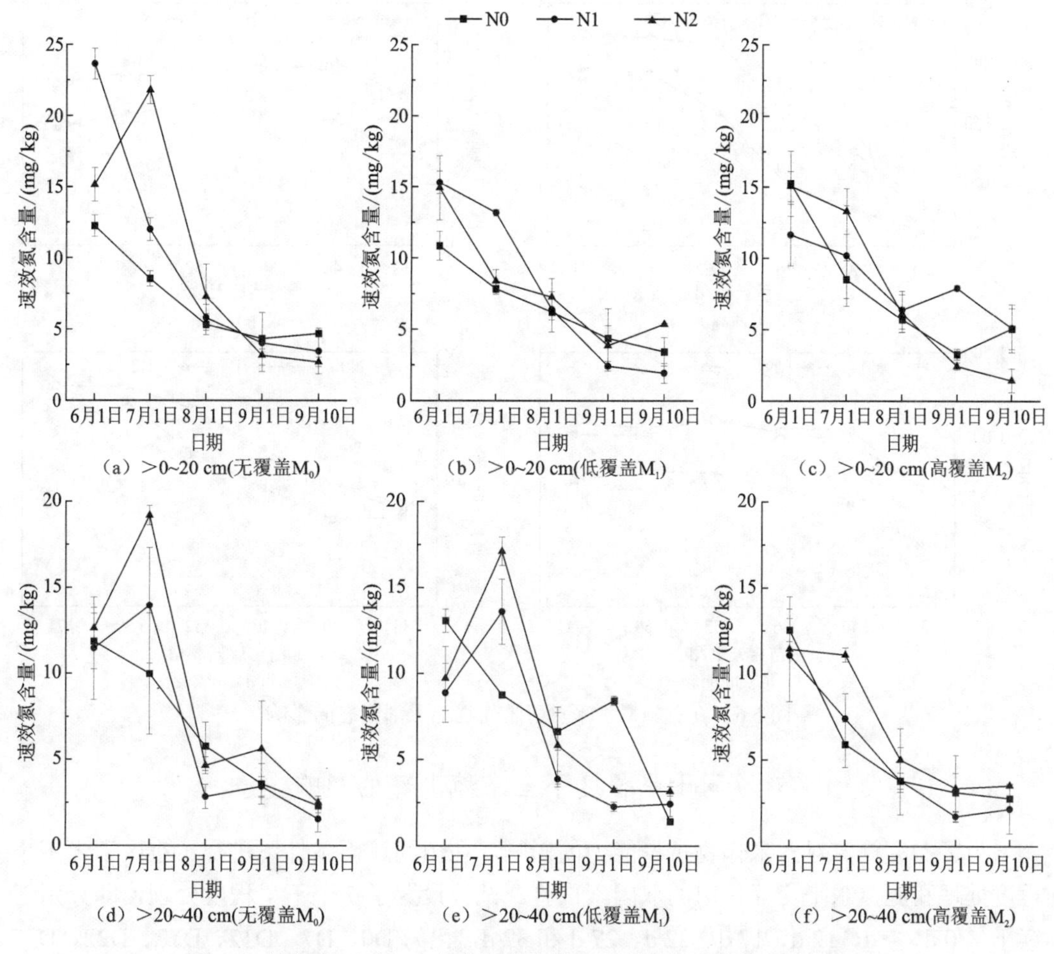

图 6.5 施氮水平对玉米生育期土壤耕层和犁底层速效氮含量的影响

覆盖和施氮导致的田间土壤水热和速效氮状态的变化，对玉米作物的生长和抗旱能力产生较大影响。就红壤气候条件而言，稻草秸秆地表覆盖显著增加了土壤耕层含水量，有利于防御季节性干旱，但同时要考虑到红壤速效氮含量低，在覆盖的同时需要补充氮肥以促进作物生长，只有玉米作物本身生长良好才能体现抗旱的意义。

二、施氮对玉米作物生长和产量的影响

（一）施氮水平对玉米地上部形态的影响

红壤施氮处理明显促进了作物地上部生长（图 6.6）。两个施氮水平（N1 和 N2）与不施氮相比（N0），玉米的株高、茎粗、单株叶面积、叶龄等形态指标在各个时期都得到大幅度提升，但两个施氮水平之间差异不显著，增加施氮量并没有进一步促进作物生长。结果表明 N1 施氮水平已经达到了正常施氮水平，能够满足作物生长需求。但这是在田间一种情况下的结果，在不同干旱程度的情况下施氮对作物生长的影响需要进一步研究。

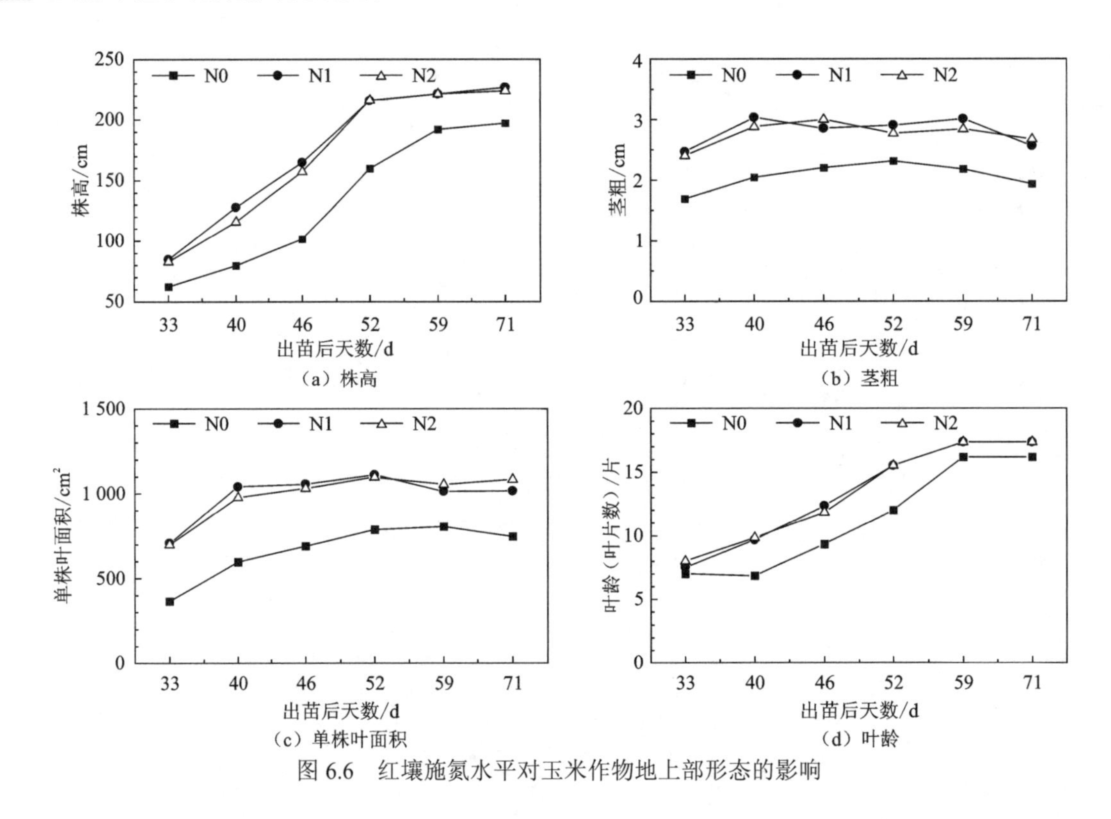

（a）株高 （b）茎粗

（c）单株叶面积 （d）叶龄

图 6.6 红壤施氮水平对玉米作物地上部形态的影响

（二）施氮水平对不同干旱程度下玉米地上部的影响

为了探究施氮对玉米作物抗旱能力的影响，在田间遮雨条件下进行了小区玉米干旱程度处理和施氮水平交互作用的双因素试验。试验设置了 7 个干旱程度处理，即分别连续干旱 0 d、7 d、12 d、17 d、22 d、27 d 和 32 d，记为 D0、D7、D12、D17、D22、D27 和 D32；3 个氮肥（尿素，纯 N）处理 0 kg/hm^2、140 kg/hm^2、280 kg/hm^2，记为 N0、N1、N2。结果表明（表 6.1），在 D0、D7 两个不干旱的水分处理中，玉米的茎高随着施氮量的增加而增加，D0 处理下与 N0 处理相比，施氮水平 N1、N2 的玉米茎高的增加幅度分别为 4%、7%，达到显著水平，说明不干旱时玉米的茎高随着氮肥施用量的增加而增加。在 D12 和 D17 两个中等干旱水分处理中，玉米的茎高 N1 最大，N2 次之，N0 最小，氮肥的作用效果同样差异显著，表明在中度干旱时适当施氮，玉米的茎高可以取得最大值，高施氮量对玉米茎高的增加无益。在 D22、D27、D32 三个严重土壤水分干旱的处理中，玉米的茎高大小是 N0>N1>N2，茎高随着施氮量的增加而减小，N0 至 N1、N0 至 N2 平均减小幅度分别为 7%和 10%。

表 6.1 施氮水平对红壤不同干旱程度下玉米作物形态的影响

干旱程度	施氮水平	茎高/cm	叶长/cm	茎粗/cm	叶宽/cm
D0	N0	208.00c	85.00c	2.55c	9.13c
	N1	216.33b	86.67b	2.64b	9.28b
	N2	222.00a	90.33a	2.68a	9.48a

续表

干旱程度	施氮水平	茎高/cm	叶长/cm	茎粗/cm	叶宽/cm
D7	N0	209.00c	85.33b	2.56b	9.14c
	N1	218.00b	88.33a	2.63ab	9.37b
	N2	221.33a	90.00a	2.69a	9.60a
D12	N0	203.00b	83.33b	2.48b	8.81b
	N1	211.00a	87.00a	2.61a	9.21a
	N2	200.00c	84.00b	2.45b	8.93b
D17	N0	201.33b	83.67a	2.53b	8.90b
	N1	211.00a	86.67a	2.57a	9.06a
	N2	200.67c	84.00a	2.48b	8.85c
D22	N0	184.33a	80.32a	2.40a	8.10a
	N1	171.33b	79.00a	2.33a	7.76b
	N2	165.67c	80.33a	2.21b	7.41c
D27	N0	184.33a	80.00a	2.35a	8.04a
	N1	170.00b	78.33a	2.18b	7.94b
	N2	166.33c	79.67a	2.15b	7.68c
D32	N0	182.33a	79.33a	2.32a	8.00a
	N1	169.67b	78.67a	2.24b	7.77b
	N2	165.00c	79.67a	2.15c	7.62c

注：同列不同小写字母表示相同干旱程度下氮肥水平间差异显著（$P<0.05$）

施氮水平在不同的干旱程度下对玉米茎粗、叶宽的影响与茎高基本一致，但对叶长的影响则有所差别，体现在严重干旱时，施氮水平对玉米叶长没有显著影响。

施氮水平对不同干旱程度玉米的生物量也有不同影响（表 6.2）。以茎叶鲜重为例，D0、D7 两个水分处理中茎叶鲜重随着施氮量的增加而增加，达到显著水平。在 D12、D17 两个水分处理中玉米的茎叶鲜重是在 N1 处理时其值最大，而 N2 与 N0 无显著差异，表明在中度干旱时适当的施氮量条件下，玉米的茎叶鲜重才可以取得最大值，高施氮量对玉米茎叶鲜重的增加无益。在严重干旱的水分处理中，D22 玉米的茎叶鲜重在 N0 达到最大值，N1、N2 中之间无显著差异；D27 玉米的茎叶鲜重随着施氮量的增加而减小，D32 玉米的茎叶鲜重 N0、N1 处理之间差异不显著，而 N2、N1 与 N0 差异显著。由以上结果可知，严重干旱时玉米的茎叶鲜重随着氮肥施用量的增加而减小；其他作物生长指标如茎叶干重、根干重及根体积受氮肥用量的影响与茎叶鲜重基本一致。

表 6.2　施氮水平对不同干旱程度玉米生物量的影响

干旱程度	施氮水平	茎叶干重/（g/株）	茎叶鲜重/（g/株）	根干重/（g/株）	根体积/（cm^3/株）
D0	N0	296.33c	499.00c	6.20c	15.00c
	N1	314.67b	528.67b	6.35b	16.10b
	N2	327.00a	552.00a	6.56a	18.10a

续表

干旱程度	施氮水平	茎叶干重/（g/株）	茎叶鲜重/（g/株）	根干重/（g/株）	根体积/（cm^3/株）
D7	N0	307.00b	502.00c	6.25c	15.12c
	N1	314.00b	525.67b	6.33b	16.07b
	N2	319.33a	540.00a	6.56a	17.77a
D12	N0	293.67b	486.33b	5.90c	14.10c
	N1	306.67a	511.00a	6.21a	15.20a
	N2	294.67b	492.33b	6.00b	14.53b
D17	N0	291.00c	483.33b	5.86b	14.10c
	N1	308.00a	508.00a	6.20a	15.10a
	N2	297.67b	489.33b	5.91b	14.60b
D22	N0	250.00a	412.33a	4.80a	12.30a
	N1	233.67ab	407.33b	4.60b	11.77b
	N2	216.67b	398.00b	4.42b	11.77c
D27	N0	252.67a	416.67a	4.87a	12.33a
	N1	228.67b	401.00b	4.60b	11.80b
	N2	215.67c	391.00c	4.36c	11.20c
D32	N0	246.67a	413.33a	4.82a	12.13a
	N1	227.00b	395.00ab	4.58b	11.67a
	N2	215.00c	388.33b	4.27c	11.03b

注：同列不同小写字母表示相同干旱程度下氮肥水平间差异显著（$P<0.05$）

总体上，玉米作物地上部生长受土壤水分状况和氮素养分状况影响，不干旱情况下，增施氮肥利于地上部生长；而干旱情况下，增施氮肥不利于地上部生长；中等干旱情况下，适当的氮肥可以促进地上部生长。

（三）施氮水平对不同干旱程度玉米产量的影响

施氮水平对不同干旱程度玉米产量的影响不同（表 6.3）。三个氮肥处理中，无干旱的水分处理 D0 的玉米产量随着施氮量的增加而增加，氮肥作用效果达到显著水平，而 D7 处理的产量在施氮量间没有显著差异。中度干旱的 D12、D17 水分处理的玉米产量都在 N1 处理达到最大，N2 与 N0 处理玉米的产量无明显差别，表明中度干旱条件下适量施氮有利于玉米的产量增加，大量施用氮肥对玉米增产无益；严重干旱的 D22、D27、D32 三个水分处理玉米产量随着施氮量的增加而减少，氮肥作用效果同样达到显著水平，其中 D32 在两个施氮量下产量极低，无显著差异。在 N0、N1、N2 三个氮肥处理中，小区玉米产量都是从 D22 这个水分处理开始显著下降，分别由水分处理 D17 小区产量 7 087 kg/hm^2、7 339 kg/hm^2、7 317 kg/hm^2 下降到 5 242 kg/hm^2、4 088 kg/hm^2、3 944 kg/hm^2，下降幅度分别为 26.03%、44.30%和 46.10%，而且随着干旱程度继续增加，玉米的产量也继续下降。

表 6.3　红壤施氮水平和干旱程度组合下的玉米产量　（单位：kg/hm^2）

施氮水平	土壤干旱程度						
	D0	D7	D12	D17	D22	D27	D32
N0	6 057 Bb	7 418 Aa	6 465 Bb	7 087 Aa	5 242 Ac	3 777 Ad	2 222 Ae
N1	6 099 Bb	6 934 Ab	7 631 Aa	7 339 Aa	4 088 Ac	3 064 Bd	1 038 Be
N2	8 122 Aa	7 466 Ab	6 620 Bc	7 317 Ab	3 944 Bd	2 032 Ce	1 059 Bf

注：大写字母 A、B、C 表示同一列数据差异显著；小写字母 a、b、c、d、e、f 表示同一行数据差异显著

总之，在不同干旱程度下，施氮水平对玉米生长产生不同的影响。不干旱条件下（土壤>0～40 cm 土层体积含水量为 26%～33%），高施氮量（280 kg/hm^2）使玉米的各项指标增大；中度干旱时（土壤>0～40 cm 土层体积含水量为 23%～<26%），施适量氮肥（140 kg/hm^2）有利于玉米生长，不施氮（0 kg/hm^2）和高施氮量的玉米的各项指标都低于适量施氮的水平；土壤严重干旱时（土壤>0～40 cm 土层体积含水量低于 23%），施氮对玉米的生长起负作用，随着氮肥施用量的增加玉米的各项指标呈现下降趋势。上述结果表明，在不同干旱程度下，氮肥和土壤水分对作物生长存在不同的交互作用，应该根据不同的土壤水分状况合理地施用氮肥。

三、施氮对玉米干旱指数的影响

通过设置不同施氮水平的小区试验，研究了红壤施氮对玉米 CWSI 的影响。6 个小区内种植玉米，设置 3 个不同水平的氮肥（尿素）处理，分别为施纯氮 0 kg/hm^2、140 kg/hm^2 和 280 kg/hm^2（用 N0、N1 和 N2 表示），每个处理施等量的过磷酸钙 1 000 kg/hm^2 和氯化钾 240 kg/hm^2 作为基肥，氮肥用尿素，也作为基肥一次施入。在玉米生长季节，若连续无降水日数达到 4 d，则灌水保证土壤水分充足，以模拟玉米 CWSI 下基线（满足充足的土壤水分供应）。在玉米播种后 46～66 d（9～17 叶，拔节至抽雄）的需水高峰期进行冠层温度观测。观测期间选择天气完全晴朗时，每日 9：00～17：00 每 2 h，用便携式红外测温仪（美国产 STproPlus）对玉米冠层温度进行定时观测。利用第二章所述的测量方法和 CWSI 计算方法（赵福年 等，2013；Jackson et al.，1981），分别建立玉米作物上基线和下基线。

（一）施氮对玉米作物下基线的影响

晴朗天气下，空气饱和 VPD 在 1～3 kPa 波动，而冠气温差（冠层温度 T_c 和空气温度 T_a 之差，$T_c - T_a$，℃）随施氮量的增大而增加（即负得更多），三个施氮水平处理的冠气温差的差异随着空气饱和 VPD 增大而增大，其中施氮较多的 N2 处理冠气温差明显大于其他两个施氮水平（图 6.7），统计检验表明不同施氮水平的冠气温差差异显著（$p<0.05$）。

上述结果表明晴天时，在相同的空气饱和 VPD 下，有氮素供给的玉米通过蒸腾作用使冠层温度下降的程度大于不施氮的处理，而且施氮量越多，冠层温度下降越明显。阴天情况下，空气饱和 VPD 小，在 0.5～1.25 kPa 波动，三个施氮水平玉米的冠气温差分布并无明显规律，处理间差异不显著。根据 CWSI 的计算规则，以晴天时的冠气温差建立玉米作物下基线。

在充分灌水的条件下，Ehrler（1973）发现棉花作物的冠气温差和空气饱和 VPD（kPa）之间存在线性关系；Idso 等（1981）在更多作物和更广阔的气象条件下进一步验证这种线性关系之后，将其作为计算 CWSI 基础（即下基线）。上述结果表明在我国南方红壤区，充分灌溉的玉米上 T_c-T_a 和 VPD 也存在这种线性关系。不同施氮水平下，玉米 CWSI 的下基线差异显著（$p<0.01$），其中 N2 处理下基线斜率最大，即当空气饱和 VPD 变动值相同时，N2 处理玉米冠气温差变化最剧烈，其次是 N0，变化最小的是 N1。当空气饱和 VPD 接近于零（即冠气温差为下基线截距时），蒸腾最小，冠气阻力达到最大，冠气温差也达到最大，此时冠气之间的能量交换完全依赖于感热交换，而 N2 处理的冠气温差最大，说明玉米根部吸收水分不足，玉米蒸腾停止时，施氮多的玉米冠层更容易受太阳辐射而增温。可以看出，氮肥施用及用量对玉米 CWSI 下基线有一定的影响。

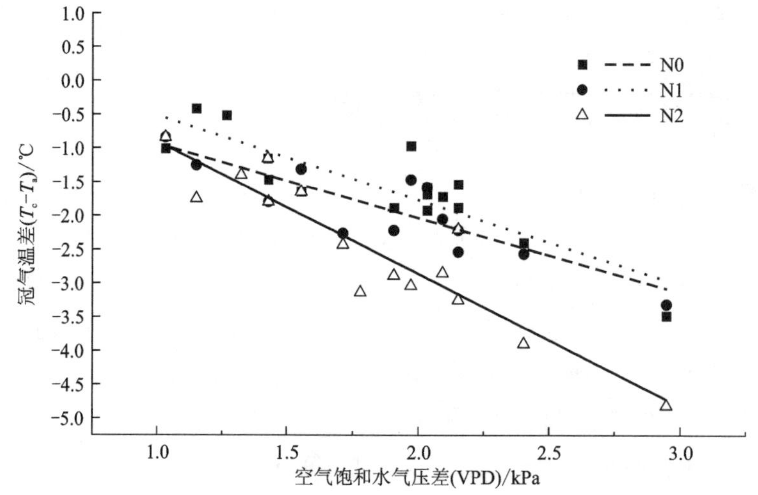

图 6.7　红壤充分灌水条件下施氮水平对玉米作物冠气温差（下基线）的影响

（二）施氮水平对 CWSI 的影响

1. 施氮水平对玉米 CWSI 波动的影响

不同施氮处理的玉米在连续干旱 32 d 过程中，CWSI 的逐日变化状况如图 6.8 所示。在干旱过程中，同一施氮水平的玉米 CWSI 在日与日之间存在明显波动，这一波动显然是受到气象条件变化和玉米生育期变化的影响。但是，随着土壤干旱发展加强，玉米 CWSI 呈逐渐增加趋势，而且 3 个施氮水平处理 CWSI 总趋势相同。这在一定程度说明，无论是否施氮，CWSI 都能够反映玉米作物水分胁迫状况。

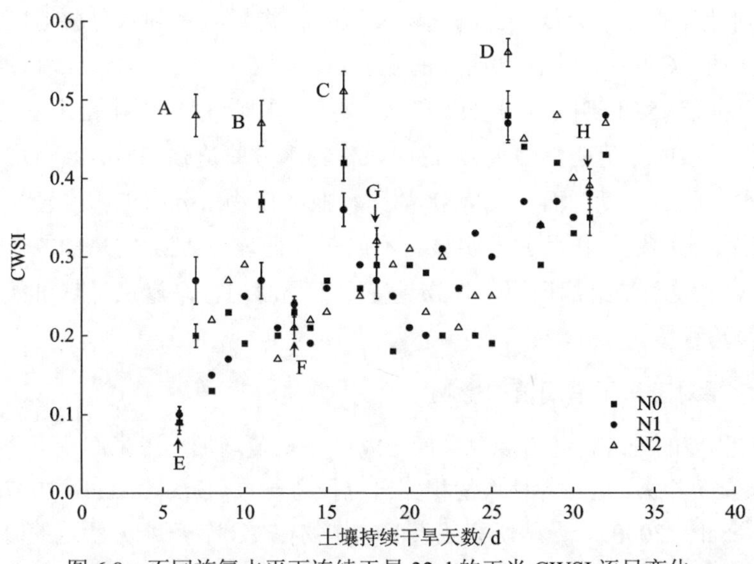

图 6.8　不同施氮水平下连续干旱 32 d 的玉米 CWSI 逐日变化

结果还显示，施氮水平影响了玉米 CWSI 的大小。在连续干旱 32 d 的过程中，大多数观测日高施氮水平处理（N2）的 CWSI 值较高，而 N0 和 N1 处理的 CWSI 值较小。统计结果表明，N2 的 CWSI 值与 N0、N1 间存在显著差异，而 N0 和 N1 间差异不显著。说明高量施氮可以使玉米 CWSI 上升，干旱胁迫加强。为了查验其他干旱天数少于 32 d 的处理是否有类似的结果，对 3 个施氮水平的所有 6 个干旱处理的玉米在各自干旱期间的平均 CWSI 值进行统计检验，结果（表 6.4）显示，在连续干旱天数小于或等于 17 d 的 3 个处理中（D7、D12、D17），施氮水平对 CWSI 没有显著影响；而在连续干旱天数大于或等于 22 d 的 3 个处理中（D22、D27、D32），高施氮水平处理 N2 增大了 CWSI 值，与 N0 和 N1 处理存在显著差异，而 N0 和 N1 之间也存在差异但不显著。表明在干旱程度较严重的情况下，高量增施氮肥增加了玉米作物水分胁迫程度，不利于玉米正常生长。

表 6.4　不同施氮水平与不同干旱程度的玉米 CWSI 平均值

施氮水平	干旱程度						
	D0	D7	D12	D17	D22	D27	D32
N0	—	0.16 Aa	0.18 Ab	0.19 Ab	0.22 Bc	0.25 Bd	0.29 Be
N1	—	0.16 Aa	0.17 Aa	0.20 Ab	0.21 Bc	0.24 Bd	0.28 Be
N2	—	0.16 Aa	0.18 Aa	0.20 Ab	0.23 Ac	0.26 Ad	0.32 Ae

注：不同大写字母表示同一列数据差异达 5%显著水平；不同小写字母表示同一行数据差异达 5%显著水平

在土壤干旱发展过程中，各施氮处理玉米 CWSI 波动时的差异表现，也说明高量增施氮肥增加水分胁迫程度。在土壤干旱实施初期，玉米水分胁迫程度不高，但此时已经进入夏季，当遇到晴热高温天气时，作物叶片蒸腾强烈，短时间内土壤水分进入根系并运输到叶片的速率会低于蒸腾速率，玉米作物暂时受到水分胁迫，此时 CWSI 观测值向上波动。CWSI 向上波动明显的观测点（图 6.8 中 A、B、C、D 4 个点），均呈现 N2 处理的 CWSI 值明显高于 N0 和 N1 处理（即此时 3 个施氮处理玉米的 CWSI 的差值较其他时候的差值明显偏大）。说明在作物水分胁迫强烈时，高量增施氮肥增加了玉米叶片水分胁迫程度。而在 CWSI 都比较低（作物水分胁迫程度轻）的观测日子里，高量增施氮肥的这一作用并不明显。不同干旱处理 CWSI 的总体统计结果和同一干旱处理 CWSI 波动结果都说明，作物越受到干旱胁迫，高施氮量越可能加剧干旱对植株的水分胁迫程度。

2. 施氮水平对玉米干旱阈值的影响

不同干旱程度的处理，随着观测期间 CWSI 平均值增加，玉米产量下降（图 6.9）。CWSI 与产量呈负相关，这与各种作物相关研究报道一致（Emekli et al.，2007；Orta et al.，2003；Irmak et al.，2000）。一些研究还表明，作物在受到轻度水分胁迫的时候，其植株生理活动并不受到明显影响，只有干旱胁迫超过一定程度（干旱阈值）的时候作物才会显著减产（Kacira et al.，2002；Soltani et al.，2000；Sadras and Milroy，1996）。图 6.9 结果显示干旱期间 CWSI 的平均值超过 0.20 的处理，玉米产量才显著下降。以 CWSI=0.20 为分界线，在左侧干旱程度较小的 3 个处理中，玉米产量有少许波动，总体趋势是 N2 的产量较高（平均 7 467 kg/hm^2），N1 产量次之（平均 7 301 kg/hm^2），不施氮处理 N0 产量最低（平均 6 990 kg/hm^2），但是 CWSI 与产量没有显著相关性，轻度干旱没有使产量下降。在 CWSI=0.20 的右侧的 3 个干旱处理，土壤连续干旱时间较长，作物生长受到了水分胁迫的影响，随着各施氮处理的 CWSI 上升，产量明显下降，CWSI 都与产量呈显著线性负相关。可见，施氮没有改变 CWSI 与玉米产量的总体负相关关系，在各种施氮水平下，仍然可以通过观测 CWSI 来监测作物水分胁迫状况和预报作物产量。

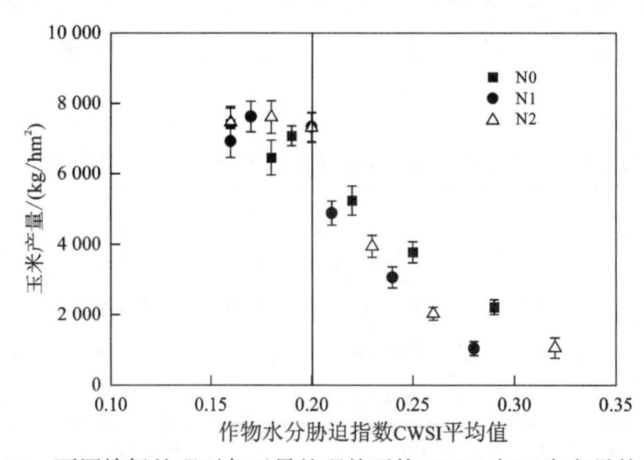

图 6.9 不同施氮处理下各干旱处理的平均 CWSI 与玉米产量的关系

干旱超过一定程度之后，施氮增大了 CWSI 与玉米产量关系的斜率（图 6.9），从而使 CWSI 与产量的负相关关系发生偏移。将 6 个干旱处理的 CWSI 与玉米产量（Y，kg/hm^2）

回归，得到 3 条回归方程，分别是

$$Y_{N0}=142\,68.5-413\,96.3\times CWSI \quad (r=-0.98, P<0.01)$$

$$Y_{N1}=169\,24.6-560\,75.7\times CWSI \quad (r=-0.94, P<0.01)$$

$$Y_{N2}=180\,97.4-602\,99.3\times CWSI \quad (r=-0.94, P<0.01)$$

从中可以看出，N2、N1 与 N0 相比，玉米产量随 CWSI 升高而下降得更快，考虑到在相同干旱天数下 N2 的 CWSI 值较 N1 和 N0 高，可以得出在干旱情况下，高量增施氮肥使玉米 CWSI 上升，同时加快了产量随 CWSI 上升而降低的速度，二者作用叠加，高量增施氮肥降低了玉米御旱能力，增加了干旱条件下减产的危险。如果以 CWSI 作为衡量作物水分胁迫程度的指标，施氮可能降低玉米水分胁迫的干旱阈值，加快干旱阈值的提前到来。

在土壤水分充足或轻微干旱条件下（D0、D7），施氮对玉米 CWSI 无明显影响，玉米增产；在中度干旱情况下（D12、D17），中等施氮（N1）对 CWSI 没有显著影响，可以使玉米生长更健壮，从而增加玉米抗旱能力，玉米增产，而高量施氮（N2）玉米增产效果并没有增加；在土壤重度干旱（D22、D27、D32）条件下，中等施氮使 CWSI 轻微降低（统计不显著），产量显著降低；高量增施氮肥使 CWSI 显著上升，产量显著降低（D32 除外）。无论土壤是否干旱，大气蒸发强烈的天气条件下，高量增施氮肥使 CWSI 显著上升（图 6.8）。这些结果表明，土壤及大气干旱状况、施氮水平、CWSI、玉米产量之间的关系存在一定规律，但随条件而变化。说明增施氮肥对 CWSI 的影响依玉米受到干旱胁迫的程度而异。在平均 CWSI<0.20 时，施氮对 CWSI 无明显影响；在平均 CWSI≥0.20 时，高量增施氮肥使 CWSI 上升（表 6.4）。对于逐日 CWSI（图 6.8），在 CWSI<0.30 时，施氮对 CWSI 无明显影响；在 CWSI≥0.30 时，施氮特别是高量增施氮肥显著增大 CWSI。这一结果对干旱条件下的玉米水氮管理具有指导意义，同时还说明，氮肥改变了 CWSI 与作物产量的关系，在用 CWSI 进行作物干旱胁迫预报和测产的时候，应该在氮素水平相似的条件下建立 CWSI 的测产公式。关于影响氮肥作用的 CWSI 的临界值在不同年份是不是一致，需要在更多的气象和大田条件下进一步研究。

第二节　施肥制度

施肥制度包含的内容广泛，一般指施肥量、施肥时期、施肥方法三者的结合，在具体实施时就是施肥措施。施肥措施不仅影响当年作物产量，而且长期施肥制度对土壤性质产生重大影响，土壤性质的改变进一步影响作物生长状况和产量。就对作物抗旱影响而言，长期施肥制度影响土壤理化性质，影响作物和土壤的关系，进一步影响作物对季节性干旱的抵抗能力。

一、施肥制度对红壤性质的影响

在施肥方式上，常见的施肥措施以单施化肥、化肥有机肥配合施用、施有机肥为主。在黏质红壤上，设置了四种长期施肥制度，比较了不同施肥制度对红壤理化性质的影响。这四种施肥制度是，①不施肥（CK）对照；②单施氮磷钾化肥（NPK）；③单施有机肥（OM），即猪粪和鸡粪配合施用；④有机无机配合施用，即氮磷钾化肥+有机肥（NPKM）。除不施肥外，其余三种施肥的氮磷钾养分用量相同。在施肥制度连续实施了 20 年之后（1996~2016 年），研究长期施肥制度对红壤理化性质的影响。

（一）土壤理化性质

1. 土壤容重

结果表明（表 6.5），长期不同施肥制度下，表层土壤（>0~20 cm）容重发生了显著变化，而犁底层土壤（>20~40 cm）容重没有显著变化。不施肥（CK）表土层容重最大，而单施有机肥（OM）最小。单施氮磷钾化肥（NPK）或者氮磷钾化肥+有机肥（NPKM）并没有增加土壤容重，20 年来土壤没有板结的趋势。

表 6.5　长期施肥制度下红壤的容重　（单位：g/cm^3）

土壤深度	施肥制度			
	CK	NPK	OM	NPKM
>0~10 cm	1.22 a	1.20 b	1.13 c	1.16 bc
>10~20 cm	1.44 a	1.39 b	1.25 c	1.30 bc
>20~30 cm	1.52 a	1.53 a	1.52 a	1.53 a
>30~40 cm	1.61 a	1.60 a	1.61 a	1.60 a

注：同行不同小写字母表示施肥制度间差异显著（$P<0.05$）

2. 有机质含量

与不施肥相比，三种施肥处理均显著增加了红壤有机质含量（表 6.6），无论是耕层土壤（>0~20 cm）还是犁底层土壤（>20~40 cm）有机质含量都明显增加，其中单施有机肥（OM）增加幅度最大，其次是氮磷钾化肥+有机肥（NPKM）和单施氮磷钾化肥（NPK）。施用化肥土壤有机质增加的原因与红壤本底有机质含量低而施化肥可以促进作物生长有关，其中犁底层的有机质含量增加还与根系下扎生长有关。

表 6.6　长期施肥制度对红壤有机质含量的影响　　（单位：g/kg）

土壤深度	施肥制度			
	CK	NPK	OM	NPKM
>0～10 cm	9.85 c	11.90 b	21.08 a	12.42 b
>10～20 cm	7.48 c	8.21 bc	12.07 a	9.29 b
>20～30 cm	3.11c	4.95 b	5.10 a	4.10 b
>30～40 cm	2.02 c	3.20 b	4.02 a	2.95bc

3. 土壤养分

与不施肥对照相比，三种施肥处理均显著增加了红壤氮磷钾全量养分含量，其中氮磷钾化肥+有机肥（NPKM）增加幅度最大（全 N 例外）（表 6.7）。总体上看，三种施肥处理较对照之间差异较大，施肥效果显著，但处理之间差异较小，这可能是因为三种施肥制度输入的氮磷钾养分相同。

表 6.7　长期施肥制度下红壤氮磷钾全量养分含量　　（单位：g/kg）

处理代码	施肥制度	全 N	全 P	全 K
CK	不施肥	0.98 c	0.62 c	8.24 c
NPK	单施氮磷钾化肥	1.17 b	0.96 b	11.42 a
OM	单施有机肥（猪粪+鸡粪）	1.26 a	1.20 a	10.80 b
NPKM	氮磷钾化肥+有机肥	1.19 b	1.25 a	11.65 a

4. 土壤 pH

施肥制度显著改变了红壤的 pH，在耕层（>0～20 cm）效果更明显（表 6.8）。总体上看，与不施肥对照相比，施肥提高了酸性红壤的 pH，并没有加剧土壤酸化。其中单施有机肥（OM）增加土壤 pH 效果最明显，其次是氮磷钾化肥+有机肥（NPKM）。

表 6.8　施肥制度对红壤 pH 的影响

土壤深度	施肥制度			
	CK	NPK	OM	NPKM
>0～10 cm	5.50 c	5.70 bc	6.33 a	6.01 b
>10～20 cm	5.70 c	5.71 bc	6.40 a	5.75 b
>20～30 cm	5.32 c	5.33 c	5.50 a	5.44 b
>30～40 cm	5.04 c	5.05 c	5.22 a	5.10 b

（二）土壤水力学性质

1. SWCC

施肥制度显著影响红壤的土壤持水曲线，从而改变土壤水分状况和抗旱能力。总体上看（图 6.10），三种施肥处理显著提高了相同基质势下土壤含水量。具体而言，对于表层土壤（0～10 cm）施肥处理使得 SWCC 整体上移，其中单施有机肥（OM）处理上移幅度最大，其次是氮磷钾化肥+有机肥（NPKM），再是单施氮磷钾化肥（NPK）；对于表下层土壤（10～20 cm），施肥处理提高了高水势（土壤湿润时）段的土壤含水量，而在低水势（土壤干旱时）段情况有所变化，单施有机肥（OM）处理和氮磷钾化肥+有机肥（NPKM）处理仍然增加了土壤含水量，但单施氮磷钾化肥（NPK）降低了土壤含水量。施肥制度对 SWCC 的影响，将进一步影响土壤水分保持和供应，从而影响土壤的抗旱能力。

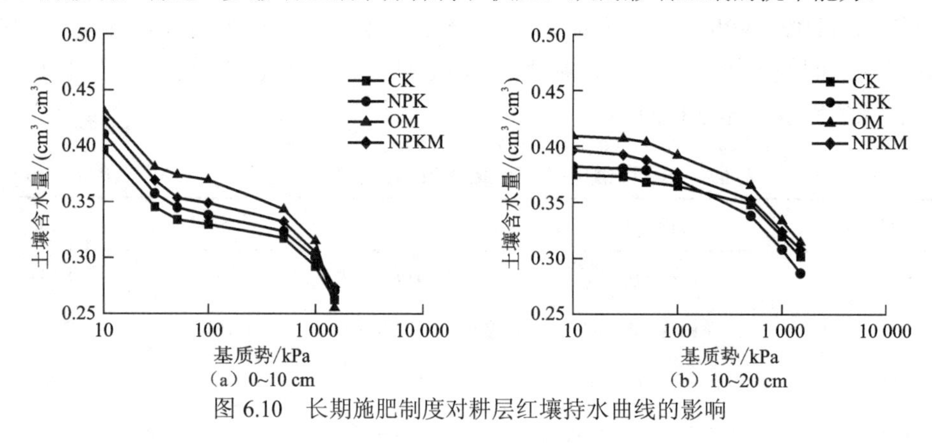

图 6.10　长期施肥制度对耕层红壤持水曲线的影响

2. 土壤水分常数

长期不同施肥制度下，红壤的水分常数发生了变化（表 6.9）。三种施肥措施都提高了红壤的饱和含水量和田间持水量，同时也提高了萎蔫含水量，只是萎蔫含水量提高的幅度稍小，导致土壤有效含水量小幅度提升（0.004 8～0.013 1 cm^3/cm^3），其中单施有机肥（OM）提升土壤有效含水量的幅度最大，单施氮磷钾化肥（NPK）提升幅度最小。施肥改善红壤水分常数的原因，与该土壤肥力低下，施肥之后作物生长更好而起到了改良土壤性质的作用有关。

表 6.9　施肥制度对表层红壤水分常数的影响

施肥制度	饱和含水量/（cm^3/cm^3）	田间持水量/（cm^3/cm^3）	萎蔫含水量/（cm^3/cm^3）	有效含水量/（cm^3/cm^3）
CK	0.4515	0.3454	0.2627	0.0827
NPK	0.4723	0.3575	0.2704	0.0875
OM	0.5231	0.3694	0.2736	0.0958
NPKM	0.5062	0.3812	0.2884	0.0928

3. 土壤饱和导水率

施肥措施在一定程度上提高了红壤饱和导水率 K_s（图 6.11）。长期单施有机肥（OM）处理显著提高各个土层的 K_s，其中>0～5 cm 表层和>10～15 cm 土层提高幅度较大而>20～25 cm 和>30～35 cm 土层提高幅度较小。单施氮磷钾化肥处理（NPK）和氮磷钾化肥+有机肥（NPKM）虽然也提高了 K_s，但是要么不显著（>0～5 cm 土层），要么提高幅度较小（>10～15 cm 和>20～25 cm 土层）甚至降低（>20～25 cm 和>30～35 cm 土层）。红壤耕层（>0～15 cm）的 K_s 远大于犁底层（20 cm 以下），犁底层土壤 K_s 非常低，这会影响深层土壤水分向上运输，是红壤容易干旱的原因之一。

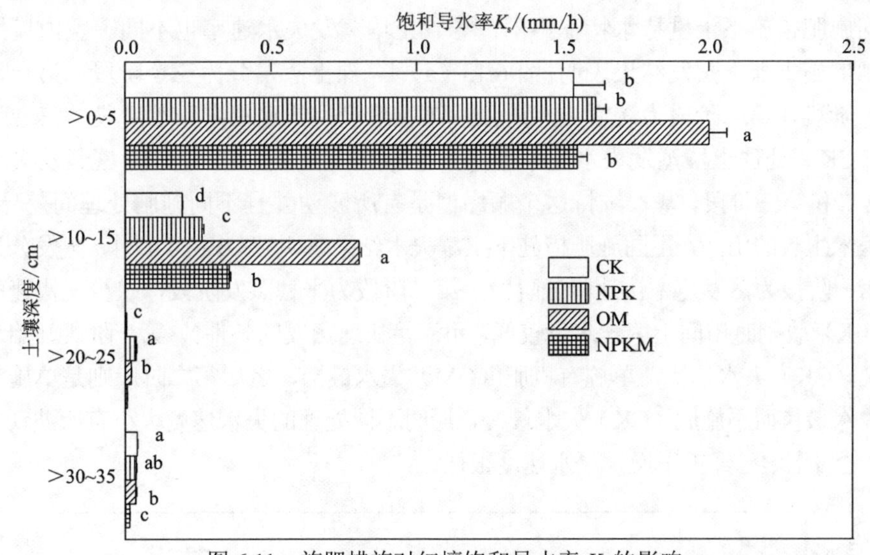

图 6.11　施肥措施对红壤饱和导水率 K_s 的影响

不同小写字母表示同一深度下不同施肥措施间差异显著

与施肥增加红壤 K_s 不同，施肥对红壤非饱和导水率 $K(h)$的影响比较复杂。对比测量的近饱和导水率（即较高含水量下的导水率）（图 6.12），氮磷钾化肥+有机肥（NPKM）高于不施肥（CK）对照，而单施氮磷钾化肥（NPK）和有机肥（OM）则低于不施肥

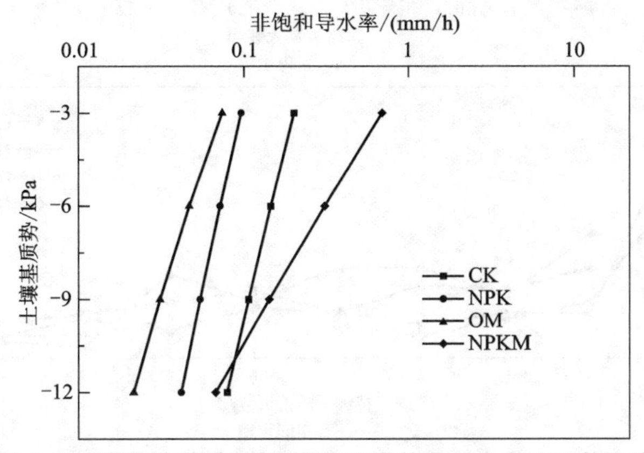

图 6.12　施肥措施对红壤近饱和下非饱和导水率 $K(h)$的影响

（CK）对照。这是因为土壤大孔隙决定 K_s 而小孔隙决定 $K(h)$，施肥特别是施用有机肥能增加土壤大孔隙，但是并没有增加土壤小孔隙，而且土壤有机质含量提高，增加了土壤的斥水性，这可能是施肥降低了红壤 $K(h)$ 的原因。

K_s 增加有利于降水入渗，这对土壤抗旱是有利的。但在旱地田间，土壤水分一般以非饱和的形式运动，而几种施肥措施除 NPKM 处理外均不能提高红壤的 $K(h)$，甚至降低 $K(h)$，这必然对土壤和作物抗旱有影响。但究竟如何影响，并不好判断，一方面 $K(h)$ 小降低了土壤水分对作物水分供应，另一方面 $K(h)$ 小可以减少土壤蒸发失水。

4. 土壤蒸发失水速率

不同施肥措施下土壤持水特征不同，导致土壤蒸发失水速率也不同。室内模拟测定不同施肥措施下裸土蒸发结果表明[图 6.13（a）]，裸土蒸发分为三个阶段，第一阶段为快速失水阶段，第二阶段为缓慢失水阶段，第三阶段为低速稳定失水阶段。第一阶段，不施肥（CK）处理土壤蒸发失水速率最快，单施有机肥（OM）处理土壤蒸发失水速率最慢；第二和第三阶段，基本维持这个顺序但是有所波动并且不同施肥处理间差异较小。

在玉米生长的田间，不同施肥措施下土壤失水结果表明[图 6.13（b）]，蒸发分为两个阶段，第一阶段为蒸发速率快速降低阶段，第二阶段为平稳蒸发阶段，缺少了快速失水阶段（因为玉米收割时田间土壤含水量较低，不满足快速蒸发的条件）。第一阶段开始时依然是不施肥（CK）失水最快，单施有机肥（OM）失水最慢，之后第二阶段则是单施有机肥（OM）失水最快而不施肥（CK）失水最慢，期间不同处理的失水速度大小有所波动，连续干旱 9 d 之后土壤已经很干燥，失水速度很低。

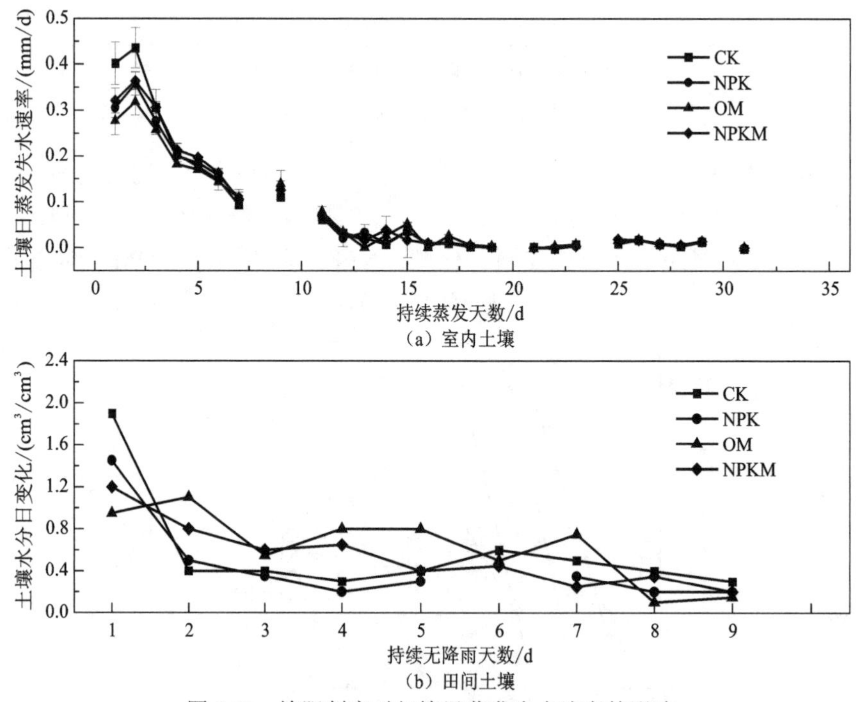

图 6.13　施肥制度对红壤日蒸发失水速率的影响

（三）土壤穿透阻力

1. 土壤穿透阻力特征曲线

施肥制度影响土壤穿透阻力，从而影响根系生长和抗旱能力。施肥制度影响表层红壤穿透阻力的原因，从长期看，是因为施肥改变了土壤容重、有机质含量甚至颗粒粒级分布；从短期看，是因为施肥影响作物生长和吸水，从而根系状况和土壤含水量有差异，导致田间土壤穿透阻力变化。

通过室内控制土壤容重和含水量试验，研究了不同长期施肥制度下的红壤的土壤穿透阻力曲线特征（图 6.14）。长期单施氮磷钾化肥（NPK）处理下，在含水量较高时（>0.20 g/g）土壤穿透阻力较小，而且 3 个容重下差异不大；但土壤含水量低于 0.20 g/g 后，红壤穿透阻力急剧上升，而且不同容重间、不同土层间的差异极大。以容重 1.3 g/cm^3 为例，>0～10 cm 表土在含水量低于 0.16 g/g 后，穿透阻力从 0.3 MPa 急剧上升到 2 MPa 附近；而>10～20 cm、>20～30 cm 和>30～40 cm 土层则在含水量低于 0.18 g/g 后，土壤穿透阻力也急剧上升。土壤穿透阻力转折点发生在土壤含水量 0.16～0.18 g/g 附近。

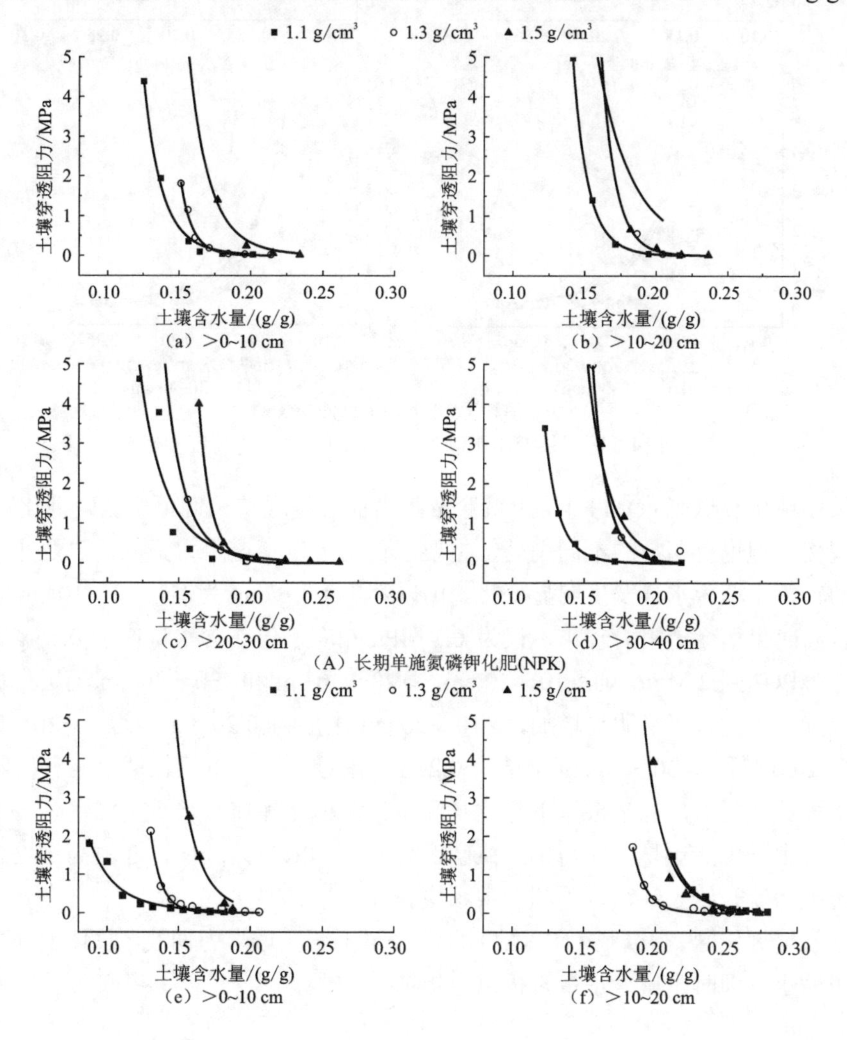

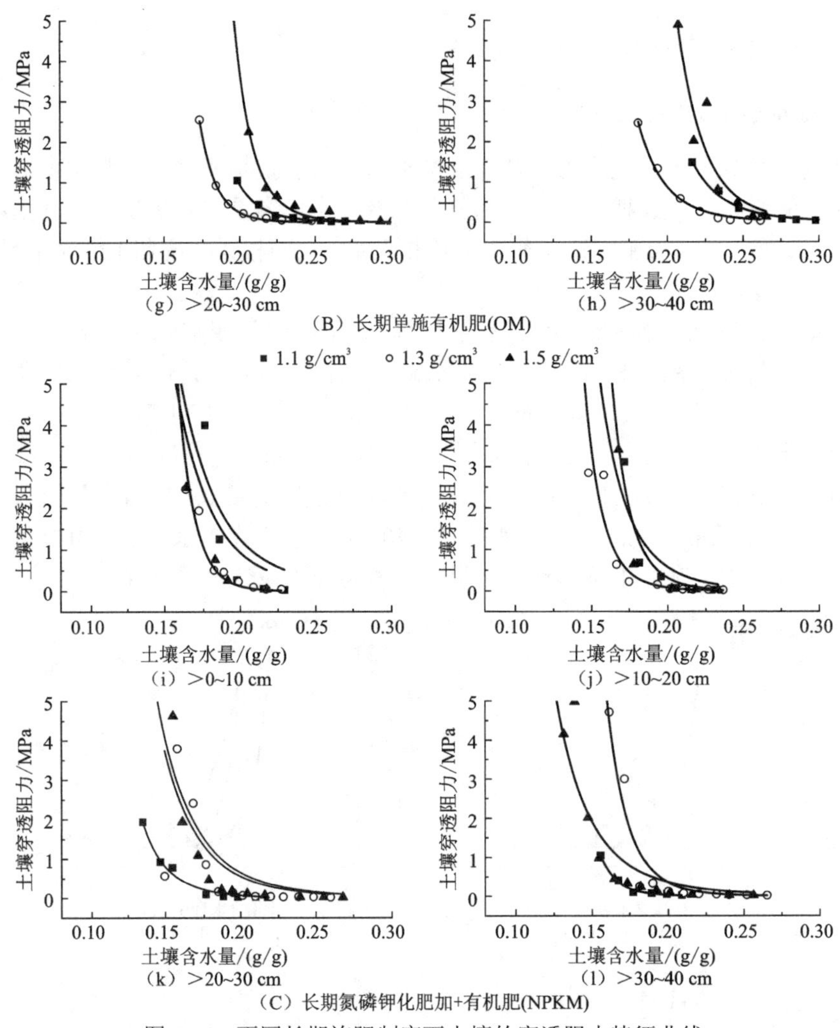

图 6.14　不同长期施肥制度下土壤的穿透阻力特征曲线

在长期单施有机肥（OM）下，土壤穿透阻力曲线呈现与长期单施氮磷钾化肥（NPK）相似的规律，但也有明显的不同之处，主要表现为土壤穿透阻力降低，以及穿透阻力急剧上升的转折土壤含水量发生明显变化。仍以容重 1.3 g/cm^3 为例，>0～10 cm 表土层在含水量较高时土壤穿透阻力较小，仅为 0.1 MPa 左右，但在含水量低于 0.15 g/g 后急剧上升，也可以达到 2 MPa；而>10～20 cm、>20～30 cm 和>30～40 cm 土层土壤穿透阻力急剧上升的土壤含水量明显增加，>10～20 cm 土层为 0.20 g/g 附近，>20～30 cm 土层为 0.19 g/g 附近，>30～40 cm 土层为 0.21 g/g 附近。表明虽然长期单施有机肥（OM）降低了土壤穿透阻力，利于根系下扎生长和抗旱，但是在比较严重土壤水分干旱时，土壤穿透阻力上升可能更早，即与单施氮磷钾化肥（NPK）处理比，在较高土壤含水量时土壤穿透阻力就开始上升，这不利于根系生长和抗旱。

长期氮磷钾化肥+有机肥（NPKM）也改变了土壤穿透阻力曲线，总体上使 3 个容重间的差距缩小，同时土壤含水量转折点也提前。

除了室内控制容重和土壤含水量试验之外，进一步在田间同步测量了不同施肥制度下红壤的含水量和穿透阻力，可以看到不同施肥制度下红壤穿透阻力特性发生了显著变化（图 6.15）。在>0～10 cm 表层，不同处理之间含水量差异较大，土壤穿透阻力特征曲线在相同含水量下的可比较部分很少，不施肥（CK）处理下土壤含水量最低而土壤穿透阻力相对较高，单施有机肥（OM）处理则表现为土壤含水量最高而土壤穿透阻力相对较小。在>10～20 cm 土层，各处理之间含水量差异变小，土壤穿透阻力特征曲线有相同的含水量部分可以比较。相同含水量下（如 0.24 m^3/cm^3），单施氮磷钾化肥（NPK）土壤穿透阻力最大，其次是不施肥对照，再次是单施有机肥，而最低的是氮磷钾化肥+有机肥（NPKM）。

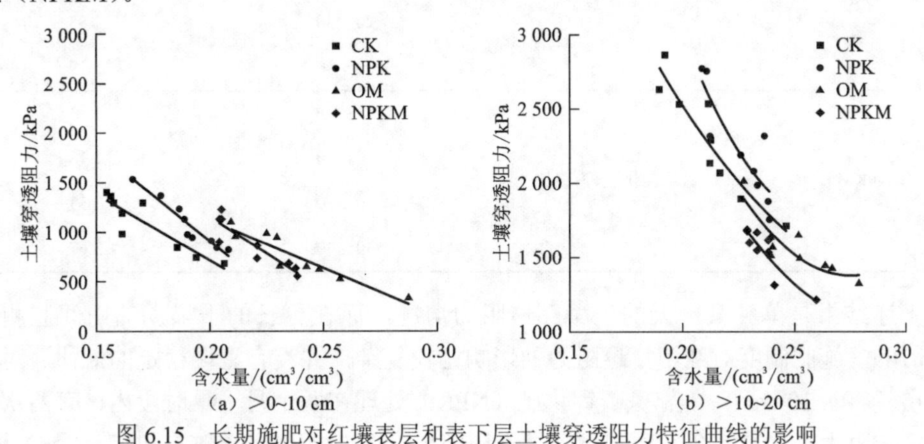

图 6.15 长期施肥对红壤表层和表下层土壤穿透阻力特征曲线的影响

上述结果表明，施肥制度显著影响红壤穿透阻力特征曲线，从而可能影响红壤在田间的实际穿透阻力而影响根系下扎生长。

2. 田间土壤穿透阻力

田间条件下，影响土壤穿透阻力的因子很多，土壤穿透阻力的变化更复杂。在雨季和旱季转换期，在田间使用 SC900 硬度计测量了黏质红壤不同深度的土壤穿透阻力。结果表明（表 6.10），不施肥（CK）处理土壤耕层（>0～20 cm）穿透阻力最小（1.21～2.01 MPa），单施氮磷钾化肥（NPK）处理最大（2.11～2.42 MPa），而氮磷钾化肥+有机肥（NPKM）、单施有机肥（OM）处理的小区穿透阻力介于二者之间，表明单施化肥增加了耕层土壤的穿透阻力，不利于植物根系下扎。但是，在耕层下方的土层（>20～40 cm），长期不同施肥处理的土壤穿透阻力处在同一水平，单施氮磷钾化肥（NPK）处理并没有显著改变土壤的穿透阻力。

表 6.10 施肥制度对旱季红壤穿透阻力的影响

代码	施肥制度	土层深度/cm	土壤穿透阻力/MPa
CK	不施肥	>0～10	1.21
		>10～20	2.01
		>20～30	2.52
		>30～40	3.52

续表

代码	施肥制度	土层深度/cm	土壤穿透阻力/MPa
NPK	单施氮磷钾化肥	>0～10	2.11
		>10～20	2.42
		>20～30	2.67
		>30～40	3.22
OM	单施有机肥	>0～10	1.55
		>10～20	2.24
		>20～30	2.83
		>30～40	3.19
NPKM	氮磷钾化肥+有机肥	>0～10	1.33
		>10～20	2.18
		>20～30	2.53
		>30～40	3.67

上述结果是单独某一天的土壤穿透阻力情况，而在更长的干旱期的田间监测表明（图 6.16），施肥制度对红壤穿透阻力的影响比较复杂，并没有呈现稳定的规律。对于土壤表层（>0～10 cm），单施氮磷钾化肥（NPK）处理在两个月干旱时段内，有两次测量土壤穿透阻力最大，其余 6 次测量则是不施肥（CK）对照或者单施有机肥（OM）最大，而单施有机肥（OM）或者氮磷钾化肥+有机肥（NPKM）处理土壤穿透阻力较小。>10～20 cm 土层，多数时候不施肥（CK）处理土壤穿透阻力最大，单施有机肥（OM）处理最小。>20～30 cm 和>30～40 cm 土层与>10～20 cm 土层类似。此外，可以看到，在两个月的干旱期内，>0～30 cm 土层穿透阻力逐渐增加，不同施肥处理下增加的幅度有差异；>30～40 cm 土层的土壤穿透阻力增加并不明显，应该与土壤含水量变化幅度较小有关，而不同施肥处理之间土壤穿透阻力的差异与施肥影响了土壤含水量有关。

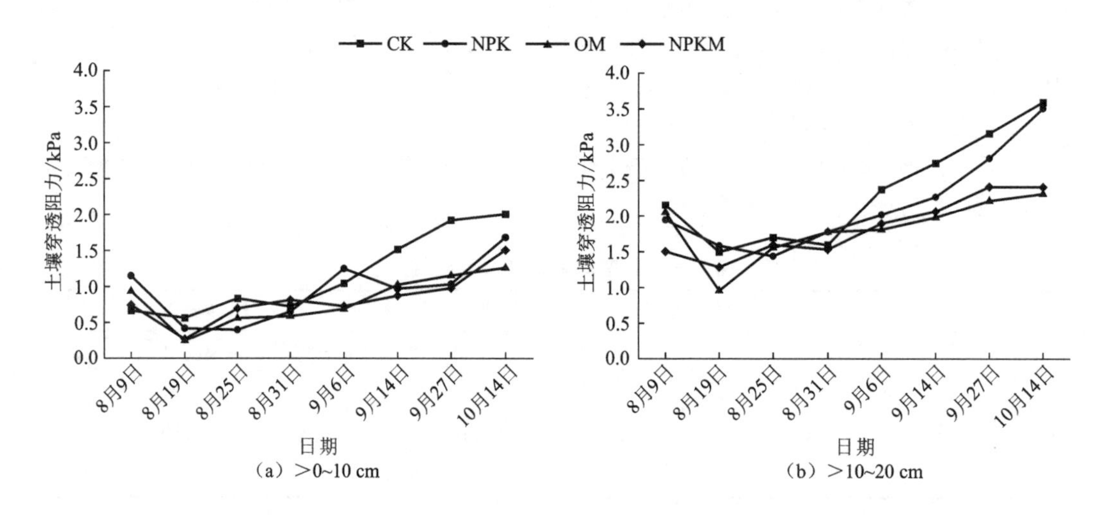

（a）>0~10 cm （b）>10~20 cm

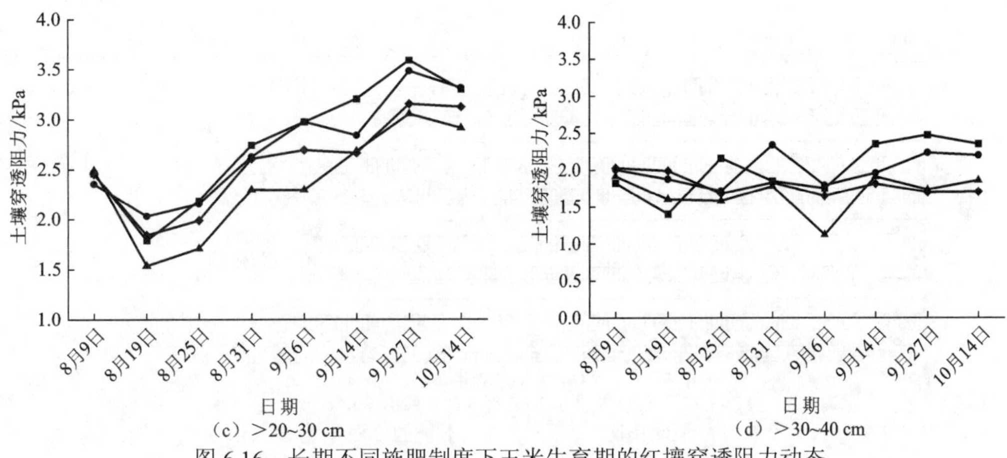

图 6.16　长期不同施肥制度下玉米生育期的红壤穿透阻力动态

应该注意到，在田间测量的土壤穿透阻力，除了受施肥措施影响外，还受土壤含水量影响，而土壤含水量也与施肥制度有关，这意味着施肥制度既直接影响土壤的穿透阻力特性，也通过影响含水量从而间接影响田间土壤穿透阻力。因此施肥制度对红壤季节性干旱的影响不可忽视。

二、施肥制度对红壤水分的影响

（一）土壤平均含水量

在田间不同时期测量了各施肥措施小区的土壤含水量，结果表明施肥措施对红壤含水量有显著影响。在旱季不施肥处理下各个土层含水量均是最低，而有机肥处理最高（图 6.17）。在表层 10 cm 氮磷钾化肥+有机肥（NPKM）含水量也很低（与对照接近），但在深层 40 cm 处含水量则较高，这可能与该施肥措施改善了降水入渗利于储存水分有关。同时可以看到，在旱季红壤田间的含水量随着深度增加而增加。雨季，土壤含水量的变异增大，各个施肥处理间的差异增大，但各个施肥处理间的土壤含水量的顺序与旱季一致，依然是不施肥处理在各个土层含水量均最低，而有机肥处理最高。结果表明施肥措施对土壤水分的影响显著，是影响作物产量的重要原因。

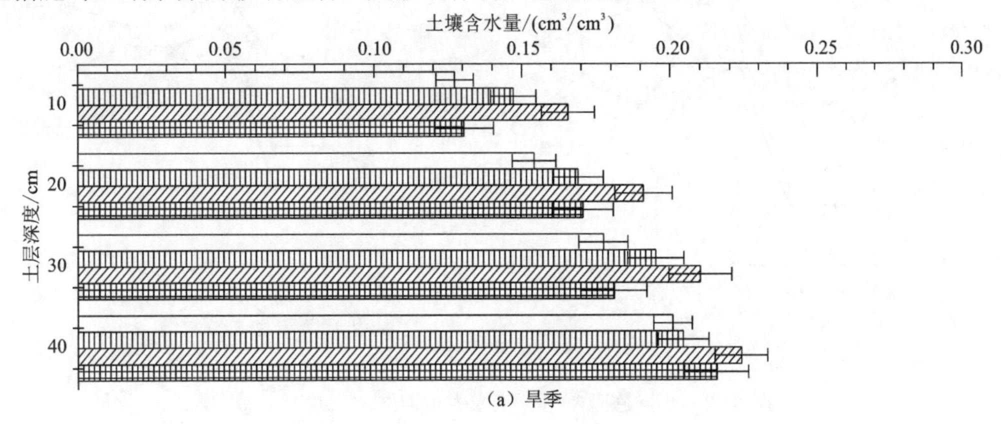

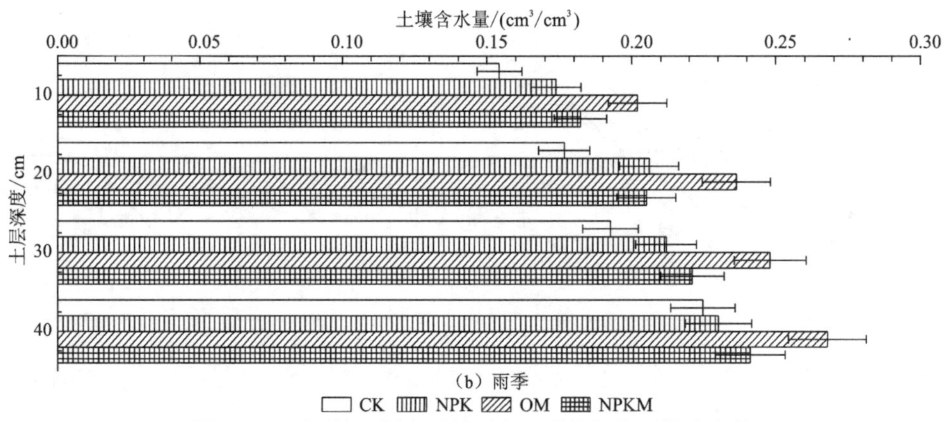

(b) 雨季

图 6.17　不同施肥制度下旱季和雨季的红壤平均含水量

(二)土壤含水量动态

旱季土壤含水量动态进一步表明了各个施肥处理对土壤干旱的影响。图 6.18 显示，从 8 月 19 日～10 月 14 日（玉米抽穗成熟），有机肥处理土壤含水量始终最高而不施肥

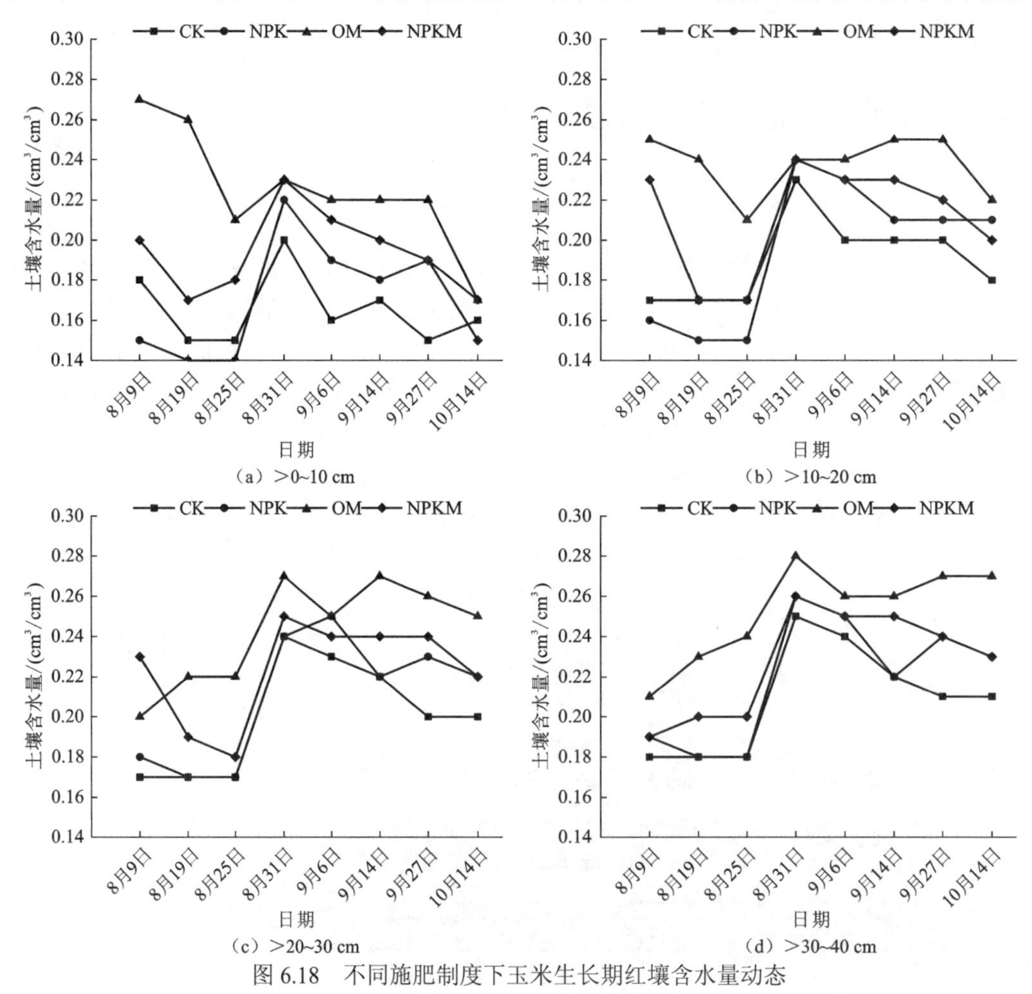

图 6.18　不同施肥制度下玉米生长期红壤含水量动态

对照始终最低，在各个土层表现一致。其中差异最大的是在 8 月 9 日～8 月 25 日，不同施肥处理间土壤含水量最大差异可达绝对含水量 0.1 cm^3/cm^3；8 月 31 日较大降水之后，各施肥处理之间含水量差异缩小，之后差异又开始变大，到 10 月 14 日小雨 0～10 cm 表层含水量差异再次缩小而下层含水量差异仍然维持较大。上述结果说明，长期施肥制度对红壤含水量的影响是深刻的，在土壤水分田间管理中起非常重要的作用。

（三）土壤干旱速度

连续干旱的情况下，施肥措施对土壤含水量的影响体现得更加明显（图 6.19）。在 2014 年玉米拔节期有一次连续 13 d 无雨的缓慢干旱期，随着干旱进行各个施肥处理 0～45 cm 土层平均含水量都逐渐降低，其中单施有机肥（OM）处理降低速度和幅度最小，而单施氮磷钾化肥（NPK）处理降低速度最快，降低幅度最大，各个处理间土壤含水量差异随干旱程度增加而增大。这个变化规律在 2015 年玉米抽穗期表现得更加明显，在连续干旱开始前，各个处理的土壤含水量都很高[单施有机肥（OM）最高，单施氮磷钾化肥（NPK）次之，而不施肥（CK）和氮磷钾化肥+有机肥（NPKM）最低，但各处理之间的含水量最大差异只有 0.07 cm^3/cm^3]，随着干旱时间延长，不施肥（CK）和单施氮磷钾化肥（NPK）处理的土壤含水量快速下降，而单施有机肥（OM）和氮磷钾化肥+有机肥（NPKM）处理的土壤含水量下降速度缓慢。在连续干旱 15 d 之后，各处理之间差异显著变大，土壤含水量最大差异达到 0.20 cm^3/cm^3，不同施肥措施下的土壤表现出完全不同的土壤水分干旱状态。这种土壤水分的差异，最终会体现在作物干旱状况上。

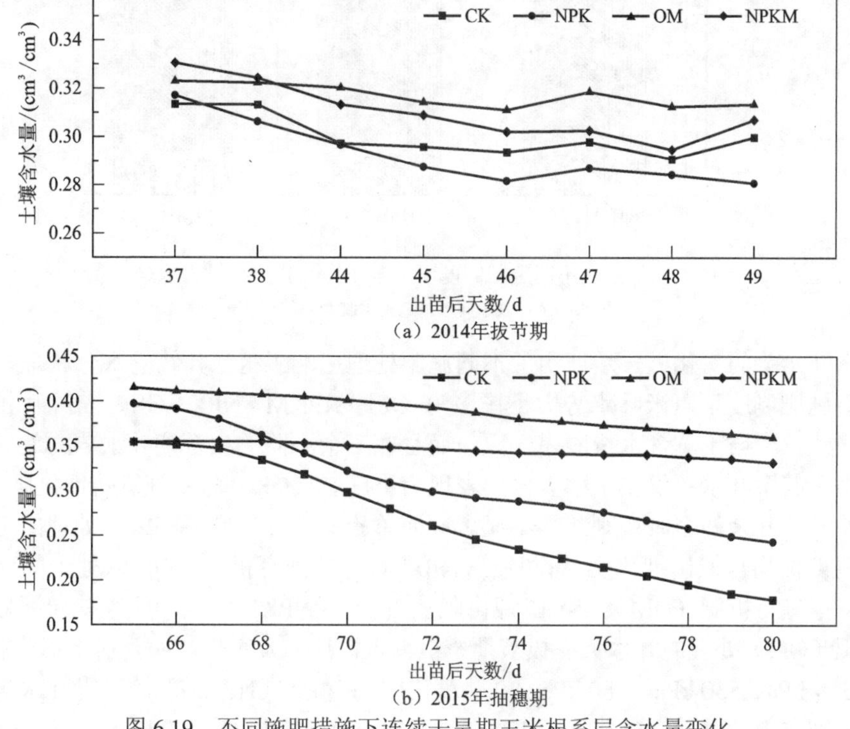

（a）2014年拔节期

（b）2015年抽穗期

图 6.19　不同施肥措施下连续干旱期玉米根系层含水量变化

三、施肥制度对作物干旱的影响

（一）对作物干旱指标的影响

1. 叶片相对含水量与叶水势

不同施肥制度下，玉米作物叶片相对含水量 WRC 在生长期整体均表现为单施有机肥（OM）处理最高而不施肥（CK）对照最低，氮磷钾化肥+有机肥（NPKM）和单施氮磷钾化肥（NPK）居中（图 6.20），这个排列顺序与土壤含水量顺序一致。但是，不同施肥措施下玉米叶片相对含水量的差异较小，在拔节期与小喇叭口期差异均不显著，在大喇叭口期各处理之间的差异变大，达到显著水平，单施有机肥（OM）处理的叶片相对含水量最高（85.84%），分别比单施氮磷钾化肥（NPK）和不施肥（CK）处理高 8.5%和 9.4%。叶片相对含水量大小与作物的生育期有关，但其降低幅度不同表明作物受到的干旱胁迫程度不同，不施肥（CK）和单施氮磷钾化肥（NPK）处理下作物受干旱胁迫更严重。

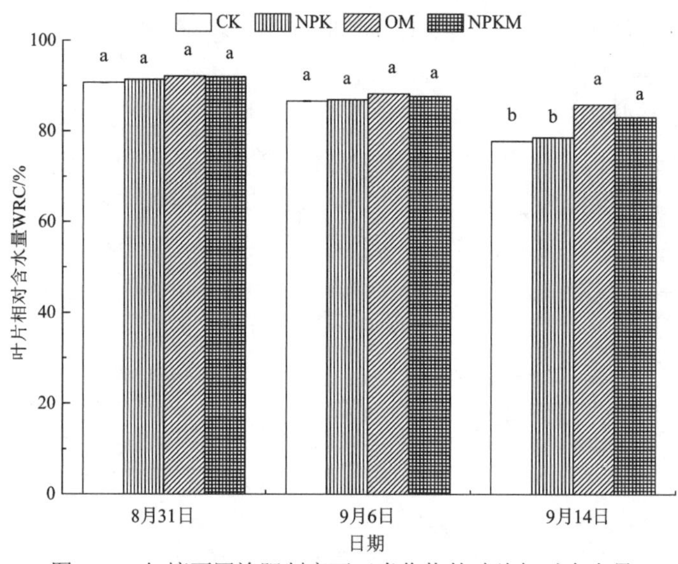

图 6.20　红壤不同施肥制度下玉米作物的叶片相对含水量

不同小写字母表示同一日期施肥制度间差异显著

玉米叶水势的变化进一步证明了不同施肥处理影响了玉米作物的水分状况。图 6.21 显示，各施肥制度下玉米叶水势大小排序为 OM>NPKM>NPK>CK，与叶片相对含水量顺序一致，也与土壤含水量顺序一致，而且在三个不同的生育期叶水势的差异都达到显著水平。其中叶水势仅在小喇叭口期表现为不施肥（CK）与单施氮磷钾化肥（NPK）间存在差异，其余两个时期则差异不显著；而单施氮磷钾化肥（NPK）处理的玉米叶水势在观测期内均与氮磷钾化肥+有机肥（NPKM）、单施有机肥（OM）处理间存在显著性差异；单施有机肥（OM）与氮磷钾化肥+有机肥（NPKM）处理间则差异不显著。单施有机肥（OM）处理的叶水势在拔节期、小喇叭口期、大喇叭口期分别比不施肥（CK）对照高 359 kPa、530 kPa、780 kPa，氮磷钾化肥+有机肥（NPKM）的玉米叶水势在三个生育期分别比单施氮磷钾化肥（NPK）的高 80 kPa、210 kPa、460 kPa。

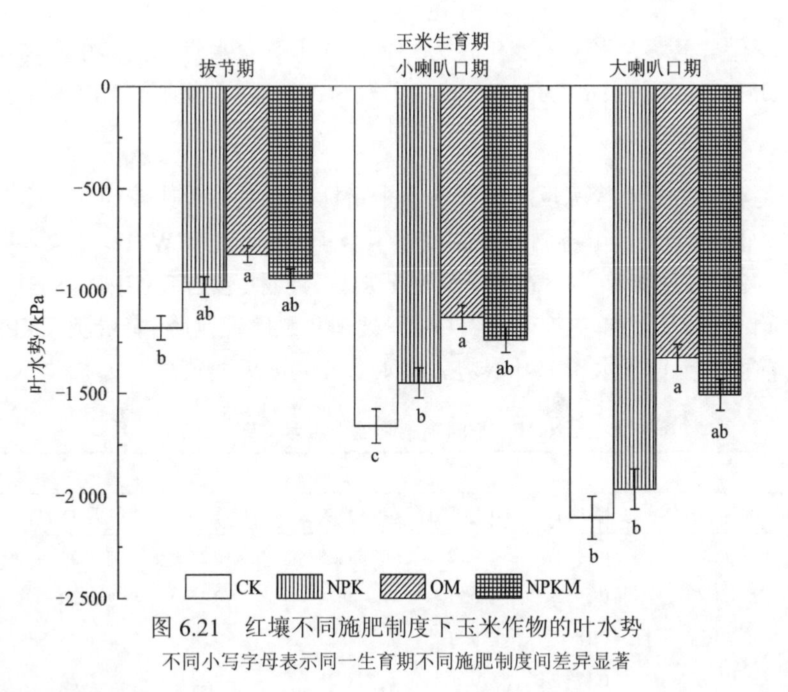

图 6.21 红壤不同施肥制度下玉米作物的叶水势

不同小写字母表示同一生育期不同施肥制度间差异显著

2. 玉米根水势

根水势与土壤水分的关系更紧密，而且也可以反映作物水分状况，因此也可以作为作物干旱指标。从图 6.22 的结果可以看到，不同施肥制度对玉米根水势的影响与对叶水势的影响一致，玉米根水势大小排序为 OM>NPKM>NPK>CK，只是在不同生育期差异的显著性有所变化。单施有机肥（OM）处理根水势在观测期内分别比不施肥（CK）对照高 330 kPa、540 kPa 和 790 kPa，氮磷钾化肥+有机肥（NPKM）的玉米根水势在观测期内分别比单施氮磷钾化肥（NPK）高 50 kPa、160 kPa 和 310 kPa。整个观测期内不施肥（CK）与单施氮磷钾化肥（NPK）处理的玉米根水势下降趋势大于 OM 与 NPKM

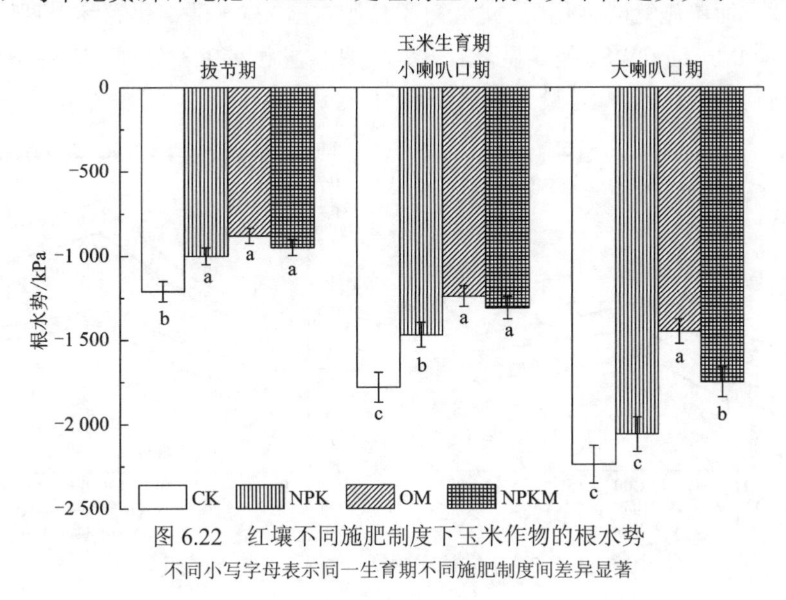

图 6.22 红壤不同施肥制度下玉米作物的根水势

不同小写字母表示同一生育期不同施肥制度间差异显著

处理，这一变化与土壤含水量的变化较为一致，即土壤含水量越大其根水势则越大，单施有机肥（OM）处理的根水势最大，其次为氮磷钾化肥+有机肥（NPKM）处理。

3. 玉米 CWSI

CWSI 是对作物干旱状况反应灵敏的一个指标，而且测量比较简单，数值越大表示干旱越严重。表 6.11 显示了不同施肥制度下玉米正午时刻的 CWSI，结果表明连续一周无雨情况下，CWSI 逐渐增加，表明干旱逐渐加重。四种施肥制度中，不施肥（CK）处理的 CWSI 始终最大，而单施有机肥（OM）处理和氮磷钾化肥+有机肥（NPKM）始终更小，这与前面的土壤含水量、叶水势、根水势等的结果一致。

表 6.11　不同施肥制度下玉米 CWSI

施肥制度	日期						
	9 月 6 日	9 月 7 日	9 月 8 日	9 月 9 日	9 月 10 日	9 月 11 日	9 月 12 日
CK	0.18	0.19	0.23	0.25	0.27	0.29	0.32
NPK	0.17	0.19	0.22	0.24	0.25	0.28	0.31
OM	0.16	0.18	0.21	0.22	0.24	0.26	0.29
NPKM	0.15	0.17	0.20	0.21	0.23	0.24	0.28

图 6.23 进一步显示了玉米小喇叭口期与大喇叭口期 CWSI 日变化。结果表明，即使在同一天，玉米作物的 CWSI 变化幅度也非常大，在正午 13:00 达到最大值，各个施肥措施下的日变化规律一致。小喇叭口期，不施肥（CK）对照 CWSI 最大，与其他施肥处理间 CWSI 值差异显著，较其他 3 种施肥处理的 CWSI 最大值增加明显；单施有机肥（OM）与单施氮磷钾化肥（NPK）间差异显著，而氮磷钾化肥+有机肥（NPKM）与单施氮磷钾化肥（NPK）差异不显著。大喇叭口期，不施肥（CK）对照与单施氮磷钾化肥（NPK）处理的 CWSI 值差异不显著，单施有机肥（OM）与氮磷钾化肥+有机肥（NPKM）处理间差异不显著，而单施氮磷钾化肥（NPK）、不施肥（CK）与氮磷钾化肥+有机肥（NPKM）、单施有机肥（OM）间 CWSI 差异显著，正午时期不施肥（CK）处理 CWSI 值到了 0.84，较其他 3 种施肥处理的 CWSI 最大值显著增加。

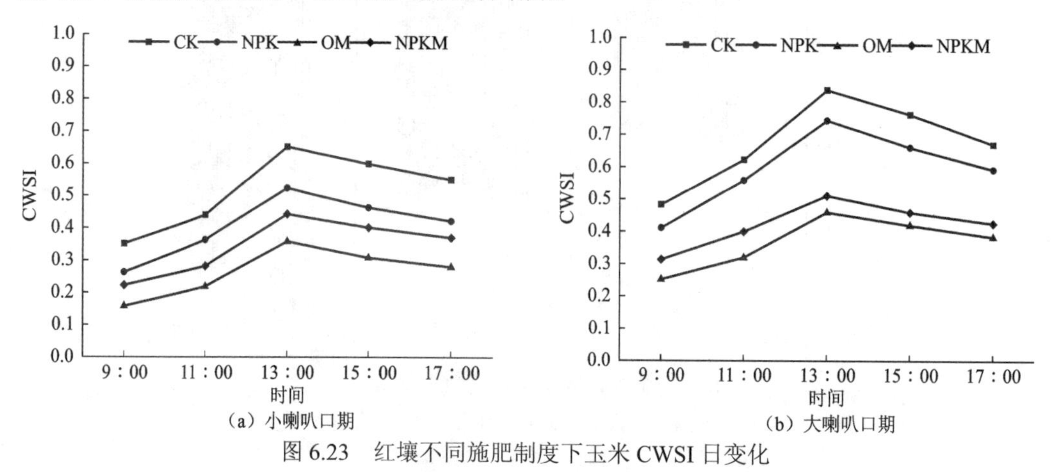

图 6.23　红壤不同施肥制度下玉米 CWSI 日变化

CWSI 之间的差异则反映了作物水分亏缺的程度，CWSI 值越大其水分胁迫越严重。因此，在连续无雨且晴朗的天气下，中午 13:00 时的 CWSI 值最能反映玉米作物的水分亏缺程度，此时土壤水分供需最为矛盾，观测其 CWSI 值最较为稳定可靠。试验结果再次表明单施有机肥对土壤作物水分关系改善效果最好，有利于抗旱。

（二）对作物生长的影响

1. 地上部茎叶

不同施肥制度下，玉米植株地上部长势差异显著（图 6.24）。与不施肥（CK）相比，其他 3 种施肥处理显著提高玉米不同生长时期的株高、茎粗和叶面积。分析发现，2014 年和 2015 年两年单施氮磷钾化肥（NPK）、单施有机肥（OM）和氮磷钾化肥+有机肥（NPKM）处理平均分别提高玉米成熟期株高 13.7%、24.8%和 23.0%，提高茎粗 20.6%、37.7%和 33.7%，提高叶面积 37.6%、45.1%和 46.9%。可见，施肥对玉米地上部生长均有显著促进作用，其中对叶面积影响最大，提高幅度最大。

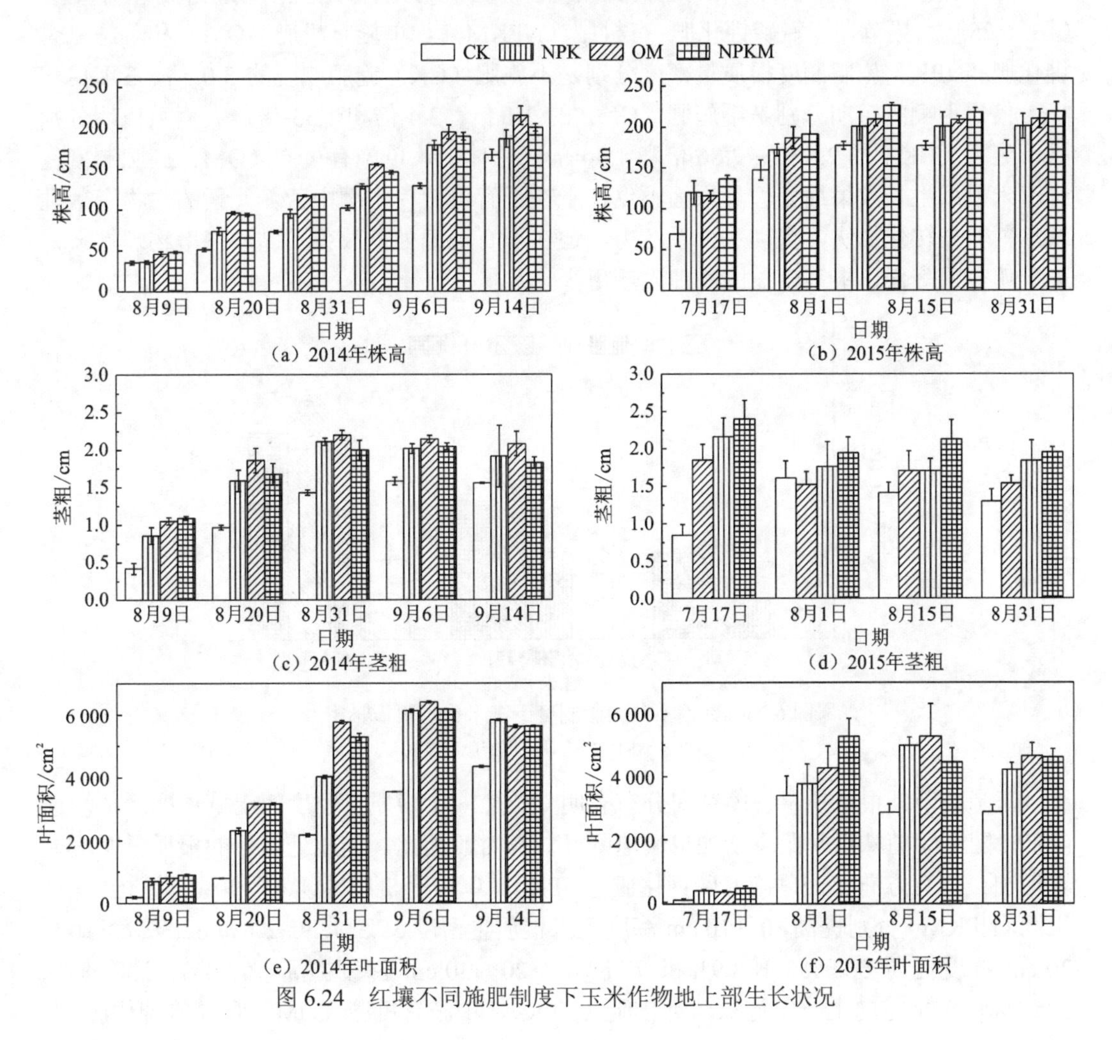

图 6.24 红壤不同施肥制度下玉米作物地上部生长状况

施肥制度也改变了玉米穗的性状（表 6.12）。与对照相比，施肥处理的单穗的鲜重、干重、穗长、籽粒数等均显著提高，提高的幅度大小与地上部株高、茎粗和叶面积提高幅度大小一致，仍然是单施有机肥（OM）处理最高，而单施氮磷钾化肥（NPK）处理和氮磷钾化肥+有机肥（NPKM）处理之间差异不显著。

表 6.12　不同施肥制度下玉米单穗的性状

施肥制度	鲜重/g	干重/g	穗长/cm	穗粗/cm	籽粒数/个
CK	61.91 c	20.00 c	11.30 c	3.60 c	168 c
NPK	211.24 b	91.67 b	15.90 b	4.15 b	341 b
OM	241.94 a	114.82 a	19.75 a	4.96 a	408 a
NPKM	236.70 ab	103.75 ab	16.50 ab	4.55 ab	258 bc

注：同列不同小写母表示施肥制度间差异显著

2. 地下部根系

施肥制度显著影响玉米根系生长，各处理在不同生育期的根质量密度差异显著（图 6.25）。拔节期，氮磷钾化肥+有机肥（NPKM）、单施有机肥（OM）和单施氮磷钾化肥（NPK）施肥制度根质量密度分别是不施肥（CK）施肥制度的 3.0 倍、3.4 倍和 1.61 倍，小喇叭口期分别是不施肥（CK）的 2.1 倍、2.4 倍和 1.33 倍，大喇叭口期分别是不施肥（CK）的 2.6 倍、2.86 倍和 1.34 倍。总体上，单施有机肥（OM）施肥制度促进玉米根系生长效果最好。其原因不仅在于在于有机肥使土壤中营养元素的生物有效性增加，养分转化加快，提高了根系活力，还在于有机肥处理改善了黏质红壤物理性质，如土壤容重降低，根系生长的物理限制更少。

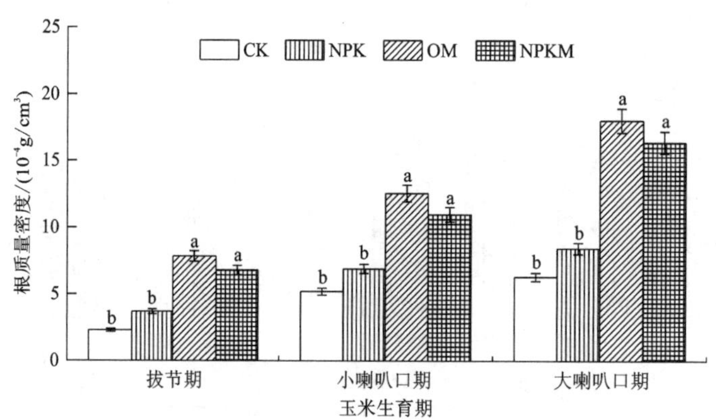

图 6.25　红壤不同施肥制度下玉米作物根质量密度

不同小写字母表示同一生育期不同施肥制度间差异显著

玉米拔节期根系质量密度空间分布表明（图 6.26），根质量密度随土壤深度增加快速降低，随着距植株水平距离增加也快速降低。与对照相比，施肥处理下的根质量密度显著增加。垂直方向上，单施氮磷钾化肥（NPK）、单施有机肥（OM）和氮磷钾化肥+有机肥（NPKM）分别提高>0～10 cm 深度玉米根质量密度 35.5%、95.2%和 82.3%，>10～20 cm 深度提高 66.7%、188.9%和 77.8%，>20～30 cm 深度提高 100.0%、300.0%和 325.0%。水平方向上，单施氮磷钾化肥（NPK）、单施有机肥（OM）和氮磷钾化肥+有机肥（NPKM）分别提高距植株水平距离>0～5 cm 玉米根质量密度 41.3%、131.7%和 92.1%，距植株水平距离>5～10 cm 位置分别提高 57.1%、104.8%和 95.2%。无论是水平方向还是垂直方向，依然是单施有机肥（OM）促进玉米根系生长效果最好。

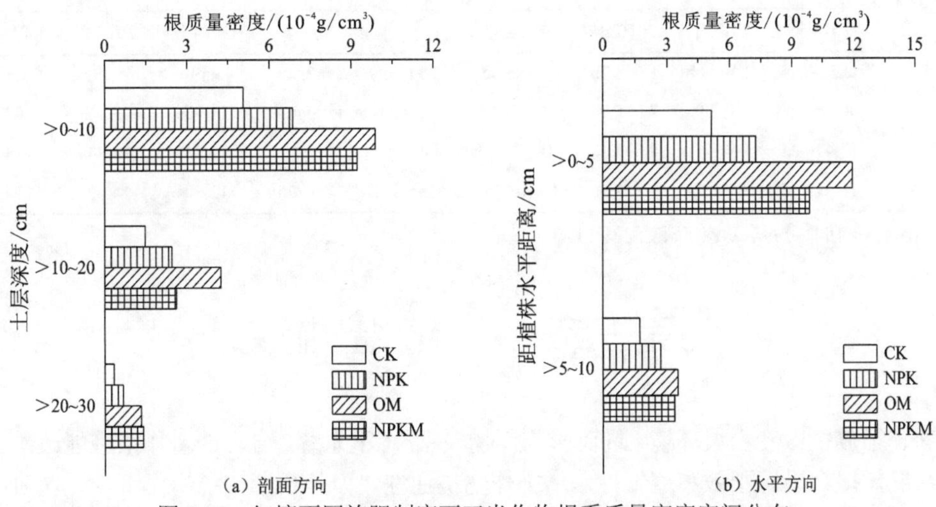

图 6.26 红壤不同施肥制度下玉米作物根系质量密度空间分布

结果进一步表明（表 6.13），单施有机肥（OM）和氮磷钾化肥+有机肥（NPKM）施肥制度下，显著促进了根系下扎（>20～30 cm 深度占比增加），但根系向水平扩张并不明显（远离植株>5～10 cm 距离的根系占比没有增加）。说明施肥主要是促进了根系向更深的土层生长，这有利于作物抗旱。

表 6.13 不同施肥制度下玉米拔节期根系空间分布

根系分布	土层/cm	施肥制度			
		CK	NPK	OM	NPKM
根质量密度/（10^{-4}g/cm^3）	>0～30	7.18	10.61	16.73	14.61
水平方向占比/%	>0～5	75.0	73.0	77.2	74.7
	>5～10	25.0	27.0	22.8	25.3
垂直方向占比/%	>0～10	73.8	68.9	64.0	69.8
	>10～20	21.4	24.6	27.5	19.8
	>20～30	4.8	6.6	8.5	10.5

（三）对作物产量的影响

不同年份的试验结果表明（表 6.14），与不施肥（CK）相比，施肥处理单施氮磷钾化肥（NPK）、单施有机肥（OM）和氮磷钾化肥+有机肥（NPKM）的三年平均籽粒产量分别增加 3.5 倍、4.1 倍和 4.1 倍，生物量增加 3.3 倍、4.1 倍和 4.3 倍。利用农田水量平衡对三年不同施肥措施下玉米 WUE 计算结果表明，单施氮磷钾化肥（NPK）、单施有机肥（OM）和氮磷钾化肥+有机肥（NPKM）施肥制度下平均玉米 WUE 分别为 12.6 kg/（mm/hm^2）、12.1 kg/（mm/hm^2）及 13.0 kg/（mm/hm^2），与 CK 相比，分别为提高玉米 WUE 3.1 倍、3.0

倍和 3.2 倍，略低于生物量和籽粒产量的增加幅度。

表 6.14　不同施肥制度下玉米产量与 WUE

施肥制度	籽粒产量/（kg/hm²）			生物量/（kg/hm²）			WUE/[kg/（mm/hm²]		
	2014 年	2015 年	2016 年	2014 年	2015 年	2016 年	2014 年	2015 年	2016 年
CK	2 285.7c	2 666.6b	1 608.7b	4 285.4c	2 949.6c	2 623.2c	3.19b	6.99b	1.88b
NPK	8 595.2b	5 392.9a	7 615.9a	13 858.7b	5 258.5b	12 894.3b	11.96a	15.16a	10.71a
OM	10 476.2a	5 588.1a	8 893.1a	18 322.7a	4 499.6b	17 234.8a	12.88a	12.34a	11.07a
NPKM	10 714.3a	5 360.7a	8 818.5a	16 704.3ab	6 858.0a	17 477.8a	12.60a	14.69a	11.63a

注：同列不同小写字母表示施肥制度间差异显著

第三节　耕 作 措 施

耕作措施能改变土壤环境，进而影响作物根系-土壤系统。合理的耕作措施能改善土壤水热状况，提高土壤肥效和透气性，增强作物抗逆性。但是长期传统耕作下，土壤耕层变浅，犁底层上移，土壤结构退化。相对于常规耕作，免耕提高了土壤含水量（彭文英，2007），其原因之一是免耕改善了土壤较小孔隙及其连续性。免耕土壤的饱和导水率 K_s 和有效含水量显著高于常规耕作，分别约是常规耕作的 8.2 倍和 1.2 倍（So et al.，2009）。长期免耕覆盖不仅提高了土壤的持水能力，同时提高了土壤的入渗性能（Govaerts et al.，2007）和坡耕地的土壤储蓄降水的能力，降水利用效率达到 52.53%，对减少坡耕地的地表径流有较明显的作用（吕军杰 等，2003）。总体上，免耕提高了土壤储水，降低了蒸发，提高了 WUE（李玲玲 等，2005；张海林 等，2002），具有较好的保水抗旱效果，但短期内没有表现出增产趋势（刘连华 等，2015）。在包括红壤在内的很多土壤上免耕导致减产（Chen et al.，2021；Lin et al.，2016），这与免耕导致土壤紧实、短期内恶化了作物根系生长环境有关。

与免耕不同，深松或者深耕打破犁底层，使犁底层土壤的容重比免耕和常规耕作明显降低，深松显著降低土壤容重，疏松犁底层（Munkholm et al.，2001），改善土壤的通气透水性，扩大熟土层和犁底层在肥、水、热等方面的交换面积，利于根系伸展。深松还促进好气性微生物的活动，提高土壤速效养分的供应量，促进作物根系发育。另外，深松减少常规耕作对土壤团粒结构的破坏，使土壤虚、实之间的孔隙度增大，土壤中的水、热出现横向移动，导热性增强，从而起到调控低温的作用（秦红灵 等，2008）。在壤土土层中，深耕不仅显著降低土壤的穿透阻力与土壤容重，还能显著提高土壤含水量与根长密度；而在黏土土层中，深耕只是显著增加根长密度（Ji et al.，2013）。生产中常发现深松处理后的作物长势粗壮、叶片大、叶色深，表现出明显优势（付国占 等，2005），作物产量提高明显（栗维 等，2014；阎晓光 等，2014；肖继兵 等，2011）。

耕作措施对土壤-作物系统的影响并不是固定不变的，耕作的作用随土壤性质和状态、气候条件而变化，也随耕作措施持续的时间变化，至今并没有一致的结论。在黏质红壤上，不同耕作措施的研究文献较少，耕作措施对季节性干旱的影响鲜有报道。在我国南方红壤旱地采取深耕（D）、常规耕作（C）、免耕（N）和压实（P）四种耕作措施，研究了不同耕作措施下红壤水力学性质、作物根系分布及作物产量，重点考察耕作措施对红壤季节性干旱的影响。

一、对红壤物理性质的影响

在黏质红壤田间，研究了短期四种不同耕作措施对土壤物理性质的影响。四种耕作措施中，深耕（D）是用宽犁全面翻耕 30 cm 土层，然后耙平；常规耕作（C）是用宽犁全面翻耕 15 cm 土层，然后耙平；免耕（N）是不进行机械耕作，作物播种和施肥用锄头耙出 5 cm 深的条状小沟，然后播种和施肥在条状小沟中；压实（P）处理模拟机械耕作时对土壤的压实作用，先将待压实小区挖出表层>0～10 cm 厚的土，然后再翻挖>10～30 cm 土层土壤，并将土块打碎，整平后均匀浇水，土层表面稍干后用混凝土平板振荡器压实，如此反复多次，待压好该土层后，再将挖出的>0～10 cm 表层土壤铲进压实好的小区，铺平、浇水、压实，每年在玉米播种前压实 1 次。在不同耕作处理的小区种植玉米，监测土壤物理性质变化。

（一）土壤容重

耕作显著改变了黏质红壤的容重。与常规耕作（C）相比，深耕（D）、免耕（N）、压实（P）分别增加>0～40 cm 土层平均土壤容重 1.4%、5.7%、8.5%，但在不同土层增加幅度有差异（图 6.27）。与常规耕作（C）相比，深耕（D）降低了>10～20 cm 土层容重，但增加了其他深度土壤的容重。而免耕（N）则显著增加了各个土层的容重。压实（P）更是大幅度增加了红壤容重，但是最大容重也没有超过 1.45 g/cm^3，这与黏质红壤黏粒含量较高、微团聚体结构较多有关，土壤总孔隙度较高但是大孔隙小而无效孔隙较多。免耕（N）和压实（P）降低了土壤的总孔隙度，而减少的正是大孔隙部分。结果还说明，对于黏质红壤，容重超过 1.35 g/cm^3 可能就对作物生长产生不利的影响。

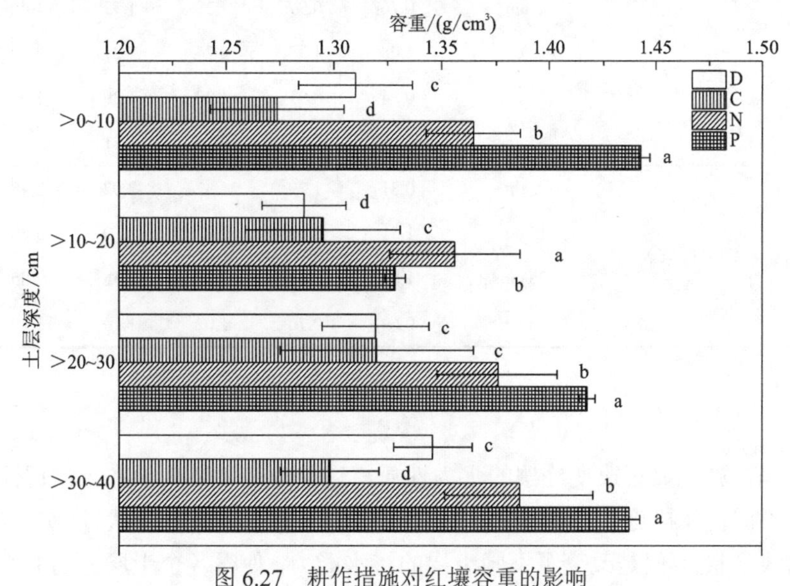

图 6.27　耕作措施对红壤容重的影响

不同小写字母表示同一土层深度下耕作措施间差异显著

（二）土壤穿透阻力

在田间连续干旱过程中，测量了不同干旱程度下红壤的穿透阻力。结果表明（表 6.15），耕作措施显著改变了红壤穿透阻力大小，在 5 cm 和 15 cm 土层深度及各个干旱程度下，穿透阻力表现出一致的趋势，即 D<C<N<P。随着干旱程度增加（连续干旱天数延长），耕作措施间的土壤穿透阻力差异进一步增加。以 15 cm 土层为例，深耕（D）处理在连续干旱 20 d 时土壤穿透阻力超过 2 MPa，常规耕作（C）在连续干旱 16 d，免耕（N）在连续干旱 12 d，而压实（P）处理在连续干旱 8 d 时土壤穿透阻力就超过 2 MPa。与常规耕作（C）相比，深耕（D）虽然并没有在>0～10 cm 土层都降低了土壤容重（图 6.27），但是却降低了土壤穿透阻力，这可能与深耕（D）增加了土壤含水量有关。

表 6.15　耕作措施对不同干旱程度下红壤穿透阻力的影响　　（单位：MPa）

处理代码	耕作措施	土层深度	连续干旱天数/d					
			4	8	12	16	20	24
D	深耕（D）	5 cm	0.44	0.59	0.64	0.66	0.87	0.96
		15 cm	0.61	0.82	1.19	1.92	2.27	2.48
		25 cm	0.58	0.79	0.94	1.51	1.63	2.35
		35 cm	0.63	0.64	0.75	1.04	1.43	1.54
C	常规耕作（C）	5 cm	0.49	0.62	0.76	0.96	0.97	1.18
		15 cm	0.89	1.25	1.30	2.13	2.61	2.85
		25 cm	0.73	0.82	0.89	1.13	1.79	2.69
		35 cm	0.46	0.55	0.61	0.76	0.82	1.33
N	免耕（N）	5 cm	0.76	0.99	1.28	1.32	1.46	2.28
		15 cm	1.08	1.37	2.21	2.21	2.80	3.90
		25 cm	0.84	0.91	1.20	1.29	1.91	2.41
		35 cm	0.66	0.70	0.75	0.81	1.02	1.16
P	压实（P）	5 cm	0.81	1.29	1.37	2.07	2.48	3.22
		15 cm	1.51	2.62	2.92	3.50	3.80	4.20
		25 cm	1.65	1.98	2.28	2.58	2.85	2.93
		35 cm	0.69	0.76	1.02	1.10	1.19	1.73

（三）SWCC

短期耕作措施能显著改变红壤的水力性质，这种改变主要表现在土壤层次的分异上（图 6.28）。不同耕作措施并没有显著改变黏质红壤的持水曲线的形状[压实（P）处理轻微改变了曲线形状]，但是改变了不同土层的持水能力，使得各个土层之间的水力性质出现差异，特别表现在高含水量情况下差异更大，这表明耕作主要是改变了黏质红壤的大孔隙。总体上看，红壤的犁底层（>20～30 cm 土层）曲线在最下方，表明该土层持水能力最差；而深层（>30～40 cm 土层）曲线在最上方[压实（P）处理下个别点例外]，该层土壤持水能力最强。

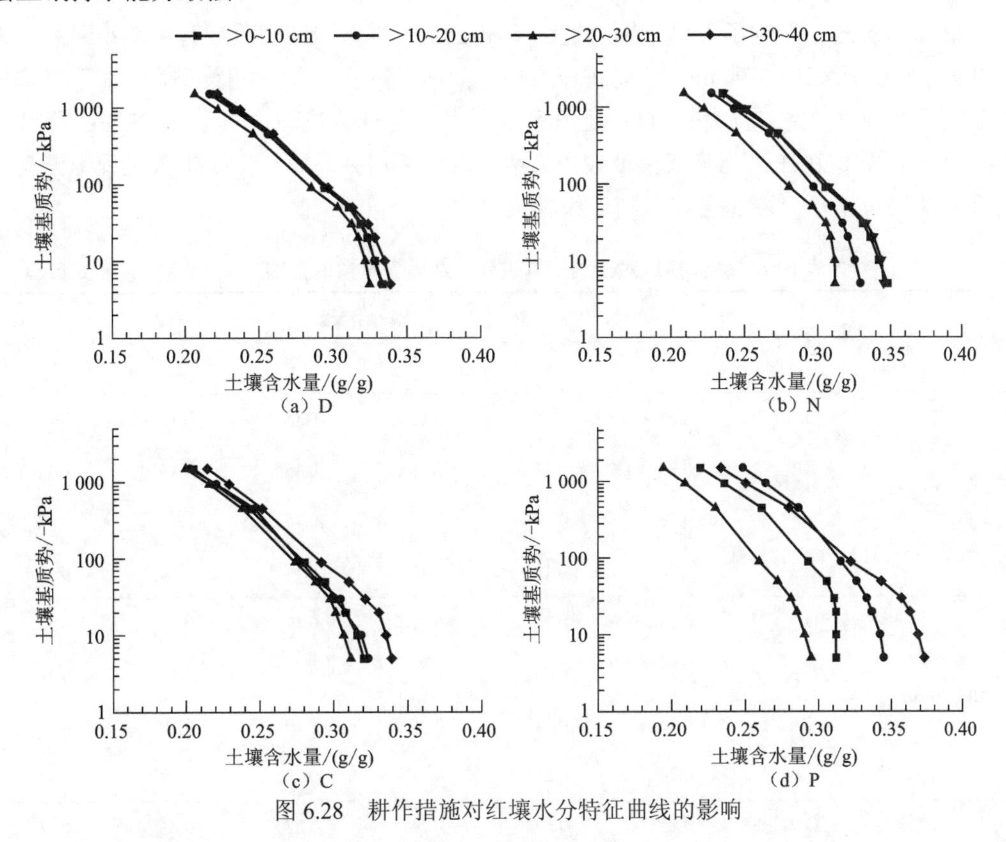

图 6.28　耕作措施对红壤水分特征曲线的影响

与常规耕作（C）相比，深耕（D）使得各个土层的差异减少，各个土层的 SWCC 接近重合；免耕（N）处理下各个土层差异有所增加；而压实（P）则极大增加了各个土层的差异，主要是使曲线向下方移动，尤其极大降低了>0～30 cm 土层的持水能力。耕作导致的土壤层次水力性质的差异，会影响土壤水分入渗、储存和运输，从而影响土壤水分干旱进程。

二、对红壤水分干旱的影响

（一）土壤含水量

1. 土壤含水量动态

在遮雨小区的连续干旱过程中，作物生长条件下红壤各个土层含水量逐渐下降，表现为几个特征：第一，表层下降速度快；第二，干旱前期下降速度快；第三，即使经过较长时间的干旱，耕层之下土壤含水量依然较高。不同耕作措施对红壤干旱过程中的含水量下降速度有一定影响（表 6.16）。在干旱初期，四种耕作措施下土壤含水量存在差异，到干旱末期这种差异依然存在，但不同土层之间的差异大小出现了变化。具体表现之一是，>0～10 cm 表层耕作措施之间在干旱初期（连续干旱 4 d）土壤含水量差异较大（最大差值 0.03 g/g），而到了干旱末期（连续干旱 24 d）耕作措施间差异有所缩小（最大差值 0.02 g/g）；而>30～40 cm 土层，耕作措施之间的差异在干旱初期较小，但在干旱末期差异有所增加，主要是深耕（D）处理土壤含水量降低幅度较大（从 0.27 g/g 降低到 0.21 g/g）而其他耕作措施降低幅度较小。结果表明深耕处理下，玉米生长过程中消耗了更多的深层土壤水分，这也许有利于作物抗旱。

表 6.16　耕作措施对连续干旱过程中红壤含水量的影响　　（单位：g/g）

土层深度	耕作措施	连续干旱天数/d					
		4	8	12	16	20	24
>0～10 cm	D	0.22	0.16	0.15	0.15	0.15	0.13
	C	0.23	0.17	0.16	0.15	0.14	0.11
	N	0.23	0.20	0.18	0.15	0.13	0.12
	P	0.20	0.16	0.15	0.14	0.14	0.13
>10～20 cm	D	0.23	0.23	0.21	0.19	0.19	0.18
	C	0.24	0.24	0.21	0.20	0.19	0.16
	N	0.26	0.24	0.19	0.19	0.18	0.14
	P	0.24	0.21	0.21	0.19	0.19	0.15
>20～30 cm	D	0.25	0.25	0.24	0.22	0.21	0.18
	C	0.26	0.25	0.24	0.22	0.22	0.20
	N	0.27	0.26	0.24	0.23	0.21	0.18
	P	0.27	0.26	0.25	0.23	0.22	0.19
>30～40 cm	D	0.27	0.27	0.26	0.25	0.23	0.21
	C	0.28	0.28	0.27	0.26	0.26	0.25
	N	0.29	0.28	0.26	0.26	0.25	0.24
	P	0.29	0.27	0.26	0.25	0.25	0.25

在无遮雨自然条件下，耕作措施对种植玉米的红壤含水量动态的影响则复杂得多，并不表现出完全一致的规律，而是各个耕作措施间在不同时期互有高低（图 6.29）。但总体上，在>0～10 cm 表层，深耕（D）处理土壤含水量较高而免耕和压实处理较低；在>10～20 cm 土层，则是压实（P）处理土壤含水量较低而深耕较高。在土壤含水量测定期间有一次中等雨量的降水，降水之后各个耕作措施的土壤含水量都得到了大幅度提升，而且耕作措施之间的差异有所缩小。

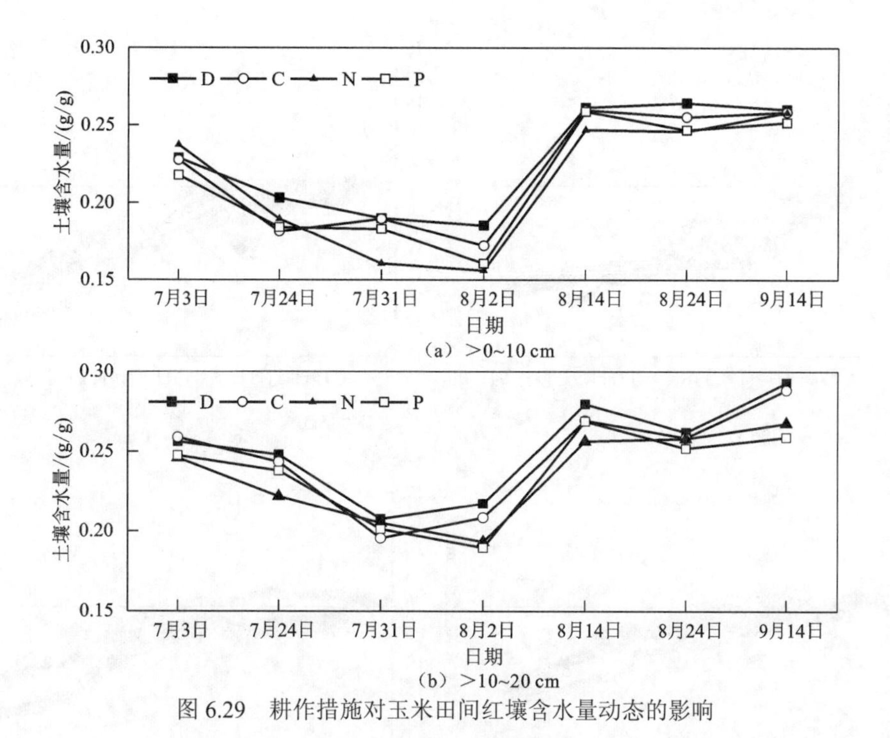

图 6.29　耕作措施对玉米田间红壤含水量动态的影响

在另一个年份中，连续观测了不同耕作措施下土壤各个层次储水量的动态变化（图 6.30）。在玉米生育期内，>0～40 cm 土层储水量减少量为深耕（D）78.53 mm、常规耕作（C）80.35 mm、免耕（N）68.09 mm、压实（P）68.46 mm，这些储水的减少，可能因为玉米根系吸收也可能因为土壤蒸发，但在地表覆盖良好的情况下土层储水的减少主要因为作物蒸腾，因此深耕（D）和常规耕作（C）下玉米利用了更多的土壤水分，利于其抗旱和产量形成。

在观测初期（玉米播种期—苗期，即 7 月 1 日～7 月 6 日）有连续降水，降水量达到 374.6 mm，各个耕作措施下土层储水都显著增加，但是不同耕作措施间增加的幅度差异较大，在>0～10 cm、>10～20 cm 及>30～40 cm 土层，都是深耕（D）处理的储水量增量最大，其次是常规耕作（C），而免耕（N）和压实（P）增加较少。在观测中期（玉米拔节期，即 8 月 2～8 月 8 日）发生了 91.1 mm 的降水，>0～10 cm 和>10～20 cm 土层储水得到了一定恢复，但 20 cm 以下土层恢复不明显，常规耕作（C）恢复幅度最大。总体上看，深耕（D）和常规耕作（C）在每层土壤中的土壤储水量的变化范围比免耕（N）和压实（P）处理更大，土壤含水量变化更活跃。

2. 土壤含水量剖面

耕作措施影响红壤含水量在剖面的分布。从图 6.31 看到，丰水期，各个耕作措施间土壤剖面含水量差异较小，不同土层含水量互有高低；但在干旱期，不同耕作措施间土壤剖面含水量差异显著，其中深耕（D）和常规耕作（C）含水量明显高于免耕（N）和压实（P），各个土层差异都较大。黏质红壤深耕（D）和常规耕作（C）利于保持土壤水分，其原因可以归结于两个方面：一方面，耕作降低土层的性质差异，利于土壤水分从

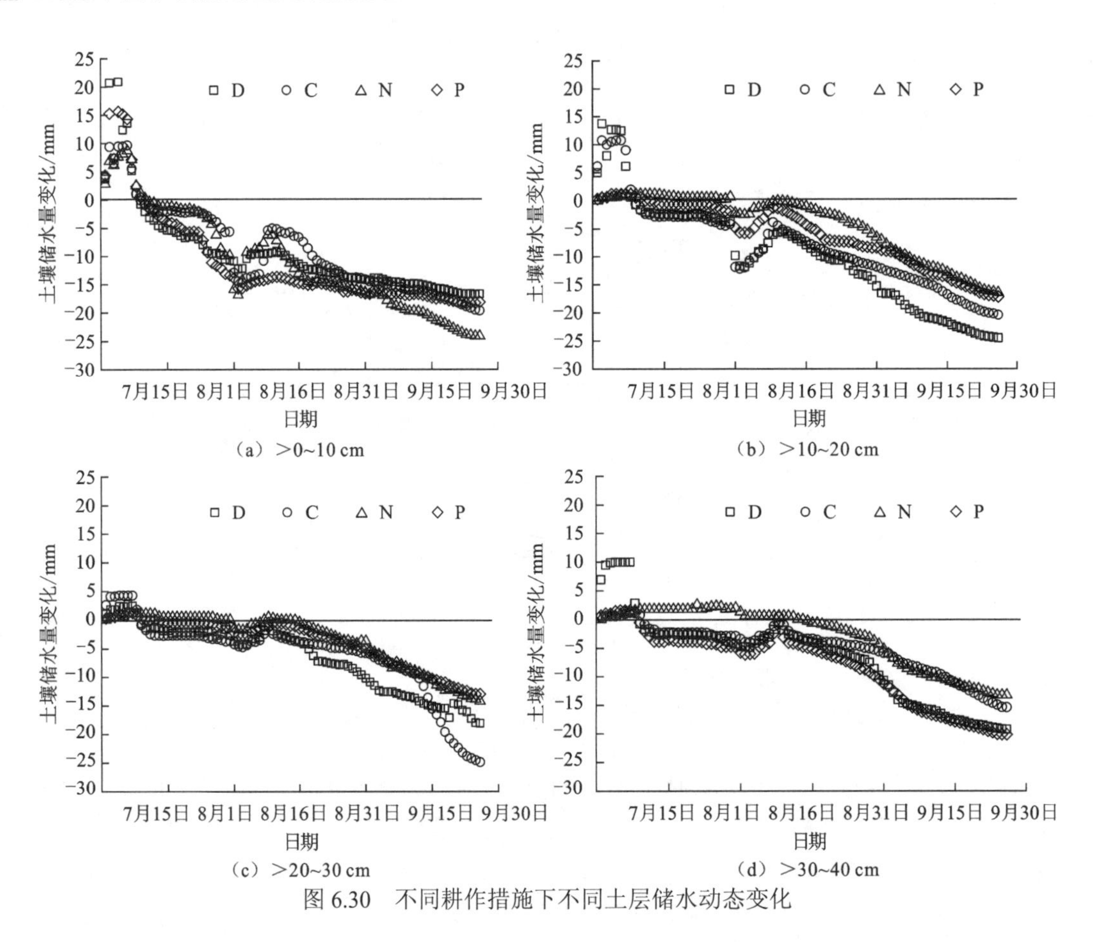

图 6.30　不同耕作措施下不同土层储水动态变化

下向上运输，深层土壤水分补充上层土壤水分；另一方面，耕作利于降水入渗，更多的降水能够储存在土壤中，提高了土壤含水量。这个结果与其他地区的结果并不一致，如一些研究表明免耕（N）利于入渗而增加了土壤含水量和储水能力（Govaerts et al.，2007；李玲玲 等，2005；吕军杰 等，2003；张海林 等，2002）。这是因为干旱地区降水入渗是限制土壤含水量的重要原因，而红壤区雨季长，降水量大，无论土壤入渗能力大小，雨季均有充足的降水入渗，在雨季后期土壤含水量甚至可以接近田间持水量，决定红壤含水量大小的是土壤自身的持水能力（持水容量）而不是入渗能力，在旱季决定土壤含水量大小的是表土蒸发和深层水分向上运移的能力，而这受耕作和覆盖等农田管理措施影响。

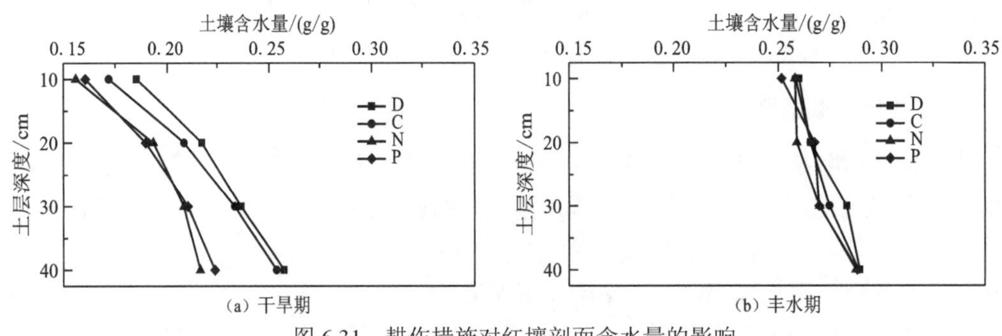

图 6.31　耕作措施对红壤剖面含水量的影响

（二）土壤耗水量

1. 土壤总耗水量

监测不同土壤层次含水量和基质势动态变化，结合不同层次土壤水力性质，假定土壤水分为稳态流，根据达西（Darcy）定律估算土壤剖面水分通量（从深层向上运输到地表），作为土壤蒸散量的估算值，然后结合玉米生育期土壤含水量变化和降水量，利用水量平衡方程计算了土壤耗水量，把每天的耗水量累加得到玉米生育期的土壤耗水量。结果表明，耕作处理及干旱程度对玉米生育期的土壤耗水量有显著影响（图 6.32）。干旱降低了土壤耗水量，从充分灌水到轻度干旱到中度干旱，随着干旱程度增加土壤耗水量降低。

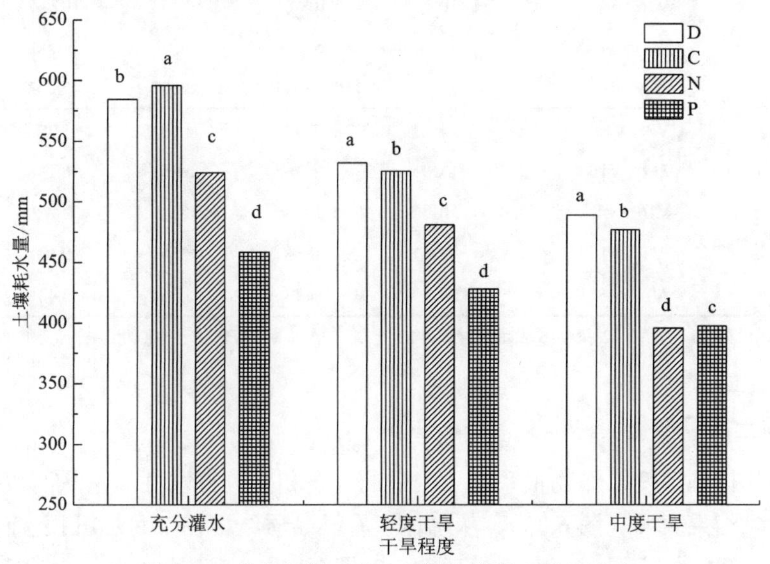

图 6.32　耕作措施玉米生育期土壤耗水量的影响

不同小写字母表示相同干旱程度下耕作措施间差异显著

在相同的干旱程度下，深耕（D）和常规耕作（C）与免耕（N）和压实（P）相比显著增加了土壤耗水量。充分灌水和轻度干旱时，土壤耗水量表现为深耕（D）和常规耕作（C）大于免耕（N），而压实（P）最少；中度干旱时，深耕（D）和常规耕作（C）大于免耕（N）和压实（P）。土壤耗水量的增加，一方面是因为土壤储水量降低，另一方面是因为玉米植物蒸散增加。

2. 不同生育阶段玉米作物蒸散量

轻度干旱下，耕作措施对玉米几个主要生育期的蒸散量和蒸散速率的影响如表 6.17 所示。可以看到，玉米作物生育期的蒸散速率呈现单峰变化趋势，在生殖生长开始的时期（即 16 叶期 V16～抽穗期 VT）蒸散强度最大，此时为需水高峰期。四种耕作措施中，深耕（D）玉米蒸散最大，其次是常规耕作（C），再次是压实（P），最小是免耕（N）。其中，深耕（D）在整个生育期内的蒸散量比免耕（N）和压实（P）分别多 12.60 mm 和 10.07 mm。耕作措施之间蒸散强度和蒸散量差异最大发生在抽穗期 VT～吐丝期 R1

时期，这个时期虽然持续时间较短，但是仍然造成了处理间蒸散量最大的差异，深耕（D）的蒸散量比免耕（N）和压实（P）分别多出 4.14 mm 和 4.53 mm。结果表明黏质红壤耕作有利于玉米作物增加对土壤水分吸收利用，这可能与耕作促进了根系生长有关。深耕（D）使得玉米根系能够吸收更大范围的土壤水分，特别是深层土壤水分，从而提高作物产量和增强抗旱能力。

表 6.17 耕作措施对轻度干旱过程中玉米主要生育阶段蒸散量和蒸散速率的影响

蒸散指标	生育阶段	持续天数/d	深耕（D）	常规耕作（C）	免耕（N）	压实（P）
蒸散量/mm	V8～V12	14	76.16	65.76	75.17	77.80
	V12～V16	13	80.40	81.40	80.18	79.39
	V16～VT	10	109.81	109.23	107.47	107.25
	VT～R1	6	59.14	53.14	55.00	54.61
	VE～R6	88	490.63	489.37	478.03	480.56
蒸散速率/（mm/d）	V8～V12	14	5.44	4.69	5.37	5.57
	V12～V16	13	6.18	6.26	6.17	6.11
	V16～VT	10	10.98	10.92	10.75	10.72
	VT～R1	6	9.86	8.85	9.17	9.10
	VE～R6	88	5.57	5.56	5.43	5.46

注：VE 表示出苗期；V8、V12 和 V16 表示 8 叶期，12 叶期和 16 叶期；VT 表示抽穗期；R1 表示吐丝期；R6 表示成熟期

3. 不同土层蒸散量

由于耕作措施改变了作物根系在土壤中的分布和土壤持水性质，从而改变了不同土层的耗水量。结果表明（图 6.33），从总体上看，黏质红壤在 7 月 20 日之前土壤耗水主要发生在>0～20 cm 土层，而在干旱后期（8 月 21 日之后）>30～40 cm 深度的土壤耗水量急剧增加（因为>0～20 cm 土层含水量此时已经降低），而犁底层（>20～30 cm）土壤耗水量始终较少。可见在干旱情况下，玉米作物可以利用 30 cm 以下的土壤水分。在表土层（>0～10 cm），免耕（N）和压实（P）消耗的水分大于深耕（D）和常规耕作（C）；

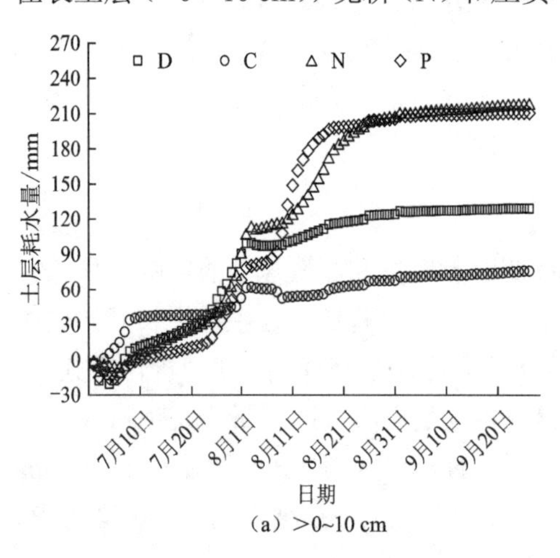

（a）>0~10 cm

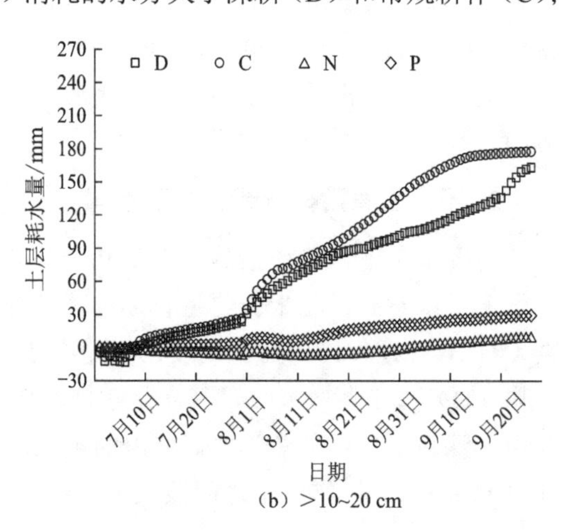

（b）>10~20 cm

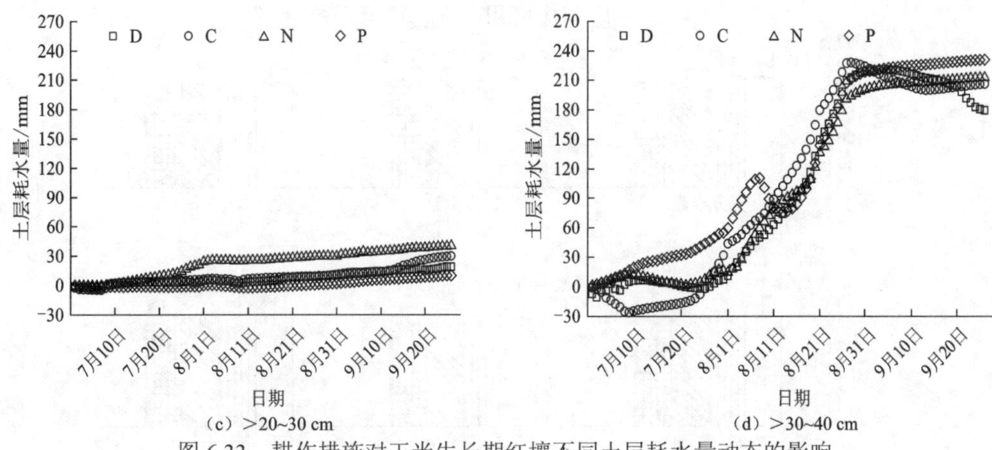

图 6.33　耕作措施对玉米生长期红壤不同土层耗水量动态的影响

而在表下层（>10～20 cm），深耕（D）和常规耕作（C）比免耕（N）和压实（P）消耗更多土壤水分；在犁底层（>20～30 cm）耗水很少，其中免耕（N）比其他耕作措施耗水更多；犁底层之下（>30～40 cm）各个耕作措施间耗水差异较小，而且相互大小规律不明显。上述耕作措施之间的水分消耗差异与土壤水分运移和耕作引起土壤的物理性质有关，还与耕作影响了根系分布有关。

三、对玉米作物生长的影响

（一）地上部形态

耕作措施显著影响玉米地上部生长。抽穗期测量结果表明（图 6.34），在充分灌溉条件下，不同耕作措施间株高差异显著，而茎粗和叶面积差异不显著；在轻度干旱条件下，株高、茎粗和叶面积在不同耕作措施间差异显著（茎粗和叶面积在常规耕作和免耕处理间差异不显著）；在中度干旱条件下，株高在不同耕作措施间差异不显著，而茎粗和叶面积差异显著。总体上，干旱抑制了玉米地上部生长，干旱条件下与其他耕作措施相比，深耕（D）增加了植株茎粗。耕作和干旱对玉米地上部的影响存在交互作用。

（二）根系干重与根径

1. 根系干重

根系与土壤直接接触，能直接感受到土壤物理状态的变化从而做出形态和生理上的响应，从而影响根系生长。玉米拔节期根系干重显著受到干旱程度与耕作措施的影响（表 6.18）。随着干旱增加，玉米根系干重快速降低，中度干旱时根系干重只有充分灌溉处理的一半左右；相同干旱程度下，耕作措施显著影响根系干重，呈现深耕（D）最大，常规耕作（C）次之[中度干旱时小于免耕（N）]，免耕（N）再次，压实（P）最小的规律。在充分灌水和轻度干旱时，压实（P）处理的根系干重不到深耕（D）处理的一半，中度干旱时超过了一半但是根系干重的绝对量很低。结果表明，耕作措施可以调控玉米根系长度和根系干重，从而可以调控玉米对干旱的适应能力。

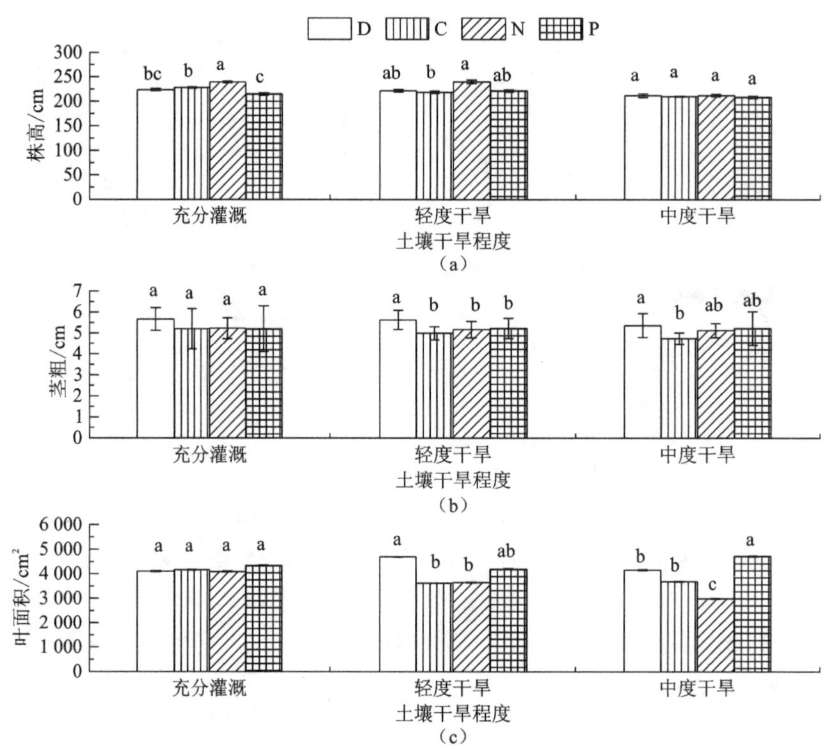

图 6.34　耕作措施对不同干旱程度下玉米抽穗期地上部的影响

不同小写字母表示相同干旱程度下耕作措施间差异显著

表 6.18　耕作措施对玉米拔节期根系干重的影响　　（单位：g/株）

干旱程度	耕作措施			
	D	C	N	P
充分灌溉	61.6	55.3	42.4	23.8
轻度干旱	54.5	40.0	34.1	20.9
中度干旱	27.2	20.6	23.3	18.7

2. 根径

耕作措施显著影响玉米根系平均直径（平均根径）。干旱下的监测结果表明，免耕（N）和压实（P）增加玉米抽穗期平均根径（图 6.35）。不干旱（充分灌溉）条件下，深耕（D）、常规耕作（C）和免耕（N）的玉米平均根径接近（0.47 mm 左右），而压实（P）处理显著增加了根径（平均根径为 0.56 mm）；轻度干旱下，与不干旱对比，4 种耕作措施的玉米根径均增加，但依然是压实（P）处理（平均根径为 0.63 mm）显著高于其他 3 种耕作措施；中度干旱下，4 种耕作措施的玉米根径出现更加明显的分异，其中压实（P）处理的玉米根径没有继续增加，而免耕（N）处理的根径显著增加到与压实（P）处理相同（平均根径为 0.63 mm），常规耕作（C）处理的根径也明显增加，最终压实（P）处理的根径是深耕（D）、常规耕作（C）和免耕（N）的 1.23、1.16 和 0.99 倍。

干旱和耕作改变了玉米根径，从而改变了玉米细根（<0.2 mm）、中等根（0.2～1 mm）

和粗根（>1 mm）的根长在总根长中的占比（即根径级配）（表 6.19）。随着干旱增加，粗根根长的占比增加，耕作处理间的差异更加明显。与充分灌溉相比，干旱条件下，免耕（N）和压实（P）显著降低了细根的占比，而深耕（D）和常规耕作（C）仍然维持了较高的细根占比。根表面积有相似的结果，不再赘述。发生这种变化的原因，与耕作改变了黏质红壤结构和土壤穿透阻力有关。作物根系为了适应不同的土壤物理环境，在形态上做了一些适应性变化，这种变化可能使其有利于应对土壤干旱和紧实的环境，但同时也消耗了同化产物而导致生长受限。

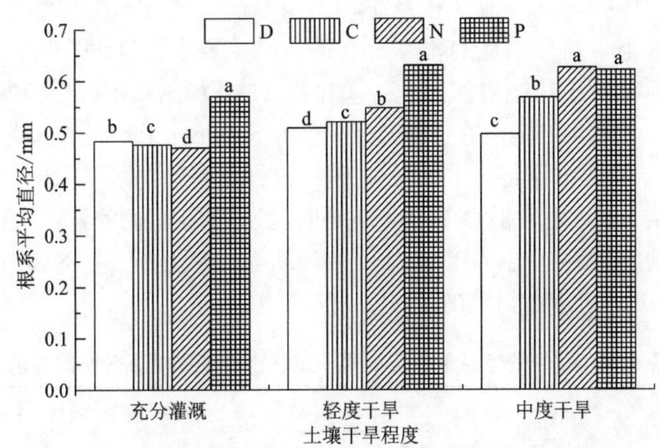

图 6.35　耕作措施对不同干旱程度下玉米抽穗期根系平均直径的影响

小写字母表示相同干旱程度下耕作措施间差异显著

表 6.19　耕作措施对玉米拔节期根径级配的影响　（单位：%）

指标	耕作	充分灌溉			轻度干旱			中度干旱		
		细根	中等根	粗根	细根	中等根	粗根	细根	中等根	粗根
根长	D	96.88	2.52	0.60	94.25	4.44	1.31	96.75	2.78	0.48
	C	95.63	3.19	1.18	95.53	3.11	1.35	95.20	3.63	1.17
	N	96.48	2.89	0.63	94.02	4.21	1.77	90.74	7.43	1.84
	P	94.72	3.67	1.61	91.00	5.99	3.00	92.14	6.24	1.62
根表面积	D	85.80	9.41	4.79	77.03	14.21	8.76	87.74	9.24	3.02
	C	80.00	10.80	9.19	80.24	10.05	9.72	81.02	10.81	8.17
	N	85.59	10.49	3.92	75.46	12.55	11.99	69.13	20.07	10.80
	P	77.09	10.77	12.15	65.13	14.91	19.97	74.56	17.35	8.10

注：表中数据为 3 个根径级别的根系长度和根表面积占总根长和总根表面积的比例。玉米根径级别分别为细根（<0.2 mm）、中等根（0.2～1 mm）和粗根（>1 mm）

（三）根系空间分布

1. 垂直方向分布

耕作除了改变根系干重和根长等形态外，还改变根系在土壤中的分布从而改变根系构型。玉米根系长度和干重在抽穗期达到最大值，取样测量了根系在土层中的分布密度，从而反映耕作措施对根系构型的影响。从表6.20可以看到，大部分根系分布在>0～20 cm土层，不同耕作措施下的占比达到75%左右，20 cm以下土层根系分布急剧降低。在充分灌水的8叶期，各个耕作措施间的根系干重差异明显，最大的是深耕（D），其次是常规耕作（C）和免耕（N），而压实（P）最小；而根系干重在土层中的分布比例也有差异，其中有两点特别引人注意，一是常规耕作（C）在20 cm以下土层根系急剧减少，这可能与犁底层有关，二是免耕（N）促进了根系在>20～40 cm 土层的分布比率。在抽穗期充分灌溉条件下，上述特征依然存在，其中免耕（N）促进根系在>30～40 cm土层分布表现得更加明显。

轻度干旱条件下，耕作措施对根系分布的影响主要表现在两个方面。①深耕（D）处理的根系干重显著高于其他耕作处理；②深耕（D）和压实（P）处理的根系主要分布在表层>0～5 cm，深耕（D）没有促进根系在>20～40 cm土层分布占比，而免耕（N）有助于根系在>20～40 cm土层分布占比。中度干旱条件下，根系干重与轻度干旱相比急剧降低，其中压实（P）处理根系干重降低更明显，只有其轻度干旱下的40%，而且仅为其他耕作处理的60%～70%。中度干旱下的深耕（D）明显促进了根系下扎分布，>20～40 cm土层的根干重占比超过了30%。

表6.20　耕作处理对单株玉米根干重在土壤剖面垂直分布的影响

生育期	干旱处理	土层深度/cm	根系干重/mg				占总根系干重的比例/%			
			D	C	N	P	D	C	N	P
V8	充分灌水	>0～5	237	261	262	242	26.30	31.07	29.42	39.56
		>5～10	271	183	93	65	30.08	21.83	10.39	10.63
		>10～20	184	293	308	173	20.42	34.92	34.58	28.18
		>20～30	119	51	137	69	13.21	6.07	15.41	11.20
		>30～40	90	51	91	64	9.99	6.11	10.20	10.43
		合计	901	839	891	613	100.00	100.00	100.00	100.00
VT	充分灌水	>0～5	685	468	456	386	40.97	33.30	38.97	36.52
		>5～10	245	312	218	268	14.62	22.21	18.67	25.35
		>10～20	361	403	186	208	21.55	28.73	15.94	19.68
		>20～30	228	162	137	125	13.65	11.56	11.70	11.83
		>30～40	154	59	172	70	9.21	4.20	14.72	6.62
		合计	1673	1404	1169	1057	100.00	100.00	100.00	100.00
VT	轻度干旱	>0～5	1246	411	382	1180	51.85	25.72	35.39	61.65
		>5～10	467	543	302	271	19.45	33.99	28.00	14.16
		>10～20	420	278	168	236	17.47	17.42	15.51	12.33
		>20～30	159	220	111	140	6.62	13.79	10.31	7.31
		>30～40	111	145	117	87	4.61	9.08	10.79	4.55
		合计	2 403	1 597	1 080	1 914	100.00	100.00	100.00	100.00

续表

生育期	干旱处理	土层深度/cm	根系干重/mg				占总根系干重的比例/%			
			D	C	N	P	D	C	N	P
VT	中度干旱	>0～5	392	498	609	164	30.39	40.45	52.79	21.30
		>5～10	158	216	175	260	12.25	17.56	15.13	33.77
		>10～20	343	217	112	149	26.59	17.62	9.74	19.35
		>20～30	237	173	117	130	18.37	14.01	10.12	16.88
		>30～40	160	128	141	67	12.40	10.36	12.22	8.70
		合计	1 290	1 232	1154	770	100.00	100.00	100.00	100.00

耕作除影响根系干重在土壤剖面中的分布外，对根长密度的分布也有显著影响。抽穗期测量根长密度在垂直剖面的分布结果表明（图 6.36），与充分灌溉相比，轻度干旱略微增加了玉米在表层土壤（>0～5 cm 和>5～10 cm）中的根长密度，而中度干旱则显著降低了各个土层中的根长密度，其中表层土壤中的降低幅度超过 50%。在相同的干旱条件下，深耕（D）在 20 cm 以上各个土层中的根长密度最大，其次是免耕（N），而压实（P）则大幅度降低了根长密度。干旱和耕作除了改变根长密度大小之外，也改变了根长密度在剖面中的分布比例，干旱增加，剖面深处根长比例增加，说明根系在干旱时有下扎趋势；而深耕（D）也增加了中度干旱时剖面深处根长比例，常规耕作（C）和免耕（N）也表现类似的趋势。一些研究文献也报道了深耕（D）减小了根系穿透阻力，改善了深层土壤通透性，利于根系纵深生长（Lin et al.，2016；祝飞华 等，2015）。

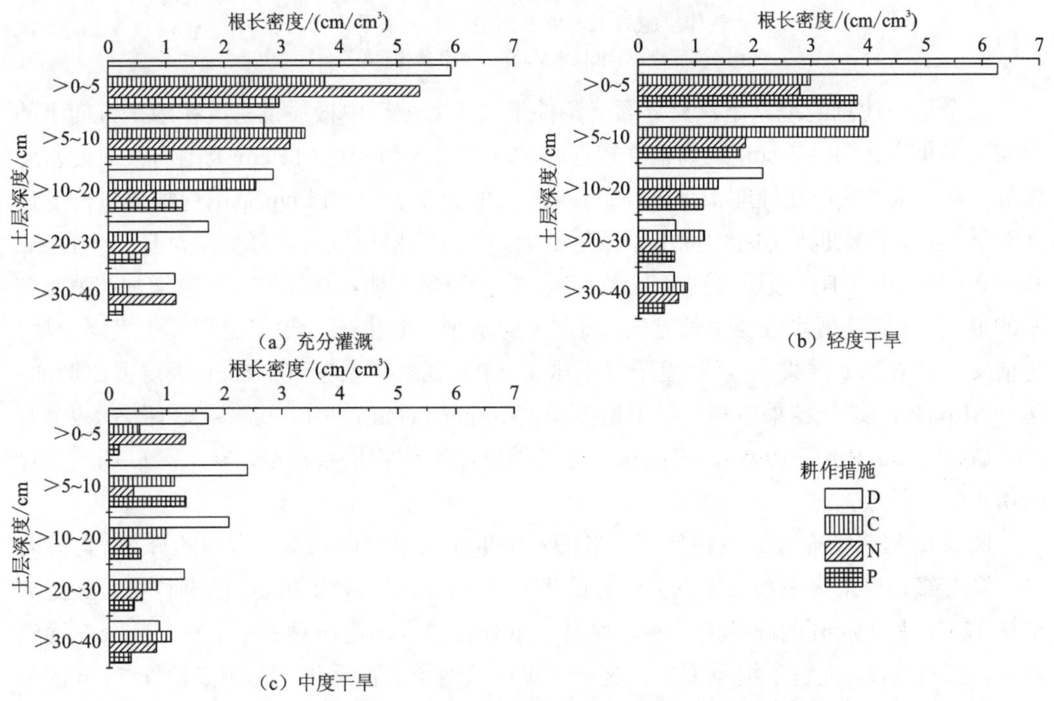

图 6.36　耕作措施对不同干旱程度下玉米抽穗期根长密度的影响

综上，玉米作物根系在垂直方向上分布比例的改变，将影响根系吸水范围，其中深耕（D）促进了中度干旱条件下根系下扎分布，这对增强作物的抗旱能力具有重要意义。

2. 水平方向分布

干旱和耕作也影响玉米根系在水平方向上的空间分布。对各耕作措施下玉米拔节期根系生长及分布分层次挖掘采样观测，计算其根质量密度和根长密度。结果表明（图 6.37），距离植株越远根质量密度越小，在距离植株 15 cm 的地方根系已经极少，表明玉米根系水平分布范围局限于植株四周 15 cm 范围之内。随着干旱程度增加，水平方向根质量密度降低，中度干旱处理下降到只有充分灌水的一半左右。与其他耕作措施相比，深耕（D）显著增加了根质量密度，在充分灌溉和轻度干旱下增加幅度大，在中度干旱下增加的幅度小。

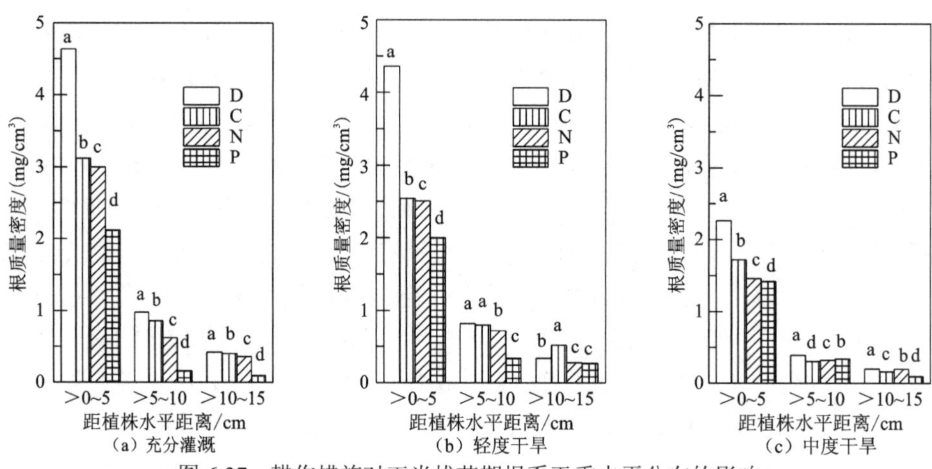

图 6.37　耕作措施对玉米拔节期根系干重水平分布的影响

不同小写字母表示相同水平距离下耕作措施间差异显著

一个值得注意的现象是，充分灌溉条件下，压实处理中根质量密度在水平方向上的分布更多集中在>0～5 cm，距离植株较远的>5～10 cm 和>10～15 cm 范围内根质量密度极低，占比很小；但在轻度干旱条件下，>5～10 cm 和>10～15 cm 范围内根质量密度反而有所上升，占比也增加；中度干旱下也是如此，虽然根质量密度降低了，但>5～10 cm 和>10～15 cm 范围内根质量密度占比上升。这一现象说明红壤压实（容重增加）刺激侧根的形成，使部分根系改变生长方向（倾向于向水平方向生长），更多地聚集于表层土壤，与前文（表 6.20）结果一致[轻度干旱下压实（P）处理根系在>0～5 cm 表层占比增加，达到 61.68%]。这一结果也与文献报道类似（Tormena et al.，2017；龚冬琴和吕军，2014；Ball-Coelho and Roy，1998），表明耕作方式能够改变作物根系构型，从而可以调控其对土壤水分的吸收。

图 6.38 展示了充分灌溉条件下玉米根系干重在水平方向和垂直方向的分布。可以看到，绝大部分根系集中在以植株为中心的半径为 5 cm，深度为 40 cm 的圆柱中，在距离植株 10 cm 和 15 cm 的圆柱的外侧，根系干重分布较少。耕作对根系干重空间分布影响较大，深耕（D）促进了根系下扎，这一结果可从两个方面看出。①距离植株 5 cm 的范围内，深耕（D）处理的根系干重在各个深度均有较多分布，尤其在>30～40 cm 深度

也有较高分布，而在距离植株的 10 cm 和 15 cm 的位置根质量密度急剧降低，在各个深度都较少，甚至有的土层还低于其他耕作处理；②常规耕作（C）和免耕（N）处理在距离植株的 10 cm 和 15 cm 的位置，与 5 cm 位置相比根质量密度降低幅度较少，在 30～40 cm 深度还略微增加。

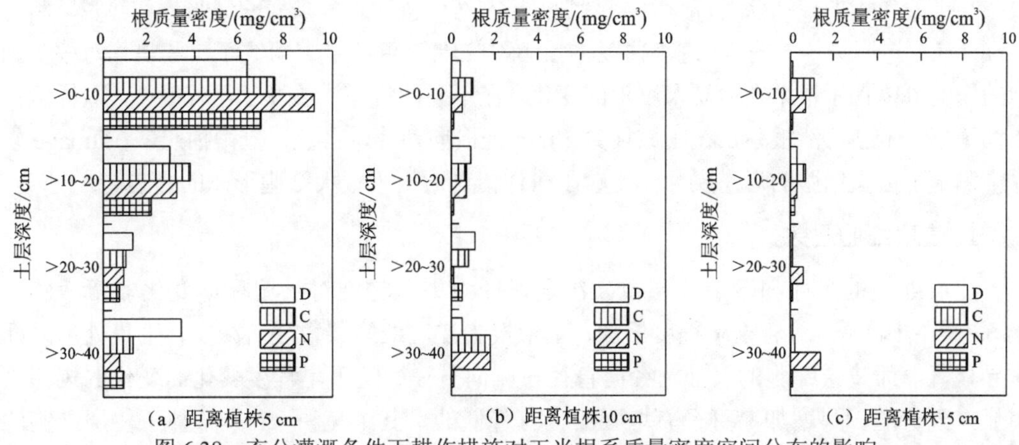

（a）距离植株5 cm　（b）距离植株10 cm　（c）距离植株15 cm

图 6.38　充分灌溉条件下耕作措施对玉米根系质量密度空间分布的影响

从根系干重在水平和垂直方向上的占比可以看到耕作对根系空间分布的影响。表 6.21 显示，充分灌溉条件下单株玉米根系干重的大小顺序深耕（D）>常规耕作（C）>免耕（N）>压实（P），大部分（68.0%～89.9%）根系分布在距离植株 5 cm 范围内，大部分（62.7%～79.9%）根系分布在>0～20 cm 土层，这些结果与文献报道相近（Bengough et al., 2011）。四种耕作措施比较，深耕（D）促进了根系向深处下扎，常规耕作（C）和免耕（N）促进了根系水平延伸但抑制了向深层下扎，压实（P）则严重抑制了根系生长，无论是水平方向还是垂直方向都受到限制，根系干重集中在植株附近的表层，这将严重降低玉米根系吸收水分和养分的能力，不利于抗旱。

表 6.21　充分灌水条件下耕作措施对玉米根系空间分布的影响

根系分布	水平距离或土层深度/cm	耕作措施			
		D	C	N	P
根系干重/（mg/株）	—	61.6	55.3	42.4	23.8
水平距离根干重占比/%	>0～5	79.9	68.0	73.6	89.1
	>5～10	16.7	21.5	13.4	6.7
	>10～15	3.4	10.5	13.0	4.2
土层深度根干重占比/%	>0～10	39.1	48.0	58.0	59.7
	>10～20	23.5	26.0	18.2	20.2
	>20～30	14.4	9.5	6.9	10.9
	>30～40	23.0	16.5	16.9	9.2

（四）根尖皮层细胞形态

上面论述的是耕作对作物根系在宏观尺度上的调控作用，根系的这些根径、根长、根干重及空间分布（构型）的变化，是根系细胞生长在器官水平上的体现。其中根尖细胞是根系与土壤作用的最活跃的部分，根尖细胞形态对土壤物理性质（空气水分和热量）和力学性质（穿透阻力等）的响应影响根系在土壤中的伸长和下扎，研究干旱和耕作对根尖细胞的影响可以揭示根系在微观尺度上的变化。在不同的耕作措施及干旱程度下，取样测量了抽穗期玉米新鲜活根系，在距离根尖 5 mm 处横向切片，染色，显微拍照，在 Image 软件中测量了根尖细胞的形态尺寸，比较了耕作措施对玉米根尖细胞形态的影响。

1. 皮层细胞层数

皮层细胞的尺寸和数量（层数）决定根径大小，它们对土壤环境变化非常敏感。表 6.22 结果显示，随着干旱程度增加，玉米根尖皮层细胞层数显著减少，干旱处理之间差异显著。而皮层细胞的尺寸（径向直径与侧向直径）随干旱程度变化而变化的规律不明显，既有随干旱增加，直径有增大的也有降低的，其中免耕（N）条件下皮层细胞的尺寸随干旱增加而增大，压实（P）条件下皮层细胞的尺寸随干旱增加而降低，而深耕（D）和常规耕作（C）条件下变化没有规律。因为根径与皮层细胞径向直径和层数有关，但二者无规律的变化导致根径的变化也没有明显一致的规律。

表 6.22　耕作措施对不同干旱程度下根尖皮层细胞形态的影响

耕作措施	干旱程度	径向直径/mm	侧向直径/mm	细胞面积/mm^2	细胞层数/个	皮层厚度/mm	根尖半径/mm	皮层厚度/根尖半径
D	充分灌溉	26.52a	34.02a	854.56a	5.39a	135.00a	204.86a	0.66
	轻度干旱	25.43a	24.87b	602.69b	5.03a	115.42a	203.61a	0.57
	中度干旱	26.82a	26.87b	684.86ab	4.08a	85.64b	188.80b	0.45
C	充分灌溉	20.83b	20.66b	409.90b	6.67a	151.17a	179.98ab	0.84
	轻度干旱	25.93a	27.75a	725.13a	5.28b	122.72a	193.63a	0.63
	中度干旱	20.25b	22.12b	433.18b	4.17c	71.08a	145.75b	0.49
N	充分灌溉	18.91b	20.36b	366.30b	5.14a	76.75b	117.80c	0.65
	轻度干旱	24.59a	26.22a	625.06a	5.28a	108.31a	246.96a	0.44
	中度干旱	24.44a	28.12a	678.16a	5.25a	120.53a	194.81b	0.62
P	充分灌溉	30.20a	31.13a	989.32a	6.53a	164.14a	233.79a	0.70
	轻度干旱	24.56b	28.50a	676.43b	4.78b	97.64b	181.94b	0.54
	中度干旱	23.11b	24.67b	568.64b	4.33b	88.25b	161.84b	0.55

注：试验时距离根尖 5 mm 横向切片，径向直径指与根横截面（根半径）方向平行的皮层细胞的直径，侧向直径指与径向垂直方向的皮层细胞的直径。不同小写字母表示相同耕作措施下干旱程度间差异显著

但一个值得注意的规律是，整体趋势上，皮层厚度与根尖半径的比值随着干旱程度的加剧而减小。比如，深耕（D）措施下，轻度干旱下的皮层厚度与根尖半径的比值是0.66，中度干旱下是 0.45；压实（P）处理下，轻度干旱下的比值是 0.70，中度干旱为0.55。这说明随着干旱加剧，根径的皮层厚度所占比例减少，而维管束的比例增加，根尖的这种响应可以降低水分在根系中的运输阻力（主要是径向阻力）和水分损失，有利于根系皮层对水分径向运输和维管束纵向输水。

统计分析表明，耕作对皮层细胞面积、皮层细胞的径向直径和侧向直径的影响均达到极显著水平（$p<0.01$），而干旱仅对皮层细胞层数和皮层厚度影响达到显著水平（$p<0.05$）。耕作及干旱之间的交互作用，达到极显著（皮层细胞面积、皮层细胞的径向直径、皮层细胞侧向直径）或显著（皮层厚度）水平。

2. 皮层细胞形态

玉米根尖皮层细胞在正常条件（如水分充足）是排列整齐的饱满圆形细胞状态，当土壤环境条件发生变化时，皮层细胞会发生变化。图 6.39 显示了不同土壤环境条件下（干旱程度、耕作和压实、土层深度）玉米根尖（10 mm 位置的横截面）解剖结构。可以看到，深耕（D）和常规耕作（C）下，皮层细胞形态在干旱条件下变化不明显，但是随着土层深度的增加，皮层细胞有萎缩，发生形变（图 6.39 中的 D24 和 C25），这可能与该土层紧实而土壤穿透阻力增大有关。免耕（N）和压实（P）处理下，无论在充分灌溉还是干旱条件下，皮层细胞都出现萎缩，发生不规则形变，并随着干旱程度加剧，细胞形变更严重，变成锯齿状的多边形，排列不整齐，细胞大小不规整，且有部分破裂，出现皮层通气组织，这可能与土壤紧实缺氧有关。

皮层细胞形变的总的趋势是内皮层细胞的外切向壁（未加厚壁）向内凹陷，外侧皮层细胞被破碎或者撕裂，可能是由于土壤紧实挤压使根尖取样时外表受到损伤。结果表明，对于黏重紧实的黏质红壤，适当的耕作对维持根尖细胞正常形态非常重要，免耕（N）对根尖皮层细胞有破坏作用，这可能导致玉米作物减产。

四、对玉米作物干旱和产量的影响

（一）叶片水气运输

1. 叶片相对含水量

由于耕作改变了红壤的水力性质和含水量，也改变了玉米作物的根系和地上部生长，因此耕作也会改变作物干旱状况和产量。叶片是作物蒸腾消耗水分的主要通道，叶片形态、含水量状况可以反映作物干旱状况。其中叶片相对含水量测量和计算方法简单（参见第二章），是比较可靠的干旱指标。不同生育期测量结果表明（图 6.40），玉米叶片相对含水量随生育期变化，苗期较低，拔节期最高，抽穗期降低，灌浆期最低，呈现单峰变化趋势。相对含水量的这种动态变化与大气干旱和土壤水分干旱动态变化有关，更与不同生育期对水分的需求（或水分消耗）不同有关，体现了不同生育期叶片对干旱的敏感性。

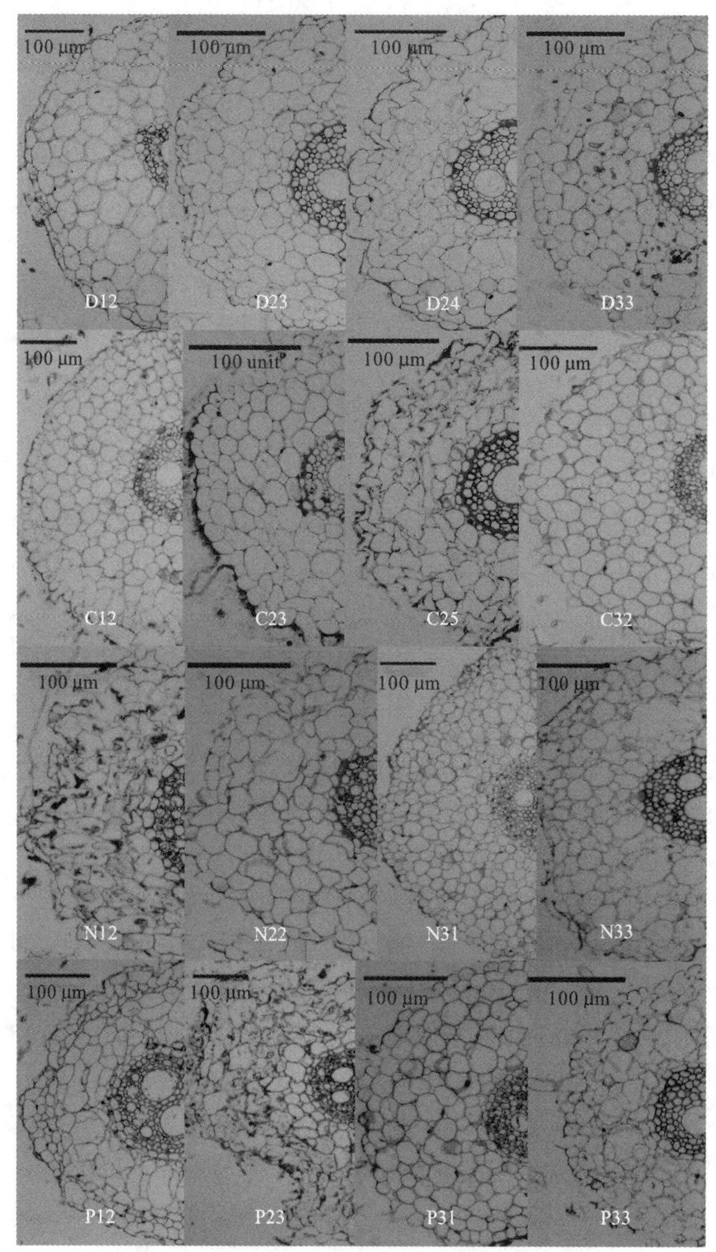

图 6.39　耕作措施对玉米根尖皮层细胞形态的影响

字母表示耕作措施（D，深耕；C，常规耕作；N，免耕；P，压实）。耕作代码字母后第一个数字表示干旱程度（1，充分灌溉；2，轻度干旱；3，中度干旱），第二个数字表示根系取样的土壤深度（1，>0～5 cm；2，>5～10 cm；3，>10～20 cm；4，>20～30 cm；5，>30～40 cm）

在相同的生育期，不同耕作措施下叶片相对含水量有差异，这种差异在拔节期和灌浆期更明显，均表现为深耕（D）最高，其次是常规耕作（C）和免耕（N），压实（P）最低。叶片相对含水量高表明作物水分状况好，叶片蒸腾和光合作用能维持较高水平。深耕（D）由于改善了土壤性质和促进了根系生长，因此作物叶片水分状况更好，这将有利于气孔开放而维持蒸腾和光合作用，保持叶片和大气间水分传输，干旱胁迫影响小。

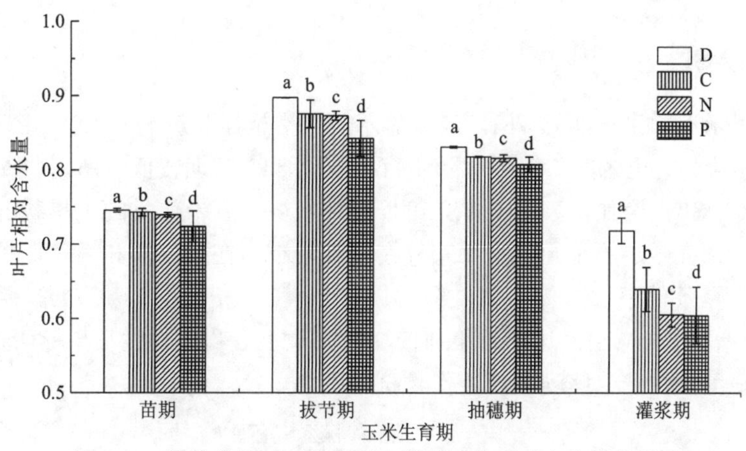

图 6.40　耕作措施对玉米不同生育期叶片相对含水量的影响

不同小写字母表示同一生育期内不同耕作措施间差异显著

2. 叶片气孔导度与蒸腾速率

耕作措施对玉米叶片净光合速率、气孔导度和蒸腾速率有显著影响（表 6.23）。深耕增加了叶片气孔导度而压实降低了叶片气孔导度，在充分灌溉条件下耕作处理间差异不显著，但在轻度干旱和中度干旱下，耕作处理间差异显著，而且气孔导度都随干旱增强而降低，耕作处理间差异增大。蒸腾速率和净光合速率与气孔导度情况类似，都是呈现出随着干旱增强耕作处理间差异扩大的趋势。统计检验结果表明，耕作措施和干旱程度对气孔导度、蒸腾速率和净光合速率的影响达到显著或极显著水平，但耕作措施和干旱程度的交互作用只对净光合速率有显著影响。结果表明，在轻度干旱和中度干旱情况下，采取深耕等耕作措施可以维持叶片气孔开度及水气运输，有一定的抗旱作用，这与前文的深耕促进了玉米根系生长一致。

表 6.23　耕作措施在不同干旱程度下对玉米叶片气孔导度和水分传输的影响

耕作处理	气孔导度/[μmol/（m^2s）]			蒸腾速率/[mmol/（m^2s）]			净光合速率/[μmol/（m^2s）]		
	充分灌溉	轻度干旱	中度干旱	充分灌溉	轻度干旱	中度干旱	充分灌溉	轻度干旱	中度干旱
D	0.236Aa	0.218Aa	0.203Aa	4.867Aa	4.780Aa	4.350Ba	30.29Aa	27.45ABa	26.116Ba
C	0.223Aa	0.204Aab	0.165Bb	4.521Aa	4.381Aab	3.780Bb	29.723Aa	27.032Aab	22.481Bb
N	0.225Aa	0.172Bb	0.16B2bc	4.238Aa	4.148ABab	3.6627Bb	29.923Aa	24.627Bab	22.086Bb
P	0.210Aa	0.178ABb	0.149Bc	4.270Aa	3.960Ab	3.102Bbc	29.897Aa	23.384Bb	20.728Cb

显著性检验 F 值

项目	气孔导度	蒸腾速率	净光合速率
耕作	2.967^{*}	8.897^{**}	2.822^{*}
干旱	6.670^{**}	10.326^{**}	19.411^{**}
耕作×干旱	1.798	1.608	2.541^{*}

注：不同小写字母表示同一列数据差异显著，不同大写字母表示同一行数据差异显著（$P<0.05$）；*和**表示 F 检验处理间差异达到显著和极显著

（二）CWSI

测量了玉米不同生育期CWSI，结果显示耕作措施显著影响CWSI（图6.41）。与叶片相对含水量类似，玉米的CWSI也随生育期变化，12叶期较低，16叶期最高，随着干旱程度增加CWSI也增加，表明CWSI可以反映红壤上玉米作物的干旱状况。不同耕作措施间的CWSI有一定的差异，这种差异在苗期较小，在抽穗期和灌浆期扩大，差异最大出现在不干旱条件下。总体而言，与常规耕作（C）相比，深耕（D）降低了CWSI而压实（P）增加了CWSI，这一结果与前文的其他土壤和作物生长指标所指示的一致，表明耕作措施可以在一定程度上调控作物抗旱能力。

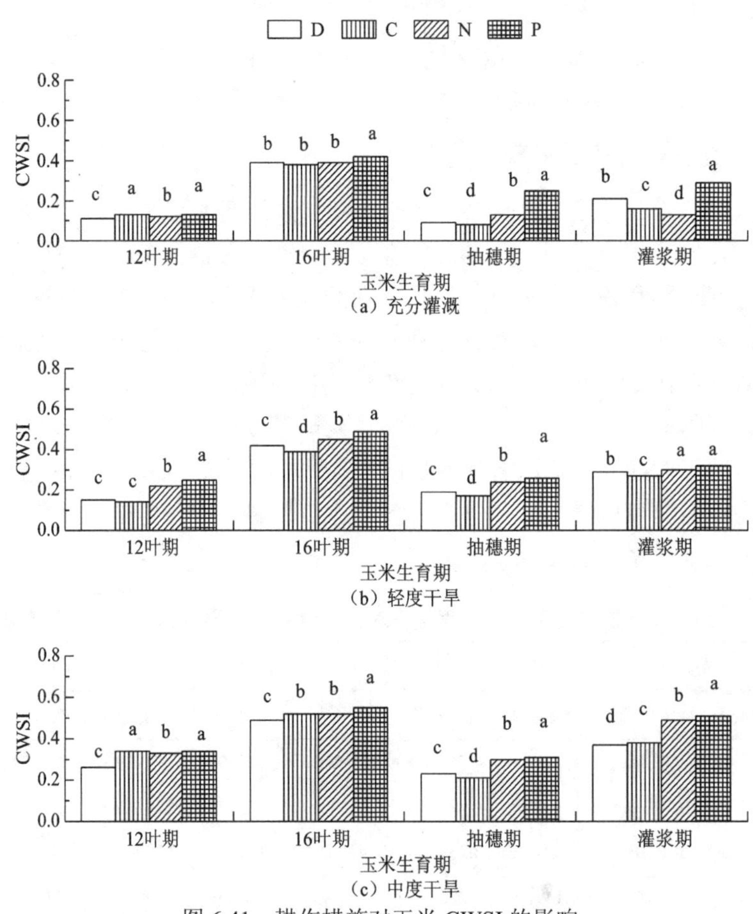

图6.41 耕作措施对玉米CWSI的影响

不同小写字母表示同一生育期不同耕作措施间差异显著

（三）WUE和产量

1. 作物WUE

作物WUE有多种量化表达方式，此处以玉米籽粒产量与土壤耗水量的比值量化作物WUE。结果显示（图6.42），玉米WUE因干旱程度和耕作措施而差异显著。随着干旱增强，WUE 急剧降低，与不干旱（充分灌水）相比，轻度干旱条件下免耕（N）的 WUE 降低约 50%而其他耕作处理降低约三分之一，中度干旱下免耕（N）的 WUE 降低约三分之二而其他耕作处理降低超过 50%，这种因干旱而 WUE 快速降低的特征表明红壤作物系统极易受到干旱的影响。在红壤之外的有些区域，轻度干旱并不显著降低作物 WUE，甚至在叶片水平上还可能增加 WUE，但是在红壤中即使轻度干旱也导致 WUE 明显降低，表明红壤是易旱区。

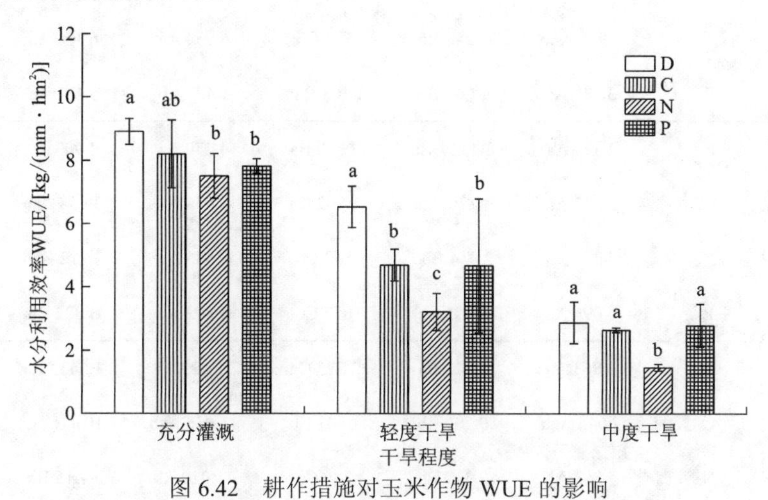

图 6.42　耕作措施对玉米作物 WUE 的影响

不同小写字母表示相同干旱程度下耕作措施间差异显著

轻度干旱条件下，四种耕作措施的 WUE 分别为深耕（D）7.09 kg/（mm·hm^2）、常规耕作（C）5.04 kg/（mm·hm^2）、免耕（N）3.24 kg/（mm·hm^2）、压实（P）4.16 kg/（mm·hm^2），深耕（D）的 WUE 最大，免耕（N）的最小；中度干旱条件下 WUE 均显著降低，但耕作措施间的顺序类似。这个结果与文献并不完全一致，如有报道免耕（N）提高 WUE（王淑兰 等，2016；赵小蓉 等，2010）；与常规耕作（C）相比，深耕（D）和免耕（N）分别提高小麦 WUE（赵亚丽 等，2014；吕军杰 等，2003）。导致不一致结果的原因很多，有 WUE 计算方法不同的原因，有区域气候不同的原因，有土壤性质和地形不同的原因，如不同的耕作措施引起不同程度的水土流失从而影响土壤耗水不同。WUE 只能作为参考，耕作措施对作物干旱的影响，以产量作为衡量标准最可靠。

2. 玉米产量

产量是反映干旱程度和抗旱性最直接的指标。表 6.24 列出了三个不同年份玉米的籽粒产量与茎叶干重（生物量），可以看到不同年份间产量和生物量波动较大，说明影响作物产量的因素较多，如降水、气温、光照、管理、施肥、种子、播期等，干旱只是影响作物产量的一个重要因子。即使这样，结果仍然显示耕作对黏质红壤玉米产量呈现有规律的作用，三个年份中三种干旱程度下玉米籽粒产量总体上表现出深耕（D）最大，常规耕作（C）产量次之，免耕（N）再次之，压实（P）产量最低，其中在 2015 年深耕（D）最大而其他三种耕作措施差异不显著。茎叶干重呈现的趋势与籽粒产量类似。

表 6.24 耕作措施对不同干旱程度下玉米产量的影响

年份	耕作措施	籽粒产量/（kg/hm²）			生物量/（kg/hm²）		
		充分灌溉	轻度干旱	中度干旱	充分灌溉	轻度干旱	中度干旱
2014 年	D	5 206 Aa	3 478 Ba	1 407 Ca	6 018 Ab	5 489 ABa	5 216 Ba
	C	4 688 Aab	2 465 ab	1 262 Ba	5 489 Ab	5 093 Aa	5 080 Aab
	N	3 935 Abc	1 548 Bb	574 Cb	6 954 Aa	6 130 Aa	4 579 Bbc
	P	3 585 Ac	2 001 Bb	1 108 Bab	5 477 Ab	5 641 Aa	41 418 Bc
2015 年	D	4 374 Aa	3 432 ABa	2 668 Ba	4 270 Aa	3 903 Aa	3 556 Ba
	C	3 937 Aa	3 276 Bab	1 992 Ca	3 948 Aa	3 933 Aab	3 198 Bab
	N	4 331 Aa	2 414 Bbc	860 Cb	3 845 Aa	3 272 Bab	2 857 Bb
	P	4 096 Aa	2 495 Bc	657 Cc	3 812 Aa	3 022 Bb	2 397 Bb
2016 年	D	8 863 Aa	5 972 Ba	2 325 Ca	13 523 Aa	12 433 Ba	11 760 Ca
	C	7 045 Aab	3 705 Bb	1 847 Cb	11 655 Aab	10 716 Bb	10 889 Ba
	N	5 867 Ab	2 317 Bc	886 Cc	11 020 Ab	9 415 Bb	7 157 Cb
	P	5 523 Ab	3 002 Bbc	807 Cc	10 186 Ab	10 490 Ab	7 708 Bb

注：同列不同小写字母表示不同耕作措施在 $p<0.05$ 水平上差异显著，同行不同大写字母表示不同干旱处理在 $p<0.05$ 水平上差异显著

随着干旱增加，玉米籽粒产量急剧降低，而耕作措施之间的差异变得更大。这表明在干旱条件下，耕作能够在一定程度上调控玉米作物的受旱程度。耕作改变玉米作物的产量，可能是改良了土壤性质，也可能是改善了养分吸收，还可能是促进了根系生长，更可能是多方面的共同作用。本节的结果证明耕作可以通过调控作物干旱程度而影响作物产量。

3. 玉米产量和 CWSI 的关系

为了说明耕作措施是通过调控作物干旱而影响作物产量，表 6.25 列出了玉米不同生育期的 CWSI 与籽粒产量及地上部生物量（茎叶干重）的相关系数。可以看到，玉米在 12 叶期（V12）、16 叶期（V16）、抽穗期（VT）及灌浆期（R2）的 CWSI 均与玉米籽粒产量及地上部生物量达到显著水平（$P<0.05$），其中 V12、R2 时期的 CWSI 分别与籽粒产量、地上部生物量的相关系数最大，呈极显著的线性关系。考虑到前文所述 CWSI 与耕作措施的一致的关系，可以认为耕作通过调控土壤-作物系统的干旱状况而影响作物产量，但是不排除耕作还通过其他途径而影响作物产量。

表 6.25　玉米籽粒产量和地上部生物量与不同生育期 CWSI 的关系

	统计参数	相关系数					
		V12	V16	VT	R2	籽粒产量	地上部生物量
V12	相关系数	1.000	0.976	0.757	0.889	−0.895	−0.674
	显著水平		0	0.004	0	0	0.016
V16	相关系数		1.000	0.833	0.919	−0.869	−0.670
	显著水平			0.001	0	0	0.017
VT	相关系数			1.000	0.877	−0.850	−0.598
	显著水平				0	0	0.040
R2	相关系数				1.000	−0.855	−0.839
	显著水平					0	0.001
籽粒产量	相关系数					1.000	0.597
	显著水平						0.040
生物量	相关系数						1.000
	显著水平						

第四节　作物播种期

红壤季节性干旱多发生在高温期间的夏秋季节，发生时期有一定的周期性规律。以长江中游的湖北省、湖南省、江西省为例，春季降水较多，发生春旱的概率很小，而且因为春季温度不高，即使降水偏少也不会很快发展为作物干旱，只有少量的春旱发生，季节性干旱一般发生在高温少雨的 8～10 月，在此期间，即使短期的无雨也容易形成旱灾（Chen and Weil，2010；Liang et al.，2010）。研究表明，任一时期干旱均会限制玉米株高和叶面积增长，引起产量极显著下降（李叶蓓 等，2015；肖俊夫 等，2011）。如果作物在关键生育期（干旱敏感期）能够避开最可能发生气象干旱的时期，则有可能起到避旱的作用，从而减轻季节性干旱的危害。

拔节期是玉米需水最大的时期，也是玉米水分敏感期，而对水分最敏感的时期则是抽穗期—灌浆期（刘战东 等，2011）。因此，通过调整玉米播种期，尽量使抽穗期—灌浆期避开季节性干旱，也可以是应对季节性干旱的一种措施。红壤区热量状况好，作物一年可以两熟或三熟，作物播种期比较灵活，如玉米播种期可在 3 月下旬～7 月中旬，一年可以种植一季或者两季玉米。如果只种植一季玉米，则可选择的播种期很宽，这使通过选择合适的种植时间以减少季节性干旱的危害成为可能。

一、玉米播种期对产量的影响

（一）播种期与全生育期

为了探究播种期对玉米干旱的影响，在2015年和2016年设置了玉米5个播种日期（表6.26）。试验玉米品种为“郑单958”，穴播定苗，东西方向行距75 cm，南北方向株距23 cm，种植密度为58 000株/hm^2。各处理施肥相同，施氮（尿素，N≥46%）140 kg hm^2，磷（过磷酸钙，含P_2O_5 12%）120 kg/hm^{2}和钾（氯化钾，含K_2O 40%）96 kg/hm^2，所有肥料全部作为基肥一次施入。玉米在整个生育期均无灌溉，在自然降水条件下生长。2015年属于正常水文年，2016年属于丰水年。玉米生长过程中和成熟之后测量了地上部、根系、产量等。

表6.26　播种日期对红壤玉米全生育期的影响

播种期	2015年			2016年		
	播种日期/（m/d）	成熟日期/（m/d）	全生育期天数/d	播种日期/（m/d）	成熟日期/（m/d）	全生育期天数/d
第一期	5/16	8/31	107	5/16	9/1	108
第二期	5/31	9/12	104	5/31	9/9	101
第三期	6/16	9/20	96	6/16	9/20	96
第四期	7/1	9/26	88	7/1	9/28	90
第五期	7/16	10/5	82	7/16	10/7	84

在玉米的5个播种期中，第三期（6月16日）为正常播种期，该播种期为油菜或者小麦收割之后种植玉米，第一期和第二期为播种期前移，第四期和第五期为播种期延后。结果表明（表6.26），随着生育期后延，玉米全生育期天数逐渐下降，由第一期的107～108 d下降到第五期的82～84 d，全生育期缩短了24～25 d。生育期的缩短，往往会导致产量降低，但是也可能避开水分敏感期的干旱。

（二）玉米产量

从两年不同播种期玉米产量比较发现（表6.27），如果以第三期（6月16日）为正常的玉米夏播种期，播种期前移后，2016年除第一期外，两年其他播种期玉米产量无显著变化；播种期后移后，玉米显著减产，与正常第三期播种的玉米相比，两年播种期后移的第四期和第五期玉米减产23.3%～52.6%，且第五期比第四期减产严重。与产量直接相关的穗干重、百粒重与产量规律一致。第四期和第五期种植的玉米减产有两方面的原因，其一是玉米生长阶段降水较少，气温较高，最易遇到季节性干旱，导致玉米减产；其二可能是玉米生育期积温不够，生育期缩短。虽然第二期和第三期播种的玉米不会因为积温不足导致其减产，但是这两期播种的玉米的需水最大期和需水关键期处于8月底或9月初，恰是季节性干旱高发期，这两个播种期增加了作物需水最大期和需水关键期与季节性干旱相遇的概率。2016 年不同播种期产量变化与 2015 年有相似规律。上述结果表明，夏季作物播种时期提前至 6 月中旬之前甚至春季则是满足作物生长需水和避开季节性干旱的有益尝试，但是情况仍然复杂多变，需要更多不同年份的研究。

表 6.27　玉米播种期对单株生长和产量的影响

播种期	播种日期/（m/d）	2015 年					2016 年		
		株高/cm	茎叶干重/g	穗干重/g	百粒重/g	产量/（kg/hm²）	茎叶干重/g	穗干重/g	产量/（kg/hm²）
第一期	5/16	209.0B	86.2A	118.9A	29.4A	5 776.5A	83.5B	87.2B	4 122.4B
第二期	5/31	200.0B	81.9A	105.2AB	28.0B	5 211.8AB	98.8A	130.8A	6 623.5A
第三期	6/16	200.9B	87.8A	128.5A	29.0AB	6 510.2A	95.1A	133.6A	6 769.3A
第四期	7/1	228.0A	84.2A	100.8AB	22.3C	4 990.9B	81.3B	86.5B	3 933.2B
第五期	7/16	225.4A	87.7A	74.9B	19.7D	3 324.3C	102.6A	80.4B	3 212.0C

注：同列大写字母表示不同播种期在 $p<0.05$ 水平上差异显著

二、玉米播种期对根系分布的影响

（一）根系质量在土层中的分布

玉米不同播种期总根系质量（根系干重）有差别。拔节期测量单株玉米根系质量结果表明（表 6.28），除第二期外，随着播种期延迟玉米根系质量逐渐降低，第五期根系质量降低明显，只有第一期的约一半。第二期例外，根系质量较低，其原因需要进一步研究。5 个不同播种期的根系在土层中的分布呈现相似的浅层分布特征，根系质量主要分布在土壤表层>0～10 cm（占比 61.9%～72.7%），耕层（>0～20 cm 土层）分布了约 85%的根系质量，根系在更深土层分布占比少是红壤-玉米农田系统容易发生季节性干旱的原因。第二期虽然根系质量较低，但根系在土层中的分布比其他播种期分布得更深。土层 20 cm 以下仍然分布了 21.4%的根系质量，这有利于根系吸收深层土壤水分。结果表明，播种期晚于 7 月中旬将严重影响玉米根系的生长，即使避开了水分敏感期的干旱，也不可能获得高产。

表 6.28　玉米播种期对根系质量及其在土层中分布的影响

播种期	单株总根系质量/g	不同土层根质量密度/（mg/cm³）				不同土层根系质量占比/%			
		>0～10 cm	>10～20 cm	>20～30 cm	>30～40 cm	>0～10 cm	>10～20 cm	>20～30 cm	>30～40 cm
第一期	1.552	10.677	2.703	1.169	0.967	68.8	17.4	7.5	6.2
第二期	0.987	6.108	1.653	0.993	1.115	61.9	16.7	10.1	11.3
第三期	1.282	8.615	2.914	0.864	0.422	67.2	22.8	6.7	3.3
第四期	1.124	8.170	1.839	0.598	0.629	72.7	16.4	5.3	5.6
第五期	0.761	5.000	1.431	0.414	0.762	65.7	18.8	5.5	10.0

（二）根系株间分布与行间分布

播种期除了影响玉米总的根系质量及其在土层中的分布外，也影响根系在株间和行间的水平分布。水平方向上，不同播种玉米根系主要分布在株距 5 cm 范围内，距离植株越远，根质量密度越小；不同播种期水平方向上根系分布规律特征无明显差异（图 6.43）。垂直方向上，各播种期玉米根系主要分布在 10 cm 土层深度，随土层加深，根质量密度减小，根系分布减少；相同的土层深度，正常播期（第三期）种植的玉米根质量密度高于其他播期种植的根质量密度（三个株距相加）。5 个播种期中，第三期在株距较近的位置（5 cm 和 15 cm，因为玉米株为 23 cm 所以 15 cm 相当于 8 cm）根质量密度最大，其次分别是第一期和第二期，而第四期和第五期分别在两个位置处最小。推迟播种，不利于玉米根系生长和下扎，各土层根质量密度均降低。

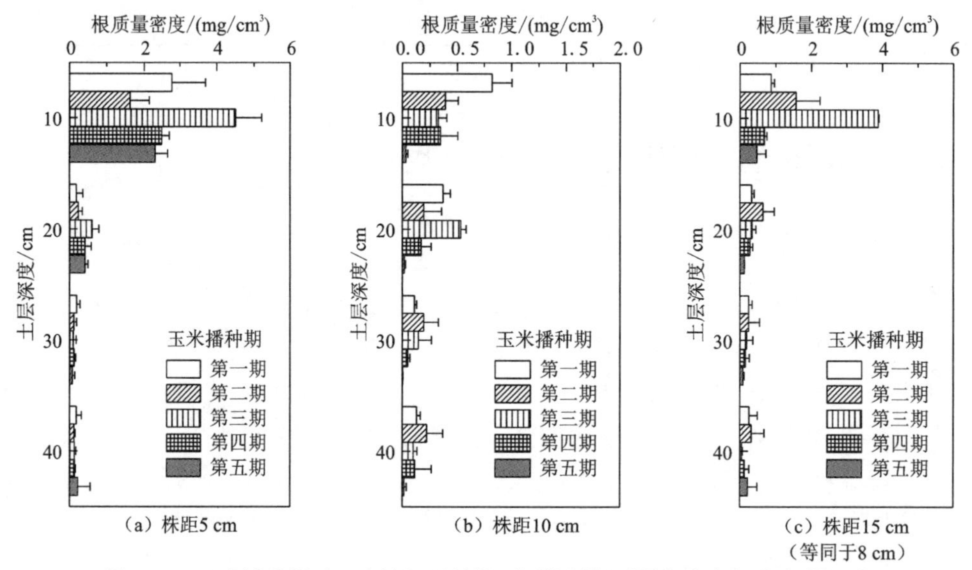

图 6.43　玉米播种期对玉米株间距植株不同位置根质量密度空间分布的影响

表 6.29 列出了玉米播期对根系质量空间分布的综合影响。正常播期（第三期）株间总根长密度最大，而播期提前和播期推迟均降低了株间总根质量密度。正常播期下株间 >0～5 cm 范围根质量占总根系分布的 49.0%，播期推迟该比例提高，第四期和第五期分别提高到 62.1%和 64.9%；相应地，株间>10～15 cm 范围（即更远离植株）土体根质量占总根质量的比例也随播期推迟而降低（从第三期的 40.9%降低至第四期的 24.6%和第五期的 19.5%），表明播期推迟不仅降低了株间总根质量密度，还降低了根系水平方向扩展。播期提前与播期推迟有类似结果。与株间水平分布不同，播期对株间根质量密度的垂直分布的影响是，正常播期更倾向于浅层分布（>0～10 cm 深度占比高达 79.8%而>30～40 cm 深度占比仅为 2.6%），播期提前或者推迟则更利于根系下扎分布。相对于株间，行间根系分布规律不明显。总根质量密度在 5 个播期没有明显的规律，以第一

期最大（6.65 mg/cm^3）和第五期最小（1.98 mg/cm^3），但不同播期有波动。总体来看，5个播期均有高达45%以上根系分布在植株水平>0～5 cm和垂直>0～10 cm的范围内，呈现根系分布深度浅和范围窄的特点，极大地限制了玉米根际范围和土壤水肥利用空间。播种提前并不能明显改善玉米根系空间分布，而播种推迟则进一步恶化根系在红壤中的空间分布。

表6.29　玉米播种期对根系质量空间分布的影响

根系分布指标	采样位置/cm	第一期	第二期	第三期	第四期	第五期
株间总根质量密度/（mg/cm^3）		6.47	5.87	10.91	5.09	4.64
株间水平分布占比/%	>0～5	51.5	35.7	49.0	62.1	64.9
	>5～10	22.1	17.0	10.1	13.3	15.7
	>10～15	26.3	47.3	40.9	24.6	19.5
株间垂直分布占比/%	>0～10	69.0	60.9	79.8	69.1	66.8
	>10～20	13.7	18.3	13.6	17.0	15.6
	>20～30	8.4	9.5	4.0	6.5	4.5
	>30～40	8.9	11.3	2.6	7.4	13.1
行间总根质量密度/（mg/cm^3）		6.65	3.15	3.42	4.74	1.98
行间水平分布占比/%	>0～5	75.5	54.8	63.4	71.4	65.6
	>5～10	10.1	24.8	19.0	16.8	15.3
	>10～15	14.4	20.4	17.5	11.9	19.1
行间垂直分布占比/%	>0～10	65.8	45.9	61.3	68.5	52.5
	>10～20	17.5	21.2	23.2	20.5	29.3
	>20～30	10.4	16.3	11.3	5.6	10.4
	>30～40	6.3	16.6	4.2	5.3	7.8

注：玉米播种东西方向行距75 cm，南北方向株距23 cm

第七章　红壤农田水土保持与季节性干旱

红壤春夏季节的水土流失和夏秋的季节性干旱有一定的联系。在春夏降水集中期，坡耕地红壤常常发生溅蚀和片蚀，有些地方甚至出现细沟侵蚀，这种水力侵蚀（水蚀）对红壤季节性干旱有重要贡献。水土流失改变红壤坡耕地土壤水分循环、红壤理化性质等，从而影响季节性干旱的发生发展。然而，春夏坡耕地红壤水土流失与夏秋季节性干旱的关系并不十分明确，坡耕地水土流失对季节性干旱的影响途径、影响程度还有待进一步研究。

水分时空分布不均是导致红壤季节性干旱的重要原因，坡耕地红壤的水土流失加剧了土壤水分时空分布不均。雨季的水土流失不仅减少了降水入渗和土壤储水，也增加了养分流失，还破坏了表土结构，加剧了季节性干旱。水土保持可以增加降水入渗，拦截地表径流，保护表层土壤结构，从而增强防御季节性干旱的能力。一般认为，如果红壤在雨季能够积蓄更多的水分，即发挥"土壤水库"的储蓄作用，这些土壤水分在旱季可供作物吸收利用，起到"蓄丰补欠"的效果，是应对红壤季节性干旱的一种可能途径。然而，这种观点是从干旱、半干旱地区得出的经验，是否适合于湿润红壤区并没有足够的数据支撑。本章将讨论红壤农田的水土保持措施能否起到调控季节性干旱的作用，以及水土保持措施调控红壤季节性干旱的途径。

第一节　水土流失对红壤季节性干旱的影响

红壤农田的水土流失主要是水蚀，一方面，3～6 月降水集中，坡面极易溅蚀、片蚀，甚至细沟侵蚀，导致生产能力降低，虽然红壤区总体土壤侵蚀强度与侵蚀面积有所减少，但不少地区的坡耕地侵蚀却加强；另一方面，7～10 月降水急剧减少而大气蒸发力较强，往往形成夏旱、秋旱甚至危害更大的夏秋连旱，严重限制了坡耕地的生产力。红壤坡地水蚀和季节性干旱有一定因果关系，好似一对孪生兄弟，是阻碍本地区农业生产发展的主要瓶颈（段华平 等，2004；黄道友等，2004a；贺湘逸，1995）。首先，红壤区由于受东南季风的影响，降水量呈现季节性分配不均及年际变化大的显著特点，主要作物生长早期的 4～6 月降水量大，而作物生长旺盛的 7～10 月降水量少，往往高温与少雨同步，形成季节性干旱。其次，红壤物理性质不良，土壤非饱和导水率 $K(h)$随土壤含水量降低而急剧下降，即使当土壤含水量还较高时，土壤水势已接近萎蔫含水量，无法向作物提供充足的水分，作物很早就开始受到干旱胁迫。最后，红壤区的包气带厚度较大，浅部缺乏相对隔水层，大气降水入渗后，水分即向深部运移，是促进红壤季节性干旱的水文地质因素。由此可见，通过调节坡耕地土壤水分循环、保护和改善土壤性质，是调控红壤季节性干旱的一条有效途径。

一、水蚀降低红壤入渗量和储水量

春夏雨季是红壤土体补充水分的主要阶段，但坡耕地水蚀导致入渗降低，地表径流增加，同时土壤孔隙减少，土壤储水能力和储水量减少，土体带入夏秋的水分减少，从而加剧季节性干旱。针对这一问题，人们提出了“蓄丰补欠”的保水抗旱思路，即采取等高耕作、沟埂作业、植物篱、地面覆盖等水土保持措施，在雨季尽量使土壤保蓄足够的水分以供旱季利用。虽然这些措施起到了一定的效果，然而有人指出，其主要作用是保土，雨季保水效果并不理想（熊德祥和武心齐，2000；贺湘逸，1995），不能很好地缓解季节性干旱。也有研究表明，红壤土体的储水能力在雨季已经充分发挥，3～6 月期间除>0～20 cm 土层含水量有一定波动外，整个土体基本处于饱和或接近饱和状态（景元书 等，2003），在这种情况下，即使雨季采取了保水措施，但土体继续保蓄更多水分的空间有限，对缓解季节性干旱意义不大，因此他们认为，坡地水蚀对季节性干旱的贡献不在于雨季使坡面水的流失增加。解决这种认识上的分歧，需要进一步详细研究水蚀导致土体储水的动态变化，并评价这一变化对红壤季节性干旱的影响程度。

雨季水蚀可通过破坏表土结构而作用于季节性干旱。一些研究者注意到，红壤在旱季为数不多的几次间歇降水时往往发生超渗产流，入渗量只占降水量的 9.7%～25.2%（贺湘逸，1995），难以补充土体水分，因此可以认为红壤季节性干旱问题的症结在旱季和表土。雨季水蚀使表层土壤结构恶化，包括地表密封或结皮、粉粒或黏粒随水流失或向下淋移、团聚体崩解、孔隙状况及连通性变差等（李朝霞 等，2005），这些变化将影响红壤在旱季接纳降水。例如，水蚀导致的地表结皮或密封层，比土壤具有更大的容重、更细的孔隙、更低的导水性，可显著阻滞地表入渗（李裕元和邵明安，2004；Kim et al.，2004；Smith et al.，1999），结皮土壤的导水性仅为非结皮土壤的 1/2 000，红壤结皮后，其>0～2 cm 土层的传导孔隙仅占 6%左右。因此有理由认为，雨季水蚀破坏红壤表层结构，可减少旱季降水入渗而促进干旱发展。

土壤结构变化与坡地实际降水入渗响应是十分复杂的过程，表土结皮或密封究竟对坡面土壤入渗的影响有多大尚缺少足够资料（Smith et al.，1999；Connolly，1998），这一过程对红壤季节性干旱的影响并不确定。首先，表土结皮或密封的形成对土壤产流产沙的影响，不同的研究得出了截然相反的结论（程琴娟 等，2005）。其次，对于降水初期形成的地表密封对同一场降水后期入渗的影响有很多研究，而对于其长期后效（如对数十天之后夏秋干旱期入渗的影响）的报道还不多见。此外，入渗不单受土壤结构影响，还对雨强、土壤前期含水量等条件极为敏感。例如，一些入渗公式能很好地描述一定条件下的入渗过程，然而实际情况是，不同的前期含水量得出的是平行的入渗曲线（杨永辉 等，2006）；无论饱和时间有无差异，初始湿润土壤的稳渗率均大于风干土的稳渗率（冯锦萍和樊贵盛，2003）。这些复杂的情况说明，坡耕地水蚀改变红壤结构从而对旱季接纳降水的影响，会因雨强和土壤干旱程度等其他条件不同而不同，故对季节性干旱发展的影响不能一概而论。雨季水蚀可能通过破坏红壤表层结构来影响红壤季节性干旱，但这一途径的作用机制和影响大小却是模糊的。

二、水蚀降低红壤供水能力

红壤季节性干旱区别于干旱、半干旱地区土壤干旱的另一个特征是，红壤伏秋旱季表层含水量经常低于萎蔫含水量，而 1 m 以下深处含水量较高并且稳定，这一特征也是“相对”干旱的一个方面（即空间上的相对干旱）。水蚀导致红壤结构退化之后的红壤萎蔫含水量升高，在旱季即使土层含水量较高，也已经接近萎蔫含水量，作物能够利用的有效水很少，更易受到干旱胁迫。而且，由于红壤在低含水量时导水性能急剧下降，深层水分上升困难，依赖于表层水的坡耕地作物无法吸收足够的水分，加剧干旱发展。因此，雨季水蚀恶化土壤导水性质，影响土壤供水，是水蚀影响红壤季节性干旱的一个可能途径。研究表明在 1 m 土体内，表土结构良好的红壤比劣地红壤在旱季可多保蓄 >15～25 mm 的水，并主要储蓄于 50 cm 以下土层，这些水分能以“夜潮水”为作物利用，在严重干旱时，结构良好的肥土往往只出现临时萎蔫（贺湘逸，1995）。水蚀红壤水力性质退化也影响作物根系吸水，关于旱季红壤作物根系吸水困难的原因，一种可能是土体有水但是土壤水分运动能力差，即供水速度慢，另一种可能是作物能够利用的土壤储水量不足，即有效水数量少。因此，深入研究红壤在雨季水蚀期间的导水性质变化，一方面可以进一步明确红壤季节性干旱的特征，另一方面可以探明水蚀影响红壤导水性质继而影响季节性干旱的大小程度。

三、水蚀影响红壤蒸发

表层土壤结构是影响土壤蒸发的主要因素之一（Connolly，1998；Yamanaka et al.，1998），水蚀通过改变红壤结构可以改变表层土壤蒸发速率和蒸发历时，从而影响季节性干旱发展。这一过程十分复杂，首先，对特定条件下的土壤蒸发人们已经有很深刻的认识（Jalota et al.，2000；Bonachela et al.，1999；杨邦杰 等，1988），而对于田间实际蒸发的理论和方法都还不完善（孙宏勇 等，2004；Yamanaka et al.，1998；杨文治和赵沛伦，1981），很多问题还有待研究。其次，有人认为红壤蒸发损失主要发生在第一阶段（贺湘逸，1995），但红壤丘岗区进入旱季后，这一阶段持续时间很短，2～3 d 就可以使>0～2 cm 表层、5～7 d 就可以使>0～20 cm 土层含水量降到萎蔫含水量以下，因此第二、第三阶段的蒸发特性对红壤季节性干旱的影响也非常大，而此阶段的红壤蒸发特性还受除土壤结构之外的其他因素影响。有报道土壤>0～5 cm 表层含水量与>0～15 cm 土层蒸发量呈显著正相关（孙宏勇 等，2004），红壤蒸发主要受>0～20 cm 土层含水量控制，二者呈线性关系（熊德祥和武心齐，2000）；但也有研究显示，蒸发速率与土壤含水量呈抛物线关系，在土壤含水量很低时蒸发速率随含水量增加反而降低（冯锦萍和樊贵盛，2003）。由此可见，水蚀红壤结构变化对蒸发的影响是多方面的，既直接作用蒸发过程本身，又通过影响土壤含水量及其在坡耕地不同部位的分布而起间接作用。针对红壤结构变化对不同干旱条件下蒸发影响的相关研究文献甚少（谢小立 等，2003；魏朝富 等，1994），这一过程对季节性干旱的影响方向和影响大小尚不能定量评价。

雨季水蚀破坏表层红壤性质，还可能影响红壤田间小气候条件，从而影响作物蒸腾失水和受旱程度。坡耕地在雨季经过水蚀的作用，表土的热容（Kluitenberg et al.，2007）、地表温度、近地层空气湿度、作物冠层温度等发生改变，这些都会改变作物蒸腾速率，从而影响作物根系吸水和叶片失水的相对关系，对红壤季节性干旱进程和作物抗旱能力产生作用。但是这一作用过程也只是推测，其真实的影响大小有待验证。

四、水蚀增加红壤养分流失

水蚀带走表土肥沃的细颗粒并溶蚀养分，水蚀红壤也可能通过这一途径来影响季节性干旱。本书前文的研究表明，土壤养分状况影响作物抗旱能力，证实了红壤在不同干旱程度下，土壤氮素的丰缺对作物抗旱能力有不同的影响，即轻度和中度干旱时，施氮有利于玉米生长；严重干旱时，施氮对玉米生长起负作用（王双 等，2008）。因此可以推断，水蚀可以通过影响红壤养分状况而影响季节性干旱程度。然而在红壤坡耕地，如何判定这一过程的作用方向和大小，这一途径对实际的抗旱防灾有多大意义，尚需要更多研究。

第二节 水土保持措施与红壤氮素

水土保持措施种类很多，大体上可以分为水土保持工程技术措施（工程措施）、水土保持林草措施（生物措施）、水土保持农业技术措施（农艺措施）。这些措施应用在不同部位和场景，相互配合可以起到最佳的水土保持效果。能够在农田内实施的水土保持措施并不多，梯田、草带、保护性耕作（包括地表覆盖）、结构改良剂（保水剂）等是常用的农田水土保持措施，大多数农田水土保持措施需要融入日常的田间管理才能发挥更好的水土保持作用。

为了研究红壤农田水土保持措施对季节性干旱的影响，在一块坡度为 8° 的黏质红壤农田中设置了不同的水土保持措施，研究这些措施对季节性干旱的影响。试验地块划分为多个平行的小区，用不透水铝塑板分隔为面积相同的矩形小区，每个小区大小相等，长 21 m×宽 1.8 m=面积 37.8 m^2，每两组小区之间间隔 50 cm 为隔离走道，每个小区底端建径流泥沙收集池（尺寸 1.0 m×1.0 m×1.0 m），收集测量每场降水的径流和泥沙。

试验设置作物对照和5个不同组合水土保持措施处理。①CK，作物对照处理，小区内只种植玉米或花生，不采取其他水土保持措施。②B，等高草带处理，小区内种植玉米或花生，并在距坡底5 m、10 m、15 m处分别种植百喜草带，每个草带的宽度为30 cm，草带方向与等高线平行。③S，覆盖稻草，在作物生长期间用稻草全面覆盖表土，干稻草切割成长度为10～15 cm小段，按每年1 kg/m^{2}的用量覆盖整个小区地表。④PAM，作物种植期间在地表施用聚丙烯酰胺保水剂，与地表土壤混匀，用量为每年20 kg/hm^2。⑤SPAM，稻草覆盖+聚丙烯酰胺保水剂，二者的用量同上。⑥BPAM，等高草带+PAM，作物种植期间采用等高草带同时地表施用聚丙烯酰胺保水剂，用量同上。

在上述水土保持措施试验在田间实时的同时，在室内进行了相关的土柱模拟培养及蒸发试验，研究稻草施用量、氮肥施用量的效果。在玉米作物或花生作物生长期间，监测了土壤含水量和作物长势等指标，并且测量了坡面产流和泥沙，分析了土壤和作物干旱状况。田间试验连续进行了6年，重点研究了农田水土保持措施对红壤季节性干旱的影响，本章下文为部分试验结果。

一、水土保持措施对红壤氮矿化的影响

（一）不同含水量下稻草覆盖对氮矿化的影响

室内控制条件下的氮矿化试验研究结果表明，稻草覆盖降低了红壤氮净矿化量，并且覆盖对土壤氮矿化作用的影响因土壤含水量不同而异，随土壤含水量增加土壤中氮净矿化量增加。覆盖与不覆盖处理培养0～60 d过程中土壤氮素净矿化量的变化显示（图7.1），当土壤含水量为0.15 cm^3/cm^{3}时，覆盖与不覆盖处理在前40 d的氮净矿化量无明显差异，40 d后覆盖处理的氮净矿化量略低于不覆盖；土壤含水量为0.20 cm^3/cm^{3}时，覆盖处理的土壤氮素净矿化量均低于不覆盖处理；土壤含水量为0.25 cm^3/cm^{3}时，培养40 d时覆

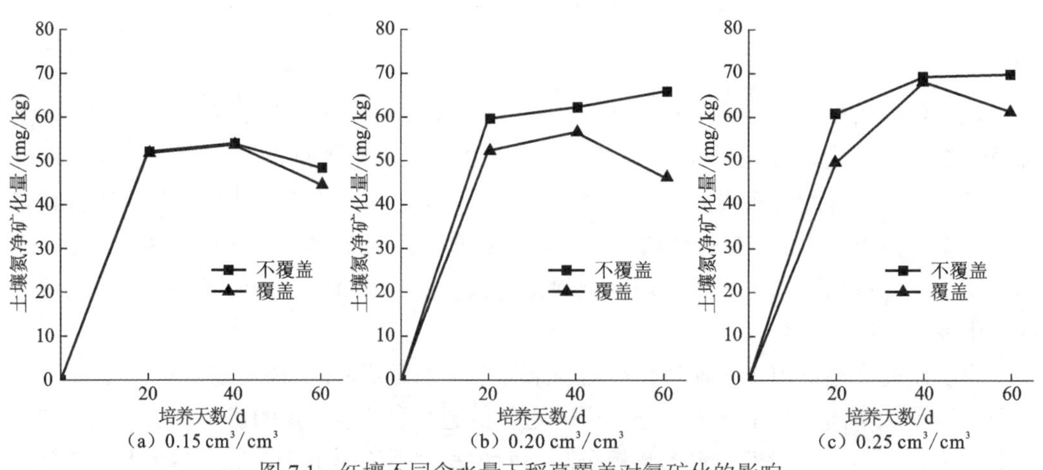

（a）0.15 cm^3/cm^3　（b）0.20 cm^3/cm^3　（c）0.25 cm^3/cm^3

图7.1　红壤不同含水量下稻草覆盖对氮矿化的影响

稻草覆盖量1 kg/m^2，氮肥施用量140 kg N hm^{-2}，培养温度30 ℃

盖与不覆盖处理的氮净矿化量无显著差异，培养 60 d 覆盖处理明显低于不覆盖处理。结果表明，稻草覆盖处理总体上削弱了土壤的氮矿化作用，但不同土壤含水量条件下覆盖处理对土壤氮矿化影响不同。含水量较低时，覆盖与不覆盖处理土壤中氮净矿化量差异较小；含水量升高时，覆盖与不覆盖处理的差异增大。

雨季红壤含水量较高，大田作物覆盖度不高，容易发生水土流失，稻草覆盖能起到保水保土作用，同时上述结果表明稻草覆盖减少了土壤中氮矿化量，从而减少了土壤氮素的流失。但需要注意的是，覆盖引起的土壤中氮素矿化量的减少也可能影响土壤对作物的氮素供应。

覆盖不仅影响了土壤氮净矿化量，同时对土壤氮矿化中硝态氮和铵态氮的含量也有影响。试验结果表明（表 7.1），覆盖对土壤中硝态氮、铵态氮含量的影响因土壤含水量和土壤温度的不同而不同。两种土壤含水量下，低温（20℃）时覆盖减少了土壤中硝态氮含量而增加了铵态氮含量；土壤含水量较低（0.15 cm^3/cm^3）时，高温（30℃和 40℃）条件下覆盖对土壤中硝态氮、铵态氮影响较小；土壤含水量较高时（0.25 cm^3/cm^3），高温（40℃）下时覆盖增加土壤硝态氮含量，减少铵态氮含量。硝态氮和铵态氮的溶解能力和随水流失的能力不同，而且其含量及比例会影响作物的生长（江永红 等，2001），因此要选择合适的覆盖时机。对于红壤，春季为雨季，且作物处在苗期，此时水土流失最强而作物需氮量不高，地表覆盖可以起到更好的作用，是合适的覆盖时机。

表 7.1　不同水热条件下稻草覆盖对土壤硝态氮和铵态氮含量的影响

土壤含水量/（cm^3/cm^3）	温度/℃	不覆盖		覆盖	
		硝态氮含量/（mg/kg）	铵态氮含量/（mg/kg）	硝态氮含量/（mg/kg）	铵态氮含量/（mg/kg）
0.15	20	36.16	59.87	16.74	62.53
	30	40.85	60.46	40.41	57.06
	40	24.18	77.12	26.72	83.79
0.25	20	104.16	5.73	75.53	18.15
	30	120.67	2.06	113.65	20.53
	40	73.38	41.20	83.80	33.97

注：氮肥施用量 140 kg/hm^2，稻草覆盖用量 1 kg/m^2

（二）不同温度下稻草覆盖对氮矿化的影响

土壤氮矿化（包括稻草秸秆自身腐解矿化）受水热条件影响极大，从而氮素流失受土壤环境变化影响。土壤在中等含水量和中等施氮量时，不同温度下覆盖处理对土壤氮素净矿化量影响的结果表明（图 7.2），三个温度情形下，稻草覆盖都降低了土壤氮矿化，但在低温下（20℃）降低幅度更大。20℃时覆盖与不覆盖之间有明显差异，30℃时两者的差异较 20℃时缩小。而 40℃时[培养前期（40 d 前）]，土壤氮素净矿化量覆盖低于不覆盖，培养 60 d 覆盖处理土壤氮净矿化量持续增加，并接近不覆盖处理，说明覆盖减少氮素矿化的作用会随着温度的升高而减弱。一些研究表明覆盖可以改变农田土壤温度，起到降低地温变化幅度的作用（晋凡生和张宝林，2000）。在气温较低时，覆盖增加地温利于土壤氮素矿化，可以提高土壤对作物的供氮能力；而在高温时，覆盖降低土壤温度有利于抗旱保墒。

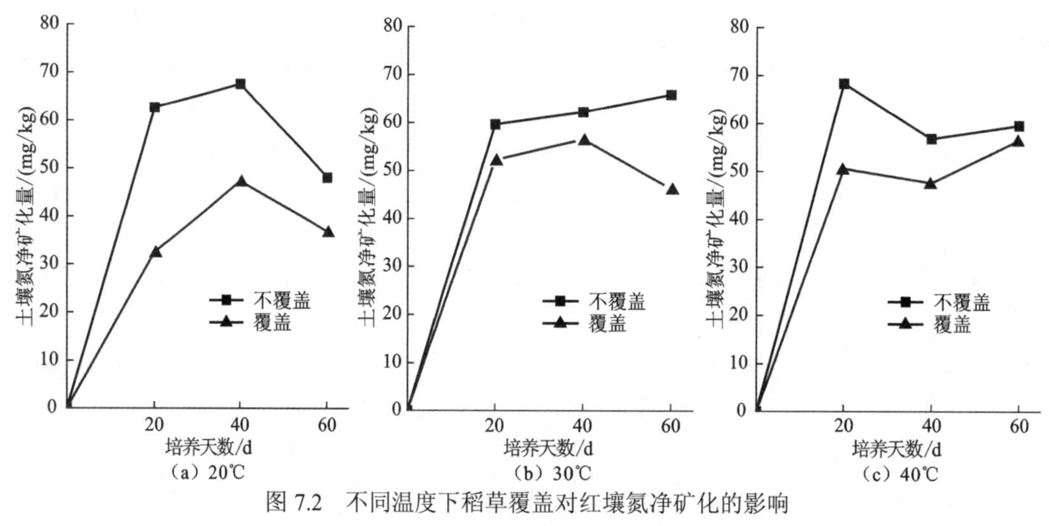

图 7.2　不同温度下稻草覆盖对红壤氮净矿化的影响

稻草覆盖量 1 kg/m^2，氮肥施用量 140 kg/hm^2，含水量 0.20 cm^3/cm^3

（三）不同施氮水平下稻草覆盖对氮矿化的影响

由于稻草覆盖降低了土壤氮素矿化量，影响了对作物氮素供应，因此在稻草还田的同时一般配合施用化学氮肥。从另一方面看，就是在施用化学氮肥的时候，为了减少氮肥的损失，需要配合施用秸秆。研究结果表明（图 7.3），随着化肥施用量增加，土壤氮的净矿化量增加；无论化肥施用量高低，稻草覆盖都显著降低土壤氮的净矿化量，培养 60 d 时 3 个施氮水平的氮素净矿化量分别下降了 116.6%、18.1%、13.5%，在不施化学氮肥的处理中出现了土壤氮净矿化亏缺，这将严重影响作物生长。从研究结果看，对于水土流失严重，氮肥力水平低下的红壤，在采取稻草覆盖保持水土的同时也应当配合施用氮肥，稻草覆盖配合化学氮肥（纯 N）140 kg/hm^2 的用量，可以维持土壤有效氮在中等偏低的水平（40～50 mg/kg），而要保持氮素营养充足，需要化学氮肥的用量达到 280 kg/hm^2，可以维持土壤有效氮在较高的水平（70～100 mg/kg），保证作物正常生长。

上述结果表明，红壤地表覆盖稻草，能够显著降低土壤中的矿质氮（硝态氮和铵态氮）的含量，这有利于减少农田氮素流失，起到调控土壤氮素的作用，但是土壤有效氮含量降低会影响作物生长，特别在作物生长旺盛期，缺氮抑制作用更明显，需要配合氮肥施用。总体上看，由于稻草覆盖改善了土壤水分状况并降低了土壤有效氮，稻草覆盖有利于调控作物干旱，增加土壤-作物系统的抗旱能力，但是要考虑覆盖时机和土壤养分状况。

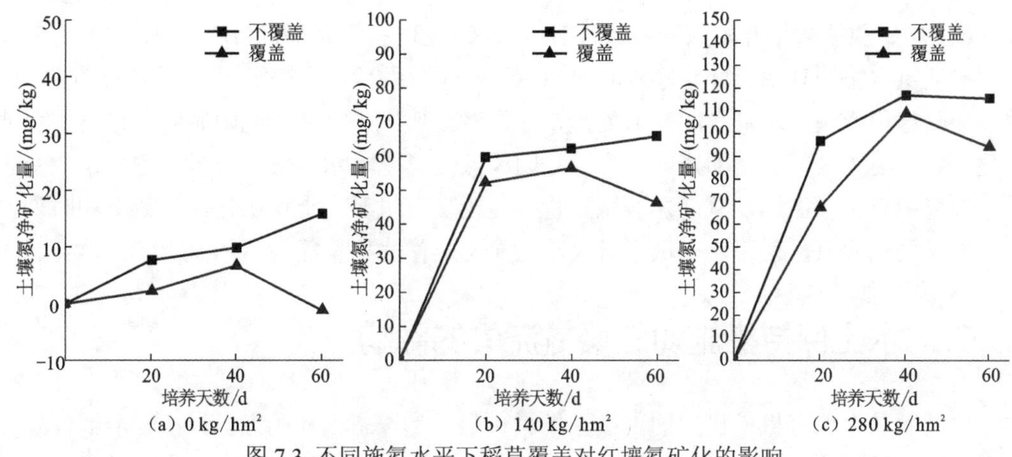

图 7.3 不同施氮水平下稻草覆盖对红壤氮矿化的影响

稻草覆盖量 1 kg/m^2，培养温度 30 ℃，含水量 0.20 cm^3/cm^3

（四）不同水土保持措施对田间红壤氮矿化量的影响

在田间环境下比较了等高草带（B）、稻草覆盖（S）、土壤保水剂（PAM）等几种水土保持措施对红壤氮素矿化的影响。结果进一步证明了稻草覆盖（S）显著降低了土壤>0～20 cm 和>20～40 cm 土层的矿质氮含量，施用土壤保水剂 60 d 后则显著增加了土壤中的矿质氮含量，而等高草带（B）对>0～20 cm 土层矿质氮素含量没有显著影响，但是也是在两个月之后显著增加了>20～40 cm 土层的矿质氮素含量（图 7.4）。施用土壤保水剂（PAM）增加玉米生长中后期土壤矿质氮含量的原因，可能与土壤保水剂（PAM）保持了更多土壤水分，减少了氮素流失有关；等高草带（B）在玉米生长中后期增加>20～40 cm 土层的矿质氮含量的原因，与草带拦截了地表径流减少了表土流失有关。结果还表明，>20～40 cm 土层的矿质氮含量高于>0～20 cm 土层，表明玉米根系吸收土壤有效氮主要在>0～20 cm 土层，对深层土壤氮吸收少。这些结果说明水土保持措施能够改善红壤根层氮素供应状况。

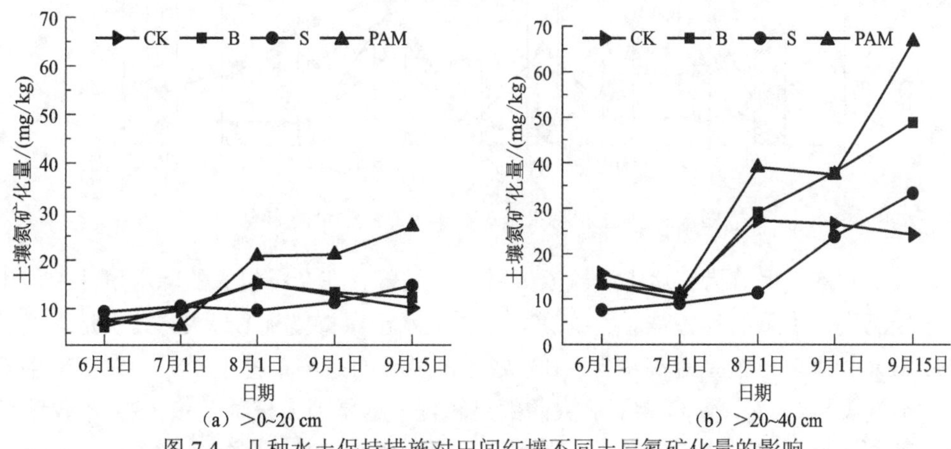

图 7.4 几种水土保持措施对田间红壤不同土层氮矿化量的影响

虽然稻草覆盖（S）降低了红壤根层的矿质氮含量，但是降低的幅度并不大（而室内培养实验则是大幅度显著降低），同时注意到，在 90 d 之后稻草覆盖（S）处理的>0～

20 cm 土层矿质氮含量开始回升并超过对照（CK）处理和等高草带（B）处理，>20～40 cm 土层矿质氮含量回升明显并且超过对照（CK）处理（图 7.4），这表明无论是稻草覆盖（S）处理还是施用土壤保水剂（PAM）处理，它们对红壤矿质氮的影响随时间和作物生育期变化，它们对土壤氮矿化的影响一方面是因为改变了土壤水热条件，另一方面是改变了土壤环境中有机碳氮比，从而影响微生物矿化土壤有机氮。土壤矿化氮的数量和时期，将影响作物吸收氮，也影响土壤氮流失，从而影响作物抗旱能力。

二、水土保持措施对红壤氮流失的影响

化肥氮及土壤有机矿化后的土壤无机氮（主要是铵态氮和硝态氮）由于溶解性好，容易随地表径流流失。农田水土保持措施可以减少径流和泥沙，从而减少土壤氮的流失。在 8° 坡度的红壤上的观测结果显示（图 7.5），土壤氮的流失随时间波动剧烈，土壤氮流失量与降水量并不完全同步。例如，7 月 5 日虽然降水量不大，但是氮素的流失量是最大的，可能是由于此时处于玉米生长的前期，土壤的温度和含水量比较合适土壤有机氮的矿化，土壤的有机氮矿化比较多，作物对氮素的吸收比较少，地表覆盖比较少，所以氮素的流失较多。而到了中后期（如 7 月 14 日），地表覆盖增大，玉米对氮素的吸收增多，虽然降水量很大，但是全氮的流失量较少。

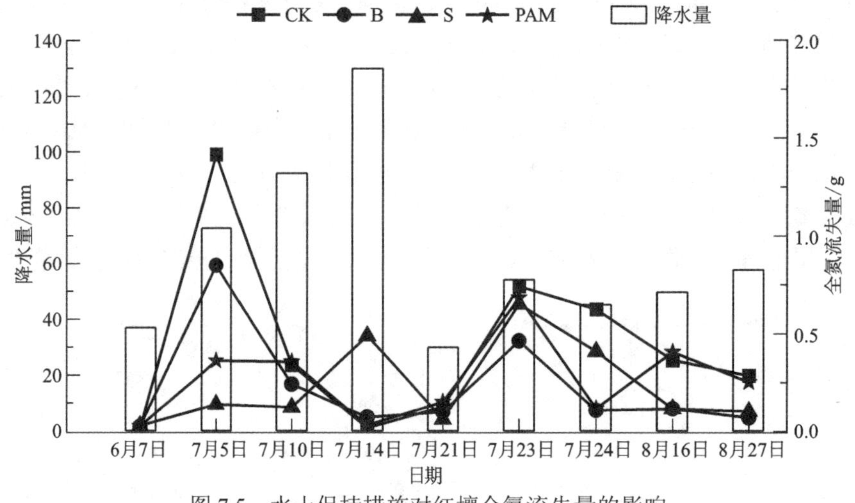

图 7.5　水土保持措施对红壤全氮流失量的影响

采取不同水土保持措施后土壤氮流失量差异显著。在 9 场较大的降水事件中，土壤氮素养分流失大小总的趋势是对照（CK，不采取水土保持措施）最大，其次是土壤保水剂（PAM）处理，再次是等高草带（B）处理，最小的是稻草覆盖（S）。在玉米生长前期，稻草覆盖（S）对减少红壤氮流失的效果较好，这是因为稻草覆盖（S）不仅降低了土壤氮素矿化量，还覆盖起到保水保土作用，因此大幅度减少了氮素的流失。等高草带（B）在早期减少氮流失的效果较差，而在后期则有明显的效果，主要是由于草带在前期还没有生长旺盛，保土保水较差，而在后期草带生长旺盛，开始发挥效果，但也可能是

因为草带吸收了土壤氮素，降低了氮的流失。土壤保水剂（PAM）有一定的减少氮流失的效果，但效果不是很好，特别在后期没有体现出减少氮流失的效果，其原因可能是土壤保水剂（PAM）施用在土壤表层，在前期降水的作用下（如 7 月的三场大降水）土壤保水剂（PAM）可能被径流冲刷而与土壤一起流失，失去了保水改土作用。如何在红壤上合理施用土壤保水剂（PAM）需要更多的研究。

三、水土保持措施对作物水氮利用的影响

（一）作物氮吸收和氮利用率

1. 作物吸氮量

由于农田水土保持措施改变了土壤矿质氮的含量，并且改变了土壤水热条件，因此影响作物对土壤氮和肥料氮的吸收利用。由玉米收获时测量结果表明（图 7.6），三种水土保持措施中，稻草覆盖（S）处理和等高草带（B）的玉米吸收的氮较多，其次是土壤保水剂（PAM）处理，没有采取水土保持措施的对照最少。初步看上去这一结果与前文所述的稻草覆盖（S）降低了土壤氮矿化矛盾，但是考虑到稻草覆盖的后期土壤氮矿化回升明显，并且稻草覆盖（S）减少了氮流失，再加上稻草的保水作用和调控土壤温度，这些有益的方面综合起来，促进了玉米作物对氮的吸收。等高草带（B）的作用与稻草覆盖类似，起到了减少氮素流失的作用从而促进作物对氮的吸收。土壤保水剂（PAM）促进玉米作物氮吸收效果不明显，可能是前期集中的暴雨把土壤中的土壤保水剂（PAM）连同表土泥沙一起冲刷了，没有发挥土壤保水剂（PAM）的保水作用有关。土壤保水剂（PAM）主要用于表土保水，但是在暴雨集中的坡耕地红壤上，将土壤保水剂（PAM）施用在表层土壤中是不恰当的施用方法。

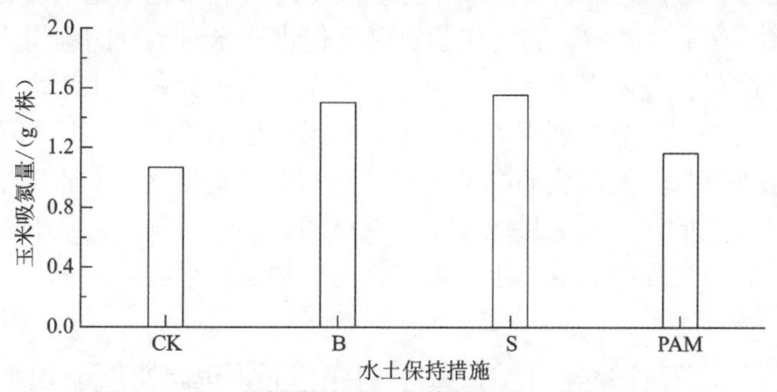

图 7.6 水土保持措施对玉米植株吸收土壤氮的影响

2. 作物氮利用率

稻草覆盖（S）一方面降低了土壤氮矿化量，另一方面减少氮流失，稻草覆盖量的不同将改变土壤供氮与作物吸氮之间的关系，进一步影响氮利用率。为了验证稻草覆盖量是否影响作物氮利用率以及确定红壤合适的覆盖量，在田间开展了三个化学氮肥水平和三个稻草覆盖量水平（M0 无覆盖、M1 覆盖量 5 000 kg/hm^2、M2 覆盖量 1 000 kg/hm^2）的玉米作物试验。研究结果表明（表 7.2），稻草覆盖在低化学氮肥水平下降低了氮利用

率，在高化学氮肥水平下则可增加作物氮利用率，红壤稻草覆盖量以 M1 即 5 000 kg/hm^2 左右较好。不施化学氮肥和施化学氮肥 140 kg/hm^2 时，稻草覆盖（S）降低作物氮利用率，但提高了化肥氮利用率。施化学氮肥 140 kg/hm^2 条件下，与不覆盖相比，稻草覆盖 M1 和 M2 玉米氮利用率分别降低了 22.5%和 24.9%。但在化学氮肥用量 280 kg/hm^2 条件下，稻草覆盖（S）增加作物氮利用率，其中覆盖 M1 条件下氮利用率达到最大值。化学氮肥水平影响作物氮利用率，也影响氮肥利用率，不同施氮水平和覆盖水平下，稻草覆盖（S）均增加了氮肥利用率。

表 7.2　稻草覆盖量对红壤玉米作物水氮利用率的影响

化学氮肥水平/（kg/hm^2）	氮利用率/（籽粒 kg/N kg）			氮肥利用率/%			WUE/[kg/（mm hm^2）]		
	M0	M1	M2	M0	M1	M2	M0	M1	M2
0	40.93	33.76	29.46	—	—	—	3.44	3.77	2.72
140	40.31	31.25	30.29	15.23	19.73	48.64	4.82	5.06	5.16
280	26.06	33.91	27.46	19.21	22.32	56.18	4.66	6.17	6.29

注：M0、M1 和 M2 分别代表稻草覆盖量 0 kg/hm^2、5 000 kg/hm^2 和 1 000kg/hm^2

（二）作物 WUE

稻草覆盖和氮肥的施用都会影响玉米的 WUE（表 7.2）。不施氮肥条件下，适量覆盖（M1）可以使 WUE 升高，而过量覆盖（M2）时 WUE 为 2.72 kg/mm hm^2，较 M0 和 M1 分别降低了 20.9%和 27.9%；施氮 140 kg/hm^2、280 kg/hm^2 时，随着覆盖量的增加，WUE 也增加，但 M1 与 M2 之间的差异不大。结果还表明，无稻草覆盖 M0 条件下，WUE 在化学氮肥 140 kg/hm^2 时达到最大；在 M1 和 M2 条件下，随着施氮量的增加，WUE 呈增加趋势。研究结果表明在水分含量较低时，过量施用化学氮肥并不会提高玉米 WUE，当水分含量较高时，施用化学氮肥会促进玉米对水分的利用。由以上结果可以看出，水分和化学氮肥两者具有相互促进的作用，覆盖改善了土壤水分含量，同时合理施用化学氮肥会提高水分的利用效率。上述结果产生的原因，与稻草覆盖改变了碳氮比和土壤水热条件有关，而改变的幅度大小，随稻草用量变化，也随土壤条件以及当地气象条件变化，合理的稻草覆盖量应该根据具体的田间情况确定，从而消除稻草覆盖的不利作用而发挥稻草覆盖的有益作用，最终提高作物的抗旱能力。

第三节　水土保持措施与红壤物理性质

一、水土保持措施对地表物理结皮的影响

（一）地表结皮的影响因素与危害

农田水土保持措施，除了直接拦截径流和泥沙，直接减少表土蒸发之外，还可以通过保护表土结构而促进降水入渗、减少地表产流而间接起到保水抗旱的作用。农田水土

保持措施可以通过不同的途径起到保水抗旱的作用，但在红壤农田这方面的研究不多，水土保持的抗旱效果和抗旱途径机理不明确。

土气界面是土壤与大气进行水分和能量交换的地方，界面的性质将极大影响水分在界面的进出，既影响入渗也影响蒸发，又影响径流产沙，因此调控土气界面是雨养农业区土壤水分管理和抗旱的关键环节。红壤区降水集中，水蚀对土壤地表物理性结皮、表土团聚体结构和孔隙状况都有显著的影响，这些变化会极大改变土壤水分状况及作物水分吸收和抗旱。土壤地表物理结皮是由降水打击夯实表层土壤导致土壤团聚体发生物理变化而形成一层致密性硬壳结构，结皮覆盖在地表影响降水入渗、地表产流、蒸发、土壤通气、种子出苗等，当然也影响土壤水分状况和抗旱能力。

物理结皮分为结构结皮和沉积结皮两种类型，可能还存在第三种结皮（化学结皮），不同的结皮类型反映不同的结皮形成机理。结构结皮是指土壤团聚体在雨滴的打击作用下破碎、重新排列、压实后在地表形成的土壤致密“土壳”；沉积结皮则是指在径流搬运和沉积作用下一些细小的土壤颗粒随水流进入土壤的传导孔隙，而在结构结皮下形成的密度较大的土层；化学结皮是当土壤的可交换钠百分比达到一个临界值时，土壤将会发生化学弥散现象，弥散的土壤细小颗粒同样会由径流搬运和沉积作用进入土壤的传导孔隙，从而引起土壤致密层的形成。

农田中更多的是结构结皮。结皮的形成要经历三个主要的作用过程，即雨滴的打击使土壤表层团聚体破碎；入渗径流挟带的细小土壤颗粒沉积并堵塞土壤大孔隙；雨滴的冲击作用压实地表，从而在土壤表层形成了致密的土壤结皮。土壤结皮形成的影响因素主要包括土壤特征、降水和地形地貌特征。其中，降水是直接影响土壤结皮产生的决定性因素，而雨滴打击是形成土壤结皮的主要动力因素。黄土结皮研究表明，当坡度一定时黄土地表结皮强度（kg/cm^2）随着降水动能（J/m^2）增大而呈非线性递增，土壤结皮的形成是一个随降水历时的延长而逐步完善的过程。红壤区暴雨多，雨强大，极易破坏表土结构而形成土壤结皮。土壤结皮形成之后，导水率只有未扰动土壤的 1/200，最表层的土壤结皮甚至只有 1/2 000。

结皮的土壤由于稳定入渗速率降低，在同样的雨量和雨强的条件下，能形成地表径流的流量相对较大，对土体的补给量减少，严重影响深层土壤蓄水量。由于径流水分从地表带走的团聚体和黏粒表面吸附着或本身就含有大量的营养元素，从而使土壤肥力不断降低，与此同时，表土结构遭到破坏并使团聚体胶结物质有机质流失，土壤性质恶化，如抗剪力增加、适耕性降低等。因此，在红壤农田采取水土保持措施，减少地表结皮，可以起到保水抗旱的作用。

（二）红壤地表结皮特征

红壤在没有水土保持措施情况下，中等降水之后即可形成物理结皮，图 7.7 表明，不同水土保持措施下，红壤地表状况差异甚大。以结皮数量统计，面积$<1\ cm^2$的结皮占 19.8%，面积 1～5 cm^2 占 73.6%，面积$>5\ cm^2$ 占 6.6%，90%以上的结皮面积小于 5 cm^2。施用土壤保水剂（PAM）处理后，面积$>5\ cm^2$ 的结皮数量没有变化，但$<1\ cm^2$ 的结皮

数量占比增加到 39.0%，说明土壤保水剂（PAM）使结皮变小，有一定的抑制结皮的作用。等高草带（B）对结皮大小分布没有影响。稻草覆盖（S）处理下，地表没有结皮，完全抑制了结皮产生。在结皮面积覆盖度方面，对照（CK）处理和等高草带（B）处理没有差别，为 80%左右；而土壤保水剂（PAM）处理降低了结皮覆盖度，为 70%左右；稻草覆盖（S）处理的结皮覆盖度则为 0%。在有结皮的三个处理中，结皮的厚度没有差别，平均为 1.5～1.6 mm。对照处理（CK）和等高草带（B）处理下结皮的硬度（潮湿状态下贯入仪测量）接近，为 158.4～169.8 kPa，而土壤保水剂（PAM）处理降低结皮硬度至 101.7 kPa，说明土壤保水剂（PAM）改变了表土结构性质。

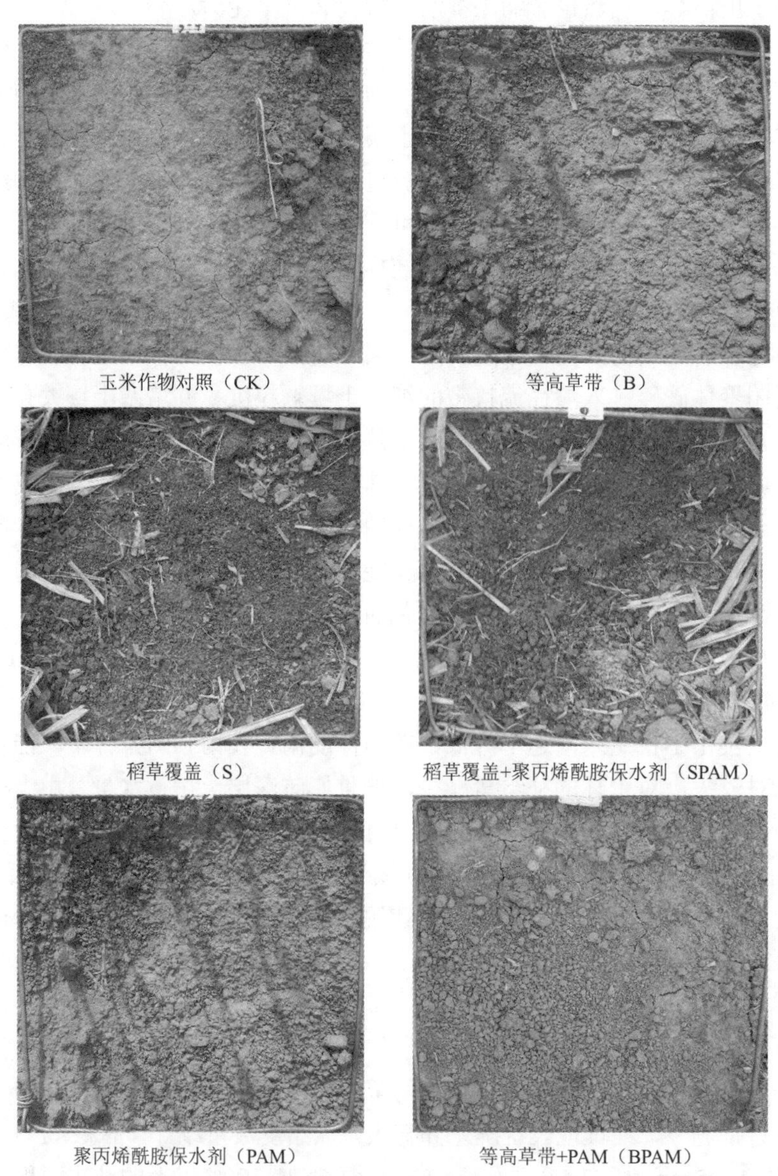
玉米作物对照（CK）　　等高草带（B）

稻草覆盖（S）　　稻草覆盖+聚丙烯酰胺保水剂（SPAM）

聚丙烯酰胺保水剂（PAM）　　等高草带+PAM（BPAM）

图 7.7　几种水土保持措施下红壤旱季地表物理结皮状况

实际上地表结皮状况变化剧烈，结皮特性在不同季节、不同水土保持措施下差异甚大，前述的一些量化指标是某一个时期的测量结果。在其他时期测量结果表明（表 7.3），结皮的大小、结皮厚度、结皮面积覆盖度均发生了较大的变化。但仍然可以得到一些发生规律。①无论雨季还是旱季，红壤地表都产生物理结皮。②雨季产生的结皮，尺寸更大，结皮面积覆盖度更高。③不同时期结皮厚度差异很大，可能与降水特征不同导致的分散和聚集的土壤细颗粒不同有关。④稻草面积覆盖（S）使结皮消失。⑤土壤保水剂（PAM）有抑制结皮发生的效果，降低结皮尺寸，减小结皮厚度，减小结皮覆盖度。⑥等高草带（B）能降低结皮尺寸，减小结皮面积覆盖度，但仍维持结皮厚度，可能与草带拦截了土壤颗粒有关。

表 7.3　水土保持措施对红壤地表物理结皮特征的影响

季节	水土保持措施	结皮大小/cm^2	结皮厚度/mm	结皮面积覆盖度/%
雨季	CK	35.4a	4.8b	81.6a
	B	31.4a	4.7b	70.2b
	S	0	0	0
	PAM	20.6b	3.2c	31.2c
	SPAM	0	0	0
	BPAM	25.0b	5.8a	30.1c
旱季	CK	29.8a	6.0a	57.6a
	B	28.0a	5.8a	35.8b
	S	0	0	0
	PAM	22.0b	3.9b	24.6c
	SPAM	0	0	0
	BPAM	21.8b	6.4a	28.6bc

（三）红壤地表结皮与干旱的关系

地表结皮由于改变了土气界面的水分交换，从而影响土壤水分状况，在旱季影响土壤干旱程度。在一场降水之后，在地表用铁丝网圈出方形区域，测量地表结皮特征，然后在随后连续 20 d 的干旱过程中，监测了>0～20 cm 土层的平均干旱强度 I 和干旱程度 D，并统计分析了土壤干旱指标与地表结皮指标的相关性。表 7.4 列出了不同水土保持措施下地表结皮特征指标与土壤干旱指标。结果显示，对照（CK）处理结皮数最高（7.8），结皮厚度位列第二（6.0 mm），结皮覆盖度最高（57.6%），最终干旱程度 D 最高（0.54），平均干旱强度 I 最大（0.018 4）。而没有结皮的两个处理[稻草覆盖（S）和稻草覆盖+聚丙烯酰胺保水剂（SPAM）]的干旱程度和平均干旱强度较低。施用土壤保水剂（PAM）处理和等高草带（B）处理的干旱程度和干旱强度居中。进一步相关分析表明，土壤干旱程度 D 与结皮数（r=0.868，P<0.05）、结皮厚度（r=0.720，P<0.05）和结皮覆盖度（r=0.899，P<0.01）呈显著或极显著正相关，说明结皮影响了土壤干旱进程。表 7.4 还

显示，水保措施还改变了表土的团聚体特征和孔隙状况，下文对此将作详细论述。总之，水土保持措施可以通过影响地表结皮而影响红壤干旱，其中稻草覆盖抑制结皮产生，土壤干旱程度最低。

表 7.4　红壤地表结皮特征及团聚体特征与表土干旱指标

水土保持措施	地表结皮特征			团聚体特征		孔隙状况			表土干旱指标	
	结皮数/个	结皮厚度/mm	结皮覆盖度/%	MWD/mm	$WSA_{0.25}$/%	孔隙率/%	平均孔径/mm	平均面积/mm^2	干旱程度 D	平均干旱强度 I
CK	7.8	6.0	57.6	0.79	38.28	7.75	0.11	0.08	0.54	0.0184
B	5.2	5.8	35.8	0.74	43.29	7.75	0.18	0.12	0.47	0.0139
S	0	0	0	0.81	61.07	9.01	0.65	0.11	0.44	0.0092
PAM	4.6	3.9	24.6	0.83	48.83	8.44	0.39	0.14	0.50	0.0148
SPAM	0	0	0	0.90	60.70	12.08	0.39	0.22	0.38	0.0056
BPAM	5.5	6.4	28.5	0.79	51.39	9.72	0.32	0.15	0.41	0.0104

注：$WSA_{0.25}$，大于 0.25 mm 水稳性团聚体含量

二、水土保持措施对表土结构的影响

（一）土壤团聚体

1. 团聚体指标

红壤雨季水蚀不仅在地表产生结皮，也会影响结皮之下土壤的结构。降水过程中，土壤中的部分团聚体在水分消散和击打作用下，分解成为细小的黏粒，随着渗漏水流进入到紧接表层的土壤孔隙中，并且沉淀下来，堵塞土壤表层的孔隙，使得土壤的孔隙度降低。红壤在降水过程中，表土结构被破坏主要表现为孔隙状况（大小、形状、面积占比等）在时间和垂直深度上的变化，当表土孔隙结构有较明显破坏时，时段降水入渗量及侵蚀产流产沙量相应随之下降和上升。因此水蚀导致的土壤团聚体结构变化，会影响雨季降水入渗以及干旱时期的水分散失，并且影响作物根系生长，从而影响干旱状况。

在雨季和旱季典型降水后采集土壤表层（>0～20 cm）样品，用湿筛法测量了土壤水稳性团聚体 MWD 和>0.25 mm 水稳性团聚体含量（$WSA_{0.25}$）。结果表明（图 7.8），水土保持措施对 MWD 影响较小，不同措施之间的差异大多不显著，对照（CK）措施下的 MWD 与其他 3 种水土保持措施差异<2%；而水土保持措施对 $WSA_{0.25}$ 影响较大，有的措施之间差异显著（尤其旱季），其中，对照（CK）措施下的 $WSA_{0.25}$ 较等高草带（B）和等高草带+PAM（BPAM）处理低 6%～12%，较稻草覆盖（S）和稻草覆盖+聚丙烯酰胺保水剂（SPAM）处理低 29%～37%。说明水蚀主要破碎了部分土壤大团聚体，使部分大团聚体成为更小的土壤结构体，而水土保持措施可以起到保护大团聚体的作用。

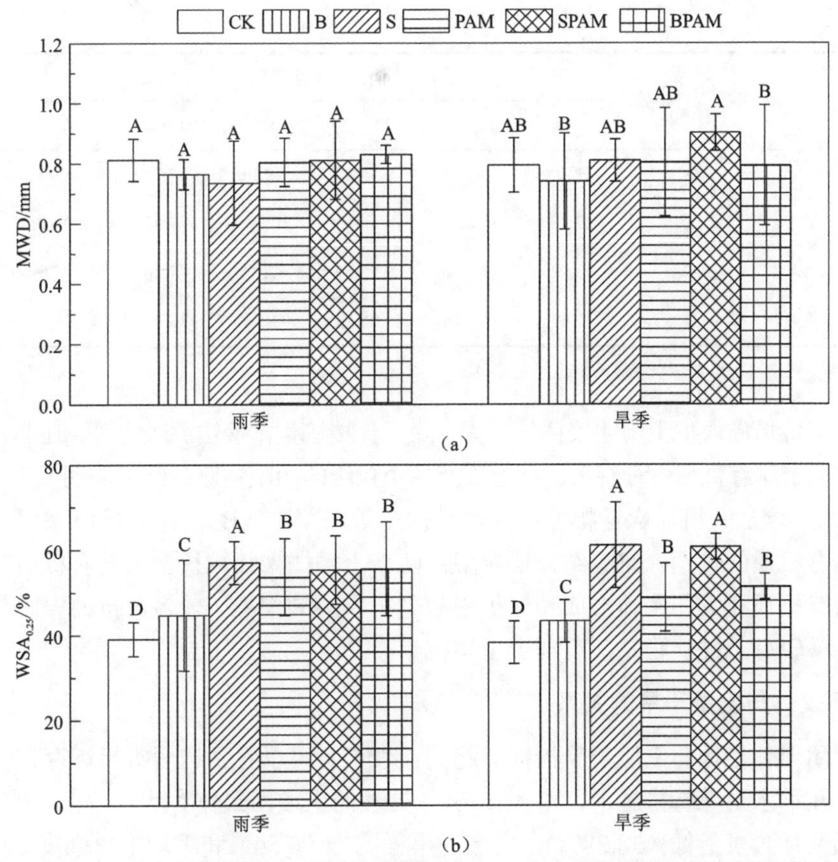

图 7.8　水土保持措施对红壤表层团聚体 MWD 和水稳性团聚体特征的影响

$WSA_{0.25}$ 表示大于 0.25 mm 水稳性团聚体占比；同一土层深度不同大写字母表示水土保持措施间差异显著

在水土保持措施实施了三年之后，进一步采用干筛法分析了不同水土保持措施下各个粒径土壤团聚体的分布情况（表 7.5），结果与湿筛法一致。没有采取水土保持措施的对照（CK）处理，≤0.25 mm 团聚体占比最高，稻草覆盖（S）处理最小；稻草覆盖（S）下，>0.25 mm 团聚体中除>0.5～1 mm 级别外其余各个级别占比都是最高；而土壤保水剂（PAM）处理下，>0.5～1 mm 级别团聚体占比最高，>4 mm 占比最小，说明稻草覆盖（S）与土壤保水剂（PAM）对土壤团聚体的影响机制不同。等高草带（B）也有保护大团聚体的作用，但其作用大小比不上稻草覆盖（S）和土壤保水剂（PAM）。

表 7.5　水土保持措施对红壤水稳性团聚体和有机质含量的影响

项目	水土保持措施	不同大小的团聚体 /mm						土壤
		>4	>2～4	>1～2	>0.5～1	>0.25～0.5	≤0.25	
重量占比/%	CK	0.40 b	1.65 c	5.89 c	14.09 a	12.72 b	65.25 a	—
	S	0.94 a	4.60 a	10.25 a	16.57 a	16.37 a	51.27 b	—
	PAM	0.17 c	2.58 b	8.55 b	17.67 a	16.09 a	54.94 b	—
	B	0.43 b	3.18 b	9.12 b	14.70 a	15.52 a	57.05 b	—

续表

项目	水土保持措施	不同大小的团聚体 /mm						土壤
		>4	>2～4	>1～2	>0.5～1	>0.25～0.5	≤0.25	
有机质含量 /（g/kg）	CK	11.30 a	10.55 a	9.54 b	8.23 b	7.20 b	6.99 c	7.33 c
	S	12.13 a	11.81 a	11.81 a	10.77 a	9.53 a	9.43 a	9.82 a
	PAM	13.92 a	13.90 a	9.55 b	8.10 b	7.86 b	7.76 c	8.01 bc
	B	12.62 a	11.74 a	11.08 ab	9.85 ab	8.78 a	8.92 b	8.81 b

注：同列不同小写字母表示水土保持措施间差异显著

水土保持措施保护土壤团聚体的原因，除了直接遮拦雨滴击溅表土外，还与水土保持措施增加了土壤有机质含量有关。对土壤及各个粒级的团聚体测量结果表明（表 7.5），稻草覆盖（S）增加有机质含量幅度最大，其次是等高草带（B），聚丙烯酰胺保水剂也有增加土壤有机质的作用。研究结果还发现，随着土壤团聚体粒径增大其有机质含量也增加，表明有机质在大团聚体形成和保护中起到了重要的作用。较多数量的大团聚体意味着土壤质量较好且性质稳定，有利于土壤抗旱。

2. 团聚体与土壤干旱的关系

表土团聚体指标与土层干旱指标一起列在表 7.4，可以看到这两类指标存在一定的相关性。在几种水土保持措施中，对照（CK）处理的土壤团聚体 MWD 较低（0.79 mm），水稳性团聚体含量最低（38.28%），表土干旱程度 D（0.54）和平均干旱强度 I（0.0184）最高；而稻草覆盖+聚丙烯酰胺保水剂（SPAM）处理的则相反，团聚体指数值最高而干旱指数值最低。进一步统计分析表明，团聚体 MWD 和水稳性团聚体含量（$WSA_{0.25}$）与干旱程度 D 呈负相关，相关系数分别为−0.676 和−0.923，即团聚体 MWD 越大、水稳性团聚体含量越大，对应的干旱程度越低。

（二）土壤孔隙

1. 土壤孔隙状况

随着土壤团聚体结构变化，地表土壤孔隙状况也发生了变化。在旱季降水之后对不同水土保持措施处理下的地表处三个深度（2 mm、15 mm、30 mm）的土壤孔隙状况进行了染色、扫描、测定，结果显示水土保持措施对地表土壤孔隙状况有显著影响（图 7.9）。随土壤深度增加，土壤孔隙率（孔隙度）增加显著，表明红壤表土受雨滴打击和径流影响，存在表土压实或结皮的情况；土壤平均孔径随深度也有增加，CK 处理的 2 mm 深度的土壤平均孔径很小，表明表土不仅孔隙数量（孔隙率）小而且孔隙质量（孔径大小）也差，这会影响土气界面水分交换和作物根系生长。以没有水土保持的对照（CK）处理为例，土壤深度从 2 mm 到 15 mm 再到 30 mm，土壤孔隙率从 7.8%增至 12%再增至 17%，但是与其他水土保持措施处理的差异从 0%～36%降至 5%～17%再降至 2%～11%；类似地，对照（CK）措施下土壤平均孔径从 0.086 mm 增至 0.15 mm 再增至 0.18 mm，但是与各水土保持措施间差异从 28%～62%降至 4%～40%再降至 4%～27%。结果说明水蚀对最表层土壤影响更大，随深度增加影响减弱，水土保持措施能够起到保护表土孔隙的作用，依然是稻草覆盖（S）与土壤保水剂（PAM）配合的措施（SPAM）效果最好。

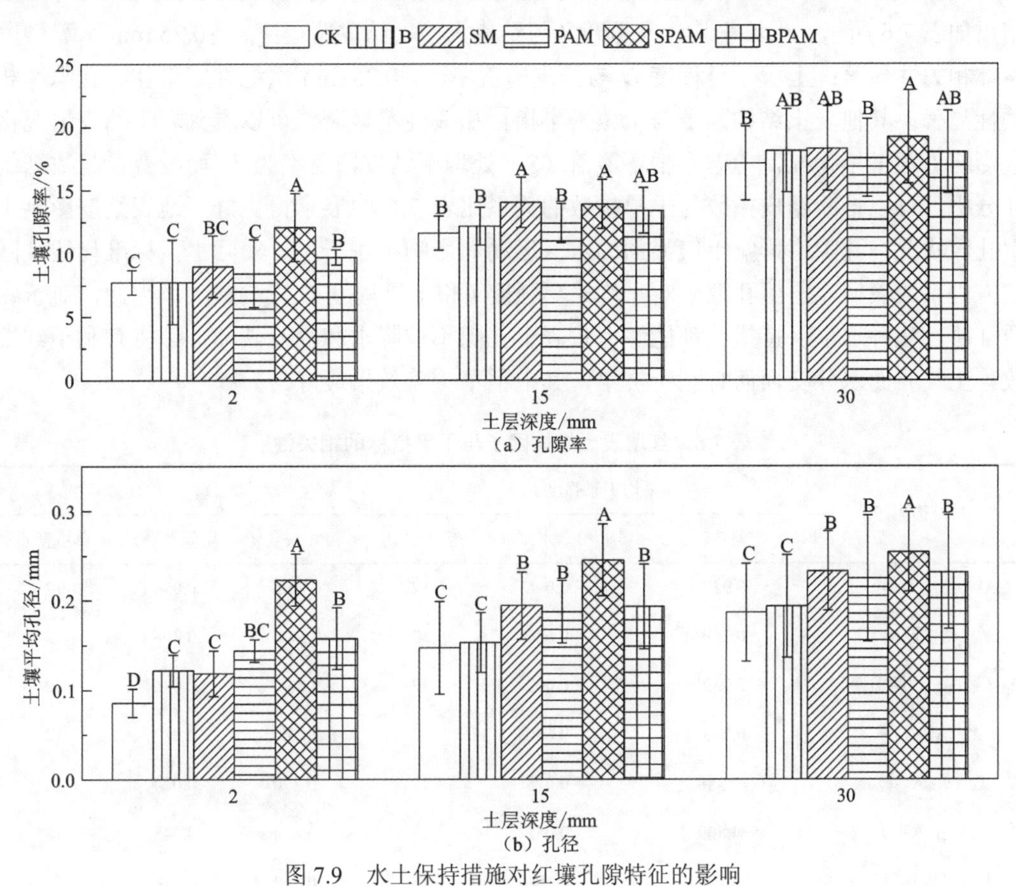

图 7.9 水土保持措施对红壤孔隙特征的影响

同一土层深度不同大写字母表示水土保持措施间差异显著

2. 土壤孔隙与土壤干旱的关系

与地表结皮和土壤团聚体类似，土壤孔隙与土壤干旱指数的关系列在表 7.4，可以直观看到土壤特征指数与干旱指数之间的关系。对照（CK）处理孔隙率（7.75%）、平均孔径（0.11 mm）和孔隙平均面积（0.08 mm^2）最低，干旱程度 D（0.54）和平均干旱强度 I（0.018 4）最高；而采取了水土保持措施的处理情况则发生了变化，其中稻草覆盖（S）+聚丙烯酰胺保水剂（SPAM）处理的土壤孔隙状况最好而表土土壤干旱指标最低，结果表明两类指标之间存在一定的相关性。进一步统计分析表明，土壤孔隙率、平均孔径和孔隙平均面积与平均土壤干旱程度的相关系数分别为−0.883、−0.651 和−0.817，呈现负相关性。

（三）表层土壤结构与红壤干旱的关系

上述土壤表层结皮特征、土壤表土团聚体特征、土壤表层孔隙特征，均受到水土保持措施影响，采取水土保持措施之后，这些表层土壤结构均得到了一定的保护，同时不同措施处理间的土壤干旱指标也发生了变化。为了研究哪些表土结构因子与土壤干旱关系更密切，以及哪种水土保持措施抗旱更有效，对这些不同量纲的因子进行归一化处理之后，分析土壤干旱指标与表土结构因子之间的相关性，并建立二者的标准化回归方程，结果如表 7.6 所示。土壤平均干旱强度 I 与结皮大小、结皮覆盖率、>0.25 mm 水稳性团聚体相关性显著；土壤干旱程度 D 与结皮覆盖率、>0.25 mm 水稳性团聚体、孔隙率相关性显著；其他表土结构因子与土壤干旱指标相关性不显著。可以看到表土结皮情况极大影响土壤干旱状况，考虑到稻草覆盖（S）处理下结皮覆盖率为 0 而没有参与数据统计分析，可以推断结皮指数与干旱指数的关系比表 7.6 中展示得更好。地表结皮影响土壤孔隙状况，孔隙率影响土气界面的水气运动而影响土壤干旱，实际上，标准化线性回归方程系数表明，土壤孔隙率对平均干旱强度 I 和干旱程度 D 影响最大。因此，对于黏质红壤，几种水土保持措施都能够保护表土孔隙不被降水和径流破坏，都将有利于红壤改善土气界面水分交换而有利于抗旱，其中稻草覆盖效果最好。

表 7.6　红壤表土结构因子与干旱指标的相关性

土壤结构因子	平均干旱强度 I			干旱程度 D		
	相关系数 r	显著水平 p	自由度 df	相关系数 r	显著水平 p	自由度 df
X_1（结皮大小）	0.928	0.008	12	0.768	0.074	12
X_2（结皮厚度）	0.749	0.086	12	0.514	0.298	12
X_3（结皮面积覆盖率）	0.959	0.002	12	0.864	0.026	12
X_4（MWD）	0.213	0.686	12	0.052	0.922	12
X_5（$WSA_{0.25}$）	−0.888	0.018	12	−0.870	0.024	12
X_6（孔隙率）	−0.809	0.052	18	−0.814	0.048	18
X_7（平均孔径）	−0.720	0.106	18	−0.762	0.078	18
标准化回归方程	$I=-0.153X_2+0.443X_4-0.482X_5-0.956X_6+0.252X_7$ $D=-0.707X_2+0.651X_4-0.511X_5-1.298X_6+0.226X_7$					

三、水土保持措施对土壤持水的影响

不同水土保持措施下土壤结构性质发生了变化，主要是减少了表土结构被雨滴击打和径流冲刷下的破坏，这种保护作用在土壤持水能力上也得到了体现。田间作物收割之后，在不同水土保持措施处理的地块采集表层土壤环刀样品，用压力膜仪测量 SWCC，结果表明红壤的持水能力发生了变化（表 7.7）。这种变化主要表现在，采取了水土保持措施之后的土壤在各个土壤水吸力下含水量有所增加，在 SWCC 上表现为曲线整体上移，其中稻草覆盖（S）处理、聚丙烯酰胺保水剂（PAM）处理、二者的组合 SPAM 处理都较大幅度增加了土壤持水能力，在低吸力段（10～50 kPa）和高吸力段（300～

1 500 kPa）都增加了土壤含水量；而等高草带（B）、等高草带+PAM（BPAM）增加土壤含水量的幅度较小，主要在高吸力段增加了土壤含水量。结果表明水土保持提高了红壤表土的持水能力，有利于维持田间土壤水分。

表 7.7　水土保持措施对红壤表土持水能力的影响　（单位：g/g）

水土保持措施	土壤水吸力							有效含水量	
	10 kPa	30 kPa	50 kPa	100 kPa	300 kPa	500 kPa	1 500 kPa	有效水 1	有效水 2
CK	0.332 2	0.254 2	0.208 4	0.192 7	0.159 9	0.150 9	0.119 6	0.212 6	0.134 6
B	0.331 0	0.248 7	0.206 5	0.181 6	0.152 3	0.146 7	0.111 6	0.219 4	0.137 1
S	0.363 8	0.272 9	0.223 8	0.207 5	0.170 1	0.158 0	0.145 2	0.218 5	0.127 7
PAM	0.352 8	0.273 0	0.252 7	0.198 9	0.171 2	0.165 2	0.148 8	0.204 0	0.124 2
SPAM	0.369 1	0.279 5	0.224 1	0.207 0	0.180 8	0.172 5	0.155 8	0.213 3	0.123 7
BPAM	0.331 0	0.259 0	0.215 7	0.198 7	0.164 9	0.148 3	0.137 6	0.193 4	0.121 4

注：有效水 1 和有效水 2 分别指土壤水吸力 10～15 00 kPa 之间和 30～1 500 kPa 之间的含水量

但土壤持水能力提升不等于增加了作物可利用的有效水。SAW 指田间持水量与萎蔫系数之间的含水量差值，一般以土壤水吸力 30 kPa 和 1 500 kPa 对应的土壤含水量差值作为有效含水量，但对黏质土壤有人认为 10 kPa 对应的含水量作为田间持水量比较好。表 7.7 列出了各个土壤水吸力下的含水量并且计算了两种有效含水量。可以看到，除等高草带（B）外，其他水土保持措施处理后，红壤田间持水量（30 kPa 对应的含水量）有明显增加，但同时萎蔫含水量（1 500 kPa 对应的含水量）也明显增加，并且增加的幅度更大，导致用两种范围指标估算的有效含水量反而降低了。从这个角度看，水土保持措施并不利于作物吸水抗旱。但是，这只是一种静态的、极限的观点，土壤持水能力的变化能否有利于作物抗旱，要看田间实际的土壤含水量是否增加和实际的有效含水量是否增加，而不能只用理论上的极限数值去评价。

第四节　水土保持措施与红壤蒸发

一、水土保持措施对红壤表层温度的影响

（一）土壤温度动态

土壤温度的高低对季节性干旱的形成和发展有重要影响，土壤温度影响蒸发，同时也受气象条件、地表状况和土壤水分状况影响，因此土壤温度处在动态波动中，受水土保持措施影响。田间监测结果表明（图 7.10），红壤 5 cm 深度的温度高于 10 cm 深度的温度，两个深度的波动基本同步，均呈近似正弦趋势上下波动。在采取了不同的水土保

持措施后，两个深度的温度都发生了变化。对照处理的温度普遍最高，稻草覆盖（S）处理的温度普遍最低，等高草带（B）和聚丙烯酰胺保水剂（PAM）处理的温度介于二者之间。不同水土保持措施之间的温差随时间变化，当温度较低的时候，水土保持措施之间的温差较小，小于 2℃；当温度较高的时候，处理之间的温差变大，最高温差可以超过 5℃。但是，即使同样的高温，在不同时期水土保持措施间的温差也不相同，这是因为除了气温以外，大气的光照、风速、空气饱和度等也影响地表的水热传输。上述结果表明，在红壤区高温期，水土保持措施具有降低红壤温度的作用，温度越高降低的效果越明显，这有利于土壤减少蒸发和作物抗旱。

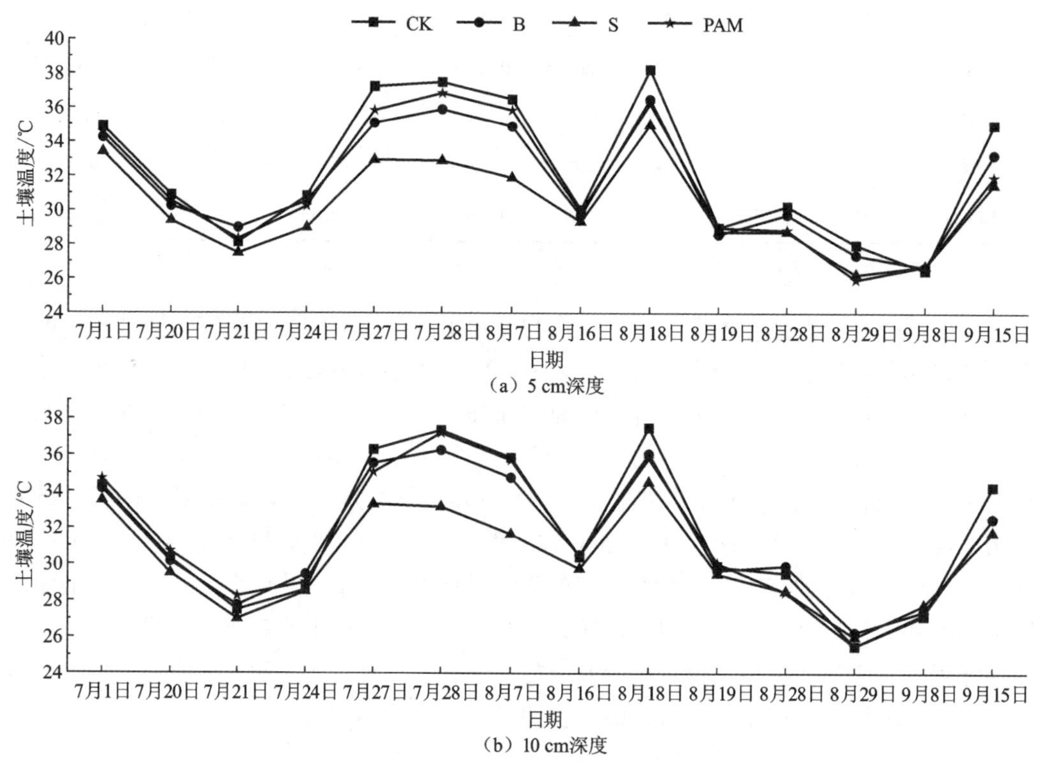

图 7.10　水土保持措施对坡耕地红壤表层温度的影响

稻草覆盖(S)对红壤温度的调控作用最大，而且也随覆盖量的不同而不同(图 7.11)。在玉米生长期间，由于作物冠层遮拦，红壤>0～10 cm 土层平均温度低于气温，土气温差可以超过 6℃。随着稻草覆盖量增加，土壤温度降低，土气温差更大。但在监测期间（红壤高温期），两个稻草覆盖量下土壤平均温度差异较小（温差 1～2 ℃），说明 5 000 kg/hm^2 的稻草覆盖量已经可以起到降低土壤温度的作用。

随着深度增加，红壤温度降低，从地表 0 cm 到 5 cm 深度温度降低幅度大，而从 5 cm 深度到 10 cm 深度土壤温度降低很少，说明土壤剖面温差主要在>0～5 cm 表层，表层土壤的温差控制土壤水分蒸发。土壤剖面温度表明（图 7.11），稻草覆盖量增加使得土壤剖面温差降低，有利于减少土壤蒸发。

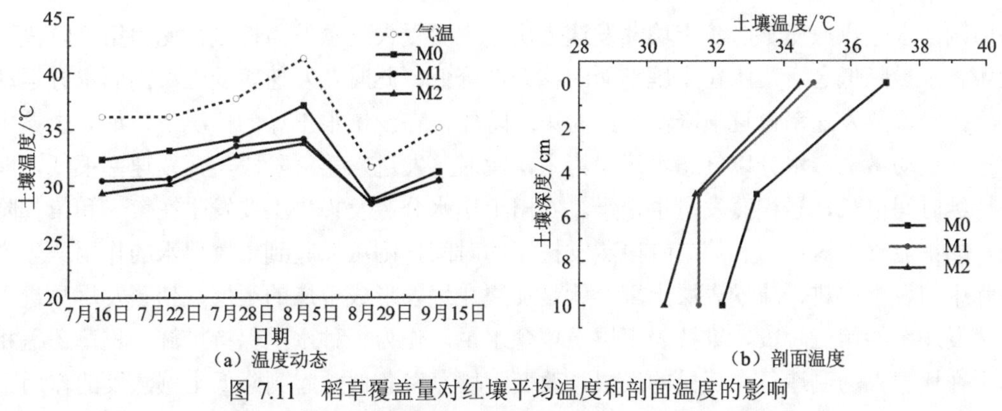

（a）温度动态　　（b）剖面温度

图 7.11　稻草覆盖量对红壤平均温度和剖面温度的影响

M0、M1 和 M2 分别表示稻草覆盖量为 0、5 000、10 000 kg/hm²

（二）土壤温度与作物产量的关系

对于处在高温期的玉米而言，白天的气温和土温较高，试验监测期间一直大于 30 ℃，气温和土温过高意味着干旱缺水的可能性越大，并不利于作物生长。结果表明（图 7.12），在一定的土壤温度范围内，土温与玉米籽粒产量成反比，尤其在 5 cm 深度土温大于 35 ℃，10 cm 深度土温大于 34 ℃之后，玉米籽粒产量显著降低，呈现阶梯式下跌（这也是一种阈值反应现象）。稻草覆盖（S）能显著降低土壤温度，有利于土壤和作物保水抗旱。

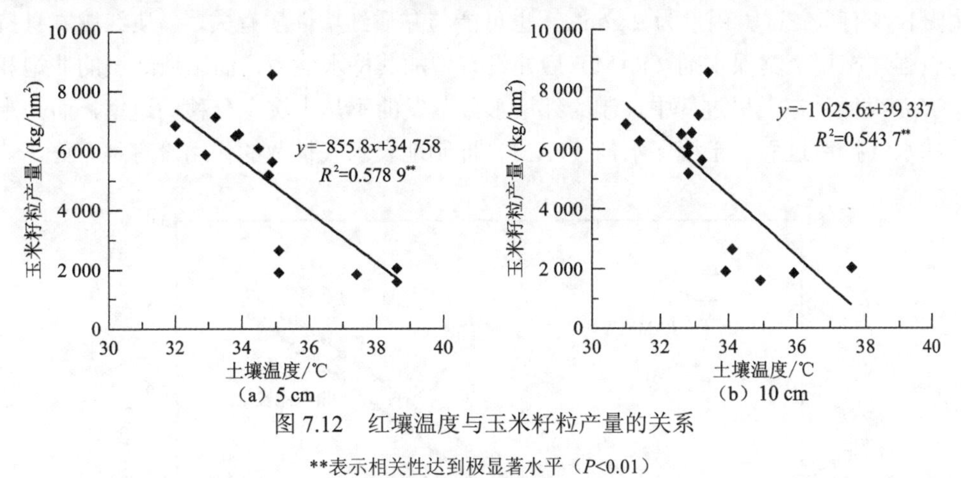

（a）5 cm　　（b）10 cm

图 7.12　红壤温度与玉米籽粒产量的关系

**表示相关性达到极显著水平（P<0.01）

二、水土保持措施对红壤蒸发的影响

（一）蒸发速率与累积蒸发量

土壤蒸发是一个非常复杂的过程，液态水分从土壤深层运移到地表，在地表气化为水蒸气，然后运输到大气中。这个过程液态水需要吸热，气态水需要对流或扩散，因此土壤蒸发快慢受大气能量限制，也受土壤水分在剖面中的运动通量控制，还受根区地表小气候条件影响。在不同的蒸发阶段制约蒸发速率的主控因子不同。当土壤含水量足够高而剖面水分供应充足时，土壤蒸发速率快，主要受大气蒸发力控制，此为第一阶段；土壤含水量降低之后，水在土壤剖面的移动性降低，此时蒸发速率受土壤剖面水分运动速度控制，蒸发速率也逐渐降低，此为第二阶段；在土壤很干燥的情况下，地表土壤中液态水运动微弱，水分以气态水运动为主，此时蒸发进入第三阶段，蒸发速率很低，即使持续时间很长，累积蒸发量也很小。农田土壤水分蒸发损失主要发生在第一和第二阶段，如果能够缩短第一和第二阶段蒸发持续的时间，则可以起到土壤保水的作用。生产实际中的表土中耕、疏松表层土壤，就是加快在地表形成干燥的土层，使蒸发尽早进入低蒸发速率的第三阶段，维持表下层土壤含水量。作为一种水土保持措施，稻草覆盖相当于在地表人为制造一个疏松的表层，改变土壤蒸发条件，起到降低土壤蒸发的作用。

稻草覆盖（S）是改善根区土壤小气候环境的重要措施之一，在农业生产中得到普遍应用，施用聚丙烯酰胺保水剂也是常见的抗旱保墒措施。试验结果表明（图 7.13），与对照（CK）对比，稻草覆盖能较大幅度降低红壤持续干旱过程中的蒸发速率，降低幅度达到 50%左右，而土壤保水剂（PAM）在红壤上抑制蒸发的效果较差，其主要在干旱前 30 d 有降低蒸发速率的作用，再继续干旱则没有抑制蒸发的作用了，反而比对照（CK）高。最终在持续 62 d 的干旱过程中，对照（CK）累积蒸发量 51.9 mm，土壤保水剂（PAM）处理累积蒸发量 49.4 mm，而稻草覆盖处理累积蒸发量仅为 25.8 mm，具有非常明显的保水抗旱作用。土壤保水剂（PAM）的保水效果不好的原因，可能与土壤保水剂（PAM）施用量较少有关（试验用量为 2 g/m^2），也可能与黏质红壤性质有关，黏质红壤本身持水能力较强，施用土壤保水剂（PAM）后并没有增加其持水能力，而黏质红壤的非饱和导水率 $K(h)$很低，在干旱过程中，制约红壤水分蒸发的不是土壤水分移动速率，而是土气界面的水气扩散过程，土壤保水剂（PAM）抑制地表水气扩散的作用没有稻草好。

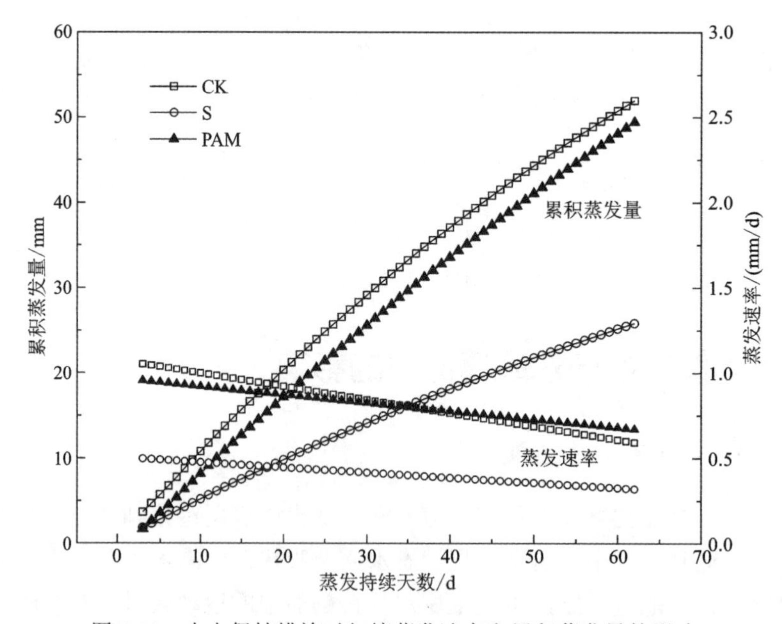

图 7.13　水土保持措施对红壤蒸发速率和累积蒸发量的影响

（二）土壤含水量的影响

虽然覆盖对土壤蒸发影响的研究很多，覆盖减少表土蒸发是普遍接受的结论，但由于各地气象条件、土壤类型、覆盖材料的差异，覆盖措施对抑制蒸发的效果差异很大。对于农田而言，稻草覆盖（S）的时机不同（土壤含水量不同）也可能影响保水效果。在两种不同母质发育的红壤（砂岩母质发育的红壤和第四纪红色黏土母质发育的红壤）上，用土柱蒸发试验研究了三个土壤初始含水量下，稻草覆盖（S）和施用聚丙烯酰胺保水剂（PAM）抑制蒸发的效果。三个土壤初始含水量分别为 0.10 cm^3/cm^3、0.20 cm^3/cm^3 和 0.30 cm^3/cm^3，分别接近萎蔫含水量、毛管断裂含水量和田间持水量。结果表明（表 7.8），三种不同土壤初始含水量下，两种水土保持措施均有显著的抑制蒸发的作用，且在高初始含水量时保水效果更好。

表 7.8　不同土壤初始含水量下水土保持措施对两种红壤蒸发的影响

土壤母质类型	蒸发指标	水土保持措施	代码	土壤初始含水量/（cm^3/cm^3）		
				0.10	0.20	0.30
砂岩	平均蒸发速率/（mm/d）	裸土（对照）	CK	0.19	0.40	0.79
		稻草覆盖	S	0.10	0.16	0.42
		聚丙烯酰胺保水剂	PAM	0.16	0.37	0.72
	30 d 累积蒸发量/mm	裸土（对照）	CK	5.71	12.30	25.64
		稻草覆盖	S	3.04	4.80	13.40
		聚丙烯酰胺保水剂	PAM	5.00	11.11	22.89
第四纪红色黏土	平均蒸发速率/（mm/d）	裸土（对照）	CK	0.20	0.52	0.79
		稻草覆盖	S	0.08	0.18	0.27
		聚丙烯酰胺保水剂	PAM	0.17	0.39	0.59
	30 d 累积蒸发量/mm	裸土（对照）	CK	6.03	15.63	24.92
		稻草覆盖	S	2.68	5.60	8.40
		聚丙烯酰胺保水剂	PAM	5.12	11.80	19.61

对于没有采取水土保持措施的裸土，三个土壤初始含水量下蒸发速率差异明显，高初始含水量下是中等初始含水量下的 1.5～2 倍，是低初始含水量下的 4～4.5 倍，两种不同红壤上结果类似。稻草覆盖（S）之后，高初始含水量（0.30 cm^3/cm^3）下蒸发速率降低幅度很大，砂岩母质发育的红壤从 0.79 mm/d 降低到 0.42 mm/d，第四纪红色黏土母质发育的红壤从 0.79 mm/d 降低到 0.27 mm/d，两种土壤平均降低幅度 55%；中等初始含水量下（0.20 cm^3/cm^3）两种土壤平均蒸发速率降低幅度 63%；低初始含水量下（0.10 cm^3/cm^3）两种土壤平均蒸发速率降低幅度 54%。可以看到三个初始含水量下稻草覆盖（S）能够减少一半以上的土壤蒸发损失，因此在高初始含水量阶段保水效果更好。

与稻草覆盖（S）相比，土壤保水剂（PAM）在两种红壤上抑制蒸发的效果差很多，在黏质红壤上三个初始含水量下平均减少蒸发 20%，砂岩母质红壤上减少蒸发 11%。两种不同的红壤，蒸发性能有差别，在高初始含水量时两种红壤蒸发速率接近，但在中等初始含水量和低初始含水量时，黏质红壤的蒸发速率大于砂岩母质红壤，两种水土保持措施在黏质红壤上抑制蒸发的效果更好。

第五节　水土保持措施与红壤降水入渗

一、水土保持措施对红壤降水入渗的影响

（一）饱和入渗率

田间水土保持措施对土壤水分的影响是多方面的，前文论述的减少氮流失、保护表土结构等都可以增加土壤含水量或者改善供水，但水土保持措施对土壤干旱最大的调控之处，可能在于减少了水分径流损失和抑制了土壤蒸发。尤其对于季节性干旱的红壤，如果能够有效利用雨季降水，将有利于旱季抗旱。田间充分利用降水的途径，可以通过拦截和集中储蓄，如可以通过引水沟渠和池塘水库，也可以通过增加降水就地入渗来提高土壤水库的储蓄作用。本章讨论的就是后者，即通过简单的农田水土保持措施改善土壤入渗和减少地表径流损失。

土壤入渗是地表水分进入土体中的过程，这个过程看似简单而实际上是非常复杂的水分运动过程，影响因子很多而且这些影响因子还是随时间和空间高度变化的，目前还无法用准确的公式和准确的参数计算入渗过程和入渗量，一般仍然需要通过试验得到特定环境条件下的入渗特征。在数学定义上，土壤入渗速率是指单位水力梯度下水的通量密度或渗透流速。而在实际情况下，土壤入渗不是在单位水力梯度下进行的，入渗过程往往处在很复杂的水力梯度和变化很大的条件下，不同土壤的入渗性能只有在特定一致的条件下得到的结果才能相互比较。所以简单起见，常采用积水饱和入渗试验来比较不同土壤的入渗性能。

在田间不同时期，即土壤干旱期及暴雨之后的土壤湿润期，采用双环入渗仪测量了不同水土保持措施下土壤的饱和入渗率，图 7.14 列出了 3 个时期的测量结果。结果显示，在一般土壤干旱期（降水之前），不同水土保持措施下的红壤表土饱和入渗率差异显著，水土保持措施显著提高了红壤的饱和入渗率，其中稻草覆盖（S）处理和稻草覆盖+聚丙烯酰胺保水剂（SPAM）处理增加幅度最大，土壤保水剂（PAM）处理和等高草带+PAM（BPAM）处理也增加了饱和入渗率，但等高草带（B）处理与对照（CK）处理没有显著差异。在两次暴雨之后的其他时期，也得到了类似的结果，表明水土保持措施能够保护和维持土壤饱和入渗率，这有利于提高降水利用率和降低土壤养分流失。

通过比较 3 个时期的土壤饱和入渗率，更能够体现水土保持措施增加入渗的作用。从图 7.14 可以看到，与降水前相比，第一场暴雨后（降水量 74.3 mm，雨强 84 mm/h），红壤饱和入渗率的下降幅度为 3.21%～17.88%，对照（CK）处理和土壤保水剂（PAM）

处理下降幅度最大，有稻草覆盖的下降幅度最小；第二场大暴雨后（降水量 102.8 mm，雨强 120 mm/h），红壤饱和入渗率下降幅度为 76.58%～88.11%，土壤保水剂（PAM）处理下降幅度最大，仍是有稻草覆盖（S）的下降幅度最小。两次暴雨之后土壤饱和入渗率急剧降低，这表明红壤水蚀对地表土壤破坏程度很大，水蚀恶化农田地表水文过程。虽然采取水土保持措施也不能阻止暴雨对土壤结构的影响，但是没有采取水土保持措施的土壤饱和入渗率降低得更多。这些结果与前述几个水土保持措施地表结皮结果一致，地表结构破坏是土壤饱和入渗率降低的原因。

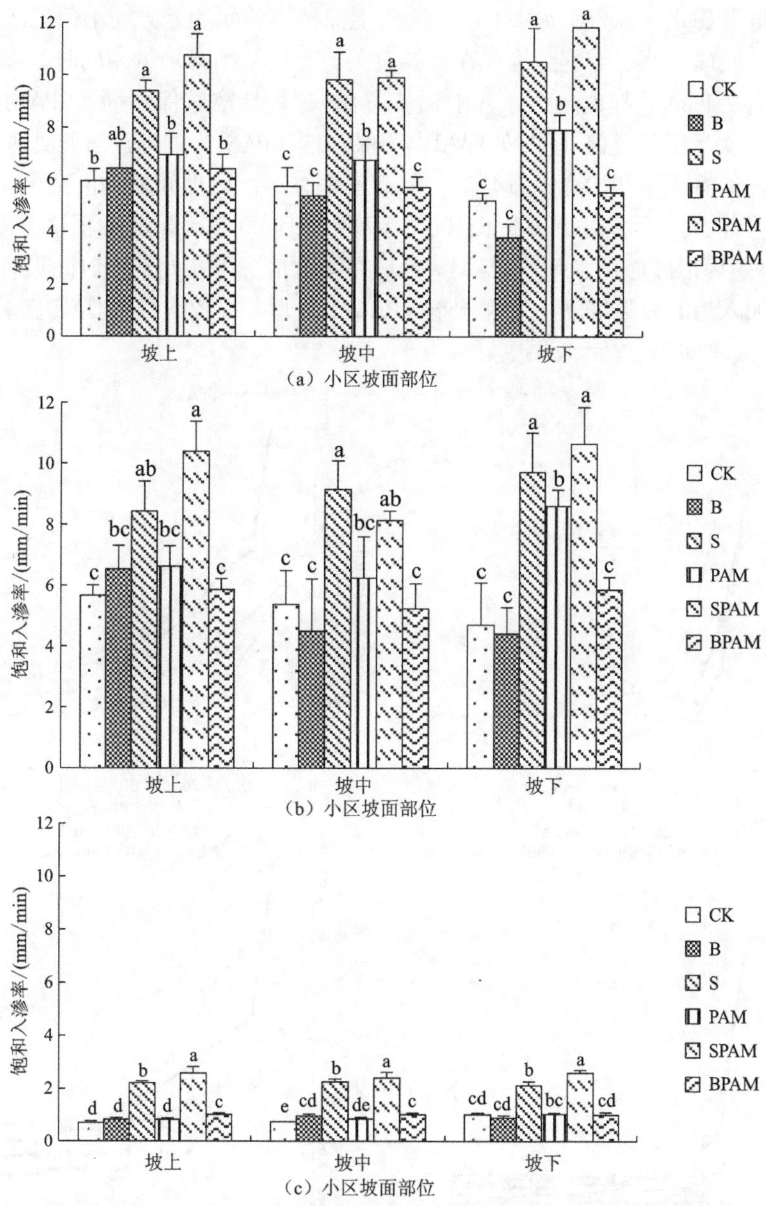

图 7.14 水土保持措施对暴雨前后红壤地表饱和入渗率的影响

（a）降水前；（b）第一场 74.3 mm 的暴雨之后；（c）第二场 102.8 mm 的暴雨之后

不同小写字母表示同一坡位不同水土保持措施间差异显著

（二）降水入渗过程

为了进一步确定和验证水土保持措施对红壤入渗的影响，在室内土槽开展了不同水土保持措施下人工降水入渗过程试验。结果表明（图 7.15），稻草覆盖（S）处理和土壤保水剂（PAM）处理均显著提高入渗速率，推迟达到稳定入渗的时间。在降水入渗初期，由于土壤表层和下层之间的水力梯度较大及地表土壤结构破坏较少，入渗速率较高，而且各水土保持措施间差异极大；随着降水持续，土壤表层和下层之间的水力梯度逐渐降低，入渗速率逐渐降低并稳定（称为稳渗率），各个水土保持措施间的差异缩小但稳渗率依然维持差异，与不同处理下地表土壤结构存在差异有关。土壤初始含水量相同时，雨强越大入渗速率越大，各处理间差异也越大，其中稻草覆盖+聚丙烯酰胺保水剂（SPAM）处理入渗速率最大，其次是稻草覆盖（S）处理和土壤保水剂（PAM）处理，对照处理最低。降水雨强相同时，随着土壤初始含水量升高，入渗速率减小，处理间差异也减小。表 7.9 进一步表明，雨强越小，土壤初始含水量越低，初始产流时间越晚，其中稻草覆盖（S）处理和稻草覆盖+聚丙烯酰胺保水剂（SPAM）处理在多数情况下初始产流时间最晚。稻草覆盖（S）处理增加入渗的效果好于土壤保水剂（PAM）处理，二者结合[稻草覆盖+聚丙烯酰胺保水剂（SPAM）处理]之后效果更好。

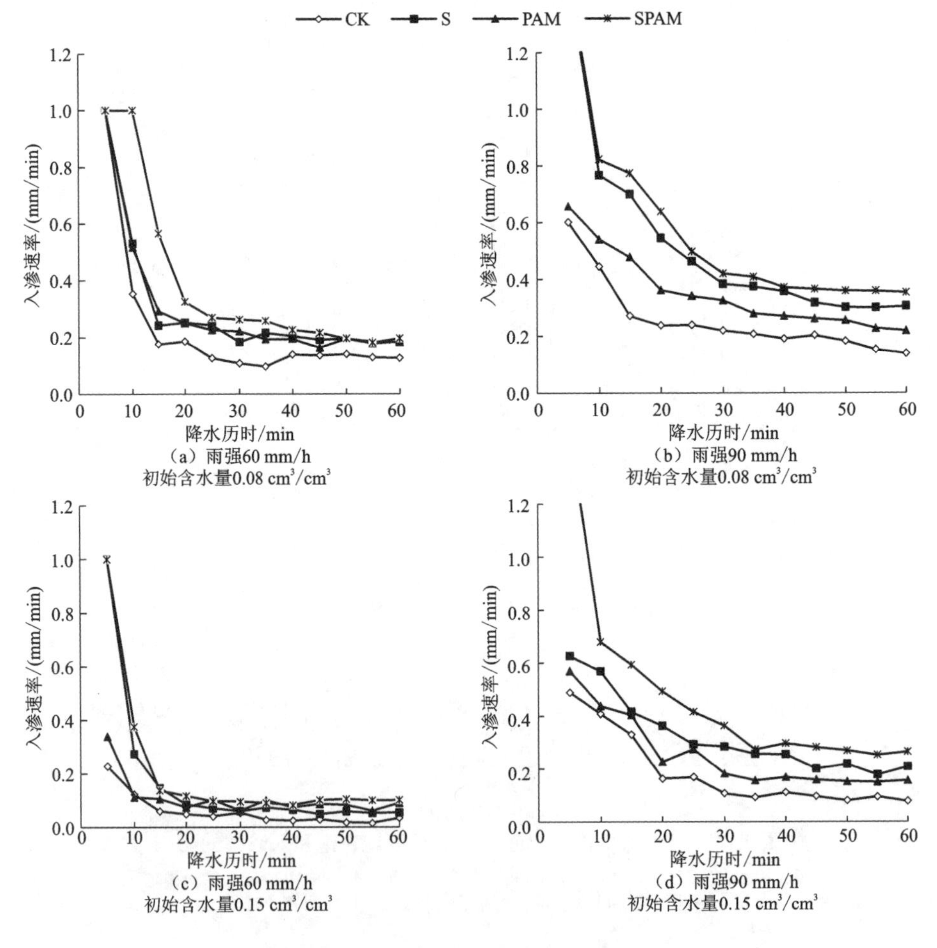

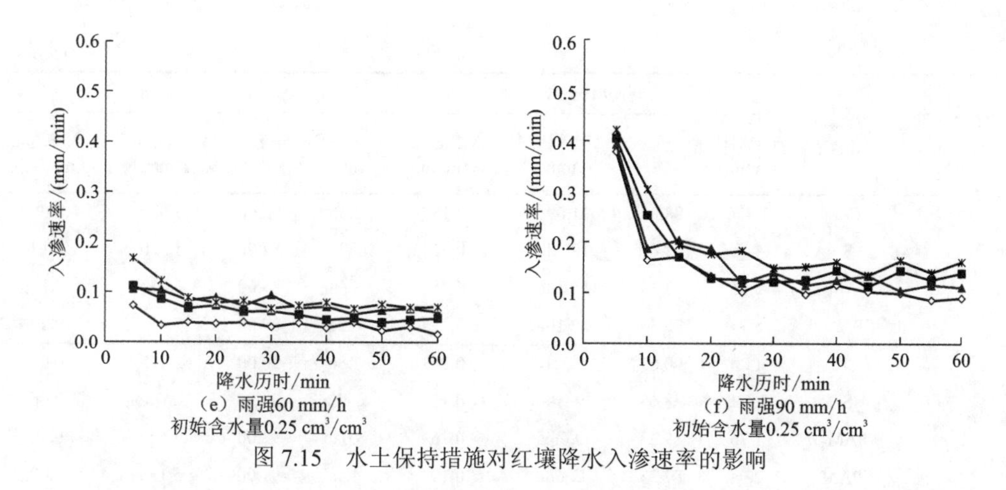

图 7.15　水土保持措施对红壤降水入渗速率的影响

注意到降水入渗过程受土壤初始含水量影响，初始含水量越低初期入渗速率越高，而且稳渗率也越高。考虑到在实际田间不同水土保持措施间初始含水量存在差异，那么在降水入渗的时候各处理间入渗的差异与室内情况会不同，各处理间的入渗速率差异会变小。例如稻草覆盖（S）处理下入渗速率最快，但是田间稻草覆盖（S）下土壤含水量较高（即降水时的初始含水量较高），会降低初始入渗速率，综合起来与其他水土保持措施的入渗速率的差异减少。表 7.10 是田间自然降水下的入渗情况，各个处理间的入渗速率差异明显低于室内人工降水试验时的差异，其原因即在于田间的初始含水量不同。

（三）入渗量

1. 人工降水下的入渗

由于保护了表土入渗性能，水土保持措施能显著增加土壤累积入渗。人工降水试验结果显示（表 7.9），在初始干土条件下（初始含水量 0.08 cm^3/cm^3），稻草覆盖（S）、聚丙烯酰胺保水剂（PAM），以及二者组合稻草覆盖+聚丙烯酰胺保水剂（SPAM）显著增加了累积入渗量，在雨强为 60 mm/h 时累积入渗量从对照（CK）的 8.94 mm 增加到稻草覆盖+聚丙烯酰胺保水剂（SPAM）的 15.58 mm。在中等干旱土壤（初始含水量 0.15 cm^3/cm^3）和湿润土壤（初始含水量 0.25 cm^3/cm^3）条件下，水土保持措施增加降水入渗的规律与干土条件下类似，但是与初始干土壤条件相比湿润土壤条件下整体累积入渗量呈降低趋势。此外，随着雨强增加，累积入渗量也增加。

表 7.9　水土保持措施对室内人工降水下入渗过程的影响

初始含水量 /（cm^3/cm^3）	水土保持措施	雨强 90 mm/h				雨强 60 mm/h			
		产流时间 /min	产流率 /%	累积入渗量 /mm	入渗速率 /（mm/min）	产流时间 /min	产流率 /%	累积入渗量 /mm	入渗速率 /（mm/min）
0.08	CK	3.8c	82.67	15.44c	0.26	5.4c	81.00	8.94c	0.19
	S	5.8b	71.33	25.57a	0.43	8.8ab	66.00	14.07ab	0.34
	PAM	4.7bc	76.67	21.11b	0.35	7.5b	70.00	13.93b	0.30
	SPAM	7.3a	68.00	28.56a	0.48	10.5a	61.00	15.58a	0.39

续表

初始含水量/（cm^3/cm^3）	水土保持措施	雨强 90 mm/h				雨强 60 mm/h			
		产流时间/min	产流率/%	累积入渗量/mm	入渗速率/（mm/min）	产流时间/min	产流率/%	累积入渗量/mm	入渗速率/（mm/min）
0.15	CK	1.45d	88.00	11.09c	0.18	2.3b	94.00	3.52c	0.06
	S	4.6b	78.67	19.33a	0.32	5.2a	87.00	5.27b	0.13
	PAM	3.5c	83.33	15.18b	0.25	4.6a	85.00	6.45b	0.15
	SPAM	5.7a	75.33	22.10a	0.37	6.2a	80.00	7.49a	0.20
0.25	CK	1.2b	90.67	8.31b	0.14	1.8c	96.00	2.11b	0.04
	S	2.1ab	88.67	9.94a	0.17	2.4bc	94.00	3.67ab	0.06
	PAM	1.7b	89.33	9.66a	0.16	3.0ab	92.00	4.64a	0.08
	SPAM	2.9a	87.33	11.68a	0.19	4.5a	91.00	5.18a	0.09

注：同列不同小写字母表示相同初始含水量下水土保持措施间差异显著

虽然水土保持措施显著增加了降水入渗，但是应该注意到，在室内人工降水条件下，降水入渗只占到了降水量的极少部分，大部分降水都在地表形成了径流。表 7.9 显示各种条件下产流率高达 61%～96%，这显然与田间实际不符。造成这种高产流情况的原因在于室内人工降水条件与野外田间差别较大，一是人工降水的雨强比自然降水大；二是土槽填装的土壤厚度比田间土壤薄；三是土槽内扰动土壤与自然土壤性质差异较大；四是室内土槽坡长远小于田间实际坡长，土壤在坡面入渗时间短降低了入渗速率。但室内人工降水入渗过程试验所反映的水土保持措施对降水入渗影响的规律是可靠的，与田间趋势一致。

2. 自然降水下的入渗

在野外通过径流小区下方径流池观测每场降水的径流量，然后根据降水量计算田间土壤入渗量，表 7.10 列出了三场典型暴雨和大暴雨的试验数据。结果表明田间自然降水条件下观测结果与上述室内人工降水结果趋势一致，但田间自然降水条件下累积入渗量远大于室内人工降水入渗过程试验。田间不同水土保持措施下，地表土壤含水量存在较大差异，也就是降水的初始含水量不同，这将和水土保持措施本身一起共同影响降水入渗。三次降水表现出类似的入渗特征，稻草覆盖+聚丙烯酰胺保水剂（SPAM）处理累积入渗量最大，其次是稻草覆盖（S）处理，再次是土壤保水剂（PAM）和等高草带+PAM（BPAM）处理，而对照（CK）最小。

表 7.10　水土保持措施对田间自然降水下红壤入渗产流和产沙的影响

降水日期/（m/d）	降水量/mm	最大雨强/（mm/min）	平均雨强/（mm/min）	水土保持措施	初始含水量/（cm^3/cm^3）	累积入渗量/mm	入渗速率/（mm/min）	产流率/%	产沙量/kg
6月29日	152.2	2.3	0.18	CK	0.117	135.54	0.16	10.95	156.13
				B	0.115	138.30	0.16	9.13	117.76
				S	0.173	140.19	0.17	7.89	47.34
				PAM	0.119	137.99	0.16	9.34	143.52
				SPAM	0.182	144.65	0.17	4.96	39.29
				BPAM	0.120	138.68	0.17	8.88	143.13

续表

降水日期/（m/d）	降水量/mm	最大雨强/（mm/min）	平均雨强/（mm/min）	水土保持措施	初始含水量/（cm^3/cm^3）	累积入渗量/mm	入渗速率/（mm/min）	产流率/%	产沙量/kg
7月23日	74.3	1.4	0.21	CK	0.167	72.98	0.20	1.78	10.33
				B	0.163	73.34	0.20	1.28	3.31
				S	0.198	73.84	0.21	0.62	2.14
				PAM	0.174	73.58	0.20	0.97	3.00
				SPAM	0.224	73.88	0.21	0.57	1.26
				BPAM	0.171	73.75	0.21	0.74	3.34
7月29日	102.8	2.0	0.19	CK	0.115	93.01	0.17	9.52	129.87
				B	0.116	95.98	0.17	6.63	76.56
				S	0.208	98.31	0.18	4.37	8.71
				PAM	0.123	94.05	0.17	8.51	67.55
				SPAM	0.216	100.53	0.19	2.21	6.28
				BPAM	0.122	97.04	0.19	5.60	30.52

田间观测结果进一步表明，影响累积入渗量的主要因素是降水量，降水量越大累积入渗量越高。在降水量较小时（如表7.10中的7月23日的暴雨74.3 mm在三场暴雨中降水量最小），不同水土保持措施之间的累积入渗量差异很小，地表产流率极低，可能此时土壤比较干旱，加上作物处在旺盛生长期，降水基本全部入渗。实际上，有的年份旱季的其他中等及以下的降水中，几乎没有观测到地表径流，而有的年份则观测到了地表径流，可见红壤入渗和产流高度变化，随气象条件、作物生长、土壤状况、地表状态等剧烈波动，很难用简单的指标准确预估累积入渗量和产流率。但是，可以肯定的是，无论在何种条件下，水土保持措施都有增加入渗的效果，只是效果大小随环境条件变化。

（四）径流和泥沙

农田水土保持措施的直接作用是减少径流和泥沙，从而也起到减少养分流失和增强土壤抗旱能力的作用。图7.16列出了从雨季中期到旱季中期不同水土保持措施在9场降水下的产流和产沙情况。总体上看，各水土保持措施都显著降低了坡面径流量，减少了坡面产沙量，但其作用效果相差较大，而且雨季和旱季不同，不同降水量下也不同。

几种水土保持措施中，稻草覆盖（S）处理的减流减沙效果最好，其次是等高草带（B）处理，而聚丙烯酰胺保水剂（PAM）效果较差。在雨季（7月中旬之前），单场降水量大而且降水日期相距很短，此时径流量大而且产沙量也大，在旱季（7月下旬以后）虽然也有降水，但单场降水量降低而且时间间隔也长，虽然径流量也很大但产沙量显著降低，这可能与土壤水分状况和地表作物覆盖状况发生了变化有关。值得注意的是，降水量并不与径流量或者产沙量呈很好的相关关系，降水量大不一定径流量或产沙量一定也大，径流量与产沙量也不呈很好的相关关系，径流量大也不一定导致产沙量也大。这

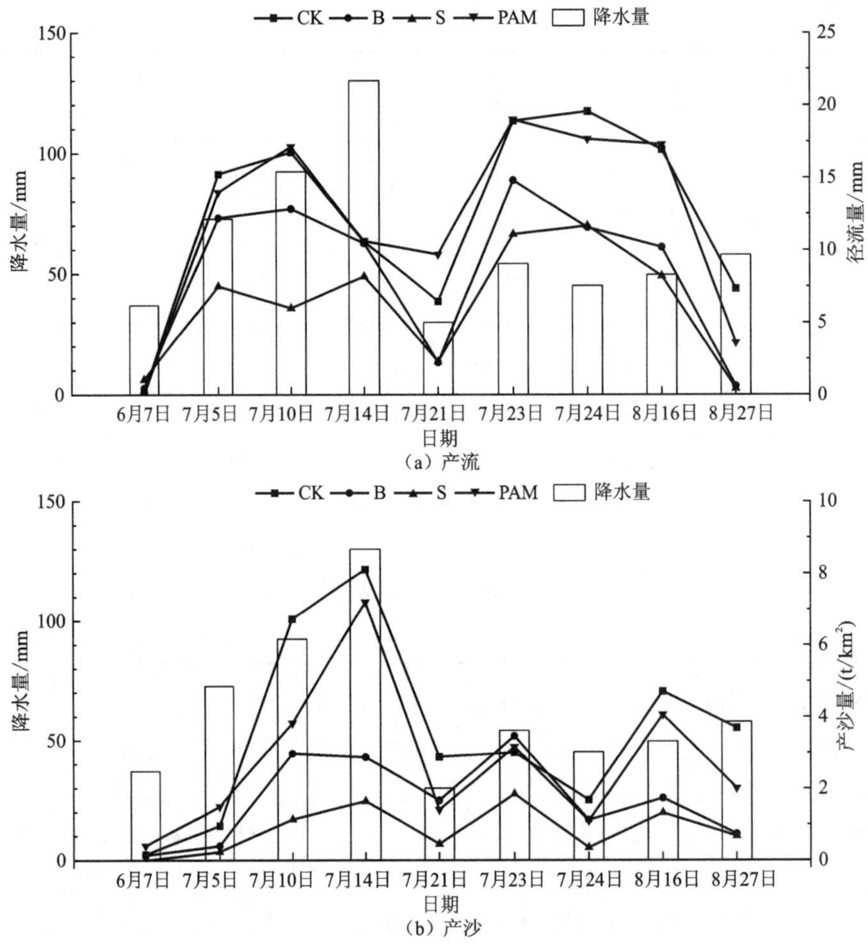

图 7.16 红壤水土保持措施对自然降水坡面产流和产沙的影响

体现了田间地表水文是一个复杂的过程，简单的坡面径流小区尚且如此，流域大田情况更加复杂。在不同情况下，各水土保持措施效果差异不同，在径流量越大或者产沙量越大时，水土保持措施效果之间的差异也大，这正是水土保持措施价值的体现。

二、红壤降水入渗对干旱的影响

土壤入渗影响干旱，而影响入渗的因素很多，实际入渗量受土壤入渗性能和降水入渗条件共同影响。水土保持措施既改变红壤的入渗性能（如地表土壤饱和入渗率），也改变降水入渗的环境条件（如土壤初始含水量）。入渗量越大，土壤含水量越高，干旱速度越慢，因此理论上土壤干旱程度与入渗存在相关性。对前述结果进行统计分析表明，红壤干旱程度 D 与饱和入渗率呈负相关（r=−0.64）而与土壤水吸力 10 kPa 时的非饱和导水率 $K(h)$呈正相关（r=0.48），但相关性都不显著。红壤干旱程度 D 与土壤入渗率呈显著负相关（r=0.86）。应该看到入渗对土壤水分的影响不是简单的入渗增加土壤水分，虽然在降水过程中入渗率越大土壤吸纳的降水越多，但是入渗性能好也意味着土壤水分在非降水期间容易蒸发损失，因此干旱程度 D 与非饱和导水率 $K(h)$呈正相关。

在实际中，土壤入渗性能对土壤干旱的影响不是简单的线性相关关系，要考虑土壤在雨季的储水容量，也就是雨季土壤储水极限的问题。红壤雨季降水丰沛，不仅降水量大而且降水时间长（3～6 月），在雨季早期，入渗性能好的土壤接纳降水多，土体储存的水分多，但是到了雨季后期，即使入渗性能不好的土壤接纳的降水也较多，无论土壤入渗性能如何其储蓄的水分都可能达到了土体最大储水容量，此时的降水无法进入土体而是以地表径流或者壤中径流的形式流失。水土保持措施可以减少泥沙但是不能减少径流，这些措施对土壤水分和干旱的影响无法通过“蓄丰补欠”体现出来，而只有在旱季的时候才能发挥增加入渗的作用。下文将进一步从根区土壤水分动态和作物干旱状况的影响论述水土保持措施调控红壤季节性干旱的问题。

第六节 水土保持措施与红壤作物干旱

一、水土保持措施对根区土壤水分的影响

（一）根区土壤含水量动态

根层土壤含水量处在土壤的上层，与大气水分交换强烈，而且是根系吸水的主要土层，因此含水量处在不断波动中，受降水事件控制，而深层含水量则比较平缓。在土壤含水量频繁的波动中可以看到明显的季节性趋势变化，也可以看到不同水土保持措施之间的差异（图 7.17）。

玉米生长期间根层土壤含水量的动态变化表明（图 7.17），玉米生长期经历了从雨季到旱季的转变，土壤含水量可以分为雨季和旱季两个阶段。在 7 月 23 日之前，土壤含水量逐渐上升，此后开始一次明显的快速干旱过程，持续时间半个月，在一场大降水后快速干旱结束。可以看到，不同水土保持措施之间含水量存在差异，三个土层（>0～8 cm，>8～15 cm，>15～30 cm）均以稻草覆盖（S）处理含水量最高，而其他三个处理则互有高低。在>0～8 cm 表土层，干旱过程中含水量差异最大，雨季差异较小；而在>15～30 cm 土层，干旱过程中差异较小，而雨季差异较大。在干旱过程中，土壤含水量下降速度最快的不是>0～8 cm 表土层而是>8～15 cm 土层，与后者根系吸水最多有关。

上述结果表明，水土保持措施改变了土壤含水量，但是体现出来的效果较复杂，不能以某个单一土层、某个单一时间点的含水量来评价措施的效果，而是要以多个时间段的土壤剖面含水量才能正确评估，或者以干旱末期的含水量评估对干旱的影响比较合适。在快速干旱的末期（8 月 7 日），各个水土保持措施处理下的根层土壤含水量都很低，>0～8 cm 以对照（CK）和土壤保水剂（PAM）最低，稻草覆盖（S）最高，等高草带（B）居中；>8～15 cm 土层结果相同；而>15～30 cm 土层则各个处理的土壤含水量无明显差异，都处在极低的水平（0.20 cm^3/cm^3 左右）。可以推测，水土保持措施在干旱期间主要影响表层土壤含水量。

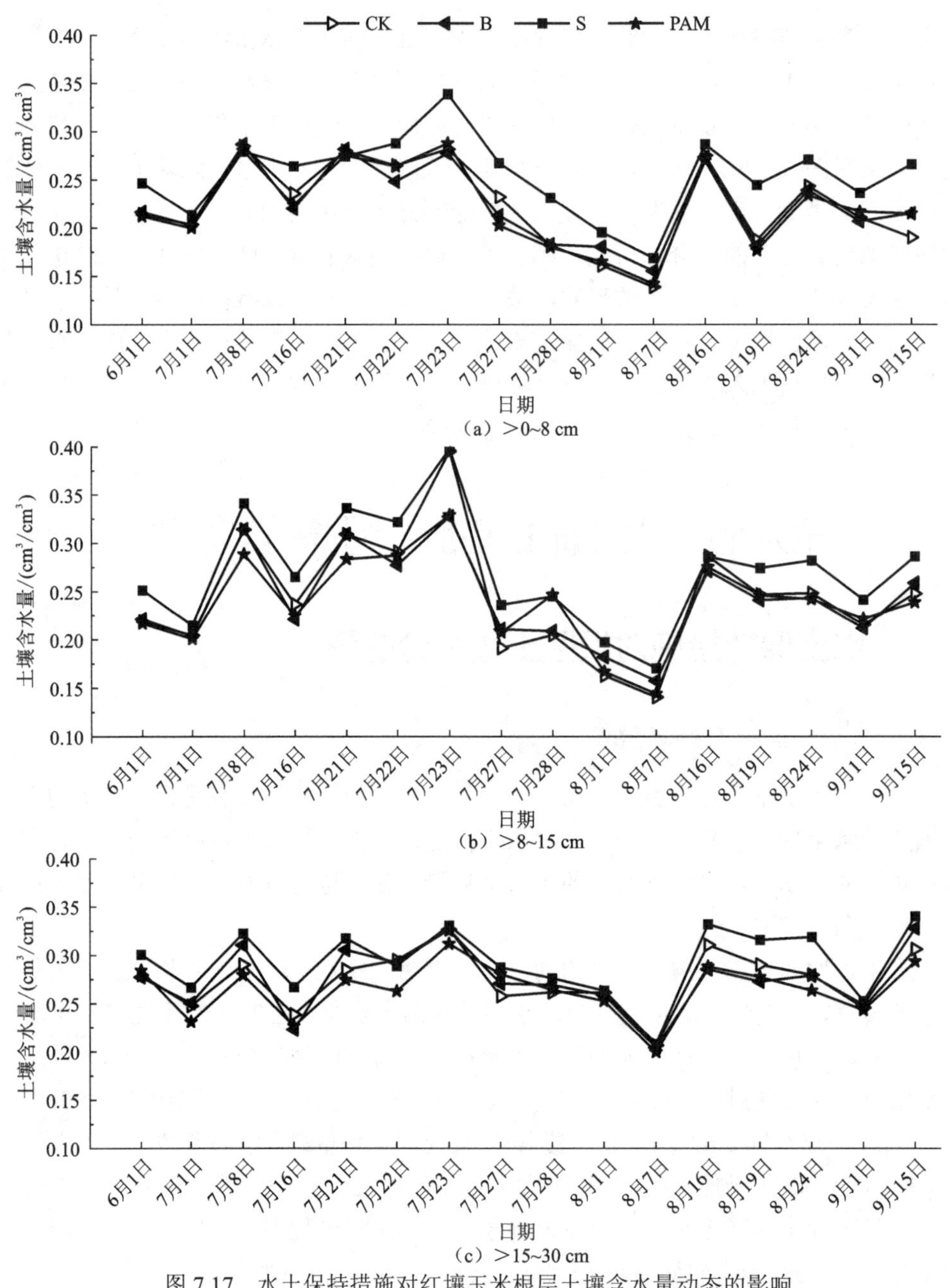

图 7.17 水土保持措施对红壤玉米根层土壤含水量动态的影响

（二）根层储水动态

1. 储水量动态

相比土壤含水量，根层土壤储水量更能准确反映土壤水分状况。图 7.18 展示了 2008～2010 年三个年份花生作物生长期间根层（>0～30 cm）土壤储水量情况。可以看到，土壤储水量波动明显，主要受降水事件控制，不同年份波动的态势不同，但水土保持措施对土壤储水量的影响在三个年份表现一致。总体上，在大多数时期，稻草覆盖（S）处理的储水量最高，其次是土壤保水剂（PAM）处理和对照（CK）处理，而等高草带（B）处理最低[但在降水量最少的2008年在最干旱的时候不是最低，而是对照（CK）处理最低]。

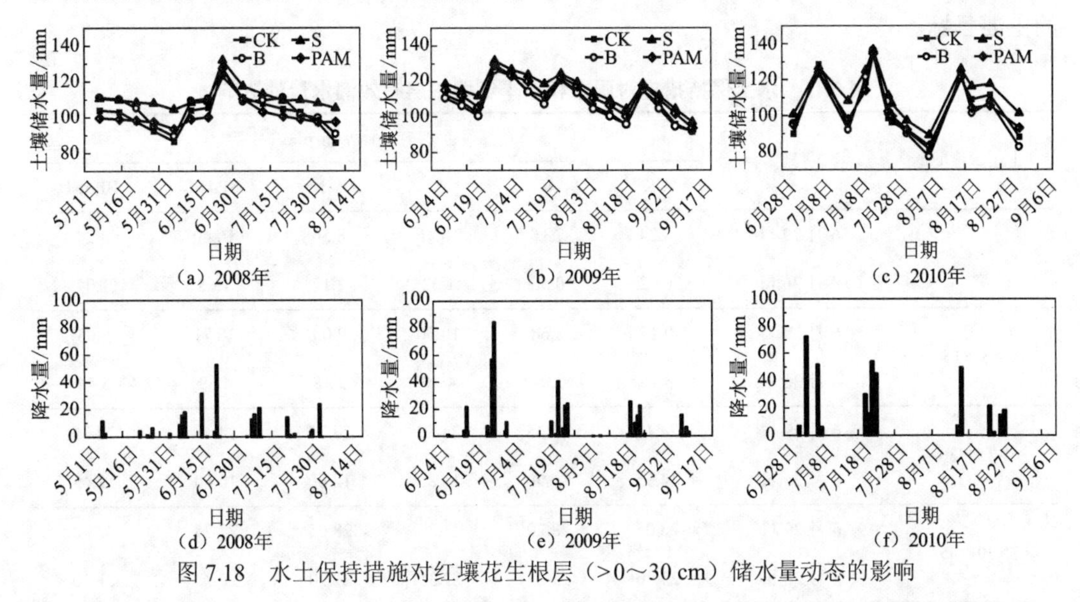

图 7.18　水土保持措施对红壤花生根层（>0～30 cm）储水量动态的影响

对于土壤储水与干旱的关系而言，极值储水量最能体现水土保持措施的作用。在图7.18所示的三年中，有7次明显的储水量高峰值和10次储水量低值。在7次储水量高峰值中，不同水土保持措施之间差异最小，在个别时期差异极小；在10次储水量最低值中，不同水土保持措施之间差异最大。在其他非极值时期，如果在降水集中期，储水量逐渐增加，处理间差异逐渐缩小；如果在短期干旱期，储水量逐渐降低，处理间差异逐渐增加。上述结果表明了红壤储水量变化两个非常重要的规律，第一，红壤土体储水量在雨季后期或者连续大雨之后，达到了峰值，土壤已经蓄满了水，此时无论采取什么水土保持措施均不能继续增加土壤储水量，各个措施之间差异极小，如果要增加雨季蓄水，需要采取其他措施，如水塘、水凼等蓄水措施，只在地表采取增加降水入渗的措施难以达到雨季“蓄丰补欠”的作用。第二，田间水土保持措施保水的作用，虽然在雨季能够起到一定的作用（如在雨季早期促进入渗），但主要体现在干旱期间的减少水分散失的作用，这种作用主要发生在土气界面，如稻草覆盖（S）处理阻碍了干旱期间的土气界面水分，从而达到了抗旱保水的目的。

此外，图7.18的结果还表明，虽然土体储水量随降水事件波动，但是在干旱持续期间，一些降水事件并没有终止干旱进程，干旱继续在发展。对干旱期间的这些小降水事件，水土保持措施可以起到促进入渗减少径流的作用，从而起到抗旱效果。

2. 有效储水量

为了进一步揭示水土保持措施对红壤储水量的影响，表7.11列出了雨季和旱季的两个关键时间点的土层的有效储水量。结果表明，雨季（6月29日）和旱季（8月26日）

有效储水量差异很大，这种差异在表土层（>0～8 cm、>8～15 cm 和>15～30 cm）表现得更加明显，而在稍微深一点的土层（>30～45 cm）差异较小。这说明红壤干旱主要是表土层缺水，而深层缺水并不明显，因此维持表土层（根系层）土壤含水量是红壤抗旱的主要目标。

表 7.11　水土保持措施对雨季和旱季红壤根层有效储水量的影响

土层深度/cm	日期	土层有效储水量/mm					
		CK	B	S	PAM	SPAM	BPAM
>0～8	6 月 29 日	8.24	7.16	10.16	8.56	10.40	8.24
	8 月 26 日	0.72	0.56	1.52	1.12	1.68	1.04
>8～15	6 月 29 日	9.15	8.68	10.50	9.03	10.71	9.03
	8 月 26 日	3.16	3.09	4.40	3.38	4.89	3.44
>15～30	6 月 29 日	24.15	24.45	24.80	23.75	24.40	24.37
	8 月 26 日	14.55	15.90	11.85	12.60	10.80	12.45
>30～45	6 月 29 日	28.05	28.20	28.20	28.05	27.75	27.90
	8 月 26 日	23.40	23.25	22.35	21.90	20.70	21.30
>0～45	6 月 29 日	69.59	68.49	73.66	69.39	73.26	69.54
	8 月 26 日	41.83	42.80	40.12	39.00	38.07	38.23

注：6 月 29 日为雨季后期，8 月 26 日为干旱中期

各个水土保持措施之间有效储水量存在一定差异。在雨季后期（6 月 29 日），含有稻草覆盖的处理[稻草覆盖（S）和稻草覆盖+聚丙烯酰胺保水剂（SPAM）]>0～45 cm 整个土层有效储水量最高，尤其在>0～8 cm 和>8～15 cm 表层比其他处理高出较多，表明起到了表层保水作用；在旱季（8 月 26 日），含有稻草覆盖（S）的处理在表层有效储水量依然比其他处理要高，但在稍微深一些的土层（>15～30 cm 和>30～45 cm）有效储水量则低于其他处理，表明在表土层起到了保水作用而在稍微深一点的土层中并没有起到保水的作用。造成这种现象的原因，应该是稻草覆盖（S）处理促进了花生根系对深层土壤水分的吸收。也就是说，包含稻草覆盖（S）的处理，在雨季储蓄了更多的土壤水分，而在旱季则促进了深层水分的利用，这是提高作物抗旱能力的体现。

综合对比图 7.18 和表 7.11 的试验，发现存在一些不一致的结果，但进一步分析表明这种不一致的结果是不同的气象条件下的体现，是水土保持措施真实效果的表现。在雨季，有的年份遇到持续的强降水，虽然不同水土保持措施下降水入渗和产流不同，但是均导致土壤储水量达到最大值，土壤“蓄丰”能力已经充分发挥，土壤水库库容已满，各水土保持措施之间储水量差异消失；而在有的年份，雨季缺少连续的强降水，不同水土保持措施之间土壤储水量存在差异，水土保持措施起到了更好的“蓄丰”作用。在旱季，无论是什么年份，水土保持措施均能降低表层土壤水分损失（主要是调控了土气界

面水分运输），因此表层储水量高于对照处理，利于根系生长维持干旱根系活性，也正是因为如此，促进了根系对深层水分的吸收，导致深层土壤储水量降低。因此，看似矛盾的结果在本质上并不矛盾，而是水土保持措施在不同环境条件下调控土壤水分效果的体现。

二、水土保持措施对红壤剖面含水量分布的影响

（一）雨季红壤剖面含水量分布

为了进一步说明水土保持措施如何影响土壤储水，比较了雨季和旱季典型暴雨情况下土壤剖面含水量的变化。自然降水条件下，雨季典型暴雨（降水量 74.3 mm）前后红壤剖面含水量分布如图 7.19 所示，可以看到不同水土保持措施间土壤剖面含水量分布不同。包含稻草覆盖的两个处理[稻草覆盖（S）和稻草覆盖+聚丙烯酰胺保水剂（SPAM）]雨后 24 h 在剖面深层含水量增加幅度更小，入渗深度明显比其他处理深；其他处理看上去表土层含水量增加的幅度比稻草覆盖（S）要大，这是因为在雨前表土层含水量较低，雨后主要增加了表土层含水量，而深层含水量增加幅度小，可能是表土结构在暴雨中被破坏而限制了降水入渗。结果表明稻草覆盖（S）和稻草覆盖+聚丙烯酰胺保水剂（SPAM）处理有利于土体在雨季存储更多的水分进入旱季而抵御季节性干旱。

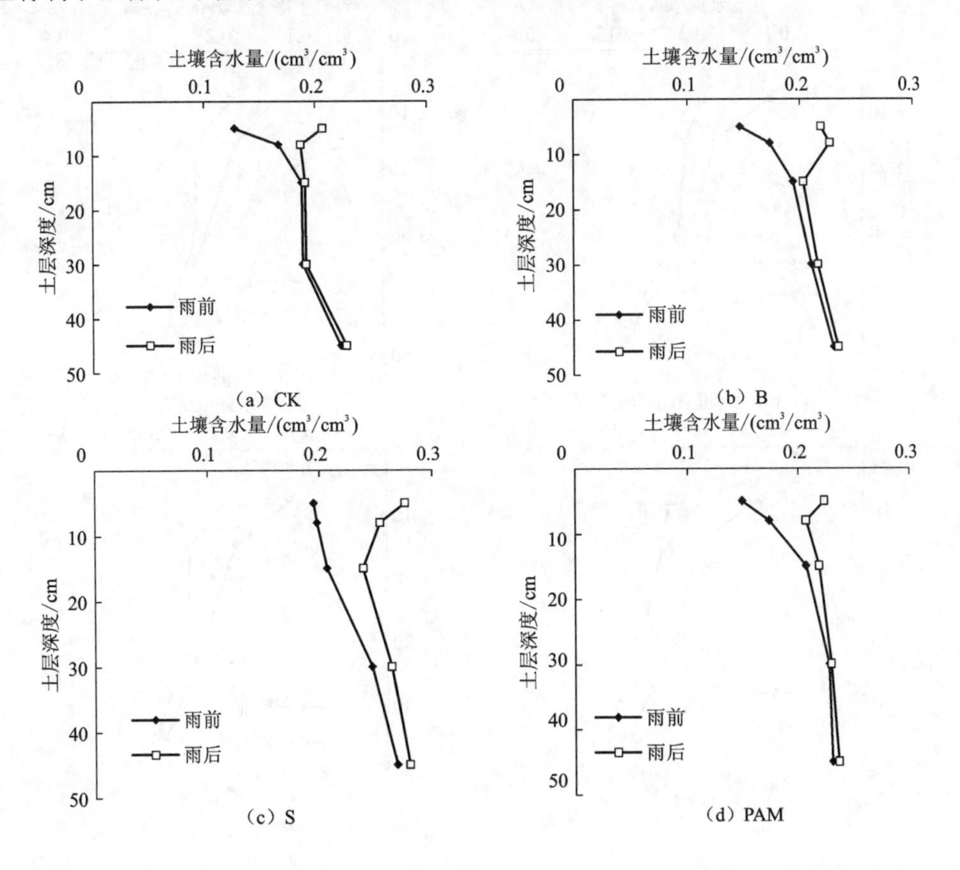

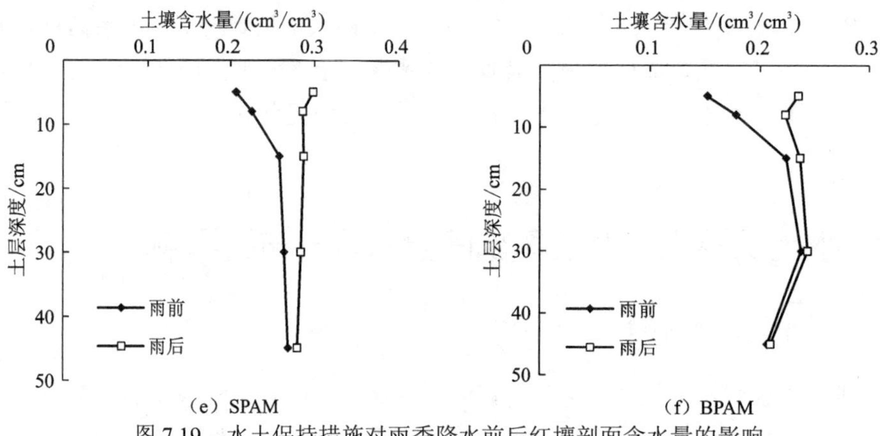

（e）SPAM　　（f）BPAM

图 7.19　水土保持措施对雨季降水前后红壤剖面含水量的影响

降水量 74.3 mm，雨后 24 h 测量土壤含水量

（二）旱季剖面含水量分布

红壤在旱季剖面含水量明显低于雨季，虽然雨季暴雨之后剖面含水量在各个深度都明显增加，但是旱季雨后剖面含水量仍然低于雨季雨后剖面含水量（图 7.20）。水土保持措施在旱季的保水效果与雨季类似，仍然是稻草覆盖（S）处理的含水量最高，而且雨

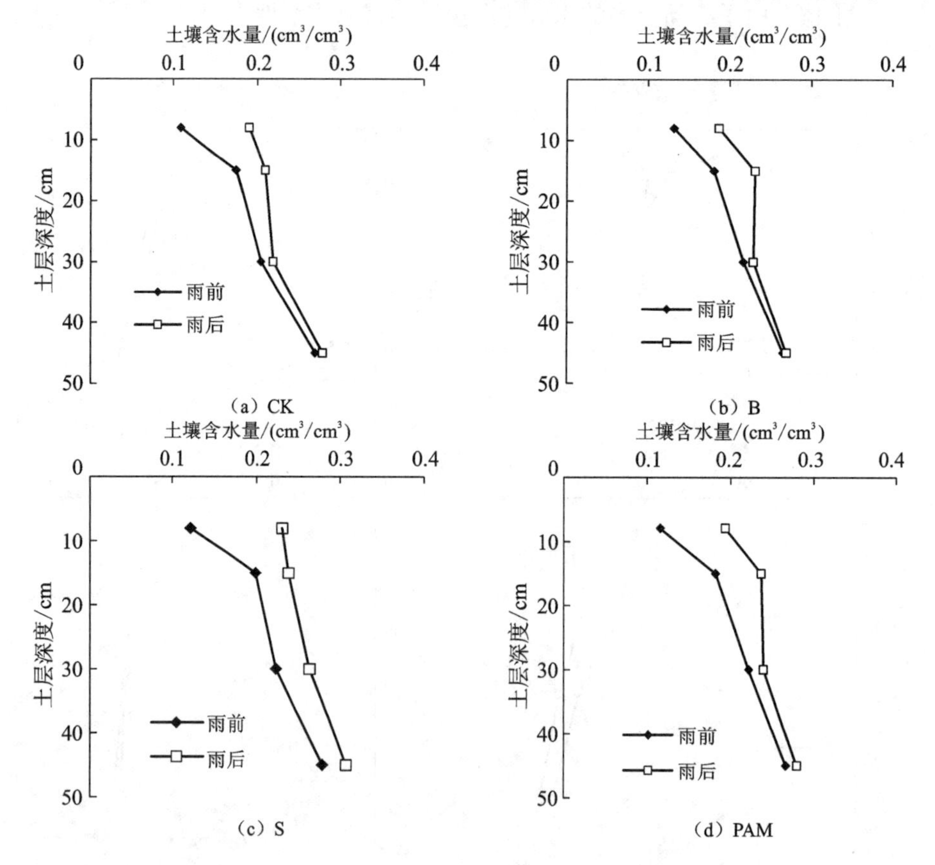

（a）CK　　（b）B　　（c）S　　（d）PAM

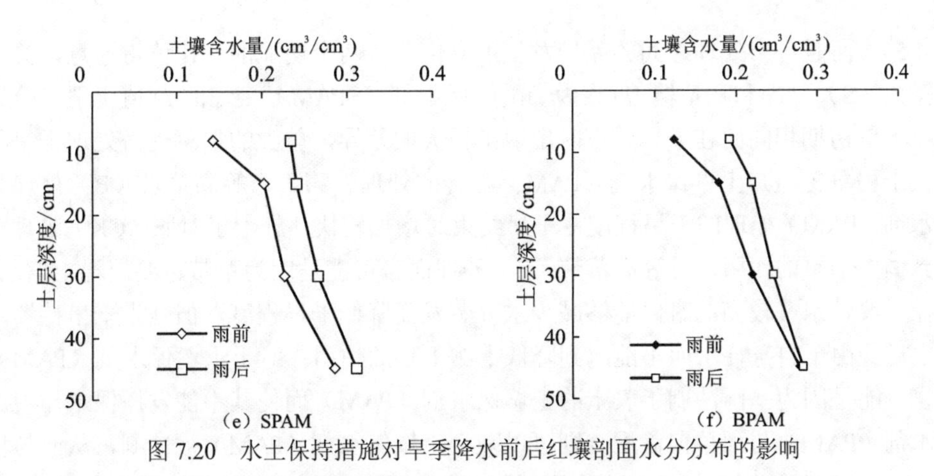

图 7.20　水土保持措施对旱季降水前后红壤剖面水分分布的影响

降水量 76.5 mm，雨后 24 h 测量土壤含水量

后降水入渗深度最深，45 cm 深度的含水量也有明显增加。其他 4 个处理虽然雨后剖面含水量增加，但增加主要发生在>0～30 cm 土层，45 cm 深度及以下土层含水量几乎没有增加。这说明在一场暴雨过程中，土壤储存降水有限，不仅受降水量大小影响也受土体入渗能力的影响，往往需要持续的降水才能使土壤剖面含水量得到大幅度提升，而单场暴雨对土壤水分的补充有限。采取水土保持措施之后，能够增加单场暴雨的入渗，有利于土壤抗旱。

相比于雨季单场暴雨增加剖面含水量主要在表层（图 7.19），旱季的单场暴雨更能够增加深层土壤剖面含水量（图 7.19），这应该与雨前含水量不同有关。旱季整个土壤剖面含水量更低，因此降水入渗深度更深，深层含水量明显增加。水土保持措施能够促进旱季深层水分增加，可能与水土保持措施处理下地表滞水、径流速度更慢而入渗时间更长有关，也可能与作物根系生长更好有关。所有这些作用，将在田间土壤干旱状况和作物干旱状况中得到体现。

三、水土保持措施对红壤干旱的影响

为了量化水土保持措施对红壤干旱的影响，在玉米生长旺盛期暴雨后较长时间无降水而是连续干旱的时段，监测了不同水土保持措施处理小区的土壤含水量，依据第二章提出的土壤干旱程度的指标表示方法，计算了连续干旱 15 d 的过程中>0～15 cm 土层的土壤干旱程度 *D* 值（图 7.21）。结果表明在干旱起始阶段不同水土保持措施期间就已经有明显的差异，其中对照（CK）、等高草带（B）、稻草覆盖（S）、土壤保水剂（PAM）、稻草覆盖+聚丙烯酰胺保水剂（SPAM）、等高草带+PAM（BPAM）的土壤干旱程度 *D* 分别为 0.226 9、0.123 3、0.055 0、0.129 7、0.048 2、0.129 8，对照处理明显高于其他处理，包含稻草覆盖（S）的两个处理最低，最高和最低相差 0.178 7。因为此时是刚刚降水之后，土壤含水量很高，土壤失水快慢取决于地表蒸发速度，稻草覆盖处理显著降低了高含水量时的土壤蒸发速度。在连续干旱 15 d 后干旱结束时，干旱程度 *D* 值最高[对照（CK）的 0.508 2]和最低[稻草覆盖+聚丙烯酰胺保水剂（SPAM）的 0.323 7]的差异微小增加

(0.184 5)，而且各个处理之间的差异发生了变化。有两个明显的变化值得注意，第一，稻草覆盖（S）处理和稻草覆盖+聚丙烯酰胺保水剂（SPAM）处理的 D 值出现了分异，二者在干旱初期相同而在干旱结束时出现了极大的差异，单独的稻草覆盖处理干旱程度明显大于稻草覆盖与土壤保水剂（PAM）配合的处理。第二，等高草带（B）处理与土壤保水剂（PAM）处理的干旱程度在干旱结束时增加较快，赶上了对照（CK）处理，没有起到调控干旱的作用，对等高草带（B）处理而言可能是因为草带也要消耗土壤水分，草带在土壤含水量较高的时候能够减少水分蒸发而降低干旱程度，但是当干旱持续时间较长之后，由于自身耗水而不能起到降低土壤干旱的作用；对于土壤保水剂（PAM）处理而言可能是因为暴雨冲刷了表土的土壤保水剂（PAM）而使其不能发挥保水作用。土壤保水剂（PAM）与稻草覆盖配合则可以减少土壤保水剂（PAM）被冲刷，从而与稻草覆盖（S）一起发挥了更好的保水作用[稻草覆盖+聚丙烯酰胺保水剂（SPAM）的 D 值 0.323 7]，比单独的稻草覆盖（S）处理干旱程度 D 值（0.422 2）更小。

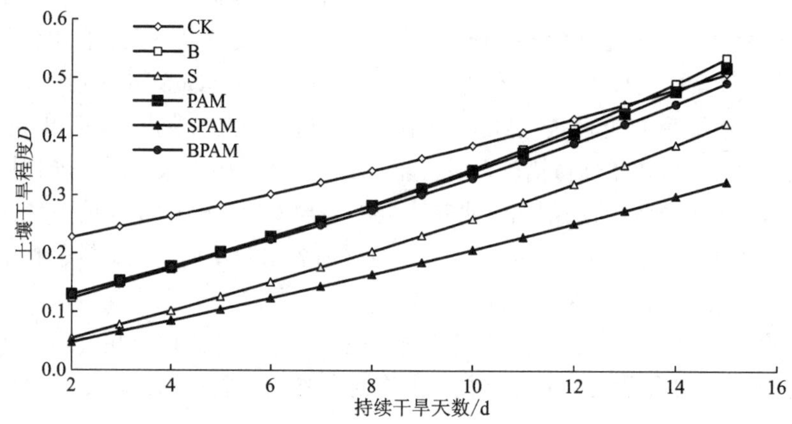

图 7.21　水土保持措施对红壤连续干旱过程中>0～15 cm 土层干旱强度的影响

在另外年份的花生试验中也得到了类似的结果（图 7.22）。在连续强降水结束之后持续干旱 20 d 的过程中，土壤含水量逐渐降低，其失水速率（干旱强度 I）持续减小，而干旱程度 D 持续增大。在干旱开始的初期，处理之间就存在差异，其中 I 在初期差异最

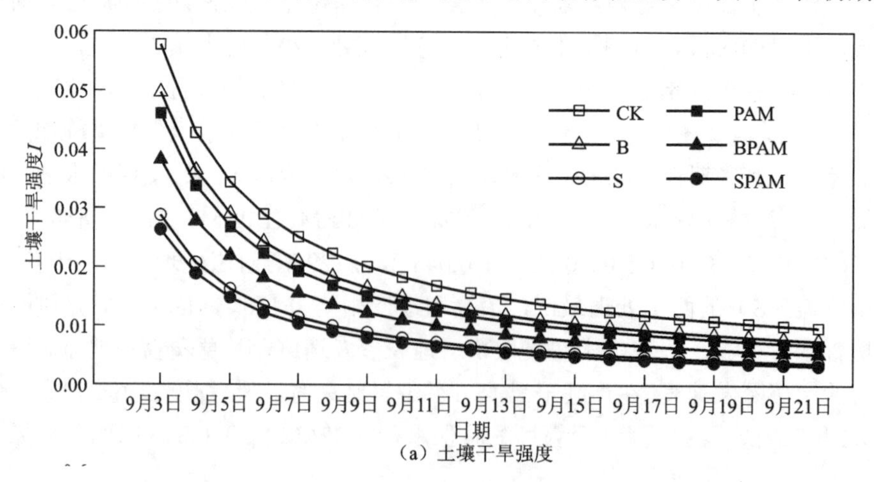

（a）土壤干旱强度

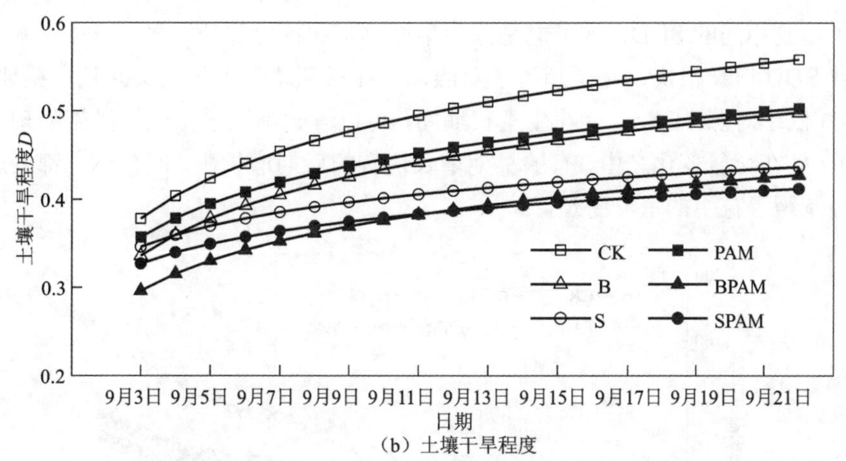

（b）土壤干旱程度

图 7.22　水土保持措施对>0～30 cm 土层干旱强度 I 和干旱程度 D 的影响

大，随着干旱持续处理之间的差异缩小；D 在干旱初期差异较小，随着干旱持续处理之间差异变得更大。在整个干旱过程中，对照（CK）的干旱强度 I 始终最大，最终的干旱程度 D 也最大（0.558 3），而包含稻草覆盖（S）的两个处理 I 最小，最终的 D 也最小（其中 SPAM 的 D 为 0.412 1）。这一趋势与在玉米作物上的结果一致。

上述结果表明，几种水土保持措施均降低了红壤表层的干旱程度，但在持续时间较长的连续干旱中，有些措施的抗旱作用逐渐降低或者消失，有些措施仍然发挥了抗旱作用。但总体上，在蒸发速度较快的阶段，水土保持措施发挥抗旱的作用更大。

四、水土保持措施对作物干旱和产量的影响

（一）花生作物干旱和产量

1. 花生叶片胁迫积温

采取水土保持措施之后，土壤干旱状况发生了变化，作物的水分胁迫状况也就发生了变化。如前文所述，能够指示作物干旱状况的指标很多，有些指标实时而灵敏，有些指标量化方便，本节采用比较直观且容易测量的冠层胁迫积温（stress degree day，SDD）量化不同水土保持措施下花生水分胁迫状况（林丽蓉 等，2010）。叶温（T_c）和气温（T_a）的差值小于 0 [$(T_c-T_a)<0$]表示作物受干旱胁迫，$(T_c-T_a)>0$ 说明作物水分充足，把一段时期的正的叶气温差(T_c-T_a)累加就是 SDD。图 7.23 是从玉米出苗后 50 d（花针期）开始到收割期间的 SDD。在测量开始的前 10 d 左右处在雨季，各个处理的土壤含水量都较高，花生植株无水分胁迫，SDD 很小，处理之间没有差异；进入旱季之后 SDD 持续增加，不同水土保持措施下出现差异，显示水土保持措施降低了花生的水分胁迫。

试验结果表明水土保持措施之间的 SDD 差异明显，其中对照（CK）处理的 SDD 呈稳定快速增长，从第 70 d 开始超过其他处理，直至最后达到最高 169.7 ℃。等高草带（B）处理在早期最高，但随后 SDD 上升速度明显降低，最后与稻草覆盖+聚丙烯酰胺保水剂

（SPAM）达到相同的 SDD，这可能是因为早期草带和花生都处于生长旺季，水分竞争激烈，导致 SDD 增长很快，甚至超过了对照，而在后期草带生长减缓并且拦截地表径流，使得 SDD 低于对照（CK）。在花生生长期间，可以看到不同水土保持措施处理下花生叶片的 SDD 处在交替变化之中，有的早期增长快有的后期增长快，但总体上都表现出水土保持措施减缓了花生的水分胁迫。

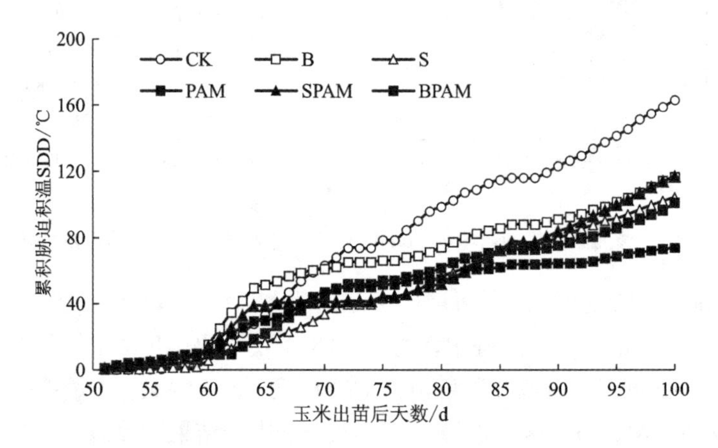

图 7.23　水土保持措施对玉米叶片累积胁迫积温 SDD 的影响

2. 花生生物量和产量

花生收获之后考种，表 7.12 列出了不同水土保持措施下花生的产量和土壤干旱程度 D。结果表明等高草带+PAM（BPAM）处理获得了最高的花生荚果干重和最低的土壤干旱程度 D 值，其次是土壤保水剂（PAM）、稻草覆盖+聚丙烯酰胺保水剂（SPAM）和稻草覆盖（S）也获得了较高产量，而等高草带（B）产量较低，对照（CK）产量最低。花生的单株荚果数、百果重、百仁重、出仁率等与荚果干重产量有相同的规律，包含土壤保水剂（PAM）的处理有最好的产量表现。结果同时还显示花生各个与产量相关的指数与土壤干旱程度 D 有较好的相关性（r=−0.612），说明土壤干旱状况是影响处理间产量差异的重要原因。

表 7.12　水土保持措施对花生产量的影响

水土保持措施	单株荚果数/（个/株）	百果重/g	百仁重/g	出仁率/%	荚果鲜重/（kg/hm^2）	荚果干重/（kg/hm^2）	土壤干旱程度 D
CK	33.00c	123.35c	62.15c	52.40c	2 060b	1470c	0.534 9
B	32.05c	118.15c	65.94c	58.80bc	3 165ba	1780c	0.508 2
S	36.65b	139.86ba	68.67abc	67.20ba	3 230ba	2000ba	0.422 2
PAM	40.80a	136.66b	75.09a	69.80a	3 895a	2160a	0.517 7
SPAM	38.55ba	138.16ba	66.95bc	67.90ba	3 735ba	2050ba	0.492 3
BPAM	41.80a	148.56a	74.18ba	68.70ba	3 510ba	2230a	0.323 7

注：同列不同小写字母表示水土保持措施间差异显著

（二）玉米作物产量

水土保持措施对玉米作物产量和土壤干旱程度也有显著影响（表 7.13）。稻草覆盖+聚丙烯酰胺保水剂（SPAM）处理获得了最高的玉米籽粒产量，其次是稻草覆盖（S），然后是土壤保水剂（PAM）和等高草带+PAM（BPAM），产量较低的是等高草带（B）和对照（CK）。玉米产量由低到高的顺序与土壤干旱程度 D 由高到低的顺序一致，相关分析表明，土壤平均干旱强度 I 与玉米地上部生物量（$r=-0.970$，$p=0.001$）和籽粒产量（$r=-0.923$，$p=0.009$）呈显著负相关，干旱程度 D 也与玉米地上部生物量（$r=-0.927$，$p=0.008$）和籽粒产量（$r=-0.786$，$p=0.064$）呈负相关。结果表明，水土保持措施通过影响红壤干旱状况而影响玉米作物产量，采取以稻草覆盖为主的水土保持措施可以减少季节性干旱造成的产量损失。

田间可以采取的水土保持措施很多，并不局限于农艺措施，也可以采取田间工程水土保持措施，还可以在田间之外采取小流域水土保持措施，多种措施因地制宜，相互配合，可以起到更好的季节性干旱调控效果。

表 7.13　水土保持措施对玉米产量的影响

水土保持措施	单株茎鲜重/（g/株）	单株茎干重/（g/株）	单株叶鲜重/（g/株）	单株叶干重/（g/株）	地上部生物量/（kg/hm^2）	籽粒产量/（kg/hm^2）	土壤干旱程度 D
CK	75.12d	33.31c	37.46b	27.72b	4 503.2c	4 533.7c	0.558 3
B	109.35b	45.48b	66.24a	38.40a	4 640.8c	4 511.5c	0.498 1
S	130.68a	51.61a	61.68a	35.26a	7 694.3a	6 177.8a	0.436 9
PAM	87.36c	40.53b	55.34a	32.94a	5 707.6b	5 308.7b	0.502 9
SPAM	140.73a	54.81a	57.21a	34.95a	7 917.6a	6 688.9a	0.412 1
BPAM	97.70c	44.70b	55.32a	38.87a	7 023.9ab	5 166.7b	0.427 5

注：同列不同小写字母表示水土保持措施间差异显著

第八章　红壤季节性干旱调控

干旱本质上不是随机事件，但红壤季节性干旱的发生在一定程度上是随机性的，干旱发生状况在不同年份有差异，也不能准确预报是否发生及什么时候发生。然而从长期看，红壤季节性干旱发生的周期性和规律性特征比较明显，一定时空范围内的相对干旱特征也比较明显。例如，红壤季节性干旱多发生在特定的季节（主要是夏秋），往往表现为旱涝急转、短期干旱、浅层干旱（王峰 等，2016；陈家宙 等，2007），是土壤水分时空不均导致的相对干旱（不是绝对干燥缺水），因此红壤季节性干旱具有较大的调控潜力。所谓干旱调控，指通过采取除灌溉之外的其他农业技术措施或小型工程措施来减少作物干旱，抑制气象干旱传递到作物干旱的风险，减缓旱灾的形成，降低作物受灾程度，是农业抗旱的主要环节。而灌溉是干旱缺水区（干燥区）农业的抗旱措施，虽然季节性干旱区也可以采取灌溉措施抗旱，但是本书不将其列为干旱调控措施范畴。

红壤区总体降水较多，水分总量能够满足农业生产，传统上是雨养农业区。红壤地形多为丘陵岗地，旱地多为坡耕地，灌溉地形条件差，灌溉成本高，目前尚难通过大面积的全面灌溉来应对季节性干旱，但是可以通过一些简单的小型工程措施、作物栽培和管理措施、土壤改良和耕作措施等来降低干旱程度，起到抗旱的目的，这些日常的农业技术措施利用得当，都可以起到调控干旱的作用。

在亚热带湿润气候的红壤区，只有极少部分的季节性干旱演化成了大的旱灾，大部分的季节性干旱的影响并不能称为灾害，只是导致作物减产，季节性干旱调控的对象就是这些大多数的可以预见的普通干旱。这些低成本的干旱调控措施，可以应对轻度季节性干旱，对中度季节性干旱也有一定的防御效果，但对个别年份的重度季节性干旱可能没有明显效果。红壤季节性干旱调控主要是针对常发的轻度和中度短期间歇性干旱，对于持续时间很长的严重季节性干旱，调控措施起的作用有限，不是本书讨论的主题。红壤季节性干旱发生有一定的规律性和周期性，因此干旱的应对措施可以很充分，但是有些调控措施（如调整作物播种期避开干旱期）对于红壤区的随机性干旱的调控效果并不能保证。基于上述原因，除在田间土壤、作物、小微型工程的调控措施之外，需要在更大的时空尺度上考虑应对季节性干旱的方法，采取综合的干旱风险管理措施。

第一节　干旱调控概念

干旱不可避免而又难以预测，这给干旱管理带来很大困难。但对于规律发生的红壤季节性干旱而言，一旦掌握了其发生规律，就可以采取相应的策略，采取合理的措施来预防、减缓、抵御可能造成的干旱灾害，即干旱管理或干旱调控。红壤季节性干旱的调控，是基于掌握了干旱发生原因、发生特征、影响因子等基础之上进行的，不能照搬干燥区的做法。干旱调控涉及的不仅仅的农业技术问题，还涉及社会经济和管理，为了使干旱调控更科学有效，各种抗旱措施必须符合当地的农业干旱发生规律，遵循基本的规律和原理。特别需要说明的是，本书讨论的主题是土壤（红壤），土壤虽然是作物干旱发生发展的场所，但是土壤条件只是影响作物干旱的一个方面，只是调控干旱的一个环节，调控红壤季节性干旱需要从影响农业干旱的各个方面采取行动，不能只局限于土壤或者作物本身。

一、干旱风险管理

（一）干旱管理与抗旱

有效干旱管理的核心是做好准备，也就是说，做好应对气候变化和干旱的准备，这是现代农业不可或缺的一部分。所有的农田都存在干旱威胁，干旱是农业生产中固有的组成部分，和地形、土壤、植物共同构成了农田生态系统的环境。干旱始终存在于农业生产中，人们不可能避开干旱，而必须面对它并采取措施。干旱发生之后，采取的干旱减灾措施称为干旱危机管理；而干旱发生之前采取预防措施，减轻干旱发生的风险和干旱的损失，称为干旱风险管理。干旱风险管理就是在农业生产活动中学会适应干旱，做好应对和战胜干旱的准备，并通过采取必要的预防措施来减轻干旱的影响。

国际上将针对干旱风险的减灾管理称为干旱管理，我国在传统上称为抗旱。长期以来，我国干旱管理工作采用的是干旱危机管理方式，在干旱发生了之后才开始行动，处于被动抗旱的局面。正是因为在干旱发生之后才开始做出反应，政府和农民往往只能采取一些临时性的应急措施来减轻干旱的影响（顾颖，2006），这种“救灾”式的风险管理方式在面对干旱的时候存在明显的弊端。干旱具有逐渐发展的特点，初期难以察觉，当旱象显现的时候，灾害已经形成，此时才采取措施则已经无法弥补损失，损失的产量无法挽回，不是科学的干旱管理。必须改变这种立足于抗旱应急而较少考虑防旱的干旱管理方式，从被动抗旱救灾向主动防旱防灾转变，从应急抗旱向常规抗旱和长期抗旱转变，从干旱危机管理向干旱风险管理转变。

干旱风险管理要求在农业生产整个过程中，把干旱作为一个生产影响因子加以考虑，干旱与土壤、种子、化肥等是农业生产的组成部分，是决定生产收益的一个条件因子。因为干旱是一个高度复杂的现象，难以预测预防，但干旱只是困扰地区农业的几个问题之一，因此人们在农业生产过程中把更多的精力放在种子、肥料、农药等方面，干旱风险管理很少受到重视。而实际上，农业生产的各个环节都与干旱有关系，除农业生产各项措施之外，人们还可以做更多的事情来降低与干旱相关的风险。虽然干旱难以预测，但如果干旱风险管理侧重于应对干旱，那么一些短期间歇的、持续时间中等的干旱大部分都可以得到缓解，不仅减少干旱损失，还可能带来其他好处。

干旱风险管理是一种对干旱进行科学管理的模式，它主要包括了对干旱期水资源的管理、干旱早期预警、制定和实施干旱预案等内容。在制定长期水资源政策和规划时，以及在具体的种植制度规划、农业生产规划、农田规划和布置时，都要充分考虑干旱的影响，统筹正常年份和正常时期、干旱年份和干旱时期的水资源，做好干旱监测和评估，并制定干旱发生时能够采取的一系列应对措施。这样的干旱风险管理，可以达到主动防旱，减少干旱损失的作用。例如，防治红壤季节性干旱要从雨季开始，而不是干旱发生之后才开始。作物干旱就像人生病一样，早期预防成本低、效果好，及早治疗能够痊愈的可能性更大，对身体损伤更小，在病入膏肓之后再救治就非常困难。

干旱的早期预警是应用各种技术手段，包括遥感监测、地理信息处理、各种模型模拟、各种指标评价体系，对干旱现状进行识别和评价，对干旱未来发展做出中长期预报。虽然事先并不知道气象干旱什么时候开始，但是作物什么时候开始水分胁迫却可以实时监测并预报。对于红壤季节性干旱，充分分析和掌握干旱发生和形成的规律、旱灾形成的机理，采取干旱预警指标对干旱进行早期识别，综合考虑各种因素对干旱的影响，如降水、气温、蒸发蒸腾、土壤水分状况、作物生育期、长期气象趋势、河道径流和地下水位等，尽可能完整反映农业系统中干旱形成系统中各个组成部分之间复杂的相互关系和影响，对潜在的旱灾影响做出评价和预测。建立干旱预警指标与干旱阶段相对应的临界值对干旱的各个阶段进行识别，可以将干旱发展的各阶段划分为初期、警戒期、紧急期、灾害期、缓解期等。对于红壤季节性干旱，通过科学的手段识别干旱的发生、持续、严重性、终止等，是干旱管理的基础。

干旱预案研究是应对干旱的重要策略。收集和分析历史气象、季节性干旱发生规律、主要干旱事件，评价过去的季节性干旱和主要干旱事件的灾害影响，分析灾害程度的原因和措施的效果。由此进一步研究干旱防御机制，掌握干旱应对措施，选择和研发降低干旱灾害的途径和方法、各个干旱阶段应该采用的有效抗旱措施、提高农田系统抗旱能力的方法和计划。在干旱结束之后，要对已经实施的干旱预案进行旱后评价，包括对干旱的气候和环境条件、经济和社会影响和干旱预案在减轻干旱影响、方便救济以及在干旱后的恢复期的作用等方面的分析，考虑新的防旱抗旱技术和新的社会经济条件变化，从而修正和进一步优化预案，更主动、更有效地应对将来的干旱。

在整个农业生产环节考虑抗旱保墒技术，对于各种不同程度的干旱都有相应的防范措施，是农业技术体系不可缺少的一部分。不同区域在干旱形成机制原理上是类似的，但是影响因子的重要性有差别，因而在干旱防治策略和具体措施的选择上不同，要根据当地的实际情况判断。在不同区域，干旱发生程度和发生规律不同，对农业生产的影响不一样，干旱风险管理的侧重点会有所不同。对于湿润区的红壤季节性干旱，所采取的干旱管理措施应当基于红壤季节性干旱发生发展的规律、防治原理、红壤区自然条件、区域经济发展水平，因此，掌握特定地区的干旱发生发展规律，研究出针对性的防旱措施是进行干旱风险管理的前提。湿润区的季节性干旱管理调控，应当采取不同于干旱区的干旱防治策略和措施。例如，在红壤区，雨季经常发生涝滞，就需要考虑田间排水而不是保水，而雨季结束可能发生旱涝急转，且并没有灌溉条件（或者比较昂贵），因此就存在“蓄”“排”矛盾和合理权衡的问题，“蓄丰补欠”如果不恰当，雨季田间水分“储蓄”太多也会带来作物减产，因此红壤区的防旱保墒与干燥区的做法是不一样的。

（二）农田干旱管理

对于农业干旱，干旱管理措施最终要落实到农田。农田干旱管理要遵循一些基本的原则，干旱管理措施才可能真正落实和达到目标。

在思想上要意识到农业干旱是不可避免的，必须为应对干旱做好准备并采取措施，不能有侥幸的心理。学会适应干旱，在干旱面前采取主动和先发制人的行动，在生产实践活动中培养应对干旱的能力，而不总是在干旱发生之后扮演被动受害者角色，一味等待政府支持或外部援助，这不利于问题的解决，不仅本次干旱损失无法靠外部援助弥补，下次还可能损失更大。知识就是力量，每个地方的干旱发生特征不同，对自己熟悉的地方要积累和掌握历史数据，如历史降水记录、干旱记录，对本地区的干旱发生风险水平和干旱特征有全面的掌握。在抗旱实践中总结经验教训，不断改进抗旱措施，提高抗旱效果和降低抗旱成本，做到抗旱行为有利可图，才可能持续实施。在采取抗旱措施时要实事求是，根据实际情况和可承受能力采取相应的措施，比较不同抗旱措施的产投比，追求最高的效益。要完全避免干旱的危害是不可能的，要接受干旱造成的损失，但也要准备应对大旱的准备。红壤区 2～3 年可能发生一次季节性干旱，5～6 年有一次严重的干旱，10 年左右有一次危害极大的夏旱或夏秋连旱，这种跨季节的干旱无法预测且危害极大，干旱管理措施要能够起到在大旱时候避免大灾的作用。因此一般情况下，用应对一般干旱和应对特旱的双层抗旱路线，用灵活的抗旱措施应对不同的干旱，可以避免投入过大。要能够采取多种抗旱策略，既要创新，采用新技术，也要挖掘和保留本地有效的抗旱方法，如抽槽、水凼、水塘，如种植本土品种，如青草覆盖。虽然很多本地传统的抗旱方法已经不能适应现代化农业生产，但是作为流传下来的农业实践经验，这些习俗在今天仍然有价值。

合理利用和保护农业生产资源是所有干旱管理的核心，融于日常的生产活动实际上是干旱管理的一部分。保护性耕作等措施在长久来看，也是一种干旱管理措施，改良土壤，保护水土资源，在本质上都可以起到抗旱的作用。对于红壤季节性干旱而言，调控季节性干旱绝对不是单一的抗旱措施，更不只是农田灌溉、农田水利等措施，而是系统的、多样化的措施，甚至超出了农业生产活动本身。除了保护水土资源外，其他如土地的使用、作物的种类、农业生产的多样化等，都对农田系统的抗旱能力有影响，虽然本书主要讨论的是农业生产本身特别是土壤本身的干旱形成和干旱防御问题，但在实际干旱管理中绝对不能局限于本书讨论的调控措施。

二、季节性干旱调控原理

（一）红壤季节性干旱的系统特征

1. 农田 SPAC

农业干旱（包括土壤干旱和作物干旱）虽然发生在农田，但是引起干旱的原因并不只是在农田，包含整个农田生态系统在内的区域自然条件和经济活动都影响干旱发生。干旱的根本原因是气象缺水，气象干旱进一步导致农业干旱。对于气象干旱，目前人类还无能力进行调控，在气象干旱传递到土壤干旱和作物干旱的过程中，干旱状况会发生变化，干旱程度可能减轻或消失，干旱传递受阻，干旱也可能快速传递甚至程度加剧，这取决于区域的土壤和植被等生态系统条件。对于小范围的农田生态系统，人们可以采取一些有效措施进行农业干旱调控。农田生态系统影响气象干旱的传递，对于一个地区的农田生态系统，作物干旱的形成由 SPAC 决定。这个系统内的大气、土壤、作物都对干旱的发生和发展起作用，同时系统内部的各个因子之间的相互制约，也影响干旱的发展进程（图 8.1）。

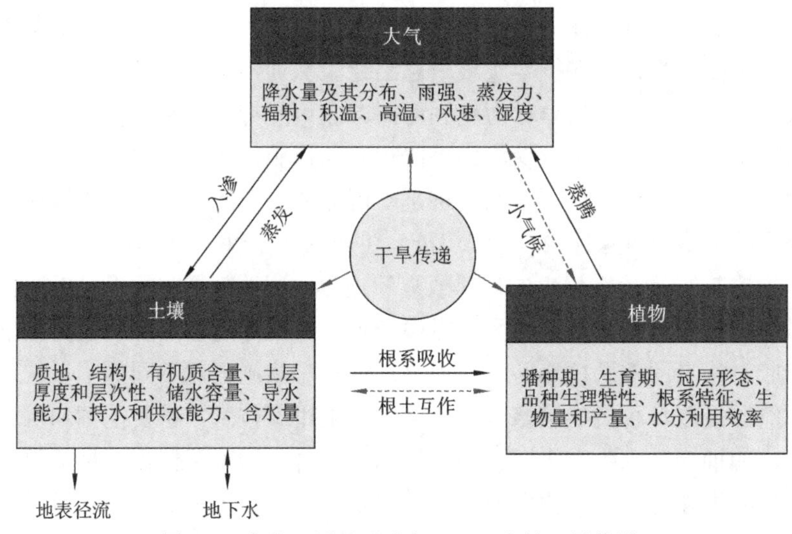

图 8.1　农业干旱的形成与 SPAC 内的干旱传递

农业干旱调控的原理，就是充分认识 SPAC，掌握系统内各个因子之间的相互作用原理，监测本地区的气候特征、土壤特性、作物生产过程等，结合实际情况采取各种干预措施和预防措施，调节农田生态系统内水分传输方向和传输速度，提高根区土壤含水量，保障作物水分需求。

在农田 SPAC 中，大气、土壤和作物是决定系统干旱状况的三个主要因子。气候因子既影响水分供应（降水量）又影响水分耗散（大气蒸发力），具体包括降水量及其季节分布、降水雨强和降水雨型、太阳辐射、积温、高温、风速、大气湿度等，其中有个别因子人类是可以调控的，如通过遮拦、覆盖减少大气蒸发力，通过防风林降低风速，通过小流域植被改变小气候等，甚至通过人工降水手段增加降水，但是这些只能是局部的，不能从根本上改变一个地方的气象。土壤因子是气象干旱向作物干旱传递的纽带，降水首先储存在土壤中然后才能被作物吸收利用及被大气蒸发，土壤的许多特性影响这一过程，包括土壤质地、结构、有机质含量、土层厚度和层次性、储水容量、导水能力、持水和供水能力、含水量等。土壤性质（如肥力高低）还影响作物生长和根系在土壤中的分布，因此土壤是 SPAC 的核心，是干旱的缓冲区，也是调控干旱的主要场所。作物因子对干旱的影响很复杂，一方面利用（通过碳同化作用把水分变成生物量）和消耗（通过蒸腾作用使水分散失）水分，另一方面通过覆盖地面减少土壤蒸发，其复杂性表现在这两种作用都随生育期、气象条件和土壤状况变化，具有极大的变化幅度，而且不同作物种类具有不同的水力和生理特性，受干旱的影响和对干旱的反馈都难以捉摸，一直是研究的难点。

简单来讲，气候是系统水分的供应者和耗散器，作物是系统水分的消耗者，土壤是系统水分的中转站和分配者，三者之间存在复杂的耦合作用和反馈关系，季节性干旱调控，就是改善它们各自的性质，并协调它们之间的关系，从而延缓干旱进程，降低作物干旱的危害。

2. 红壤农田 SPAC 特征

从较大的尺度看，红壤区的 SPAC 具有特殊的性质特征。在气候方面，红壤区表现为降水丰沛但季节分布不均，暴雨较多，雨强（单位时间的降水量）较大，潜在和实际蒸发量较大，年积温高，高温天数多，高温与干旱促进作物水分胁迫，暴雨和集中的降水不利于土壤入渗。在土壤方面，红壤物理性质差，质地黏重，团聚体结构少，有机质含量低，这导致土壤的持水能力强而供水能力差。虽然剖面较深但底土和心土紧实，不利于降水入渗和根系生长，在雨季降水量超过土壤的储水容量，形成地表径流，造成水土流失，破坏表土结构，而进入旱季后，土壤非饱和导水率 $K(h)$很低，深层水分向上部根系层运动缓慢，特别是红壤有效含水量低，有效水中易效水占比大，难效水占比小，作物吸水困难，加剧了作物水分胁迫。在作物方面，红壤区一年生作物根系生长时间短，根系在土壤中分布浅；秋播作物在播种和移栽时土壤水分是一年中最低的时期，往往影响播种出苗；春播作物的旺盛生长期在夏季，此时虽然降水较多但常见高温，作物蒸腾强烈耗水多，土壤失水快，短期干旱就会造成作物水分胁迫；如果不及时播种，生育期延后到秋季，则受到季节性干旱影响的概率更大；作物品种具备高产特性，在水肥良好条件下产量高，但是高产品种往往抗旱性差，更容易受到季节性干旱的影响。

从小的尺度看，SPAC 对作物干旱胁迫的形成有一定的缓冲作用，从而减少干旱的危害，但是红壤区 SPAC 的干旱缓冲能力较差。从气象上讲，红壤季节性干旱发生在夏秋季节，少雨往往与高温同步，潜在的大气蒸发和作物蒸腾强，导致作物和土壤失水快，更容易引发季节性干旱。SPAC 缓冲作用主要取决于土壤的性质，在气象干旱发生时，农田生态系统中的土壤具备减少水分蒸发、保持水分、持续供应水分的性质能力，这种特性能够保证轻微的干旱下作物不发生水分胁迫，并对中等干旱有缓冲和延缓作用。这种缓冲能力取决于土壤的水力性质，如持水容量、比水容量、土壤导水率 K 等，红壤的持水容量小、比水容量小、干旱时土壤导水率 K 低，导致红壤的干旱缓冲能力差，属于易旱土壤。作物的干旱缓冲能力取决于作物的生理特性，如耐旱性、冠层大小与形状、根系构型、根系分布深度、根冠比等，主栽作物品种以高产为目标，耐旱性差，而且一年生作物根系在红壤中分布浅，吸收深层水分的能力差，导致作物对干旱敏感，干旱缓冲性差。上述是红壤区 SPAC 的特征，是红壤季节性干旱发生的主要原因。红壤季节性干旱调控，就是要针对红壤容易引起作物干旱的方面采取长期的或者短期的措施，改变 SPAC 易旱的特性，减轻作物受旱程度。

（二）红壤季节性干旱调控途径

红壤季节性干旱调控就是人为协调“土壤-作物-大气”这个连续系统，从技术上讲，季节性干旱调控就是采取适当的措施改善它们之间的相互关系。具体而言可以从“土壤-大气”“土壤-作物”“作物-大气”三个子系统分别进行调控，如通过地表覆盖阻断土壤-大气界面从而减少土壤蒸发、通过抗旱作物或作物栽培减少作物耗水或增强作物耐旱能力、通过改良土壤性质促进作物根系生长而减少土壤蒸发和促进作物在土壤中水分吸收。本书前面几章即是从红壤本身以及红壤与作物关系方面，用实例解释了红壤季节性干旱调控的原理与效果，但红壤季节性干旱调控的途径不止于本书前文论述的一些途径方法，而是还有很多其他的途径，本节把可能的途径做一个简单的汇总。

作物干旱是 SPAC 综合作用的结果，红壤季节性干旱调控，应当基于该地区的气候、土壤、作物特性，采取多种调控途径，而每个调控途径可以采取多种措施，协同发挥综合的抗旱效果，同时还起到改良土壤的作用。在田块、农田生态系统、小流域、区域等不同尺度上，SPAC 描述的土壤-植物水分关系更加复杂，影响农田作物干旱的因素更多，可以调控的对象和手段也更多。在田块尺度上，优化作物种植模式、选用抗旱作物品种、改进耕作方式、发展覆盖栽培和覆盖保水技术、改进施肥方法、改良土壤性质（特别是水力性质和强酸）、促进根系生长发展深根系农业；在农田生态系统尺度上，完善水利设施和排灌系统、发展节水灌溉；在小流域尺度上，发展农林复合系统、改善小气候、水土保持等；在区域尺度上，合理布局产业和种植结构等。

1. 适应气候和改善小气候

气候是 SPAC 各个组分的主要驱动因子，也是一个地区发生干旱的根本原因。与干旱气候区（年降水量少的干燥区）不同，干旱（年际降水变异）只是一个或长或短的缺少降水的异常时期。在干旱区，作物系统已经逐渐适应了常规气候条件下的干旱胁迫期（如作物生长季与雨季重合、缺水期休耕），而在季节性干旱区的雨养农业系统中短期的间歇性干旱则会造成不可预知的风险，而且随着全球气候变化，这种变异的不可预知性变大。因此，掌握红壤区的气候变化和干旱发生特征是科学调控季节性干旱的前提。

一个地区的气候难以改变，无法通过改造气候条件来消除红壤季节性干旱。但是可以了解和适应气候，从而降低干旱危害。红壤季节性干旱起源于降水分布年内不均，只发生于高温少雨的时期(不是终年发生)，季节性干旱是周期性发生的(呈现一定的规律)。不同于干旱区，红壤季节性干旱是可以预期的，它以特定的重现期（频率）发生在特定的季节（作物生长季），特别严重的、难以预测的大旱只发生在极少年份，大多数的季节性干旱是可以预知的。通过研究一个地区气候特征，分析降水、气温、蒸发的年际和年内规律及变化趋势，充分掌握季节性干旱发生时空规律，可以指导季节性干旱防御，针对性地采取避旱、抗旱措施，这是一个地区季节性干旱调控的基础。

一个地区的农田小气候是可以调控的。小气候是指由于不同田块的下垫面结构和性质不同，造成 SPAC 的热量和水分收支差异，从而在小范围内（近地面几米气层内、土壤表层和植被层内）形成一种与大气候不同特点的气候。小气候中的温度、湿度、光照、通风等条件，直接影响作物的生长和耗水，从而影响干旱的发生发展；反过来，农田小气候受农业生产和作物的影响，二者关系可通过一定的技术措施加以改善。红壤农田生态系统及其小气候与其周边的山、水、林、草、湖、河、路等密切相关，通过耕作、栽培、地表覆盖、防护林网、作物种植行向和密度、沟渠建设、农林系统复合等，可以起到改善农田小气候并调控季节性干旱的作用。

2. 提高土壤的抗旱能力

降水量和土壤储水量之间的关系是干旱胁迫环境最重要的特征。在田块尺度，根据土壤水分平衡可以估算关键的土壤水分过程，每个过程受土壤基本性质（不能改变的）和次生性质（可以通过管理改变）影响，如降水入渗、地表产流既受土壤性质影响也受管理措施变化。土壤基本的物质组成和性质（如气候、母质、地形、质地、剖面深度）是很难通过人工改善的，但是土壤的有些性质却对人为调控措施很敏感，如土壤结构、土壤生物活动，这些土壤次生性质对土壤水分和土壤干旱过程有影响。

红壤抗旱能力差，改良土壤性质是调控季节性干旱的重要途径。因此，提高土壤对降水亏缺的缓冲能力对调控干旱至关重要，关键措施是改良土壤的水力性质，如通过增施有机肥和改良土壤结构来提高红壤的储水容量、土壤有效含水量、干旱时的土壤导水率 K 等，从而提高土壤的抗旱能力。除了直接改良土壤性质外，优化种植模式也可以提高田块的抗旱性（Renwick et al.，2021；隋月 等，2013），这可能与植被多样性改善了土壤性质和局地气象水文条件有关（一种生态水文的反馈作用）。

3. 提高作物的抗旱能力

季节性干旱最终体现在作物水分胁迫和产量降低上，因此提高作物的抗旱能力（作物子系统对水分胁迫反应的可塑性）是应对季节性干旱的重要手段。作物根系深度不同，一年生作物根系浅，干旱更容易形成，而多年生深根系植物对干旱的缓冲能力强（Basche and Edelson，2017），因此利用作物的遗传特性发展深根系农业和多年生农业，是应对干旱的有效途径。提高作物的抗旱能力可以通过培育和种植耐旱作物品种、采取抗旱栽培等途径达到。从作物水分管理的角度看，旱季作物水分供应主要来源于土壤储水，而雨季主要来源于降水，二者在生态水文上的差异对于制定干旱水分管理和作物育种策略非常重要。作物在早期干旱、晚期干旱、持续干旱的时候，对干旱胁迫需要不同的特性去适应。针对红壤的特殊的性质（不仅易旱，而且酸性强，养分贫瘠，常有高温），筛选和培育红壤区合适的耐旱品种并不是一件容易的事情。例如，培育适合于种子深播的作物品种（Zhao et al.，2022b），根系在土壤中分布更深，可以起到很好的抗旱效果。

抗旱栽培则是一种综合的途径，可以采取各种保水、保土、抗旱栽培方法，降低作物在干旱期间的水分胁迫程度，如田间保水工程、喷施防旱药剂、调整播种期、沟垄种植、覆盖栽培等。

4. 提高农田系统的抗旱能力

在条件具备的情况下，有效预防和应对红壤季节性干旱仍然要采取一些工程措施，如农田水土保持工程与田间蓄水灌溉工程。对于一般常见的季节性干旱，上述改善小气候、改良土壤性质、调控作物的措施，可以起到很好的抗旱效果，但是对于发生频次很少且持续时间较长的干旱，这些措施无能为力，效果有限，无法避免作物因干旱减产，此时灌溉等工程措施是最有效的途径。灌溉工程措施包括建设农田的蓄水、灌溉沟渠，安装灌溉设备等水利设施，有条件的地方可以建设喷灌、滴灌等系统，它们可以应对绝大部分干旱。红壤稻田因为地形平坦低洼，这些农田水利工程措施实现相对容易，而在红壤旱地地形破碎的条件下，这些水利设施的建设难度很大，而且利用效率和运行经济效益不一定高，往往只适合于经济条件好或者高产值种植区域。

相对成本较高的滴灌和喷灌等灌溉系统，红壤区更适合建设一些因地制宜的蓄水和小型灌溉系统，如就地拦截降水和径流，雨季蓄水，旱季灌溉，不仅起到水土保持的作用，也对整个农田生态系统起到抗旱的作用。

第二节　红壤季节性干旱调控措施

一、土壤管理措施

大量的文献报道了红壤的水分和力学等性质（罗敏 等，2016；王峰 等，2016；罗勇 等，2009；姚贤良，1996），也基于这些土壤特性提出了季节性干旱调控原理、策略和技术方法（黄道友 等，2004a；周炳中 等，2002；熊德祥和武心齐，2000；张斌 等，1999；刘洪顺和王继新，1993）。从原理上看，通过土壤调控干旱的技术方法可以分为长期策略和短期策略（Bodner et al.，2015）。一些技术方法要经过较长时间才有显著的效果，视为长期策略，如改变耕作制度与耕作方法、增施有机肥改良土壤性质和培肥土壤；一些技术方法在短期内即可发挥抗旱作用，可视为短期策略，如地表覆盖、留茬耕作。在掌握红壤季节性干旱发生特征和规律的基础上，土壤调控需要同时采取恰当的长期策略和短期策略，从而发挥更好的干旱调控效果。

(一)土壤培肥与性质改良

红壤理化性质不良，特别是红壤水力性质与其他类型的土壤相比，黏质红壤表现出易旱性。红壤易旱性在土壤水力性质上的表现为储水总库容小、有效水库容小、难效水占比高、非饱和导水率低 $K(h)$等（D'angelo et al.，2014；姚贤良，1996）。这些易旱性可以通过增加土壤有机质含量、促进土壤团聚结构形成得到一定程度的改善（Bassouny and Chen，2016），是调控红壤季节性干旱的长期策略。

红壤的易旱性是多种不良性质综合作用的体现，如红壤储水容量低、有效含水量低、导水率低、机械阻力大、通气性差，以及其他不利于作物生长的性质（养分缺乏和强酸性等）。这些不良的性质恶化了红壤 SPAC 组分之间的关系，是红壤季节性干旱频发的重要原因。因此，红壤季节性干旱，既有外因（季风气候导致的干湿季节），也有内因（土壤本身性质）。通过各种途径改良红壤性质，不仅可以提高作物产量，也能调控季节性干旱（Lin et al.，2016；林丽蓉等，2014；林丽蓉 等，2010）。

红壤抗旱性质不良的原因是成土母质及长期的气候作用下形成的，如第四纪红色黏土母质风化程度高导致质地黏重、雨季长期固结排水作用导致土体致密紧实、有机质含量低导致土壤团聚体缺乏等，这是红壤易旱的物质基础。要从根本上改变红壤的基本物质组成（如矿物颗粒）几乎是不现实的，因此改良红壤性质难度很大，即使微小的改良也需要长期的过程，效果不明显。在不能改变红壤基本的物质组成的情况下，通过增加有机质含量和合理耕作而改善土壤结构是可行的方法，也是必须执行的一种长期调控策略，该策略不仅有利于抗旱，还有其他更多的好处。几乎所有能改良红壤性质的措施都可以起到调控红壤季节性干旱的作用，如合理的施肥能促进作物根系生长从而提高作物的抗旱能力，但更直接的方法是改良土壤的水力学性质和土力学性质、培肥土壤，为作物根系生长创造良好的环境，可以起到同时改良土壤和作物抗旱能力的目的。

增施有机肥，改良土壤结构。红壤理化性质不良主要的原因之一是有机质含量低，一般仅为 1%左右，增施有机肥是改良红壤最有效的措施之一。除了施用市售有机肥之外，可以施用各种来源的有机物，如种植绿肥、秸秆还田、农业有机废弃物腐熟之后还田，提高土壤有机含量，促进土壤团聚体形成，改良黏质红壤结构，提高土壤保水和供水能力。对于黏质红壤，长期施用鸡粪提高了土壤有机质含量，但是对改善土壤的水力学性质效果有限（Bassouny and Chen，2016），可能与有机质较强的斥水性质有关，但有机质含量增加总体上提高了黏质红壤的土壤有效含水量，利于作物抗旱。

平衡施肥，有助于消除土壤养分障碍，促进作物生长，提高作物抗旱能力。红壤养分含量低而且养分不平衡，尤其缺磷少氮，也缺乏镁、硼、钼等中微量营养元素，而铝、铁、锰等元素丰沛甚至过高。虽然红壤养分不平衡主要是缺磷少氮，但在施肥时不能单施氮肥和磷肥，要根据土壤养分状况考虑各种缺乏的营养元素，做到平衡施肥。平衡施肥的做法之一就是有机无机肥配合施用（化肥和有机肥或秸秆还田、化肥和绿肥），同时配施微量营养元素肥料。

使用土壤结构改良剂。提高红壤的持水和供水能力是增强其抗旱能力的有效途径之一，土壤结构改良剂可以快速提升土壤的水力学性质。凡主要用于改良土壤的物理、化学和生物性质，而不是主要提供植物养分的物料，都称为土壤改良剂。土壤改良剂种类很多，包括天然矿物类、天然和半合成水溶性高分子类、人工合成高分子化合物类、有益微生物制剂类等。大多土壤改良剂都可以改善土壤结构，特别是人工合成高分子化合物如聚丙烯酸类、醋酸乙烯马来酸类、聚乙烯醇类等，它们施入土壤后，不仅自身有极强的吸水、保水能力，而且还可能黏结小土壤颗粒形成大而稳定的聚集体，促进土壤结构形成和提高土壤的持水能力。对于黏质红壤，微团聚体数量多，持水能力强，一些土壤结构改良剂（如聚丙烯酰胺类）并不能显著改良土壤的结构和水力学性质，对土壤保水供水能力提升效果不佳，应选择合适的土壤结构改良剂并采用合适的施用方法，这方面还需要进一步的研究和实践。

（二）土壤抗旱保水耕作

红壤耕层浅薄，土体紧实，一年生作物根系分布浅，导致吸收水分和养分的范围小，不能吸收深层土壤水分，容易发生干旱。因此增厚红壤耕层（作物根系层）是季节性干旱调控的重要途径，这需要通过合理的耕作来实现。此外，耕作还直接影响表土水分运动状态，对作物水分吸收也有直接的影响。本书第六章用实例说明了耕作对红壤水力性质和玉米作物根系的影响，证明了黏质红壤上深耕可以降低土壤穿透阻力，增加土壤含水量，降低玉米根径而利于其吸水，总体上深耕促进了作物生长并减轻季节性干旱。实际上，对不同地区的任何土壤，合理的土壤耕作是改良和培肥土壤的基础，也是调控土壤抗旱能力的重要措施。

常规耕作和深耕，可以增厚土层，提高土壤的水分库容。大多数的红壤耕层浅薄，心土层和底土层紧实，耕层土壤储水能力较差。通过常规耕作（耕作深度约 20 cm）或深耕（耕作深度达到 30 cm 及以上），能快速降低土壤穿透阻力、改善“根-土”关系，起到减缓季节性干旱（He et al.，2017；Lin et al.，2016；Salem et al.，2015）、逐渐加深耕层的厚度和水分库容和抗旱的作用。深耕往往需要大型机械进行，短期内改土效果快，但仅局限于浅层，且副作用明显，如消耗较多能量和劳力、不利于土壤碳赋存、不利于水土保持、土壤结构对耕作产生依赖性、对底土无明显持续改善作用等（Small and Raizada，2017；Lynch and Wojciechowski，2015；Reicosky and Crovetto，2014），人们担忧频繁人工耕作可能是土壤物理质量降低（如底土板结退化）的重要原因，通过人工耕作来调控和防御红壤季节性干旱的前景值得怀疑。因而免耕越来越被更多的人推崇，认为免耕是有前途的、可持续的耕作方法。综合大量的不同气候区域和不同土壤类型的研究表明，少耕和免耕对土壤的长期作用好于常规耕作和深耕（Martínez et al.，2016；Bodner et al.，2015；Congreves et al.，2015；Reicosky and Crovetto，2014；Bottinelli et al.，2013）。少耕、免耕不破坏或少破坏根系在土壤中形成的孔隙网络，保持了孔隙的连通性，并且随着年限延长，生物孔隙网络越来越发达，土壤结构得到持续改良，以少耕、免耕为代表的保护性耕作是未来农业发展的趋势，有前途的干旱防御措施应当以此为前提。

然而对于黏质红壤，少耕、免耕在初期甚至很长时间内，不可避免地减少土壤大孔隙数量，其心土和底土紧实、缺氧的缺点将更加突出，短期内可能恶化“根-土”关系，不利于作物根系下扎分布，这也许是黏质红壤免耕导致玉米作物减产的原因（He et al.，2017；Lin et al.，2016）。对于土体紧实的黏质红壤而言，完全免耕面临作物减产和杂草增多的很多问题，常规耕作和深耕对维持黏质红壤的耕层和增强其抗旱能力作用很大，不能否定其好的方面。实际上，对于红壤区人们往往面临深耕和免耕的两难选择。

在这个背景下，一种折中的耕作方式——偶尔耕作出现了。偶尔耕作（Blanco-Canqui and Wortmann，2020）也许能够协调这个矛盾，偶尔耕作不是每年每个作物季节都进行耕作，而是根据需要进行耕作，可以一年一次或者几年一次，实际上是一种少耕，但不是按照事先设定的计划少耕，而是根据土壤性质的变化来决定是否耕作。例如，黏质红壤长期免耕之后耕作可以提高土壤抗旱能力和作物产量（Chen et al.，2021）。总之，对于土体紧实的黏质红壤，通过深耕构建理想的耕层是必需的，而这需要根据实际情况采取合适的耕作策略与方法。

土壤耕作可以从多个方面调控黏质红壤的季节性干旱，不同的耕作措施配合相应的种植制度，可以起到更好的作用。就耕作措施而言，没有绝对的“好”“坏”之分，同种耕作措施在不同的土壤、不同的时间、不同的地区，可以起到完全相反的作用，土壤耕作的难点就是要在合适的时间、合适的地点、采取合适的措施，总之就是要在充分了解土壤特性、季节变化规律的基础上，才能灵活运用不同的耕作措施。红壤多为坡耕地，不仅存在水土流失，而且养分贫瘠、耕层浅薄、土体紧实、根系下扎深度浅，这些都严重限制了植物生长而恶化了季节性干旱。因此，红壤耕作措施的目标是加深和加快耕层建立，改善根系层土壤形状和根-土关系，从而起到促进植物生长的目的，也达到抗旱的效果。

“冬深耕，春不耕，夏浅耕”是红壤区一种有效的耕作策略。“春不耕”的原因是春季雨水多，耕作容易造成水、土、肥流失，在油菜或小麦等冬作物的行间，春季套种大豆、花生等春播作物，可以不用翻耕，等到油菜收割后，再在大豆、花生的行间深翻，这样可以保持土壤疏松，增加有机物含量，有利于雨水渗透，提高土壤蓄水保水的能力。“夏浅耕”是因为夏季温度升高，水分蒸发量大，下雨之后浅翻红壤地，可以防止土壤板结，同时在表层尽早形成干层，减少水分蒸发损失，可以提高抗旱能力。“冬深耕”是针对红壤紧实板结，在冬种之前对土壤进行深耕增厚、扩大耕层，配合有机肥施用，使土壤疏松，可以提高土壤入渗、保水和保肥的能力，有利于作物根系生长。

保土聚肥耕作或蓄水聚肥改土耕作，是一种防止水土流失、提高土壤养分的综合耕作方法。该耕作方法起源于我国干旱、半干旱地区，最初叫抗旱丰产沟耕作法（史观义和杨才敏，1982），做法是沿等高线将宽 65 cm，深 165 cm 条带上的土壤，重新组成“种植沟”和“生土垄”（二者统称抗旱丰产沟），种植沟深 50 cm，把熟化的表土都集中在种植沟里并施用有机无机肥料，从而为作物提供了深扎根系、蓄纳雨水的条件。这种耕作方法，地表沟垄相间，加大粗糙度，增大地面接收太阳光辐射面积，较好地解决了山区、丘陵区、干旱区农田的土、水、肥、气、热的矛盾，为作物的生长发育创造了良好条件。结合红壤区的气候条件和土壤性质，经过改造，保土聚肥耕作也适用于浅薄的坡耕地红壤，对减少红壤坡耕地水土流失、提升红壤的肥力和抗旱能力有显著的促进作用。例如，红壤旱坡地改顺坡耕种为等高耕作或横坡耕作，在此基础上进行格网式垄作、聚土免耕垄作和“目”字形垄作等耕作技术，其共同特点是拦截降水，减缓地表径流，延长降水停留下渗时间，促进雨水就地入渗，变超渗产流为蓄满产流，变地表径流为地下径流，减弱径流冲刷力和表土侵蚀，有效增加土层厚度和土壤水分含量，减少地表径流与泥沙流失量，增强土壤抗旱能力。

具体的耕作技术环节，根据季节和作物种类不同，可以有很多变化和配套措施。①垄作。垄作就是翻旋后沿着等高线起垄（把松散的土聚集在一起）、在高于地面的垄上栽种作物（如花生），而平作就是翻旋后直接进行播种作业。与平作相比，垄作的小气候效应主要是土壤吸收的热量大于夜间释放的热量，增温效应大于降温效应，土壤平均温度比平作高，能促进幼苗生长，缩短缓苗期。垄作的高低参差排列，利于雨季排水，加快光热水气交换，在旱季有一定的增温保墒作用。②格网式垄作。这是一种对垄作的改进，对降水的聚集效果更好，但操作更加复杂，成本更高，小范围和特殊作物条件下可以采用。③垄/沟互换深耕。红壤普遍耕层浅薄和心土紧实，但一次全面深耕难度较大（并可能造成减产），为了加快土壤耕层构建速度，不同年份耕作和起垄的时候变换位置（平移），垄沟互换，若干年后全部土壤都得到了深耕，整个土地的耕层得到加厚和熟化，雨季储水能力增加，旱季增强抗旱能力。④覆盖耕作。在耕作之后，地面采取覆盖措施，如秸秆覆盖、地膜覆盖、地布覆盖、青草覆盖。覆盖的方式根据地形和种植的作物种类变化，可以采取部分覆盖（条带覆盖或局部覆盖）、全面覆盖。⑤中耕松土。在作物生长的早期（封行之前），在降水之后，对土壤进行浅层翻倒、疏松表层土壤，可以起到促进根系生长、降低蒸发损失、减少杂草的作用。在红壤旱季的时候用锄头浅层锄地（浅中耕），使地表覆盖了一层散土（大孔隙多而毛管孔隙少），切断了下层湿土（依赖毛管水运动）和大气的水汽交换，使表土（不经过第二阶段）快速进入蒸发速率极低的第三阶段，从而显著减少土壤蒸发损失。而在降水集中的雨季，红壤容易渍水，此时用机械深中耕，可以改善根系层的通气性，促进根系下扎，利于旱季抗旱。这就是所谓的“旱锄地，涝中耕”，即根据实际情况采取相应的耕作措施改善土壤表层环境。

除了常规的人畜或机械耕作之外，生物耕作与机械耕作结合也许是红壤耕作的策略之一。人畜或机械耕作深度较浅，可以有效改善表土层性质，但对深层土壤的直接改善作用很小，而黏质红壤深厚但深层土壤紧实，一年生作物根系不能顺利下扎以利用深层土壤资源。如本书第五章所述，具有深根系特性的覆盖轮作作物可以改良更深层的土壤性质（特别是通气性和导水性），这是一种生物耕作方式。通过选择合适的生根和钻孔能力强的轮作作物，构建合适的轮作作物搭配，可以扩大根系吸收水分和养分的范围，从而建立深根系农业系统。生物耕作是一种绿色的耕作方式，建立的是绿色耕地，是实现绿色农业的路径之一。在早期机械耕作和生物耕作结合，可加快红壤耕层构建和熟化，在红壤性质得到较大幅度提升之后，可以逐渐减少机械耕作频率。

（三）土壤覆盖保水抗旱

前面第七章已经论证红壤在季节性干旱期水分损失主要通过土壤蒸发，导致根系层缺水。红壤并不缺少降水，即使在季节性干旱期也有一定的降水，但是这些降水要么形成地表径流，要么储存在表土层，在渗透进入到深层土壤之前，这些表层土壤的水分很快通过蒸发散失。因此，截断表土与大气之间的水分快速运动通道，降低土壤蒸发损失，是调控红壤季节性干旱的重要措施，特别在高温少雨的旱季减少土壤蒸发尤为重要。

根据土壤蒸发的速率大小和影响蒸发的主要因素，土壤蒸发过程可以分为三个阶段。①快速蒸发阶段。第一个阶段是刚降水之后的快速蒸发阶段，此时土壤含水量高，土壤水通过毛管孔隙运送，土壤导水率 K 大，能为蒸发提供充足的水量，蒸发速率主要由外部气象条件（大气蒸发力）制约，称为能量控制阶段。这个阶段土壤蒸发速率最大（接近自由水面蒸发速率），水分损失快，主要发生在土壤表层，虽然持续的时间很短，但总的水分损失较大。②蒸发速率降低阶段。随着土壤含水量降低，土壤导水率 K 也快速降低，土壤供应水分的速度小于大气蒸发力，地表实际蒸发速率受土壤剖面水分传导速率控制，因此第二阶段称为剖面控制阶段。这个阶段持续的时间随土壤性质变化，整个剖面层次都有水分损失，总的水分损失可以很大。③低蒸发速率阶段。随着蒸发进行，表土越来越干燥，毛管孔隙含水量降低，水分以液态水形式在土壤孔隙中运移的数量极少，土壤下层水分无法以液态水的形式直接输送到地表，需要气化以气态形式通过干燥的表土，土壤水分主要以气态形式向大气扩散，蒸发速率受表土气态水的扩散速率控制，此第三阶段称为扩散控制阶段。这个阶段蒸发速率很低，持续到下一场降水结束，总蒸发量很少。

从土壤的蒸发阶段可以看到，土壤水分损失主要发生在第一和第二阶段，如果能够减少这两个阶段的持续时间，则可大大降低土壤蒸发损失，从而提高土壤抗旱能力。土壤地表覆盖就是在地表和大气之间形成一个阻断层，使得土壤水分不能通过毛管孔隙以液态水的形式到达蒸发表面，而是人为在地表构造一个气化层（类似于第三蒸发阶段的干土层），改变地表物质和能量交换方式，使土壤快速进入低蒸发速率阶段，可以大大减少土壤水分损失。因此，覆盖层的特性影响着地表气化层的特性，抑制蒸发的效果也因覆盖层使用的材料和覆盖模式不同而不同。

红壤区常用的覆盖材料有地膜覆盖、地布覆盖、秸秆（稻草）覆盖、青草（干草）覆盖，这些材料为死覆盖（mulch），在作物生长期间不与作物竞争水分和养分。覆盖作物（cover crop）也是一种覆盖，此为活覆盖，包括轮作、间作、套种、绿肥等，覆盖作物会消耗水分和养分，如果生育期与种植作物相同还会竞争水分和养分。覆盖模式有全面覆盖、部分覆盖以及不同的覆盖厚度（覆盖材料用量）。这些覆盖在不同的气象和土壤条件下，抑制土壤蒸发的效果有差异，也随覆盖时机变化。①地膜覆盖。完全阻隔了土壤和大气的水分交换，抑制蒸发和提高土壤含水量效果最好，而且还能改善土壤物理性质，显著提高土壤温度，促进作物生长。但是地膜覆盖成本高，红壤区大田作物较少应用，更多使用在经济作物的行间、果树树盘覆盖，可以减少土壤水分蒸发，降低田间空气相对湿度，抑制某些病虫害。②秸秆覆盖。秸秆覆盖在地表，隔离了太阳对土壤的直射，改变（增高或降低）了土壤温度，阻隔了土壤与大气水汽运动，可以抑制杂草，减少水分和养分消耗。红壤区主要是稻草覆盖，稻草覆盖在雨季可以大幅度减少水土流失，在旱季减少蒸发，是较好的覆盖材料。但是随着双季稻减少和稻草高留茬收割，稻草数量也明显减少，而且丘陵红壤旱地一般远离村庄，覆盖材料的来源比较困难，稻草覆盖成本大幅度增加。③绿肥覆盖。绿肥覆盖的直接作用并不是抗旱，但是却可以通过间接作用起到抗旱的效果。此外，表土浅耕或锄草，其效果也类似于土壤覆盖，能够减少地表蒸发。

覆盖也有显著的副作用，不利于作物生长。例如，秸秆覆盖在有些气象条件下降低土壤温度、降低光照、增加杂草和病虫害、影响耕作、影响土壤养分供应等。在实际使用时需要注意覆盖量和覆盖时机，创新覆盖方法。

二、作物管理措施

（一）轮作与覆盖作物

作物管理的最终目的是提高产量而不是抗旱，但不同的作物管理措施影响作物的抗旱能力并最终影响产量，因此应对季节性干旱也是红壤作物管理要考虑的问题。季节性干旱调控要把措施付诸日常的生产过程中，对作物的任何管理措施都会影响其抗旱性，这些管理措施包括种植区划、种植模式、轮作与栽培等。

红壤区光照充足，热量充沛，适宜种植多种作物，传统上就有多种种植模式与轮作方式，并且大田作物可以与经济林果栽植配合，是我国种植模式最丰富的区域之一。传统的种植模式如冬闲—玉米（移栽）、冬闲—大豆、冬闲—花生、冬油菜—玉米、冬油菜—大豆—芝麻（或红薯）、冬油菜—花生等。轮作的目的之一是使对干旱最为敏感的产量器官分化形成期和花期避开严重干旱期，减少干旱对作物造成的不良影响。从气候角度看，红壤区三熟种植模式最优（如双季稻—马铃薯），其能最大程度利用水热资源（隋月 等，2013）。而实际上红壤旱地水热充沛但干湿季分明，加上农业基础设施差，大部分都是雨养农业，种植模式并不是由理论上的气候条件决定的，红壤实际的种植模式比较单一。根据地块条件和气象年际变化，一年两熟或三熟都是合适的，需要根据具体统计优化。一方面，季节性干旱限制了种植模式的多样化，需要根据季节性干旱的发生特征设计有效的种植制度；另一方面，可以通过种植模式和轮作方式调控季节性干旱，促进主栽作物高产。

从本书前面章节的论述可以看到，红壤性质（特别是水力学性质和土力学性质）是导致红壤作物容易发生季节性干旱的原因，因此在设计种植模式和轮作方式时应该优先考虑能够改善红壤性质的种植模式，如第五章论述的具有生物钻孔作用的轮作方式。考虑到红壤有机质含量和养分含量低，种植模式和轮作方式要能够增加红壤有机质含量，改善养分状况。因此在众多可以选择的种植模式和轮作方式中，秋冬季种植绿肥作为冬季越冬作物成为设计种植模式时首先要考虑的，在冬季轮作作物确定之后，再确定春季主栽作物或夏季主栽作物。合理的轮作可以达到“根不离土，土不离根”，对土壤起到保护和改良作用。

1. 绿肥轮作

红壤区绿肥主要种植在冬季的水田，现在旱地也开始推广种植绿肥。红壤区有多种绿肥可以种植，如油菜（*Brassica campestris*）、紫云英（*Astragalus sinicus* L.）、萝卜（*Raphanus sativus*）、蓝花苕子（*Vicia cracca*）、饭豆（*Phaseolus calcalatus*）、合萌（*Aeschynomene indica*）、救荒野豌豆（*Vicia sativa*）、南苜蓿（*Medicago polymorpha*）、黑麦草（*Lolium perenne*）、大猪屎豆（*Crotalaria assamica*）、田菁（*Sesbania cannabina*）、菽麻（*Crotalaria juncea*）等。这些绿肥春季收割之后再种植花生和玉米等大田作物，构成肥-粮轮作模式。

绿肥轮作对土壤有多种好处，对农田生态系统有多方面的功能（Blanco-canqui et al.，2022；樊志龙 等，2020）。这些功能包括，增加土壤有机碳累积，降低水分流失，抑制杂草，增加生物多样性，增强农田生态系统的韧性。绿肥即使在干旱区也有较高的产量（2.37 ± 2.30 t/hm^2），增加土壤有机质是其最重要功能。因此轮作绿肥通过改善土壤性质而提高了作物的抗旱能力。

轮作绿肥也可以直接通过生物耕作（Zhang et al.，2021）而影响下季主栽作物，促进主栽作物根系下扎分布而提高作物抗旱能力。本书第五章详细论述了冬季深根系绿肥对后季玉米作物干旱状况和产量的影响，表明不同类型的轮作绿肥对黏质红壤的改良效果和对玉米的影响有差别（Ali et al.，2022；He et al.，2022），根系下扎能力强和根系生物量大的效果更好。

绿肥轮作的改土抗旱效果与其种植和收割时机有关。绿肥作物种植太晚影响其生长，最好在秋季播种而不要等到冬季才播种，为了延长生长时间，如果土壤水分条件允许，绿肥可以在秋季主栽作物收获前提前种植，能在冬季前很好地生长。绿肥作物如果收割太早，则生育期不够，生物量不大，根系生长量太少，但如果收割太晚则可能影响后季作物播种，也可能和后季作物竞争土壤水分。对于一年生绿肥作物，最大根系通常发生在接近开花的阶段，在红壤区这个时间一般在 4 月，而此时春播主栽作物也到了播种时间。因此绿肥作物在秋季尽早播种，以保证足够的生长期，才能取得更好的改土抗旱的效果。从旱地红壤抗旱的角度看，绿肥作物可以一直生长到夏季，在旱季到来前割掉地上部，覆盖在地表（类似于青草覆盖），能起到更好的保水作用。

2. 绿肥作为覆盖作物

绿肥除了作为轮作作物以外，也可以与主栽作物同时种植，覆盖在作物的行间，称为覆盖作物。国际上覆盖作物所指范围很广，与主栽作物不是同期生长的（而是轮作的）、用于保护土壤的作物都称为覆盖作物（Panday and Nkongolo，2021；Silvestri et al.，2021）。覆盖作物的功能特别是对土壤水分的影响随地区气候条件变化，覆盖作物不能够使主栽作物增产反而在水分限制区减产（Kasper et al.，2022；Rankoth et al.，2021）。在 17 个干旱和半干旱地区总共 96 个研究报告中，大约 50%的情景下覆盖作物降低了土壤含水量（平均降低 23%）而 50%没有影响（Blanco-Canqui et al.，2022）。覆盖作物导致 50%的情景下土壤含水量降低的主要原因可能是覆盖作物自身的生长；而覆盖作物对另外 50%的情景下土壤含水量没有影响（没有降低）可能有很多原因，包括在覆盖作物收割之后至主栽作物播种之前这段时间降水充足，冬季覆盖作物不利用春播主栽作物土壤水分，覆盖作物产量低或者收割早，覆盖作物可以降低蒸发并且增加降水入渗，冬季拦截更多的雪等。覆盖作物已经成为应对气候变化（Kaye and Quemada，2017）、可持续农业发展（Alonso-Ayuso et al.，2020）、土壤碳储存（King and Blesh，2018）、抵抗干旱（Hunter et al.，2021）的重要的农业技术措施，引起了越来越多的人的兴趣。

但在热带亚热带地区，覆盖作物对土壤含水量的影响研究极少。研究表明红壤冬季覆盖作物（油菜、苜蓿、紫云英、香根草）不降低春季主栽作物播种时的含水量，不存在降低土壤含水量的风险。这是因为冬季生长而春季收割的覆盖作物，在其生长旺盛期正是红壤区的雨季，此时土壤含水量很高，覆盖作物生长不但不降低土壤含水量反而有利于减少水土流失。研究还表明红壤冬季覆盖作物春节收割之后，在旱季具有显著的增加入渗和提高土壤含水量的作用，其原因是生物耕作产生了更多的生物孔隙，利于主栽作物根系下扎吸收更多土壤水分，也利于降水入渗，从而起到抗旱的作用。因此，冬季覆盖作物是红壤区可以推广的作物轮作方式，优先选择根系发达、根系下扎深、能固氮的豆科作物作为覆盖作物。

覆盖作物与主栽作物同时在春夏季节种植时，或者生长在作物的行间，或者作为草带种植在田边地头，覆盖作物会与主栽作物竞争水分和养分，因此需要注意二者的安全距离。覆盖作物的生长不能影响主栽作物。此外覆盖作物的种植密度、与主栽作物的数量搭配比例等，都是在实际中要考虑的问题。在旱季到来时，可以提前割掉行间的覆盖作物覆盖在土表，避免与主栽作物竞争水分，同时起到防止蒸发的作用。

（二）作物抗旱栽培

通过调整主栽作物播期，使作物的需水临界期避过干旱高峰，可以达到节水抗旱增产的目的。例如，甘薯在红壤种植面积较多，比较耐旱，生育期在 5～10 月，生育后期是干旱防御的重点时期，此时增加土壤含水量对甘薯的薯块膨大有利（刘洪顺和王继新，1993）。红壤区的大豆有春大豆和秋大豆，春大豆生育期 3～7 月，一般不会受到季节性干旱影响，秋大豆生育期 7～11 月，整个生育期极易受到干旱影响，更主要发生在生育后期即开花-鼓粒-成熟期；与此类似，玉米、花生也可以种植两季，生育期与大豆相同。在目前尚无真正的抗高温干旱的良种情况下，可以采用避旱的轮作方式。考虑到红壤区一般在 7 月上中旬进入旱季，可以通过冬闲腾茬、育苗移栽、套种等方式将夏作生育期提早 15～20 d。

适当应用化学抗旱剂提高作物抗旱能力。进入旱季以后，花生等作物与柑橘等成年果树已经封行并进入生殖生长时期，此时土壤水分的散失主要以植物叶面蒸腾为主。在花生盛花末期叶面喷施多效唑、黄腐酸盐与微量元素钙、锌、硼、磷等的复配物，旱季可以降低叶片的蒸腾强度，提高叶片的含水量和叶绿素含量，提高光合效率和产量（熊德祥和武心齐，2000）。

种子深播可以使根系下扎深起到增强作物抗旱的能力。例如，小麦深播，根系能吸收更深层的土壤水分从而应对干旱（Zhao et al.，2022b）。但要培育和选用适合深播的品种。

优化种植模式，减少耗水较多的作物播种面积。例如，用水旱两熟种植模式代替用水较多的双季稻种植模式。前文提及的多样化的种植模式也是优化种植模式的一种，可以提高局地田块的抗旱性（Renwick et al.，2021；隋月 等，2013）。红壤区适种作物种类多，可以根据地形条件、作物根系特征和生育期等搭配，形成轮作套种模式，合理利用降水和不同土层的水分，提高田间综合抗旱能力。

（三）抗旱作物育种

在旱季选择种植抗旱品种是应对季节性干旱的重要措施，但是抗旱的品种大多产量低，既抗旱又高产的品种很少。虽然自然界有很多耐旱的植物，但耐旱的栽培作物品种却并不多，适合红壤湿润区的抗旱作物品种更少，一些干旱、半干旱地区的耐旱作物并不一定能适应红壤湿润和高温的环境条件。为了应对干旱而选用产量不高的耐旱品种就失去了抗旱的意义。红壤季节性干旱并不是绝对干旱，以牺牲产量来应对季节性干旱没有价值，因此，需要针对红壤的季节性干旱条件，筛选和培育合适的抗旱而且高产的品种，这些抗旱品种不同于传统的抗旱品种，除了抗旱，还能在雨季中生长良好，还能耐高温，甚至还要适应红壤的强酸性，这对育种是一种挑战。

就作物本身而言，作物的任何性状都可以赋予其抗旱性，只是如何设计正确的干旱情景来发挥其特性（Tardieu，2012）。对于存在季节性干旱的黏质红壤，选育深根系作物具有重要意义。深根系作物能促进水分吸收，在中等干旱下小麦根系深度与产量正相关（Lopes and Reynolds，2010）。深根系作物能促进硝态氮养分吸收，硝态氮是旱地作物吸收氮素养分的主要形式，但硝态氮极易溶于水而渗漏到土壤深层，深根系有利于吸收深层的硝态氮。红壤有机质含量低，土壤赋存碳的能力有提升空间，深根系作物能促进土壤碳赋存，通过遗传育种或者栽培措施是利用和存储大气碳的有效措施，可以减缓全球气候变化，增强红壤抵抗干旱的能力。深根系的水氮吸收和固碳能力对生长在红壤上的作物非常重要。

然而红壤深层并不利于作物根系生长，有很多限制因子妨碍了红壤上的作物根系下扎。红壤耕层之下养分缺乏，尤其缺氮少磷，其次钾、钙、镁也缺乏，还缺乏微量元素养分（硼、钼等），且存在铝毒、锰毒。除了养分方面的不平衡外，土壤深层还有致命的土体紧实和通气不良的情况，这些都是阻碍作物向深层伸长的原因（Lynch and Wojciechowski，2015）。这些限制与遗传控制的多个根型特征相关，为培育具有深层土壤穿插能力的深根系作物提供了可能。但是已有研究对铝毒性、缺氧和磷缺乏的作物适应性进行了深入研究，而对土壤硬度的作物适应性研究较少，对钙缺乏和锰毒性的适应性研究更少。瞄准作物深层根系发达，无论是育种途径，还是栽培途径，困难均很大。

除了深根系品种外，耐高温、耐强酸性也是红壤区作物品种选育的目标。当然，除了选育主栽作物外，绿肥作物、钻孔植物等覆盖作物都是抗旱品种选育的范围。过去的育种主要集中在大田粮油作物，而且农作物的育种以高产为目标，部分目标瞄准优质，而对抗逆作物的育种和非粮油作物育种关注不够。在资源环境压力越来越大的情形下，育种思路也要改变，其中加大抗旱品种资源挖掘和抗旱品种培育是非常重要的。

三、农田工程措施

通过农艺措施（覆盖、耕作、栽培、改良土壤等），可以增强红壤的入渗和保水抗旱能力，但同时发现，这些基于农艺措施的“蓄丰补欠”在红壤上有时效果并不好，在降水较多的时候“土壤水库”的作用有限，能够带入到旱季的土壤水分受土壤储水容量制约。要更好地发挥土壤在雨季的储蓄水分的能力，可以通过小微型工程措施提高土壤水库容，利用田间小微型工程措施蓄水，如田间的小水坑、水凼等，同时在小流域尺度上做好蓄排水等农田水利工程，可以把更多的降水留住，在遇到较大干旱的时候发挥抗旱的作用。

（一）农田水利工程

红壤区是雨养和灌溉结合的农业，雨季排水而旱季灌水，灌溉设备利用率低，因此种植一般粮油农作物的坡耕地上缺乏农田水利工程。农田水利工程是抗旱的保障，但农田水利工程建设投入大，在地形复杂的红壤旱地兴修水利工程难度更大，维护也是一个问题。从经济角度考虑，主要在特色林果和经济作物地块上修建灌溉设施，在田间允许时坡耕地也可以修建农田水利工程。根据经济能力和实际需求，既可以根据地形修建沟渠进行自流灌溉，也可以抽水灌溉，有条件的地方也可以建设地下管道灌溉或者建设喷灌、滴灌等节水灌溉设施。

红壤坡耕地的农田水利工程不仅要考虑灌排沟渠，还要考虑灌溉水源问题。为了解决就近灌溉，可以开发利用浅层地下水，通过修建蓄水池汇集地表径流和浅层壤中流，排灌沟渠把这些蓄水池连接起来，组成“长藤结瓜”式的排、蓄、灌系统，作为骨干灌溉网络的末端补充。

（二）田间蓄水措施

在田间拦截径流是雨季增加土壤储水，解决季节性干旱的重要措施。在农田上游的山地丘陵修建水库，在坡耕地低洼处开挖池塘、水井，在田间布设水坑、水凼，充分拦蓄雨季地表径流。当季节干旱发生时，放水自流灌溉或抽水灌溉，不仅能解决旱地作物在关键时刻的需水，也对水田后季稻用水起到保证作用。

红壤区坡耕地有一种挖沟再填土的工程措施称为抽槽，可以起到涝旱同防的作用。在坡耕地（果园、茶园等）挖出深度和宽度达到 1 m 左右的深沟，沟的方向与耕作方向相同，在沟中填入有机物料或者有机肥，与散土混合回填形成沟槽，沟槽作为苗木或作物的种植行。抽槽解决了红壤黏重紧实和耕层浅薄的问题，雨季可以吸纳更多的降水，并且利于排水，防止涝滞，根系生长更深，在旱季可以起到抵御干旱的作用。

红壤区降水集中，雨季长，即使采取了蓄水措施，耕地坡面的径流不可能全部被拦截，因此在蓄水之外，还应在农田之外采取其他的拦截径流的措施，这些拦截的水可以供下游耕地灌溉使用。

（三）小流域综合管理

季节性干旱调控不能只限于农田本身，农田之外的一些措施也可以起到抗旱的作用。在小流域尺度上，水土保持措施、农林复合系统、路网和林网等综合管理措施对增强农田抗旱能力效果明显。对于低丘岗地地形的红壤区，保护现有森林，不断扩大造林面积，是解决水土流失和季节性干旱的根本措施。一般经过 5 年左右时间，整个农田之外的荒山丘陵都能被草本植物等全部覆盖，这些地方的降水入渗和土壤储水能力得到增强，能有更多的水以壤中流或地下水的形式补充到农田，提升农田旱季土壤含水量。林地还能改善小流域气候，减轻局地大气干旱，与空旷地相比，林内空气温度低，湿度大，风速小。据在约 700 hm^2 的红壤果园基地测试，在连续干旱超过 45 d 的情况下，林内温度降低 2.7℃，相对湿度增加 5.6%～9.8%，风速平均降低 10%～50%，农田蒸发量减少 25%左右，相应的>0～20 cm 土层土壤含水量增加 5.1%（熊德祥和武心齐，2000）。在林荒地较少的平坦区域，修建农田防护林网，纵横交错网状种植林木，林木高矮搭配，可以起到防风和减少干热风发生、减少无效蒸发、增强农田抗旱能力的作用。

第三节 气候变化下的红壤干旱管理

一、气候变化与季节性干旱

（一）全球气候变化

气候变化是 21 世纪全球主要的威胁之一。根据政府间气候变化专门委员会（Intergovernmental Panel on Climate Change，IPCC）的报告，仪器观测到过去一百多年来地表温度上升，地区之间显著变异。升温加强了全球水文循环速度，从而增加平均降水量、蒸发量、径流量，引发地区间差异增大，干旱增加，影响粮食安全。由联合国关于气候变化的政府间小组撰写的报告预测（李艳丽，2004），随着全球气候的继续变暖，干旱将成为 21 世纪人类的严重威胁之一。

由于全球变暖，给地球上的各种水资源带来严重影响，如冰川后退、河流水量减少或断流、湖泊萎缩或干涸、地下水位下降、大面积植被死亡加剧河道及其两侧沙化土地扩展等。我国南方也开始出现水荒、干旱和沙漠化。一方面，气温升高将使我国积温及持续天数增加，种植界限北移，复种指数提高，有利于农作物产量的增加，还会使生长期延长，促进农业生产。另一方面，温度越高，复种期越长，害虫繁殖越快，增加了控制的难度，破坏了植物原有的生态平衡，加剧了我国北方地区的旱情，农业灌溉受到很大的影响，农作物面临减产威胁。

（二）气候变化对农业干旱的影响

全球升温的后果之一的增加了极端事件。随着气候变化，全球湿润区（主要包括热带、季风区、中高纬地区）在因总降水增多而变得更为湿润的同时，降水在时间上的分配也将变得更为不均匀，干湿时期间的波动将更为剧烈（Zhang et al.，2021）。全球变化导致的气候的不均匀性越强，旱涝等极端事件也越强（Allen and Ingram，2002），这与近二十年来从全球到区域尺度世界各国所经历的洪涝与干旱事件均更加频繁发生的事实是一致的。一般预测这种全球气候变化将增加土壤蒸发、加速土壤退化，从而加剧作物干旱（Lynch and Wojciechowski，2015）。

全球气候变化通过大循环影响水分供应和需求，改变区域的水分平衡，并使各地的干旱趋势发生不同变化。研究者采用多种陆地表面模型（land surface models，LSMs），对气候变化下全球的干旱趋势进行研究并在不同地区得出了不同的结论（Berg and Sheffield，2018；Trenberth et al.，2014），但也形成了一些共识（Ault，2020；Konapala et al.，2020；Lu et al.，2019；Chou et al.，2013），如全球蒸散和 CO_2 排放增加、区域差异变大、季节变异加剧、极端事件增加等。

全球气候变化下（主要是升温），区域水分循环加快（Zhao et al.，2022a；Trenberth et al.，2014），干旱事件将变得更加普遍和极端。气候变化对红壤季节性干旱的影响是不得不考虑的问题。红壤季节性干旱发生的频率、发生的速度、持续的时间、覆盖的范围都会出现波动，甚至发生的季节都可能出现变化，这给季节性干旱管理带来了新的挑战。骤发干旱正是气候变化下凸显的一种极端气候事件，尤其是热带和亚热带地区的骤旱趋势增加更显著，是影响该地区农业生产稳定性的重要因子。

（三）气候变化与红壤骤发干旱

骤发干旱是一种突然发生和快速发展的严重短期干旱，还没有统一的定义，通常认为是同时出现高温、降水不足和热浪而形成的复合极端气候现象。与传统认知的干旱（即慢速干旱）相比，骤发干旱出现突然且成灾速度快（Sreeparvathy and Srinivas，2022），一个月之内可引发土壤水分快速枯竭（Wang et al.，2018），全球范围内 34%～46%的骤发干旱形成时间仅需 5d（Qing et al.，2022）。骤发干旱在气象上几乎没有前期干旱信号而无法预警（Otkin et al.，2018），往往使农作物和社会经济遭受严重的打击。1979～2010年，中国骤发干旱增加了 109%（Wang et al.，2016），耦合模型相互比较项目（coupled model intercomparison project，CMIP）预测 21 世纪我国亚热带湿润区降水增加但土壤水分降低（Ault，2020），骤发干旱呈加重发展趋势 （王天 等，2022；Liu et al.，2020b）。

目前还无法完整解释一个地方为什么发生骤发干旱，预测和预警仍然面临挑战。近期的研究明确了骤发干旱发生的部分物理机制：①地表含水量降低可增加大气蒸发力，当大气蒸发力大于土壤蒸散量后，水分供需矛盾加速，形成放大反馈，土壤水分快速耗竭而表现出骤旱（Pendergrass et al.，2020）；②干旱期间虽然大气蒸发力增加，但由于土壤水分的限制，裸土的实际蒸发往往降低，虽然植物叶气孔也关闭，但在约一半的干旱月份中蒸散其实是增加的（Zhao et al.，2022a），根区水分损失加速而表现出骤旱，其中蒸散增加可能是因为植物补偿性生长。

气候变化背景下，红壤区的骤旱发生频次多，发生速度快，很短时间就可以形成旱灾，如果持续不降水则骤旱在后期转变为季节性干旱，有可能对农业生产造成灾难性的后果。2019 年和 2022 年湖北省的大旱，就是典型的骤发干旱连接季节性干旱的例子。2019 年是典型的季节性干旱年份，在 8 月中旬之前降水充足正常，降水量与历史降水量持平，但 8 月中旬雨季突然结束，迅速转入骤旱，然后发展为持续 2 个月的严重季节性干旱。2022 年属于特旱年份，7 月中旬之前降水量与历史降水量持平，但是 7 月中旬高温干旱快速发展为骤发干旱，之后转化为持续几个月之久的季节性干旱（图 8.2），成为一次特大旱灾，对旱地农作物造成巨大损失，小区试验田的玉米产量只有往年的 50%，大田试验区产量只有往年的三成左右。

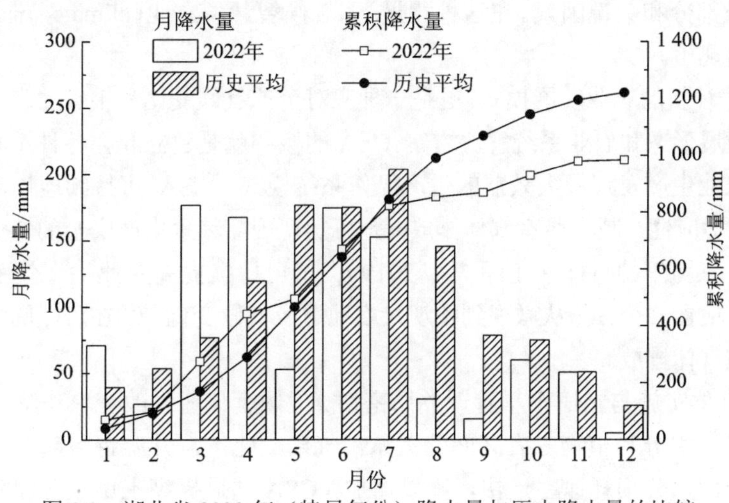

图 8.2 湖北省 2022 年（特旱年份）降水量与历史降水量的比较

二、季节性干旱与可持续化农业

（一）可持续农业

随着人口、资源、环境的压力逐渐增大，加上全球气候变化和区域差异增加，人类的粮食安全面临着巨大的挑战和不确定性。在越来越大的粮食需求和环境保护的压力下，现代农业不可能是传统的常规农业，而一定是向集约化方向发展，而高投入高产出的集约化农业面临着能否持续的问题。自从 1985 年美国提出“可持续农业”的概念后，不同的人对可持续农业的阐述有差别，但总的内涵是一致的，即要全面兼顾满足人类对农产品需求与改善资源环境，逐步消除各种非持续性因素的影响，使整个农业建立在符合生态要求的技术路线基础之上，使环境、生态、能源及资源良性循环，永久利用，农业持续发展。可持续农业是经过将近半个世纪演化而形成的具有普遍意义的农业持续发展的模式，其已成为一种现代农业发展思想。

从可持续的角度，人们对现代农业提出了很多希望达到的目标，如长期保证产量，无论降水量高低变化；与环境保持平衡，而不是靠榨取资源和破坏环境使农业盈利；产量最大限度稳定和最小短期波动；农业必须有利可图，才能可持续发展。可以看到，气候变化特别是干旱加剧是对可持续农业的巨大威胁，积极主动应对干旱是可持续农业必须面对的问题。简单地说就是，在降水充足的年份，尽量优化生产，提高产量；而在干旱年份要最大限度减少产量损失。

（二）气候智慧型农业

可持续农业的主要目标是优化和稳定农业生产，而干旱是大部分农业区产量不稳定的最主要的因素。不应将干旱管理视为一个孤立的技术问题，而应将其视为农业生产系统的一个组成部分和关键因素。在这种背景下，气候智慧型农业（climate-smart agriculture，CSA）概念出现了。

CSA 是一种新的农业发展模式，更是一种应对全球气候变化和粮食生产安全双挑战的高层面农业发展形态和农业系统解决方案。CSA 的核心就是建立起在各种不利气候条件下都能够保障农业生产发挥最大效益的生产操作系统模式。CSA 可持续地提高农业生产效率、增强农业适应性、减少温室气体排放，是可实现国家粮食生产安全的农业生产发展模式，能达到“三赢”的目标（王超 等，2019）：①可持续提高农业生产效率，以提高收入水平，保证粮食安全；②从微观到宏观尺度地适应气候变化；③在可能的情况下减少或完全消除温室气体排放。

CSA 的具体实施与土壤干旱管理关系密切。气候变化通过改变农作物的水分蒸发量直接影响土壤、水分与植物三者之间的关系。气候变化下，升温将引起农作物水分蒸发量的增加，土壤水分损耗速率过快，干旱增加。CSA 通过提高土壤水分保持能力、减缓水文循环速度、改善土壤与作物关系等应对气候变化导致的干旱。

除直接的干旱管理外，很多的农业概念及其实现都与 CSA 相关（图 8.3）。例如，保护性农业是 CSA 的实现途径之一。保护性农业的核心是保护性耕作，即在农业生产过程中减少耕作次数和对土壤的扰动、秸秆留茬或还田增加地表覆盖的耕作方法，保护性耕

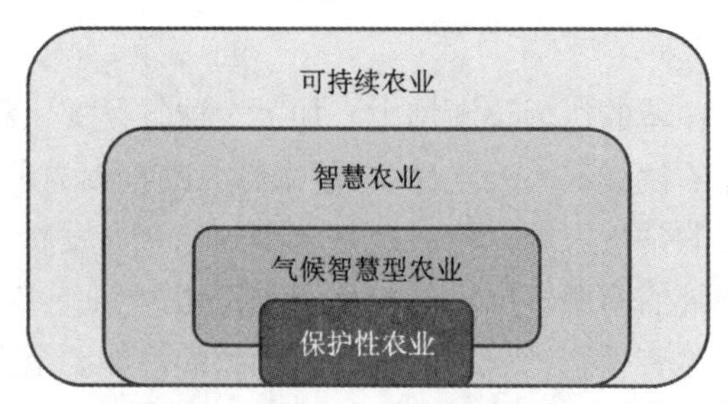

图 8.3　不同农业概念之间的关系

作有效降低土壤侵蚀和减少水分损失，是重要的干旱管理措施。此外，资源节约型农业、节水型农业、绿色农业、清洁农业、低碳农业等各种农业概念，都与土壤水分管理有关，这些概念的实施都可从不同侧面实现 CSA。

三、问题与展望

（一）季节性干旱需要研究的问题

气候变化下干旱有加剧的趋势，实际上自 20 世纪 50 年代以来，世界大部分地区的骤发干旱变得更加普遍，全球干旱正在经历由缓旱向骤发干旱转变（Yuan et al.，2023）。对于红壤区而言，季节性干旱发展的速度将更快，作物将更容易受干旱影响，这是红壤区农业面临的问题，季节性干旱调控思路需要适应新变化。

红壤季节性干旱调控如何适应气候变化（温度升高）和骤发干旱（干旱速度更快），是需要研究的课题，要围绕干旱适应与缓解开展更多的研究与实践。①更准确的干旱监测与预报。研究气候变化下干旱发生特征、农业干旱的综合化监测技术、气象干旱与作物干旱的关系、气象干旱与土壤干旱的关系，以更好地实施干旱发生过程预报。②气候变化对红壤季节性干旱发生和演化的定量影响。对红壤蒸发、作物蒸腾、光合作用和水分需求等需要进一步量化数据，量化对作物产量的影响，科学、准确、定量开展干旱灾害程度的风险预估和影响评价。③骤发干旱发生演化机理及其对红壤季节性干旱的影响。开展骤发干旱的识别、预警研究，研究触发骤发干旱发生的气象、土壤和作物条件，骤发干旱的传播演化过程机理，骤发干旱的致灾机理与影响评价。④极端气象对农田作物系统干旱过程的影响以及极端气候条件下干旱响应阈值。这些极端气象条件包括更高的温度、更快的干旱速度、更长的干旱持续时间、变幅更大更快的干湿转换等，在这些极端的气象条件下 SPAC 水分传输的驱动、耦合、反馈、阈值等都可能发生变化，影响干旱的发展和调控的机理。⑤水热协同下作物对干旱的反应。红壤季节性干旱的一个特征是高温与干旱同时发生，因此需要研究高温和干旱同时存在的条件下，水热对作物胁迫的机理与防治原理。⑥社会经济发展对季节性干旱的影响。随着经济发展水平提高，农业用水比例将逐渐降低，这将影响区域的农业干旱。区域植被覆盖变化、种植制度改变、农业技术革新等对季节性干旱也将带来影响。随着经济发展，红壤区雨养农业也将向灌溉农业发展，这将不同于干旱半干旱地区的灌溉，发展红壤区特色的灌溉技术与模式也是需要面对的问题。

（二）应对未来的季节性干旱

红壤季节性干旱调控的目标是要增强农田生态系统对气候变化的适应能力，增强缓解干旱的效果。下面几个方面是调控红壤季节性干旱可以重点开展的方向。

（1）建立气候韧性农业。气候韧性农业本质上是智慧气候型农业，其通过各种途径和措施增强农业生产活动对气候变化的适应性，减少气候变化和干旱对农业生产的影响，在正常季节性干旱下保证产量稳定，在大灾大旱年份产量不剧烈波动。在红壤区开展CSA建设实践，增强红壤农田生态系统对气候波动和极端气候的韧性，这需要从大农业系统的角度，考虑农业生产的各个方面以及影响农业生产的各个因子，以系统的思维布局农业生产、调配生产资料和优化生态布局。

（2）发展多年生农业和多季节农业。一年生作物从播种到收获，时间短而生物量大，消耗了很多水分，合成的碳水化合物转化成谷物的比例低，属于高碳农业。双季稻播种一季而收获两季，秸秆和根系不需要重新合成而节省了大量的水分和养分，这种多季节农业属于低碳农业，在应对气候变化中有明显的优势。果树可以多年结果收获，属于多年生农业。红壤区的多年生植物受季节性干旱影响很小，除非特大干旱，正常年份的季节性干旱对多年生植物影响很小，基本不表现出受旱特征。多年生植物在应对气候变化和干旱方面有先天优势，发展林果等多年生农业是应对气候变化和季节性干旱的重要措施。

（3）开展生物耕作，建设绿色耕地。本书第五章已经论述了生物耕作在调控红壤季节性干旱方面的作用，生物耕作是指利用生根钻孔能力强的植物根系改善土壤结构，促进主栽作物生长，提高主栽作物抗逆能力（Zhang et al.，2021）。通过种植具有浓密和深厚根系的覆盖作物，可以在土壤中形成生物孔隙，有效改善土壤结构、水分和通气性，为主栽作物根系生长提供最小阻力和高水平的氧气和营养物质。与传统常规耕作相比，生物耕作可以减少土壤侵蚀、节约能源和劳动力、利于生态系统健康和生物多样性保护；与免耕相比，生物耕作可以控制杂草和病虫害、改善土壤通气性、提高土壤肥力等。生物耕作在可持续农业中有很大的潜力取代传统耕作，改进免耕不利的方面，未来有希望通过生物耕作实现低碳绿色耕作，适应气候变化和应对季节性干旱。

（4）发展深根系农业。生物耕作是利用非主栽作物改善土壤性质，而深根系农业比生物耕作更进一步，是通过培育和种植根系更深的农作物应对气候变化和干旱。红壤季节性干旱容易发生的原因之一就是作物根系浅，旱季无法吸收利用深层的水分，发展深根系农业是红壤区应对气候变化和季节性干旱的有前途的方法，是实现韧性农业的具体途径之一。深层根系可以带来多种好处，包括在大多数农业生态系统中更好地获取水分和氮素，并且可以更好地固定大气中的碳（Lynch and Wojciechowski，2015）。深根系农作物可以通过将更多的光合产物沉积到土壤中，增加土壤有机碳的含量，这有助于减缓全球气候变化。深根系农作物还可以更好地利用土壤中的水分资源，特别对于红壤区，深根系作物能够吸收深层土壤水分，提高农业水资源利用效率，提高作物抗旱能力。深根系作物可以更好地利用土壤中的养分，特别是氮素，这有助于减少化肥的使用量，从而减少对环境的负面影响。其还具有更好的抗旱和抗病虫害能力，可以更好地适应气候变化带来的极端气候事件。

然而，深层根系的生长受到多种限制，包括土壤酸度、土壤压实、缺氧和温度不适宜等。作物根系并不喜欢往土壤深处生长，在红壤上大多数时候表层土壤含水量高，养分也高，作物根系更多地分布在表层。深根系农业需要采取合适的农业管理措施，如土壤改良、耕作、培育深根系品种等（Wasson et al.，2012；Kell，2011）。选择具有适应酸性土壤、低氧、磷缺乏等条件的作物品种，以提高根系对这些限制因素的适应能力。培育具有深根系的农作物品种需要进行基因改良，这是一项复杂和耗时的工作，深根系的形成涉及多个基因的调控，因此需要进行大量的研究和筛选工作。

（5）发展资源节约型农业，建立绿色低碳农业。绿色低碳农业是指一切有利于环境保护、有利于农产品数量与质量安全、有利于可持续发展的农业发展形态与模式。绿色低碳农业涉及的技术范围很广，包括生态物质循环、农业生物学技术、营养物综合管理技术、耕作管理技术等，其最基本的是资源节约型农业，采用轮耕、节水灌溉、精准施肥等先进技术，降低水资源和化肥农药的消耗，提高土地和水资源的利用效率，从而在保障农业生产的同时，减少对自然资源的消耗。干旱调控与灌溉相比，干旱调控是通过在作物过程中采取措施降低土壤水分损失，充分利用土壤水分，减少灌溉用水，实际上是一种以资源节约为主的绿色低碳农业。

参 考 文 献

蔡焕杰, 康绍忠, 张振华, 等, 2000. 作物调亏灌溉的适宜时间与调亏程度的研究[J]. 农业工程学报, 16(3): 24-27.

昌西, 2008. 植物对干旱逆境的生理适应机制研究进展[J]. 安徽农业科学(18): 7549-7551.

陈海波, 卫星, 王婧, 等, 2010. 水曲柳苗木根系形态和解剖结构对不同氮浓度的反应 [J]. 林业科学, 46(2): 61-66.

陈家宙, 何圆球, 吕国安, 2003. 红壤农田中花生 SPAC 水势分布[J]. 华中农业大学学报, 22(2): 130-132.

陈家宙, 吕国安, 何圆球, 2005. 土壤水分状况对花生和早稻叶片气体交换的影响[J]. 应用生态学报, 16(1): 105-110.

陈家宙, 吕国安, 王石, 等, 2007. 红壤干旱过程中剖面水分特征与土层干旱指标[J]. 农业工程学报, 23(4): 11-16.

程琴娟, 蔡强国, 李家永, 2005. 表土结皮发育过程及其侵蚀响应研究进展[J]. 地理科学进展, 24(4): 114-122.

丁红, 张智猛, 戴良香, 等, 2013. 不同抗旱性花生品种的根系形态发育及其对干旱胁迫的响应[J]. 生态学报, 33(17): 5169-5176.

段华平, 卞新民, 谢小立, 等, 2004. 红壤坡地干旱季节地表-大气界面水分传输: 以茶园为例[J]. 生态学报, 24(3): 457-463.

樊小林, 史正军, 吴平, 2002. 水肥(氮)对水稻根构型参数的影响及其基因型差异[J]. 西北农林科技大学学报(自然科学版)(2): 1-5.

樊志龙, 柴强, 曹卫东, 等, 2020. 绿肥在我国旱地农业生态系统中的服务功能及其应用[J]. 应用生态学报, 31(4): 1389-1402.

冯广龙, 刘昌明, 王立, 1996. 土壤水分对作物根系生长及分布的调控作用[J]. 生态农业研究, 4(3): 5-9.

冯锦萍, 樊贵盛, 2003. 土壤水分入渗年变化特性的试验研究[J]. 太原理工大学学报, 34(1): 16-19.

付国占, 李潮海, 王俊忠, 等, 2005. 残茬覆盖与耕作方式对土壤性状及夏玉米水分利用效率的影响[J]. 农业工程学报, 21(1): 52-56.

龚冬琴, 吕军, 2014. 连续免耕对不同质地稻田土壤理化性质的影响[J]. 生态学报, 34(2): 239-246.

顾颖, 2006. 风险管理是干旱管理的发展趋势[J]. 水科学进展, 17(2): 295-298.

贺湘逸, 1995. 红壤坡地利用中的水分问题[M]. 北京: 中国农业科技出版社.

洪文平, 2007. 南方红壤丘陵区两种季节性干旱判断方法对比分析[J]. 青海科技(3): 24-27.

黄道友, 彭廷柏, 陈桂秋, 等, 2004a. 亚热带红壤丘陵区季节性干旱成因及其发生规律研究[J]. 中国生态农业学报, 12(1): 129-131.

黄道友, 王克林, 黄敏, 等, 2004b. 我国中亚热带典型红壤丘陵区季节性干旱[J]. 生态学报, 24(11):

2516-2523.
黄晚华, 隋月, 杨晓光, 等, 2013. 气候变化背景下中国南方地区季节性干旱特征与适应 V. 南方地区季节性干旱特征分区和评述[J]. 应用生态学报, 24(10): 2917-2925.
贾秋洪, 景元书, 2015. 亚热带红壤丘陵区季节性干旱判别研究[J]. 江西农业大学学报, 37(4): 749-758.
江永红, 宇振荣, 马永良, 2001. 秸秆还田对农田生态系统及作物生长的影响[J]. 土壤通报, 32(5): 209-213.
晋凡生, 张宝林, 2000. 旱塬地玉米农田免耕覆盖的土壤环境效应[J]. 水土保持研究, 7(4): 60-64.
景元书, 张斌, 王明珠, 等, 2003. 鹰潭小流域季节性降雨径流特征研究[J]. 水土保持学报, 17(5): 45-47.
琚中和, 刘勋, 张淑文, 等, 1980. 红壤水分特性的初步研究[J]. 土壤通报(3): 8-13.
鞠笑生, 杨贤为, 陈丽娟, 等, 1997. 我国单站旱涝指标确定和区域旱涝级别划分的研究[J]. 应用气象学报, 8(1): 26-33.
李柏贞, 周广胜, 2014. 干旱指标研究进展[J]. 生态学报, 34(5): 1043-1052.
李朝霞, 王天巍, 史志华, 等, 2005. 降雨过程中红壤表土结构变化与侵蚀产沙关系[J]. 水土保持学报, 19(1): 1-4.
李吉跃, 翟洪波, 2000. 木本植物水力结构与抗旱性[J]. 应用生态学报, 11(2): 301-305.
李玲玲, 黄高宝, 张仁陟, 等, 2005. 不同保护性耕作措施对旱作农田土壤水分的影响[J]. 生态学报, 25(9): 2326-2332.
李瑞, 胡田田, 牛晓丽, 等, 2013. 局部水分胁迫对玉米根系生长的影响[J]. 中国生态农业学报, 21(11): 1371-1376.
李善菊, 任小林, 2005. 植物水分胁迫下功能蛋白的研究进展[J]. 水土保持研究, 12(3): 64-69.
李艳丽, 2004. 全球气候变化研究初探[J]. 灾害学, 19(2): 87-91.
李秧秧, 邵明安, 2000. 小麦根系对水分和氮肥的生理生态反应[J]. 植物营养与肥料学报, 6(4): 383-388.
李秧秧, 邵明安, 2003. 玉米单根木质部水势和径向水力导度的轴向变化[J]. 土壤学报, 40(2): 200-203.
李叶蓓, 陶洪斌, 王若男, 等, 2015. 干旱对玉米穗发育及产量的影响[J]. 中国生态农业学报, 23(4): 383-391.
李裕元, 邵明安, 2004. 降雨条件下坡地水分转化特征实验研究 [J]. 水利学报(4): 48-53.
李韵珠, 陆锦文, 吕梅, 等, 1995. 作物干旱指数(CWSI)和土壤干旱指数(SWSI)[J]. 土壤学报, 32(2): 202-209.
李中华, 刘进平, 谷海磊, 等, 2016. 干旱胁迫对植物气孔特性影响研究进展[J]. 亚热带植物科学, 45(2): 195-200.
栗维, 朱海燕, 逄焕成, 等, 2014. 深松方式对玉米根系分布及水分利用效率的影响[J]. 作物杂志(3): 77-80.
梁银丽, 陈培元, 1996. 土壤水分和氮磷营养对小麦根系生理特性的调节作用[J]. 植物生态学报, 20(3): 255-262.
林丽蓉, 陈家宙, 王峰, 等, 2014. 几种保护措施对红壤坡地水文过程及干旱的影响[J]. 中国农业科学,

47(24): 4858-4867.
林丽蓉, 陈家宙, 夏冰, 等, 2010. 几种水蚀阻断措施对坡地红壤干旱的影响[J]. 水土保持学报, 24(2): 108-111, 115.
刘洪顺, 王继新, 1993. 湘南红壤试验区季节性干旱及防御的研究[J]. 中国农业气象, 14(1): 26-30.
刘连华, 陈源泉, 杨静, 等, 2015. 免耕覆盖对不同质地土壤水分与作物产量的影响[J]. 生态学杂志, 34(2): 393-398.
刘晚苟, 山仑, 2004. 土壤机械阻力对玉米根系导水率的影响[J]. 水利学报(4): 114-117, 122.
刘晚苟, 山仑, 邓西平, 2001. 植物对土壤紧实度的反应[J]. 植物生理学通讯, 37(3): 254-260.
刘晚苟, 山仑, 邓西平, 2002. 不同土壤水分条件下土壤容重对玉米根系生长的影响[J]. 西北植物学报(4): 107-114.
刘小芳, 张岁岐, 周小平, 等, 2009. 玉米根系剖面分布对水分亏缺的响应[J]. 水土保持研究, 16(2): 181-185.
刘战东, 肖俊夫, 刘祖贵, 等, 2011. 高产条件下夏玉米需水量与需水规律研究[J]. 节水灌溉(6): 4-6.
刘祖香, 陈效民, 靖彦, 等, 2013. 典型旱地红壤水力学特性及其影响因素研究[J]. 水土保持通报, 33(2): 21-25.
罗敏, 邓才富, 陈家宙, 等, 2016. 鄂南红壤穿透阻力的时空变化研究[J]. 土壤, 48(5): 1055-1061.
罗敏, 邓才富, 陈家宙, 等, 2018. 红壤区夏玉米生长对土壤穿透阻力的响应[J]. 干旱地区农业研究, 36(1): 56-60.
罗勇, 陈家宙, 林丽蓉, 等, 2009. 基于土地利用和微地形的红壤丘岗区土壤水分时空变异性[J]. 农业工程学报, 25(2): 36-41.
吕军杰, 姚宇卿, 王育红, 等, 2003. 不同耕作方式对坡耕地土壤水分及水分生产效率的影响[J]. 土壤通报, 34(1): 74-76.
马富裕, 李蒙春, 杨建荣, 等, 2002. 花铃期不同时段水分亏缺对棉花群体光合速率及水分利用效率影响的研究[J]. 中国农业科学, 35(12): 1467-1472.
彭文英, 2007. 免耕措施对土壤水分及利用效率的影响[J]. 土壤通报, 38(2): 379-383.
蒲金涌, 姚晓红, 汪丽萍, 等, 2008. 苜蓿根系生长特征研究[J]. 草业科学, 25(10): 43-47.
秦红灵, 高旺盛, 马月存, 等, 2008. 两年免耕后深松对土壤水分的影响[J]. 中国农业科学, 41(1): 78-85.
尚庆文, 孔祥波, 王玉霞, 等, 2008. 土壤紧实度对生姜植株衰老的影响[J]. 应用生态学报, 19(4): 782-786.
邵明安, 1991. 论土壤-植物系统中水流电模拟时间常数的变性[J]. 科学通报, 36(24): 1890-1893.
沈彦, 张克斌, 边振, 等, 2007. 人工封育区土壤紧实度对植被特征的影响: 以宁夏盐池为例[J]. 水土保持研究, 14(6): 81-84. .
史观义, 杨才敏, 1982. 旱农蓄水聚肥改土耕作法[J]. 山西农业科学(9): 7-10.
宋凤斌, 刘胜群, 2008. 不同耐旱性玉米根系解剖结构比较研究[J]. 吉林农业大学学报, 30(4): 377-381, 393.

隋月, 黄晚华, 杨晓光, 等, 2013. 气候变化背景下中国南方地区季节性干旱特征与适应VI. 防旱避灾种植模式优化布局[J]. 应用生态学报, 24(11): 3192-3198.

孙宏勇, 刘昌明, 张永强, 等, 2004. 微型蒸发器测定土面蒸发的试验研究[J]. 水利学报(8): 114-118.

孙佳佳, 王培, 王志刚, 等, 2015. 不同成土母质及土地利用对红壤机械组成的影响[J]. 长江科学院院报, 32(3): 54-58. .

孙琳旎, 汤斌, 高瑞馨, 2016. 植物茎解剖结构对干旱缺水环境的响应及适应性[J]. 林业勘查设计(2): 43-46.

孙荣强, 1994. 干旱定义及其指标评述[J]. 灾害学, 9(1): 17-21.

孙三杰, 李建明, 宗建伟, 等, 2012. 亚低温与干旱胁迫对番茄幼苗根系形态及叶片结构的影响[J]. 应用生态学报, 23(11): 3027-3032.

孙艳, 王益权, 杨梅, 等, 2005. 土壤紧实胁迫对黄瓜根系活力和叶片光合作用的影响[J]. 植物生理与分子生物学学报, 31(5): 545-550.

唐登银, 1987. 一种以能量平衡为基础的干旱指数[J]. 地理研究, 6(2): 21-31.

田丰, 杨建华, 刘雷震, 等, 2022. 地理学视角的干旱传播概念、特征与影响因素研究进展[J]. 地理科学进展, 41(1): 173-184.

王超, 胡婉玲, 王红玲, 等, 2019. 气候智慧型农业土壤管理分析[J]. 湖北农业科学, 58(7): 132-135.

王春林, 郭晶, 薛丽芳, 等, 2011. 改进的综合气象干旱指数 CI_{new} 及其适用性分析[J]. 中国农业气象, 32(4): 621-626, 631.

王峰, 李萍, 陈家宙, 2016. 亚热带红壤坡地季节性干旱空间特征[J]. 土壤通报, 47(4): 820-826.

王纪华, 赵春江, 黄文江, 等, 2001. 土壤水分对小麦叶片含水量及生理功能的影响[J]. 麦类作物学报, 21(4):42-47.

王劲松, 张洪芬, 2007. 西峰黄土高原土壤含水量干旱指数[J]. 土壤通报, 38(5): 867-872.

王劲松, 李耀辉, 王润元, 等, 2012. 我国气象干旱研究进展评述[J]. 干旱气象, 30(4): 497-508.

王立为, 潘志华, 高西宁, 等, 2012. 不同施肥水平对旱地马铃薯水分利用效率的影响[J]. 中国农业大学学报, 17(2): 54-58.

王密侠, 马成军, 蔡焕杰, 1998. 农业干旱指标研究与进展[J]. 干旱地区农业研究, 16(3): 119-124.

王淑兰, 王浩, 李娟, 等, 2016. 不同耕作方式下长期秸秆还田对旱作春玉米田土壤碳、氮、水含量及产量的影响[J]. 应用生态学报, 27(5): 1530-1540.

王双, 陈家宙, 罗勇, 2008. 施氮水平对不同干旱程度夏玉米生长的影响[J]. 植物营养与肥料学报, 14(4): 646-651.

王天, 涂新军, 周宗林, 等, 2022. 基于 CMIP6 的珠江流域未来干旱时空变化[J]. 农业工程学报, 38(11): 81-90.

王周锋, 张岁岐, 刘小芳, 2005. 玉米根系水流导度差异及其与解剖结构的关系[J]. 应用生态学报, 16(12): 2349-2352.

魏朝富, 谢德体, 车福才, 等, 1994. 四川盆地红棕紫泥土壤水分移动性与蒸发性能的研究[J]. 干旱地区农业研究, 12(2): 43-48.

夏拥军, 丁为民, 2006. 土壤机械阻力的测定及其应用[J]. 农机化研究(10): 190-192, 196.

肖继兵, 孙占祥, 杨久廷, 等, 2011. 半干旱区中耕深松对土壤水分和作物产量的影响[J]. 土壤通报, 42(3): 709-714.

肖俊夫, 刘战东, 刘祖贵, 等, 2011. 不同时期干旱和干旱程度对夏玉米生长发育及耗水特性的影响[J]. 玉米科学, 19(4): 54-58, 64.

谢小立, 段华平, 王凯荣, 2003. 红壤坡地农业景观(旱季)地表界面水分传输研究: I. 土壤-大气界面水分传输[J]. 中国生态农业学报, 11(4): 55-58.

熊德祥, 武心齐, 2000. 减缓丘陵红壤旱地季节性干旱影响的综合配套技术[J]. 水土保持通报, 20(4): 31-32.

薛丽华, 段俊杰, 王志敏, 等, 2010. 不同水分条件对冬小麦根系时空分布、土壤水利用和产量的影响[J]. 生态学报, 30(19): 5296-5305.

薛青武, 陈培元, 1990. 土壤干旱条件下氮素营养对小麦水分状况和光合作用的影响[J]. 植物生理学报, 16(1): 49-56.

阎晓光, 李洪, 王青水, 等, 2014. 不同深松时期对旱地春玉米水分利用状况及产量的影响[J]. 干旱地区农业研究, 32(6): 165-170.

杨邦杰, 曾德超, 唐登银, 等, 1988. 裸地蒸发过程的数值模拟[J]. 地理学报, 43(4): 352-362.

杨文治, 赵沛伦, 张启元, 1981. 不同湿度条件下土壤水分的蒸发性能和移动规律[J]. 土壤学报, 18(1): 24-37.

杨永辉, 赵世伟, 雷廷武, 等, 2006. 耕作对土壤入渗性能的影响[J]. 生态学报, 26(5): 1624-1630.

姚贤良, 1996. 红壤水问题及其管理[J]. 土壤学报, 33(1): 13-20. .

姚贤良, 1998. 红壤水特性的形成机理[M]. 北京: 中国农业科技出版社.

叶超, 郭忠录, 蔡崇法, 等, 2017. 5 种草本植物根系理化特性及其相关性[J]. 草业科学, 34(3): 598-606.

余叔文, 陈景治, 龚燦霞, 1962. 不同生长时期土壤干旱对水稻的影响[J]. 作物学报(4): 75-86.

袁文平, 周广胜, 2004. 干旱指标的理论分析与研究展望[J]. 地球科学进展, 19(6): 982-991.

张斌, 张桃林, 赵其国, 1999. 干旱季节不同耕作制度下作物-红壤水势关系及其对干旱胁迫响应[J]. 土壤学报, 36(1): 101-110.

张殿忠, 汪沛洪, 1988. 水分胁迫与植物氮代谢的关系 水分胁迫时氮素对小麦叶片氮代谢的影响[J]. 西北农林科技大学学报(自然科学版), 16(4): 15-21.

张国红, 张振贤, 梁勇, 2004. 土壤紧实度对温室番茄生长发育、产量及品质的影响[J]. 中国生态农业学报, 12(3): 65-67.

张海林, 陈阜, 秦耀东, 等, 2002. 覆盖免耕夏玉米耗水特性的研究[J]. 农业工程学报, 18(2): 36-40.

张强, 高歌, 2004. 我国近 50 年旱涝灾害时空变化及监测预警服务[J]. 科技导报(7): 21-24.

张淑杰, 张玉书, 陈鹏狮, 等, 2020. 基于改进作物水分亏缺指数的玉米干旱致灾过程识别与动态定量评估[J]. 生态学杂志, 39(12): 4241-4252.

张岁岐, 山仑, 薛青武, 2000. 氮磷营养对小麦水分关系的影响[J]. 植物营养与肥料学报, 6(2): 147-151, 165.

张喜英, 裴冬, 由懋正, 2000. 几种作物的生理指标对土壤水分变动的阈值反应[J]. 植物生态学报, 24(3): 280-283.

张喜英, 裴冬, 陈素英, 2002. 用冠气温差指导冬小麦灌溉的指标研究[J]. 中国生态农业学报, 10(2): 102-105.

赵福年, 张虹, 陈家宙, 等, 2013. 玉米作物水分胁迫指数(CWSI)基线差异原因初探[J]. 中国农学通报, 29(6): 46-53.

赵小蓉, 陈曦, 王昌桃, 等, 2010. 四川丘陵区保护性耕作对土壤水分和油菜产量的影响[J]. 干旱地区农业研究, 28(4): 169-172.

赵亚丽, 薛志伟, 郭海斌, 等, 2014. 耕作方式与秸秆还田对冬小麦-夏玉米耗水特性和水分利用效率的影响[J]. 中国农业科学, 47(17): 3359-3371.

郑存德, 依艳丽, 张大庚, 等, 2012. 土壤容重对高产玉米根系生长的影响及调控研究[J]. 华北农学报, 27(3): 142-149.

周炳中, 杨浩, 赵其国, 等, 2002. 红壤丘陵区土地可持续利用中的干旱约束与调控研究[J]. 地理研究, 21(4): 459-468.

周健民, 沈仁芳, 2013. 土壤学大辞典[M]. 北京: 科学出版社.

朱世峰, 王卫光, 丁一民, 等, 2023. 基于 CMIP6 的长江中下游未来水稻高温热害时空变化特征[J]. 农业工程学报, 39(3): 113-122.

朱维琴, 吴良欢, 陶勤南, 2002. 作物根系对干旱胁迫逆境的适应性研究进展[J]. 土壤与环境, 11(4): 430-433.

朱自玺, 刘荣花, 方文松, 等, 2003. 华北地区冬小麦干旱评估指标研究[J]. 自然灾害学报, 12(1): 145-150.

祝飞华, 王益权, 石宗琳, 等, 2015. 轮耕对关中一年两熟区土壤物理性状和冬小麦根系生长的影响[J]. 生态学报, 35(22): 7454-7463.

ABBASPOUR-GILANDEH Y, 2009. On-the-go soil mechanical strength measurement at different soil depths[J]. Journal of food agriculture & environment, 7(3/4): 696-699.

ABDUL-JABBAR A S, SAMMIS T W, LUGG D G, 1982. Effect of moisture level on the root pattern of Alfalfa[J]. Irrigation science, 3(3): 197-207.

ABRAHAM N, HEMA P S, SARITHA E K, 2000. Irrigation automation based on soil electrical conductivity and leaf temperature[J]. Agricultural water management, 45: 145-157.

AL-FARAJ A, MEYER G E, HORST G L, 2001. A crop water stress index for tall fescue(*Festuca arundinacea* Schreb.)irrigation decision-making: A traditional method[J]. Computers and electronics in agriculture, 31(2): 107-124.

ALAMEDA D, ANTEN N P R, VILLAR R, 2012. Soil compaction effects on growth and root traits of tobacco depend on light, water regime and mechanical stress[J]. Soil & tillage research, 120: 121-129.

ALEXANDER K G, MILLER M H, 1991. The effect of soil aggregate size on early growth and shoot-root ratio of maize(*Zea mays* L.)[J]. Plant and soil, 138(2): 189-194.

ALI W, YANG M, LONG Q, et al., 2022. Different fall/winter cover crop root patterns induce contrasting red soil(Ultisols)mechanical resistance through aggregate properties[J]. Plant and soil, 477(1): 461-474.

ALI W, HUSSAIN S, CHEN J, et al., 2023. Cover crop root-derived organic carbon influences aggregate stability through soil internal forces in a clayey red soil [J]. Geoderma, 429: 116271.

ALLEN M R, INGRAM W J, 2002. Constraints on future changes in climate and the hydrologic cycle[J]. Nature, 419(6903): 224-232.

ALONSO-AYUSO M, GABRIEL J L, HONTORIA C, et al., 2020. The cover crop termination choice to designing sustainable cropping systems[J]. European journal of agronomy, 114: 126000.

ARAVENA J E, BERLI M, GHEZZEHEI T A, et al., 2011. Effects of root-induced compaction on rhizosphere hydraulic properties: X-ray microtomography imaging and numerical simulations[J]. Environmental science & technology, 45(2): 425-431.

ATWELL B J, 1988. Physiological responses of lupin roots to soil compaction[J]. Plant and soil, 111(2): 277-281.

ATWELL B J, 1993. Physical aspects of soil fertility: The response of roots to mechanical impedance[J]. Environmental and experimental botany, 33(1): 27-40.

AULT T R, 2020. On the essentials of drought in a changing climate[J]. Science, 368(6488): 256-260.

AYERS P D, PERUMPRAL J V, 1982. Moisture and density effect on cone index[J]. Transactions of the American Society of Agricultural Engineers, 25(5): 1169-1172.

BACQ-LABREUIL A, CRAWFORD J, MOONEY S J, et al., 2019. *Phacelia*(*Phacelia tanacetifolia* Benth.) affects soil structure differently depending on soil texture[J]. Plant and soil, 441(1/2): 543-554.

BALL-COELHO B, ROY R, SWANTON C, 1998. Tillage alters corn root distribution in coarse-textured soil[J]. Soil & tillage research, 45(3/4): 237-249.

BAREJ J A M, PäTZOLD S, PERKONS U, et al., 2014. Phosphorus fractions in bulk subsoil and its biopore systems. [J]. European journal of soil science, 65(4): 553-561.

BARTHOLOMEW P W, WILLIAMS R D, 2010. Effects of soil bulk density and strength on seedling growth of annual ryegrass and tall fescue in controlled environment[J]. Grass and forage science, 65(3): 348-357.

BASCHE A D, EDELSON O F, 2017. Improving water resilience with more perennially based agriculture[J]. Agroecology and sustainable food systems, 41(7): 799-824.

BASSOUNY M, CHEN J Z, 2016. Effect of long-term organic and mineral fertilizer on physical properties in root zone of a clayey Ultisol[J]. Archives of agronomy and soil science, 62(6): 819-828.

BENGOUGH A G, 1997. Modelling rooting depth and soil strength in a drying soil profile[J]. Journal of theoretical biology, 186(3): 327-338.

BENGOUGH A G, MULLINS C E, 1990. Mechanical impedance to root growth: a review of experimental techniques and root growth responses[J]. European journal of soil science, 41(3): 341-358.

BENGOUGH A G, CROSER C, PRITCHARD J, 1997. A biophysical analysis of root growth under mechanical stress[J]. Plant and soil, 189(1): 155-164.

BENGOUGH A G, BRANSBY M F, HANS J, et al., 2006. Root responses to soil physical conditions; growth dynamics from field to cell[J]. Journal of experimental botany, 57(2): 437-447.

BENGOUGH A G, MCKENZIE B M, HALLETT P D, et al., 2011. Root elongation, water stress, and mechanical impedance: a review of limiting stresses and beneficial root tip traits[J]. Journal of experimental botany, 62(1): 59-68.

BENGOUGH A G, LOADES K, MCKENZIE B M, 2016. Root hairs aid soil penetration by anchoring the root surface to pore walls[J]. Journal of experimental botany, 67(4): 1071-1078.

BENNETT J M, JONES J W, ZUR B B, 1986. Interactive effects of nitrogen and water stresses on water relations of field-grown corn Leaves[J]. Agronomy journal, 78(2): 273-280.

BERG A, SHEFFIELD J, 2018. Climate change and drought: the soil moisture perspective[J]. Current climate change reports, 4(2): 180-191.

BEUTLER A N, CENTURION J F, DA SILVA A P D, et al., 2008. Soil compaction by machine traffic and least limiting water range related to soybean yield[J]. Pesquisa agropcuária brasileira, 43(11): 1591-1600.

BINGHAM I J, BENGOUGH A G, 2003. Morphological plasticity of wheat and barley roots in response to spatial variation in soil strength[J]. Plant and soil, 250(2): 273-282.

BLANCO-CANQUI H, WORTMANN C S, 2020. Does occasional tillage undo the ecosystem services gained with no-till? A review[J]. Soil & tillage research, 198: 104534.

BLANCO-CANQUI H, RUIS S J, HOLMAN J D, et al., 2022. Can cover crops improve soil ecosystem services in water-limited environments? A review[J]. Soil Science Society of America journal, 86(1): 1-18.

BODNER G, LEITNER D, KAUL H P, 2014. Coarse and fine root plants affect pore size distributions differently[J]. Plant and soil, 380(1): 133-151.

BODNER G, NAKHFOROOSH A, KAUL H P, 2015. Management of crop water under drought: A review[J]. Agronomy for sustainable development, 35(2): 401-442.

BONACHELA S, ROSUA F O, VILLALOBOS F J, et al., 1999. Measurement and simulation of evaporation from soil in olive orchards[J]. Irrigation science, 18(4): 205-211.

BOTTINELLI N, MENASSERI-AUBRY S, CLUZEAU D, et al., 2013. Response of soil structure and hydraulic conductivity to reduced tillage and animal manure in a temperate loamy soil[J]. Soil use and management, 29(3): 401-409.

BRUCE J P, 1994. Natural disaster reduction and global change[J]. Bulletin of the American Meteorological Society, 75(10): 1831-1835.

BURR-HERSEY J E, MOONEY S J, BENGOUGH A G, et al., 2017. Developmental morphology of cover crop species exhibit contrasting behaviour to changes in soil bulk density, revealed by X-ray computed tomography[J]. Plos one, 12(7):e0181872.

BURR-HERSEY J E, RITZ K, BENGOUGH G A, et al., 2020. Reorganisation of rhizosphere soil pore structure by wild plant species in compacted soils[J]. Journal of experimental botany, 71(19): 6107-6115.

BUSSCHER W J, 1990. Adjustment of flat-tipped penetrometer resistance data to a common water content[J]. Transactions of the American Society of Agricultural Engineers, 33(2): 519-524.

BUSSCHER W J, BAUER P J, CAMP C R, et al., 1997. Correction of cone index for soil water content differences in a coastal plain soil[J]. Soil & tillage research, 43(3/4): 205-217.

CALDWELL M M, DAWSON T E, RICHARDS J H, 1998. Hydraulic lift: Consequences of water efflux from the roots of plants[J]. Oecologia, 113(2): 151-161.

CAMPBELL C A, DE JONG R, 2001. Root-to-straw ratios-influence of moisture and rate of N fertilizer[J]. Canadian journal of soil science, 81(1): 39-43.

CARTWRIGHT J M, LITTLEFIELD C E, MICHALAK J L, et al., 2020. Topographic, soil, and climate drivers of drought sensitivity in forests and shrublands of the Pacific Northwest, USA[J]. Scientific reports, 10(1): 18486.

CECAGNO D, DE ANDRADE COSTA S E V G, ANGHINONI I, et al., 2016. Least limiting water range and soybean yield in a long-term, no-till, integrated crop-livestock system under different grazing intensities[J]. Soil & tillage research, 156: 54-62.

CHATTERJEE S, DESAI A R, ZHU J, et al., 2022. Soil moisture as an essential component for delineating and forecasting agricultural rather than meteorological drought[J]. Remote sensing of environment, 269:112833.

CHEN G H, WEIL R R, 2010. Penetration of cover crop roots through compacted soils[J]. Plant and soil, 331(1): 31-43.

CHEN G H, WEIL R R, 2011. Root growth and yield of maize as affected by soil compaction and cover crops[J]. Soil & tillage research, 117: 17-27.

CHEN J Z, LIN L R, LU G A, 2010. An index of soil drought intensity and degree: An application on corn and a comparison with CWSI[J]. Agricultural water management, 97(6): 865-871.

CHEN J Z, HE Y B, LI P, 2021. Effects of tillage alteration on soil water content, maize crop water potential and grain yield under subtropical humid climate conditions[J]. International agrophysics, 35(1):1-9.

CHIMUNGU J G, BROWN K M, LYNCH J P, 2014a. Large root cortical cell size improves drought tolerance in maize[J]. Plant physiology, 166(4): 2166-2178.

CHIMUNGU J G, BROWN K M, LYNCH J P, 2014b. Reduced root cortical cell file number improves drought tolerance in maize[J]. Plant physiology, 166(4): 1943-1955.

CHOAT B, BRODRIBB T J, BRODERSEN C R, et al., 2018. Triggers of tree mortality under drought[J]. Nature, 558(7711): 531-539.

CHOU C A, CHIANG J C H, LAN C W, et al., 2013. Increase in the range between wet and dry season precipitation[J]. Nature geoscience, 6(4): 263-267.

CLARK L J, BARRACLOUGH P B, 1999. Do dicotyledons generate greater maximum axial root growth pressures than monocotyledons?[J]. Journal of experimental botany, 50(336): 1263-1266.

CLARK L J, WHALLEY W R, BARRACLOUGH P B, 2003. How do roots penetrate strong soil?[J]. Plant and soil, 255(1): 93-104.

CLAY D E, ENGEL R E, LONG D S, et al., 2001. Nitrogen and water stress interact to influence carbon-13 discrimination in wheat[J]. Soil Science Society of America journal, 65(6): 1823-1828.

COLOMBI T, BRAUN S, KELLER T, et al., 2017a. Artificial macropores attract crop roots and enhance plant productivity on compacted soils[J]. Science of the total environment, 574: 1283-1293.

COLOMBI T, KIRCHGESSNER N, WALTER A, et al., 2017b. Root tip shape governs root elongation rate under increased soil strength[J]. Plant physiology, 174(4): 2289-2301.

CONGREVES K A, HAYES A, VERHALLEN E A, et al., 2015. Long-term impact of tillage and crop rotation on soil health at four temperate agroecosystems[J]. Soil & tillage research, 152: 17-28.

CONNOLLY R D, 1998. Modelling effects of soil structure on the water balance of soil—crop systems: A review[J]. Soil & tillage research, 48(1/2): 1-19.

CRAUSBAY S D, RAMIREZ A R, CARTER S L, et al., 2017. Defining ecological drought for the twenty-first century[J]. Bulletin of the American Meteorological Society, 98(12): 2543-2550.

CROSER C, BENGOUGH A G, PRITCHARD J, 1999. The effect of mechanical impedance on root growth in pea(Pisum sativum). I. Rates of cell flux, mitosis, and strain during recovery[J]. Physiologia plantarum, 107(3): 227-286.

D'ANGELO B, BRUAND A, QIN J, et al., 2014. Origin of the high sensitivity of Chinese red clay soils to drought: Significance of the clay characteristics[J]. Geoderma, 223-225: 46-53.

DAI A, 2011. Drought under global warming: A review[J]. Wiley interdisciplinary reviews: Climate change, 2(1): 45-65

DE LA FUENTE J M, RAMíREZ-RODRíGUEZ V, CABRERA-PONCE J L, et al., 1997. Aluminum tolerance in transgenic plants by alteration of citrate synthesis[J]. Science, 276(5318): 1566-1568.

DEXTER A R, 1987. Mechanics of root growth[J]. Plant and soil, 98(3): 303-312.

DEXTER A R, 2004. Soil physical quality: Part I. Theory, effects of soil texture, density, and organic matter, and effects on root growth[J]. Geoderma, 120(3): 201-214.

DEXTER A R, CZYZ E A, GATE O P, 2007. A method for prediction of soil penetration resistance[J]. Soil & tillage research, 93(2): 412-419.

DUPUY L X, MIMAULT M, PATKO D, et al., 2018. Micromechanics of root development in soil[J]. Current opinion in genetics & development, 51: 18-25.

EHRLER W L, 1973. Cotton leaf temperatures as related to soil water depletion and metorological factors[J].

Agronomy journal, 65(3): 404-409.

ELKINS C B, 1985. Plant roots as tillage tools[J]. Journal of terramechanics, 22(3): 177-178.

EMEKLI Y, BASTUG R, BUYUKTAS D, et al., 2007. Evaluation of a crop water stress index for irrigation scheduling of bermudagrass[J]. Agricultural water management, 90(3): 205-212.

FAO, 2000. Land resource potential and constraints at regional and country level[R]. World soil resources report 90. Rome: FAO.

FAROOQ M, WAHID A, KOBAYASHI N, et al., 2009. Plant drought stress: Effects, mechanisms and management[J]. Sustainable agriculture, 2009: 153-188.

FARRELL D A, GREACEN E L, 1966. Resistance to penetration of fine probes in compressible soil[J]. Australian journal of soil research, 4(1): 1-17.

GAO W, REN T, BENGOUGH A G, et al., 2012a. Predicting penetrometer resistance from the compression characteristic of soil[J]. Soil Science Society of America journal, 76(2): 361-369.

GAO W, WATTS C W, REN T, et al., 2012b. The effects of compaction and soil drying on penetrometer resistance[J]. Soil & tillage research, 125: 14-22.

GAO W, HODGKINSON L, JIN K, et al., 2016. Deep roots and soil structure[J]. Plant, cell and environment, 39(8): 1662-1668.

GAUDIN R, ROUX S, TISSEYRE B, 2017. Linking the transpirable soil water content of a vineyard to predawn leaf water potential measurements[J]. Agricultural water management, 182: 13-23.

GENET M, LI M C, LUO T X, et al., 2011. Linking carbon supply to root cell-wall chemistry and mechanics at high altitudes in Abies georgei[J]. Annals of botany, 107(2): 311-320.

GONTIA N K, TIWARI K N, 2008. Development of crop water stress index of wheat crop for scheduling irrigation using infrared thermometry[J]. Agricultural water management, 95(10): 1144-1152.

GOODMAN A M, ENNOS A R, 1999. The effects of soil bulk density on the morphology and anchorage mechanics of the root systems of sunflower and maize[J]. Annals of botany, 83(3): 293-302.

GOVAERTS B, FUENTES M, MEZZALAMA M, et al., 2007. Infiltration, soil moisture, root rot and nematode populations after 12 years of different tillage, residue and crop rotation managements[J]. Soil & tillage research, 94(1): 209-219.

GREACEN E L, OH J S, 1972. Physics of root growth[J]. Nature new biology, 235(53): 24-25.

GRIMSHAW R G, HELFER L, 1995. Vetiver grass for soil and water conservation, land rehabilitation, and embankment stabilization: A collection of papers and newsletters compiled by Vetiver Network(World Bank technical paper). no. WTP 273[R]. Washington D. C. : World Bank Group.

GROENEVELT P H, GRANT C D, SEMETSA S, 2001. A new procedure to determine soil water availability[J]. Australian journal of soil research, 39(3): 577-598.

HALL H E, RAPER R L, 2005. Development and concept evaluation of an on-the-go soil strength measurement system[J]. Transactions of the American Society of Agricultural Engineers, 48(2): 469-477.

HAN E, KAUTZ T, PERKONS U, et al., 2015. Quantification of soil biopore density after perennial fodder cropping[J]. Plant and soil, 394(1): 73-85.

HAN E, KAUTZ T, KöPKE U, 2016. Precrop root system determines root diameter of subsequent crop[J]. Biology and fertility of soils, 52(1): 113-118.

HE Y B, LIN L R, CHEN J Z, 2017. Maize root morphology responses to soil penetration resistance related to tillage and drought in a clayey soil[J]. The journal of agricultural science, 155(7): 1137-1149.

HE Y, XU C, GU F, et al., 2018. Soil aggregate stability improves greatly in response to soil water dynamics under natural rains in long-term organic fertilization[J]. Soil & tillage research, 184: 281-290.

HE Y, GU F, XU C, et al., 2019. Influence of iron/aluminum oxides and aggregates on plant available water with different amendments in red soils[J]. Journal of soil and water conservation, 74(2): 145-159.

HE Y B, WU Z L, ZHAO T M, et al., 2022. Different plant species exhibit contrasting root traits and penetration to variation in soil bulk density of clayey red soil[J]. Agronomy journal, 114(1): 867-877.

HELLIWELL J R, STURROCK C J, MILLER A J, et al., 2019. The role of plant species and soil condition in the physical development of the rhizosphere[J]. Plant, cell & environment, 42(6): 13529.

HINSINGER P, BENGOUGH A G, VETTERLEIN D, et al., 2009. Rhizosphere: Biophysics, biogeochemistry and ecological relevance[J]. Plant and soil, 321(1/2): 117-152.

HODGE A, 2009. Root decisions[J]. Plant, cell and environment, 32(6): 628-640.

HOLMAN I, HESS T M, REY D, et al., 2021. A multi-level framework for adaptation to drought within temperate agriculture[J]. Frontiers in environmental science, 8(282): 589871.

HOUDE S, THIVIERGE M N, FORT F, et al., 2020. Root growth and turnover in perennial forages as affected by management systems and soil depth[J]. Plant and soil, 451(1): 371-387.

HUNTER M C, KEMANIAN A R, MORTENSEN D A, 2021. Cover crop effects on maize drought stress and yield[J]. Agriculture, ecosystems & environment, 311: 107294.

HURLEY M B, ROWARTH J S, 1999. Resistance to root growth and changes in the concentrations of ABA within the root and xylem sap during root restriction stress[J]. Journal of experimental botany(335): 799-804.

IDSO S B, JACKSON R D, PINTER P J Jr, et al., 1981. Normalizing the stress-degree-day parameter for environmental variability[J]. Agricultural meteorology, 24: 45-55.

IIJIMA M, KATO J, 2007. Combined soil physical stress of soil drying, anaerobiosis and mechanical impedance to seedling root growth of four crop species[J]. Plant production science, 10(4): 451-459.

INOUE N, ARASE T, HAGIWARA M, et al., 1999. Ecological significance of root tip rotation for seedling establishment of *Oryza sativa* L[J]. Ecological research, 14(1): 31-38.

IRMAK S, HAMAN D Z, BASTUG R, 2000. Determination of crop water stress index for irrigation timing and yield estimation of corn[J]. Agronomy journal, 92(6): 1221-1227.

JACKSON R D, IDSO S B, REGINATO R J, et al., 1981. Canopy temperature as a crop water stress indicator[J]. Water resources research, 17(4): 1133-1138.

JALOTA S K, ARORA V K, SINGH O, 2000. Development and evaluation of a soil water evaporation model to assess the effects of soil texture, tillage and crop residue management under field conditions[J]. Soil use and management, 16(3): 194-199.

JI B, ZHAO Y, MU X, et al., 2013. Effects of tillage on soil physical properties and root growth of maize in loam and clay in central China[J]. Plant, soil and environment, 59(7): 295-302.

JIN K M, SHEN J B, ASHTON R W, et al., 2013. How do roots Elongate in a structured soil?[J]. Journal of experimental botany, 64(15): 4761-4777.

JONES H G, 2004. Irrigation scheduling: Advantages and pitfalls of plant-based methods[J]. Journal of experimental botany, 55(407): 2427-2436.

JOTISANKASA A, SIRIRATTANACHAT T, 2017. Effects of grass roots on soil-water retention curve and permeability function[J]. Canadian geotechnical journal, 54(11): 1612-1622.

KACIRA M, LING P P, SHORT T H, 2002. Establishing crop water stress index(CWSI)threshold values for early, non-contact detection of plant water stress[J]. Transactions of the American Society of Agricultural Engineers, 45(3): 775-780.

KARROU M, MARANVILLE J W, 1994. Response of wheat cultivars to different soil nitrogen and moisture regimes: II. Nitrogen up-take, partitioning and influx 1[J]. Journal of plant nutrition, 17(5): 745-761.

KASPER S, MOHSIN F, RICHARDS L, et al., 2022. Cover crops may exacerbate moisture limitations on South Texas dryland farms[J]. Journal of soil and water conservation, 77(3): 261.

KAUTZ T, 2015. Research on subsoil biopores and their functions in organically managed soils: A review[J]. Renewable agriculture and food systems, 30(4): 318-327.

KAYE J P, QUEMADA M, 2017. Using cover crops to mitigate and adapt to climate change: A review[J]. Agronomy for sustainable development, 37(1): 4.

KELL D B, 2011. Breeding crop plants with deep roots: Their role in sustainable carbon, nutrient and water sequestration[J]. Annals of botany, 108(3): 407-418.

KHALILI N, GEISER F, BLIGHT G E, 2004. Effective stress in unsaturated soils: Review with new evidence[J]. International journal of geomechanics, 4(2): 115-126.

KIM J G, CHON C M, LEE J S, 2004. Effect of structure and texture on infiltration flow pattern during flood irrigation[J]. Environmental geology, 46(6/7): 962-969.

KING A E, BLESH J, 2018. Crop rotations for increased soil carbon: Perenniality as a guiding principle[J]. Ecological applications, 28(1): 249-261.

KLEPPER B, TAYLOR H M, HUCK M G, et al., 1973. Water relations and growth of cotton in drying Soil 1[J]. Agronomy journal, 65(2): 307-310.

KLUITENBERG G J, OCHSNER T E, HORTON R, 2007. Improved analysis of heat pulse signals for soil water flux determination[J]. Soil Science Society of America journal, 71(1): 53-55.

KOGAN F N, 1995. Application of vegetation index and brightness temperature for drought detection[J]. Advances in space research, 15(11): 91-100.

KOLB E, LEGUé V, BOGEAT-TRIBOULOT M B, 2017. Physical root-soil interactions[J]. Physical biology, 14(6): 065004.

KONAPALA G, MISHRA A K, WADA Y, et al., 2020. Climate change will affect global water availability through compounding changes in seasonal precipitation and evaporation[J]. Nature communications, 11(1): 3044.

KUZEJA P S, LINTILHAC P M, WEI C F J, 2001. Root elongation against a constant force: Experiment with a computerized feedback-controlled device[J]. Plant physiology, 158(5): 673-676.

LABOSKI C A M, DOWDY R H, ALLMARAS R R, et al., 1998. Soil strength and water content influences on corn root distribution in a sandy soil[J]. Plant and soil, 203(2): 239-247.

LAPEN D R, TOPP G C, GREGORICH E G, et al., 2004. Least limiting water range indicators of soil quality and corn production, eastern Ontario, Canada[J]. Soil & tillage research, 78(2): 151-170.

LE BISSONNAIS Y, 1996. Aggregate stability and assessment of soil crustability and erodibility: I. Theory and methodology[J]. European journal of soil science, 47(4): 425-437.

LEUNG A K, BOLDRIN D, LIANG T, et al., 2017. Plant age effects on soil infiltration rate during early plant establishment[J]. Geotechnique, 68: 646-652.

LEY G J, MULLINS C E, LAL R, 1995. The potential restriction to root growth in structurally weak tropical soils[J]. Soil & tillage research, 33(2): 133-142.

LHOMME J P, 1998. Formulation of root water uptake in a multi-layer soil-plant model: does van den Honert's equation hold?[J]. Hydrology and earth system sciences, 2(1): 31-39.

LI P F, MA B L, PALTA J A, et al., 2022. Distinct contributions of drought avoidance and drought tolerance to yield improvement in dryland wheat cropping[J]. Journal of agronomy and crop science, 208(3): 265-282.

LIANG Y, LI D C, LU X X, et al., 2010. Soil erosion changes over the past five decades in the red soil region of Southern China[J]. Journal of mountain science, 7(1): 92-99.

LIN L R, HE Y B, CHEN J Z, 2016. The influence of soil drying- and tillage-induced penetration resistance on maize root growth in a clayey soil[J]. Journal of integrative agriculture, 15(5): 1112-1120.

LIPIEC J, HATANO R, 2003. Quantification of compaction effects on soil physical properties and crop growth[J]. Geoderma, 116(1/2): 107-136.

LIPIEC J, HORN R, PIETRUSIEWICZ J, et al., 2012. Effects of soil compaction on root elongation and anatomy of different cereal plant species[J]. Soil & tillage research, 121: 74-81.

LIU F, ZHANG G L, SONG X D, et al., 2020a. High-resolution and three-dimensional mapping of soil texture of China[J]. Geoderma, 361: 114061.

LIU Y, ZHU Y, ZHANG L, et al., 2020b. Flash droughts characterization over China: From a perspective of the rapid intensification rate[J]. Science of the total environment, 704: 135373.

LIU C, PLAZA-BONILLA D, COULTER J A, et al., 2022. Diversifying crop rotations enhances agroecosystem services and resilience[J]. Advances in Agronomy, 173: 299-335.

LOPES M S, REYNOLDS M P, 2010. Partitioning of assimilates to deeper roots is associated with cooler canopies and increased yield under drought in wheat[J]. Functional plant biology, 37(2): 147-156.

LU S G, MALIK Z, CHEN D P, et al., 2014. Porosity and pore size distribution of Ultisols and correlations to soil iron oxides[J]. Catena, 123: 79-87.

LU J Y, CARBONE G J, GREGO J M, 2019. Uncertainty and hotspots in 21st century projections of agricultural drought from CMIP5 models[J]. Scientific reports, 9(1): 4922.

LU J R, ZHANG Q, WERNER A D, et al., 2020. Root-induced changes of soil hydraulic properties - A review[J]. Journal of hydrology, 589: 125203.

LYNCH J P, WOJCIECHOWSKI T, 2015. Opportunities and challenges in the subsoil: Pathways to deeper rooted crops[J]. Journal of experimental botany, 66(8): 2199-2210.

MA R M, CAI C F, LI Z X, et al., 2015. Evaluation of soil aggregate microstructure and stability under wetting and drying cycles in two Ultisols using synchrotron-based X-ray micro-computed tomography[J]. Soil & tillage research, 149: 1-11.

MARTíNEZ I, CHERVET A, WEISSKOPF P, et al., 2016. Two decades of no-till in the Oberacker long-term field experiment: Part II. Soil porosity and gas transport parameters[J]. Soil & tillage research, 163: 130-140.

MASLE J, PASSIOURA J B, 1987. The effect of soil strength on the growth of young wheat plants[J]. Functional plant biology, 14(6): 643-656.

MATERECHERA S A, DEXTER A R, ALSTON A M, 1991. Penetration of very strong soils by seedling roots of different plant species[J]. Plant and soil, 135(1): 31-41.

MATERECHERA S A, ALSTON A M, KIRBY J M, et al., 1992. Influence of root diameter on the penetration of seminal roots into a compacted subsoil[J]. Plant and soil, 144(2): 297-303.

MAWODZA T, BURCA G, CASSON S, et al., 2020. Wheat root system architecture and soil moisture distribution in an aggregated soil using neutron computed tomography[J]. Geoderma, 359:113988.

MCEWEN L, BRYAN K, BLACK A, et al., 2021. Science-narrative explorations of “drought thresholds” in the maritime eden catchment, scotland: Implications for local drought risk management[J]. Frontiers in environmental science, 9(55): 589980.

MIELKE L N, POWERS W L, BADRI S, et al., 1994. Estimating soil water content from soil strength[J]. Soil & tillage research, 31(2/3): 199-209.

MISHRA A K, SINGH V P, 2010. A review of drought concepts[J]. Journal of hydrology, 391(1): 202-216.

MISRA R K, GIBBONS A K, 1996. Growth and morphology of eucalypt seedling-roots, in relation to soil strength arising from compaction[J]. Plant and soil, 182(1): 1-11.

MÓSENA M, DILLENBURG L R, 2004. Early growth of Brazilian pine (*Araucaria angustifolia*[Bertol.]

Kuntze) in response to soil compaction and drought[J]. Plant and soil, 258(1): 293-306.

MUNKHOLM L J, SCHJONNING P, RASMUSSEN K J, 2001. Non-inversion tillage effects on soil mechanical properties of a humid sandy loam[J]. Soil & tillage research, 62(1/2): 1-14.

NEWMAN J E, OLIVER J E, 2005. Palmer index/palmer drought severity index[M]. Berlin: Springer.

NG C W W, LEUNG A K, WOON K X, 2014. Effects of soil density on grass-induced suction distributions in compacted soil subjected to rainfall[J]. Canadian geotechnical journal, 51(3): 311-321.

NG C W W, NI J J, LEUNG A K, 2019. The effects of plant growth and spacing on soil hydrological responses: A feld study[J]. Geotechnique, 70(10): 867-881.

NIELSEN D C, 1990. Scheduling irrigations for soybeans with the crop water stress index(CWSI)[J]. Field crops research, 23(2): 103-116.

NIELSEN D C, ANDERSON R L, 1989. Infrared thermometry to measure single leaf temperatures for quantification of water stress in sunflower[J]. Agronomy journal, 81: 840-842.

NUTTALL J G, DAVIES S L, ARMSTRONG R A, et al., 2008. Testing the primer-plant concept: wheat yields can be increased on alkaline sodic soils when an effective primer phase is used[J]. Australian journal of agricultural research, 59(4): 331-338.

OBASI G O P, 1994. WMO's role in the international decade for natural disaster reduction[J]. Bulletin of the American Meteorological Society, 75(9): 1655-1661.

OHASHI Y, NAKAYAMA N, SANEOKA H, et al., 2009. Differences in the responses of stem diameter and pod thickness to drought stress during the grain filling stage in soybean plants[J]. Acta physiologiae plantarum, 31: 271.

ORFANUS T, EITZINGER J, 2010. Factors influencing the occurrence of water stress at field scale[J]. Ecohydrology, 3(4): 478-486.

ORTA A, ERDEM Y, ERDEM T, 2003. Crop water stress index for watermelon[J]. Scientia horticulturae, 98(2): 121-130.

OSBORNE S L, SCHEPERS J S, FRANCIS D D, et al., 2002. Use of spectral radiance to estimate In-season biomass and grain yield in nitrogen- and water-stressed corn[J]. Crop science, 42(1): 165-171.

OTKIN J A, SVOBODA M, HUNT E D, et al., 2018. Flash droughts: A review and assessment of the challenges imposed by rapid-onset droughts in the United States[J]. Bulletin of the American Meteorological Society, 99(5): 911-919.

OUSSIBLE M, CROOKSTON R K, LARSON W E, 1992. Subsurface compaction reduces the root and shoot growth and grain yield of wheat[J]. Agronomy journal, 84: 34-38.

PADRÓN R S, GUDMUNDSSON L, DECHARME B, et al., 2020. Observed changes in dry-season water availability attributed to human-induced climate change[J]. Nature geoscience, 13(7): 477-481.

PAI D S, SRIDHAR L, GUHATHAKURTA P, et al., 2011. District-wide drought climatology of the southwest monsoon season over India based on standardized precipitation index(SPI)[J]. Natural hazards, 59(3):

1797-1813.

PALMER W C, 1965. Meteorologic Drought[R]. Washington D.C.: US Department of commerce, weather bureau.

PANDAY D, NKONGOLO N V, 2021. No tillage improved soil pore space indices under cover crop and crop rotation[J]. Soil system, 5(3): 38.

PARIZ C M, COSTA C, CRUSCIOL C A C, et al., 2017. Production, nutrient cycling and soil compaction to grazing of grass companion cropping with corn and soybean[J]. Nutrient cycling in agroecosystems, 108(1): 35-54.

PASSIOURA J B, 2002. Soil conditions and plant growth[J]. Plant, cell and environment, 25(2): 311-318.

PELLEGRINO A, LEBON E, VOLTZ M, et al., 2004. Relationships between plant and soil water status in vine(*Vitis vinifera* L.)[J]. Plant and soil, 266(1): 129-142.

PENDERGRASS A G, MEEHL G A, PULWARTY R, et al., 2020. Flash droughts present a new challenge for subseasonal-to-seasonal prediction[J]. Nature climate change, 10(3): 191-199.

PENG X H, HORN R, 2008. Time-dependent, anisotropic pore structure and soil strength in a 10-year period after intensive tractor wheeling under conservation and conventional tillage[J]. Journal of plant nutrition and soil science, 171(6): 936-944.

PERKONS U, KAUTZ T, UTEAU D, et al., 2014. Root-length densities of various annual crops following crops with contrasting root systems[J]. Soil & tillage research, 137: 50-57.

POIRIER V, ROUMET C, ANGERS D A, et al., 2018. Species and root traits impact macroaggregation in the rhizospheric soil of a Mediterranean common garden experiment[J]. Plant and soil, 424(1/2): 289-302.

POTOCKA I, SZYMANOWSKA-PULKA J, 2018. Morphological responses of plant roots to mechanical stress[J]. Annals of botany, 122: 711-723.

PÜTZ N, 2002. Contractile Roots[M]. Boca Raton: CRC press.

QING Y M, WANG S, ANCELL B C, et al., 2022. Accelerating flash droughts induced by the joint influence of soil moisture depletion and atmospheric aridity[J]. Nature communications, 13(1): 1139.

RANKOTH L M, UDAWATTA R P, ANDERSON S H, et al., 2021. Cover crop influence on soil water dynamics for a corn-soybean rotation[J]. Agrosystems, geosciences & environment, 4(3): 1-10.

REGO T J, GRUNDON N J, ASHER C J, et al., 1988. Comparison of the effects of continuous and relieved water stress on nitrogen nutrition of grain sorghum[J]. Australian journal of agricultural research, 39: 773-782.

REICOSKY D, CROVETTO C, 2014. No-till systems on the Chequen Farm in Chile: A success story in bringing practice and science together[J]. International soil and water conservation research, 2(1): 66-77.

RENWICK L L R, DEEN W, SILVA L, et al., 2021. Long-term crop rotation diversification enhances maize drought resistance through soil organic matter[J]. Environmental research letters, 16(8):084067.

RICHARDS R A, PASSIOURA J B, 1981. Seminal root morphology and water use of wheat I. environmental

Effects 1[J]. Crop science, 21(2): 249-252.

ROCKSTRÖM J, LANNERSTAD M, FALKENMARK M, 2007. Assessing the water challenge of a new green revolution in developing countries[J]. Proceedings of the National Academy of Sciences, 104(15): 6253-6260.

SADEGHI S H, KIANI HARCHEGANI M, ASADI H, 2017. Variability of particle size distributions of upward/downward splashed materials in different rainfall intensities and slopes[J]. Geoderma, 290: 100-106.

SADRAS V O, MILROY S P, 1996. Soil-water thresholds for the responses of leaf expansion and gas exchange: A review[J]. Field crops research, 47(2/3): 253-266.

SALEM H M, VALERO C, MUñOZ M Á, et al., 2015. Short-term effects of four tillage practices on soil physical properties, soil water potential, and maize yield[J]. Geoderma, 237: 60-70.

SANTISREE P, NONGMAITHEM S, SREELAKSHMI Y, et al., 2012. The root as a drill[J]. Plant signaling & behavior, 7(2): 151-156.

SCHENK H J, JACKSON R B, 2002. Rooting depths, lateral root spreads and below-ground/above-ground allometries of plants in water-limited ecosystems[J]. Journal of ecology, 90(3): 480-494.

SCHLAEPFER D R, BRADFORD J B, LAUENROTH W K, et al., 2017. Climate change reduces extent of temperate drylands and intensifies drought in deep soils[J]. Nature communications, 8: 14196.

SCHOLL P, LEITNER D, KAMMERER G, et al., 2014. Root induced changes of effective 1D hydraulic properties in a soil column[J]. Plant and soil, 381(1): 193-213. .

SHARP R E, SILK W K, HSIAO T C, 1988. Growth of the maize primary root at low water potentials: I. Spatial distribution of expansive growth[J]. Plant physiology, 87: 50-57.

SHIERLAW J, ALSTON A M, 1984. Effect of soil compaction on root growth and uptake of phosphorus[J]. Plant and soil, 77: 15-28.

SILVA B M, DA SILVA É A, DE OLIVEIRA G C, et al., 2014. Plant-available soil water capacity: Estimation methods and implications[J]. Revista brasileira de ciência do solo, 38(2): 464-475.

SILVESTRI N, GROSSI N, MARIOTTI M, et al., 2021. Cover crop introduction in a Mediterranean maize cropping system. Effects on soil variables and yield[J]. Agronomy, 11: 549.

SINCLAIR T R, LUDLOW M M, 1986. Influence of soil water supply on the plant water regime of four tropical grain legumes[J]. Australian journal of plant physiology, 13: 329-341.

SINCLAIR T R, HAMMOND L C, HARRISON J, 1998. Extractable soil water and transpiration rate of soybean on sandy soils[J]. Agronomy journal, 90: 363-368.

SMALL F A A, RAIZADA M N, 2017. Mitigating dry season food insecurity in the subtropics by prospecting drought-tolerant, nitrogen-fixing weeds[J]. Agriculture & food security, 6(1): 23-36.

SMITH R E, CORRADINI C, MELONE F, 1999. A conceptual model for infiltration and redistribution in crusted soils[J]. Water resources research, 35(5): 1385-1393.

SMITH D J, WYNN-THOMPSON T M, WILLIAMS M A, et al., 2021. Do roots bind soil? Comparing the physical and biological role of plant roots in fluvial streambank erosion: A mini-JET study[J]. Geomorphology, 375: 9.

SO H B, GRABSKI A, DESBOROUGH P, 2009. The impact of 14 years of conventional and no-till cultivation on the physical properties and crop yields of a loam soil at Grafton NSW, Australia[J]. Soil & tillage research, 104(1): 180-184.

SOCIETY A M, 1997. Meteorological drought-policy statement[J]. Bulletin of the American Meteorological Society, 78(5): 847-852.

Soil Science Society Of America, 2008. Glossary of Soil Science Terms 2008[M]. Madison: Soil Science Society of America.

SOLTANI A, KHOOIE F R, GHASSEMI-GOLEZANI K, et al., 2000. Thresholds for chickpea leaf expansion and transpiration response to soil water deficit[J]. Field crops research, 68(3): 205-210.

SPOLLEN W G, SHARP R E, 1991. Spatial distribution of turgor and root growth at low water potentials[J]. Plant physiology, 96(2): 438-443.

SREEPARVATHY V, SRINIVAS V V, 2022. Meteorological flash droughts risk projections based on CMIP6 climate change scenarios[J]. Npj climate and atmospheric science, 5(1): 77.

STEPPE K, LEMEUR R, 2007. Effects of ring-porous and diffuse-porous stem wood anatomy on the hydraulic parameters used in a water flow and storage model[J]. Tree physiology, 27: 43-52.

STIRZAKER R J, PASSIOURA J B, WILMS Y, 1996. Soil structure and plant growth: Impact of bulk density and biopores[J]. Plant and soil, 185(1): 151-162.

STOCKER B D, ZSCHEISCHLER J, KEENAN T F, et al., 2019. Drought impacts on terrestrial primary production underestimated by satellite monitoring[J]. Nature geoscience, 12(4):264-270.

TARDIEU F, 2012. Any trait or trait-related allele can confer drought tolerance: Just design the right drought scenario[J]. Journal of experimental botany, 63: 25-31.

TORMENA C A, KARLEN D L, LOGSDON S, et al., 2017. Corn stover harvest and tillage impacts on near-surface soil physical quality[J]. Soil & tillage research, 166: 122-130.

TRACY S R, BLACK C R, ROBERTS J A, et al., 2011. Soil compaction: a review of past and present techniques for investigating effects on root growth[J]. Journal of the science of food and agriculture, 91(9): 1528-1537.

TRENBERTH K E, DAI A G, VAN DER SCHRIER G, et al., 2014. Global warming and changes in drought[J]. Nature climate change, 4(1): 17-22.

TURNER N C, 1990. Plant water relations and irrigation management[J]. Agricultural water management, 17: 59-75.

UGA Y, SUGIMOTO K, OGAWA S, et al., 2013. Control of root system architecture by DEEPER ROOTING 1 increases rice yield under drought conditions[J]. Nature genetics, 45(9): 1097-1102.

UKSA M, FISCHER D, WELZL G, et al., 2014. Community structure of prokaryotes and their functional potential in subsoils is more affected by spatial heterogeneity than by temporal variations[J]. Soil biology and biochemistry, 75: 197-201.

UTEAU D, PAGENKEMPER S K, PETH S, et al., 2013. Root and time dependent soil structure formation and its influence on gas transport in the subsoil[J]. Soil & tillage research, 132: 69-76.

VAN HOOLST R, EERENS H, HAESEN D, et al., 2016. FAO's AVHRR-based Agricultural Stress Index System(ASIS)for global drought monitoring[J]. International journal of remote sensing, 37(2): 418-439.

VERGANI C, GRAF F, 2016. Soil permeability, aggregate stability and root growth: A pot experiment from a soil bioengineering perspective[J]. Ecohydrology, 9(5): 830-842.

VERGOPOLAN N, XIONG S T, ESTES L, et al., 2021. Field-scale soil moisture bridges the spatial-scale gap between drought monitoring and agricultural yields[J]. Hydrology and earth system sciences, 25(4): 1827-1847.

VICENTE-SERRANO S M, BEGUERÍA S, LÓPEZ-MORENO J I, 2010. A multiscalar drought index sensitive to global warming: The standardized precipitation evapotranspiration index[J]. Journal of climate, 23(7): 1696-1718.

VOLKMAR K M, 1997. Water stressed nodal roots of wheat: effects on leaf growth[J]. Function of plant biology, 24(1): 49-56.

WANG L Y, YUAN X, XIE Z H, et al., 2016. Increasing flash droughts over China during the recent global warming hiatus[J]. Scientific reports, 6: 30571.

WANG B, ZHANG G H, YANG Y F, et al., 2018. The effects of varied soil properties induced by natural grassland succession on the process of soil detachment[J]. Catena, 166: 192-199.

WANG G, HUANG Y, LI R, et al., 2020. Influence of Vetiver root system on mechanical performance of expansive soil: experimental studies[J]. Advances in civil engineering, 2020: 2027172.

WASSON A P, RICHARDS R A, CHATRATH R, et al., 2012. Traits and selection strategies to improve root systems and water uptake in water-limited wheat crops[J]. Journal of experimental botany, 63(9): 3485-3498.

WASSON A P, REBETZKE G J, KIRKEGAARD J A, et al., 2014. Soil coring at multiple field environments can directly quantify variation in deep root traits to select wheat genotypes for breeding[J]. Journal of experimental botany, 65(21): 6231-6249.

WHALLEY W R, DEXTER A R, 1993. The maximum axial growth pressure of roots of spring and autumn cultivars of lupin[J]. Plant and soil, 157: 313-318.

WHALLEY W R, LEEDS-HARRISON P B, CLARK L J, et al., 2005. Use of effective stress to predict the penetrometer resistance of unsaturated agricultural soils[J]. Soil & tillage research, 84: 18-27.

WHALLEY W R, CLARK L J, GOWING D J G, et al., 2006. Does soil strength play a role in wheat yield losses caused by soil drying?[J]. Plant and soil, 280(1): 279-290.

WHALLEY W R, TO J, KAY B D, et al., 2007. Prediction of the penetrometer resistance of soils with models with few parameters[J]. Geoderma, 137(3/4): 370-377.

WHALLEY W R, WATTS C W, GREGORY A S, et al., 2008. The effect of soil strength on the yield of wheat[J]. Plant and soil, 306(1/2): 237-247.

WHITE R G, KIRKEGAARD J A, 2010. The distribution and abundance of wheat roots in a dense, structured subsoil: implications for water uptake[J]. Plant, cell & environment, 33(2): 133-148.

WHITMORE A P, WHALLEY W R, 2009. Physical effects of soil drying on roots and crop growth[J]. Journal of experimental botany, 60(10): 2845-2857.

WHITMORE A P, WHALLEY W R, BIRD N R A, et al., 2011. Estimating soil strength in the rooting zone of wheat[J]. Plant and soil, 339(1): 363-375.

WILLIAMS S M, WEIL R R, 2004. Crop cover root channels may alleviate soil compaction effects on soybean crop[J]. Soil Science Society of America journal, 68: 1403-1409.

WILSON A J, ROBARDS A W, GOSS M J, 1977. Effects of mechanical impedance on root growth in barley, *Hordeum vulgare* L. II. Effects on cell development in seminal roots[J]. Journal of experimental botany, 28(5): 1216-1227.

WOUTERS H, KEUNE J, PETROVA I Y, et al., 2022. Soil drought can mitigate deadly heat stress thanks to a reduction of air humidity[J]. Science advances, 8(1): eabe6653.

YAMANAKA T, TAKEDA A, SHIMADA J, 1998. Evaporation beneath the soil surface: some observational evidence and numerical experiments[J]. Hydrological processes, 12(13/14): 2193-2203.

YUAN X, WANG Y M, JI P, et al., 2023. A global transition to flash droughts under climate change[J]. Science, 380(6641): 187-191.

YUGE K, SHIGEMATSU K, ANAN M, et al., 2012. Effect of crop root on soil water retentivity and movement[J]. American journal of plant sciences, 3(12): 1782-1787.

ZARGAR A, SADIQ R, NASER B, et al., 2011. A review of drought indices[J]. Environmental reviews, 19: 333-349.

ZHA X N, XIONG L H, LIU C K, et al., 2023. Identification and evaluation of soil moisture flash drought by a nonstationary framework considering climate and land cover changes[J]. Science of the total environment, 856: 158953.

ZHANG B, HORN R, 2001. Mechanisms of aggregate stabilization in Ultisols from subtropical China[J]. Geoderma, 99(1): 123-145.

ZHANG Z B, PENG X, 2021. Bio-tillage: A new perspective for sustainable agriculture[J]. Soil & tillage research, 206: 104844.

ZHANG C B, CHEN L H, JIANG J, 2014. Why fine tree roots are stronger than thicker roots: The role of cellulose and lignin in relation to slope stability[J]. Geomorphology, 206: 196-202.

ZHANG X, OBRINGER R, WEI C H, et al., 2017. Droughts in India from 1981 to 2013 and implications to wheat production[J]. Scientific reports, 7: 44552.

ZHANG W X, FURTADO K, WU P L, et al., 2021. Increasing precipitation variability on daily-to-multiyear time scales in a warmer world[J]. Science advances, 7(31): eabf8021.

ZHAO J S, CHEN S, HU R G, et al., 2017. Aggregate stability and size distribution of red soils under different land uses integrally regulated by soil organic matter, and iron and aluminum oxides[J]. Soil & tillage research, 167: 73-79.

ZHAO M, A G, LIU Y L, et al., 2022a. Evapotranspiration frequently increases during droughts[J]. Nature climate change, 12(11): 1024-1030.

ZHAO Z G, WANG E L, KIRKEGAARD J A, et al., 2022b. Novel wheat varieties facilitate deep sowing to beat the heat of changing climates[J]. Nature climate change, 12(3): 291-296.

ZHOU H, PENG X H, PERFECT E, et al., 2013. Effects of organic and inorganic fertilization on soil aggregation in an Ultisol as characterized by synchrotron based X-ray micro-computed tomography[J]. Geoderma, 195: 23-30.

ZOU C, SANDS R, SUN O, 2000. Physiological responses of radiata pine roots to soil strength and soil water deficit[J]. Tree physiology, 20(17): 1205-1207.